有机缩合反应原理与应用

YOUJI SUOHE FANYING
YUANLI YU YINGYONG

孙昌俊　李文保　王秀菊　主编

化学工业出版社
·北京·

图书在版编目(CIP)数据

有机缩合反应原理与应用/孙昌俊，李文保，王秀菊主编.—北京：化学工业出版社，2016.4

ISBN 978-7-122-26256-1

Ⅰ.①有… Ⅱ.①孙…②李…③王… Ⅲ.①有机化合物-缩合反应 Ⅳ.①O621.25②O631.5

中国版本图书馆CIP数据核字（2016）第024876号

责任编辑：王湘民
责任校对：宋　玮　　　　装帧设计：韩　飞

出版发行：化学工业出版社（北京市东城区青年湖南街13号　邮政编码100011）
印　　装：三河市航远印刷有限公司
787mm×1092mm　1/16　印张24¼　字数502千字　2016年7月北京第1版第1次印刷

购书咨询：010-64518888（传真：010-64519686）　售后服务：010-64518899
网　　址：http://www.cip.com.cn
凡购买本书，如有缺损质量问题，本社销售中心负责调换。

定　价：168.00元

前言

凡两个或多个有机化合物分子，通过反应以共价键结合释出小分子而形成一个新的较大分子的反应，或同一个分子发生分子内的反应形成新分子都可称为缩合反应（Condensation Reaction）。释出的简单分子可以是水、醇、卤化氢、氨、胺等；也有些是加成缩合，不脱去任何小分子。两个有机物分子通过加成形成较大分子的反应也称为缩合反应，如 Diels-Alder 反应等。

按照上述定义，酸和醇反应脱去一分子水形成酯类化合物；羧酸衍生物如酰氯和胺（氨）缩合，脱去一分子氯化氢，生成酰胺类化合物；醛、酮的缩合，脱去一分子水，形成 α，β-不饱和羰基化合物；酯缩合生成 β-酮酸酯；两分子醇脱水生成醚等，都属于缩合反应。当然，分子内具有两个处于适当位置的基团，彼此反应，失去小分子化合物，形成环状化合物，也属于缩合反应。甚至许多取代反应，如脂肪族卤素化合物的亲核取代、芳香族化合物芳环上的亲电取代等，也属于缩合反应。许多偶合反应也失去了一些小分子化合物，也属于缩合反应。由此可见，缩合反应的类型很多，可以通过取代、加成、消除等反应途径来完成。从形成化学键的角度来看，通过缩合反应可形成碳-碳键、碳-杂原子键，如碳-氧键、碳-氮键、碳-磷键、碳-硫键、碳-硅键等，本书主要讨论一些常见的与碳-碳键形成有关的缩合反应。

多数缩合反应是在缩合剂的催化作用下进行的，常用的缩合剂是碱、醇钠、无机酸等。

缩合反应是构建分子骨架的重要反应类型之一，既可生成开链的化合物，也可以生成环状的化合物，广泛地用于医药、农药、香料、染料等化工产品的合成中。

缩合反应在有机化学中是一类非常重要的反应，各种版本的有机化学教科书中都毫无例外地介绍了各种不同的缩合反应。近年来有机化学无论在理论研究方面，还是在具体的有机合成实践方面，都有了长足的发展。缩合反应在有机合成中的应用越来越广泛，特别是在药物和天然产物的合成方面。

本书有如下特点。

1. 本书分为五章，主要介绍与碳-碳键的形成有关的缩合反应。前四章主要介绍通过缩合反应合成开链化合物的缩合反应，第五章则是介绍环加成反应，包括［4+2］、［3+2］、［2+2］和［2+1］环加成反应。

2. 所选择的缩合反应类型，大都是一些经典的反应，同时不乏近年来新发展起来的新反应。对于每一类缩合反应，从反应机理、影响因素、适用范围、应用实例等方面进行总结，以使读者对该反应有比较全面的了解。

3. 缩合反应多种多样，新反应屡见报道。本书尽量收集一些新反应，并从反应机理上加以解释，以反映现代有机合成的特点。

4. 所选用的合成实例，真实可靠、可操作性强。适当选择了一些国内学者的研究成果。

5. 书中附有大量参考文献，尽量收集一些综述性质的文献，以便读者进一步深入了解有关知识。

本书由孙昌俊、李文保（长江学者）、王秀菊主编。孙琪、马岚、孙风云、孙中云、孙雪峰、王乃永、李倩如、张廷峰、张纪明、辛炳炜、连军、周峰岩、房士敏、赵晓东、曹晓冉、隋洁、董文亮、魏海舸参加了部分内容的编写和资料收集、整理工作。

编写过程中，得到山东大学化学与化工学院陈再成、赵宝祥教授及化学工业出版社有关同志的大力支持，在此一并表示感谢。

本书实用性强，适合于从事化学、应化、化工、生化、医药、农药、染料、颜料、日用化工、助剂、试剂等行业的生产、科研、教学、实验室工作者以及大专院校的教师、研究生、本科生使用。

书中的错误和不妥之处，恳请读者批评指正。

孙昌俊

2016 年 1 月于济南

符号说明

Ac	acetyl	乙酰基
AcOH	acetic acid	乙酸
AIBN	2,2′-azobisisobutyronitrile	偶氮二异丁腈
Ar	aryl	芳基
9-BBN	9-borabicyclo [3.3.1] nonane	9-硼双环 [3.3.1] 壬烷
Bn	benzyl	苄基
BOC	*t*-butoxycarbonyl	叔丁氧羰基
Bu	butyl	丁基
Bz	benzoyl	苯甲酰基
Cbz	benzyloxycarbonyl	苄氧羰基
CDI	1,1′-carbonyldiimidazole	1,1′-羰基二咪唑
m-CPBA	*m*-chloroperoxybenzoic acid	间氯过氧苯甲酸
DABCO	1,4-diazabicyclo [2.2.2] octane	1,4-二氮杂二环 [2.2.2] 辛烷
DCC	dicyclohexyl carbodiimide	二环己基碳二亚胺
DDQ	2,3-dichloro-5,6-dicyano-1,4-benzoquinone	2,3-二氯-5,6-二氰基-1,4-苯醌
DEAD	diethyl azodicarboxylate	偶氮二甲酸二乙酯
DMAC	*N*,*N*-dimethylacetamide	*N*,*N*-二甲基乙酰胺
DMAP	4-dimethylaminopyridine	4-二甲氨基吡啶
DME	1,2-dimethoxyethane	1,2-二甲氧基乙烷
DMF	*N*,*N*-dimethylformamide	*N*,*N*-二甲基甲酰胺
DMSO	dimethyl solfoxide	二甲亚砜
dppb	1,4-bis (diphenylphosphino) butane	1,4-双 (二苯膦基) 丁烷
dppe	1,4-bis (diphenylphosphino) ethane	1,4-双 (二苯膦基) 乙烷
e. e. (ee)	enantiomeric excess	对映体过量
endo		内型
exo		外型
Et	ethyl	乙基
EtOH	ethyl alcohol	乙醇
$h\nu$	irradiation	光照
HMPA	hexamethylphosphorictriamide	六甲基磷酰胺
HOBt	1-hydroxybenzotriazole	1-羟基苯并三唑
HOMO	highest occupied molecular orbital	最高占有轨道
i	*iso*-	异
LAH	lithium aluminum hydride	氢化铝锂
LDA	lithium diisopropyl amine	二异丙基氨基锂
LHMDS	lithium hexamethyldisilazane	六甲基二硅胺锂
LUMO	lowest unoccupied molecular orbital	最低空轨道
m-	meta-	间位
MW	microwave	微波
n-	normal	正
NBA	*N*-bromoacetamide	*N*-溴代乙酰胺
NBS	*N*-bromosuccinimide	*N*-溴代丁二酰亚胺
NCA	*N*-chloroacetamide	*N*-氯代乙酰胺

NCS	*N*-chlorosuccinimide	*N*-氯代丁二酰亚胺
NIS	*N*-iodosuccinimide	*N*-碘代丁二酰亚胺
NMM	*N*-methylmorpholine	*N*-甲基吗啉
NMP	*N*-methyl-2-pyrrolidinone	*N*-甲基吡咯烷酮
TEBA	triethyl benzyl ammonium salt	三乙基苄基铵盐
o-	ortho	邻位
p-	para	对位
Ph	phenyl	苯基
PPA	polyphosphoric acid	多聚磷酸
Pr	propyl	丙基
Py	pyridine	吡啶
R	alkyl	烷基
r. t	room temperature	室温
t-	*tert*-	叔-
TBAB	tetrabutylammonium bromide	溴代四丁基铵
TEA	triethylamine	三乙胺
TEBA	triethylbenzylammonium salt	三乙基苄基铵盐
Tf	trifluoromethanesulfonyl (triflyl)	三氟甲磺酰基
TFA	trifluoroacetic acid	三氟乙酸
TFAA	trifluoroacetic anhydride	三氟乙酸酐
THF	tetrahydrofuran	四氢呋喃
TMP	2,2,6,6-tetramethylpiperidine	2,2,6,6-四甲基哌啶
Tol	toluene or tolyl	甲苯或甲苯基
Ts	tosyl	对甲苯磺酰基
TsOH	tosic acid	对甲苯磺酸
Xyl	xylene	二甲苯

目录

第一章 α-羟烷基化、α-卤烷基化、α-氨烷基化、α-羰烷基化反应

第二章 β-羟烷基化、β-羰烷基化反应

第三章 亚甲基化反应

第四章 α，β-环氧烷基化反应(Darzens缩合反应)

第五章 环加成反应

第一章 α-羟烷基化、α-卤烷基化、α-氨烷基化、α-羰烷基化反应

第一节 α-羟烷基化反应

α-羟烷基化反应主要包括羰基α-位碳原子上的α-羟烷基化反应（羟醛缩合反应）、不饱和烃的α-羟烷基化反应（Prins 反应）、芳醛的α-羟烷基化反应（安息香缩合反应）和有机金属化合物的α-羟烷基化反应等。

一、羰基α-位碳原子上的α-羟烷基化反应（羟醛缩合反应）

含有α-H 的醛、酮在碱或酸的催化下生成β-羟基醛或酮的反应，称为羟醛缩合反应（Aldol 缩合），也叫醇醛缩合反应。β-羟基醛、酮经脱水可生成α，β-不饱和醛、酮。经典的羟醛缩合为乙醛在碱催化下的缩合。

$$2CH_3CHO \xrightleftharpoons{\text{稀 NaOH}} CH_3\underset{}{\overset{OH}{\overset{|}{C}}}HCH_2CHO \xrightarrow{-H_2O} CH_3CH{=}CHCHO$$

羟醛缩合可分为同分子醛、酮的自身缩合和异分子醛、酮的交叉缩合以及分子内的缩合等。通过羟醛缩合反应，可以在分子中形成新的碳-碳键，并增长碳链。

1. 自身缩合

（1）反应机理

羟醛缩合反应既可被酸催化，也可被碱催化，但碱催化应用较多。

碱催化的反应机理：

$$RCH_2-\overset{O}{\overset{\|}{C}}-R' \underset{-HB}{\overset{B^-}{\rightleftharpoons}} \left[R\bar{C}H-\overset{O}{\overset{\|}{C}}-R' \longleftrightarrow RCH{=}\overset{O^-}{\overset{|}{C}}-R'\right] \xrightleftharpoons{RCH_2\overset{O}{\overset{\|}{C}}R'} RCH_2\underset{R'}{\underset{|}{\overset{O^-}{\overset{|}{C}}}}-\underset{R}{\underset{|}{C}}H-\overset{O}{\overset{\|}{C}}-R' \underset{-B^-}{\overset{HB}{\rightleftharpoons}}$$

$$RCH_2\underset{R'}{\underset{|}{\overset{OH}{\overset{|}{C}}}}-\underset{R}{\underset{|}{C}}H-\overset{O}{\overset{\|}{C}}-R' \underset{-HB}{\overset{B^-}{\rightleftharpoons}} RCH_2\underset{R'}{\underset{|}{\overset{OH}{\overset{|}{C}}}}-\underset{R}{\underset{|}{C^-}}-\overset{O}{\overset{\|}{C}}-R' \xrightarrow{HB} RCH_2\underset{R'}{\underset{|}{C}}{=}\underset{R}{\underset{|}{C}}-\overset{O}{\overset{\|}{C}}-R' + B^- + H_2O$$

式中R′=H, 烷基, 芳基

碱（B^-）首先夺取一个α-H 生成碳负离子，碳负离子烯醇化作为亲核试剂进攻另一分子醛、酮的羰基进行亲核加成并质子化，生成β-羟基化合物，后者在碱的作用下失去一分

子水，生成 α，β-不饱和羰基化合物。

反应中若使用较弱的碱，则碱催化剂与醛、酮生成烯醇负离子的反应是反应的慢步骤，烯醇负离子与另一分子羰基化合物的加成反应和加成物负离子与溶剂质子结合的反应属于较快的平衡反应。

酸催化的反应机理：

$$RCH_2-\overset{O}{\overset{\|}{C}}-R' \underset{-A^-}{\overset{HA}{\rightleftharpoons}} \left[RCH_2-\overset{^+OH}{\overset{\|}{C}}-R' \longleftrightarrow RCH_2-\underset{R'}{\overset{OH}{C^+}} \right]$$

$$RCH_2-\overset{O}{\overset{\|}{C}}-R' \overset{HA}{\rightleftharpoons} R\underset{H}{CH}-\overset{H\overset{+}{O}}{\overset{\|}{C}}-R' + A^- \rightleftharpoons RCH{=}\overset{OH}{C}-R' + HA$$

$$RCH_2-\underset{R'}{\overset{OH}{C^+}} + RCH{=}\overset{OH}{C}-R' \rightleftharpoons RCH_2\underset{R'}{\overset{OH}{C}}-\underset{R}{CH}-\overset{^+OH}{\overset{\|}{C}}-R' \underset{}{\overset{-H^+}{\rightleftharpoons}} RCH_2\underset{R'}{\overset{OH}{C}}-\underset{R}{CH}-\overset{O}{\overset{\|}{C}}-R' \overset{H^+}{\longrightarrow}$$

$$RCH_2\underset{R'}{C}{=}\underset{R}{C}-\overset{O}{\overset{\|}{C}}-R' + H_2O$$

酸催化首先是醛、酮分子的羰基氧原子接受一个质子生成鎓盐，从而提高了羰基碳原子的亲电活性，另一分子醛、酮的烯醇式结构的碳-碳双键碳原子进攻羰基，生成 β-羟基醛、酮，而后失去一分子水生成 α，β-不饱和醛、酮。

无论碱催化还是酸催化，反应的前半部分都是可逆的平衡过程。但生成的加成产物很容易发生不可逆的脱水反应生成 α，β-不饱和羰基化合物，从而使平衡反应向有利于产品的方向进行而趋于完全。

（2）主要影响因素

催化剂对羟醛缩合反应的影响较大，常用的碱催化剂有磷酸钠、醋酸钠、碳酸钠（钾）、氢氧化钠（钾）、乙醇钠、叔丁醇铝、氢化钠、氨基钠等，有时也可用碱性离子交换树脂。氢化钠等强碱一般用于活性差、空间位阻大的反应物之间的缩合，如酮-酮缩合，并且在非质子溶剂中进行反应。有机胺类化合物是羟醛缩合反应中广泛应用的另一类碱性催化剂。例如甲醛和异丁醛缩合生成羟基新戊醛的反应，多使用三乙胺作为缩合催化剂，缩合产物经氢化得到新戊二醇。甲醛和正丁醛在三乙胺催化作用下缩合然后氢化，则生成高纯度的三羟甲基丙烷。

$$CH_3CH_2CH_2CHO + CH_2O \xrightarrow{Et_3N} CH_3CH_2\underset{CH_2OH}{\overset{CH_2OH}{C}}CHO \xrightarrow{H_2,\ Pd} CH_3CH_2\underset{CH_2OH}{\overset{CH_2OH}{C}}CH_2OH$$

常用的酸催化剂有盐酸、硫酸、对甲苯磺酸、阳离子交换树脂以及三氟化硼等 Lewis 酸。$(VO)_2P_2O_7$、α-$VOHPO_4$、铌酸和 MFI 沸石等也可以用作酸性催化剂。

将催化剂负载于固体载体上制成固体酸或碱催化剂，在有机合成中是一种常用的方法，也用于醛、酮的自身缩合反应。固体超强酸、固体超强碱催化的醛、酮的自身缩合也有不少报道，特别是酮的自身缩合（例如刘洪润，顾珊珊，李修刚，高根之．化学试剂，2009，31（1）：55）。

$$\text{环己酮} \xrightarrow[190^\circ C]{Na\text{-}NaOH/\gamma\text{-}Al_2O_3} \text{(I)} + \text{(II)}$$

（I） （II）

上述反应得到两种异构体（Ⅰ）和（Ⅱ）的混合物，在该实验条件下，化合物（Ⅰ）为主要产物。原因可能是产物的热力学稳定性与共轭效应和立体构象都有关系。（Ⅰ）表面看来不是共轭体系，但其实际上存在酮式-烯醇式互变，真实的存在形式如下，因而更稳定：

(I) ⇌

酸-碱催化剂同时具有酸性-碱性活性中心，如一些二元氧化物或者水滑石（Hydrotalcites，简称 HTs）等，既适用于气相羟醛缩合反应，也可用于液相羟醛缩合反应。这类催化剂对于羟醛缩合反应所表现出的良好选择性和催化活性，引起了不少研究者的关注。

含一个 α-活泼氢的醛自身缩合生成单一的 β-羟基醛，例如：

$$2\,(CH_3)_2CHCHO \xrightarrow{KOH} (CH_3)_2CHCH(OH)—C(CH_3)_2CHO \quad (85\%)$$

含两个或两个以上 α-H 的醛自身缩合，在稀碱、低温条件下生成 β-羟基醛；温度较高或用酸作催化剂，均得到 α,β-不饱和醛。实际上多数情况下加成和脱水进行的很快，最终生成的是 α,β-不饱和醛。生成的 α，β-不饱和醛以醛基与另一个碳碳双键碳原子上的大基团处在反位上的异构体为主。例如：

$$2\,CH_3CH_2CH_2CHO \xrightarrow[25^\circ C]{NaOH} CH_3CH_2CH_2CH(OH)—CH(C_2H_5)CHO \quad (75\%)$$

$$2\,CH_3CH_2CH_2CHO \xrightarrow[\text{或}H_2SO_4]{NaOH,80^\circ C} CH_3CH_2CH_2(H)C{=}C(C_2H_5)CHO$$

上述反应中生成的辛烯醛还原后生成 2-乙基己醇，这是工业上合成 2-乙基己醇的主要方法，是合成增塑剂邻（对）苯二甲酸二辛酯的原料。

含 α-H 的脂肪酮自身缩合比醛慢得多，常用强碱来催化，如醇钠、叔丁醇铝等。

丙酮的自身缩合反应如下：

$$2CH_3—\overset{O}{\overset{\|}{C}}—CH_3 \underset{}{\overset{Ba(OH)_2}{\rightleftharpoons}} CH_3—\overset{OH}{\underset{CH_3}{C}}—CH_2—\overset{O}{\overset{\|}{C}}—CH_3 \xrightarrow[(71\%)]{I_2\text{ 或 }H_3PO_4}$$

$$CH_3-\underset{\underset{CH_3}{|}}{C}=CH-\overset{\overset{O}{\|}}{C}-CH_3 + H_2O$$

丙酮自身缩合的速度很慢，反应平衡偏向于左方。反应达到平衡时，缩合物的浓度仅为丙酮的0.01%。为了打破这种平衡，有时可以采用索氏提取器方法，将氢氧化钡置于抽提器中，丙酮反复回流并与催化剂接触发生自身缩合，而缩合产物留在烧瓶中避免了可逆反应，提高了收率。

丙酮的自身缩合，若采用弱酸性阳离子交换树脂（Dowex-50）为催化剂，可以直接得到缩合脱水产物，收率79%。

酮的自身缩合，若是对称的酮，缩合产物较简单，但若是不对称的酮自身缩合，则无论是碱催化还是酸催化，反应常常发生在羰基α-位上取代基较少的碳原子上，得到相应的β-羟基酮或其脱水产物。

$$2CH_3(CH_2)_n\overset{\overset{O}{\|}}{C}CH_3 \xrightarrow{HO^- \text{或} H^+} CH_3(CH_2)_n\underset{\underset{CH_3}{|}}{C}=CH\overset{\overset{O}{\|}}{C}(CH_2)_nCH_3 \quad (65\%)$$

$$2CH_3CH_2-\overset{\overset{O}{\|}}{C}-CH_3 \xrightarrow{PhN(CH_3)MgBr,\ C_6H_6,\ Et_2O} CH_3CH_2\overset{\overset{O}{\|}}{C}CH_2\underset{\underset{OH}{|}}{\overset{\overset{CH_3}{|}}{C}}CH_2CH_3 \quad (60\%\sim67\%)$$

根据插烯原理，羟醛缩合反应中，γ-位具有活泼氢的α,β-不饱和羰基化合物，反应时发生在γ-位。

$$\text{H-C(γ)-CH=CH-C(=O)R} \underset{}{\overset{HO^-}{\rightleftharpoons}} \left[{}^-\text{C-CH=CH-C(=O)R} \longleftrightarrow \text{C=CH-CH=C(O^-)R} \right] \xrightarrow{R^1R^2C=O} R^1R^2C(OH)-\text{C-CH=CH-C(=O)R}$$

某些羰基化合物在一定的条件下可以发生偶姻缩合反应。

$$2CH_3CH_2CH_2CHO \xrightarrow[\text{催化剂}]{Et_3N,\ EtOH} CH_3CH_2CH_2\overset{\overset{O}{\|}}{C}\underset{\underset{OH}{|}}{C}HCH_2CH_2CH_3$$

不含α-H的芳香醛，在氰化钠或氰化钾存在下发生自身缩合，生成α-羟基醛的反应称为安息香缩合反应，又叫苯偶姻缩合（见本节三）。

$$2ArCHO \xrightarrow{NaCN} Ar\overset{\overset{OH}{|}}{C}H-\overset{\overset{O}{\|}}{C}-Ar$$

异亚丙基丙酮

$C_6H_{10}O$，98.14

【英文名】 Mesityl oxide，*iso*-Propylideneacetone

【性状】 无色或浅黄色挥发性液体，有独特的香味，bp 128℃。溶于乙醇、乙醚、丙酮、氯仿、乙酸乙酯，可溶于水。

【制法】 孙昌俊，王秀菊，孙风云．有机化合物合成手册．北京：化学工业出版社，2011：331.

$$2CH_3COCH_3 \xrightarrow{Ba(OH)_2} (CH_3)_2C(OH)—CH_2COCH_3 \xrightarrow{I_2} (CH_3)_2C{=}CHCOCH_3 + 2H_2O$$

（**2**） （**3**） （**1**）

双丙酮醇（**3**）：于索氏提取器中，加入丙酮（**2**）660mL（9mol），于索氏提取器的提取管中用滤纸包好氢氧化钡，水浴加热回流提取 100h。改为蒸馏装置，先蒸出丙酮，而后减压蒸馏，收集 62～64℃/1.75kPa 的馏分，得双丙酮醇（**3**）370～410g，收率68%～74%。

异亚丙基丙酮（**1**）：于安有分馏装置的圆底烧瓶中，加入双丙酮醇（**3**）350g（6mol），0.1g 碘，几粒沸石，油浴加热进行蒸馏。收集如下各馏分：85℃以下的馏分（含丙酮及少量的异亚丙基丙酮）；85～126℃的馏分（含水及异亚丙基丙酮，静置后可分层，下层为水）；126～130℃的馏分（异亚丙基丙酮）。中间馏分分出水后用无水碳酸钾干燥，与第三种馏分合并后，重新蒸馏，收集 127～129℃的馏分，得异亚丙基丙酮。第一馏分用无水碳酸钾干燥后重新蒸馏，可得少量的异亚丙基丙酮。共得（**1**）250～280g，收率 85%～95%。

缩二苯乙酮

$C_{16}H_{14}O$，222.29

【英文名】 Dypnone

【性状】 黄色油状液体。

【制法】 Winston Wayne，Homer Adkins. Org Synth，1953，Coll Vol 3：367.

$$2PhCOCH_3 \xrightarrow[Xyl,\ \triangle]{Al(OBu\text{-}t)_3} (CH_3)(Ph)C{=}CHCOPh$$

（**2**） （**1**）

于安有搅拌器、温度计、韦氏分馏装置（接受瓶连接氯化钙干燥管）的反应瓶中，加入苯乙酮（**2**）120g（1mol），干燥的二甲苯 400mL，叔丁醇铝 135g（0.55mol），搅拌下油浴加热，保持在 133～135℃，慢慢蒸出叔丁醇（蒸气温度 80～85℃），而后慢慢升至 150～155℃继续反应 2h。冷至 100℃，搅拌下小心加入 40mL 水，加水时生成胶状物，继续加水，油浴加热回流 15min，以使叔丁醇铝分解完全。冷后于离心管中离心分离，倾出溶剂保留，剩余物中加入乙醚，搅拌后再离心，重复 3 次。合并有机层，常压蒸出乙醚和叔丁醇，而后减压分馏蒸出二甲苯。剩余物减压蒸馏，收集 150～155℃/133Pa 的馏分，得黄色油状液体（**1**）85～91g，收率 77%～82%。

2. 交叉缩合

在不同的醛、酮分子间进行的缩合反应称为交叉羟醛缩合。交叉羟醛缩合主要有如下两种情况。

（1）两种不同含 α-H 的醛、酮的交叉缩合

当两个不同的含 α-H 的醛进行缩合时，若二者的活性差别小，则在制备上无应用价值。因为除了生成两种交叉缩合产物外，还有两种自身缩合产物，加之脱水后生成 α，β-不饱和醛、酮，产物极为复杂。若二者活性差别较大，利用不同的反应条件，仍可得到某一主要产物。例如：

$$CH_3CHO + CH_3CH_2CHO \xrightarrow{NaOH} CH_3CH_2\underset{OH}{CH}CH_2CHO \rightleftharpoons CH_3CH_2CH{=}CHCHO$$

$$CH_3CHO + CH_3CH_2CHO \xrightarrow[r.t]{HCl} CH_3\underset{OH}{CH}\underset{CH_3}{CH}CHO \xrightarrow{-H_2O} CH_3CH{=}\underset{CH_3}{C}CHO$$

含 α-H 的醛与含 α-H 的酮，在碱性条件下缩合时，由于酮自身缩合困难，将醛慢慢滴加到含催化剂的酮中，可有效地抑制醛的自身缩合，主要产物是 β-羟基酮，后者失水生成 α，β-不饱和酮。例如：

$$(CH_3)_2CHCHO + CH_3COCH_3 \xrightarrow{NaOH} (CH_3)_2CH\underset{}{\overset{OH}{C}}HCH_2\overset{O}{\overset{\|}{C}}CH_3 \xrightarrow{-H_2O} (CH_3)_2CHCH{=}CHCOCH_3 \ (60\%)$$

对于不对称的甲基酮，无论酸催化还是碱催化，与醛反应时常常主要得到双键上取代基较多的 α，β-不饱和酮。

$$CH_3CH_2CHO + CH_3CH_2COCH_3 \xrightarrow{H^+ 或 OH^-} CH_3CH_2CH{=}\underset{CH_3}{C}COCH_3 + H_2O$$

脂肪族二元醛酮，可进行分子内的羟醛缩合，生成环状的 α，β-不饱和羰基化合物，是合成五六元环状化合物的重要方法之一。由于分子内缩合比分子间缩合容易进行，收率一般比较高。例如：

$$CH_3CO(CH_2)_4CHO \xrightarrow[-H_2O]{NaOH} \text{1-乙酰基环戊烯 (COCH)} \quad (73\%)$$

$$\text{2-}(CH_2CH_2COCH_3)\text{环己酮} \xrightarrow{TsOH} \text{八氢萘-2-酮（烯酮）} + H_2O$$

（2）不含 α-H 的甲醛、芳醛、酮与含 α-H 的醛、酮的缩合

在碱性催化剂如氢氧化钠（钾）、氢氧化钙、碳酸钠（钾）、叔胺等存在下，甲醛与含 α-H 的醛、酮反应，在醛、酮的 α-碳原子上引入羟甲基，该反应称为 Tollens 缩合反应，又称为羟甲基化反应。该反应实际上是一个混合的羟醛缩合反应。

$$-\overset{|}{\underset{\underset{H}{|}}{C}}-\overset{\overset{O}{\|}}{C}-R(H) + HCHO \xrightarrow{碱} -\overset{|}{\underset{\underset{CH_2OH}{|}}{C}}-\overset{\overset{O}{\|}}{C}-R(H)$$

反应可以停止于这一步，但更常见的是通过交叉的 Cannizzaro 反应，另一分子的甲醛将新生成的羟基醛还原为1,3-二醇。例如：

$$(CH_3)_2CHCHO + HCHO \xrightarrow{NaOH} (CH_3)_2\underset{\underset{CH_2OH}{|}}{C}CHO \xrightarrow[NaOH]{HCHO} (CH_3)_2C(CH_2OH)_2$$

如果醛或酮具有多个 α-氢，则它们都可以发生该反应。该反应的一个重要的用途是由乙醛和甲醛合成季戊四醇。季戊四醇是重要的化工原料。

$$CH_3CHO + 3HCHO \xrightarrow{碱} \underset{三羟甲基乙醛}{(HOCH_2)_3CCHO} \xrightarrow[碱]{HCHO} \underset{季戊四醇}{C(CH_2OH)_4} + HCOO^- M^+$$

乙醛与3分子的甲醛反应首先生成三羟甲基乙醛，三羟甲基乙醛属于无 α-H 的醛，其可以与过量的甲醛在碱性条件下进行 Cannizzaro 反应，此时甲醛被氧化为甲酸。因为同其他醛相比，甲醛更容易被氧化，无 α-H 的醛则还原为醇。

反应机理如下：

$$HCHO + {}^-OH \rightleftharpoons \underset{A}{H_2C(O^-)(OH)} \underset{HO^-}{\rightleftharpoons} \underset{B}{H_2C(O^-)_2}$$

途径1:

$$\underset{A}{H_2C(OH)(O^-)} + RCHO \xrightarrow{H^-转移} HCOOH + RCH_2O^- \rightleftharpoons HCOO^- + RCH_2OH$$

途径2:

$$\underset{B}{H_2C(O^-)_2} + RCHO \xrightarrow{H^-转移} HCOO^- + RCH_2O^- \xrightarrow{H_3O^+} HCOOH + RCH_2OH$$

两种途径的区别在于进攻羰基的试剂 A 和 B 不同，但都是负氢离子进行的还原反应。途径1的可能性更大一些。上述机理的直接证据是：

① 反应对碱是一级的，对底物则是二级的，或在较高的碱浓度下，对于底物和碱都是二级的；

② 当反应在 D_2O 中进行时，还原得到的醇不含有 α-氘，说明氢来自于另一分子而不是反应介质。

当用具有 α-氢的脂肪族硝基化合物代替醛或酮时，则不会发生进一步的还原反应，得到 β-硝基醇。该反应实际上属于 Knoevenagel 反应，但通常人们仍将其归属于 Tollens 反应。例如：

$$CH_3NO_2 + (CH_2O)_n \xrightarrow[MeOH]{KOH} HOCH_2CH_2NO_2$$

环己酮与过量的甲醛可以发生如下反应，生成的产物是降血脂药尼克莫尔的中间体。

$$\text{环己酮} + (CH_2O)_n \xrightarrow[H_2O]{CaO} \text{2,2,6,6-四(羟甲基)环己醇}$$

芳香醛与含 α-H 的醛、酮在碱催化下进行羟醛缩合，脱水后生成 α，β-不饱和羰基化合物的反应，称为 Claisen-Schmidt 反应。例如苯甲醛与乙醛的反应。

$$PhCHO + CH_3CHO \xrightarrow{OH^-} \begin{cases} \xrightleftharpoons{K_1} CH_3CH(OH)CH_2CHO \quad \text{自身缩合} \\ \xrightleftharpoons{K_2} PhCH(OH)CH_2CHO \xrightarrow{-H_2O} PhCH{=}CHCHO \quad \text{交叉缩合} \end{cases}$$

反应中可生成两种醇醛，反应是可逆的，$K_2 >> K_1$。由于交叉缩合反应生成的醇醛分子中，羟基受到苯环和醛基的影响，很容易发生不可逆的脱水反应，生成 α,β-不饱和醛，所以经过一定时间后，体系中乙醛的自身缩合物逐渐经过平衡体系变为交叉缩合产物，最终生成肉桂醛。

银屑病治疗药物阿维 A 酯中间体的合成如下：

$$\text{4-}CH_3O\text{-2,3,6-三甲基苯甲醛} \xrightarrow[NaOH]{CH_3COCH_3} \text{4-(4-}CH_3O\text{-2,3,6-三甲基苯基)-3-丁烯-2-酮}$$

通过羟醛缩合反应得到的 α,β-不饱和羰基化合物，羰基基团和双键另一碳原子上的大基团处于反位的异构体是主要产物。

$$PhCHO + CH_3COCH_3 \xrightarrow[25\sim30℃]{10\%NaOH} (Ph)(H)C{=}C(H)(COCH_3)\ (\text{反式}) \quad (65\%\sim78\%)$$

反式构型产物的生成，与发生消除时过渡态的稳定性有关。

[1]　[2]

过渡态［1］中，Ph 基与 CH_3CO 基处于邻位交叉位置，相互影响大；过渡态［2］为对位交叉，因而为稳定构象，对消除脱水有利，结果主要生成反式构型的产物。

当芳香醛与只有一种 α-H 的酮反应时，无论是碱催化还是酸催化，都只得到同一种产物。例如：

$$O_2N\text{-}C_6H_4\text{-}CHO + C_6H_5COCH_3 \begin{cases} \xrightarrow[(94\%)]{NaOH,\ H_2O,\ EtOH} O_2N\text{-}C_6H_4\text{-}CH{=}CHCOC_6H_5 \\ \xrightarrow[(99\%)]{H_2SO_4,\ HOAc} O_2N\text{-}C_6H_4\text{-}CH{=}CHCOC_6H_5 \end{cases}$$

当一个具有两种不同的 α-H 的酮与无 α-H 的醛发生羟醛缩合时，反应条件不同，生成的主要产物也可能不同。例如：

$$C_6H_5CHO + CH_3CH_2COCH_3 \begin{cases} \xrightarrow[C_2H_5OH]{OH^-} C_6H_5CH{=}CHCOCH_2CH_3 + H_2O \\ \xrightarrow{\text{浓 HCl}} C_6H_5CH{=}C(CH_3)COCH_3 + H_2O \end{cases}$$

申东升等［祝宝福，申东升，朱云菲．化学试剂，2008,30(7):537］研究了取代苯甲醛与丙酮的 Claisen-Schmidt 反应，芳环上连有吸电子基团的苯甲醛更容易发生缩合反应，而连有给电子基团的苯甲醛则需要更苛刻的反应条件。原因是 Claisen-Schmidt 反应属于羰基上的亲核加成，当苯环上连有吸电子基团时，羰基碳上的正电性增强，有利于亲核试剂的进攻。

N,*N*-二甲基甲酰胺二甲基缩醛也可以与含 α-氢的羰基化合物发生交叉羟醛缩合反应。例如强心药米力农（Milrinone）中间体的合成：

$$\text{4-Py}{-}CH_2COCH_3 + (CH_3O)_2HCN(CH_3)_2 \xrightarrow[(80.3\%)]{CH_3CN} \text{4-Py}{-}C(=CHN(CH_3)_2)COCH_3$$

邻硝基甲苯甲基上的氢受硝基的影响比较活泼，在碱性条件下可以羟醛缩合反应。例如抗癫痫药奥卡西平（Oxcarbazepine）中间体的合成。

$$o\text{-}CH_3C_6H_4NO_2 + HCO_2C_2H_5 \xrightarrow[(85.0\%)]{CH_3ONa} o\text{-}O_2NC_6H_4CH_2{-}CH_2C_6H_4NO_2\text{-}o$$

近年来，碱性离子液体催化的 Claisen-Schmidt 反应、大环聚醚催化下的 Claisen-Schmidt 反应、近临界水中的 Claisen-Schmidt 反应以及超声波、微波促进下的 Claisen-Schmidt 反应也有许多报道。

2,2,6,6-四羟甲基环己醇

$C_{10}H_{20}O_5$，220.27

【英文名】 2,2,6,6-Tetrahyd roxymethyl Cyclohexanol

【性状】 白色固体。mp 129～130℃。

【制法】 段行信．实用精细有机合成手册．北京：化学工业出版社，2000：55.

$$\underset{\textbf{(2)}}{\text{环己酮}} + (CH_2O)_n \xrightarrow[H_2O]{CaO} \underset{\textbf{(1)}}{2,2,6,6\text{-}(HOCH_2)_4\text{-环己醇}}$$

于安有搅拌器、温度计的反应瓶中，加入多聚甲醛 33.2g（1.1mol），环己酮(**2**)19.6g（0.2mol），水 65mL，搅拌下于 18℃分批加入氧化钙 8g 及 120mL 水。加完后于 40℃反应 1h。用甲酸调至 pH6，搅拌反应 5h。减压蒸出约 170mL 水，加入 120mL 乙醇，搅拌，过滤。滤液减压蒸馏得浆状物，静置后固化。抽滤，干燥，得白色固体。乙醇中重结晶，得

2,2,6,6-四羟甲基环己醇（**1**）32.5g，收率73.4%，mp129～130℃。

新戊二醇

$C_5H_{12}O_2$，104.15

【英文名】 2,2-Dimethyl-1，3-propanediol，Neopentyl glycol

【性状】 无色针状结晶，mp 130℃。可溶于水、乙醇、乙醚等有机溶剂。

【制法】 段行信．实用精细有机合成手册．北京：化学工业出版社，2000：54.

$$\underset{(2)}{(CH_3)_2CHCHO} + HCHO \longrightarrow (CH_3)_2\underset{\displaystyle CH_2OH}{\underset{|}{C}}CHO \xrightarrow{HCHO} \underset{(1)}{(CH_3)_2C(CH_2OH)_2}$$

于安有搅拌器、温度计、滴液漏斗、回流冷凝器的反应瓶中，加入乙醇800mL，氢氧化钾175g（3mol），冰水浴冷却，滴加由甲醛（40%，500mL，6.4mol）、异丁醛（**2**）180g（2.5mol）和适量乙醇配成的溶液，控制反应液温度在30℃左右，加完后继续搅拌反应2h。而后回流反应5h。减压回收乙醇和水。冷却，用乙醚提取四次。蒸馏回收乙醚。剩余物用苯重结晶，得新戊二醇（**1**）。收率50%。

2′-羟基查尔酮

$C_{15}H_{12}O_2$，224.26

【英文名】 2′-Hydroxychalcone

【性状】 淡黄色粉状固体。mp 84～85℃。

【制法】 [1] 李秀珍，黄生建，陈侠等．中国医药工业杂志，2009，40（5）：329.

[2] 党珊，刘锦贵，王国辉．合成化学，2008，16（4）：460.

OH, COCH₃ (**2**) + CHO → OH, O (**1**)

于安有搅拌器、温度计、回流冷凝器、滴液漏斗的反应瓶中，加入邻羟基苯乙酮（**2**）13.6g（0.1mol），氢氧化钠16g（0.4mol），水100mL，溴化四丁基铵0.05g。搅拌下慢慢加热至50℃，于20min内滴加苯甲醛14.8g（0.14mol）。加完后升温至70℃，保温反应3h。冷至室温，用浓盐酸约40mL调至pH1。抽滤，水洗。滤饼用乙醇重结晶，于40℃减压干燥，得淡黄色粉状固体（**1**）19.9g，收率88.8%，mp88～89℃。

2-苯亚甲基环戊酮

$C_{12}H_{12}O$，172.22

【英文名】 2-Benzylidenecyclopentone

【性状】 黄色结晶。mp 68～70℃。溶于醇、醚、热石油醚。

【制法】 孙昌俊，曹晓冉，王秀菊．药物合成反应——理论与实践．北京：化学工业出版社：2007：409.

$$\text{环戊酮 (2)} + \text{PhCHO (3)} \xrightarrow{NaOH} \text{2-苯亚甲基环戊酮 (1)} + H_2O$$

于安有搅拌器的反应瓶中加入苯甲醛（**3**）26g（0.25mol），环戊酮（**2**）42g（0.5mol），搅拌下室温滴加25%的氢氧化钠溶液500mL，约1.5h加完。加完后再于室温搅拌反应2h。冷却下用盐酸调至pH7，乙醚提取（300mL×3）。合并乙醚层，无水碳酸钠干燥，蒸馏回收乙醚。减压蒸馏，收集164～168℃/1.3kPa的馏分，冷后固化，得黄色2-苯亚甲基环戊酮（**1**）17.5g，收率70%。用正己烷重结晶，mp 60～69℃。

α-甲基肉桂醛

$C_{10}H_{10}O$，146.19

【英文名】 *α*-Methyl cinnamaldehyde

【性状】 无色液体。bp148～151℃/0.5kPa。n_D^{20} 1.6049。溶于乙醚、乙酸乙酯、氯仿，不溶于水。

【制法】 孙昌俊，曹晓冉，王秀菊．药物合成反应——理论与实践．北京：化学工业出版社，2007：415.

$$C_6H_5CHO\ \textbf{(2)} + CH_3CH_2CHO\ \textbf{(3)} \xrightarrow{NaOH} C_6H_5CH{=}C(CH_3){-}CHO\ \textbf{(1)}$$

于安有搅拌器、温度计、滴液漏斗的反应瓶中，加入95%的乙醇100mL，0.5mol/L的氢氧化钠水溶液100mL，TEBA1.5g，冷至5℃以下，加入新蒸馏过的苯甲醛（**2**）53g（0.5mol），搅拌下滴加丙醛（**3**）36mL（0.5mol），控制滴加温度不超过5℃。加完后于室温反应2.5h，加水适量，用乙醚提取三次，合并乙醚提取液，无水硫酸钠干燥。常压蒸出乙醚，而后减压蒸馏，收集148～152℃的馏分，得浅黄色液体*α*-甲基肉桂醛（**1**）53g，收率87%。

3. 分子内羟醛缩合反应

某些脂肪族二元醛酮，可进行分子内的羟醛缩合，生成环状的*α*,*β*-不饱和羰基化合物，例如：

$$CH_3CO(CH_2)_4CHO + NaOH \xrightarrow{-H_2O} \text{1-乙酰基环戊烯}\quad (73\%)$$

$$\text{2-}(CH_2CH_2COCH_3)\text{环己酮} \xrightarrow{TsOH} \text{八氢萘酮} + H_2O$$

$$\text{环癸-1,6-二酮} \xrightarrow{Na_2CO_3,H_2O} \text{双环烯酮}\quad (96\%)$$

分子内的羟醛缩合反应，可以大致分为二醛缩合、二酮缩合、醛酮缩合三种类型。这是合成脂环族醛、酮的重要方法之一。除了直接使用醛、酮之外，有些反应物常常是通过醇、缩醛（缩酮）、烯醇（烯醇醚、烯醇酯）、烯胺、Mannich 碱、季铵盐、氯乙烯等原位产生。此外，Michael 加成是合成 1,5-二酮和 δ-醛酮的重要方法，它们常常不需分离而直接进行分子内的羟醛缩合反应（Robinson 环化）。

二醛缩合——脂肪族 α,ω-二醛（链长＞C_5）在中等条件下（酸或碱催化）生成环状的 α，β-不饱和醛。已经报道的用这种方法合成的产物有五元环、六元环、七元环、十五元环、十七元环化合物等。1,6-二醛生成环戊烯醛，1,7-二醛生成环己烯醛。

$$\text{(CH}_2\text{)}_4\text{(CHO)}_2 \xrightarrow[H_2O]{NaOH} \text{1-环戊烯甲醛}$$

$$(EtO_2C)_2C(CH_2CH_2CHO)_2 \xrightarrow[5\sim8℃]{EtONa,EtOH} \text{(CO}_2\text{Et)}_2\text{-环己烯-CHO}$$

反应应当在高度稀释的条件下进行，以减少分子间交叉缩合，提高环化产物的收率。

如下二缩醛在酸性条件下原位生成二醛，而后可以发生分子内羟醛缩合反应生成环状烯醛。

$$\text{联苯-2,2'-}(CH_2CH(OCH_3)_2)_2 \xrightarrow[\triangle]{H_2O,H_2SO_4} \text{CHO}$$

$$(CH_2)_{12}\begin{cases}CH_2CH(OEt)_2\\CH(OEt)_2\end{cases} \xrightarrow[C_6H_6,\text{回流}]{C_6H_5SO_3H} (CH_2)_{12}\text{环烯-CHO}$$

用哌啶醋酸盐作催化剂，如下二醛生成两种环状烯醛的混合物，其间可能经历了烯胺中间体。

$$\text{-CH}_2\text{CHO, -CH}_2\text{CHO} \xrightarrow{\text{哌啶}\overset{+}{N}H\cdot CH_2OO^-} \left[\begin{array}{l}\text{-CH=CHN(哌啶), -CH}_2\text{CHO}\\ \text{-CH}_2\text{CHO, -CH=CHN(哌啶)}\end{array}\right] \longrightarrow \text{CHO (66\%)} + \text{CHO (少量)}$$

2-乙基-2-己烯醛发生 Michael 加成首先生成中间体二醛，二醛无需分离，接着发生分子内的羟醛缩合反应，生成环状醇醛。

$$2\ n\text{-}C_3H_7CH{=}\underset{C_2H_5}{\underset{|}{C}}{-}CHO \xrightarrow[H_2O,MeOH]{KOH} \left[\text{C}_2\text{H}_5,\ \text{C}_3\text{H}_7\text{-}n,\ \text{C}_2\text{H}_5,\ \text{C}_2\text{H}_5,\ \text{CHO},\ \text{CHO}\right] \longrightarrow \text{H, C}_2\text{H}_5,\ \text{OH},\ \text{C}_2\text{H}_5,\ \text{C}_2\text{H}_5,\ \text{C}_3\text{H}_7,\ \text{CHO}$$

二酮缩合——利用 α,ω-二酮的自身缩合反应是合成环状 α,β-不饱和酮或环状 β-醇酮的常用方法，六元环化合物容易生成。利用 1,5-二酮可以生成环己烯酮；1,7-二酮容易生成环己烯酮衍生物。

$$CH_3COCH_2CH_2CH_2COCH_3\ (1,5\text{-二酮}) \xrightarrow[-H_2O]{HO^-} CH_3COCH_2CH_2CH_2CO\bar{C}H_2 \longrightarrow \text{(3-羟基-3-甲基环己酮)} \xrightarrow{-H_2O} \text{(3-甲基环己-2-烯酮)}$$

$$CH_3COCH_2(CH_2)_3CH_2COCH_3 \xrightarrow{H_2SO_4} CH_3C(\overset{+}{O}H)CH_2(CH_2)_3CH{=}C(OH)CH_3 \longrightarrow \text{(1-乙酰基-2-甲基环己烯)}$$

普通的酸或碱（如 HCl、醇钠等）对分子内的羟醛缩合是有效的，有时也可以使用仲胺类化合物，如哌啶、四氢吡咯等。

1,4-二酮可以生成环戊烯酮衍生物，1,6-二酮也容易生成环戊烯酮衍生物。例如：

$$CH_3COCH_2CH_2COCH_2CH_2CH{=}CHCH_2CH_3\ (1,4\text{-二酮}) \xrightarrow{NaOH} \text{(3-甲基-2-}(CH_2CH{=}CHCH_2CH_3)\text{环戊-2-烯酮)}$$

$$RCOCH_2CH_2CH_2CH_2COR\ (1,6\text{-二酮}) \xrightarrow[EtOH]{NaOH} \text{(2-R-1-COR-环戊烯)}\ (70\%\sim84\%) + \text{(2-R-3-COR-环戊烯)}\ (2\%\sim12\%)$$

R=烷基,芳基

环二酮也可以发生该反应。例如：

$$\text{环癸-1,6-二酮} \xrightarrow{Na_2CO_3} \text{(双环[5.3.0]癸-1(7)-烯-2-酮)}$$

一些长链的二酮类化合物在高度稀释的情况下也可以生成环状 α,β-不饱和酮，例如：

$$CH_3CO(CH_2)_{12}COCH_3 \xrightarrow[Et_2O,35^\circ C]{C_6H_5N(CH_3)MgBr} \text{(3-甲基环十五-2-烯酮, }(CH_2)_{12}\text{)}$$

利用该反应可以合成一些稠环化合物。例如在如下反应中，α,β-不饱和酮的 γ-位对分子中的另一个羰基进行反应，生成了稠环化合物。

$$\text{(三酮)} \xrightarrow[C_6H_6,\text{回流}]{TsOH} \text{(含 OH 的稠环二酮)}$$

利用该反应可以合成桥环化合物，例如：

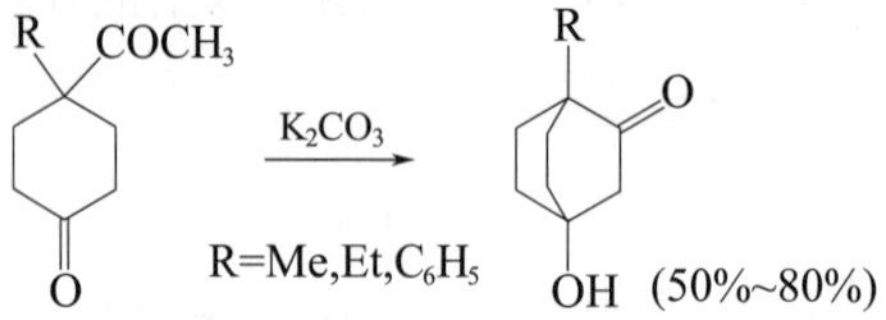

$$\xrightarrow[R=Me,Et,C_6H_5]{K_2CO_3}\quad (50\%\sim80\%)$$

同一反应物在不同的条件下可能生成不同的环化产物。例如：

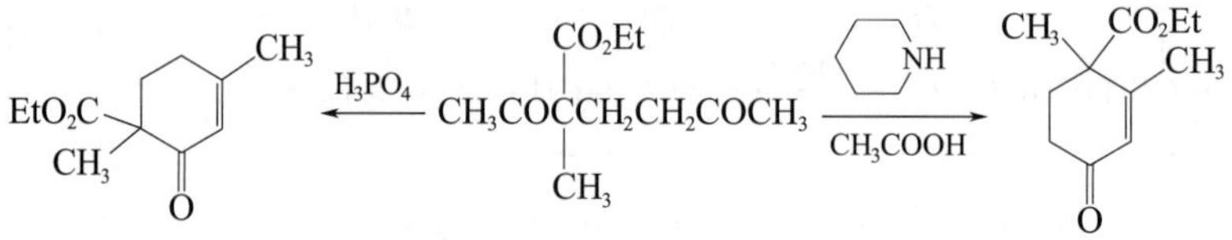

$$\xleftarrow{H_3PO_4} CH_3COC(CO_2Et)(CH_3)CH_2CH_2COCH_3 \xrightarrow[CH_3COOH]{\text{哌啶}}$$

在哌啶催化下可能是首先生成烯胺，而后再进行分子内的羟醛缩合反应；而在酸催化下则生成热力学更稳定的产物。

在如下反应中，酸和碱两种催化剂也得到了不同的反应产物。

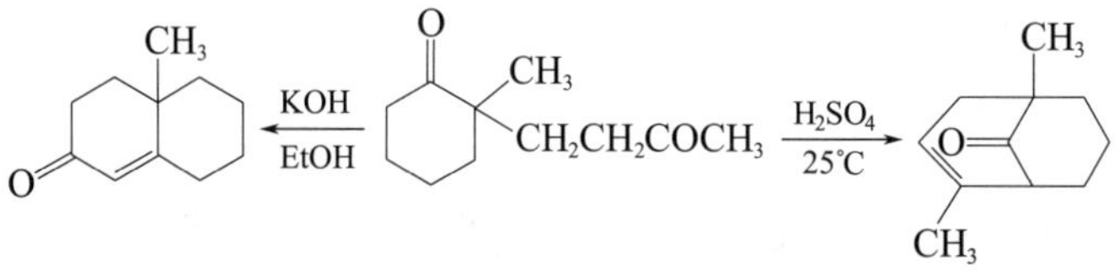

$$\xleftarrow[EtOH]{KOH} \xrightarrow[25℃]{H_2SO_4}$$

碱催化时，原料侧链甲基酮的甲基对环上羰基进攻进行羟醛缩合反应；而酸催化时是环酮的羰基 α-位亚甲基对侧链羰基的进攻进行羟醛缩合反应。

1,5-二酮可以通过 α,β-不饱和酮的 Michael 加成反应来得到，随后发生 Robinson 环化生成环状化合物。例如：

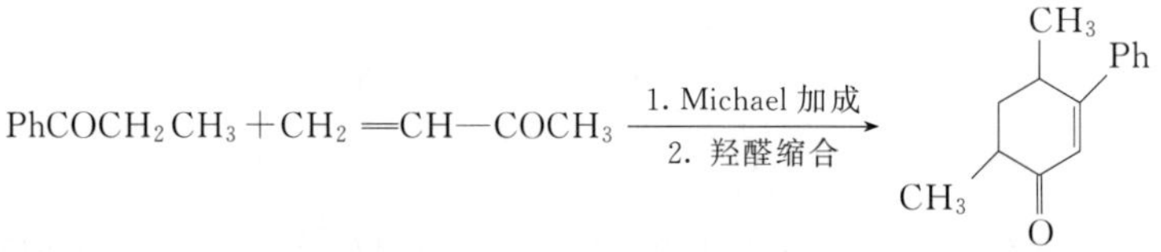

$$PhCOCH_2CH_3 + CH_2{=}CH{-}COCH_3 \xrightarrow[\text{2. 羟醛缩合}]{\text{1. Michael 加成}}$$

α,β-不饱和酮也可以用 Mannich 碱原位产生：

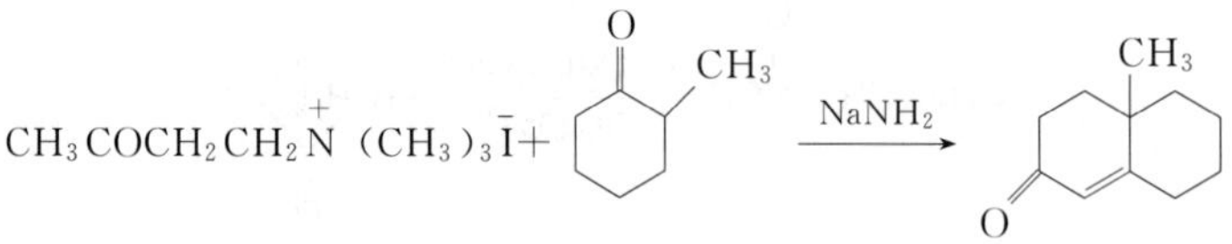

$$CH_3COCH_2CH_2\overset{+}{N}(CH_3)_3\bar{I} + \xrightarrow{NaNH_2}$$

酮醛缩合——酮醛（有时原位产生）可以发生分子内的羟醛缩合反应生成环状化合物，常见的是五元环和六元环化合物的合成。例如如下甾族化合物的合成：

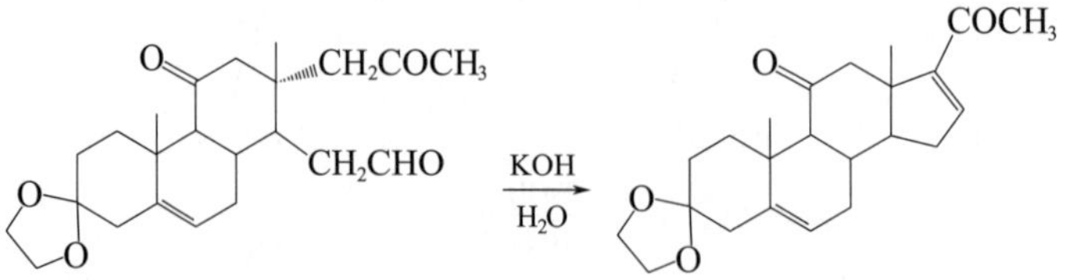

$$\xrightarrow[H_2O]{KOH}$$

在上述反应中，是酮的 α-碳原子进攻醛的羰基而发生的羟醛缩合反应。而在下面的反应中则生成了五元环的醛，而不是七元环的酮。

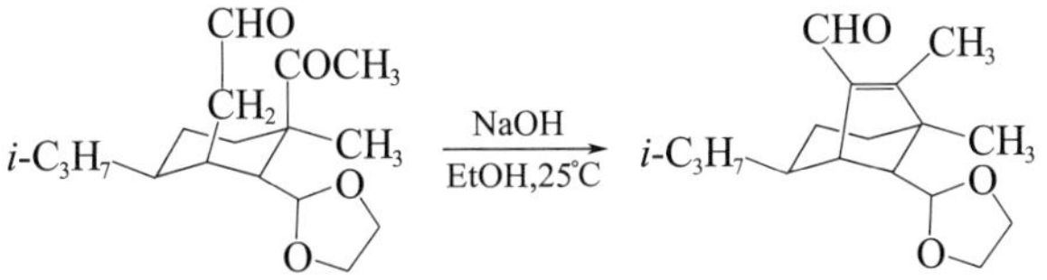
CHO
COCH3
CH2
CH3
i-C3H7
O
O
NaOH
EtOH,25℃
CHO
CH3
CH3
i-C3H7

这种结果似乎说明主要的影响因素是产物的结构和生成的环的大小而不是醛或酮基团的反应活性。

在如下 6-氧代-3-异丙基庚醛的反应中，使用哌啶醋酸盐作催化剂时，只生成 2-甲基-5-异丙基-1-环戊烯-1-甲醛，而在氢氧化钾或酸作催化剂时，则 1-乙酰基-4-异丙基-1-环戊烯是主要产物。

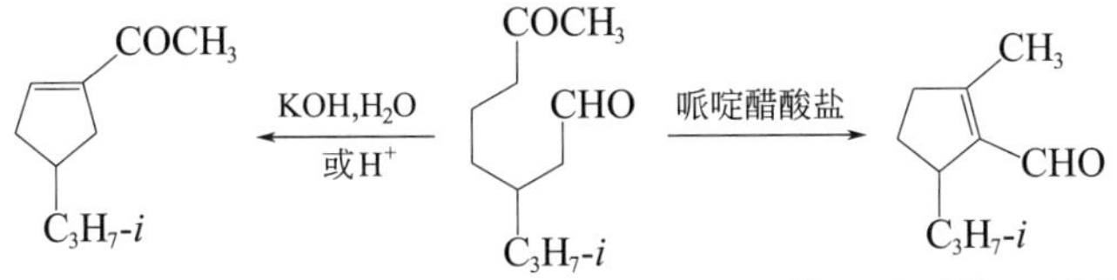
COCH3
C3H7-i
KOH,H2O
或H+
COCH3
CHO
C3H7-i
哌啶醋酸盐
CH3
CHO
C3H7-i

1-乙酰基-4-异丙基-1-环戊烯　　　　2-甲基-5-异丙基-1-环戊烯-1-甲醛

上述结果可以这样来解释：在哌啶盐作催化剂时，比较活泼的醛基容易与哌啶生成烯胺（动力学控制）并进而进攻酮的羰基，最终生成 2-甲基-5-异丙基-1-环戊烯-1-甲醛；在氢氧化钾或酸催化时，更容易发生烯醇化的酮（热力学控制）进攻醛的羰基，并最终生成 1-乙酰基-4-异丙基-1-环戊烯。

酮与 α,β-不饱和醛发生 Michael 加成生成 δ-醛酮，后者环化生成环状不饱和酮。

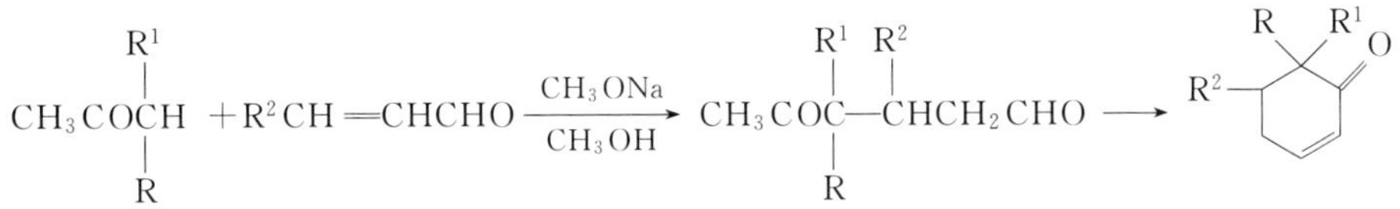
R1
CH3COCH
R
+R2CH=CHCHO
CH3ONa
CH3OH
R1 R2
CH3COC—CHCH2CHO
R
R R1
O
R2

利用该反应可以合成桥环化合物，例如：

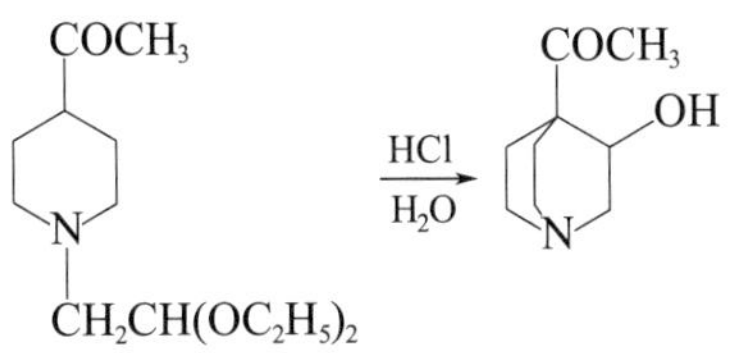
COCH3
N
CH2CH(OC2H5)2
HCl
H2O
COCH3
OH
N

生成的桥环化合物不容易脱水。

分子间也可以发生羟醛缩合反应生成环状化合物。

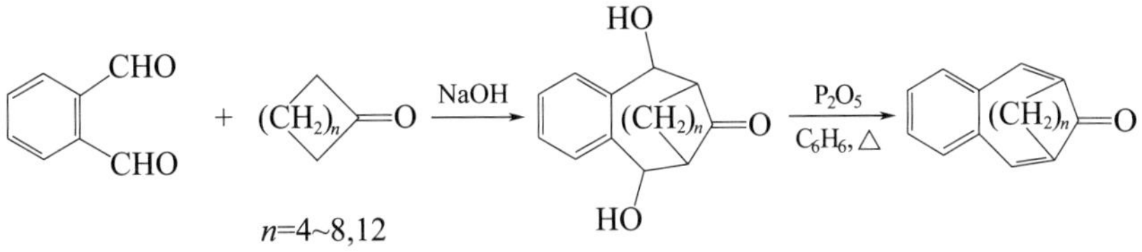
CHO
CHO
(CH2)n
O
n=4~8,12
NaOH
HO
HO
(CH2)n
O
P2O5
C6H6,△
(CH2)n
O

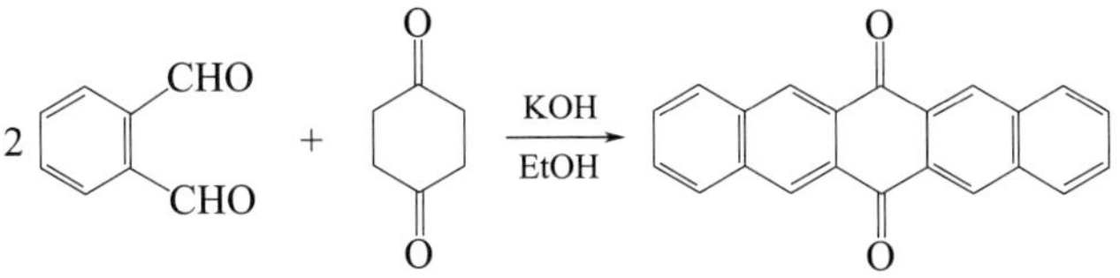
2
CHO
CHO
O
O
KOH
EtOH
O
O

3-甲基-2-环戊烯酮

C_6H_8O，96.13

【英文名】 3-Methyl-2-cyclopentenone

【性状】 无色透明液体。bp 74～76℃/2.1kPa，n_D^{20} 1.4893。溶于乙醇、乙醚、氯仿、丙酮、乙酸乙酯等有机溶剂，微溶于水。

【制法】 Bagnell Laurence，Bliese Marianne，et al. J Chem，1997，50（9）：921.

$$CH_3COCH_2CH_2COCH_3 \text{ (2)} \xrightarrow{HO^{\ominus}} \text{(1)}$$

于安有搅拌器、回流冷凝器、滴液漏斗的反应瓶中，加入氢氧化钠 2.5g，水 250mL，搅拌下加热至沸。由滴液漏斗迅速滴加 2,5-己二酮（**2**）28.5g。加完后继续回流反应 15min。将生成的暗褐色溶液于冰浴中冷却，用氯化钠饱和。乙醚提取三次。合并乙醚层，水洗三次，无水硫酸钠干燥。蒸出乙醚后，减压蒸馏，收集 74～76℃/2.1kPa 的馏分，得无色透明液体（**1**）9.5g，收率 40%。

3-甲基-4-乙氧甲酰基-2-环己烯酮

$C_{10}H_{14}O_3$，182.22

【英文名】 3-Methyl-4-ethoxycarboxyl-2-cyclohexenone

【性状】 黄色液体。bp 126～128℃/90Pa。

【制法】 胡炳成，吕春旭，刘祖亮．应用化学，2003，20（10）：1012.

$$2\ CH_3COCH_2CO_2CH_2CH_3 \text{ (2)} + HCHO \xrightarrow{DBU} \text{(3)} \longrightarrow \text{(1)}$$

于安有搅拌器、温度计、回流冷凝器的反应瓶中，加入乙酰乙酸乙酯（**2**）130g（1.0mol），粉状的多聚甲醛 16.52g（0.55mol），再加入 3.05mLDBU，于室温搅拌数分钟后慢慢升至 45℃，反应放热，温度迅速上升时，多聚甲醛逐渐溶解。用冰水冷却，控制不超过 90℃。剧烈的反应过去后反应混合物变为均相（约 20min）。于 80℃ 加热反应 2.5h。冷却，以 150mL 二氯甲烷提取，有机层用无水硫酸钠干燥。过滤，减压浓缩。加入 250mL 苯，回流脱水。回收苯后，剩余物加入由无水乙醇 200mL 和 11.5g 金属钠制成的溶液，由黄色变为红色。氮气保护下回流 2h。冷却，加入由 55mL 冰醋酸和 55mL 水配成的溶液，回流 3h。减压蒸出溶剂。剩余物中加入二氯甲烷提取。有机层依次用 2mol/L 的盐酸、水、饱和碳酸氢钠、饱和盐水洗涤，无水硫酸钠干燥。过滤，浓缩，减压蒸馏，收集 126～128℃/90Pa 的馏分，得黄色油状化合物（**1**）52.8g，收率 58%。

4. Robinson 环化反应

Robinson 环化反是经典的人名反应，广泛用于合成环状化合物。酮类化合物与 α,β-不饱和酮在催化剂碱的作用下发生缩合、环化，最后生成二环 α,β-不饱和酮（环己酮衍生物）。该反应是 20 世纪 30～50 年代在研究甾体化合物的合成中发展起来的一种成环方法，Robinson 于 1935 年首先报道了该反应。

Robinson 环化反应常常是和 Michael 加成反应一起使用来合成环状化合物的。例如：

CH_3 + CH_2=CHCOCH$_3$ EtONa / Michael加成 → CH_3 $CH_2CH_2CCH_3$ O O EtONa / Robinson环化 → CH_3 O OH

1,5-二羰基化合物

H^+ / $-H_2O$ → CH_3 O

(65%)

该反应的反应机理如下：

CH_3 H O EtO$^-$ / −EtOH ⇌ [CH_3 O ⟷ CH_3 O$^-$] CH_2=CH—C(=O)—CH_3 → CH_3 CH_2CH=C(O$^-$)CH_3 O

EtOH / −EtO$^-$ ⇌ CH_3 CH_2CH_2—C(=O)CH_3 O EtO$^-$ / −EtOH ⇌ [CH_3 CH_2CH_2—C(=O)$\bar{C}H_2$ O ⟷ CH_3 CH_2CH_2C(O$^-$)=CH_2 O]

→ CH_3 O O$^-$ EtOH / −EtO$^-$ ⇌ CH_3 O OH H^+ / $-H_2O$ → CH_3 O

该反应的前半部分是 Michael 加成反应，生成 1,5-二羰基化合物；后半部分是分子内的羟醛缩合反应（Robinson 环化），生成 β-羟基酮，后者失水生成环状 α，β-不饱和羰基化合物。

也可以用 β-酮酸酯进行类似的反应，例如：

O $CO_2C_2H_5$ + CH_2=CHCOCH$_2$CH$_3$ $C_2H_5O^-$ → O $CH_2CH_2COCH_2CH_3$ $CO_2C_2H_5$ $C_2H_5O^-$ → CH_3 O HO $CO_2C_2H_5$

H_3^+O → CH_3 O $CO_2C_2H_5$

环酮与 α,β-不饱和环酮也可以发生相应的反应。例如：

$3TfOH, P_4O_{10}$; CH_2Cl_2, MW, 40℃, 8h (57%)

在如下反应中，α,β-不饱和酮有两个可以反应的基团，此时反应具有选择性。例如：

OMe O MeO O Cl + O OMe t-BuOK, t-BuOH DME

α,β-不饱和酮分子中的三键比双键更容易参与反应。

上述例子几乎都是利用 Robinson 环化合成六元环化合物，其实，利用分子内的羟醛缩合反应也可以合成五元环类化合物。若在环酮的 α-位上引入一个丙酮基，则生成 1,4-二羰基化合物，后者发生分子内的羟醛缩合反应，则可以生成并环的五元环化合物。

B^-

关于丙酮基的引入，由于氯代丙酮、溴代丙酮等具有严重的催泪作用，常常使用其等价体。例如：

CO_2Et + H—C≡C—CH_2Br ⟶ CO_2Et CH_2C≡CH $\xrightarrow[2.HO^-]{1.Hg^{2+},H^+}$

上述反应中的炔键在汞盐催化下水合生成酮，而后发生环合反应并脱水生成产物。

在前述的各种反应中，Michael 加成反应都是 1,4-加成的例子，其实，对于不饱和的共轭酮，也可以发生 1,6-加成、1,8-加成等，原因是在共轭体系中，电子可以沿着共轭链一直传递下去。以下再举例说明各种相关反应。

1. 4-加成

NaOH, MeOH; TsOH, C_6H_6 (62%)

1.6-加成

Py,Et_2NH

NEt_2

t-BuOH

PhH,32%

p-TsOH

76%

1,8-加成

Et_2H

(17%)

Robinson 反应具有原料易得，反应条件温和，操作简便等特点，但 α，β-不饱和酮（Michael 受体）在反应中容易聚合，造成产率降低；反应中烃基化通常容易发生在羰基取代基较多的 α-碳原子上（区域选择性）；容易发生二烃基化副反应等，此外尚有立体选择性问题，使其应用受到一定的限制。针对这些问题，化学家研究了很多新的改进方法，并已取得了明显的结果。其中以研究 α，β-不饱和羰基化合物的聚合和烃基化的定向问题为多，而这些方法多半是围绕 Michael 反应的受体和供体的结构改造进行的。

区域选择性问题　实际上这是不对称环酮的选择性烃基化，属于反应的第一步 Michael 加成反应。

不对称环酮在碱的作用下烯醇化，可以生成两种不同的烯醇氧负离子，导致可以生成两种不同的烃基化产物。同时，形成异构的单烃基化产物的比例，还可能受到进一步烃基化产生二烃基化和多烃基化产物的影响。通常可以采取三种方法避免这一问题。一种是将活化官能团引入羰基的 α-位，从而使所要求的烯醇负离子成为主要的存在形式。例如：

$+ HCO_2Et \longrightarrow$ [CHO $\longleftrightarrow$ $CH—\bar{O}$] + EtOH

（Ⅱ）

在上述反应中，烯醇负离子（Ⅱ）可以稳定存在，进一步烃基化时可以在碳负离子处烃基化，脱去甲酰基得到烃基化产物。

第二种方法是在羰基的 α-位引入一个可以阻止形成烯醇负离子的保护基，待反应完成后再将其除去。

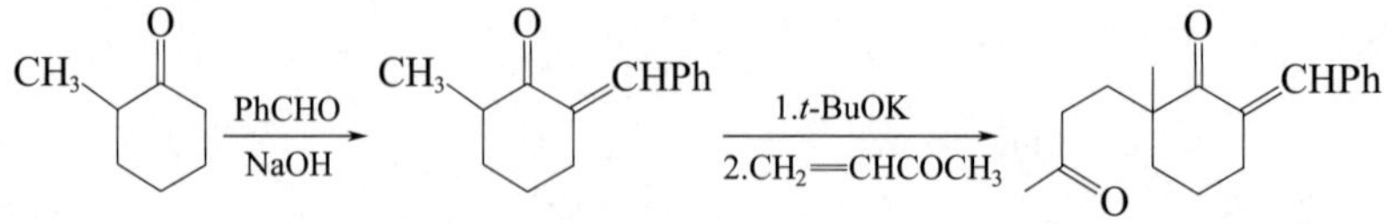

第三种方法则是使反应在非质子溶剂中进行，以避免烯醇负离子异构体平衡反应的发生，从而得到比较单一的烯醇负离子。

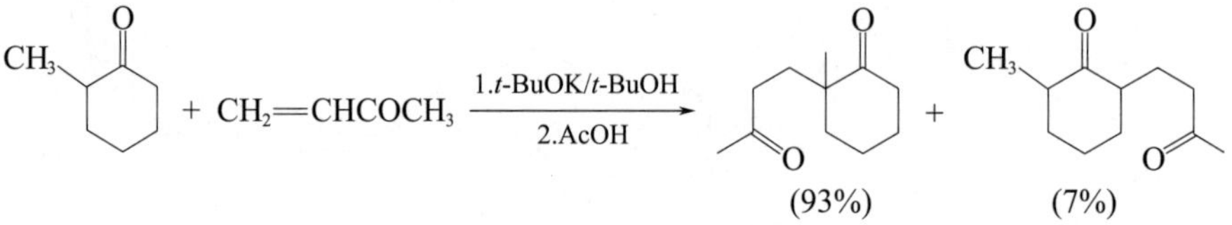

(93%) (7%)

将环酮转化为烯胺，可以实现在取代基较少的 α-位上的烃基化，例如：

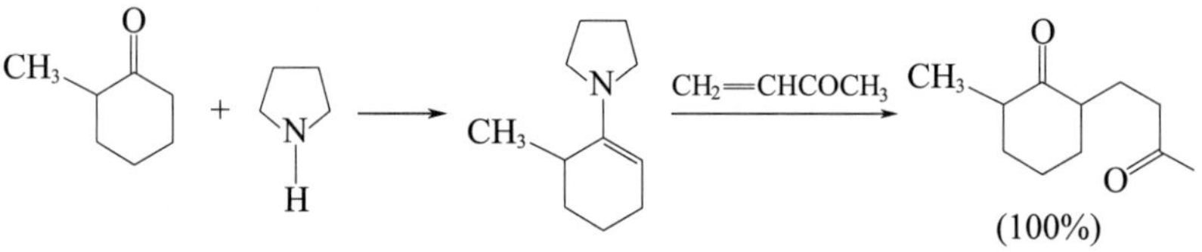

(100%)

关于如何避免 α，β-不饱和羰基化合物聚合的问题 α，β-不饱和羰基化合物容易发生聚合，特别是在碱性条件下更是如此。解决的方法一般有如下四种。

方法一是用 β-氨基酮（Mannich 碱）或 β-氯代酮作为 α，β-不饱和酮的前体，反应中原位产生 α，β-不饱和酮，这样可以降低反应体系中瞬间 α，β-不饱和酮的浓度，从而达到减少聚合反应的目的。

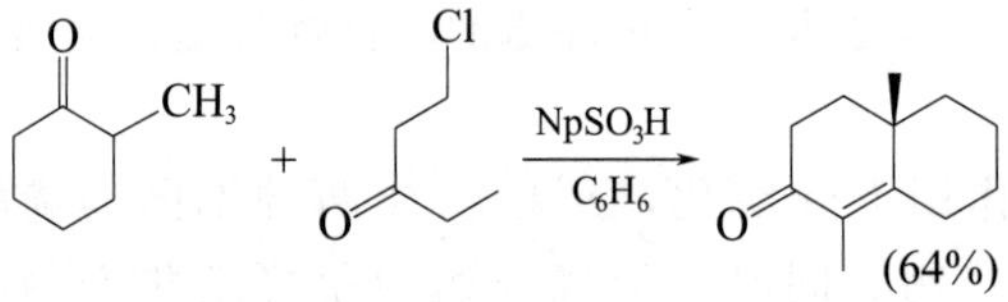

(64%)

方法二是使用 α-硅基-α，β-不饱和酮。α-硅基具有双重作用，一是硅基可以提高 α，β-不饱和酮的稳定性，二是可以稳定 Michael 加成生成的烯醇负离子。

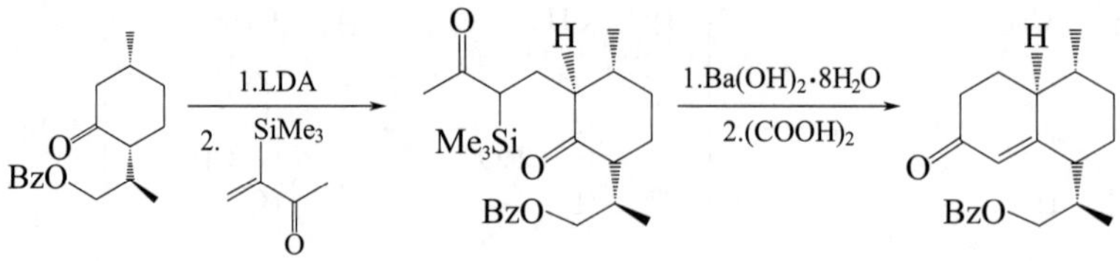

方法三是使用 α，β-不饱和酮的等效体，其实这种方法也是另外的两个人名反应。

Wichterie 反应：酮的烯醇盐与 α，β-不饱和酮的等效体（E）-1，3-二氯-2-丁烯反应，在酮的 α-位引入一个四碳侧链，并由此生成新的六元环，该反应最早是由 Wichterie 发现的，称为 Wichterie 成环反应。

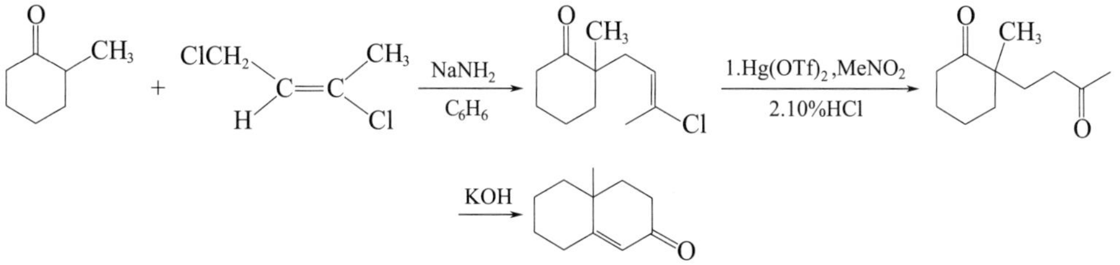

反应中（E）-1,3-二氯-2-丁烯分子中的烯丙基位的氯原子作为离去基，在酮的 α-位进行烃基化，而后烯基位上的氯原子水解，提供侧链 3-位上的羰基，最后发生 Robinson 环化生成环状化合物。上述反应也有可能生成桥环化合物：

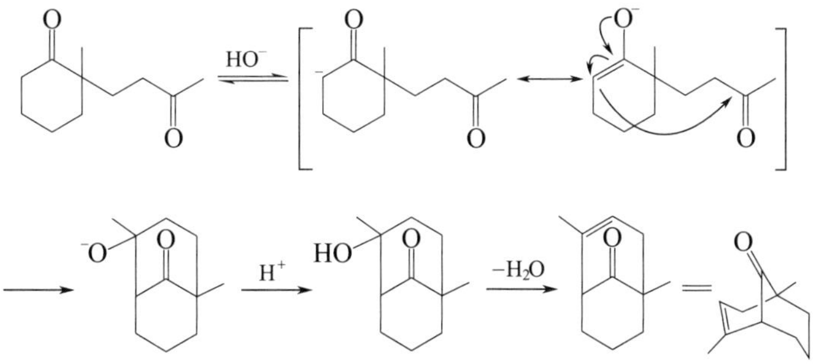

为防止桥环化合物的生成，可以将羰基的另一个 α-位用双键封闭，最后再将双键还原。

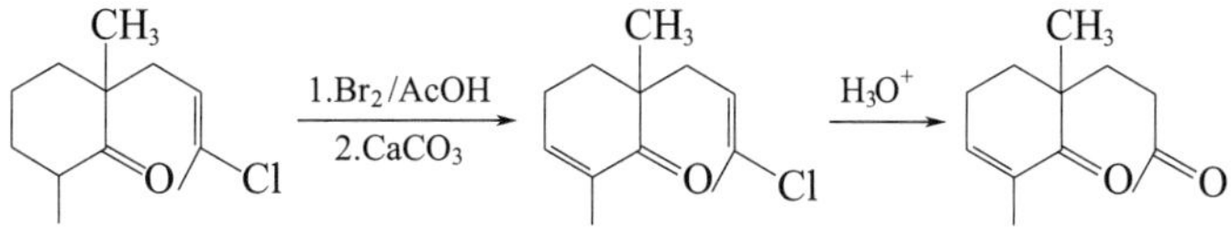

Stork 反应：Stork 曾用氯甲基异噁唑与环酮反应生成 α-异噁唑基取代的环酮，后者经不同的处理方法可以得到环状 α,β-不饱和酮。

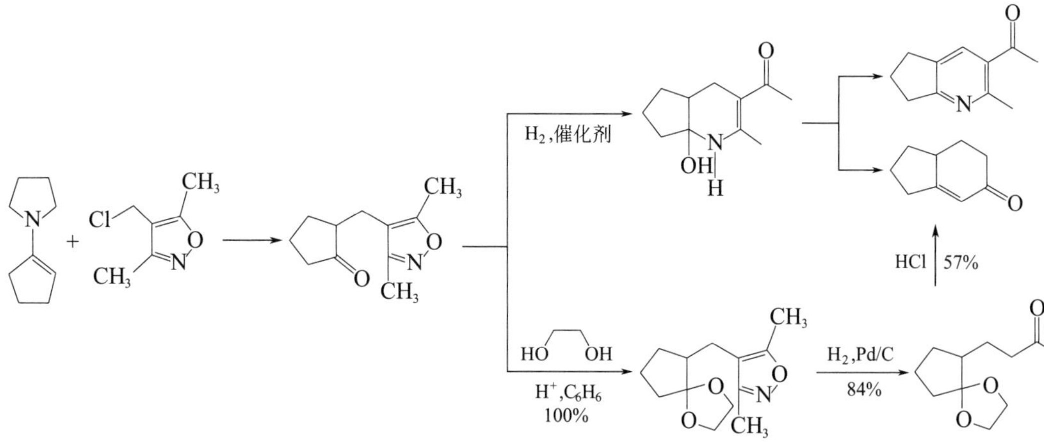

其中有一个步骤是氢解生成二氢吡啶衍生物，后者在碱性条件下可以成环生成环状 α，β-不饱和酮。由此，后来又有人直接用吡啶类化合物作成环试剂实现了如下反应，合成了两个新的六元环：

(54%)

1. HO OH; 2.Na,EtOH

3.NaOH; 4.H^+

(42%)

(100%)

酮的烯醇盐与三烃基硅基烯丙基卤如（*E*）-2-三甲基硅基-4-碘-2-丁烯（Stork-Jung 烯基硅烷试剂）反应，经一系列反应最后得到环状 α，β-不饱和酮。

Stork-Jung烯基硅烷试剂

m-CPBA

方法四是在酸性条件下进行 Robinson 环化。Jung（Jung M E，Maderna A. Tetrahedron Lett，2005，46：5057）于报道了如下反应，反应中生成了桥环化合物。

$TfOH, P_4O_{10} \cdot CH_2Cl_2$

MW,40℃,8h

(51%)

关于立体选择性问题　关于该反应的立体化学问题，是一个非常复杂的问题。在如下反应中，第一步 Michael 加成反应可能生成五个手性中心，在第二步反应（脱水）后，手性中心将减少，还有三个手性中心，要想弄清楚其中的关系是很难的事情。

$-H_2O$

在实际的具体反应中，情况可能会变得简单一些。

不对称 Robinson 环化反应已有不少报道。早在 1971 年 Wichert 等首先报道了 L-脯氨酸催化的分子内的羟醛缩合反应——不对称的 Robinson 环化反应。该反应称为 Hajos-Parrish-Eder-Sauer-Wiechert 反应。

0.47(摩尔分数)L-脯氨酸

1mol/$LHClO_4$

CH_3CN,80℃,20h

87%ee

84%ee

0.47(摩尔分数)L-脯氨酸

1mol/$LHClO_4$

CH_3CN,80℃,20h

83%ee

71%ee

Hajos 的贡献是将环化和脱水分步进行，而且只使用 0.3（摩尔分数）的 L-脯氨酸就可以取得 100%的收率和 93%的对映选择性。

0.3(摩尔分数)L-脯氨酸
DMF,r.t
TsOH
苯
OH
100%, 93%ee

它们的共同之处在于以小分子有机化合物催化的不对称分子内的羟醛缩合反应。

其他一些有机小分子化合物催化的分子内的羟醛缩合反应也有报道。

关于 Hajos-Parrish-Eder-Sauer-Wiechert 反应机理，人们一直争论不休。以下是 Houk 根据理论计算提出的一种机理。

$-H_2O$
CO_2H
$+H_2O$

反应底物首先与脯氨酸发生脱水反应生成亚胺正离子，亚胺正离子异构化生成烯胺，同时脯氨酸羧基的氢与分子中的一个羰基由于形成氢键而使羰基被活化，接着烯胺的双键对该羰基进行亲核加成生成新的 C-C 键，并生成亚胺正离子，亚胺正离子水解生成产物。

Robinson 环化反应在甾族和萜烯类化合物的合成中具有广泛的用途。

2007 年，Yamamoto（Li P，Payette J N，Yamamoto H. J Am Chem Soc，2007，119，9534）报道，以 L-脯氨酸为催化剂，通过分子内的羟醛缩合，合成了天然产物 Platensimycin 的核心并环结构的中间体。

COOH
NaOH,H_2O
95%
5:1

以 L-脯氨酸酰胺及其他有机小分子化合物作催化剂也有报道。

Δ^7-1-甲基双环［5.4.0］十一烯-2,9-二酮

$C_{11}H_{14}O_2$，178.23

【英文名】 Δ^7-1-Methylbicyclo[5.4.0]undecene-2，9-dione

【性状】 mp 71～72℃。

【制法】 Gawley R E. Synthesis，1976，777

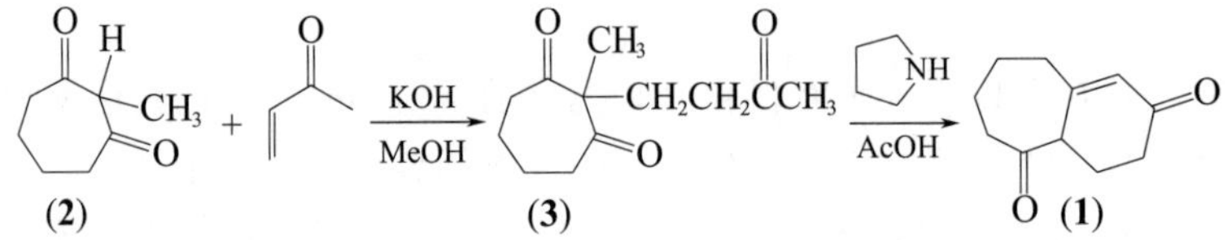

2-甲基-2-（3′-氧代丁基）-环庚-1，3-二酮（**3**）：于安有搅拌器、温度计、回流冷凝器的反应瓶中，加入2-甲基环庚-1，3-二酮（**2**）18g（0.13mol），无水甲醇100mL，85%的甲基乙烯基酮9g（0.13mol），氢氧化钾固体2片，搅拌下于50～60℃反应1h，而后回流反应3h。减压蒸出溶剂，剩余物溶于氯仿中，少量水洗涤，无水硫酸镁干燥。过滤，蒸出溶剂后，剩余物减压分馏，收集少量前馏分后，收集150～160℃/0.60kPa的馏分，得粗品15～16g，重新分馏，收集134～136℃/0.2kPa的馏分，得化合物（**3**）12～13g，收率44%～48%。

Δ^7-1-甲基双环[5.4.0]十一烯-2，9-二酮（**1**）：于安有搅拌器、温度计、滴液漏斗、回流冷凝器的反应瓶中，加入化合物（**3**）6.3g（0.03mol），无水乙醚100mL，冷至0℃，搅拌下滴加吡咯烷2.4mL（0.03mol），而后滴加醋酸1.8mL（0.03mol）。加完后于0℃搅拌反应1h，室温反应3h。蒸出溶剂，生成的棕色溶液过氧化铝柱纯化，以苯-石油醚洗脱，最终以苯重结晶，得化合物（**1**）2.6g，收率45%，mp71～72℃。

5. 定向羟醛缩合

前已述及，含α-氢的不同醛、酮分子之间，可以发生自身的羟醛缩合，也可以发生交叉羟醛缩合，产物复杂，缺少制备价值。但近年来含α-氢的不同醛、酮分子之间的区域选择性及立体选择性的羟醛缩合，已发展为一类形成新的碳-碳键的重要方法，这种方法称为定向羟醛缩合。定向羟醛缩合采用的主要方法是将亲核试剂完全转化为烯醇盐、烯醇硅醚、亚胺负离子或腙α-碳负离子，而后使其与羰基化合物反应。只要加成速率大于质子交换以及通过其他机理进行亲核体-亲电体相互转变的速率，将可以得到预期的产物。这类反应有时也叫引导的羟醛缩合反应（directed aldol reaction）。

（1）烯醇盐法

反应中先将醛、酮的某一组分，在强碱作用下形成烯醇负离子或等效体，而后再与另一分子的醛、酮反应，从而实现区域或立体选择性羟醛缩合。烯醇盐主要有烯醇锂、烯醇镁、烯醇钛、烯醇锆、烯醇锡等。对于这类反应，无论是烯醇负离子的形成，还是在加成步骤，均需在动力学控制的条件下进行。

使用强碱LDA，在非质子性溶剂中低温下，对具有明显差异的不对称酮去质子化是产生动力学控制烯醇负离子的一种简便方法，生成的负离子对醛的加成收率很好。

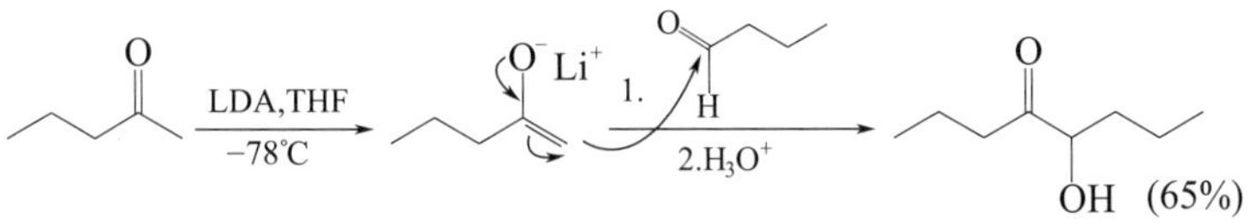

LDA,THF, −78℃; 1. 正丁醛; 2. H_3O^+ (65%)

有报道称，Lewis 酸 $TiCl_4$ 及 Lewis 酸-Lewis 碱组合试剂［$TiCl_4$/n-Bu_3N］或［Ti(OBun)$_4$/t-BuOK］促进的羟醛缩合，不但可以直接使用醛、酮本身，而且反应表现出高化学选择性、高区域选择性和高收率。例如如下反应，用 $TiCl_4$ 催化醛与酮的交叉羟醛缩合反应，可以选择性地在不对称酮取代基较多的一边进行反应。虽然反应机理尚不太清楚，不过所使用的条件显然是热力学控制的条件。

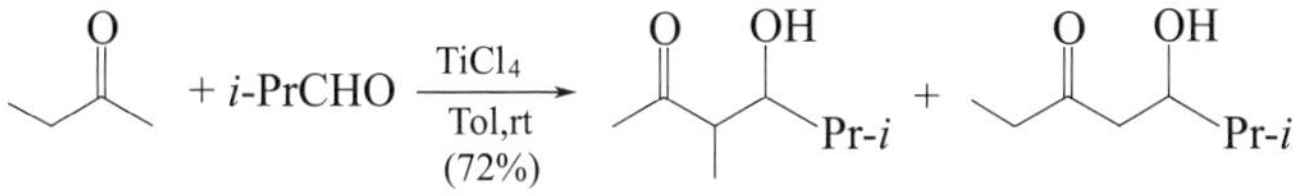

+ i-PrCHO $\xrightarrow[\text{Tol,rt (72\%)}]{TiCl_4}$ Pr-i + Pr-i

区域选择性：91∶1

立体选择性：76∶24(syn∶$anti$)

与 Michael 反应一样，羟醛缩合反应可以产生两个手性中心，最常见的情况是生成 4 个羟醛立体异构体。表示如下：

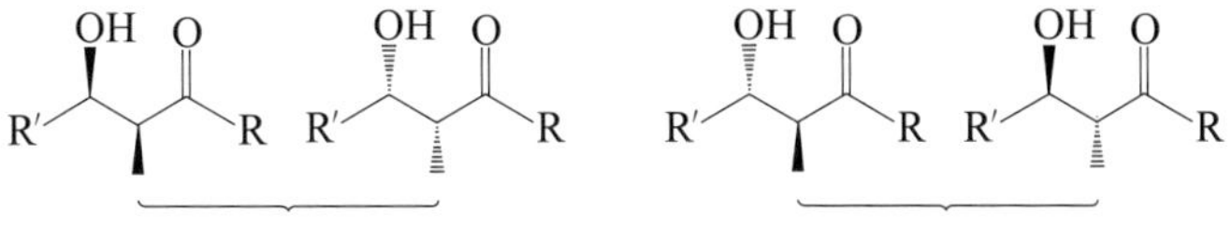

顺(或赤型)异构体对　　反(或苏型)异构体对

通过不对称的羟醛缩合，可以实现不对称反应，使四个异构体中的一个为主要产物。

反应的立体选择性与碳-碳键形成中的立体化学和加成反应中的椅式环己烷过渡态的构象有关。过渡态的构象决定于烯醇负离子的 Z、E 两种构型结构，以及反应属于动力学控制还是热力学控制。

羟醛缩合反应的立体化学首先取决于烯醇负离子的几何构型。参加反应的酮预先制成的烯醇盐有 Z、E 两种构型，当它们与一个醛反应时，可以生成如下两种形式的加成反应的过渡态：

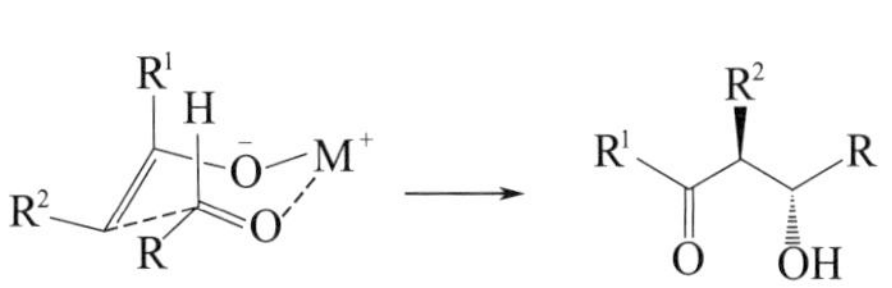

E-型烯醇盐加成　　$anti$($threo$-) β-羟基酮

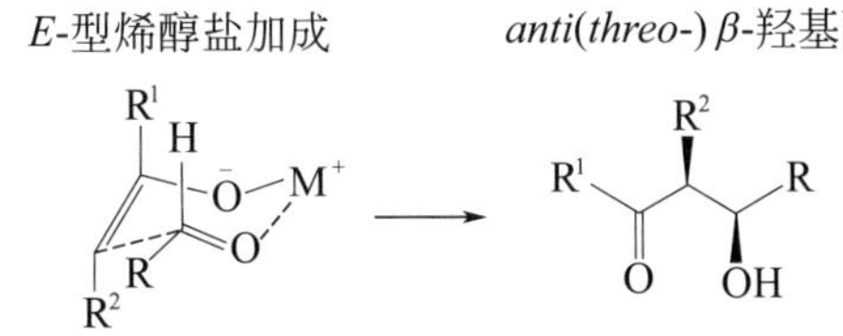

Z-型烯醇盐加成　　syn($erythro$-)β-羟基酮

实验证明，E-型烯醇盐加成后主要得到反式（$anti$-）产物，而 Z-型烯醇盐则主要得到顺式（syn-）产物。

一般而言，醛、酮在平衡条件下（热力学控制）主要生成 *E*-烯醇负离子；当使用 LDA 作碱时，*E*/*Z* 比例受动力学控制，以 *E*-烯醇负离子为主；当使用位阻更大的碱时，可以产生更高的 *E*-型选择性。在如下反应中，2,2-二甲基-3-戊酮于低温在动力学控制下主要生成 *Z*-型烯醇盐，后者与苯甲醛反应，得到顺式加成产物。

C_6H_5CHO，-72℃，快；25℃，慢，热力学控制

(78%~100% *syn*)　　(*anti*-)

空间位阻明显影响反应的立体选择性，位阻越大，立体选择性越高。例如：

CH_3CH_2-CO-R —LDA→ *E* + *Z* —PhCHO→ *anti* + *syn*

R	*E*	*Z*	*anti*	*syn*
C_2H_5	70	30	36	64
$CH(CH_3)_2$	40	60	18	82
$C(CH_3)_3$	2	98	2	98

（*R*,*R*）-4-羟基-3-苯基-2-庚酮

$C_{13}H_{18}O_2$，206.28

【英文名】 （*R*,*R*）-4-Hydroxy-3-phenyl-2-heptanone

【性状】 mp 71～72℃。

【制法】 Robert A，Auerbach，David S，Crumrine，David L，Ellison，Herbert O，Housel. Organic Syntheses，1998，Coll Vol 6：692.

(2) —1.NaH,DME,20℃；2.Ac_2O,5~30℃→ (3) —1.2CH_3Li,DME；2.$ZnCl_2$,Et_2O；3.*n*-PrCHO→ (1)

trans-2-乙酰氧基-1-苯基丙烯（**3**）：于安有搅拌器、滴液漏斗、通气导管的反应瓶中，通入氮气，冰浴冷却，加入 57%的氢化钠 35g（0.83mol），用 200mL 戊烷洗涤，将戊烷吸出，剩余物中加入加入 1,2-二甲氧基乙烷 250mL，而后滴加苯丙酮（**2**）65g（0.48mol），约 50～60min 加完。其间有氢气放出。必要时可以用冰浴冷却，以保持反应体系回流。继续搅拌反应 3h，放置 2h 以使氢化钠沉淀下来。氮气保护下将反应液转移至 1L 的反应瓶中，其中含有新蒸馏并冷至 0℃的醋酸酐 108g（100mL，1.00mol），安上搅拌器、温度计，氮气保护，其间注意加入速度，保持反应液温度在 30℃以下。剩余的固体物用 50mL1，2-二甲氧基乙烷洗涤后也转移至反应瓶中，室温继续搅拌反应 30min。将反应物慢慢倒入由 500mL 戊烷、500mL 水和 130g 碳酸氢钠的混合液中，待醋酸酐分解完后，分出有机层，水层用戊烷提取。合并有机

层，无水硫酸镁干燥。过滤，浓缩，剩余物减压分馏，收集 bp 82～89℃/133Pa 的馏分，得化合物（**3**）61.7～80.6g，收率 73%～95%，n_D^{25} 1.5320～1.5327。

（*R*,*R*）-4-羟基-3-苯基-2-庚酮（**1**）：于安有搅拌器、气体导管、温度计的反应瓶中，通入氮气，加入 10～20mg 2,2′-联吡啶，含有 0.412mol 不含卤化物的甲基锂乙醚溶液，水浴加热减压蒸出乙醚。再充入氮气，加入 1,2-二甲氧基乙烷 120mL，将生成的紫色反应液冷至－10～－20℃，搅拌下于 15min 滴加化合物（**3**）35.2g（0.20mol），反应温度保持在－20～10℃。加完后继续于－10～0℃搅拌反应 10min。于 10min 慢慢滴加含无水氯化锌 0.202mol 的乙醚溶液 285mL，其间保持反应液温度在－10～10℃之间。加完后继续于 0℃搅拌反应 10min。迅速加入新蒸馏的丁醛 14.50g（0.2014mol），其间保持反应液温度在－5～10℃，加完后继续于 0～5℃搅拌反应 4min。搅拌下将反应物倒入由 500mL 4mol/L 的氯化铵溶液与 200mL 乙醚的混合液中，分出乙醚层，水层用乙醚提取 2 次。合并有机层，依次用 1mol/L 的氯化铵、饱和盐水各洗涤 2 次，无水硫酸镁干燥。过滤，旋转浓缩，剩余物放置后固化。戊烷中重结晶化合物（**1**）26.2～28.4g，收率 64%～69%，mp57～62℃。再用己烷重结晶，得纯品（**1**）21.3～22.4gmp71～72℃，收率 53%～60%。

（*R**，*S**）-（±）-2,4-二甲基-3-羟基戊酸

$C_7H_{14}O_3$，146.19

【英文名】（*R**，*S**）-（±）-2，4-Dimethyl-3-hydroxy-pentanoic acid

【性状】 白色结晶。mp75～76℃。

【制法】 B Bal，C T Buse，K Smith，Clayton H Heathcock. Organic Syntheses，1990，Coll Vol 7：185.

(2) —[1.LDA,THF,−78℃; 2.$(CH_3)_2CHCHO$]→ (3) —[H_5IO_6; THF,H_2O]→ (1)

5-羟基-2,4,6-三甲基-2-三甲基硅氧基庚-3-酮（**3**）：于安有搅拌器、温度计、滴液漏斗、通气导管的干燥反应瓶中，加入 125mL 无水 THF，二异丙基胺 31mL（0.22mol），氩气保护，冷至－5℃以下，慢慢滴加 1.5mol/L 的丁基锂-己烷溶液 137mL（0.20mol），约 20min 加完。加完后用 10mL 无水 THF 冲洗漏斗并加入反应瓶中。继续搅拌反应 15min。冷至－70℃，滴加由 2-甲基-2-三甲基硅氧基-戊-3-酮（**2**）37.7g（0.20mol）溶于 10mL 干燥 THF 的溶液，约 20～25min 加完，反应温度保持在－70℃以下。加完后用 10mL THF 冲洗滴液漏斗并加入反应瓶中，于－70℃继续搅拌反应 30～40min。剧烈搅拌下于－70℃滴加 2-甲基丙醛 14.4g（0.20mol）溶于 10mL THF 的溶液，约 15min 加完。用 10mL THF 冲洗滴液漏斗并加入反应瓶中。10～15min 后，加入 200mL 饱和氯化铵溶液，撤去冷浴，慢慢升至室温。将反应物转移至 2L 分液漏斗中，加入 200mL 乙醚。摇动后分出有机层，水层用乙醚提取。合并乙醚层，水洗、饱和盐水洗涤，无水硫酸镁干燥。过滤，旋转浓缩，得浅黄色油状液体 52.1～52.4g，其中产品约占 67%，37%为反应物。于 25℃减压（13.3～10.6Pa）蒸发 19h，反应物除去，得 35.2g（纯度 90%），不必进一步纯化，直

接用于下一步反应。

(2*SR*，3*SR*)-2,4-二甲基-3-羟基戊酸（**1**）：于安有搅拌器、温度计、滴液漏斗、通气导管的反应瓶中，加入高碘酸12.5g（55mmol），干燥的THF 150mL，氮气保护，剧烈搅拌下冷至0～5℃，慢慢滴加由化合物（**3**）12.0g（纯品10.8g，41mmol）溶于10mL THF的溶液，约1min加完。加完后用5mL THF冲洗滴液漏斗并加入反应瓶中。15min后撤去冷浴，继续搅拌反应1.5h。其间生成白色沉淀。另将亚硫酸氢钠52g（0.5mol）溶于100mL蒸馏水中，置于500mL抽滤瓶中，冷至0℃。抽滤上述反应液，滤饼用50mL乙醚洗涤。滤液剧烈搅拌20min，分出有机层，水层（pH4.3）用乙醚提取2次。合并乙醚层，蒸馏水洗涤。无水硫酸镁干燥1h，过滤，旋转浓缩，剩余物减压蒸馏，收集85～89°C/1.33Pa的馏分，得黄绿色黏稠液体（1）4.9～5.4g，收率82%～89%。已烷中重结晶，得白色结晶4.6～5.0g，mp75～76℃，收率77%～83%。

(2*SR*，3*SR*)-(±)-2,4-二甲基-3-羟基戊酸

$C_7H_{14}O_3$，146.19

【英文名】 (2*SR*,3*SR*)-2,4-Dimethyl-3-hydroxy-pentanoic acid

【性状】 白色固体。mp76～79℃。

【制法】 Stephen H，Montgomery，Michael C，Pirrung，Clayton H，Heathcock. Organic Syntheses，1990，Coll Vol 7：190.

(2) —1.NaH / 2.CH_3CH_2COCl→ (3) —1.LDA,THF,−78℃ / 2.$(CH_3)_2CHCHO$→ (4) —1.KOH,MeOH / 2.H_3O^+→ (1) + HO-(2,6-二甲基苯酚)

丙酸2,4-二甲基苯酯（**3**）：于2L三口瓶中加入50%的氢化钠26.4g（0.55mol），用倾洗法以已烷洗涤几次。加入1L干燥的乙醚，安上搅拌器、滴液漏斗、回流冷凝器，于10min滴加由2,6-二甲基苯酚（**2**）溶于150mL乙醚的溶液。加完后继续搅拌反应5min，其间有氢气放出。于30min滴加丙酰氯50.9g（0.55mol）溶于100mL乙醚的溶液。加完后继续搅拌反应1h，倒入200mL水中。分出乙醚层，依次用10%的氢氧化钠溶液200mL、水200mL和4%的盐酸洗涤。无水硫酸镁干燥，过滤，旋转浓缩，剩余物减压蒸馏，收集60～65℃/6.65Pa的馏分，得化合物（**3**）85～86g，收率96%～97%。

(2*SR*，3*SR*)-2,4-二甲基-3-羟基戊酸2′,6′-二甲基苯基酯（**4**）：于安有搅拌器、温度计、滴液漏斗的反应瓶中，加入干燥的THF 300mL，氮气保护，加入二异丙胺69mL（0.49mol），搅拌下冷至−5℃，滴加1.5mol/L的丁基锂己烷溶液325mL（0.49mol），控制滴加速度，保持反应液温度在0～−5℃之间。加完后继续搅拌反应15min。冷至−70℃，滴加由化合物（**3**）85g（0.48mol）溶于100mLTHF的溶液，控制反应液温度比超过−65℃，约30～40min加完。加完后继续于−70℃搅拌反应1h。而后滴加由2-甲基丙醛

35.3g（0.49mol）溶于100mLTHF的溶液，保持反应液温度在－65℃以下。加完后继续于－70℃搅拌反应30min。慢慢加入饱和氯化铵溶液500mL，撤去冷浴，慢慢升至室温，将反应物转移至大的分液漏斗中，用500mL乙醚稀释。分出有机层，依次用水300mL、饱和盐水300mL洗涤，无水硫酸镁干燥。过滤，旋转浓缩，得油状半固体物112～120g，为β-羟基酯和丙酸2,6-二甲基苯基酯的混合物，比例为7∶2。用乙醚-己烷重结晶，得纯的β-羟基酯70g，收率70%，mp75.5～76℃。然而不需要纯化，可直接用于下一步反应。

（2*SR*，3*SR*）-2,4-二甲基-3-羟基戊酸（**1**）：将上述粗品（**4**）112～120g溶于500mL甲醇中，加入由氢氧化钾112g（2mol）溶于500mL水和500mL甲醇配成的混合液，搅拌下加热至40℃，15min后，分批加入干冰，直至反应液pH7～8，旋转浓缩至约500mL，二氯甲烷提取（300mL×2）。水层在剧烈搅拌下用75mL浓盐酸调至pH1～2，剧烈放出二氧化碳气体。二氯甲烷提取（500mL×2），合并有机层，饱和盐水洗涤，无水硫酸镁干燥。过滤，旋转浓缩，得半固体状（**1**）36～53g，己烷中重结晶，得白色固体（**1**）30～43g，mp76～79℃，收率41%～60%。

（2）烯醇硅醚法

烯醇硅醚是烯醇负离子的一种常用形式。

$$R^1R^2C{=}C(OSi(CH_3)_3)R^3 + R^4R^5C{=}O \xrightarrow{TiCl_4} [\text{过渡态}] \xrightarrow{-(CH_3)_3SiCl} [\text{钛螯合物}] \xrightarrow{H_2O} R^3-\overset{O}{\overset{\|}{C}}-CR^1R^2-C(OH)R^4-R^5$$

先将一种羰基化合物与三甲基氯硅烷反应生成烯醇硅醚，再在四氯化钛、三氟化硼、四烃基氟化铵等Lewis酸催化剂存在下与另一分子的羰基化合物发生羟醛缩合。例如苯乙酮与丙酮的反应，苯乙酮首先与三甲基氯硅烷反应生成烯醇硅醚，而后与丙酮在四氯化钛促进下进行羟醛缩合反应。但烯醇硅醚对酮羰基的亲核能力不强，不能直接与酮反应。$TiCl_4$等Lewis酸可以诱导烯醇硅醚对羰基化合物的加成生成羟醛缩合产物，加入Lewis酸与酮羰基配位可以起到活化羰基的作用（MuKaiyama T，Naraska K. Org Synth，1987，65：6）。

$$PhCOCH_3 \xrightarrow[Et_3N]{TMSCl} PhC(OTMS){=}CH_2 \xrightarrow[TiCl_4]{CH_3COCH_3} PhC(=O)-CH_2C(OH)(CH_3)_2 \quad (70\%\sim74\%)$$

该反应是由MuKaiyama T于1973～1974年提出来的，后来称为MuKaiyama反应。这是定向羟醛缩合的一种重要方法，应用广泛。

又如，2-甲基环己酮相继用LDA和TMS-Cl处理，主要生成动力学控制的产物1-三甲基硅氧基-6-甲基环己烯。

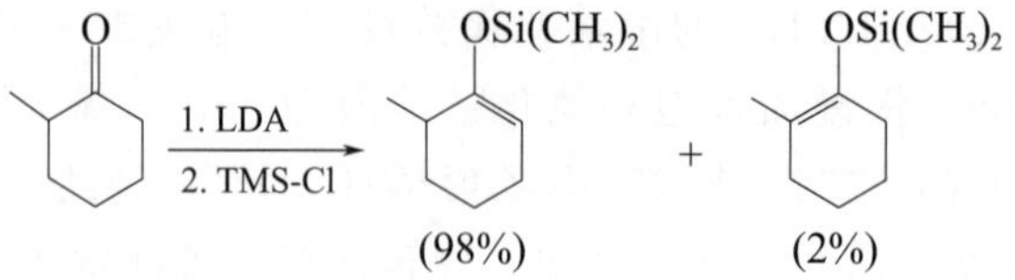

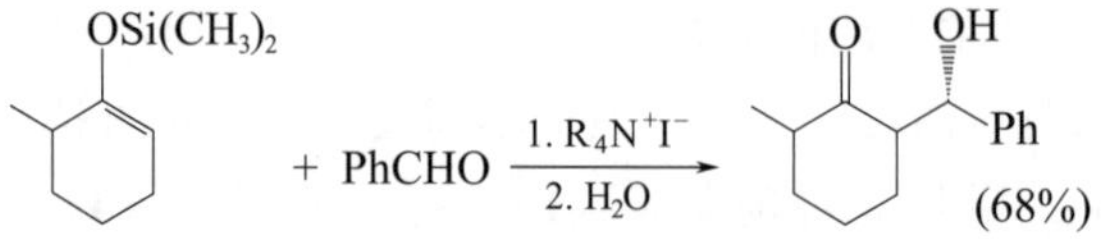

氟离子也可以诱导MuKaiyama反应。反应中氟离子首先进攻硅生成三甲基氟硅烷和烯醇负离子，后者与醛反应生成加成物。

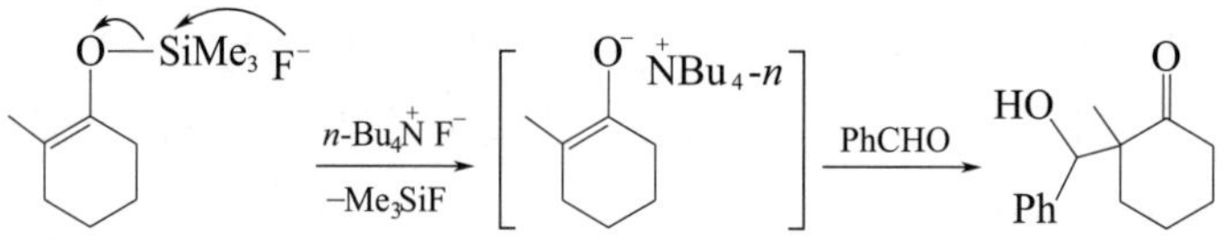

其实，普通烯醇的三甲基硅醚的亲核性不强，并不足以与醛的羰基反应，但在Lewis酸或碱存在下则可以顺利发生缩合反应。Lewis酸的作用是与醛、酮的羰基形成配合物，增强了其亲电性。

MuKaiyama反应的羰基化合物可以是醛、酮、缩醛或缩酮、酮酸酯等。反应具有良好的化学选择性，在酮和醛同时存在的情况下，醛优先反应，与酮的反应快于与酯的反应。由于反应是在酸性条件下进行，也可以直接与缩醛、缩酮反应，生成β-醚酮。例如：

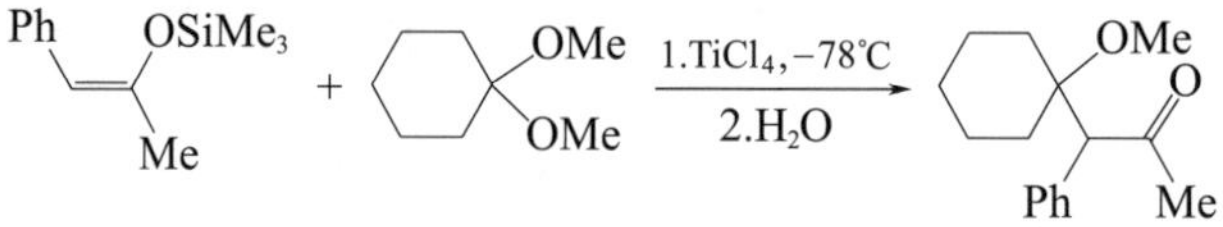

使用缩醛和缩酮的主要优点是它们在羟醛缩合反应中只能作为亲电试剂参与反应，从而避免了羰基化合物由于烯醇化而导致的可能副反应。

MuKaiyama羟醛缩合反应显示较强的溶剂效应。在经典的条件下，最佳溶剂是二氯甲烷，使用苯和烷烃收率下降。乙醚、THF、二氧六环会与Lewis酸结合使反应难以进行。质子性溶剂如乙醇较少使用。具有Lewis碱性的溶剂如DMF偶尔用于一些特殊硅醚的反应。

3-羟基-3-甲基-1-苯基-1-丁酮

$C_{11}H_{14}O_2$，178.23

【英文名】 3-Hydroxy-3-methyl-1-phenyl-1-butanone

【性状】 油状液体。

【制法】 Teruaki Mukaiyama，Koichi Narasaka. Org Synth，1993，Coll Vol 8：323.

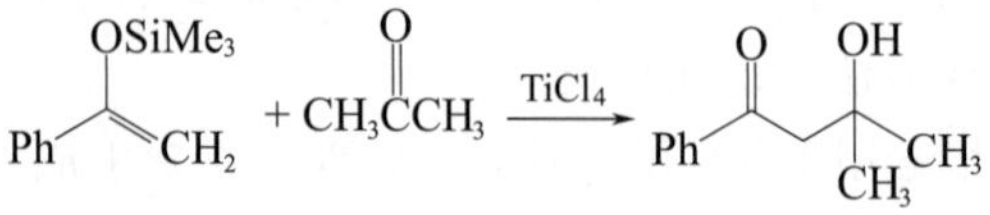

于安有搅拌器、滴液漏斗的反应瓶中，加入干燥的二氯甲烷 140mL，氩气保护，冰浴冷却，用注射器加入 $TiCl_4$ 11.0mL，于 5min 滴加 6.5g 丙酮溶于 30mL 二氯甲烷的溶液。加完后，再于 10min 滴加苯乙酮三甲基硅基醚（**2**）19.2g 溶于 15mL 二氯甲烷的溶液，加完后继续搅拌反应 15min。将反应物倒入 200mL 水中，分出有机层，水层用二氯甲烷提取 2 次。合并有机层，依次用饱和碳酸氢钠、饱和盐水洗涤，无水硫酸钠干燥。过滤，浓缩，将剩余物溶于 30mL 苯中，过硅胶柱纯化，以己烷-乙酸乙酯洗脱，得油状液体（**1**）12.2～12.8g，收率 70%～74%。

（2S,3S）-2-羟基-3-乙硫羰基-2-甲基丁酸甲酯

$C_9H_{16}O_4S$，220.28

【英文名】 (2*S*,3*S*)-3-Ethylsulfanylcaebonyl-2-hydroxy-2-methylbutyric acid methyl ester

【性状】 无色油状液体。

【制法】 Evans D A，Burgey C S，Kozlowski M C，Tregay S W. J Am Chem Soc，1999，121：686.

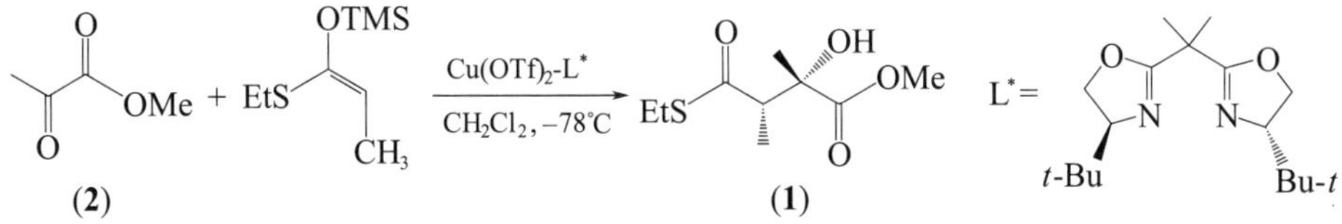

于反应瓶中加入（*S*,*S*）-手性双噁唑啉配体 71mg（0.24mmol），$Cu(OTf)_2$ 87mg（0.24mmol），二氯甲烷 10mL，氮气保护，室温搅拌 4h，得略浑浊的绿色溶液。冷至 −78℃，依次加入丙酮酸甲酯（**2**）0.86mL（9.5mmol）、三甲基硅基丙烯缩醛（由丙酸乙硫醇酯制备）2.20mL（10.0mmol），于 −78℃ 搅拌反应 15h。加入 TMSOTf 0.90mL（4.9mmol），2h 后用二氯甲烷 15mL 稀释。于 0℃ 用饱和碳酸氢钠水溶液淬灭反应，加水 15mL，分出有机层，水层用二氯甲烷提取。合并有机层，依次用水、饱和盐水洗涤，无水硫酸钠干燥。过滤，减压浓缩，剩余物过硅胶柱纯化，得无色油状液体（**1**）1.95g，收率 93%，98%ee，96%de。

（3）亚胺法

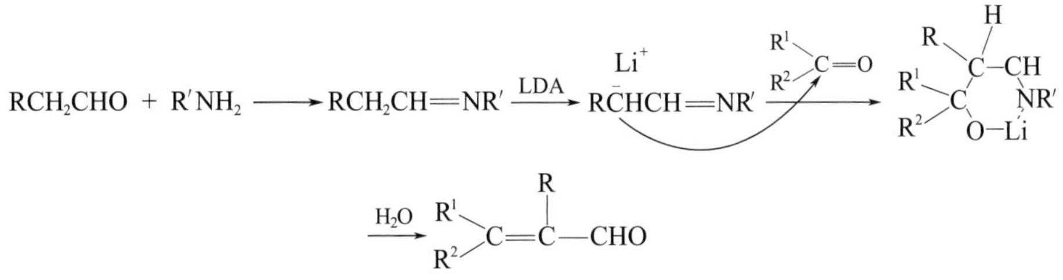

醛形成的碳负离子，容易发生自身缩合。这一问题的解决方法是先使醛与胺反应生成亚胺或 *N*,*N*-二甲基腙的氮杂烯醇负离子等合成等效体。醛与胺生成亚胺，再与 LDA 反应生成亚胺锂，而后再与另一分子的醛、酮发生羟醛缩合，生成 α,β-不饱和醛或 β-羟基醛。

例如：

$$CH_3CH_2CHO + H_2N{-}C_6H_{11} \xrightarrow{-H_2O} CH_3CH_2CH{=}N{-}C_6H_{11} \xrightarrow{LDA} CH_3\overset{-}{C}HCH{=}N{-}C_6H_{11}\ (Li^+)$$

$$\xrightarrow{Ph_2CO} Ph_2C(OLi){-}CH(CH_3)CH{=}N{-}C_6H_{11} \xrightarrow{H_2O} Ph_2C(OH){-}CH(CH_3)CHO\quad (75\%)$$

常用的等效体如下。

具体反应实例如下。

(83%)

$$\xrightarrow{n\text{-BuLi}} \xrightarrow[2.H_2O;\ 3.NaBH_4;\ 4.H_3O^+]{1.\ R^1COR^2}$$

β-苯基肉桂醛

$C_{15}H_{12}O$，208.26

【英文名】 *β*-Phenylcinnamaldehyde，3，3-Diphenyl-2-propenal

【性状】 浅黄色针状结晶。mp46～47℃。

【制法】 G. Wittigl，A Hesse. Org Synth，1988，Coll Vol 6：901.

$$C_6H_{11}NH_2\ \textbf{(2)} + CH_3CHO \longrightarrow C_6H_{11}N{=}CHCH_3\ \textbf{(3)} \xrightarrow{(i\text{-}Pr)_2NLi,Et_2O} C_6H_{11}N{=}CHCH_2Li \xrightarrow{Ph_2CO,Et_2O}$$

$$\xrightarrow{H_2O} \textbf{(4)} \xrightarrow[100℃]{(COOH)_2,H_2O} Ph_2C{=}CHCHO\ \textbf{(1)}$$

N-亚乙基环己胺（**3**）：于安有搅拌器、滴液漏斗、温度计、氮气导管的反应瓶中，加入新蒸馏的环己胺（**2**）99.2g（1.00mol），冷至－20℃，滴加新蒸馏的乙醛（bp21℃）

44.1g (1.00mol)，约 15min 加完。滴加过程中有白色固体生成，随后溶解。加完后于 −20℃继续搅拌反应 45min。有大量白色固体生成。于−20℃放置 15min，加入无水硫酸钠 15g，慢慢升至室温，固体物熔化。抽滤，乙醚洗涤。合并滤液和洗涤液，无水硫酸镁干燥。蒸出溶剂，减压蒸馏，收集 47～48℃/160Pa 的馏分，得无色液体（**3**）95～99g，收率 76%～79%，n_D^{20} 1.4579，n_D^{25} 1.4560。

N-(3-羟基-3，3-二苯基亚丙基)环己胺（**4**）：于安有搅拌器、通气导管的干燥反应瓶中，通入无氧氮气，25mL 无水乙醚，二异丙基胺 2.53g (3.60g，0.025mol)，冰浴冷却，而后慢慢滴加含甲基锂 0.025mol 的溶液，其间有甲烷剧烈放出。将生成的二异丙基氨基锂于 0℃搅拌 5～10min。搅拌下慢慢滴加由化合物（**3**）3.13g (0.025mol) 溶于 20mL 无水乙醚的溶液，加完后继续搅拌反应 10min。用甲醇-干冰浴冷至−70℃，搅拌下慢慢加入由二苯酮 4.55g (0.0250mol) 溶于 25mL 无水乙醚的溶液，加完后慢慢升至室温，放置 24h，其间有白色固体生成。冷至 0℃，加入 50mL 水，于 0℃搅拌 30min。过滤，除去固体物。分出有机层，无水硫酸钠干燥。过滤，减压浓缩。将得到的剩余物与上述固体物合并，用己烷重结晶，得白色针状结晶（**4**）6.8～7.06g，mp127～128℃，收率 89%～92%。

β-苯基肉桂醛（**1**）：将化合物（**4**）1.54g (0.0052mol) 与 10g 草酸一起进行水蒸气蒸馏，直至馏出液澄清。乙醚提取 2 次，合并乙醚层，无水硫酸镁干燥。过滤，减压浓缩，得粗品（**1**）1.0g，mp42～44℃。戊烷中重结晶，得浅黄色针状结晶（**1**）0.80～0.88g，mp46～47℃，收率 78%～85%。

(4) 烯醇硼化物法

目前，文献已报道了一些区域选择性合成烯醇硼化物的方法。通过硼及其所连接的配基可以使羟醛缩合获得优良的立体选择性，因而烯醇硼化物也是定向羟醛缩合的重要等效体。三烷基硼烷与烯酮的共轭加成是区域选择性合成烯醇硼化物的方法之一，这样得到的烯醇硼化物可以在温和的条件下快速与醛发生羟醛缩合加成，而且非对映立体选择性好。醇硼化物比烯醇锂化物更具有共价键特征，结构更紧密。该方法可以高收率得到 *β*-羟基羰基化合物。

$$R^1R^2C{=}CR^3(OBR^4_2) + R^5R^6CO \longrightarrow [\text{六元环硼酸酯中间体：}R^1,R^2,R^3,R^5,R^6,\ O{-}B(R^4)_2] \xrightarrow{H_2O} R^5R^6C(OH)C(R^1R^2)COR^3$$

$$n\text{-}C_4H_9CH{=}C(C_6H_5)OB(C_4H_9\text{-}n)_2 \xrightarrow[2.H_2O]{1.PhCHO} PhCH(OH){-}CH(C_4H_9\text{-}n){-}COC_6H_5$$

上式中的烯醇硼化物可以由如下方法来制备。

① 重氮酮与三烷基硼反应原位产生。

$$N_2CH_2{-}\overset{O}{\overset{\|}{C}}{-}Y + B(n\text{-}Bu)_3 \xrightarrow[-N_2]{} n\text{-}BuCH{=}C(Y)OB(Bu\text{-}n)_2 \xrightarrow{>C{=}O} n\text{-}BuCH(\overset{|}{\underset{|}{C}}OH){-}\overset{O}{\overset{\|}{C}}{-}Y$$

$Y{=}C_6H_5, OC_2H_5$

② α,β-不饱和羰基化合物与三烷基硼烷的1,4-加成。

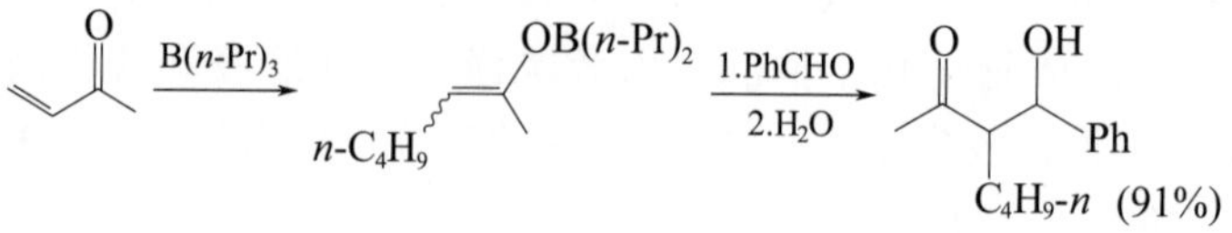

③ 烯醇化的酮与三烷基硼在异戊酸二乙基硼酯存在下反应也可以生成烯醇硼化物。

$$R^1CH_2COR^2 + B(C_2H_5)_3 \xrightarrow{i\text{-}C_4H_9CO_2B(C_2H_5)_2} R^1CH{=}CR^2OB(C_2H_5)_2 + C_2H_6$$

④ 另一种合成烯醇硼化物的常用的方法是三氟甲磺酸二烷基硼基酯与羰基化合物在叔胺如三乙胺存在下的反应。其与醛进行反应，可以得到高收率的交叉缩合产物。

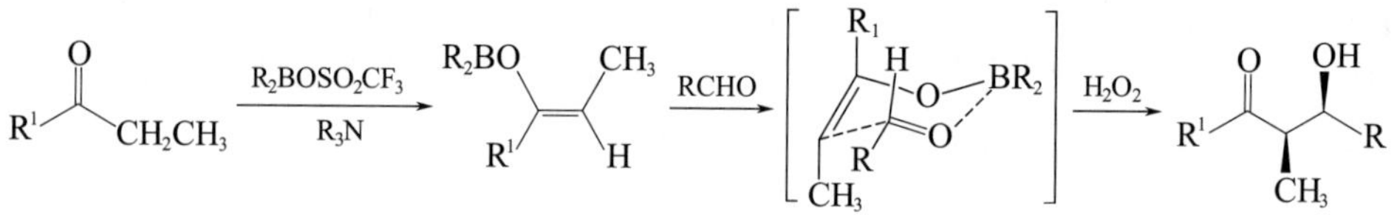

对于不对称酮而言，通过改变硼上不同的基团和反应中使用的碱，可以得到任何一种烯醇硼化物的区域异构体。例如：

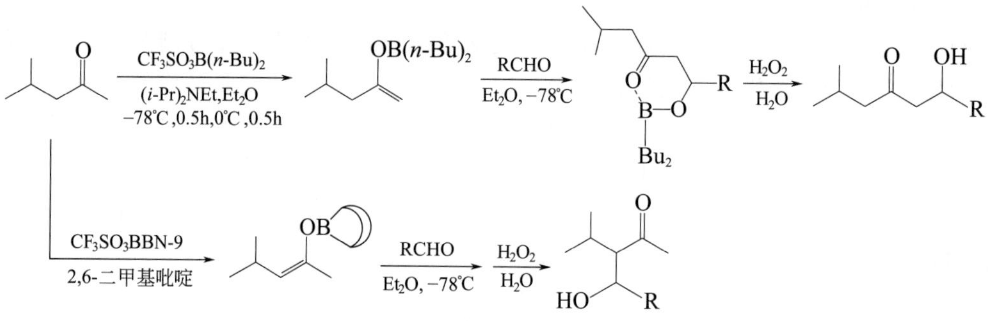

上述第一步反应的大致过程如下：

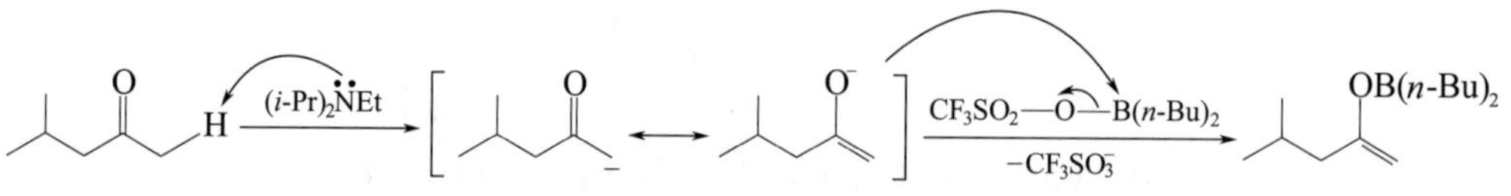

烯胺硼化物也可以与羰基化合物发生羟醛缩合反应，典型的例子是N-环己烯基环己胺基二氯硼烷与苯甲醛的反应。

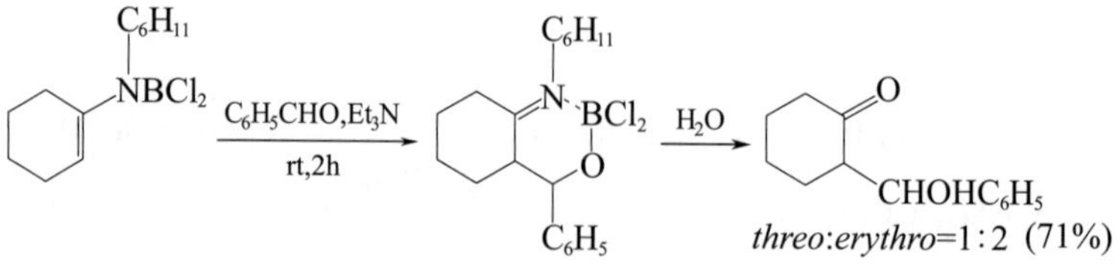

又如如下反应：

$$C_6H_5C(CH_3)=N\text{-R} \xrightarrow{BCl_3,Et_3N} CH_2=C(C_6H_5)N(BCl_2)\text{-R} \xrightarrow[2.\ H_2O]{1.\ C_6H_5CHO,Et_3N} C_6H_5COCH_2\overset{*}{C}HOHC_6H_5$$

3-[(羟基)苯甲基]-2-辛酮

$C_{15}H_{22}O_2$，234.34

【英文名】 3-[(Hydroxy)phenylmethyl]-2-octanone

【性状】 无色液体。

【制 法】 Muraki M，Inomata K，Mukaiyama T. Bull Chem Soc Jpn，1975，48：3200.

$$\underset{(2)}{CH_2=CHCOCH_3} \xrightarrow{B(n\text{-}Bu)_3} \underset{(3)}{n\text{-}C_5H_{11}CH=C(CH_3)OB(n\text{-}Bu)_2} \xrightarrow[2.\ H_2O]{1.\ PhCHO} \underset{(1)}{CH_3COCH(C_5H_{11}\text{-}n)CH(OH)Ph}$$

于反应瓶中加入含少量氧的THF，甲基乙烯基酮（**2**）150mg（2.1mmol），三正丁基硼烷450mg（2.4mmol），氮气保护下室温搅拌反应过夜，得（2-辛烯-2-氧基）二正丁基硼（**3**）的THF溶液。加入苯甲醛160mg（1.5mmol）的THF溶液，30min后减压除去溶剂。剩余物用20mL甲醇和30%的H_2O_2 1mL混合液处理1h。减压浓缩后，乙醚提取，依次用5%的碳酸氢钠、水洗涤，无水硫酸钠干燥。过滤，浓缩，剩余物过硅胶柱纯化，得化合物（**1**）319mg，收率91%。其中*threo*-240mg，收率68%，*erythro*-79mg，收率23%。

6-羟基-2-甲基-8-苯基-4-辛酮

$C_{15}H_{22}O_2$，234.34

【英文名】 6-Hydroxy-2-methyl-8-phenyl-4-octanone

【性状】 油状液体。

【制法】 Mukaiyama T，Inoue T. Chem Lett，1976，559.

$$\underset{(2)}{CF_3SO_3H} + B(n\text{-}Bu)_3 \longrightarrow \underset{(3)}{CF_3SO_3B(Bu\text{-}n)_2}$$

$$CH_3COCH_2CH(CH_3)_2 + (3) \longrightarrow \underset{(4)}{CH_2=C(OB(Bu\text{-}n)_2)CH_2CH(CH_3)_2} \xrightarrow[2.\ H_2O_2]{1.\ PhCH_2CH_2CHO} \underset{(1)}{PhCH_2CH_2CH(OH)CH_2COCH_2CH(CH_3)_2}$$

三氟甲磺酸二丁基硼酯（**3**）：于反应瓶中，加入三丁基硼15.16g（83.3mmol），氩气保护，室温加入三氟甲磺酸（**2**）12.51g（83.3mmol），搅拌反应3h。减压蒸馏，收集37℃/16Pa的馏分，得化合物（**3**）19.15g，收率84%。

6-羟基-2-甲基-8-苯基-4-辛酮（**1**）：于反应瓶中加入化合物（**3**）0.301g（1.1mmol），

乙醚 1.5mL，二异丙基乙基胺 0.142g（1.1mmol），氩气保护，冷至−78℃。搅拌下滴加 4-甲基-2-戊酮 0.10g（1.0mmol）溶于 1.5mL 乙醚的溶液，加完后继续搅拌反应 30min。而后加入 3-苯基丙醛 0.134g（1.0mmol）溶于 1.5mL 乙醚的溶液。1h 后加入 pH7.0 的磷酸盐缓冲液，乙醚提取。蒸出乙醚，剩余物用 3mL 甲醇、30%的 H_2O_2 1mL 处理 2h。加入适量水，减压蒸出甲醇。乙醚提取，合并乙醚层，依次用 5%的碳酸氢钠、饱和盐水洗涤，无水硫酸钠干燥。过滤，浓缩，制备色谱纯化，得油状液体（**1**）0.192g，收率 82%。

（5）Morita-Baylis-Hillman 反应

Morita-Baylis-Hillman 反应是 α,β-不饱和化合物，在叔胺或三烃基膦催化下，与醛发生的羟醛缩合反应。该反应也叫 Baylis-Hillman 反应（Baylis A B，Hillman M E D. Der Pat. 2155133，1972），有时也称为 Rauhut-Currier 反应。该反应是一个缺电子烯烃与一个亲核碳之间形成 C-C 键的反应。缺电子烯烃包括丙烯酸酯、丙烯腈、乙烯基酮、乙烯基砜、丙烯醛等。亲核性碳可以是醛、α-烷氧基羰基酮、醛亚胺和 Michael 反应的受体等。

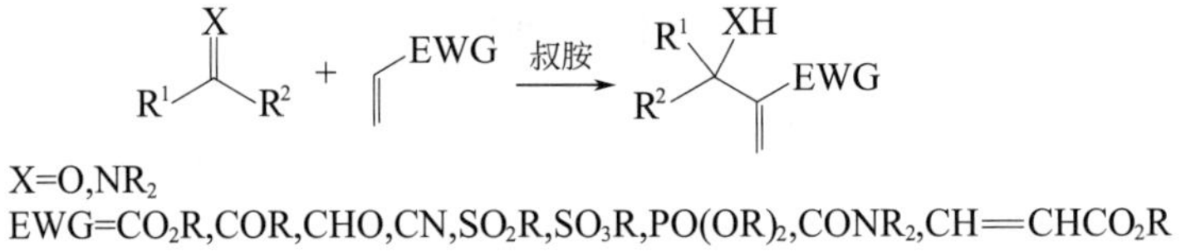

X=O,NR_2

EWG=CO_2R,COR,CHO,CN,SO_2R,SO_3R,$PO(OR)_2$,$CONR_2$,CH═$CHCO_2R$

具体例子如下。

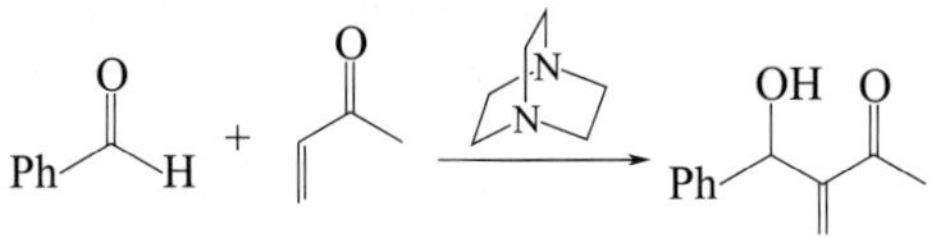

反应机理如下。

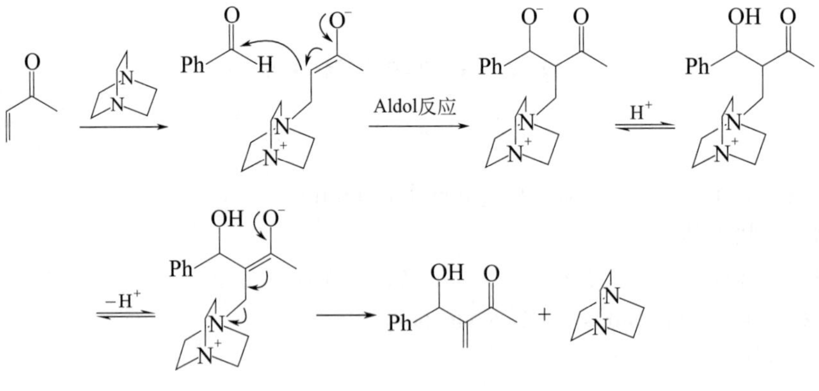

叔胺或三苯基膦首先与 α,β-不饱和化合物进行共轭加成生成烯醇负离子，再与醛进行羟醛缩合，最后经质子交换、β-消除形成 α,β-不饱和键。总的结果是 α,β-不饱和化合物的 α-碳负离子与醛、酮的加成反应。

很多 α，β-不饱和化合物都适用于该反应，如上述反应式中列出的。除了醛之外，亚胺鎓、活化的酮、活化的亚胺也可以作为亲电体。

该反应作为催化剂的 Lewis 碱，包括叔胺（DABCO、DBU、DMAP）、三苯基膦和 Lewis 酸-碱体系所产生的卤素负离子等。$TiCl_4$ 也可以作为催化剂，其原理是体系中产生的氯负离子起着该反应中叔胺的作用，即亲核试剂和离去基团的双重作用。

MeCHO + 丙烯醛 —[DABCO(0.3摩尔分数), 20℃,10天]→ Me-CH(OH)-C(=CH$_2$)-CHO (65%)

i-BuCHO + CH_2=CH-SO_3Ph —[DABCO,C_6H_6, r.t,3h]→ i-Bu-CH(OH)-C(=CH$_2$)-SO_3Ph (87%)

CH_2═$\overset{+}{N}Me_2Cl^-$ + CH_2=CH-CO_2Me —[MeCN,r.t,1.5h]→ $\overset{+}{N}HMe_2Cl^-$-CH_2-C(=CH$_2$)-CO_2Me (88%)

syn-3-氯甲基-4-羟基-4-（4′-硝基苯基）-2-丁酮

$C_{11}H_{12}ClNO_4$，257.67

【英文名】 *syn*-3-Chloromethyl-4-hydroxy-4-(4′-nitrophenyl)-2-butanone

【性状】 无色固体。mp90～91℃。

【制法】 Min Shi，Yan-Shu Feng. J Org Chem，2001，66：406～411.

p-O_2NPhCHO (**2**) + 甲基乙烯基酮 —[$TiCl_4$,Bu_4NBr, CH_2Cl_2,−78℃]→ p-O_2NPh-CH(OH)-CH(CH_2Cl)-C(=O)-CH_3 (**1**)

于反应瓶中加入四丁基溴化铵8.06mg（0.025mmol），二氯甲烷1.3mL，冷至−78℃，加入1.4mol/L的$TiCl_4$二氯甲烷溶液0.7mL（0.7mmol），搅拌反应5min后，加入对丁基苯甲醛（**2**）76mg（0.5mmol）溶于1mL二氯甲烷的溶液和甲基乙烯基酮105mg（1.5mmol），于−78℃搅拌反应24h。加入1mL饱和碳酸氢钠溶液淬灭反应，而后过滤。滤液以二氯甲烷提取，无水硫酸钠干燥。过滤，蒸出溶剂，剩余物过硅胶柱纯化，以乙酸乙酯-石油醚（1∶4）洗脱，得无色固体（**1**）117mg，收率91%，mp90～91℃。

6. 类羟醛缩合反应

醛、酮的烯醇负离子与醛、酮的反应为羟醛缩合反应，还有其他一些稳定的碳负离子同样可以与醛、酮反应，称为类羟醛缩合反应。其中比较常见的有烯丙基负离子、具有α-H的硝基（氰基）化合物负离子、环戊二烯负离子等。

（1）烯丙基负离子等效体

在Lewis作用下，许多烯丙型的金属或非金属化合物可以与醛反应，生成的烯烃经氧化断键后可以生成β-羟基醛，因此该类反应等效于醛的交叉羟醛缩合反应。

R^1R^2C=CH-CH_2-MLn + R^3CHO ⟶ R^3CH(OH)-CR^1R^2-CH=CH_2 + R^3CH(OH)-CR^1R^2-CH=CH_2（非对映异构体）

M=Al,B,Cr,Si,Sn,Ti,Zr

反应具有很高的立体选择性，选择不同的M和反应条件，可以得到不同的立体异构体的产物（*syn* 或 *anti*）。

$$\mathrm{PhCHO} + \text{CH}_3\text{CH=CHCH}_2\text{Br} \xrightarrow[(96\%)]{\mathrm{CrCl_2,THF}} \mathrm{PhCH(OH)CH(CH_3)CH=CH_2} \xrightarrow[2.\ \mathrm{H_2O_2,H_2O}]{1.\ \mathrm{O_3}} \mathrm{PhCH(OH)CH(CH_3)COOH}$$

（2）硝基化合物的类羟醛缩合反应

含有 α-H 的硝基烷烃，由于硝基的强吸电子作用，α-H 具有酸性，在碱的作用下可以生成碳负离子，后者与醛反应生成 β-硝基醇。该反应称为 Henry 反应。硝基甲烷有三个 α-H，伯硝基烷有两个 α-H，它们都可以进行该反应。芳香醛发生该反应时，容易直接脱水生成共轭的硝基化合物。

$$\mathrm{R_2CH{-}NO_2} \underset{}{\overset{\mathrm{HO^-}}{\rightleftharpoons}} \mathrm{R_2\bar{C}{-}NO_2} \xrightarrow{\mathrm{R'CHO}} \mathrm{R'CH(O^-)CR_2NO_2} \xrightarrow{\mathrm{H^+}} \mathrm{R'CH(OH)CR_2NO_2}$$

$$\mathrm{CH_3NO_2} + \mathrm{HCHO} \xrightarrow[2.\ \mathrm{H_2SO_4}]{1.\ \mathrm{KOH,MeOH}} \underset{(46\%\sim49\%)}{\mathrm{HOCH_2CH_2NO_2}}$$

例如治疗高血压、心绞痛和心律失常药物盐酸贝凡洛尔中间体 3，4-二甲氧基-β-硝基苯乙烯的合成如下：

$$3,4\text{-}(\mathrm{CH_3O})_2\mathrm{C_6H_3{-}CHO} \xrightarrow[\mathrm{CH_3COOH}]{\mathrm{CH_3NO_2,\ CH_3CO_2NH_4}} 3,4\text{-}(\mathrm{CH_3O})_2\mathrm{C_6H_3{-}CH{=}CHNO_2}\quad(80.6\%)$$

又如抗血栓药盐酸噻氯匹定中间体的合成如下（陈仲强，陈虹．现代药物的制备与合成．北京：化学工业出版社，2007：481）：

$$\text{2-噻吩甲醛} + \mathrm{CH_3NO_2} \longrightarrow \text{2-(2-硝基乙烯基)噻吩}$$

含有 α-H 的腈也可以发生类似的反应。

硝基化合物的类羟醛缩合反应，除了硝基甲烷外，其他的硝基烷的类羟醛缩合反应产物的收率较低，因而在使用中受到限制，但使用亚胺酸硅酯的反应却可以得到高收率的产物。

$$\mathrm{RCH_2NO_2} \xrightarrow[\mathrm{Me_3SiCl}]{\mathrm{LDA}} \mathrm{RCH{=}\overset{+}{N}(OSiMe_3)O^-} \xrightarrow[\mathrm{Bu_4NF}]{\mathrm{R'CHO}} \mathrm{R'CH(OSiMe_3)CH(R)NO_2}\ (anti) + \mathrm{R'CH(OSiMe_3)CH(R)NO_2}\ (syn)\qquad >20:1$$

在上述反应中亚胺酸硅酯在氟离子的作用下生成亚胺酸负离子，后者与醛反应生成的主要产物为 *anti*-异构体。

提高反应收率的另一种方法是硝基烷经 LDA 去质子化生成双锂盐，而后再与醛反应，酸化后可以得到 *syn*-异构体。

$RCH_2NO_2 \xrightarrow{2LDA} [R\bar{C}{=}N(=O)O^-]2Li^+ \xrightarrow{R'CHO} R'CH(OLi)CH(R)NO_2Li \xrightarrow[HMPA]{HOAc} R'CH(OH)CH(R)NO_2$

（3）环戊二烯负离子参与的类羟醛缩合反应

环戊二烯、茚、芴等含活泼亚甲基的化合物，在碱的作用下可以生成具有芳香性的稳定负离子，后者可以与羰基化合物发生类羟醛缩合反应。例如：

$C_5H_6 \underset{}{\overset{碱}{\rightleftharpoons}} C_5H_5^- \overset{Me_2CO}{\rightleftharpoons} C_5H_5C(CH_3)_2O^- \overset{BH}{\rightleftharpoons} C_5H_5C(CH_3)_2OH \xrightarrow{-H_2O} C_5H_4{=}C(CH_3)_2$

邻甲氧基苯基丙酮

$C_{10}H_{12}O_2$，164.20

【英文名】 *o*-Methoxyphenylacetone

【性状】 无色液体。bp128～130℃/1.86kPa，150℃/3.99kPa。

【制法】 Heinzelman R V. Org Synth，1963，Coll Vol 4：573.

$\underset{(2)}{2\text{-}CH_3OC_6H_4CHO} \xrightarrow{C_2H_5NO_2} 2\text{-}CH_3OC_6H_4CH{=}C(CH_3)NO_2 \xrightarrow[HCl]{Fe} \underset{(1)}{2\text{-}CH_3OC_6H_4CH_2COCH_3}$

于安有搅拌器、分水器的反应瓶中，加入干燥的甲苯200mL，邻甲氧基苯甲醛（**2**）130g（1mol），硝基乙烷90g（1.1mol），正丁胺20mL，迅速加热回流脱水，直至脱水完全。甲苯溶液直接用于下一步反应。

于安有搅拌器、两个回流冷凝器、滴液漏斗的反应瓶中，加入上述甲苯溶液，500mL水，200g铁粉和氯化亚铁4g，搅拌下加热至75℃。于2h滴加浓盐酸360mL，加完后继续搅拌反应30min。

将反应液转入5L反应瓶中，进行水蒸气蒸馏，收集7～10L馏出液。分出甲苯层，水层用甲苯提取。合并甲苯层，加入由亚硫酸氢钠26g溶于500mL水的溶液，搅拌30min。分出甲苯层，水洗。减压蒸出溶剂，得橙色液体107～120g。减压蒸馏，收集128～130℃/1.86kPa的馏分，得产物（**1**）102～117g，收率63%～71%（以邻甲氧基苯甲醛计）。

2-甲氧基-4-(2-硝基-1-丙烯基)苯酚

$C_{10}H_{11}NO_4$，209.20

【英文名】 2-Methoxy-4-(2-nitroprop-1-enyl)phenol

【性状】 棕黄色结晶。mp98～100℃。

【制法】 刘颖，刘登科，刘默等．精细化工中间体，2008，38（2）：45.

$$\text{HO-C}_6\text{H}_3(\text{OCH}_3)\text{-CHO} + \text{CH}_3\text{CH}_2\text{NO}_2 \xrightarrow[\text{AcOH}]{n\text{-C}_4\text{H}_9\text{NH}_2} \text{HO-C}_6\text{H}_3(\text{OCH}_3)\text{-CH=C(NO}_2\text{)CH}_3$$

（2）　　　　　　　　　　　　　　　　（1）

于安有分水器的反应瓶中，加入香草醛（**2**）30.4g（0.20mol），甲苯 80mL，升温至 60℃搅拌溶解。依次加入硝基乙烷 20.4g（0.27mol）、醋酸 1mL，正丁胺 0.66mL，回流分水，约 8h 分出理论量的水。冷却，过滤，甲苯洗涤，得棕褐色结晶 38.1g。乙醇-水（v/v＝4∶1）中重结晶，得棕黄色结晶 36.7g，收率 87.6%，mp98～100℃。

7. 不对称羟醛缩合反应

不对称羟醛缩合反应是有机合成中的的热门课题之一，由于 *β*-羟基酮的特殊结构，其在天然产物的研究中占有重要的地位。

不对称羟醛缩合反应大致可以分为两类，一是将底物酮或酯衍生为烯醇的形式而后进行反应，如前面介绍的 Mukaiyama 反应；二是醛与酮之间的直接羟醛缩合反应。后一类反应常常是在手性催化剂存在下进行的。在这方面，有机小分子催化的不对称羟醛缩合反应因其操作简便和原子经济性等特点而广受研究者的青睐。

有机小分子催化的不对称羟醛缩合反应，有些可以在非水相中进行，有些可以在水相中进行。

（1）非水相中的不对称羟醛缩合反应

常用的催化剂是脯氨酸及其衍生物、手性二胺-质子酸催化剂以及非天然手性仲胺类化合物。

L-脯氨酸既可以催化分子内的不对称羟醛缩合反应，也可以催化分子间的不对称羟醛缩合反应。

$$\text{CH}_3\text{COCH}_2\text{R}^1 + \text{R}^2\text{CHO} \xrightarrow[\text{DMSO/CH}_3\text{COCH}_3]{\text{L-Proline(0.3摩尔分数)}} \text{CH}_3\text{COCH(R}^1\text{)CH(OH)R}^2$$

Barbas 等（List B，Lerner R A，Barbas Ⅲ C F. J Am Chem Soc，2000，122：2395）研究了丙酮与对硝基苯甲醛的反应，用各种不同的氨基酸作催化剂，结果表明，五元环氨基酸效果最好，四元环次之，而六元环活性很低，开链的脂肪族氨基酸基本无催化活性。将氨基酸的羧基改为酰胺基，不发生反应，说明羧基在催化反应中起了重要的作用。可能的反应机理如下［姜丽娟，张兆国．有机化学，2006，26（5）：618］：

（反应机理图：丙酮 + L-脯氨酸 ⇌(a) 加成物 ⇌(b, $-H_2O$) 亚胺盐 ⇌(c, $-H^+$) 烯胺 ⇌(d, RCHO) 过渡态 ⇌ 亚胺盐 ⇌(e, H_2O) 加成物 ⇌(f) L-脯氨酸 + $\text{RCH(OH)CH}_2\text{COCH}_3$）

中间经历了亲核加成（a）、脱水（b）、亚胺脱质子化（c）、碳-碳键的生成（d）、亚胺-

醛中间物的水解（e、f）等多步反应。表 1-1 列出了在脯氨酸催化下的羟醛缩合反应的具体例子，立体选择性很高。

表 1-1 脯氨酸催化的醛与醛的分子间羟醛缩合反应

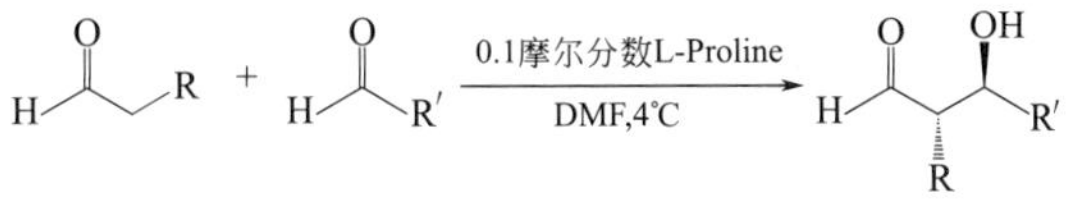

0.1摩尔分数L-Proline, DMF,4℃

R	R′	收率/%	*anti*/*syn*	ee%(*anti*)
Me	Et	80	4∶1	99
Me	*t*-Bu	88	3∶1	97
Me	*c*-C_6H_{11}	88	14∶1	99
Me	Ph	81	3∶1	99
n-Bu	*i*-Pr	82	24∶1	>99
n-Bu	*i*-Pr	80	24∶1	98
Bu	*i*-Pr	75	19∶1	91

将脯氨酸四氢吡咯环上引入取代基制成脯氨酸衍生物，若取代基引入 3-位时，对催化性能影响不大，引入 5-位时则活性降低，甚至无活性。引入 4-位时则取得了很好的结果。由于取代基的引入使催化剂的溶解性增强，使得催化剂的用量明显减少（0.02 摩尔分数）。如下是两个效果不错的脯氨酸的衍生物。

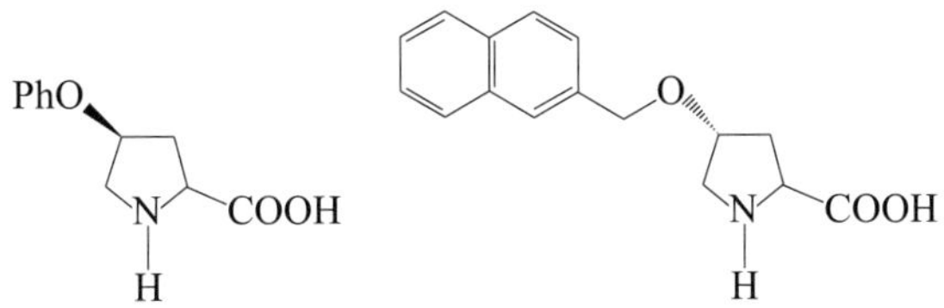

还有一些其他类型的脯氨酸衍生物在不对称羟醛缩合反应中也有较好的催化效果。例如：

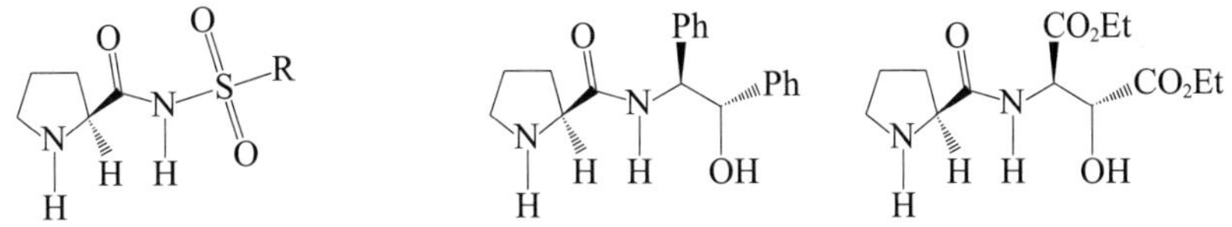

R=*p*-$CH_3C_6H_4$, *p*-$O_2NC_6H_4$,2,4,6-三异丙基苯

彭以元等[彭以元，崔明，毛雪春等．有机化学，2010，30(3)：389]以脯氨酸甲酯催化 *syn*-选择性羟醛缩合反应，发现环戊酮与各种醛的缩合反应，在优化条件下可获得非常好的收率和非对映选择性（可达 100%）。

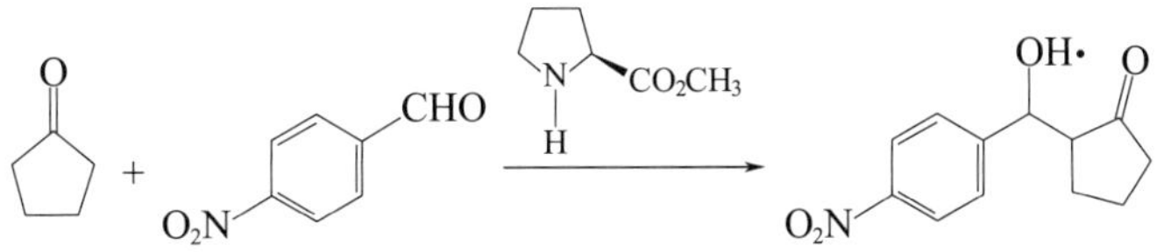

手性二胺-质子酸催化剂中，仲胺和叔胺的催化效果较好。常见的手性二胺如下：

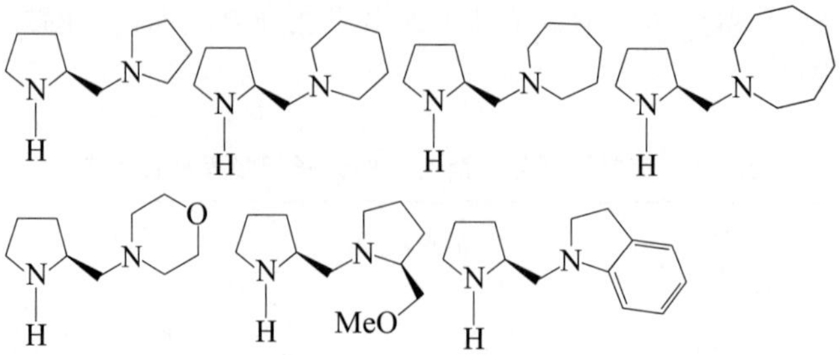

手性二胺与质子酸的比例为 1∶1 时效果好，大于或小于都会降低反应速度。

一些非天然的仲胺催化剂也用于不对称羟醛缩合反应，如下结构的手性氨基酸是很好的催化剂。

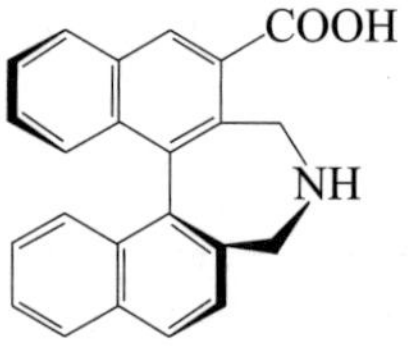

该催化剂在催化丙酮与对硝基苯甲醛的反应中，使用 5mol% 的催化剂，产物的收率 70%，ee 值为 93%。而在同样条件下以脯氨酸催化该反应，收率只有 18%，ee 值 71%。

（2）水相中的不对称羟醛缩合反应

这类反应的催化剂主要有吡咯烷-四唑、小肽、吡咯烷-咪唑和一些生物碱类化合物。

Yamamoto 等（Torii H，Nakadai M，Ishihara K，Saito S，Yamamoto H. Angew Chem Int Ed，2004，43：1983）报道了一种可以催化水溶性醛如三氯乙醛与酮的羟醛缩合反应催化剂——吡咯烷-四唑，当使用 0.05 摩尔分数的催化剂，1 摩尔分数的水时，三氯乙醛与戊酮的羟醛缩合反应得到 85% 收率的产物，ee 值 84%，随着水量的增加，ee 值也有提高，而在无水条件下基本不反应。

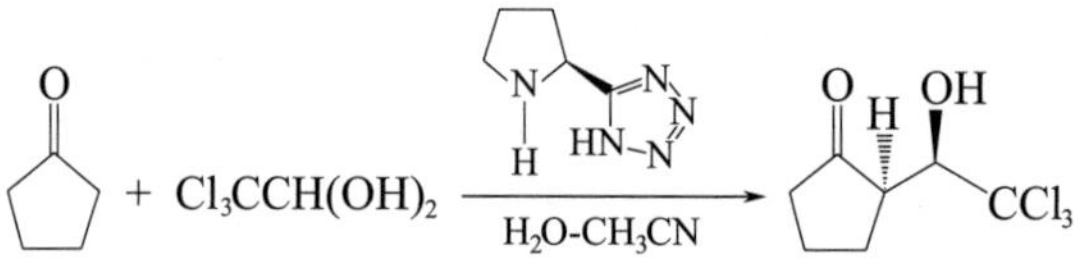

$+ Cl_3CCH(OH)_2 \xrightarrow{H_2O\text{-}CH_3CN}$ CCl_3

一些小肽也可以作为不对称羟醛缩合反应的催化剂。例如如下小肽催化的反应。

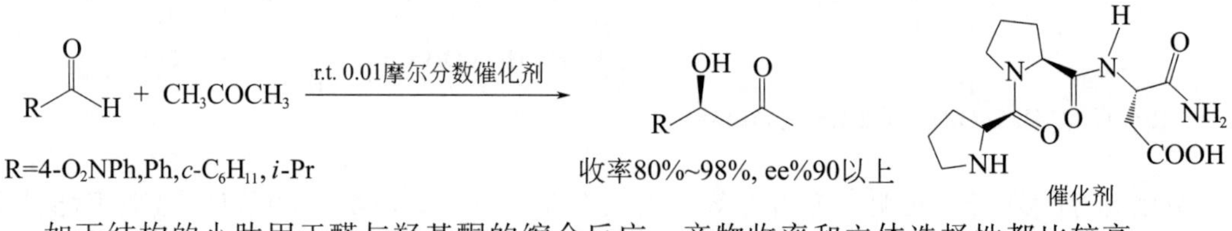

$+ CH_3COCH_3 \xrightarrow{\text{r.t. 0.01摩尔分数催化剂}}$

R=4-O_2NPh,Ph,c-C_6H_{11},i-Pr

收率80%~98%, ee%90以上

催化剂

如下结构的小肽用于醛与羟基酮的缩合反应，产物收率和立体选择性都比较高。

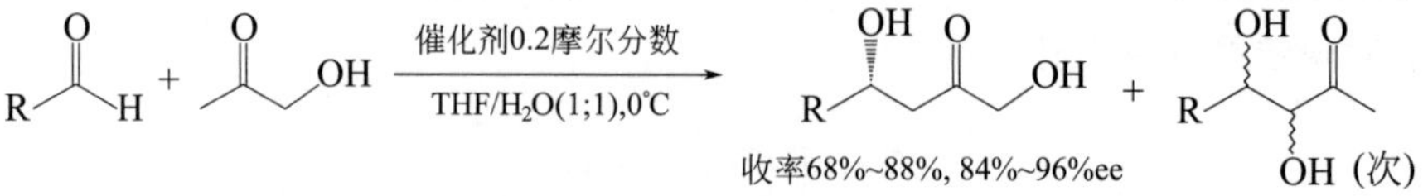

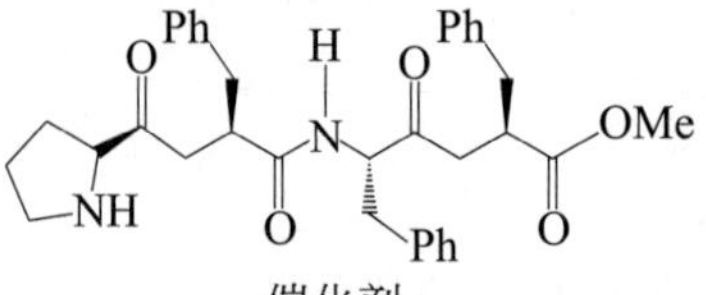

$\xrightarrow[\text{THF/H}_2\text{O(1;1),0℃}]{\text{催化剂0.2摩尔分数}}$

收率68%~88%, 84%~96%ee

(次)

催化剂

有人开发了一种可以催化羟醛缩合反应的吡咯烷-咪唑催化剂（BIP）。

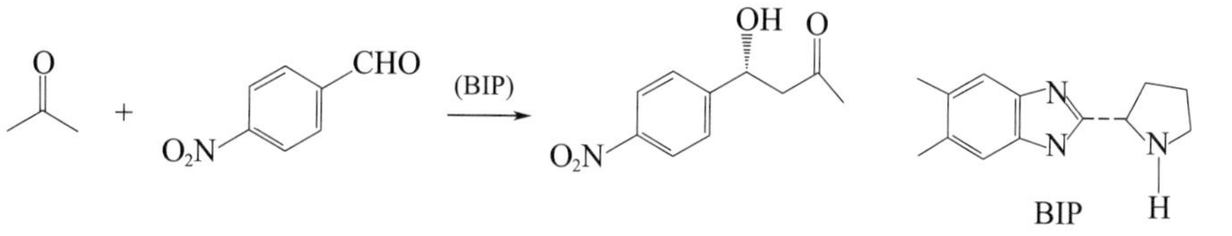

在与脯氨酸相同的条件下进行反应时，收率只有40%，ee值也只有44%。但加入酸后，则反应速率、收率和立体选择性大大提高。溶剂、反应温度和质子酸都是影响反应的因素。使用0.02摩尔分数的BIP，以三氟醋酸（TFA）作为质子酸，丙酮作溶剂，上述反应可以得到87%的收率和82%的ee值。BIP与Lewis酸如Zn（OTf）$_2$等也可以有效地催化羟醛缩合反应。BIP-TFA催化剂的高效性，主要是由于具有两个潜在的亲核位置，可能生成的过渡态如下。

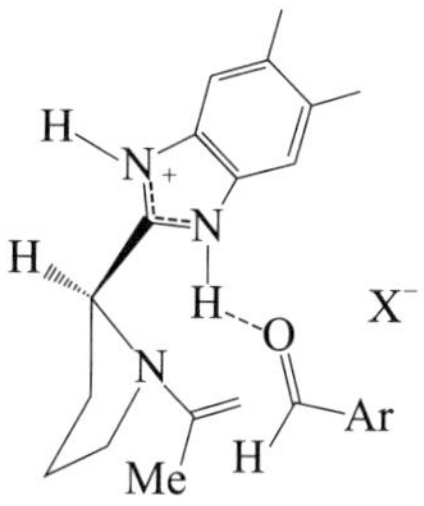

Janda等（Deckerso T J，Janda K D. J Am Chem Soc，2002，124：3220）发现，烟碱代谢物在结构上与脯氨酸具有相似性，他们的研究表明，在与脯氨酸催化丙酮与对硝基苯甲醛反应的相同条件下，使用该催化剂并未得到产物，但在磷酸盐水溶液中，产率达81%，而且没有明显的脱水产物和副产物。在接近生理pH7.5～8表现出最好的催化活性。对其机理进行研究，发现其与脯氨酸催化有明显的不同。通常在分析这类反应的烯胺机理时，认为反应过程中生成的烯胺中间体会马上分解，而不宜在水中进行，此反应机理的提出，则是对这种传统观念的挑战，也为以后设计更优良的水相催化剂开辟了新路子。

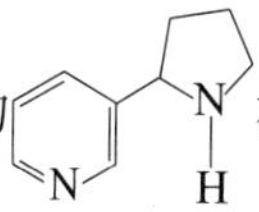

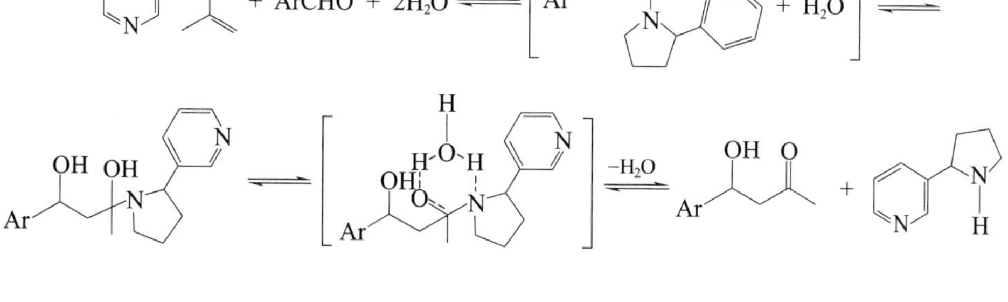

(+)-(7aS)-7a-甲基-2,3,7,7a-四氢-1H-茚满烯-1,5(6H)-二酮

$C_{10}H_{12}O_2$，164.20

【英文名】 (S)-2,3,7,7a-Tetrahydro-7a-methyl-1H-indene-1,5(6H)-dione，(+)-(7aS)-7a-Methyl-2,3,7,7a-tetrahydro-1H-indene-1,5(6H)-dione

【性状】 白色结晶。mp64～66℃。纯度99.4%～99.5%(GLC)。$[\alpha]_D^{25}$ +347.5～349°(甲苯,c1.0)。

【制法】 Zoltan G，Hajosl，David R，Parrish. Organic Syntheses，1990，Coll Vol 7：363.

HOAc,H_2O；(S)-(−)-proline / DMF；H_2SO_4 / DMF

(2)　(3)　(4)　(1)

2-甲基-2-(3-氧代丁基)-1,3-环戊二酮(**3**)：于安有搅拌器、回流冷凝器、温度计的1L反应瓶中，加入2-甲基-1,3-环戊二酮112.1g(1.0mol)，无离子水230mL，冰醋酸3mL，甲基乙烯基酮(**2**)140mL(120.96g，1.72mol)，用铝箔包裹反应瓶避光，通入氮气保护。油浴加热升至70℃，气相色谱跟踪反应直至反应完全(1～2h)。冷却，用二氯甲烷提取3次。合并二氯甲烷层，饱和盐水洗涤2次，合并盐水，再用二氯甲烷提取。合并有机层，无水硫酸钠干燥。过滤，旋转浓缩(45℃/9，31kPa)，而后于40～45℃/4.0Pa真空干燥16h，得橙色油状液体(**3**)181.8g，收率100%。

(+)-(3aS，7aS)-2,3,3a,4,7,7a-六氢-3a-羟基-7a-甲基-1H-茚满烯-1,5(6H)-二酮(**4**)：于安有磁力搅拌器、氮气导管的反应瓶中，加入DMF188mL，S-(−)-脯氨酸863mg(7.5mmol)，将反应化合物交换脱气4次，而后氮气保护下过滤。将反应瓶用铝箔包裹避光，搅拌下于15～16℃反应1.0h。加入上述化合物(**3**)45.5g(0.25mol)，重新脱气4次，于15～16℃搅拌反应40～120h，反应液变黄色，而后变为棕色。TLC跟踪反应，反应结束后直接用于下一步反应。

(+)-(7aS)-7a-甲基-2,3,7,7a-四氢-1H-茚满烯-1,5(6H)-二酮(**1**)：于安有磁力搅拌器、滴液漏斗、通气导管的反应瓶中，加入DMF50mL，干冰-丙酮浴冷至−20℃，于5～10min加入浓硫酸2.70mL(48.6mmol)，加入过程中控制反应液温度在−15～−20℃。

将化合物(**4**)的DMF溶液置于油浴中，加热至95℃。当温度升至70～75℃时，一次加入上述硫酸-DMF溶液18.8mL，3h加热至95℃。1h后再加入硫酸-DMF溶液7.5mL，GLC跟踪反应。反应结束后，冷却，旋转浓缩，得棕色油状物。加入375mL二氯甲烷，用1mol/L的硫酸洗涤(190mL×2)，饱和盐水洗涤，再用饱和碳酸氢钠溶液洗涤2次，而后再用饱和盐水洗涤。每次洗涤液用二氯甲烷再提取。合并二氯甲烷层，无水硫酸钠干燥。过滤，旋转浓缩，得棕色半固体油状物38.3～39.6g。加入78mL乙酸乙酯，过硅胶柱纯化，乙酸乙酯洗脱，得褐色甲基固体37.2～38.8g。减压蒸馏，收集120～135℃/13.3Pa的馏分，冷后固化，得浅黄色固体35.9～36.9g，mp56～61℃。$[\alpha]_D^{25}$ +324～329°(甲苯，

c1.0)。将其加入 74mL 乙醚中，加热回流，而后加入己烷 19mL，加入晶种，室温放置 2h，再于 17℃水浴中放置 30min，过滤生成的固体，冷的乙醚-己烷（1∶1）洗涤，真空干燥，得白色结晶（**1**）28.7～31.3g，mp64～66℃，收率 70%～76%。纯度 99.4%～99.5%(GLC)。$[\alpha]_D^{25}$ +347.5～349°(甲苯,c1.0)。

(*R*)-4,4*a*,5,6,7,8 六氢-4*a*-甲基-2(3*H*)-萘酮

$C_{11}H_{16}O$，164.25

【英文名】 (*R*)-4,4*a*,5,6,7,8-Hexahydro-4*a*-methyl-2(3*H*)-naphthalenone,(*R*)-(−)-10-Methyl-1(9)-octal-2-one

【性状】 无色油状液体。

【制法】 G Revial，M Pfau. Organic Syntheses，1998，Coll Vol 9：610.

(2) + Ph(H)CH(CH3)NH2 → [(3)] → (CH2=CHCOCH3) → [imine adduct] →(H_2O, HOAc) (4) →(MeONa, MeOH) (1)

亚胺（**3**）：于安有搅拌器、分水器（加满甲苯）的反应瓶中，加入(*S*)-(−)-*α*-甲基苄基胺 100.0g（0.825mol），2-甲基环己酮（**2**）92.5g（0.825mol），100mL 甲苯，氮气保护下回流共沸脱水，约 24h 后收集接近理论量的水（15mL），得亚胺（**3**）的甲苯溶液。

(*R*)-(+)-2-甲基-2-(3-氧代丁基)环己酮(**4**)：将上述化合物（**3**）的甲苯溶液冰浴冷却，氮气保护下加入新蒸馏的甲基乙烯基酮 72.5mL（61.0g，0.870mol），而后于 40℃搅拌反应 24h。将得到的浅黄色溶液冰浴冷却，加入冰醋酸 60mL（约 1mol）和 50mL 水，室温搅拌反应 2h。加入 100mL 饱和盐水和 160mL 水，以乙醚-石油醚（50%，体积分数）提取 5 次（总体积 1L）。合并有机层，依次用 10%的盐酸 20mL、水 20mL、饱和盐水（10mL×2）洗涤。水层保留回收有机胺。将浅黄色的有机层以无水硫酸镁干燥，过滤，于 40℃旋转浓缩，得粗品化合物（**4**）约 145g，直接用于下一步反应。

(*R*)-4，4*a*,5,6,7,8 六氢-4*a*-甲基-2（3*H*）-萘酮（**1**）：于安有搅拌器、回流冷凝器、滴液漏斗、通气导管的反应瓶中，加入上述化合物（**4**）粗品 145g，无水甲醇 600mL，通入氮气，室温搅拌 15min。慢慢滴加重量比 25%的甲醇钠-甲醇溶液，直至呈浅红色，约加入 15mL。而后于 60℃氮气保护下搅拌反应 10h。冷却，将生成的深红色溶液用冰醋酸中和，直至呈黄色（约用冰醋酸 4.5mL）。旋转浓缩蒸出甲醇，直至醋酸钠生成。加入 200mL 水溶解，用乙醚-石油醚（50%，体积分数）提取，共用溶剂 1L。合并有机层，依次用水、饱和盐水各洗涤 2 次，无水硫酸镁干燥。过滤，于 40℃旋转浓缩，得红色油状物。减压蒸馏，收集 70℃/267Pa 的馏分，得无色油状液体（**1**）110g。

(*S*)-(−)-*α*-甲基苄基胺的回收：将水层冰浴中冷却，氮气保护，搅拌下用 10%的氢氧

化钠溶液调至pH12～14，乙醚提取3次。合并乙醚层，水洗、饱和盐水洗涤2次。无水碳酸钾干燥，过滤，室温旋转浓缩，减压蒸馏，收集70℃/2.0kPa的馏分，得85～90g，收率85%～90%。

二、 不饱和烃的α-羟烷基化反应(Prins反应)

烯烃与甲醛在酸性条件下的加成反应，是由荷兰化学家Prins于1919年首先报道的。

R + HCHO $\xrightarrow[H_2O]{H^+}$ (OH, R, OH) 或 R, OH 或 (O, O, R)

该反应可能有三种产物：1,3-二醇、烯丙醇和1,3-二氧六环，这些化合物广泛用于医药。化工等领域。究竟哪一种产物为主，取决于烯烃的结构和反应条件。

1937年有人研究了异丁烯与甲醛的反应，用于制备合成橡胶的原料异戊二烯。

+ CH_2O $\xrightarrow{25\%H_2SO_4}$ (O, O) + (OH, OH) $\xrightarrow{-2H_2O}$

Prins反应的可能的反应机理如下：

(O, H, H) $\overset{H^+}{\rightleftharpoons}$ (OH, H, +, H; R) → R, +, OH [1] $\xrightarrow{H_2O}$ (+OH_2, R, OH) $\xrightarrow{-H^+}$ (OH, R, OH)

(O, O, R) $\xleftarrow{-H^+}$ (H, O, +, H, R, O, H) ← (O, H, H) | $\xrightarrow{-H^+}$ R, OH

反应中首先是醛的质子化，而后与烯反应生成碳正离子中间体[**1**]，该中间体进一步反应生成相应的产物。

碳正离子[**1**]是关键中间体，失去质子生成烯丙醇，与水结合则生成1,3-二醇，与另一分子的甲醛反应则生成1,3-二氧六环类(缩醛)化合物。

中间体[**1**]可以受邻近基团吸引而稳定，氧或者碳分别可以稳定[**2**]和[**3**]的电荷。

R, +, OH [1] = (HO, +, R) → (HO+, R) [2]; → (OH, ⊕, R) [3]; (O, R) [4]

这种稳定性的提出，可以解释与2-丁烯和环己烯加成产物为反式的实验事实，水从三元环或四元环的背面进攻，得到反式产物。支持[**2**]为中间体的另一证据是发现了氧杂环丁烷[**4**]在反应条件下生成与相应烯烃完全相同比例的产物。当然也有人反对上述观点，理由是并非所有的烯烃的反应都具有上述反式立体化学特征。实际上，立体化学结果往往具有十分复杂的原因，与反应物性质、反应条件等都有关系。

由上述机理可以看出，双键的加成是亲电的，所以，烯烃反应的活性随着双键上烷基取代基数目的增加而提高，并遵守马氏规则。乙烯本身参与该反应应当是困难的，需要相当剧烈的反应条件。

Prins 反应最初是指由烯烃在酸催化下对甲醛的缩合反应，后来泛指一系列历经氧鎓离子中间态的烯烃与羰基的加成。这是一种形成碳碳键的有效方法，在有机合成中得到广泛应用，其反应的机理也有了很多深入的探讨。

该反应主要适用于 1,3-二醇、1,3-二氧六环、不饱和醇、氯代醇（用路易斯酸如四氯化锡或三溴化硼代替质子酸和水，以卤离子作为亲核试剂捕获反应中的碳正离子中间体，得到卤代醇）类化合物的合成。产物的多样性与活泼碳正离子中间体反应的多样性有直接关系。

烯烃的结构不同，生成的产物也不同。$RCH=CHR$ 型烯烃反应后主要得到 1,3-二醇，但收率不高。$R_2C=CH_2$ 和 $RCH=CH_2$ 型烯烃反应后主要生成环状缩醛（1,3-二氧六环），而且收率较高。反应条件对产物的生成也有影响，若反应在 20%～65%的硫酸催化下于 25～65℃进行，主要产物往往是 1,3-二氧六环，1,3-二醇为副产物。异丁烯与甲醛反应时，以 25%的硫酸为催化剂，配料摩尔比为异丁烯：甲醛：硫酸为 0.73：1：0.073，于 32℃反应，得到的主产物为 4,4-二甲基-1,3-二氧六环；若温度在 70℃，并适当控制催化剂强度和反应时间，则 3-甲基-1,3-丁二醇为主要产物。当使用 HCl 为催化剂时，则可以生成氯代醇。

$$\text{异丁烯} + HCHO \xrightarrow[32^\circ C]{25\%H_2SO_4} \text{4,4-二甲基二氧六环} + \text{3-甲基-1,3-丁二醇} + \text{叔丁醇}$$

4,4-二甲基二氧六环　3-甲基-1,3-丁二醇

该反应使用的催化剂可以是质子酸或 Lewis 酸。常用的质子酸有硫酸、磷酸、盐酸、醋酸、硝酸、对甲苯磺酸，有机羧酸以及阳离子交换树脂等，常用的 Lewis 酸有 BF_3、$AlCl_3$、$ZnCl_2$、$SnCl_4$、Et_2AlCl 等。也有使用杂多酸的报道。近年来，$InCl_3$ 参与的和 $Sc(OTf)_3$、$Hg(OTf)_2$、卤化铁等催化的分子间交叉 Prins 成环反应也有报道。

使用盐酸作催化剂，则可能生成氯代醇副产物。例如：

$$\text{环己烯} + HCHO \xrightarrow{HCl/ZnCl_2} \text{2-氯环己基甲醇 }(CH_2OH,\ Cl)$$

（23%）

盐酸也可以使 1,3-二氧六环水解为相应的 γ-氯代醇。

$$\text{4-R-5-R}^1\text{-1,3-二氧六环} \xrightarrow{HCl} RCH(Cl)CH(R^1)CH_2OH + RCH(Cl)CH(R^1)CH_2Cl$$

使用有机羧酸作催化剂，有可能生成 1,3-二醇的相应羧酸酯，水解后生成 1,3-二醇。例如：

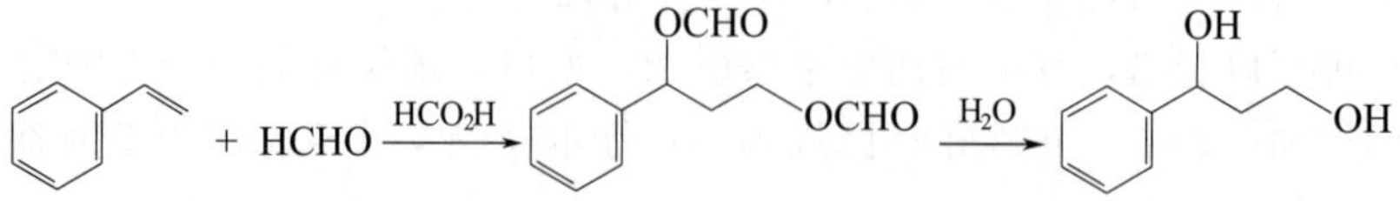

如下具有手性碳的吗啉衍生物，与甲醛在醋酸溶液中以硫酸为催化剂进行 Prins 反应，得到单一的光学异构体，并在分子中引入了一个新的手性中心[Pansare S V，Bhattacharyya A. Tetrahedron Lett，2001，42(52)：9265]。

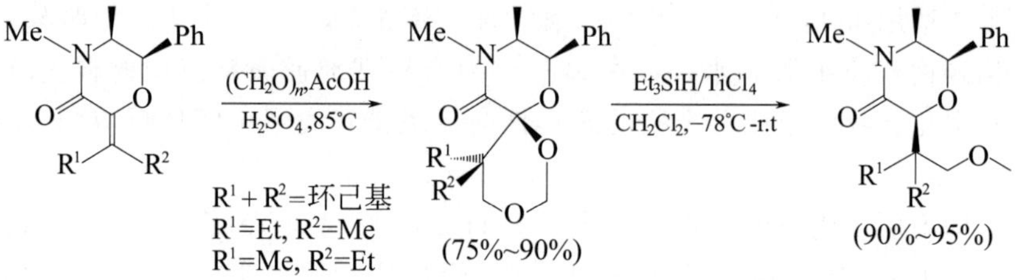

使用 Lewis 酸作催化剂，机理上是醛与 Lewis 酸的结合物与烯烃反应，例如：

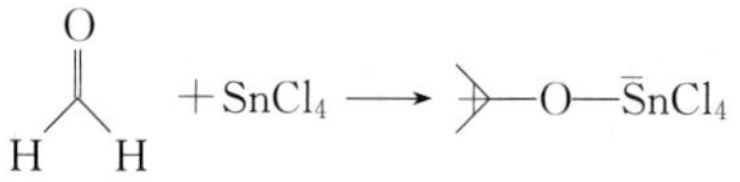

Yadav 等报道的采用离子液体$[bmim]^+Cl^-$与 Lewis 酸 $AlCl_3$ 形成的配合物$[bmim]^+Cl^- \cdot xAlCl_3$ 可以同时对反应起到溶剂和 Lewis 催化的双重作用，其中 $AlCl_3$ 在形成配合物时摩尔分数（n）为 0.67，该体系催化下反应的转化率高达 95%（Yadav J S，Reddy B V S，Reddy M S，et al. Eur J Org Chem，2003：1779）。

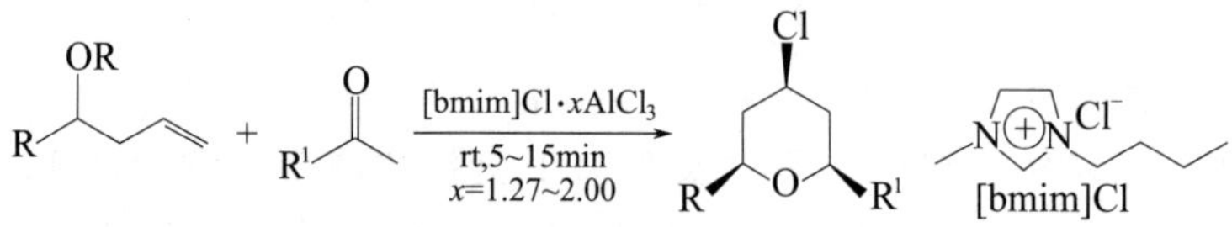

微波辐射对 Prins 反应有促进作用。

如下反应则使用 $PdCl_2$ 作催化剂。

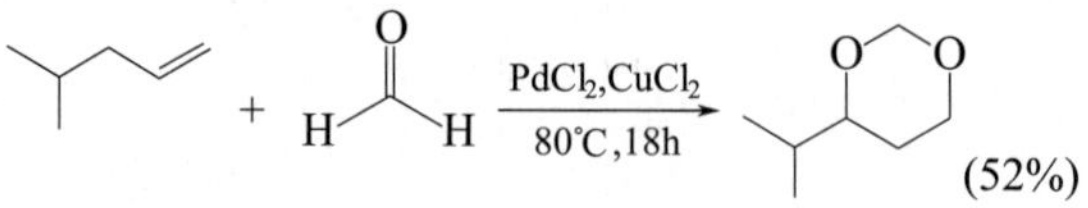

有时在高温、高压下也可以不使用催化剂。例如：

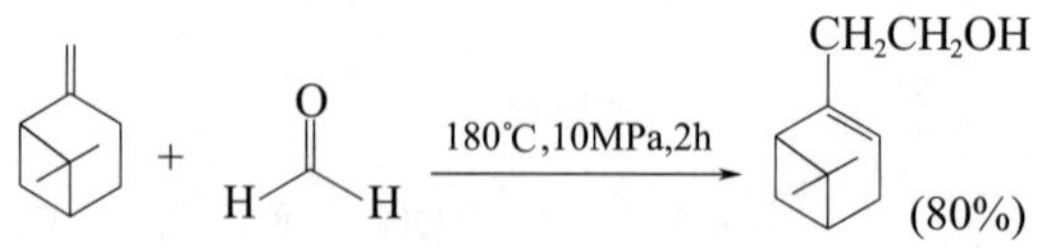

不过此时的反应机理可能已经发生变化，很可能是按照周环反应机理进行的。

如下反应则是在光照条件下进行的环加成反应，中间可能经历了氧杂环丁烷中间（Gilow H M，Jones G. Org Synth，Coll Vol 7：102）。

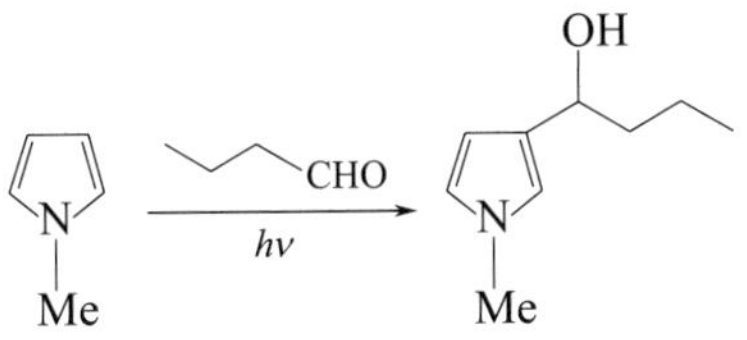

Prins 反应除了使用甲醛外，也可以使用其他醛。例如：

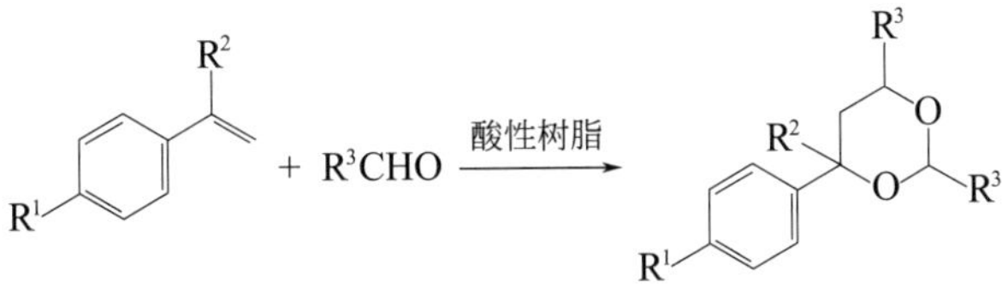

又如 1-苯基-3-丁烯基-1-醇与苯甲醛在 KSF 催化下缩合生成 4-羟基四氢吡喃，反应具有高度的非对映选择性。

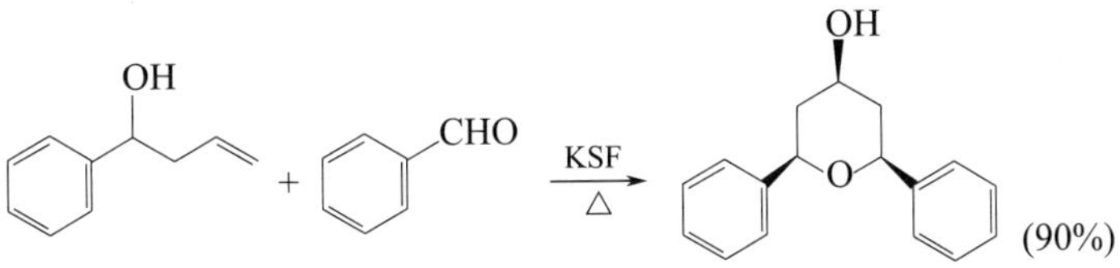

使用其他的醛、甚至酮，不用催化剂直接加热也可以发生非常类似的反应。这里使用的是活泼的醛酮，例如三氯乙醛和乙酰乙酸乙酯，此时得到的产物是 β-羟基烯，机理属于周环反应。

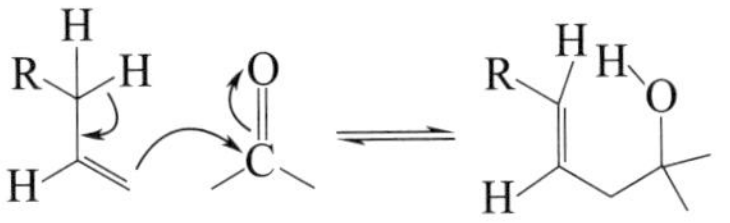

反应是可逆的，使用适当的 β-羟基烯加热条件下可以断裂，有证据证明断裂是按照环状机理进行的。根据微观可逆原理，加成也应当是环状机理。

近年来，Prins 反应的研究又取得了不少新的进展，其中，分子内 Prins 成环反应由于可以得到合成上极有价值的中环环状结构，特别受到人们的重视。分子内 Prins 成环反应主要分为如下三种类型：

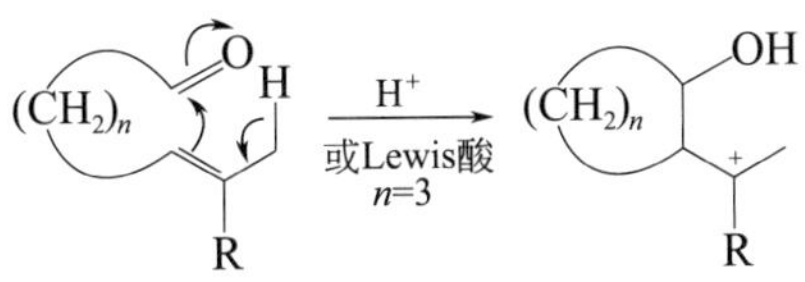

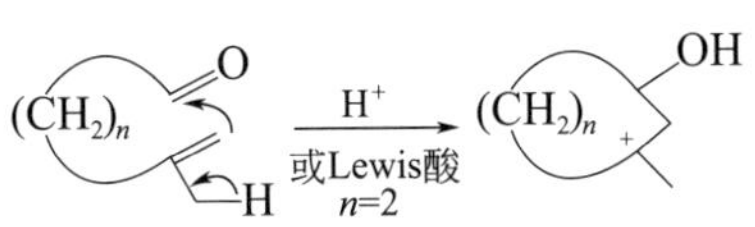

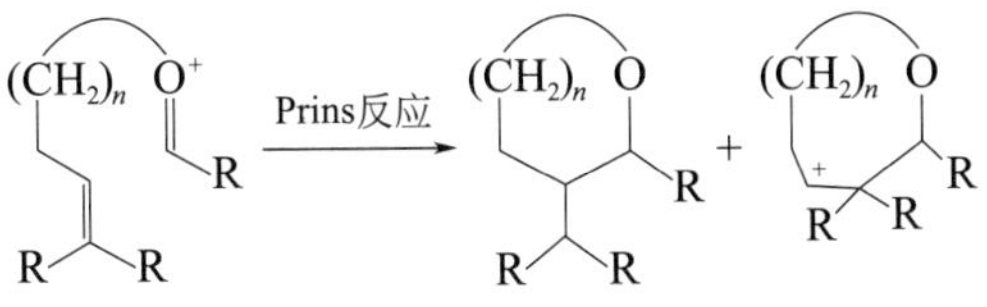

分子内 Prins 环化反应的选择性对催化剂的酸性有较高的要求，Lewis 酸催化该反应的

条件比 B 酸更温和且效率更高。

（+）-香茅醛环化为（−）-异胡薄荷醇是已在工业上应用的分子内 PrinsC-C 成环反应的例子，对于该反应的催化剂已进行了大量的研究，在 ZrO_2 和 Zr-β-沸石表面，香茅醛环化为（−）-异胡薄荷醇的可能机理如下。

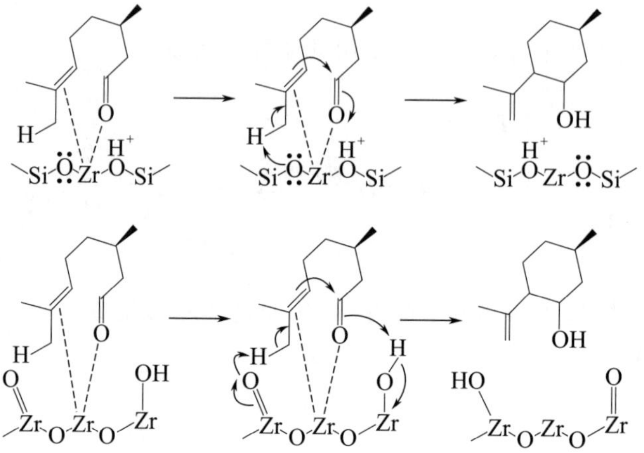

在（Zn+TMS-Cl）催化下，如下的高烯丙基醇醚和醛基的 Prins 环化反应中，Lewis 酸催化可能是通过缩醛的形式进行的。

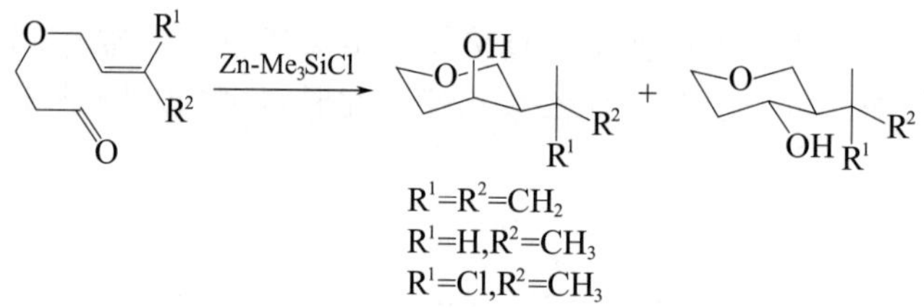

前面主要是介绍醛与烯的 Prins 反应。酮与烯烃也可以发生 Prins 环化反应。由于酮的活性与醛的差异以及位阻的原因，在以往的研究中除了经三氟甲基活化的酮之外，通过分子内烯烃对普通酮官能团的加成进行的 Prins 闭环报道并不多见。Coates 等（Davis C E, Coates R M. Angew Chem Int Ed，2002，41：491）报道了如下底物在 $TiCl_4$ 催化下发生分子内烯烃对酮 Prins 成环反应，可以立体选择性地生成高位阻的叔醇产物，该方法很可能会在天然产物合成中得到应用。

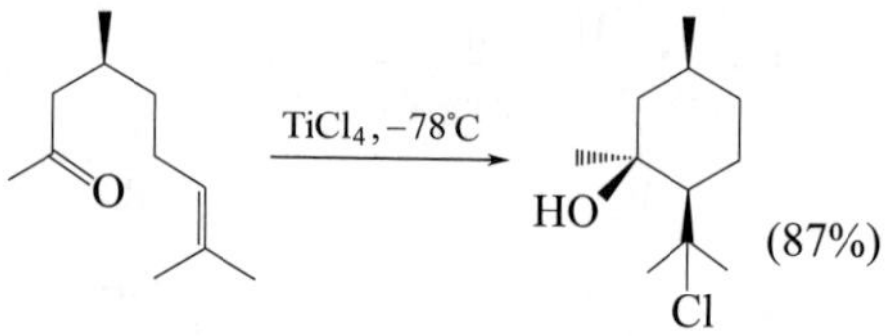

如下反应是未活化的高烯丙醇和一些酮底物在 $Hg(OTf)_2$ 催化下的分子间交叉 Prins 成环反应，得到取代的四氢吡喃环化合物。

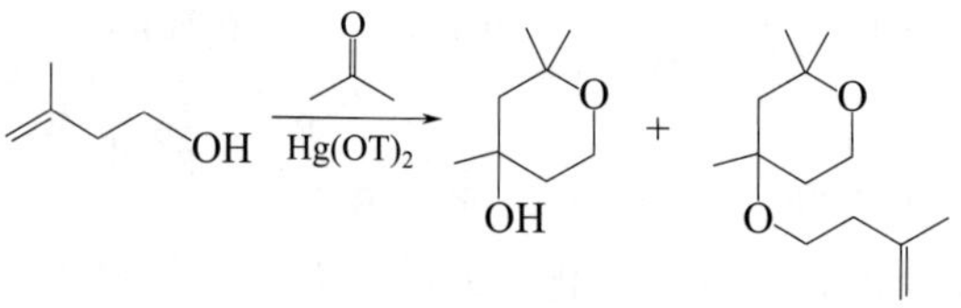

Prins 反应在有机合成中具有广泛的用途。

利用 Prins 反应可以合成多取代四氢吡喃或呋喃环化合物。多取代四氢吡喃和呋喃环片断结构存在于具有生物活性的天然产物中，利用 Prins 成环反应进行化学合成已取得了很大的进展。在 $InCl_3$ 催化下醛 **1** 和高烯丙醇 **2** 或者烯丙基溴直接反应得到 4-位卤代四氢吡喃环产物 **4**。三正丁基烯丙基锡与二摩尔醛也可以发生类似的反应。3-三甲基硅烯丙基三丁基锡化合 **3** 与 2 摩尔的醛，在 $InCl_3$ 参与下发生交叉成环，得到立体专一的二取代二氢吡喃类化合物 **5**。Li 等（Zhang W C，LI C J. Tetrahedron，2000，56：2403）用 Sc（OTf)$_3$ 催化醛和高烯丙醇的交叉 Prins 成环反应，一步得到 2，4-二取代四氢吡喃醇 **6** 或醚 **7**。

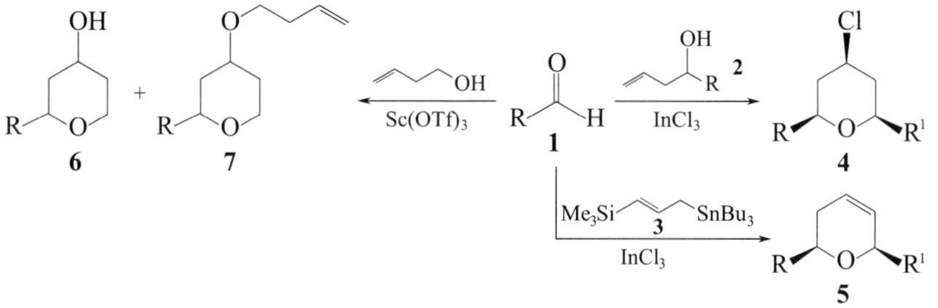

利用 Prins 关环可以合成含取代哌啶环结构的化合物。Snaith 等（Williams J T，Bahia P S，Snaith J S. Org Lett，2002，4：3727-3730）曾报道了一例合成 3,4-二取代哌啶的例子，当采用 Lewis 酸 $MeAlCl_2$ 和质子酸 HCl 时都能够得到良好的结果，但是两者的立体选择性却截然不同。这可能是当 Lewis 酸催化在较高温度下，反应按羰基 ene-反应机理进行，而 Bronsted 酸在相对低温条件下，反应循着 Prins 成环得到 *cis*/*trans* 比高达 98：2 的结果。

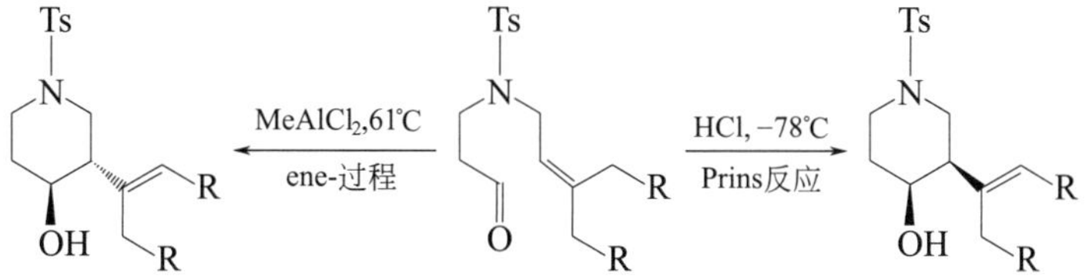

R=H,CH$_3$,—(CH$_2$)$_2$—,—(CH$_2$)$_3$—,—(CH$_2$)$_4$—

利用 Prins 关环可以构建十氢萘环体系的化合物。某些烯丙基胡薄荷酮在 Lewis 酸催化下在二氯甲烷中发生环化，可用于构建十氢萘环系。以四氯化钛催化在－78°C 环化，可生成三氯化钛-烷氧负离子中间体并发生氯离子与碳正离子的同面捕获，从而以高非对映选择性（91%*cis*）得到顺式产物。相反，以四氯化锡催化于室温下环化，则主要（98%*trans*）生成反式产物[RBrandon Miles，Chad E，Davis，Robert M Coates. J Org Chem，2006，71(4)：1493]。

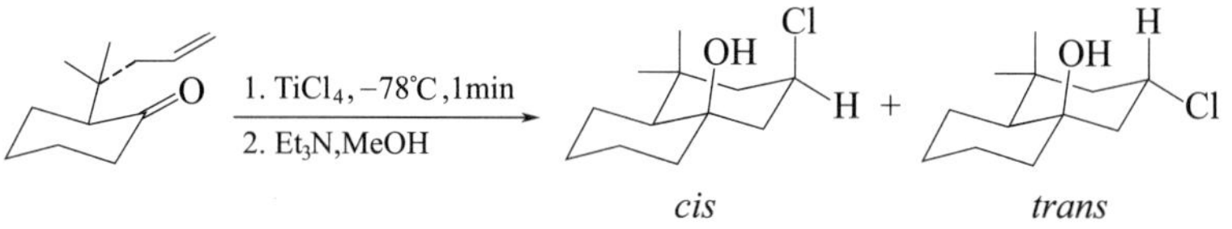

通过串联 Prins-频哪醇重排反应可以合成五元环化合物以及螺环化合物。如下分子中含有二甲缩醛（掩蔽的羰基化合物）与三异丙基硅基醚（掩蔽的醇）的化合物，在四氯化锡催化之下产生的 Prins 产物再发生 pinacol 重排，可以构建五元环化合物（以及螺环化合

物）[Larry E, Overman, Emile J, Velthuisen. J Org Chem, 2000, **71**(4): 1581]。

$SnCl_4$ CH_2Cl_2,0℃,2h −MeOTIPS

Prins反应

Pinacol重排

cis trans

cis:trans为1.0∶3.4

(收率69%)

利用Prins成环反应可以合成氧桥双环结构或热力学不稳定中环结构化合物。除了五、六元环之外，其他中环化合物由于热力学上的不稳定性，通常难以用常规的方法法直接得到。通过具有氧桥双环结构的化合物间接转化是合成中环化合物的方法之一，而Prins成环反应则可以合成含氧桥双环化合物。

Nu:烯官能团

Maier等人报道了如下乙烯基硫醚类化合物，可以顺利地得到氧桥双环化合物，而后通过常规的碱处理得到取代的不饱和癸酮（Sasmal P K, Maier M E. Org Lett, 2002, 4: 1271）。

$BF_3.Et_2O$ H_2O,HCl,THF 23℃,16h(90%) 1. LDA,THF 2. Ac_2O(74%)

Prins反应在有机合成中还有不少应用，随着Prins反应研究的不断深入，其应用范围会逐渐扩大，在有机合成中的作用将进一步展现。

4-苯基-1,3-二氧六环

$C_{10}H_{12}O_2$，164.20

【英文名】 4-Phenyl-1，3-dioxane

【性状】 无色液体。bp94～95℃/266Pa，n_D^{20} 1.5300。

【制法】 方法1：Shriner R L，Ruby P R. Org Synth，1963，Coll Vol 4：786.

$+ CH_2O \xrightarrow{H_2SO_4}$

(2) (1)

于安有搅拌器、回流冷凝器的反应瓶中，加入37%的甲醛溶液675g（8.3mol），98%的硫酸48g，苯乙烯（**2**）312g（3.0mol），搅拌下加热回流7h。冷后加入50mL苯，分出有机层，水层用苯提取。合并苯层，水洗两次。常压回收苯，减压分馏，收集96～103℃/266Pa的馏分，得产品（**1**）353～436g，收率71%～88%。

方法2：Sreedhar B，Swapna V，Sridhar Ch，Saileela D，Sunitha A. Synth Commun，2005，35：1177.

(**2**) —— $(CH_2O)_n$, $Bi(OTf)_3$ / CH_3CN, r.t, 10h → (**1**)

于安有搅拌器、回流冷凝器的反应瓶中，加入苯乙烯（**2**）1mmol，多聚甲醛10mmol，乙腈3mL和Bi（OTf）$_3$20mg（0.05摩尔分数），回流反应，TLC跟踪反应。反应结束后，过滤，水洗。乙酸乙酯提取，减压浓缩，得化合物（**1**），收率90%。

3-丁酰基-1-甲基吡咯

$C_9H_{13}NO$，151.21

【英文名】 3-Butyroyl-1-methylpyrrole

【性状】 油状液体。

【制法】 Gilow H M，Jones G. Org Synth，1990，Coll Vol 7：102.

(**2**) —— CHO, $h\nu$ → (**3**) —— MnO_2 → (**1**)

3-（1-羟基丁基）-1-甲基吡咯（**3**）：于安有气体导管的石英反应瓶中，加入1-甲基吡咯（**2**）60mL（55g，0.676mol），丁醛65mL（54g，0.936mol），慢慢通入干燥的氮气，水浴冷却，用450W的中压汞灯照射反应48h。反应完后，减压浓缩。剩余物减压蒸馏，收集90～94℃/6.66Pa的馏分，得浅黄色油状液体（**3**）27g，收率26%。

3-丁酰基-1-甲基吡咯（**1**）：于安有搅拌器、回流冷凝器的反应瓶中，加入戊烷50mL，化合物（**3**）2.0g（0.13mol），搅拌下分批加入活性二氧化锰16g，约5min加完。而后回流反应18h，再分批加入活性二氧化锰8g（90mmol），回流反应24h后，用硅藻土过滤。滤饼用200～300mL二氯甲烷洗涤。合并滤液和洗涤液，蒸出溶剂，得浅黄色油状液体（**1**）1.4～1.6g。减压蒸馏，收集100℃/13.3Pa（86～87℃/26.6Pa）的馏分，得油状液体（**1**）1.27～1.40g，收率64%～71%。

4-苯基-2,6-二甲基-1,3-二氧六环

$C_{13}H_{18}O_3$，222.28

【英文名】 4-Phenyl-2,6-dimethyl-1,3-dioxane

【性状】 无色液体。

【制法】 Gharbi R E，Delmas M. Synthesis，1981，361.

$$CH_3O-C_6H_4-CH{=}CH_2 + CH_3CHO \xrightarrow[\text{Tol}]{Ⓟ\text{-}SO_3H} (1)$$

(2)　　　　(1)

于安有搅拌器、温度计、回流冷凝器的反应瓶中，加入干燥的阳离子交换树脂 10g，甲苯 500mL，对甲氧基苯乙烯（**2**）0.1mol，乙醛 0.2mol，于 40℃搅拌反应 12h。滤去催化剂，减压浓缩。剩余物减压蒸馏，收集 76℃/26.6Pa 的馏分，得化合物（**1**），收率 90%。

三、 芳醛的 α-羟烷基化反应（安息香缩合反应）

苯甲醛在氰离子催化下自身缩合生成二苯基羟乙酮（安息香），这种特殊的缩合反应称为安息香缩合反应，又叫苯偶姻缩合（Benzoin condensation）。

$$C_6H_5CHO \xrightarrow[\text{EtOH},\triangle]{\text{KCN}} C_6H_5COCH(OH)C_6H_5$$

反应机理如下：

$$Ph-CHO \underset{}{\overset{^{-}CN}{\rightleftharpoons}} Ph-CH(O^-)(CN) \overset{H^+转移}{\rightleftharpoons} Ph-C^-(OH)(CN) \overset{H-CO-Ph}{\rightleftharpoons} Ph-C(OH)(CN)-CH(O^-)-Ph \overset{H^+转移}{\rightleftharpoons}$$

$$Ph-C(O^-)(CN)-CH(OH)-Ph \rightleftharpoons Ph-CO-CH(OH)-Ph + {}^-CN$$

该机理最初是由 Lapwarth 于 1903 年提出来的。

由上述机理可知，氰基负离子有三种作用。一是作为亲核试剂进攻芳醛的羰基；二是由于氰基吸电子作用而使得—CHO 上的氢变得更活泼，从而能发生质子交换生成碳负离子，使醛基成为亲核基团；三是氰基作为一个离去基团离去，因为氰基是一个好的离去基团。

在上述机理中，关键步骤是醛失去质子生成碳负离子，由于氰基强的吸电子作用，从而使得醛 C-H 键的酸性增强，更有利于氢的离去生成碳负离子。

两个醛分子具有明显的不同作用，反应中通常将在产物中不含 C-H 键的醛称为给体，因为它将氢原子提供给了另一个醛分子受体的氧原子。有些醛只能起其中的一种作用，因而不能发生自身缩合，但它们常常可以与另外的不同的醛缩合。例如，对二甲氨基苯甲醛就不是一个受体，而只是一个给体，它自身不能缩合，但可以与苯甲醛缩合。苯甲醛可以起两重作用，但作为受体要比给体更好。

安息香缩合是可逆的，若将安息香与对甲氧基苯甲醛在氰化钾存在下反应，得到交叉结构的安息香类化合物。

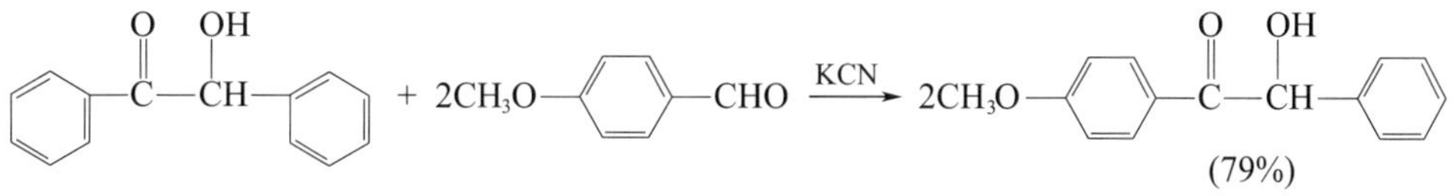

芳环上有给电子基团时，使得羰基活性降低，不利于安息香缩合，而芳环上有吸电子基团时，虽可增加羰基的活性，有利于氰基的加成，但加成后的碳负离子却因为吸电子基团的影响而变的稳定，不容易与另一分子芳香醛反应，也会使安息香缩合不容易发生。但有给电子基团或吸电子基团的芳香醛，二者都可发生交叉的安息香缩合，生成交叉结构的安息香产物。

一些杂环芳香醛也可以发生该反应。例如呋喃甲醛可发生类似的反应：

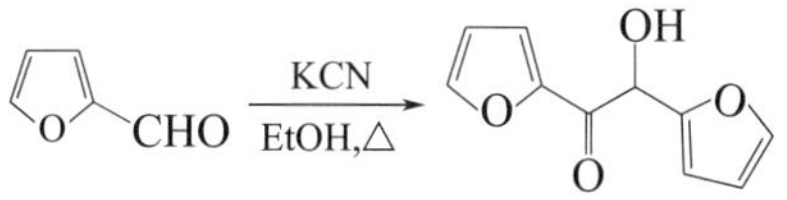

用氰基负离子催化脂肪族醛不能得到预期的结果，因为其碱性太强，容易引起羟醛缩合反应。

安息香缩合反应的催化剂除了氰化钠、氰化钾之外，也可用汞、镁、钡的氰化物。20世纪70年代末发现维生素 B_1（磺胺素）可以代替剧毒的氰化物作催化剂。维生素 B_1 的结构如下：

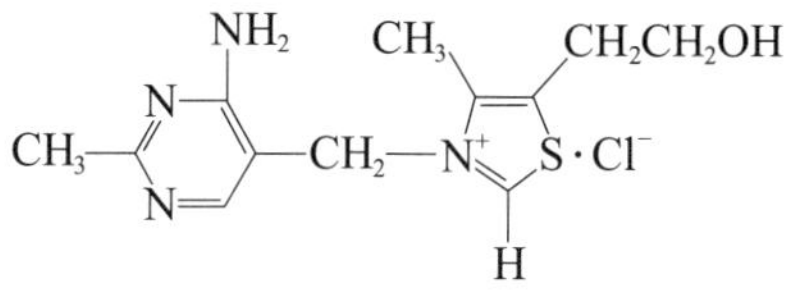

维生素 B_1 分子中有一个嘧啶环和一个噻唑环，噻唑环可以起到与氰基负离子相似的作用，反应中首先被碱夺去噻唑环上的一个质子生成碳负离子，此碳负离子作为亲核试剂进攻芳醛的羰基，最后再作为离去基团离去。

反应的大致过程如下：

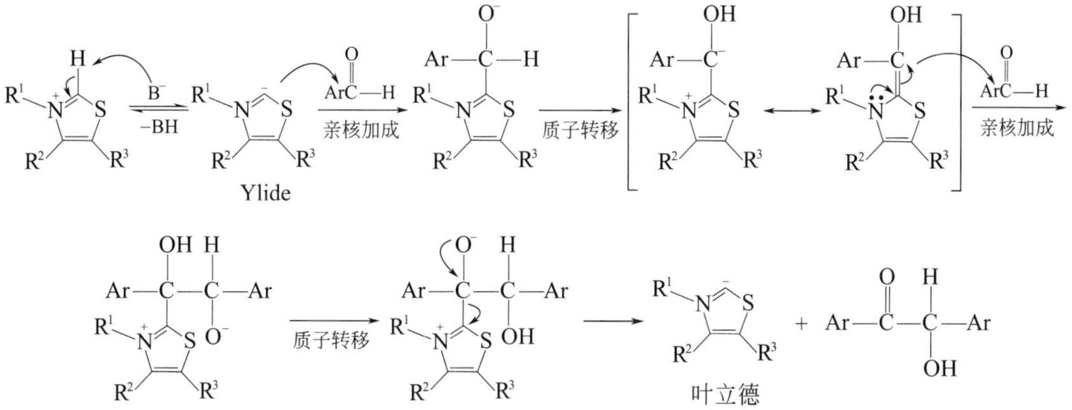

反应中起催化作用的是碳负离子叶立德。

近年来还发现噻唑啉负离子和烷基或芳基咪唑啉啶等也可以作为安息香缩合的催化剂。

噻唑啉负离子　　取代咪唑啉啶

这类催化剂可以催化脂肪族醛的缩合反应。例如：

$$2CH_3CH_2CH_2CHO \xrightarrow[\text{催化剂}]{Et_3N,EtOH} CH_3CH_2CH_2\overset{O}{\overset{\|}{C}}\underset{OH}{\underset{|}{C}}HCH_2CH_2CH_3$$

(71%~74%)

$\cdot Cl^-$

催化剂

在这种情况下，也可以使脂肪醛（产物称为偶姻）、脂肪族和芳香族醛的混合物反应得到混合的 α-羟基酮。例如：

$$Ar-\overset{O}{\overset{\|}{C}}-H + H-\overset{O}{\overset{\|}{C}}-R \xrightarrow[Et_3N]{} Ar-\overset{O}{\overset{\|}{C}}-\overset{OH}{\overset{|}{C}}H-R + Ar-\overset{OH}{\overset{|}{C}}H-\overset{O}{\overset{\|}{C}}-R$$

(Ⅰ)　　(Ⅱ)

当然，反应中可以生成自身的缩合产物。不同的 Ar 和 R，混合的缩合产物的比例也不相同，表 1-2 中列出了一些具体的反应实例。

表 1-2　噻唑盐催化下的芳香-脂肪醛的混合安息香缩合反应

Ar	R	(Ⅰ)和(Ⅱ)收率/%	(Ⅰ):(Ⅲ)
苯基	i-C_3H_7	56	35∶65
苯基	n-C_3H_7—CH(CH_3)	61	40∶60
邻氯苯基	i-C_3H_7	81	100∶0
邻氯苯基	n-C_3H_7—CH(CH_3)	85	100∶0
邻氯苯基	CH_3	52	0∶100
对氯苯基	i-C_3H_7	75	45∶55
2-呋喃基	i-C_3H_7	88	95∶5
2-呋喃基	i-C_3H_7	63	85∶15
2-呋喃基	i-C_3H_7	79	100∶0
n-C_7H_{15}	i-C_3H_7	56	30∶70

噻唑盐也可以催化如下反应：

$$CH_3(CH_2)_5CHO + CH_2{=}CHCOCH_3 \xrightarrow[Et_3N,EtOH,80^\circ C]{\text{噻唑盐}, Cl^-} CH_3(CH_2)_5COCH_2CH_2COCH_3 \xrightarrow[-H_2O]{HO^-} \text{3-甲基-2-戊基环戊-2-烯酮}$$

关于这一步反应的噻唑正离子催化的共轭加成反应的机理，类似于氰化钠催化的苯偶姻缩合反应，噻唑叶立德起到了氰基的作用，生成的中间体负离子对 α,β-不饱和化合物进行 Micheal 加成，最后消去噻唑叶立德生成产物，并催化剂再生。

该反应也可以发生在分子内，例如（EndersD，Niemeier O. Synlett，2004，2111）：

$$\xrightarrow[Et_3N,t\text{-}BuOH,60^\circ C,24h]{\text{噻唑盐}, Br^-} \quad (40\%)$$

$$\xrightarrow[Et_3N,DMF,60^\circ C,24h]{\text{噻唑盐}, Br^-} \xrightarrow{\text{空气}} \quad (90\%)$$

不用氰基，而改用苯甲酰化的氰醇作相转移催化过程的组分之一，也可以发生反应。通过这一过程，通常可以实现自身不能缩合的醛发生反应。

$$Ar-CH(OCOC_6H_5)(CN) + Ar^1CHO \xrightarrow[TEBA，\text{氩气}]{C_6H_6，50\%NaOH} Ar-CO-CH(OCOC_6H_5)-Ar^1$$

得到的产物在乙腈中用 2 摩尔量的 0.1mol/L 的氢氧化钠水溶液室温处理，氩气保护时得到偶姻，而在空气中反应时则得到 1,2-二酮。

$$Ar-CO-CO-Ar^1 \xleftarrow[\text{乙腈，氩气}]{0.1mol/LNaOH} Ar-CO-CH(OCOC_6H_5)-Ar^1 \xrightarrow[\text{乙腈，氩气}]{0.1mol/LNaOH} Ar-CO-CH(OH)-Ar^1$$

用亚磷酸三乙酯，三甲基氯硅烷与苯甲醛反应，用强碱二异丙基氨基锂（LDA）作催化剂，与芳醛或芳酮也可发生安息香缩合。

$$(C_2H_5O)_3P + PhCHO + ClSi(CH_3)_3 \longrightarrow$$

$$(C_2H_5O)_2P(=O)-CH(Ph)OSi(CH_3)_3 \xrightarrow[2.\ H^+]{1.\ RCOR'，LDA} Ph-CO-C(OH)(R)-R'$$

式中：　RCOR′ = PhCHO，NC—C₆H₄—CHO，C₆H₅—$COCH_3$

也有用相转移催化法进行安息香缩合的报道，反应时间短、收率较高。

超声波、微波、离子液体作用下的安息香缩合反应也有报道。

近年来，许多化学工作者对安息香缩合反应的研究围绕绿色化学概念，积极探索简便高效的合成手段、寻找新型替代催化剂。VB_1 法、相转移催化 VB_1 法、超声波 VB_1 法、微波 VB_1 法、金属催化法、生物催化法、手性三唑啉盐作催化剂前体合成法等研究均取得了可喜的成果，特别是生物催化法、手性三唑啉盐作催化剂前体合成法的不对称合成更值得关注。一锅法的多组分、多步反应是有机合成方法学发展的热点之一，为安息香缩合反应的应用开辟了新的途径。

苯偶姻

$C_{14}H_{10}O_2$，210.22

【英文名】 Benzoin

【性状】 黄色棱状结晶。mp95～96℃，bp346～348℃（分解）。溶于醇、醚、氯仿、乙酸乙酯等有机溶剂，不溶于水。

【制法】 孙昌俊，曹晓冉，王秀菊．药物合成反应——理论与实践．北京：化学工业出版社，2007：407.

2 PhCHO (2) —NaCN / EtOH→ PhCH(OH)COPh (1)

方法 1：

于安有搅拌器、温度计、回流冷凝器的反应瓶中，加入苯甲醛（**2**）70g（0.66mol），乙醇 100g，搅拌混合。滴加氢氧化钠溶液调至 pH7～8。滴加由氰化钠 1.4g 溶于 50mL 水配成的溶液。加完后加热回流 2h。冷却至 25℃以下。抽滤析出的结晶，冷乙醇洗涤，干燥，得化合物（**1**）66g，mp129℃以上，收率 95%。

2 PhCHO (2) —VB_1→ PhCH(OH)COPh (1)

方法 2：

于安有搅拌器、回流冷凝器的反应瓶中，加入含量不少于 98% 的维生素 B_1 17.5g（0.05mol），水 35mL，溶解后加入 95% 的乙醇 150mL，冰水浴冷却下慢慢加入 3mol/L 的氢氧化钠约 40mL，至呈深黄色。而后慢慢加入新蒸馏过的苯甲醛（**2**）104g（0.98mol），于 60～70℃水浴中搅拌反应 2h。停止加热，自然冷却过夜。过滤析出的白色结晶，冷水洗涤，干燥，得粗品 79g，收率 77%。用 95% 的乙醇重结晶，得纯品苯偶姻（**1**）73g，mp135～136.5℃。

5-羟基-4-辛酮（丁偶姻）

$C_8H_{16}O_2$，144.21

【英文名】 5-Hydroxyoctan-4-one，Butyroin

【性状】 无色液体。bp90～92℃/173～1.86kPa。n_D^{20} 1.4309。

【制法】 林原斌，刘展鹏，陈红彪．有机中间体的制备与合成．北京：科学出版社，2006：303.

$$2CH_3CH_2CH_2CHO \xrightarrow[\text{催化剂}]{Et_3N,EtOH} CH_3CH_2CH_2C(=O)CH(OH)CH_2CH_2CH_3$$

(**2**) → (**1**)；催化剂：3-苄基-4-甲基-5-羟基噻唑鎓盐（CH_3，HO，S，$\overset{+}{N}$—CH_2Ph ·Cl^-）

于安有搅拌器、温度计、回流冷凝器、通气导管的反应瓶中，加入催化剂 3-苄基-5-(2-羟乙基)-4-甲基-1，3-噻唑盐酸盐 13.4g（0.05mol），正丁醛（**2**）72.1g（1mol），三乙胺 30.3g（0.3mol），300mL 无水乙醇。慢慢通入氮气，搅拌下加热至 80℃反应 1.5h。冷至室温，减压浓缩。得到的黄色液体倒入 500mL 水中，加入 150mL 二氯甲烷。分出有机层，水层用二氯甲烷提取 2 次，每次 150mL。合并有机层，依次用饱和碳酸氢钠溶液、水各 300mL 洗涤。回收溶剂后减压分馏，收集 90～92℃/1.73～1.86kPa 的馏分，得产品（**1**）51～54g，收率 71%～74%。

采用类似的方法，可以实现正戊醛、正己醛、正辛醛、正癸醛、正十二醛的缩合反应，收率分别是 79%、81%、83%、89%、83%。

糠偶酰

$C_{10}H_6O_4$，190.16

【英文名】 Furil

【性状】 黄色结晶。mp166℃。

【制法】 乔艳红．化学试剂，2007，26（3）：189.

$$2\,\text{糠醛 (2)} \xrightarrow{VB_1} \text{糠偶姻 (3)} \xrightarrow{[O]} \text{糠偶酰 (1)}$$

糠偶姻（**3**）：于安有搅拌器、温度计、回流冷凝器、滴液漏斗的反应瓶中，加入维生素 B_1 3.6g，水 10mL，95%的乙醇 30mL，冰水浴冷却。搅拌下滴加冷的 10%的氢氧化钠水溶液，调至 pH10～11，溶液呈黄色。慢慢滴加新蒸馏的糠醛（**2**）20mL，加完后于 70℃

搅拌反应 90min。自然降温，过滤析出的浅黄色固体，95%的乙醇洗涤，真空干燥，得化合物（**3**）22g，mp138～141℃，收率 95%。用 95%的乙醇重结晶，得白色针状结晶。

糠偶酰（**1**）：于安有搅拌器、温度计、回流冷凝器、滴液漏斗的反应瓶中，加入五水硫酸铜 32g，吡啶 43mL，水 18mL，水浴加热至 74℃，慢慢加入化合物（**3**）11.5g，溶液由深蓝变为深绿色，而后于 74℃水浴中搅拌反应 2h。将反应物倒入 200mL 冰水中，抽滤，水洗至滤液无色。冷甲醇洗涤，得黄色针状结晶。用甲醇重结晶，得化合物（**1**）11g，mp166℃，收率 96.5%。

2-羟基-1,2-（二噻吩-2-基）乙酮

$C_{10}H_8O_2S_2$，224.29

【英文名】 2-Hydroxy-1,2-di（thiophen-2-yl）ethanone

【性状】 微黄色固体。

【制法】 杜志云，陈京才．广东化工，2006，33（11）：27.

噻吩（**2**）$\xrightarrow{DMF,POCl_3}$ 2-噻吩甲醛（**3**，噻吩-2-CHO）$\xrightarrow{VB_1,NEt_3}$（**1**）

2-噻吩甲醛（**3**）：于安有磁力搅拌器、滴液漏斗、回流冷凝器的反应瓶中，加入新蒸馏的 DMF 7.3g，冰水浴冷却，搅拌下慢慢滴加新蒸馏的 $POCl_3$ 5.5g。加完后撤去冷浴，室温搅拌反应 15min。继续冰浴冷却，慢慢滴加噻吩（**2**）8.4g。加完后加热回流反应 1h。冰浴冷却，慢慢加入适量冰水，而后用 30%的氢氧化钠水溶液中和。氯仿提取，无水硫酸钠干燥。过滤，蒸出氯仿，剩余物减压蒸馏，收集 97～100℃/3.6kPa 的馏分，得黄色液体（**3**）6.7g，收率 62%。

2-羟基-1,2-（二噻吩-2-基）乙酮（**1**）：于安有磁力搅拌器、回流冷凝器的反应瓶中，加入 V_B11.75g，蒸馏水 5mL，而后加入由 10mL 化合物（**3**）与 10mL 95%的乙醇配成的溶液，冰水浴冷却，滴加三乙胺 5mL，反应液变黑。撤去冷浴，慢慢加热回流 2h。冷却后用 10%的盐酸中和，溶液变为红色。加入 15mL 水，冰箱中放置过夜。抽滤析出的固体，冷乙醇洗涤。乙醇中重结晶，得微黄色固体（**1**）1.2g，收率 15%

四、 有机金属化合物的 α-羟烷基化反应

1. 有机锌试剂与羰基化合物的反应（Reformatsky 反应）

醛、酮和 α-卤代酸酯在金属锌催化下，于惰性溶剂中反应，生成 β-羟基酸酯或 α,β-不饱和酸酯的反应，称为 Reformatsky 反应。该反应是由 Reformatsky S 于 1887 年首先报道的。

$$R^1R^2C{=}O + XCH_2CO_2R \xrightarrow[2.\ H_3^+O]{1.\ Zn} R^1R^2C(OH)CH_2CO_2R \xrightarrow{-H_2O} R^1R^2C{=}CHCO_2R$$

Reformatsky 反应的反应机理如下：

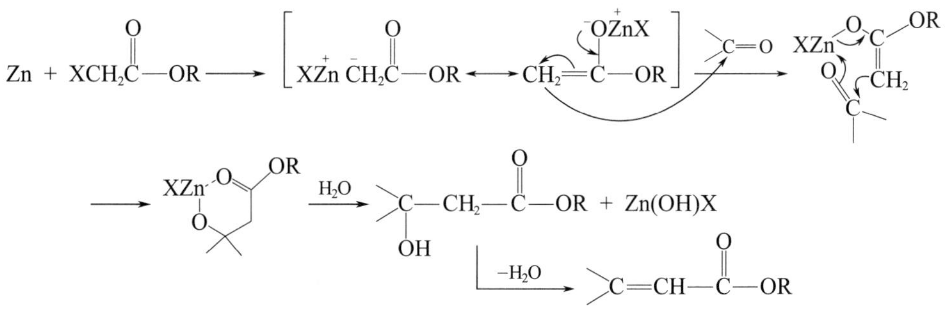

金属锌首先与α-卤代酸酯生成有机锌试剂，有机锌试剂中与锌原子相连的碳原子作为亲核试剂的中心原子，与醛、酮的羰基碳原子进行亲核加成，经过六元环结构，生成β-羟基酸酯的卤化锌盐，最后水解生成相应的β-羟基酸酯。若后者脱水则生成α,β-不饱和酸酯。六元环结构是稳定的，可以使得反应容易进行。

随着研究的深入，Reformatsky 反应被重新定义，凡是由于金属插入而使被邻近的羰基或类羰基的亲电基团活化的碳-卤键所发生的反应，都被认为是 Reformatsky 反应。所涉及的金属除了锌外，还有 Li、Mg、Cd、Ba、In、Ge、Ni、Co、Ce 等或金属盐，如 $CrCl_2$、$SmCl_2$、$TiCl_2$ 等。

关于有机锌化合物的结构，X-射线及 NMR 证实，有如下两种形式：

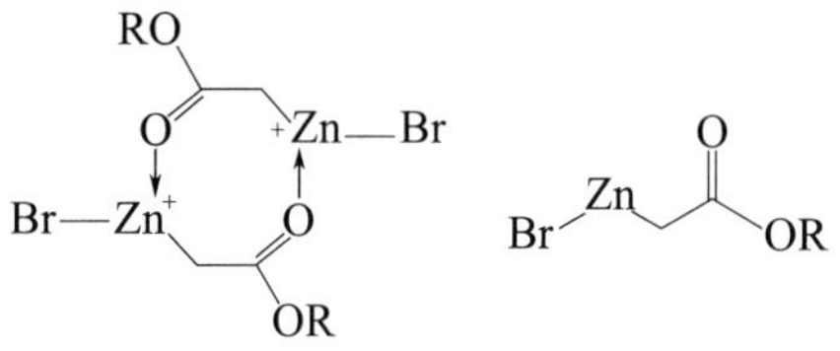

二聚体

其中以二聚体为主，在反应中二聚体解离，与羰基化合物形成六元环加成物，并最终生成相应的产物。

Reformatsky 反应中适用的羰基化合物可以是各种醛、酮，有时也可以使用酯。醛的活性一般比酮大，脂肪醛容易发生自身缩合副反应。

α-卤代酸酯中，以α-溴代酸酯最常用。因为碘代酸酯虽然活性高，但稳定性差，而氯代酸酯则活性较低，反应速度慢。卤代酸酯的活性次序为：

$$ICH_2CO_2R > BrCH_2CO_2R > ClCH_2CO_2R$$

$$XCH_2CO_2R < XCHRCO_2R < XCR_2CO_2R$$

强心剂强心甾中间体的合成如下［祁小云，潘志权．中国医药工业杂志，2003,34(4)：492］：

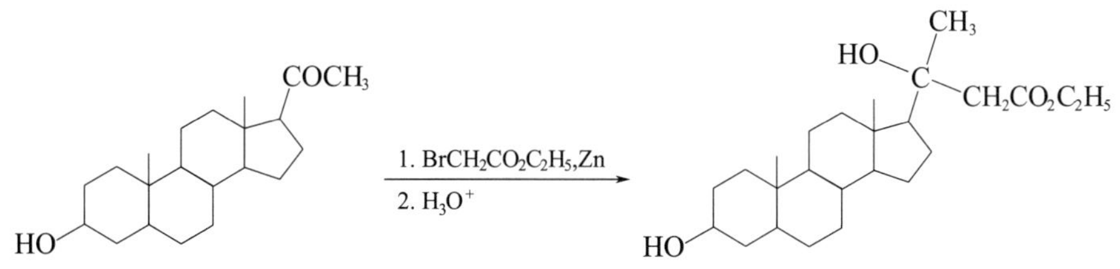

一些 α-多卤化物、β-、γ-甚至更高的卤代酸酯也可以发生 Reformatsky 反应。炔、酰胺、酮、二元羧酸酯以及腈的卤化物也适用。

除了卤化物之外，含其他离去基团如 Me_3Si—、BzO—、PyS—等的有机化合物也可以发生 Reformatsky 型反应。

和制备 Grignard 试剂时的情况相同，反应在无水条件下进行，碘可以促进反应的进行。

$$CH_3O_2C-C_6H_4-CHO + BrCH_2(CH_3)CO_2Bn \xrightarrow[C_6H_6]{Zn,\ I_2} CH_3O_2C-C_6H_4-CH(OH)CH(CH_3)CO_2Bn$$

该反应也可以使用卤代不饱和酸酯，例如 $RCHBrCH=CHCO_2C_2H_5$，有时也可以使用 α-卤代腈、α-卤代酮、α-卤代的 N,N-二烷基酰胺。

$$N_3CH_2CH_2CH_2CHO + BrCH_2CH=CHCO_2C_2H_5 \xrightarrow[\text{回流}]{Zn, C_6H_6} N_3CH_2CH_2CH_2CH(OH)CH_2CH=CHCO_2C_2H_5\ (87\%)$$

$$PhCHO + BrCH_2CH_2COOC_2H_5 \xrightarrow[THF, NH_4Cl]{3mol\text{铅粉}} PhCH(OH)CH_2C(=CH_2)COOC_2H_5\ (96\%)$$

用活化的锌、锌-银-石墨、或者锌-超声波，可以获得特别高的反应活性。锌可以用稀盐酸处理，再用丙酮、乙醚洗涤，真空干燥。也可以用金属钠、钾、萘基锂等还原无水氯化锌来制备。

$$ZnCl_2 + 2Li + C_{10}H_8 \xrightarrow{DMF} Zn$$

$$ZnCl_2 + 2K \xrightarrow[\triangle]{THF,\ N_2} Zn + 2KCl$$

用金属钾还原氯化锌制得的锌活性很高，用其进行溴代乙酸乙酯与环己酮的缩合反应，可以在室温下进行，而且几乎定量的生成 β-羟基酸酯。

$$Zn + BrCH_2CO_2C_2H_5 \longrightarrow BrZnCH_2CO_2C_2H_5 \xrightarrow[(97\%)]{\text{环己酮}} \text{1-羟基环己基}-CH_2CO_2C_2H_5$$

醛、酮可以是脂肪族的，也可以是芳香族或杂环的或含有各种官能团。腈类化合物也可以发生反应，此时首先生成亚胺类化合物，后者水解生成羰基化合物。例如：

$$CH_3CHBrCOOBu\text{-}sec + CH_3(CH_2)_4CN \xrightarrow{Zn, PhH} CH_3(CH_2)_4C(=N\cdots ZnBr\cdots O=)CH(CH_3)C(O)OBu\text{-}sec \xrightarrow{H_2SO_4} CH_3(CH_2)_4COCH(CH_3)COOBu\text{-}sec$$

硫代羰基化合物也可以发生该反应，例如：

$$\text{S=C(N-Boc)-pyrrolidine(4-OTBDMS, 5-}CH_2Ph) + BrCH_2CO_2H_3 \xrightarrow{Zn,THF} CH_3O_2C\text{-CH=C(N-Boc)-pyrrolidine(OTBDMS, }CH_2Ph)\ (71\%)$$

酰氯、二元酸酯、Schiff 碱甚至环氧化合物等都可以作为 Reformatsky 反应的亲核试剂。

表 1-3 列出了一些可以发生 Reformatsky 反应的化合物及反应产物。

表 1-3 Reformarski 反应原料与产物

羰基化合物等	α-卤代物	β-产物	羰基化合物等	α-卤代物	β-产物
醛、酮	卤代酸酯	羟基酸酯	腈	卤代酸酯	羰基亚胺
	卤代炔	羟基炔	酰氯	卤代酸酯	二羰基化合物
	卤代酰胺	羟基酰胺	亚胺	卤代酸酯	内酰胺
	卤代酮	羟基酮	二氧化碳	卤代酸酯	丙二酸单酯
	卤代腈	羟基腈或杂环化合物	环氧化合物	卤代酸酯	γ-、δ-、ε-羟基酸酯
酯	卤代酸酯	半缩醛、半缩酮衍生物	卤代酸酯		

α-多卤代酮与酰氯反应可以生成羧酸烯基酯。例如：

$$Cl_3C\text{-CO-}C_6H_4\text{-CO-}CCl_3 + Cl\text{-CO-R} \xrightarrow[AcOEt]{Zn} \text{RCOO-C(=CCl}_2)\text{-}C_6H_4\text{-C(=CCl}_2)\text{-OOCR}$$

常用的溶剂有乙醚、苯、甲苯、THF、DMSO、二甲氧基乙烷、二氧六环、DMF 或这些溶剂组成的混合溶剂等。反应在无水条件下进行。若在反应中加入硼酸三甲酯，其可以中和反应中生成的碱式氯化锌，使反应在中性条件下进行，抑制了脂肪醛的自身缩合，从而提高了反应收率。例如：

$$CH_3CHO + BrCH_2CO_2C_2H_5 \xrightarrow[THF,\ r.t]{ZN,\ B(OCH_3)_3} CH_3CH(OH)CH_2CO_2C_2H_5\quad (95\%)$$

水解后得到的产物是β-羟基酸酯。但有些时候，特别是使用芳香醛时，β-羟基酸酯会继续直接发生消除反应生成α,β-不饱和酸酯。通过同时使用锌和三丁基膦，α,β-不饱和酸酯会成为主要产物。从而可能替代 Wittig 反应。

缩合产物β-羟基酸酯脱水时常用的脱水剂有乙酸酐、乙酰氯、硫酸氢钾、85%的甲酸、20%～65%的硫酸、氯化亚砜等。

利用该反应可以制备比原来的醛酮增加两个碳原子的β-羟基酸酯或α,β-不饱和酸酯。例如维生素 A 中间体的合成。

$$\beta\text{-紫罗兰酮} + BrCH_2CO_2C_2H_5 \xrightarrow[2.\ H_3^+O]{1.\ Zn} \text{…CH=CH-C(CH}_3)\text{=CH-}CO_2C_2H_5$$

分子内同时具有α-卤代羧酸酯结构的羰基化合物，可以发生分子内的 Reformatsky 反应生成环状化合物。例如：

$$\mathrm{BrCH_2COO(CH_2)_nCHO} \xrightarrow[35^\circ C, 4h]{Zn, Et_2AlCl, THF} \text{HO-substituted lactone} \quad (35\%\sim48\%)$$

又如：

$$\text{2-(OCOCH}_2\text{Br)C}_6\text{H}_4\text{CHO} + Zn + ZnBr_2 \xrightarrow{C_6H_6, Et_2O} \text{coumarin} \quad (26\%)$$

在如下反应中，则发生了分子内重排。

$$\mathrm{BrC(CH_3)_2COOCH_2CH{=}CH_2} \xrightarrow[80^\circ C]{Zn, C_6H_6} [\mathrm{(CH_3)_2C{=}C(OZnBr)OCH_2CH{=}CH_2}] \longrightarrow \mathrm{CH_2{=}CHCH_2C(CH_3)_2COOZnBr}$$

$$\mathrm{BrCF_2COOCH_2CH{=}CH_2} \xrightarrow[2.\ H_2O]{1.\ Zn, Me_3SiCl, CH_3CN} [\mathrm{F_2C{=}C(OSiMe_3)OCH_2CH{=}CH_2}] \longrightarrow \mathrm{CH_2{=}CHCH_2CF_2COOH}$$

$$\mathrm{BrCF_2COOCH_2C{\equiv}CH} \xrightarrow[2.\ H_2O]{1.\ Zn, Me_3SiCl, CH_3CN} \mathrm{CH_2{=}C{=}CHCF_2COOH}$$

很多情况下 Reformatsky 反应是一步完成的，即将 α-卤代酸酯、羰基化合物、锌于溶剂中一起反应，操作起来比较方便。但有时可以采用两步反应法，即首先将 α-卤代酸酯与锌反应生成有机锌试剂，而后再加入羰基化合物。这种两步法可以避免羰基化合物被锌还原的副反应，有利于提高反应收率。在两步法中，二甲氧基甲烷是优良的溶剂，第一步几乎可以定量的生成有机锌试剂。例如：

$$\mathrm{BrCH_2CO_2C_2H_5} + Zn \xrightarrow{CH_2(OCH_3)_2} \mathrm{BrZnCH_2CO_2C_2H_5} \xrightarrow[CH_2(OCH_3)_2]{\text{2-furyl-CHO}} \text{2-furyl-}\mathrm{CH(OH)CH_2CO_2C_2H_5}$$

也可以使用其他金属代替锌，如镁、锂、铝、铟、锰、低价钛等。其他一些化合物如 SmI_2、Se（OTf）、PPh_3 等也可以进行反应。

使用羧酸酯的 α-锂盐，可以与羰基化合物缩合。该方法的优点是条件温和、反应迅速，而且羧酸酯的 α-锂盐不需由 α-卤代羧酸酯来制备。羧酸酯的 α-锂盐可以直接由羧酸酯与氨基锂化合物直接来制备。氨基锂化合物中二（三甲基硅基）氨基锂效果很好，但其主要适用于制备乙酸酯的锂盐，而异丙基环己基氨基锂则适用于多种羧酸酯的 α-锂盐。

$$\mathrm{CH_3CO_2C_2H_5} + [\mathrm{(CH_3)_3Si}]_2\mathrm{NLi} \xrightarrow[-78^\circ C]{THF} \mathrm{LiCH_2CO_2C_2H_5} \xrightarrow{PhCHO} \mathrm{PhCH(OH)CH_2CO_2C_2H_5} \quad (91\%)$$

又如，利用 α-三甲基硅基乙酸叔丁酯的锂盐与多种酰基咪唑缩合，而后酸性水解，可以得到β-酮酸酯。

$$(CH_3)_3SiCH_2CO_2C(CH_3)_3 \xrightarrow{n\text{-BuLi},HN(i\text{-Pr})_2} (CH_3)_3SiCH(Li)CO_2C(CH_3)_3 \xrightarrow[\text{THF},-78^\circ C]{C_6H_5CH{=}CHCO{-}N(\text{imidazolyl})}$$

$$C_6H_5CH{=}CHC(OLi)(N\text{-imidazolyl})CH(Si(CH_3)_3)CO_2C(CH_3)_3 \xrightarrow{HCl} C_6H_5CH{=}CHCO{-}CH_2CO_2C(CH_3)_3$$

α-卤代乙酸乙酯在镁粉存在下可以自身缩合，生成γ-卤代乙酰乙酸乙酯。γ-卤代乙酰乙酸乙酯为医药、农药中间体。

$$ClCH_2CO_2C_2H_5 \xrightarrow{Mg} ClZnCH_2CO_2C_2H_5 \xrightarrow{ClCH_2CO_2C_2H_5} ClCH_2COCH_2CO_2C_2H_5$$

该反应经常是Reformatsky反应的副反应，但当不加醛和酮时，也可用于γ-卤代乙酰乙酸乙酯类似物的合成。镁的反应活性大于锌，可以用于一些位阻较大的酯，例如：

$$CH_3CH(Br)CO_2C(CH_3)_3 + (C_6H_5)_2C{=}O \xrightarrow{Mg} (C_6H_5)_2C(OH){-}CH(CH_3)CO_2C(CH_3)_3 \quad (81\%)$$

$$\text{1-Br-1-}CO_2C_2H_5\text{-cyclohexane} + \text{cyclohexanone} \xrightarrow[C_6H_6,Et_2O]{Mg} \text{1-OH-cyclohexyl}{-}\text{1-}CO_2C_2H_5\text{-cyclohexane} \quad (88\%)$$

传统的Reformatsky反应是在无水条件下进行的，限制了其应用。自Barbier反应发现以来，水相中的Reformatsky反应引起了人们的广泛关注，并已取得可喜的进展。水相中的Reformatsky反应具有很多优点。可以省去一些基团的保护和去保护的过程；无需处理易燃的要求无水的有机溶剂；一些水溶性反应物可以直接在水中使用；反应更安全等。水相中Reformatsky反应，谢斌等（谢斌，王志刚，邹立科等．化学试剂，2009，2：117）曾做过述评。

水相中Reformatsky反应的机理与Barbier反应相似，属于单电子转移自由基机理。这种单电子转移自由基机理有两种可能，第一种是羰基生成负离子自由基，再与卤化物反应生成产物。

$$(CH_3)_2C{=}O + M \xrightarrow{SET} [(CH_3)_2C{=}O]^{\cdot -}\,M^{\cdot +} \longrightarrow (CH_3)_2C(O^-){-}C(O^-)(CH_3)_2$$

$$[(CH_3)_2C{=}O]^{\cdot -}\,M^{\cdot +} \xrightarrow{X\text{-}CH_2CH{=}CH_2} (CH_3)_2C(O^{\cdot})CH_2CH{=}CH_2\;X^-\,M^{\cdot +} \xrightarrow{SET} (CH_3)_2C(O^-)CH_2CH{=}CH_2$$

第二种是卤化物先生成自由基负离子，后者再与羰基反应，最后生成产物。

$$XCH_2CH{=}CH_2 + M \xrightarrow{SET} [XCH_2CH{=}CH_2]^{\cdot -}\,M^{\cdot +} \xrightarrow{(CH_3)_2C{=}O} (CH_3)_2C(O^{\cdot})CH_2CH{=}CH_2\;X^-\,M^{\cdot +} \xrightarrow{SET} (CH_3)_2C(O^-)CH_2CH{=}CH_2$$

如果是单电子转移过程而不是双电子转移过程，则金属的第一电动势能和第二电动势能将非常重要。应当是第一电动势能低而第二电动势能很高的金属才是理想的金属。表 1-4 是一些金属的电动势能的大小。

表 1-4　一些金属的电动势能

金属	Ⅰ	Ⅱ	Ⅲ	Ⅳ
铟	5.785	18.86	28.93	54.4
铝	5.984	18.82	28.44	119.96
镁	7.464	15.035	80.143	109.29
锌	9.39	17.46	39.7	
锡	7.34	14.63	30.49	40.72

由表 1-4 中可以看出，金属铟是这类反应比较理想的金属，铝、镁、锌、锡的报道也很多，特别是价格低廉的锌。

因为是自由基反应机理，所以中间体自由基的稳定性对于反应来说十分重要。在已报道的水相中反应中，反应底物限制在烯丙基、炔丙基、苄基卤化物，羰基化合物限制在醛、酮、酯基中的碳-氧双键。

锌不仅是传统 Reformatsky 反应参与反应的金属，也是水相中 Reformatsky 反应发现最早的金属，其活泼性强，在水中可以稳定存在，价格低廉、无毒。

早在 1985 年就有报道，苯甲醛与 α-溴代丁烯酸甲酯，在饱和氯化铵水溶液和 THF 混合体系中，锌存在下超声波反应，可以得到 30% 的烯丙基化产物，但在相同条件下苯甲醛与 α-溴代乙酸乙酯未发生预期的反应。

Zn，饱和NH_4Cl,THF

醛与 2-（溴甲基）丙烯酸甲酯在饱和氯化铵水溶液-THF 混合体系中，锌参与下反应生成 α-亚甲基-γ-丁内酯，收率 47%～98%，而仅用 THF 作溶剂的收率只有 15%。

Zn，饱和NH_4Cl,THF　(47%~98%)

将水相中烯丙基化反应扩展到 α-卤代酮与醛的反应，锌、锡、铟都可以得到预期的产物，只有锌的收率最高（82%），但没有明显的非对映选择性（赤型/苏型）。

M，H_2O

R=Ph, p-$CH_3C_6H_4$, $CH_3(CH_2)_2$　M=Zn,Sn,In

后来有报道称，在锌参与下加入过氧化苯甲酰，分别在饱和氯化铵-过饱和 $Mg(ClO_4)_2$ 水溶液（A）和含有氯化铵的饱和 $CaCl_2$ 水溶液（B）中，α-卤代羧酸酯与芳香醛反应取得了较满意的结果，收率 52%～80%。部分脂肪族醛也适用，收率 15%～80%。

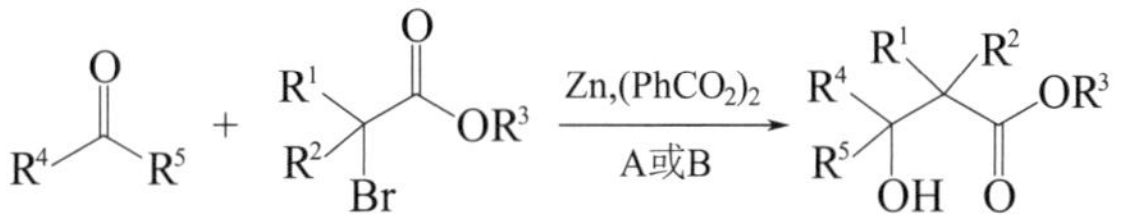

锡、铟、铝、钐、铋等金属都可以参与水相中的 Reformatsky 反应。

锡参与的 Reformatsky 反应，卤代酸酯与苯甲醛的效果较好，脂肪族醛难发生此反应。

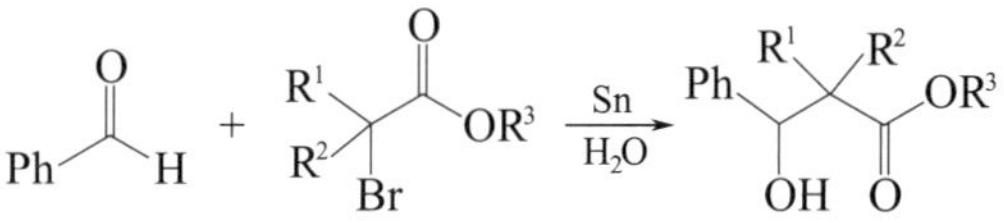

R^1＝Ph，Me，H 等；R^2＝Me，H 等；R^3＝Et，Me 等

铟在空气和水中稳定。与锌、锡相比，在水相中参与 Reformatsky 反应的活性更高，而且一般有明显的非对映选择性。例如 α-卤代酮与醛的反应，赤型与苏型的比例为 12∶1。

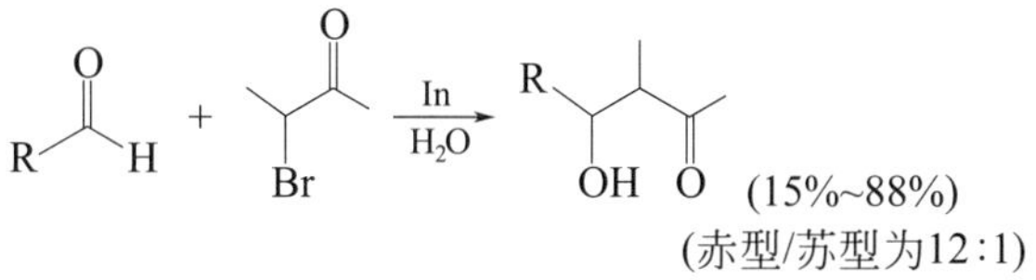

(15%~88%)
(赤型/苏型为12:1)

铝与其他金属化合物可以参与水相中的 Reformatsky 反应。Al/$BiCl_3$ 催化体系催化的一锅法水相 Reformatsky 反应，无需加入其他盐，在纯水中一次加入 α-卤代酮和醛，氮气保护下反应即可获得令人满意的结果，且部分实验有很好的非对映选择性。

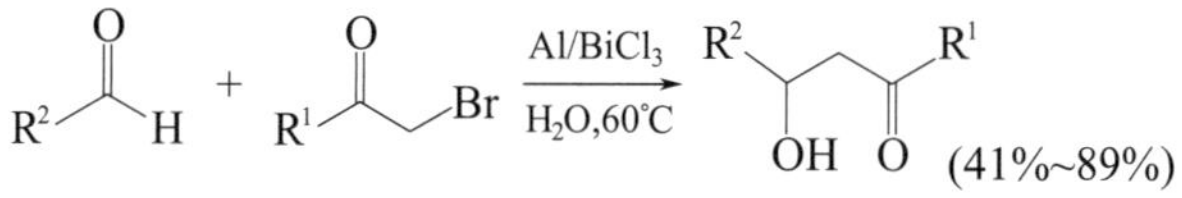

(41%~89%)

R^1=Ph, p-BrC_6H_4 等; R^2=Ph, p-ClC_6H_4, n-C_5H_{13} 等

钐虽然对水相 Reformatsky 反应有很好的效率，但钐属于稀有金属，价格高且有放射性，限制了其应用。

铋在助催化剂氟化锌存在下使 α-卤代酮与醛进行水相中的 Reformatsky 反应，室温下得到了较高收率的 β-羟基酮，而且具有立体和对映选择性，反应中有脱卤产物生成。

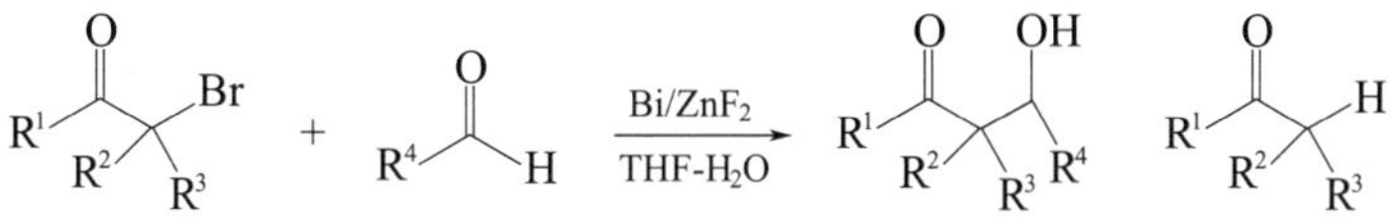

R^1=Ph,Me,Et,OH等; R^2=Ph,Me,H等; R^3=Ph,Me,H等; R^4=Ph, p-CH_3OPh, p-ClPh等

综上所述，各种金属参与的水相 Reformatsky 反应各具特点。金属锌活性强，一般在室温下即可反应，反应时间较短。金属锡的活性较锌差，往往需要一些附加条件。铟活性较强，反应具有非对映选择性。铝、钐和铋需加入其他金属盐作助催化剂，一般效率较高。

不对称合成在 Reformatsky 反应研究中有了迅速发展。这主要包括两个方面，一是使用手性的卤代酸酯或羰基化合物进行的底物诱导的不对称 Reformatsky 反应。二是选择手性催化剂进行催化的不对称 Reformatsky 反应。

底物诱导的不对称 Reformatsky 反应：较早开展这方面工作的是在 20 世纪 60 年代。Reid 等以溴代乙酸盖基酯和溴代乙酸龙脑酯与苯甲醛反应制备 β-羟基羧酸酯，后者水解生成 β-羟基羧酸。但反应的选择性很低。虽然选择性低，但这是首例底物诱导的不对称 Reformatsky 反应，具有开创性的意义。

$$PhCHO + BrCH_2CO_2R^* \xrightarrow[THF]{Zn\text{-}Cu} Ph\overset{*}{C}H(OH)CH_2CO_2R^* \longrightarrow Ph\overset{*}{C}H(OH)CH_2CO_2H \quad R^* = (-)\text{-menthyl},\ \text{bornyl}$$

Basavaiah 等[Basavaiah D, Bharathi T K. Synth Commun, 1989, 19(11-12): 2035]则用乳酸衍生的几类手性溴代乙酸衍生物进行该反应，但发现只有苯甲醛可以获得最佳选择性，光学纯度几乎 100%，而芳香酮、脂肪醛的选择性则很低。

在手性催化剂催化的 Reformatsky 研究方面，主要的有手性氨基醇类化合物作配体、手性氨基酸（多肽）作配体、糖类化合物作配体、一些生物碱作配体等用锌、铟以及某些过渡金属进行的 Reformatsky 反应。

20 世纪 70 年代，Guette 等[Guette M, Capillon J, Guette J P. Tetrahedron. 1973, 29(22): 3659]首次用（－）-鹰爪豆碱（氨基醇类化合物）作配体进行不对称 Reformatsky 反应，虽然化学产率较低，但产物的 ee 值明显提高。

$$RC(=O)Ph + BrCH_2CO_2R' \xrightarrow{Zn,(-)\text{鹰爪豆碱}} Ph\overset{*}{C}(OH)(R)CH_2CO_2R' \xrightarrow[2.\ H_2SO_4]{1.\ KOH,EtOH} Ph\overset{*}{C}(OH)(R)CH_2CO_2H \quad R=H,CH_3$$

用手性配体（S）-DPMPM 或（1R，2S）-DBNE 催化芳香醛和脂肪族醛的 Reformatsky 反应，β-羟基酸酯的光学纯度中等或较高，催化剂用量较大是其缺点。

$$R'CHO + BrZnCH_2CO_2C(CH_3)_3 \xrightarrow[THF,0^\circ C]{(S)\text{-DPMPM}} R'CH(OH)CH_2CO_2C(CH_3)_3$$

$$R'CHO + BrZnCH_2CO_2C(CH_3)_3 \xrightarrow[THF,0^\circ C]{(1R,2S)\text{-DBNE}} R'CH(OH)CH_2CO_2C(CH_3)_3$$

(S)-DPMPM　　(1R,2S)-DBNE

若将（1R，2S）-DBNE 的羟基改为甲氧基，则产物几乎没有光学活性，看来氨基醇的羟基是不可少的。

蒋耀忠等对氨基醇催化的不对称 Reformatsky 反应进行了卓有成效的研究工作。他们用 DBNE 催化如下反应时发现，溶剂对反应的影响很大。

$$RCHO + BrCH_2CO_2C_2H_5 \xrightarrow[DBNE]{Zn,Cu,THF} R\overset{*}{C}H(OH)CH_2CO_2C_2H_5$$

DBNE

当反应在给电子溶剂和强极性溶剂中进行时，可以提高反应的 ee 值，如 THF、乙腈。而当使用氯仿、甲苯、苯等极性小或非极性溶剂时，ee 值明显降低。这可能与溶剂参与 Reformatsky 试剂的形成有关。含给电子基团的溶剂，可以与锌试剂配位而稳定。将羟基改为烷氧基，则 ee 值大大降低。

天然氨基酸衍生物或小肽广泛用于催化各种不对称反应，Reformatsky 反应也不例外。侧链连有配位基团的天然氨基酸衍生物和小肽，分子中都带有两个或两个以上的配位基团，可以与过渡金属形成配合物。尤其是由两个 L-氨基酸生成的环二肽，其肽环具有一定的刚性，侧链上的配位基处于肽环的同侧，可以与过渡金属形成与酶的活性中心相似的结构，有望成为经济有效的手性配体。

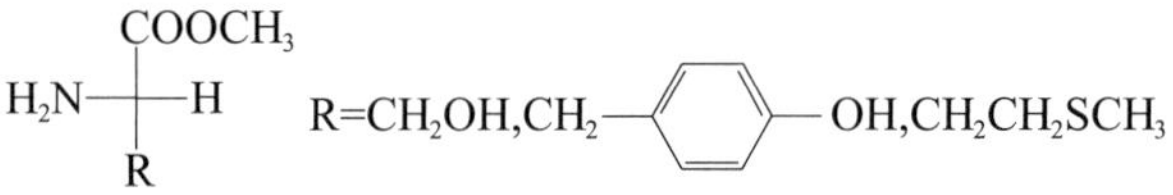

$R=CH_2OH, CH_2-C_6H_4-OH, CH_2CH_2SCH_3$

L-氨基酸酯

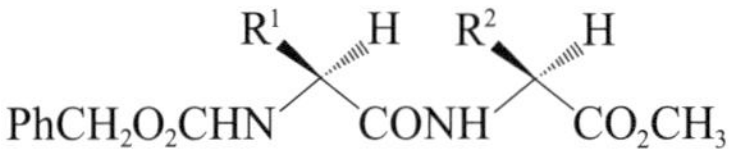

$PhCH_2O_2CHN-CH(R^1)-CONH-CH(R^2)-CO_2CH_3$

a. $R^1=R^2=CH_2OH$ b. $R^1=CH_2OH$, $R^2=CH_2CH_2SCH_3$

c. $R^1=CH_2OH$, $R^2=CHOHCH_3$

二肽

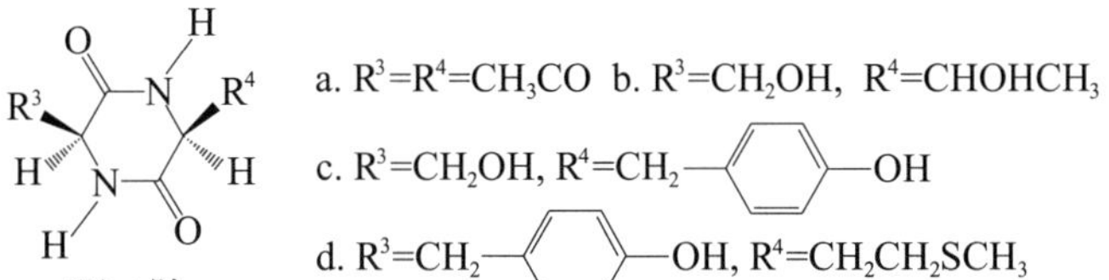

a. $R^3=R^4=CH_3CO$ b. $R^3=CH_2OH$, $R^4=CHOHCH_3$

c. $R^3=CH_2OH$, $R^4=CH_2-C_6H_4-OH$

d. $R^3=CH_2-C_6H_4-OH$, $R^4=CH_2CH_2SCH_3$

环二肽

实验证明，环二肽的不对称诱导效果优于其他两种，说明环二肽的刚性结构对不对称诱导有利。反应温度对产物的 ee 值基本无影响，而溶剂的极性增加有利于提高产物的 ee 值。

也有报道，使用单或双羟基碳水化合物作为手性配体不对称催化 Reformatsky 反应。这些手性配体的结构如下：

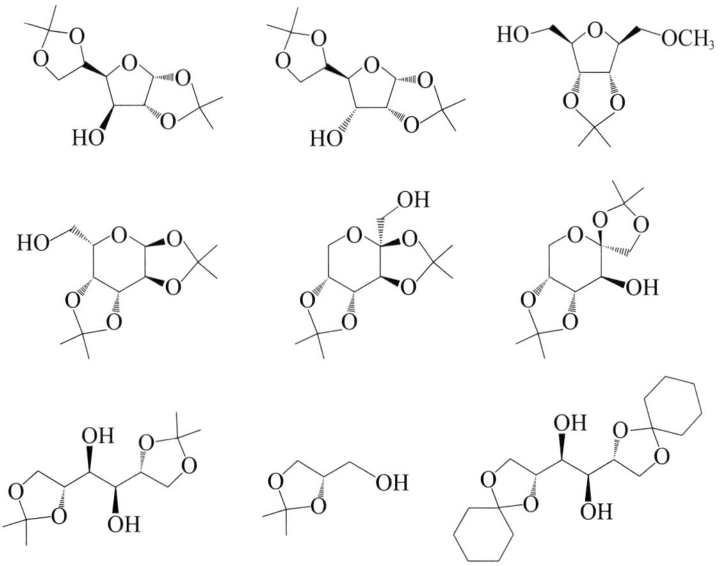

这些碳水化合物手性配体参与的不对称 Reformatsky 反应，化学产率一般，产物的 ee 值较低。实验证明，双羟基配体比单羟基配体与锌的配位能力强，手性配体的数量、过渡态中羟基的个数以及糖部分的空间位阻对反应的对映选择性有很大影响。

还有其他一些配体也用于 Refmatsky 不对称合成，如手性二胺、氨基二醇等。也有用其他金属的不对称 Reformatsky 反应的报道。如金属铟在辛克宁和辛克宁定配体存在下的反应。

$$ArCHO + \rangle InCH_2CO_2Et \xrightarrow{\text{辛克宁或辛克宁定}} Ar\overset{*}{C}H(OH)CH_2CO_2R'$$

虽然文献中关于 Reformatsky 试剂的结构及其在不对称合成中的应用报道不少，但有关该不对称反应机理的报道并不多。多数仍限于手性氨基醇的应用，新型手性催化剂作用下的不对称 Refomatsky 反应研究较少。研究活性高、适用范围广的新型手性催化剂仍是不对称 Reformatsky 反应的重要研究方向。

5-乙酰氧基-3-甲基-3-羟基戊酸乙酯

$C_{10}H_{18}O_5$，218.25

【英文名】 Ethyl 5-acetoxy-3-hydroxy-3-methylpentanoate

【性状】 无色液体。

【制法】 胡晓，翟剑锋，王理想等．化工时刊，2009，23（7）：46.

$$\underset{(2)}{CH_3CO_2CH_2CH_2COCH_3} \xrightarrow[EtOAc]{BrCH_2CO_2C_2H_5,\ Zn} \underset{(1)}{CH_3CO_2CH_2CH_2C(OH)(CH_3)-CH_2CO_2C_2H_5}$$

于反应瓶中加入乙酸乙酯 50mL，活性锌粉 16.0g（0.246mol），室温滴加由化合物（2）14.5g（0.111mol）、溴乙酸乙酯 9.6g（0.057mol）与 100mL 乙酸乙酯配成的溶液，约 50min 加完。加完后继续于 45～55℃搅拌反应 5h。补加 20mL 乙酸乙酯和 2g 活性锌，继续于 45～55℃反应 6h。冷却，加入 135mL 冰水和 0.5mol/L 硫酸 20mL，充分搅拌。滤去未反应的锌粉，分出有机层，水层用乙酸乙酯提取。合并有机层，无水硫酸镁干燥。过滤，减压浓缩，得无色液体 20.4g，收率 84%。

4-苯并呋喃乙酸

$C_{10}H_8O_3$，176.17

【英文名】 4-Benzofuranacetic acid

【性状】 白色固体。mp 110～111℃。

【制法】 仇缀百，焦萍，刘丹阳．中国医药工业杂志，2000，31（12）：554.

(2) $\xrightarrow{BrCH_2CO_2C_2H_5,Zn}$ (3) $CH_2CO_2C_2H_5$ $\longrightarrow$ (4) $CH_2CO_2C_2H_5$ $\longrightarrow$ (1) CH_2CO_2H

6,7-二氢-苯并呋喃-4-乙酸乙酯（**3**）：于反应瓶中加入活性锌粉 16g（0.246mol），碘 0.13g，于滴液漏斗中加入化合物（**2**）4.8g（0.036mol），苯 66.7mL、乙醚 66.7mL，溴乙酸乙酯 4mL（0.036mol）配成混合溶液。先加入反应瓶中 10mL，反应开始后，保持缓慢回流滴加其余溶液，约 1.5h 加完。加完后继续回流反应 4h。冷却，滤去锌粉。加入 10%的盐酸 25mL，冰浴冷却。分出有机层，水层用苯提取。合并有机层，稀氨水洗涤，无水硫酸钠干燥。过滤，浓缩，减压蒸馏，收集 138～141℃/1.2kPa 的馏分，得化合物（**3**）4.28g，收率 58.9%。

4-苯并呋喃乙酸（**1**）：于反应瓶中加入二甲苯 10mL，化合物（**3**）5.34g（0.026mol），四氯苯醌 6.94g（0.028mol），回流反应 12h。冷却，过滤，浓缩。剩余物过色谱柱分离，以石油醚-乙酸乙酯（14∶1）洗脱，得粗品（**4**）2.27g，收率 43%。将粗品（**4**）加入 20%的氢氧化钠水溶液 5mL 中，加热搅拌至有机物溶解。盐酸酸化，乙醚提取。浓缩，得白色固体（**1**）1.85g，用水重结晶，得白色固体 1.25g，mp110～111℃。

β-苯基-β 羟基丙酸乙酯

$C_{11}H_{14}O_3$，194.23

【英文名】 Ethyl *β*-phenyl-*β*-hydroxypropionate

【性状】 无色液体。bp151～154℃/1.6kPa。溶于醇、醚、氯仿、乙酸乙酯等大部分有机溶剂，难溶于水。

【制法】

方法 1：[1] 孙昌俊，曹晓冉，王秀菊．药物合成反应——理论与实践．北京：化学工业出版社，2007：413.

[2] Tanaka Koichi，Kishigani Satoshi，Tod Fumio. J Org Chem，1991，56（13）：4333.

$$C_6H_5CHO + BrCH_2CO_2C_2H_5 \ (\mathbf{2}) \xrightarrow[Et_2O]{Zn} C_6H_5CH(OZnBr)CH_2CO_2C_2H_5 \xrightarrow{H_2SO_4} C_6H_5CH(OH)CH_2CO_2C_2H_5 \ (\mathbf{1})$$

于安有搅拌器、回流冷凝器、温度计、滴液漏斗的反应瓶中，加入干燥的锌粉 40g（0.61mol）。慢慢滴加由溴乙酸乙酯（**2**）83.5g（0.5mol）、新蒸馏过的苯甲醛 65g（0.615mol）、干燥的苯 80mL 和无水乙醚 20mL 配成的混合液。滴加此混合液约 10mL，慢慢加热使反应开始。反应开始后搅拌下滴加上述混合液，保持回流条件下约 1h 加完，而后继续回流反应 30min。冰浴冷却，剧烈搅拌下滴加 10%的硫酸水溶液 200mL。分去水层，有机层依次用 5%的硫酸、10%的碳酸钠、水洗涤。水层再用乙醚提取一次。合并有机层，无水硫酸钠干燥后，常压蒸馏回收溶剂，而后减压蒸馏，收集 151～154℃/1.6kPa 的馏分，得 3-苯基-3-羟基丙酸乙酯（**1**）60g，收率 62%。

方法 2：Araki S，Ito H. Synth Commun，1988，18：453.

$$C_6H_5CHO\ (\text{苯甲醛}) + ICH_2CO_2C_2H_5\ (\mathbf{2}) \xrightarrow[Et_2O]{In} C_6H_5CH(OH)CH_2CO_2C_2H_5\ (\mathbf{1})$$

于安有磁力搅拌器的反应瓶中，加入铟粉 115mg (1mmol)，THF3mL，碘代乙酸乙酯 (**2**) 1.5mmol，搅拌下加入苯甲醛 1.0mmol，放热反应立即进行。室温搅拌反应 1.5h。将反应物倒入水中，乙醚提取，无水硫酸钠干燥。过滤，减压蒸出溶剂，得化合物 (**1**) 174mg，收率 90%。

采用类似的方法可以实现如下反应（表 1-5）。

表 1-5 铟粉改进的 Reformatsky 反应

羟基化合物	摩尔比			收率/%
	羟基化合物 :	碘乙酸乙酯 :	铟	
Ph–CH=CH–CHO	2	3	3	89
$CH_3(CH_2)_6CHO$	2	3	2	74
2-羟基苯甲醛（邻-OH, CHO）	2	3	2	67
2-呋喃甲醛（CHO）	2	3	2	82
环己酮	2	3	2	65
苯乙酮（$COCH_3$）	2	3	2	40

注：收率以羰基化合物计。

3,6-二甲基-3-羟基-6-庚烯酸甲酯

$C_{10}H_{18}O_3$，185.25

【英文名】 Methyl3，6-dimethyl-3-hydroxy-6-heptenoate

【性状】 无色液体。

【制法】 Rosini G，et al. Org Synth，1998，Coll Vol 9：275.

$$CH_2{=}C(CH_3)CH_2CH_2COCH_3\ (\mathbf{2}) + BrCH_2CO_2CH_3 \xrightarrow{Zn,B(OCH_3)_3} CH_2{=}C(CH_3)CH_2CH_2C(CH_3)(OH)CH_2COOCH_3\ (\mathbf{1})$$

于安有搅拌器、温度计、回流冷凝器、通气导管的反应瓶中，加入 5-甲基-5-己烯-2-酮 (**2**) 24.2g (0.216mol)，硼酸三甲酯 60mL，通入氮气，加入 60mL THF，新活化的 20 目的锌粉 16.96g (0.259mol)，搅拌下加入溴乙酸甲酯 39.65g (0.259mol)。逐渐生成白色沉淀，温度升高至回流。继续搅拌反应 3h，起始反应物消失。加入 60mL 甘油和 60mL 饱和氯化铵溶液淬灭反应。加入 120mL 乙醚，分出有机层，水层用乙醚提取 (60mL×3)。合并有机层，30%的氨水溶液洗涤 3 次，饱和盐水洗涤 2 次。无水硫酸镁干燥，过滤，旋转

浓缩。得粗品化合物（**1**）37.3～38.9g，收率93%～97%。纯度97%，主要杂质是溴乙酸甲酯。

（S）-3-氨基-2,2-二氟-3-苯基丙酸

$C_9H_9NO_2F_2$，201.17

【英文名】 3-Amino-2,2-difluoro-3-phenyl-propionic acid

【性状】 白色固体。mp242～244℃，$[\alpha]_D^{19}$ +7.71°（c0.99，CH_3OH）。

【制法】 Sorochinsky A，Voloshin N，Markovsky A，et al. J Org Chem，2003，68：7448.

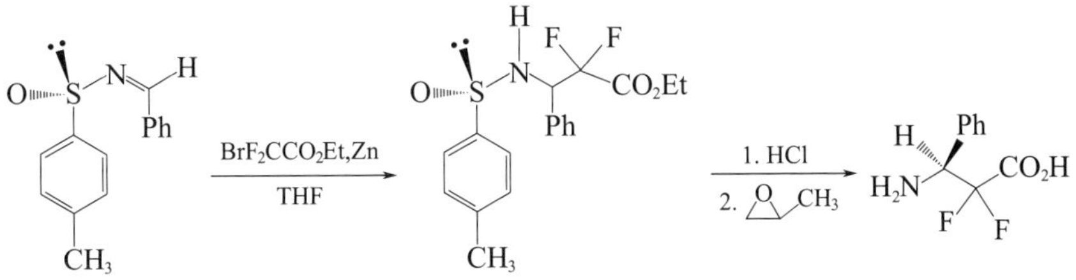

（SS,3S）-2,2-二氟-3-苯基-3-对甲苯磺酰胺基丙酸乙酯（**3**）：于安有磁力搅拌、回流冷凝器、滴液漏斗的反应瓶中，加入锌粉131mg（2.0mmol），THF5mL，搅拌回流，滴加由（S）-苯亚甲基对甲苯磺酰亚胺（**2**）243mg（1.0mmol）、溴代二氟乙酸乙酯410mg（2.0mmol）溶于2mL THF的溶液。加完后继续回流反应15min。冷至室温，以饱和氯化铵水溶液淬灭反应，乙酸乙酯稀释。分出有基层，水层用乙酸乙酯提取2次。合并有基层，水洗，无水硫酸钠干燥。过滤，减压蒸出溶剂。剩余物过色谱柱纯化，以己烷-乙酸乙酯（3：1）洗脱，得粗品301mg，其中含化合物（**3**）96%。以己烷-乙酸乙酯重结晶，得纯品（**3**）239mg，收率65%，mp119～120℃。$[\alpha]_D^{20}$ +116.2°（c1.04，$CHCl_3$）。

（S）-3-氨基-2,2-二氟-3-苯基丙酸（**1**）：将化合物（**3**）197mg（0.54mmol）、6mol/L的盐酸11mL加入反应瓶中，回流反应4h。冷却，乙醚提取2次。水层减压浓缩至干，加入环氧丙烷125mg（2.16mmol），异丙醇3mL，搅拌5h。滤出沉淀，乙醚洗涤，得白色固体（**1**）95mg，收率88%（>99%ee）。mp242～244℃，$[\alpha]_D^{19}$ +7.71°（c0.99，CH_3OH）。

3-{(2R)-[(3S,4R)-1-(叔丁基二甲基硅氧基)乙基]氮杂环丁-2-酮-4-基}乙酸甲酯

$C_{14}H_{27}NO_4Si$，301.46

【英文名】 Methyl3-{（2R）-[（3S，4R）-1-（t-butyldimethylsilyloxy）ethyl] azetidin-2-one-4-yl} acetate

【性状】 无色油状液体。

【制法】 陈智栋，赵恒军，赵俊理等. 合成化学，2012，20（3）：352.

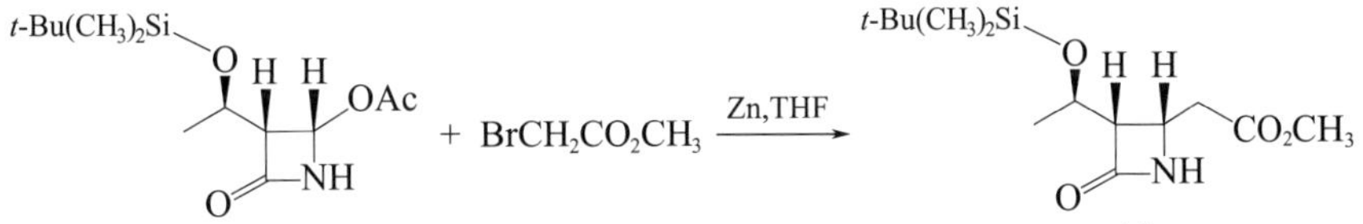

于安有搅拌器、滴液漏斗、回流冷凝器的反应瓶中，加入化合物（**2**）5.0g（17.4mmol），锌粉 3.4g，THF50mL。搅拌下回流 10min，慢慢滴加溴乙酸甲酯 4.10g（26.1mmol）溶于 20mLTHF 的溶液，约 15min 加完。加完后继续回流反应 15min。冷至室温，加入磷酸缓冲液 100mL（pH6），搅拌 5min 后抽滤，滤饼用二氯甲烷洗涤。滤液用二氯甲烷提取（50mL×3），合并二氯甲烷层，饱和盐水洗涤，无水硫酸镁干燥。过滤，减压蒸出溶剂，剩余物过硅胶柱纯化，用石油醚-乙酸乙酯（3∶1）洗脱，得无色油状液体（**1**），收率 77.9%。

2. 由 Grignard 试剂或烃基锂等制备醇类化合物

卤代烃在无水乙醚或四氢呋喃中与镁屑反应生成烃基卤化镁——Grignard 试剂。

$$RX \xrightarrow[\text{无水乙醚}]{Mg} RMgX$$

Grignard 试剂必须在无水、无氧条件下制备，因为微量的水不但不利于卤代烃同镁的反应，而且会使 Grignard 试剂分解，影响收率。

$$RX + Mg \xrightarrow{Et_2O} RMgX \xrightarrow{H_2O} RH + MgX(OH)$$

Grignard 试剂遇氧后，会发生如下反应：

$$RMgX + O_2 \longrightarrow ROMgX \xrightarrow{H_3O^+} ROH + MgX(OH)$$

所以，反应前可通入氮气赶尽反应器中的空气。实验室中一般用乙醚作溶剂，由于乙醚的挥发性大，可借乙醚蒸气赶走反应瓶中的空气。有时可用二丙醚、二丁醚作溶剂来制备 Grignard 试剂。具体步骤可参考下面的方法：于安有搅拌器、滴液漏斗、温度计、回流冷凝器的干燥的反应瓶中，加入 40mL 二丁醚，1.5g 镁屑和少量的碘，将理论量的卤代烃与适量的二丁醚混合，总体积约 30mL，置于滴液漏斗中。先加入少量的卤代烃溶液并加热以引发反应。反应开始后慢慢滴加其余的卤代烃溶液，加完后继续搅拌反应，镁屑基本反应完为止。

制备 Grignard 试剂时，碘是常用的活化剂，有时也可以使用碘甲烷、溴乙烷、1,2-二溴乙烷等。

关于 Grignard 试剂形成的机理，虽然尚不太清楚，但目前认为是自由基型机理（单电子转移过程）。

$$R-X + Mg \longrightarrow R-X^{\cdot-} + Mg^{\cdot+}$$
$$R-X^{\cdot-} \longrightarrow R^{\cdot} + X^{-}$$
$$X^{-} + Mg^{\cdot+} \longrightarrow XMg^{\cdot}$$
$$R^{\cdot} + XMg^{\cdot} \longrightarrow RMgX$$

卤代烃与金属镁的反应为放热反应，所以卤代烃的滴加速度不宜过快，必要时可冷却。一般是先使少量的卤代烃与镁反应，反应引发后再将其余的卤代烃慢慢滴入，调节滴加速度，以使乙醚微沸为宜。

卤代烃与镁反应制备 Grignard 试剂的活性次序对于相同的 R 为：RI＞RBr＞RCl≫RF。乙烯基卤和卤代苯必须使用高沸点的 THF 才能顺利进行反应。氟代烃由于活性低，必须在特别的条件下才能制备 RMgF，例如使用由氯化镁和金属钾制备的活性镁。

$$MgCl_2 + K \xrightarrow{THF} Mg_{(活性镁)} \xrightarrow[(89\%)]{C_8H_{17}F,\ 25℃,\ 3h} C_8H_{17}MgF$$

对于二卤代烃来说，并不是所有的二卤代烃都可以正常生成相应的双 Grignard 试剂。除了 $CH_2(MgBr)_2$ 外，很少能够由 1,1-二卤化物制备 RCH $(MgX)_2$。1,2-和 1,3-二卤化物通过控制反应条件可以低收率的得到双 Grignard 试剂，但伴有大量副产物。若二卤化物的两个卤素原子相隔 4 个或 4 个以上—CH_2—，则可以生成双 Grignard 试剂。

对于相同的卤素原子，R 基团的影响如下：

烯丙基，苄基＞一级烷基＞二级烷基＞环烷基≫三级烷基，芳基＞乙烯基

烯丙基卤化镁活性很高，很容易在制备过程中发生偶联反应，但使用大大过量的镁可以减少偶联反应的发生。例如制备烯丙基溴化镁时使用 6 倍量的镁，制备烯丙基氯化镁时使用 3 倍量的镁。

制备 Grignard 试剂最常用的是溴代烃。制备 Grignard 试剂的卤代烃分子中不能含有活泼氢（—OH、—NH_2、—COOH 等）以及羰基、硝基、氰基等活泼基团，而且在整个制备过程要在无水条件下进行。烯键、炔键（非端基炔）、R_2N 等基团一般不影响 Grignard 试剂的制备。β-卤代醚与镁反应容易发生消除反应，α-卤代醚在低温下可以生成 Grignard 试剂，但室温即可发生消除反应。

Normant 改进了 Grignard 试剂的制备方法，使用高沸点的环醚 THF 作溶剂，使得不活泼的芳香族氯化物、乙烯基卤化物（氯、溴）也可以顺利地得到相应的 Grignard 试剂。而且操作比较安全。制备中常加入少量的碘作为催化剂。

$$\text{(乙烯基卤 X)} + Mg \xrightarrow{THF} \text{(乙烯基 MgX)}$$

Normant 改进法也适合于炔基卤化镁的制备。例如：

$$(CH_3)_2CHCH_2CH_2C{\equiv}C{-}Br + Mg \xrightarrow[45\sim50℃]{THF,\ I_2} (CH_3)_2CHCH_2CH_2C{\equiv}C{-}MgBr$$

除了上述卤化物与金属镁反应制备 Grignard 试剂外，还有其他一些制备方法。

（1）氢-镁交换法

端基炔与普通 Grignard 试剂反应，可以顺利生成炔基 Grignard 试剂，这是制备炔基 Grignard 试剂的一种常用方法。

$$RC{\equiv}CH + EtMgBr \xrightarrow{THF 或 Et_2O} RC{\equiv}C{-}MgBr + C_2H_6$$

含强吸电子基团的芳环上的氢，有时也可以发生氢-镁交换生成芳基 Grignard 试剂。

$$\text{1,2,4,5-四氟苯} + 2EtMgBr \xrightarrow{THF,rt,3.5h} BrMg{-}C_6F_4{-}MgBr$$

例如抗艾滋病药物艾法韦瑞（Efavirenz）中间体的合成［陈仲强，陈虹．现代药物的制备与合成：第一卷．北京：化学工业出版社，2007：90］：

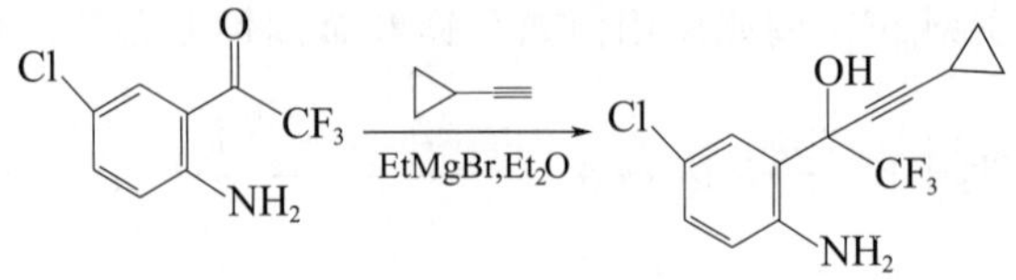

（2）卤素-镁交换法

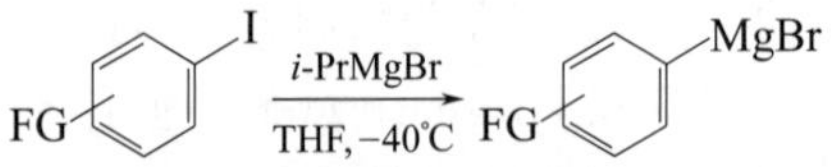

该反应一般使用碘代芳烃，在低温下进行。含吸电子基团的卤代芳烃，卤素原子也可以是溴、氯。

一些含官能团的烯基、环丙基 Grignard 试剂也可以采用卤素-镁交换法制备。例如：

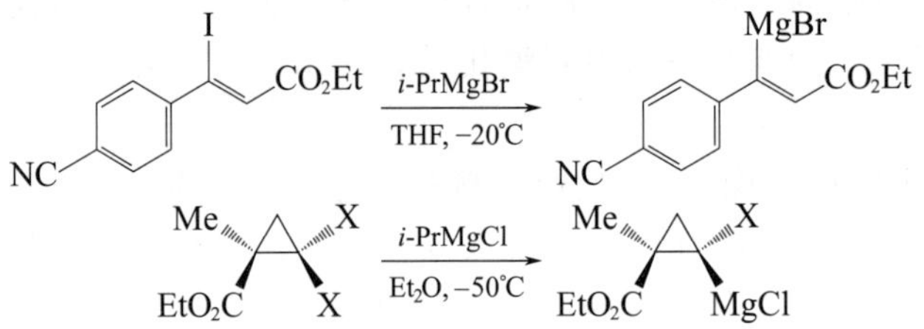

X=Br,I

（3）金属-金属交换法

一些直接法难以制备的 Grignard 试剂，可以由 RLi 与 MgX_2 反应来制备。

$$RLi+MgX_2 \longrightarrow RMgX+LiX$$

该方法主要是使用烃基锂，RNa、RK 很少使用。对于 RLi 来说，若 R 为手性基团，交换后 R 基团的手性保持不变。

Grignard 试剂可以与醛、酮、酯、环氧化合物、二氧化碳等进行反应，生成各种不同的化合物。Grignard 试剂与镁原子相连的碳原子具有负电性，反应中作为亲核试剂的中心原子进行亲核反应。

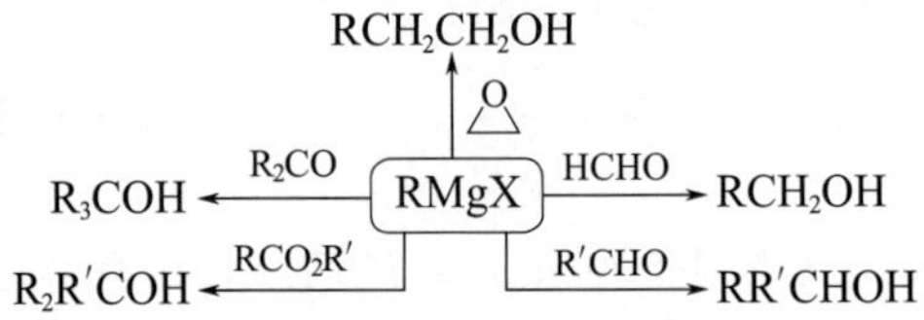

关于 Grignard 试剂在溶液中的真实结构尚不清楚。目前认为是 RMgX、R_2Mg 和 MgX_2 的平衡混合物，而且它们都和溶剂形成配合物，同时存在二聚物。

关于 Grignard 试剂与羰基化合物的反应，其机理有很多争论。该反应的机理很难研究，原因是反应体系中存在多种各种性质的反应物种，且镁中的杂质似乎对反应动力学也有影响。目前认为有两种可能的反应机理，这取决于反应物和反应条件。

第一种机理认为，与 Mg 相连的 R 基团带着一对电子转移至羰基碳上。

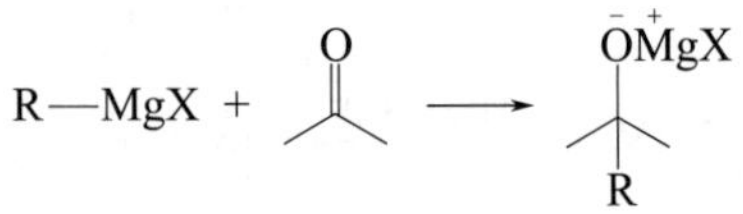

但也有人认为是形成四元环过渡态。

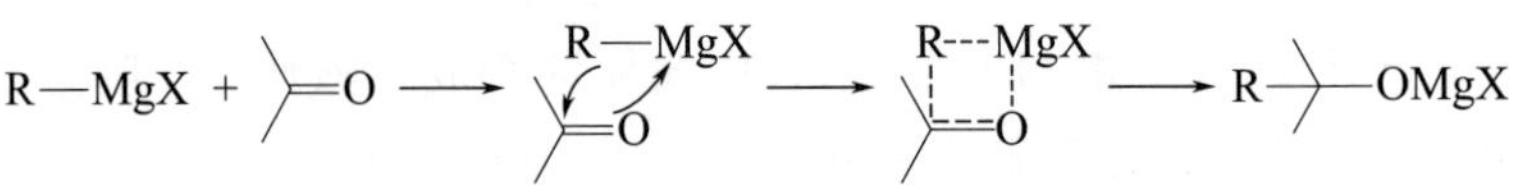

还有人认为Grignard试剂与醛、酮等羰基化合物的反应是分步进行的。首先与羰基生成配合物，而后第二个Grignard试剂分子作为亲核试剂进攻羰基碳原子，同时放出一分子的Grignard试剂分子继续参加反应，水解后生成醇。

$$>C{=}O + R{-}MgX \longrightarrow >C{=}O\cdots MgX(R) \xrightarrow{R-MgX} \text{[cyclic complex]} \longrightarrow >C(R){-}O{-}MgX + RMgX \xrightarrow{H_2O} >C(R){-}OH + MgX(OH)$$

第二种机理认为是单电子转移过程。

$$R{-}MgX + Ar_2C{=}O \longrightarrow \left[R^{\cdot} + Ar_2\dot{C}{-}OMgX \right] \longrightarrow Ar_2C(R){-}OMgX$$

溶剂笼子

该机理更适合于芳香族醛酮和共轭醛酮（生成的自由基更稳定），而不适合于脂肪族醛酮。这种机理的证据是ESR谱和反应中有如下1，2-二醇副产物，该副产物可能是通过自由基偶联生成的。

$$2\,Ar_2\dot{C}{-}OH \longrightarrow Ar_2C(OH){-}C(OH)Ar_2$$

Grignard试剂与醛、酮等形成的加成物进行酸性水解时，可用稀盐酸或稀硫酸，使生成的碱式卤化镁生成易溶于水的镁盐，便于分离。水解为放热反应，因此要在冷却下水解。

除了甲醛、环氧乙烷与Grignard反应生成伯醇外，其他的醛与Grignard反应生成仲醇。酮、酯与Grignard反应生成叔醇。例如：

$$ClCH_2CH_2CHO \xrightarrow[\text{干}HCl]{HOCH_2CH_2OH} ClCH_2CH_2CH(OCH_2CH_2O) \xrightarrow[Et_2O]{Mg} ClMgCH_2CH_2CH(OCH_2CH_2O) \xrightarrow{CH_3CHO} \xrightarrow{H^+} CH_3CH(OH)CH_2CH_2CHO$$

$$\text{环己酮} \xrightarrow{Ni,H_2} \text{环己醇} \xrightarrow{HCl} \text{氯代环己烷} \xrightarrow[Et_2O]{Mg} \text{环己基}MgCl \xrightarrow{\text{环己酮}} \text{1-环己基环己醇} \xrightarrow{H^+} \text{亚环己基环己烷}$$

分子中同时含有酮羰基和酰胺基时，Grignard试剂优先与酮羰基反应。例如抗抑郁药坦帕明（Tampramine）中间体2-氨基二苯甲酮的合成［林振华，许凌敏，吴建锋．化工生产与技术，2011，18（2）：13］：

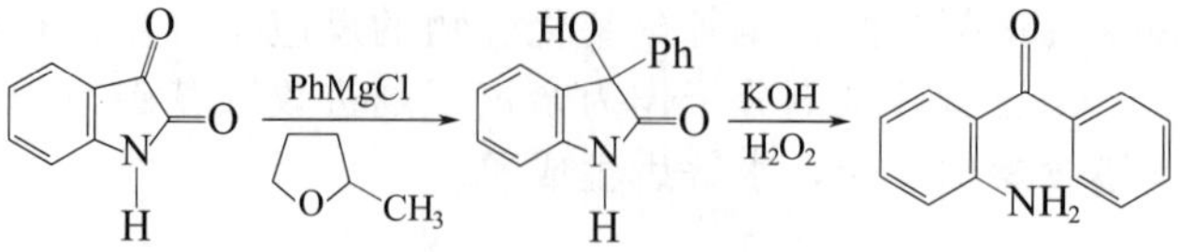

具有刚性的环酮，与 Grignard 试剂反应常显示高度的非对映选择性。

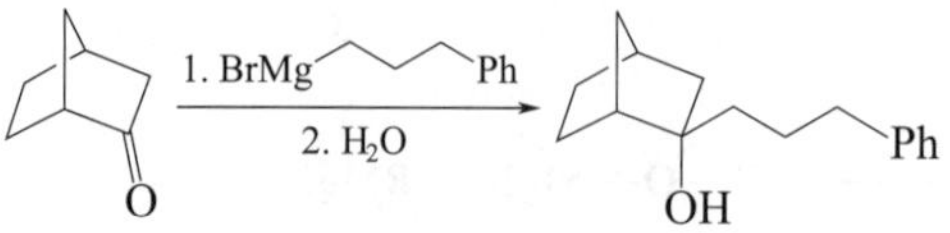

反应中生成的叔醇在酸性条件下容易脱水生成烯烃，所以水解反应物时，最好用水而不用酸。分出的乙醚溶液最好也不要用氯化钙干燥，因为其具有弱酸性，蒸馏时容易引起叔醇的分解。

Grignard 试剂与醛、酮反应时，可能发生羰基的还原等副反应。这同 Grignard 试剂烃基的结构和醛、酮的结构都有关系。Grignard 试剂分子中邻近镁原子有支链而体积较大时，由于支链上的氢原子与羰基更靠近而容易使羰基还原。当叔或仲烃基 Grignard 试剂与空间位阻很大的酮（如二异丙基甲酮）进行反应时，几乎只得到还原产物。

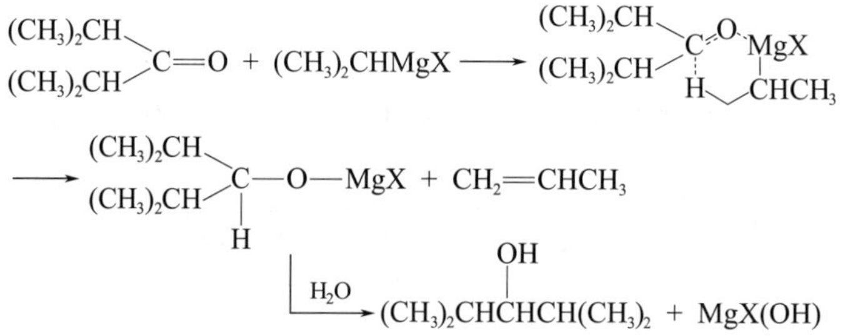

烃基体积较大的 Grignard 试剂与酮反应，叔醇的收率总是较低。其原因是叔基、仲基卤化物容易与已经生成的 Grignard 试剂发生歧化反应，生成烷烃和烯烃。

$$(CH_3)_2CHBr + (CH_3)_2CHMgBr \longrightarrow CH_3CH_2CH_3 + CH_3CH{=}CH_2 + MgBr_2$$

醛与 Grignard 试剂反应，一般得到较高收率的醇。

α-碳为手性碳的羰基化合物与 Grignard 试剂反应时，遵循 Cram 规则，生成一种对映异构体为主的产物。

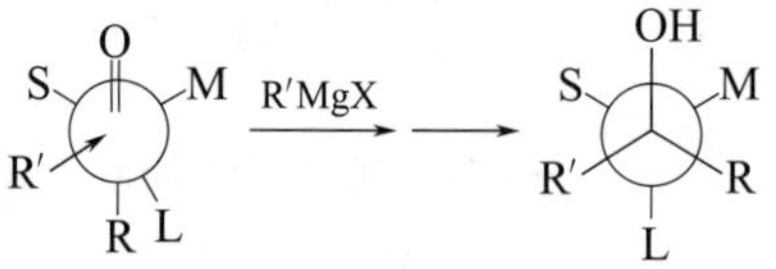

L: 大基团 M: 中基团 S: 小基团

Cram 规则规定，在羰基化合物的构象中，大基团 L 与羰基氧处于反位，亲核试剂从位阻较小的一边（小基团 S）进攻羰基碳原子形成主要产物。

手性 Grignard 试剂与醛、酮的反应报道不多。在如下反应中，得到较好的 de 值（Kaino M，Ishihara K，Yamamoto H. Bull Chem Soc，Jpn. 1989，62：3736）。

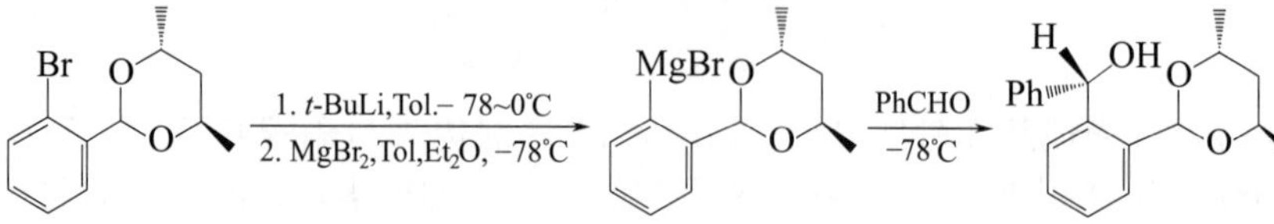

(91%,88%de)

Grignard 试剂与腈反应，水解后可以生成酮。例如抗血小板药物普拉格雷中间体的合成［彭锡江，刘烽，何锡敏，潘仙华．精细化工，2011，28（2）：156］：

$$\text{2-F-C}_6\text{H}_4\text{CH}_2\text{Br} \xrightarrow{\text{Mg,Et}_2\text{O}} \text{2-F-C}_6\text{H}_4\text{CH}_2\text{MgBr} \xrightarrow[(71.7\%)]{\triangle\text{—CN}} \text{2-F-C}_6\text{H}_4\text{CH}_2\text{CO}\text{—}\triangle$$

Grignard 试剂与端基炔反应可以生成炔基 Grignard 试剂，后者与羰基化合物反应则容易生成炔基醇。

$$R^1\text{—C}\equiv\text{CH} + C_2H_5MgBr \longrightarrow R^1\text{—C}\equiv\text{CMgBr} + C_2H_6\uparrow$$

$$\rangle C{=}O + R^1\text{—C}\equiv\text{CMgBr} \longrightarrow R^1\text{—C}\equiv\text{C—}\overset{|}{\underset{|}{C}}\text{—OMgBr} \xrightarrow{H_3O^+} R^1\text{—C}\equiv\text{C—}\overset{|}{\underset{|}{C}}\text{—OH}$$

Grignard 试剂与酯的反应分阶段进行。当一摩尔的酯与一摩尔的 Grignard 试剂反应时，水解后生成酮；当和二摩尔以上的 Grignard 试剂反应时，水解后得到叔醇。和甲酸酯反应时得到仲醇。

$$R\text{—}\overset{O}{\overset{\|}{C}}\text{—OC}_2H_5 + R'MgX \longrightarrow R\text{—}\overset{OMgX}{\underset{R'}{C}}\text{—OC}_2H_5 \xrightarrow{H_2O} R\text{—}\overset{O}{\overset{\|}{C}}\text{—}R' + C_2H_5OH + MgX(OH)$$

$$R\text{—}\overset{OMgX}{\underset{R'}{C}}\text{—OC}_2H_5 \xrightarrow{-MgX(OC_2H_5)} R\text{—}\overset{O}{\overset{\|}{C}}\text{—}R' \xrightarrow[2.\ H_2O]{1.\ R'MgX} R\text{—}\overset{OH}{\underset{R'}{C}}\text{—}R' + MgX(OH)$$

式中R=烃基、氢。

Grignard 试剂与原甲酸酯反应可以生成相应的缩醛。例如偏头痛病治疗药舒马曲坦、佐米曲坦等的中间体 4-（*N*，*N*-二甲氨基）丁醛缩二乙醇的合成［黄安澧，莫芬珠．药学进展，2002，26（4）：227］：

$$(CH_3)_2N(CH_2)_3Cl \xrightarrow{\text{Mg,THF}} (CH_3)_2N(CH_2)_3MgCl \xrightarrow{HC(OC_2H_5)_3} (CH_3)_2N(CH_2)_3CH(OC_2H_5)_2$$

Grignard 试剂与草酸二乙酯反应，可以生成 α-酮酸酯，后者水解生成 α-酮酸。例如肾肽酶抑制剂西司他汀中间体 7-氯-3-氧代庚酸的合成［石晓华，陈新志．浙江大学学报：理学版，2006，33（2）：209］：

$$Cl(CH_2)_5Br \xrightarrow{\text{Mg,Et}_2\text{O}} Cl(CH_2)_5MgBr \xrightarrow{\text{EtO}_2\text{C—CO}_2\text{Et}} Cl(CH_2)_5\text{—CO—CO}_2\text{Et} \xrightarrow{H_3O^+} Cl(CH_2)_5\text{—CO—CO}_2\text{H}$$

Grignard 试剂与碳酸二乙酯反应，可生成叔醇。

$$RMgX + C_2H_5O\overset{O}{\overset{\|}{C}}OC_2H_5 \longrightarrow C_2H_5O\text{—}\overset{OMgX}{\underset{R}{C}}\text{—OC}_2H_5 \xrightarrow{-MgX(OC_2H_5)} R\text{—}\overset{O}{\overset{\|}{C}}\text{—OC}_2H_5$$

$$\xrightarrow{RMgX} R\text{—}\overset{OMgX}{\underset{R}{C}}\text{—OC}_2H_5 \xrightarrow{-MgX(OC_2H_5)} R\text{—}\overset{O}{\overset{\|}{C}}\text{—}R \xrightarrow{RMgX} R\text{—}\overset{OMgX}{\underset{R}{C}}\text{—}R \xrightarrow{H_2O} R\text{—}\overset{OH}{\underset{R'}{C}}\text{—}R'$$

Grignard 试剂与环氧乙烷反应，生成比原来的 Grignard 试剂中的烃基多两个碳原子的伯醇。

$$RMgX + \underset{O}{\triangledown} \longrightarrow R—CH_2CH_2—OMgX \xrightarrow{H_2O} R—CH_2CH_2OH + MgX(OH)$$

血小板膜纤维蛋白原受体阻滞剂噻氯匹定等的中间体 2-噻吩乙醇的合成如下（沈东升．精细石油化工，2001，3：30）：

$$\text{2-溴噻吩} \xrightarrow{Mg,THF} \text{2-噻吩基-MgBr} \xrightarrow[2.\ H_3O^+]{1.\ \text{环氧乙烷}} \text{2-噻吩基-}CH_2CH_2OH$$

Grignard 试剂与二氧化碳反应可以生成羧酸。例如抗炎药布洛芬的一条合成路线如下：

$$\text{Ar-CH(CH}_3\text{)Cl} \xrightarrow[n\text{-}C_6H_{14}]{Mg,Et_2O,N_2} \text{Ar-CH(CH}_3\text{)MgCl} \xrightarrow{CO_2} \text{Ar-CH(CH}_3\text{)CO}_2\text{H}$$

芳基 Grignard 试剂与酸酐反应，可以在芳环上引入酰基。例如杀菌剂肟菌酯中间体间三氟甲基苯乙酮的合成［邱贵生，杨芝．浙江化工，2009，40（4）：1］：

$$m\text{-}CF_3C_6H_4Cl \xrightarrow{Mg，THF} m\text{-}CH_3C_6H_4MgCl \xrightarrow[(77\%)]{Ac_2O} m\text{-}CF_3C_6H_4COCH_3$$

芳基 Grignard 试剂可以与芳环发生偶联反应生成联苯类化合物。例如缬沙坦、厄贝沙坦、坎地沙坦、替米沙坦等的中间体 4-甲基-2′-氰基联苯的合成［陈安成，范玉华，毕彩丰等．广东化工，2012，39（12）：52］。

$$CH_3—C_6H_4—Cl \xrightarrow{Mg,THF} CH_3—C_6H_4—MgCl \xrightarrow[\text{催化剂}]{o\text{-}NC\text{-}C_6H_4\text{-}Cl} CH_3—C_6H_4—C_6H_4\text{-}CN(2')$$

烃基锂可以代替 Grignard 试剂与羰基化合物反应生成醇。特别是位阻大的酮也可以高收率的得到叔醇。

$$t\text{-Bu}—\overset{O}{\overset{\|}{C}}—\text{Bu-}t \xrightarrow[-70℃]{t\text{-BuLi}} (t\text{-Bu})_3COH \quad (81\%)$$

Grignard 反应是在无水条件下进行的。近年来金属镁参与的 Barbier 反应由于在水相中进行引起了人们的广泛关注（详见 Reformatsky 反应）。

$$PhCHO + Br\text{CH}_2\text{CH=CH}_2 \xrightarrow[r.t,12h]{Mg,H_2O} Ph\text{CH(OH)CH}_2\text{CH=CH}_2$$

Grignard 反应和 Barbier 反应有相似之处，也有不同之处。相似之处是二者都是卤化物与羰基化合物之间反应生成醇类化合物。不同之处是 Barbier 反应是一锅煮完成反应，可在水相中实现，反应中底物活泼氢无需保护。Grignard 反应是首先单独制备 Grignard 试剂，无水条件下进行，底物中的活泼氢需要保护等。

盐酸曲马多

$C_{16}H_{25}NO_2 \cdot HCl$，299.84

【英文名】 Tramadol

【性状】 mp179.3～180.5℃。

【制法】 钟为慧，吴窈窕，张兴贤等．中国药物化学杂志，2008，18（6）：426.

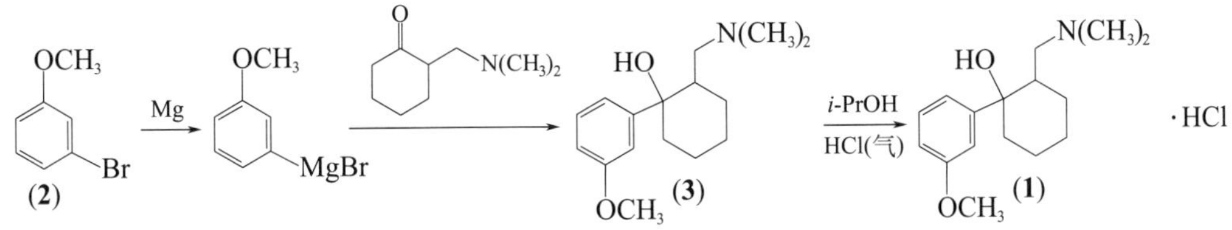

1-间甲氧基苯基-2-二甲胺甲基环己醇（**3**）：于反应瓶中加入镁屑 2.82g（0.12mol），无水 2-甲基四氢呋喃 10mL，氮气保护，室温下加入适量 1,2-二溴乙烷引发反应。慢慢滴加间溴茴香醚（**2**）20.14g（0.11mol）溶于 20mL 2-甲基四氢呋喃的溶液，回流反应 2h，制成 Grignard 试剂。冰浴冷却下滴加 2-二甲氨基甲基环己酮 15.5g（0.1mol）溶于 20mL 2-甲基四氢呋喃的溶液。加完后继续回流 1h。冷却，加入饱和氯化铵溶液淬灭反应。分出有机层，水层用 2-甲基四氢呋喃提取。合并有机层，无水硫酸钠干燥。过滤，减压浓缩，得化合物（**3**）粗品。

盐酸曲马多（**1**）：将粗品（**3**）溶于 40mL 异丙醇中，冰浴冷却，通入干燥的氯化氢气体，析出固体。抽滤，得粗品。用异丙醇重结晶，得化合物（**1**）24.6g，收率 82.3%，mp179.3～180.5℃。

（S）-α，α-二苯基（2-吡咯烷基）甲醇

$C_{17}H_{19}NO$，253.34

【英文名】 （S）-α，α-Diphenyl（pyrrolidin-2-yl）methanol

【性状】 白色固体。mp 74～76℃。

【制法】 张发香，闫泉香，许佑君．化学通报，2005，68.

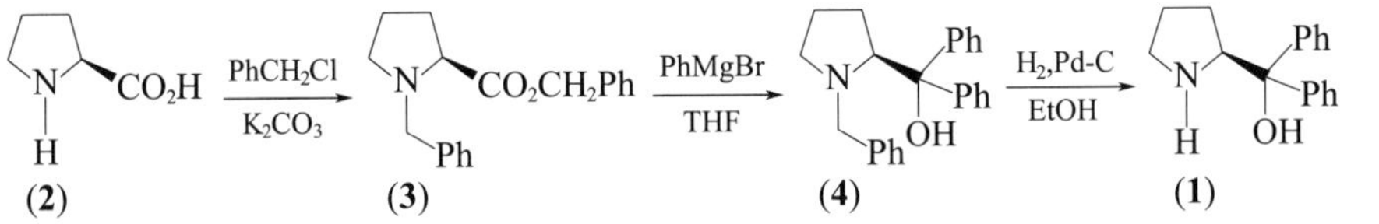

N-苄基-L-脯氨酸苄基酯（**3**）：于反应瓶中加入 L-脯氨酸（**2**）11.51g（0.1mol），DMF 100mL，碳酸钾 35.6g（0.25mol），氯化苄 28.8mL（0.25mol），于 100℃反应 4h。冷却，过滤，DMF 洗涤。减压浓缩，剩余物冷却，加入 100mL 水，二氯甲烷提取。饱和盐水洗涤，无水硫酸钠干燥。过滤，浓缩，得黄色油状液体（**3**），直接用于下一步反应。

N-苄基-α,α-二苯基（2-吡咯烷基）甲醇（**4**）：于反应瓶中加入镁屑 9.91g（0.41mol），少量碘，50mL 无水 THF，氮气保护，滴加溴苯 41.87mL（0.4mol）溶于 100mL THF 的溶液，控制滴加速度，保持微沸。回流至镁屑基本消失，约需 6h。冷至室温，迅速滴加上述油状物的 100mL THF 溶液，于 70℃反应 3h。减压浓缩，剩余物冰浴冷却，加入 100mL 水，用 3%的硫酸调至 pH8～9。二氯甲烷提取 3 次，合并有机层，饱和盐水洗涤，无水硫酸钠干燥。过滤，浓缩，得黄色油状物。用乙醇 80mL 重结晶，得白色结晶（**4**）24.7g，收率 72.2%，mp112～114℃。

（*S*）-α，α-二苯基-2-吡咯烷甲醇（**1**）：于常压氢化装置中，加入化合物（**4**）34.3g（0.1mol），95%的乙醇 300mL，10%的 Pd-C 催化剂 1g，常温氢化至不再吸收氢气为止，滤去催化剂，浓缩至干，得白色固体（**1**）25.2g，收率 99%，mp74～76℃。

3-正丁基-2-甲基-1-庚烯-3-醇

$C_{12}H_{24}O$，184.32

【英文名】 3-Butyl-2-methylhepten-3-ol

【性状】 无色液体。bp80℃/133Pa。溶于乙醇、乙醚、氯仿、苯、乙酸乙酯等有机溶剂，不溶于水。

【制法】 ［1］Pearce P J，Richards D H ，Scilly N F. Org Synth，1988，Coll Vol 6：240.

［2］韩广甸，赵树伟、李述文．有机化学制备手册：下卷．北京：化学工业出版社，1978：32.

$$\underset{(\mathbf{2})}{n\text{-BuBr}} \xrightarrow[\text{THF}]{\text{Li}} n\text{-BuLi} \xrightarrow[(\mathbf{3})]{CH_2{=}C(CH_3)COOCH_3} CH_2{=}C(CH_3)\text{—}C(Bu\text{-}n)_2\text{—OLi} \xrightarrow{H_3^+O} \underset{(\mathbf{1})}{CH_2{=}C(CH_3)\text{—}C(Bu\text{-}n)_2\text{—OH}}$$

于安有搅拌器、温度计、滴液漏斗、通气导管的反应瓶中，通入高纯氮，加入无水 THF1200mL，金属锂片 50g，干冰-丙酮浴冷至－20℃，搅拌下滴加甲基丙烯酸甲酯（**3**）100g（1.0mol）与正丁基溴（**2**）411g（3.0mol）的混合液，约 3～4h 加完。注意反应放热，控制滴加速度以反应液温度不高于－20℃为宜。加完后保温反应 30min。滤去未反应的锂。滤液减压浓缩。剩余物冰浴冷却下加入 10%的盐酸 1000mL，使醇锂分解。乙醚提取 400mL×2，合并乙醚层，水洗 2 次，无水硫酸镁干燥，回收乙醚后减压分馏，收集 80℃/133Pa 的馏分，得 3-正丁基-2-甲基-1,3-庚烯醇（**1**）147～158g，收率 80%～86%，纯度大于 99%。

环己基扁桃酸乙酯

$C_{16}H_{22}O_3$，262.35

【英文名】 Ethyl2-cyclohexylmandelate

【性状】 无色液体。

【制法】 Gonzalo B，Isabel F，Pilar F，et al. Tetrahedron，2001，57：1075.

$$PhCOCO_2C_2H_5\ (\mathbf{2}) + C_6H_{11}MgCl \xrightarrow{THF} C_6H_{11}-C(OH)(Ph)-CO_2C_2H_5\ (\mathbf{1})$$

于安有搅拌器、温度计、回流冷凝器（安氯化钙干燥管）、滴液漏斗的反应瓶中，加入无水 THF120mL，冷至 0℃。加入环己基氯化镁乙醚溶液 56mL（2.0mol/L，112mmol），慢慢滴加苯甲酰基甲酸乙酯（**2**）14.89g（79.41mmol）溶于 20mL THF 的溶液，约 30min 加完。用 10mL THF 冲洗漏斗并加入反应瓶中。0℃搅拌 15min 后室温搅拌反应 3.5h。将反应物倒入 150mL 饱和氯化铵溶液中，加入 15mL 水。浓缩除去有机溶剂。乙酸乙酯提取 2 次，合并有机层，饱和食盐水洗涤，无水硫酸钠干燥，浓缩，得浅绿色剩余物。过硅胶柱纯化，用 0～8%的乙酸乙酯-己烷洗脱，最后得到化合物（**1**）14.95g，收率 72%。

1-庚烯-4-醇

$C_7H_{14}O$，114.18

【英文名】 Hept-1-en-4-ol

【性状】 浅黄色油状液体。

【制法】 Holub N，Neidhoefer J. Blechert S. Org Lett，2005，7：1227.

$$(\mathbf{2}) + CH_2{=}CHMgBr \xrightarrow[THF,\ -78^{\circ}C]{CuCN} (\mathbf{1})$$

于安有搅拌器、温度计、滴液漏斗的反应瓶中，加入 1,2-环氧戊烷（**2**）3.50g（40.6mmol），氰化亚铜 364mg（4.06mmol），干燥的 THF30mL，冷至－78℃，搅拌下滴加 1mol/L 的乙烯基溴化镁 THF 溶液 52.8mL（52.8mmol），约 45min 加完。加完后慢慢升至 0℃。慢慢滴加 20mL 饱和氯化铵溶液淬灭反应。分层，水层用乙醚提取 3 次。合并有机层，依次用水、饱和盐水洗涤，无水硫酸镁干燥。蒸出溶剂后，柱色谱分离纯化，乙醚-戊烷（1∶3）洗脱，得浅黄色油状液体（**1**）4.41g，收率 95%。

第二节 α-卤烷基化反应（Blanc 反应）

在无水氯化锌或无水氯化铝、四氯化锡等 Lewis 酸催化下，苯与甲醛及氯化氢反应，生成氯化苄，在苯环上引入一个氯甲基，该反应称为氯甲基化反应，是由法国化学家 Blanc G L 于 1923 年发现的，后来也称为 Blanc 氯甲基化反应。

$$C_6H_6 + HCHO + HCl \xrightarrow[\triangle]{ZnCl_2} C_6H_5CH_2Cl + H_2O$$

实际反应中是常使用多聚甲醛。

氯甲基化反应在有机合成中具有重要的用途，芳环上引入卤甲基后，可以转化为多种基团，如 CH_3、$-CH_2OH$、$-CHO$、$-CH_2CN$、$-CH_2NH_2$、$-CH_2R$ 等，从而可以合成一系列新的化合物，是十分重要的中间体。

氯甲基化反应可能的反应机理如下：

$$H_2C{=}O + ZnCl_2 \longrightarrow H_2C{=}O\cdots ZnCl_2 \longrightarrow \left[H_2C{=}\overset{+}{O}{-}\overset{-}{Zn}Cl_2 \longleftrightarrow H_2\overset{+}{C}{-}O{-}\overset{-}{Zn}Cl_2\right] \xrightarrow{C_6H_6}$$

$$(C_6H_6^{+})(H)CH_2O\overset{-}{Zn}Cl_2 \xrightarrow{-HCl} C_6H_5{-}CH_2OZnCl \xrightarrow{HCl} C_6H_5{-}CH_2Cl + HOZnCl$$

$$HOZnCl + HCl \longrightarrow ZnCl_2 + H_2O$$

氯甲基化反应适用于苯、烷基苯、烷氧基苯、卤苯及稠环芳烃等。萘发生该反应的实例如下，生成的1-氯甲基萘为抗真菌药盐酸萘替芬（Naftifine hydrochloride）中间体（陈芬儿．有机药物合成法：第一卷．北京：中国医药科技出版社，1999：858）。

$$\text{萘} \xrightarrow[(70\%)]{(HCHO)_3,HCl} \text{1-}CH_2Cl\text{-萘}$$

一、 氯甲基化试剂

1. 甲醛、三聚甲醛、多聚甲醛与盐酸

经典的氯甲基化反应是以 HCHO、$(HCHO)_3$、$(HCHO)_n$ 与 HCl 为氯甲基化试剂。尽管它们反应活性较低，反应时间长，产率不高，但它们价格低廉，文献中的报道仍然最多。有时也可以使用甲醛缩二甲醇来代替甲醛。例如感光材料成色剂中间体2-氯甲基-4-硝基苯酚的合成：

$$O_2N{-}C_6H_4{-}OH + CH_2(OCH_3)_2 \xrightarrow[H_2SO_4]{HCl} O_2N{-}C_6H_3(CH_2Cl){-}OH$$

2. 氯甲醚或双氯甲醚 $ClCH_2OCH_3$ 和 $(ClCH_2)_2O$

氯甲醚或双氯甲醚可以代替 HCHO-HCl 等作为氯甲基化试剂，它们活性高、反应选择性好。但它们不稳定、易挥发、刺激性大、有腐蚀性、有剧毒，是两种已知的致癌化合物。尽管如此，文献中仍有不少报道。例如：

$$2\,C_6H_5{-}CH_2Cl + ClCH_2OCH_2Cl \longrightarrow 2\,ClCH_2{-}C_6H_4{-}CH_2Cl + H_2O$$

$$\text{2-OH-4-}O_2N{-}C_6H_3{-}CHO + ClCH_2OCH_3 \xrightarrow{AlCl_3} \text{2-OH-3-}ClCH_2\text{-5-}O_2N{-}C_6H_2{-}CHO$$

3. 氯甲基烷基醚 $ClCH_2O(CH_2)_nCH_3$ 和 $ClCH_2O(CH_2)_nOCH_2Cl$（$n=1\sim7$）等

这些氯甲基烷基醚具有沸点高、毒性低、活性高、易回收等特点，至今未发现其有致

癌作用。作为氯甲基化试剂安全有效。文献中有较多应用报道，尤其是离子交换树脂的制备。

4. 其他氯甲基化试剂

除了上述氯甲基化试剂以外，$ClCH_2SiMe_3$、$ClSiMe_3$-HCHO、CH_3OCH_2COCl、$CH_3OCO_2CH_2Cl$ 和 $ClCH_2OCH_2OCH_2Cl$ 等作为氯甲基试剂也常见于文献报道中。例如：

$CH_3OCO_2CH_2Cl$，Lewis 酸

X=Cl，Br

二、 卤甲基化反应的催化剂

1. 质子酸

H_2SO_4、HCl、PCl_3、H_3PO_4 及水解后可生成 HCl、H_2SO_4 的 $ClSO_3H$，都可用作氯甲基化催化剂。例如消炎镇痛药普拉洛芬（Pranoprofen）中间体的合成。

$(HCHO)_n$,H_2SO_4,HCl (51%) → **(1)**

又如抗肿瘤药三尖杉酯碱（Harringtonine）中间体的合成：

$(HCHO)_n$,PCl_3 → **(2)** → NaCN

2. 金属盐酸盐

$ZnCl_2$、$SnCl_4$、$FeCl_3$、$AlCl_3$、$CuCl_2$ 等 Lewis 酸及三价镧系元素盐类，都曾用作氯甲基化反应的催化剂，尤其是底物活性不大的反应。最常用的是以无水 $ZnCl_2$ 为催化剂。有报道以 $AlCl_3$ 为催化剂时，1-甲基-2-吡咯酮的 4-位上氯甲基化产率较高，位置选择性相当好。

3. 质子酸与盐酸盐的并用

更多的氯甲基化反应采用质子酸与盐酸盐协同催化，催化效果更好，较单独使用时产率提高。用 H_2SO_4 和 $FeCl_3$ 作催化剂，使聚苯乙烯氯甲基化生产离子交换树脂，较单独用 H_2SO_4 时产率要高得多。有人详细比较了以 HCHO-HCl 为氯甲基化试剂，$AlCl_3$、$ZnCl_2$、$FeCl_3$、$SnCl_4$ 作催化剂时甲苯氯甲基化的催化活性。F-C 类型的催化剂较 H_3PO_4 的催化活性高，而 $FeCl_3$ 的催化活性最高。目前很多型号的离子交换树脂仍然采用氯甲基化的方法来制备。

三、 影响氯甲基化反应的因素

1. 芳环上取代基的影响

芳环上的给电子取代基可以提高反应速率，而吸电子基团则显著降低反应速率，甚至不反应。例如硝基苯很难发生氯甲基化反应。但分子中同时含有强给电子基团和吸电子基

团的芳烃，仍可以发生该反应。例如[Yanagi Takashi，Kikuchi Ken，et al. Chem & Pharm Bull，2001，49(8)：1018]对羟基苯乙酮的氯甲基化，生成的产物3-氯甲基-4-羟基苯乙酮是支气管病治疗药沙丁胺醇（Salbutamol）的中间体。

$$\text{HO-C}_6\text{H}_4\text{-COCH}_3 + (\text{CH}_2\text{O})_n + \text{HCl} \xrightarrow[(81\%\sim86\%)]{} \text{3-(CH}_2\text{Cl)-4-HO-C}_6\text{H}_3\text{COCH}_3$$

联苯氯甲基化可以生成4,4′-双氯甲基化产物。

$$\text{C}_6\text{H}_5\text{-C}_6\text{H}_5 + (\text{CH}_2\text{O})_n + \text{HCl} \xrightarrow{\text{ZnCl}_2} \text{ClCH}_2\text{-C}_6\text{H}_4\text{-C}_6\text{H}_4\text{-CH}_2\text{Cl}$$

2. 催化剂与亲电取代位置

催化剂不同，芳香烃氯甲基化取代位置也可能不同，文献中有一些这种报道。苯乙烯的氯甲基化反应，以$ZnCl_2$、$FeCl_3$或Fe_2O_3为催化剂时，氯甲基化发生在芳环上，而以$CuCl_2$为催化剂时，氯甲基化发生在侧链上，生成$PhCH=CHCH_2Cl$。

$$\text{C}_6\text{H}_5\text{CH=CH}_2 \xrightarrow[\text{HCHO-H}_2\text{O}]{\text{CuCl}_2} \text{C}_6\text{H}_5\text{CH=CHCH}_2\text{Cl}$$

$$\text{C}_6\text{H}_5\text{CH=CH}_2 \xrightarrow{\text{ZnCl}_2,\text{FeCl}_3\text{或Fe}_2\text{O}_3} \text{ClCH}_2\text{-C}_6\text{H}_4\text{-CH=CH}_2$$

3. 溶剂

芳香烃的氯甲基化通常以过量芳香烃作溶剂，但对于沸点较高或固体芳香烃，必须选择合适的惰性溶剂。CH_2Cl_2、$CHCl_3$、CCl_4、$C_2H_4Cl_2$等氯化烃类以及c-C_6H_{12}、n-C_6H_{14}、CS_2、CH_3NO_2、AcOH、Ac_2O、C_2H_5OH等都可作为氯甲基化反应的溶剂。

近年来，离子液体中的Blanc氯甲基化反应的报道也不少[Feng Y X，Deng Y Q，Ren Q G，et al. Chin J Chem Eng，2008，16（3）：357]。

4. 相转移催化剂的应用

相转移催化剂用于芳香烃的氯甲基化反应的报道越来越多。在季胺盐存在下，烷基苯氯甲基化的选择性得到了改良，其中异丙苯的氯甲基化产率达98%，p/o选择性达8.2。用四乙基溴化铵为相转移催化剂，使氢化黄樟素氯甲基化反应的转化率达96.6%，定位选择性达100%[唐道琼．广西化工，2000，29(2)：15]。反应生成的化合物是贮存粮食的杀虫增效剂胡椒基丁醚的中间体。

$$\text{3,4-(OCH}_2\text{O)C}_6\text{H}_3\text{CH}_2\text{CH}_2\text{CH}_3 \xrightarrow[\text{PTC(98\%)}]{(\text{CH}_2\text{O})_n,\text{HCl}} \text{3,4-(OCH}_2\text{O)-6-(CH}_2\text{Cl)C}_6\text{H}_2\text{CH}_2\text{CH}_2\text{CH}_3$$

5. 其他卤甲基化反应

用HBr代替HCl，则发生溴甲基化反应。α-溴甲基萘、苄基溴、对氯苄基溴等都可以用此方法来合成。茴香酸乙酯、水杨醛、水杨酸、苯基醚等也可以发生该反应。例如抗真菌药盐酸阿莫洛芬（Amorolfine hydrochloride）中间体的合成（孙昌俊，曹晓冉，王秀菊．

药物合成反应——理论与实践．北京：化学工业出版社，2007：239)。

$$C_2H_5-C(CH_3)_2-C_6H_5 + HCHO + HBr \xrightarrow[\triangle(80\%)]{ZnCl_2} C_2H_5-C(CH_3)_2-C_6H_4-CH_2Br$$

也可以进行碘甲基化反应。氯甲基醚和多聚甲醛在冰醋酸溶液中反应，加入氢碘酸则会生成碘甲基化产物。

$$\xrightarrow[HI]{ClCH_2OCH_3,HOAc}$$

使用乙醛代替甲醛，则可以发生氯乙基化反应，例如：

$$CH_3O-C_6H_5 + CH_3CHO + HCl \longrightarrow CH_3O-C_6H_4-CHClCH_3 + H_2O$$

丙醛、丁醛也可以发生氯丙基化和氯丁基化，但这方面的报道不多。不过，此时的反应称为 Quelet 反应，是由 QueletR1932 年首先报道的。

$$Br-C_6H_4-OCH_3 + RCHO + HCl \xrightarrow{ZnCl_2} Br-C_6H_3(CHClR)-OCH_3 + H_2O$$

有报道，乙酰苯胺进行氯甲基化反应，主要得到了 *N*-氯甲基化产物。

$$Y-C_6H_4-NHAc \xrightarrow[C_6H_6,40℃]{(CH_2O)_n,HCl} Y-C_6H_4-N(Ac)CH_2Cl$$

Y: H,Me,Cl.Ac,COOEt等

对叔戊基苄基溴

$C_{12}H_{17}Br$，241.17

【英文名】 *p-tert*-Pentylbenzyl bromide

【性状】 浅黄色液体。bp135～140℃/1kPa。n_D^{15} 1.5715。溶于乙醚、氯仿、苯等有机溶剂，不溶于水，但遇水慢慢分解。

【制法】 孙昌俊，曹晓冉，王秀菊．药物合成反应——理论与实践．北京：化学工业

出版社，2007：239.

$$\text{C}_6\text{H}_5\text{C}(\text{CH}_3)_2\text{CH}_2\text{CH}_3\ (\mathbf{2}) + \text{HCHO} \xrightarrow[70℃]{\text{NaBr},\text{H}_2\text{SO}_4} \text{BrCH}_2\text{-C}_6\text{H}_4\text{-C}(\text{CH}_3)_2\text{C}_2\text{H}_5\ (\mathbf{1})$$

于反应瓶中加入叔戊基苯（**2**）94.7g（0.64mol），多聚甲醛 22g（相当于甲醛 0.73mol），溴化钠 80g（0.77mol），冰醋酸 30mL，水浴加热至 70℃，搅拌下滴加浓硫酸与冰醋酸的混合液（体积比为浓硫酸：醋酸为 2.5：1），8～10h 加完，而后继续反应 12h。冷至室温，倒入 400mL 冰水中。用乙醚提取 3～4 次，乙醚提取液依次用冷水、饱和碳酸氢钠溶液洗涤，无水硫酸钠干燥。减压蒸馏，收集 135～140℃/1.0kPa 的馏分，得对叔戊基苄基溴（**1**）110.8g，收率 80.3%。

5-氯甲基-2-羟基苯乙酮

$C_9H_9ClO_2$，184.62

【英文名】 5-Chloromethyl-2-hydroxyacetophenone

【性状】 白色固体。mp75～82℃。

【制法】 赵晓东，姚庆强，李文保．山东化工，2009，10：10.

$$\text{2-HO-C}_6\text{H}_4\text{COCH}_3\ (\mathbf{2}) + (\text{CH}_2\text{O})_n + \text{HCl} \longrightarrow \text{2-HO-5-(ClCH}_2)\text{C}_6\text{H}_3\text{COCH}_3\ (\mathbf{1})$$

于安有搅拌器、温度计、回流冷凝器的反应瓶中，加入多聚甲醛 1.4g（0.047mol），2-羟基苯乙酮（**2**）5mL（0.0416mol），浓盐酸 80mL，于 40℃搅拌反应 4～5h。其间出现大量黄色固体。冷至室温，过滤，水洗，少量甲醇洗涤，干燥，得乳白色固体化合物（**1**）6.5g，收率 85%，mp75～82℃。

对叔丁基苄基氯

$C_{11}H_{15}Cl$，182.69

【英文名】 *p-tert*-Butylbenzyl chloride

【性状】 无色液体。bp 124～132℃/3.3kPa。溶于乙醚、氯仿、苯等有机溶剂，不溶于水，但遇水慢慢分解。

【制法】 孙昌俊，曹晓冉，王秀菊．药物合成反应——理论与实践．北京：化学工业出版社，2007：240。

$$(\text{CH}_3)_3\text{C-C}_6\text{H}_5\ (\mathbf{2}) \xrightarrow[\text{ZnCl}_2,\ 乙酸]{\text{HCl},\ (\text{HCHO})_n,\ \text{PCl}_3} (\text{CH}_3)_3\text{C-C}_6\text{H}_4\text{-CH}_2\text{Cl}\ (\mathbf{1})$$

于安有搅拌器、回流冷凝器、温度计的反应瓶中，加入叔丁基苯（**2**）134g（1mol），工业盐酸（30%）315mL，多聚甲醛 88.5g（相当于甲醛 3mol），氯化锌 148g，冰醋酸 140g，搅拌下加热至 60℃，滴加三氯化磷 130g，控制滴加温度在 65～70℃。加完后继续于 65～70℃搅拌反应 7h。冷至 30℃以下，分出下层酸层。油层水洗两次再用 5%的碳酸氢钠洗涤，水洗，无水硫酸钠干燥。减压蒸馏，收集 124～132℃/3.3kPa 的馏分，得 4-叔丁基苄氯（**1**）173g，收率 95%。

3,4-二甲氧基苯乙腈

$C_{10}H_{11}NO_2$，177.20

【英文名】 3,4-Dimethoxyphenyl acetonitrile

【性状】 白色固体。mp60～62℃。溶于乙醇、乙醚、氯仿、苯、丙酮等有机溶剂，不溶于水。

【制法】 ［1］Kihara M，et al. Chem Pharm Bull，1978，26：155.

［2］Mata R，et al. J Pharm Sci，1980，69：94.

邻二甲氧基苯 (**2**) + $(CH_2O)_n$ + HCl ⟶ 3,4-二甲氧基苄基氯 (**3**) $\xrightarrow{NaCN}$ 3,4-二甲氧基苯乙腈 (**1**)

于安有搅拌器、温度计的反应瓶中，加入多聚甲醛 35g（1.18mol），盐酸 450mL，室温搅拌溶解，另将邻二甲氧基苯（**2**）100g（0.72mol）溶于 400mL 氯仿中，将其加入反应瓶中，于 30℃搅拌反应 5h。分出有机层，水洗 3 次。无水硫酸钠干燥，蒸出氯仿，得淡黄色黏稠液体 3,4-二甲氧基苄基氯（**3**），放置后凝固。加入丙酮 180mL 溶解。

将氰化钠 58g 溶于 120mL 水中，慢慢加入上述苄基氯的丙酮溶液，于 50℃搅拌反应 2h，静置分出水层。有机层蒸馏回收丙酮，剩余物加入 4 倍量的水中，得到沉淀。抽滤。滤饼用乙醇重结晶，得 3,4-二甲氧基苯乙腈（**1**）64g，mp58℃以上，收率 50%。

胡椒甲醛

$C_8H_6O_3$，150.13

【英文名】 Heliotropine，3，4-Methylenedioxybenzaldehyde

【性状】 无色有光泽的结晶。mp37℃，bp 约 263℃，88℃/66.66kPa。有葵花香味。易溶于乙醇、乙醚。溶于 500 份水中。

【制法】 ［1］章思规．实用精细化学品手册：有机卷：下．北京：化学工业出版社，1996：1440.

［2］Knudsen R D，et al. J Org Chem，1975，40：2878.

(**2**) $\xrightarrow[HCl]{(HCHO)_3}$ (**3**) (CH_2Cl) $\xrightarrow[AcOH]{(CH_2)_6N_4}$ $[\,ArCH_2(CH_2)_6N_4\,]^{\oplus}Cl^{\ominus}$ $\xrightarrow{H_2O}$ (**1**) (CHO)

于安有搅拌器、温度计、滴液漏斗的反应瓶中，加入胡椒醛（**2**）100g（0.82mol），三聚甲醛39.2g（1.3mol），搅拌均匀，保持15～25℃滴加浓盐酸300mL，加完后于25～30℃反应3.5h。冷却至20℃以下，静置，分出油状物，得胡椒苄氯（**3**）。

于安有温度计、滴液漏斗、回流冷凝器的反应瓶中加入乌洛托品175g（1.25mol），乙酸55g，水50mL。水浴冷却，于20℃滴加胡椒苄氯（**3**），滴加时注意反应液温度不要超过35℃。加完后于40℃反应1h使之生成盐。加水800mL，于100～102℃反应3h，进行水解。冷却至40℃，用氯仿提取（150mL×3）。合并氯仿提取液，减压回收氯仿，再减压蒸馏，收集100～120℃/0.53～0.80kPa的馏分，冷后固化，得胡椒甲醛（**1**）75g，收率61%。

对氟苄基氯

C_7H_6ClF，144.58

【英文名】 *p*-Fluorobenzyl chloride

【性状】 无色液体。bp69～74℃/2.26kPa。

【制法】 陈芬儿．有机药物合成法：第一卷．北京：中国医药科技出版社，1999，37.

$$\text{F}\!-\!\text{C}_6\text{H}_4 \; (\mathbf{2}) + CH_2O + HCl \xrightarrow{ZnCl_2} \text{F}\!-\!\text{C}_6\text{H}_4\!-\!CH_2Cl \; (\mathbf{1})$$

于安有搅拌器、温度计、通气导管的反应瓶中，加入多聚甲醛30g（1mol），四氯化碳100mL，无水氯化锌20g（0.147mol），混合后慢慢通入干燥的氯化氢气体1.5h。加入氟苯（**2**）48g（0.5mol），无水氯化锌1.5g（11mmol），于50℃搅拌反应5.5h。分出有机层，依次用水、5%的碳酸氢钠、水洗涤，无水氯化钙干燥。回收溶剂后减压蒸馏，收集69～74℃/2.26kPa的馏分，得化合物（**1**）56.4g，收率78%。

N-氯甲基-*N*-苯基乙酰胺

$C_9H_{10}ClNO$，183.64

【英文名】 *N*-Chloromethyl-*N*-phenylacetamide

【性状】 白色固体。

【制法】 丁丽君等．乙酰苯胺及其衍生物的氯甲基化反应．吉林大学学报，2004，42（1）：100.

$$\text{C}_6\text{H}_5\text{NHAc} \; (\mathbf{2}) \xrightarrow[C_6H_6,40^\circ C]{(CH_2O)_n,HCl} \text{C}_6\text{H}_5\text{N(Ac)CH}_2\text{Cl} \; (\mathbf{1})$$

于安有搅拌器、温度计、回流冷凝器的反应瓶中，加入苯30mL，乙酰苯胺（**2**）0.6g（4.4mmol），于40℃搅拌溶解。加入多聚甲醛0.3g（9.6mmol），回流条件下通入干燥的氯化氢气体1～2h，TLC跟踪反应。反应结束后，冷至室温，用饱和氯化钠溶液洗涤至中性，无水硫酸镁干燥。过滤，蒸出溶剂，剩余物过硅胶柱纯化，乙酸乙酯-石油醚（2∶1）洗脱，得化合物（**1**）0.6g，收率71%。

第三节 α-氨烷基化反应

在活泼基团的α-碳原子上引入氨甲基（烷基）的反应称为α-氨烷基化反应。这类反应主要有Mannich反应、Picter-Spengler反应、Strecker反应、Petasis反应、Bucherer-Bergs反应、Ugi反应和酰胺羰基化反应等。本节只介绍前四个反应。

一、Mannich反应

含活泼氢的化合物，与甲醛（或其他醛）以及氨或胺（伯、仲胺）脱水缩合，活泼氢原子被氨甲基或取代氨甲基所取代，生成含β-氨基（或取代氨基）的羰基化合物的反应，称为Mannich反应，又称为氨甲基化反应。其反应产物叫做Mannich碱或盐。以丙酮的反应为例表示如下：

$$CH_3COCH_2\text{—}H + HCHO + H\text{—}NR \longrightarrow CH_3COCH_2CH_2NR_2 + H_2O$$

动力学研究证明，Mannich反应为三级反应，酸和碱都对此反应有催化作用。

酸催化机理：

$$H\text{—}CHO + R_2NH \rightleftharpoons \underset{[1]}{H\text{—}CH(OH)\text{—}NR_2} \xrightarrow[-H_2O]{H^+} \underset{[2]}{H\text{—}C(=\overset{+}{N}R_2)\text{—}H}$$

$$R^1\text{—}CO\text{—}CH_3 + H^+ \rightleftharpoons R^1\text{—}C(=\overset{+}{O}H)\text{—}CH_3 \underset{}{\overset{-H^+}{\rightleftharpoons}} R^1\text{—}C(OH)=CH_2 \xrightarrow{H\text{—}C(=\overset{+}{N}R_2)\text{—}H} R^1\text{—}C(=\overset{+}{O}H)\text{—}CH_2CH_2NR_2$$

$$\xrightarrow{-H^+} R^1\text{—}CO\text{—}CH_2CH_2NR_2$$

首先是胺与甲醛反应生成N-羟甲基胺[1]，[1]接受质子后失去水生成亚胺盐（亚胺鎓离子）[2]，[2]又叫Eschenmoser's盐。含活泼氢化合物的烯醇式再与[2]进行亲核加成，失去质子后生成Mannich碱。在很多反应中，[1]也可以作为Mannich试剂进行反应。

碱催化机理：

$$CH_3\text{—}CO\text{—}R' \underset{-H_2O}{\overset{HO^-}{\rightleftharpoons}} \left[\overset{-}{C}H_2\text{—}CO\text{—}R' \longleftrightarrow CH_2=C(O^-)\text{—}R'\right]$$

$$HCHO + R_2NH \rightleftharpoons R_2N\text{—}CH_2\text{—}OH \xrightarrow{CH_2=C(O^-)\text{—}R'} R_2NCH_2CH_2CO\text{—}R' + HO^-$$

若用碱催化，则是碱与活泼氢化合物作用生成碳负离子，后者再和醛与胺（氨）反应生成的加成产物作用。

最后一步反应相当于 S_N2 反应。

含活性氢化合物除了醛、酮之外，还有羧酸、酯、腈、硝基烷烃、炔以及邻、对位未被取代的酚类等，甚至一些杂环化合物如吲哚、α-甲基吡啶等也可发生该反应。

胺可以是伯胺、仲胺或氨。芳香胺有时也可以发生反应，反应常在醇、醋酸、硝基苯等溶剂中进行。Mannich 反应中以酮的反应最常见。

常用的溶剂有水、醇、醋酸，反应中常加入少量盐酸以利于反应的进行。

经典的 Mannich 反应中，常常使用胺（或氨）的盐酸盐，因为反应中必须有一定浓度的质子才有利于亚胺正离子[2]的生成。反应中所需的质子与活泼氢化合物的酸性有关。酚类化合物本身可以提供质子，可以直接同游离胺和甲醛反应。一般 pH 在 3～7 之间，必要时可以加入适量的酸加以调节。若酸性过强，可能影响活泼氢化合物的离解，不利于反应的进行。合适的 pH 值根据具体反应来确定。反应中常用聚甲醛，质子的存在可以促进聚甲醛的分解，并且可以防止某些 Mannich 碱在加热过程中的分解。在酸性条件下反应得到的产品为 Mannich 碱的盐，中和后生成 Mannich 碱。

有些改进的 Mannich 反应是在碱性条件下进行的，活泼氢化合物在碱的作用下形成碳负离子，后者直接与亚铵离子反应生成 Mannich 碱。

$$\text{环己酮} \xrightleftharpoons{\text{KH}} \left[\text{环己酮碳负离子} \longleftrightarrow \text{烯醇负离子}\right] \xrightarrow{(CH_3)_2\overset{+}{N}{=}CH_2I^-} \text{2-}CH_2N(CH_3)_2\text{-环己酮}\ (88\%)$$

值得指出的是，在 Mannich 反应中，当使用氮原子上含有多个氢的氨或伯胺时，若活泼氢化合物和甲醛过量，则氮上的氢均可参加缩合反应，生成多取代的 Mannich 碱。

$$3R{-}\overset{O}{\overset{\|}{C}}{-}CH_3 + 3HCHO + NH_3 \longrightarrow N(CH_2CH_2\overset{O}{\overset{\|}{C}}R)_3$$

当活泼氢化合物具有两个或两个以上的活泼氢时，在甲醛和胺过量的情况下可以生成多氨甲基化产物。

$$R{-}\overset{O}{\overset{\|}{C}}{-}CH_3 + 3HCHO + 3NH_3 \longrightarrow (H_2NCH_2)_3C\overset{O}{\overset{\|}{C}}R$$

有时可以利用这一性质合成环状化合物，例如：

$$CH_3CH_2\overset{O}{\overset{\|}{C}}CH_2CH_3 + 2HCHO + CH_3NH_2 \longrightarrow \text{1,3,5-三甲基-4-哌啶酮}$$

20 世纪 70 年代，Mannich 反应的一个重要进展是发现了新的 Mannich 反应试剂，二甲基亚甲基铵三氟醋酸盐和二甲基亚甲基铵盐酸盐：

$$(CH_3)_2\overset{+}{N}=CH_2\cdot F_3CCOO^- \quad (CH_3)_2\overset{+}{N}=CH_2\cdot Cl^-$$

这种试剂可以在特殊位置进行烷基化反应，可以方便的得到用通常的 Mannich 反应难以得到或收率很低的 Mannich 碱。特点是反应具有定向性，很少有重 Mannich 碱生成，并且很少有聚合物。例如镇痛药盐酸曲马多（Tramadol）中间体的合成[钟为慧,吴窈窕，张兴贤等．中国药物化学杂志，2008，18（6)：426]。

环己酮 $\xrightarrow[DMF]{Et_3N,Me_3SiCl}$ 1-三甲基硅氧基环己烯（OSiMe$_3$） $\xrightarrow[2.\ (CH_3)_2\overset{+}{N}=CH_2\cdot F_3CCOO^-]{1.\ MeLi}$ 2-(二甲氨基甲基)环己酮（NMe$_2$）

又如如下反应：

环己烯酮 $\xrightarrow[2.\ (CH_3)_2\overset{+}{N}=CH_2\cdot F_3CCOO^-]{1.\ (CH_3)_2CuLi}$ 2-(二甲氨基甲基)-3-甲基环己酮（NMe$_2$，CH$_3$） (80%)

二甲基亚甲基铵三氟醋酸盐可以方便地由三氟醋酸酐与三甲胺氧化物在二氯甲烷中反应来得到结晶状产物。

$$(CH_3)_3N\longrightarrow O+(CF_3CO)_2\xrightarrow[0℃]{CH_2Cl_2}(CH_3)_2\overset{+}{N}=CH_2\cdot F_3CCOO^-$$

也可以由如下反应来制备：

$$(CH_3)_2NCH_2CH_2N(CH_3)_2+2CF_3COOH\longrightarrow$$
$$(CH_3)_2\overset{+}{N}=CH_2+H_2\overset{+}{N}(CH_3)_2+2CF_3COO^-$$

含 α-活泼氢的不对称的酮发生 Mannich 反应，常常得到混合物，而当使用用不同的 Mannich 试剂时，可以得到区域选择性的产物。例如当使用 $(CH_3)_2\overset{+}{N}=CH_2\cdot CF_3COO^-$ 时，在三氟醋酸中反应，氨甲基化发生在已有取代基的 α-碳原子上，而当用 $(i\text{-}Pr)_2\overset{+}{N}=CH_2\cdot ClO_4^-$ 时，氨甲基化发生在没有取代基的 α-碳原子上。

另一种区域选择性合成 Mannich 碱的方法，是将酮转化为烯醇硼烷基醚，而后与碘化二甲基亚甲基铵盐反应。

$$(C_2H_5)_2CH\underset{\displaystyle OB(C_2H_5)_2}{\overset{}{C}}=CHCH_2CH_3+(CH_3)_2\overset{+}{N}=CH_2I^-\longrightarrow(C_2H_5)_2CH\overset{O}{\overset{\|}{C}}-\overset{CH_2N(CH_3)_2}{\overset{|}{C}}HCH_2CH_3\ (94\%)$$

α，β-不饱和酮的 Mannich 反应，若 α-位有位阻时，则发生 γ-氨基化反应。例如：

3,5,5-三甲基环己-2-烯酮（CH$_3$，CH$_3$；γ、β、α、α 位标注） + HCHO + 哌啶盐酸盐（NH·HCl） $\longrightarrow$ 5,5-二甲基-3-(2-哌啶基乙基)环己-2-烯酮 (70%~80%)

一般地 Mannich 反应常用酸或碱作为催化剂，后来人们发现，当端基炔发生 Mannich 反应时，醋酸铜、硝酸银等是很好的催化剂。

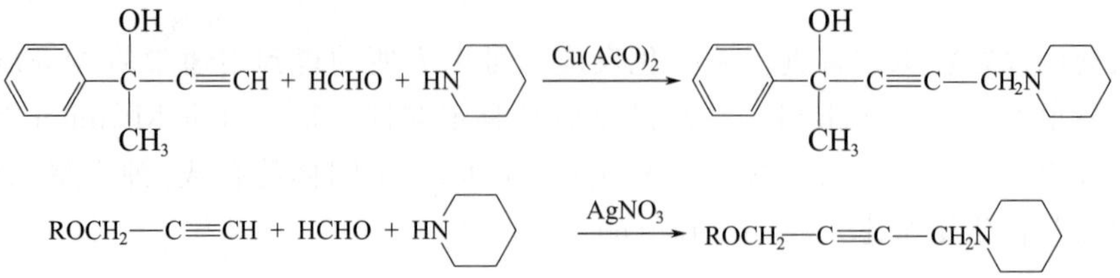

而如下反应当用酸作催化剂时，得到了完全不同的结果。

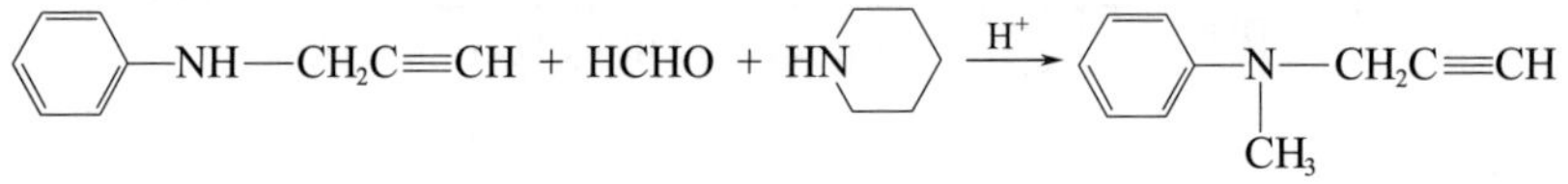

邻羟基苯乙炔通过 Mannich 反应可以得到氨甲基取代的苯并呋喃衍生物（Kabalka G W，et al. Tetrahedron Lett，2001，42：6049）。

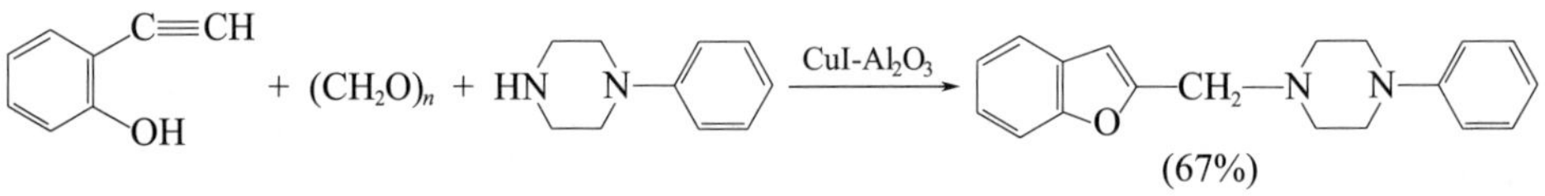

反应溶剂有时会对反应产物产生非常大的影响。例如，1，2-二苯甲酰基乙烷在不同溶剂中的反应：

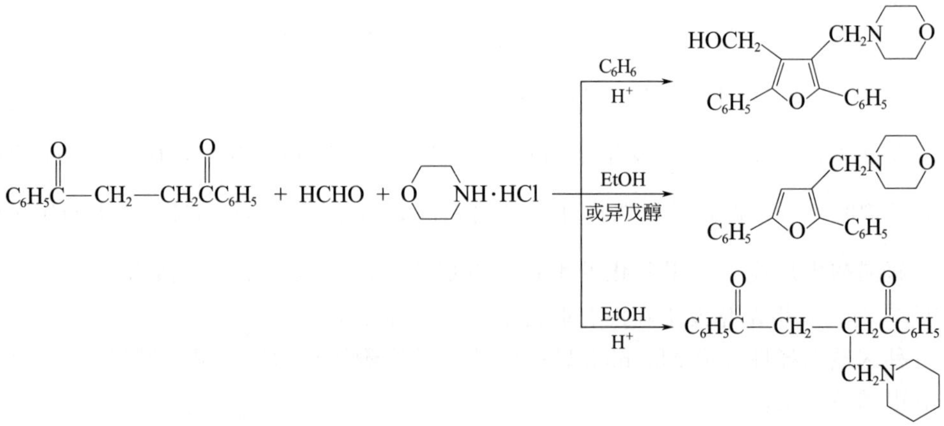

DMF、DMSO 也可以作为 Mannich 反应的溶剂，特别适用于有难溶组分的原料，例如二硝基甘脲的 Mannich 反应。

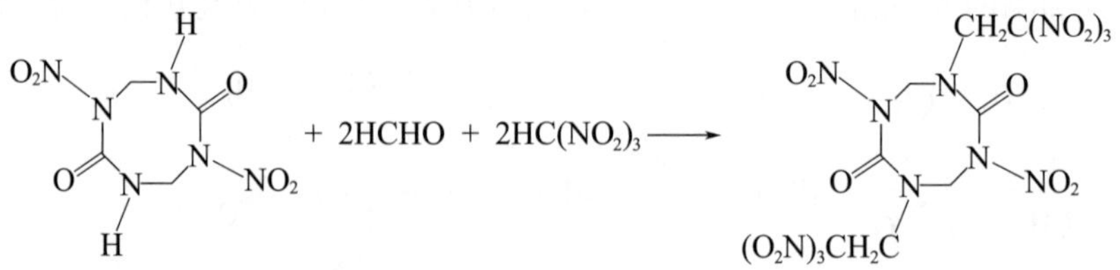

在 Mannich 反应中，除了使用甲醛（或聚甲醛）外，也可以使用其他醛，包括脂肪族

醛和芳香族醛，但它们的活性较甲醛低。使用二醛类化合物可以合成环状化合物，例如抗胆碱药物阿托品（Atropine）中间体的合成。Atropine 的合成是利用 Mannich 反应进行的第一次仿生合成。

$$OHC-CH_2CH_2CH_2-CHO + H_2NCH_3 + {}^-OOC-CH_2-CO-CH_2-COO^- \xrightarrow{pH=5} \longrightarrow \text{(阿托品)}$$

α-位连有吸电子基团如羰基、砜基、氰基及另一个羧基时的羧酸衍生物可以发生 Mannich 反应，但苯乙酸、邻硝基苯乙酸不能发生反应，而对硝基苯基乙酸和 2,4-二硝基苯基乙酸则可以发生该反应。

$$PhCH(CN)COOH + HCHO + HNR_2 \longrightarrow PhC(CN)(CH_2NR_2)COOH \longrightarrow PhC(CN)=CH_2$$

$$\text{2-氧代环己烷甲酸} + 2HCHO + H_2NCH_3 \longrightarrow \text{(N-CH}_3\text{ 双环产物, COOH)}$$

$$O_2N-C_6H_4-CH_2SO_2CH_2COOH + HCHO + HN(CH_3)_2 \xrightarrow{-CO_2} O_2N-C_6H_4-CH_2SO_2CH(CH_2N(CH_3)_2)-CH_2N(CH_3)_2$$

利用二羧酸的 Mannich 反应可以合成一系列哌啶环化合物，而且在一定的条件下羧基可以脱去，因此，可以利用该反应合成不含羧基的其他化合物。

酯类化合物也可以发生 Mannich 反应，例如［ABE N，et al. Chem Pharm Bull. 1998，46（**1**）：142］：

$$C_2H_5O_2C-CH(NHCHO)-CO_2C_2H_5 + (CH_2O)_n + HN(\text{哌啶}) \longrightarrow \left[\text{哌啶}NCH_2-C(CO_2C_{22}H_5)(NHCHO)-CO_2C_2H_5 \right]$$

$$\xrightarrow{H^+} \text{哌啶}NCH_2CH(NH_2\cdot 2HCl)COOH \quad (84\%)$$

γ-丁内酯在 LDA 作用下与二甲基亚甲基碘化铵反应，可以生成氨甲基化产物，后者与过量碘甲烷反应生成季铵盐，用碱处理则生成亚甲基丁内酯。

$$\gamma\text{-丁内酯} \xrightarrow[2.\ CH_2=\overset{+}{N}(CH_3)_2I^-]{1.\ LDA} \alpha\text{-}CH_2N(CH_3)_2 \xrightarrow{CH_3I} \alpha\text{-}CH_2\overset{+}{N}(CH_3)_3I^- \xrightarrow{NaHCO_3} \alpha\text{-}=CH_2$$

β-酮酸酯很容易发生 Mannich 反应。例如：

（2-乙氧羰基环己酮）+ HCHO + HNR_2 ⟶ 2-(CH_2NR_2)-2-($COOC_2H_5$)环己酮

$C_6H_5CH_2COCH(C_6H_5)CO_2C_2H_5$ + 2HCHO + H_2NR ⟶ 1-R-3-C_6H_5-5-C_6H_5-5-$COOC_2H_5$-4-哌啶酮

一些芳香杂环化合物也可以发生 Mannich 反应。例如：

N-(C_4H_9-n)吡咯 + HCHO + $(CH_3)_2NH·HCl$ ⟶ 2,5-双[$CH_2N(CH_3)_2$]-N-(C_4H_9-n)吡咯 (84%)

吲哚的氨甲基化反应发生在吡咯环的 β-位［Teresa C，Faux Alan F，Christopher R. J Org Chem，1994，59（12）：3408］：

吲哚 + CH_2O + $(CH_3)_2NH$ $\xrightarrow{AcOH}$ 3-[$CH_2N(CH_3)_2$]吲哚

噻吩环上连有给电子基团时，也可以发生 Mannich 反应。例如：

2-CH_3O-噻吩 + HCHO + HNR_2 ⟶ 2-CH_3O-5-(CH_2NR_2)噻吩 (69%~89%)

NR_2=$N(CH_3)_2$、哌啶基、吗啉基

氧化吡啶类化合物可以发生 Mannich 反应，生成氧化吡啶氨甲基化产物，后者在钯催化剂存在下氢化还原去掉氧，则生成吡啶氨甲基化合物。

3-羟基吡啶-N-氧化物 + HCHO + HNR_2 ⟶ 3-OH-2-(CH_2NR_2)吡啶-N-氧化物 $\xrightarrow{H_2,Pd/C}$ 3-OH-2-(CH_2NR_2)吡啶

⟶ 3-OH-2-(CH_2NR_2)-6-(R_2NCH_2)吡啶-N-氧化物 $\xrightarrow{H_2,Pd/C}$ 3-OH-2-(CH_2NR_2)-6-(R_2NCH_2)吡啶

一些酚类化合物可以发生 Mannich 反应，酚类的氨甲基化遵守某些规律，通常羟基的得 2,5-位无取代基的酚，氨甲基化发生在羟基的邻位，即使 4-位没有取代基，也是主要发生在邻位。当用过量的醛和胺，并加强反应条件时，可以发生环上的多氨甲基化反应。苯环 2,5-位有取代基的酚，发生 Mannich 反应的位置是在羟基的对位，而不是邻位。

基于酚类化合物的 Mannich 反应主要发生在羟基的邻位，一些化学工作者提出了一种

反应机理，即 Mannich 试剂先与酚生成氢键，而后对邻位进攻，得到邻位氨甲基化产物。

酚类的 Mannich 反应得到的 Mannich 碱，在镍催化剂存在下进行氢解，可以将胺基脱去，得到在芳环上引入甲基的化合物。例如：

CH_2O，$(CH_3)_2NH$　　H_2，Ni / EtOH　　CrO_3，AcOH

最后一步得到的氧化产物 2-甲基萘醌是合成维生素 K 的中间体。

芳香胺类化合物也可以进行 Mannich 反应。由于反应条件不同，芳香胺既可以作为活泼氢化合物，也可以作为胺进行反应。当芳香胺作为活泼氢化合物时，必须加入一定量的酸以中和氨基氮上的电子。通常作为活泼氢化合物时反应发生在对位。

对位取代苯胺可以发生各种缩合反应，除了得到亚甲基二胺衍生物外，由 2 摩尔取代苯胺和 1 摩尔甲醛可以制得 1 摩尔 Mannich 碱，后者又可以进一步进行 Mannich 反应，生成四氢喹唑啉和稠环碱。

四氢喹唑啉　　稠环有机碱

N-烷基苯胺与甲醛和仲胺在酸性条件下发生 Mannich 反应，可以生成如下一系列氨甲基衍生物。

X、Y=H、CH_3等

另外一种在反应中形成的试剂[2]已用于进行非对映选择性的 Mannich 反应，锂盐[1]

用 $TiCl_4$ 处理，得到[2]，[2]而后与酮的烯醇盐进行反应。

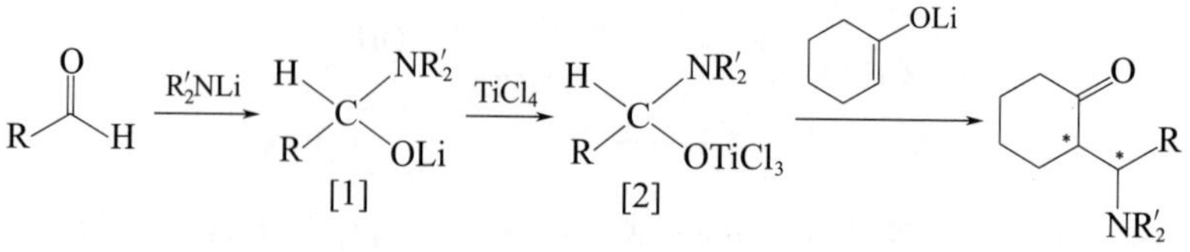

$$RCHO \xrightarrow{R'_2NLi} \underset{[1]}{RCH(NR'_2)(OLi)} \xrightarrow{TiCl_4} \underset{[2]}{RCH(NR'_2)(OTiCl_3)} \longrightarrow \text{2-(R-CH(NR'_2))-环己酮}$$

烯醇硅醚与醛、苯胺在 $InCl_3$ 存在下反应，可以生成 β-氨基酮。

腈类化合物 R—CH_2—C≡N 一般不能发生 Mannich 反应，但在氰基的 α-位连有吸电子基团时则容易发生反应。苯乙腈、二苯乙腈可以发生该反应。

氢氰酸可以发生 Mannich 反应，甚至可以与含有很大空间位阻的羰基化合物进行反应。反应时常用氢氰酸的盐和胺的盐酸盐为原料，若用甲醛为醛组分，反应可以在室温下进行，若使用高级醛或酮，则需要在水、醇或醋酸中加热。

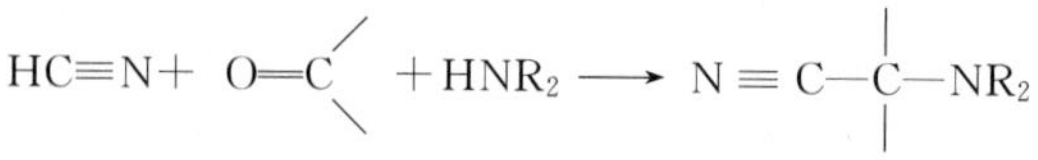

$$HC{\equiv}N + O{=}C{<} + HNR_2 \longrightarrow N{\equiv}C{-}\overset{|}{\underset{|}{C}}{-}NR_2$$

一些活泼的芳烃也可以作为活泼氢化合物发生 Mannich 反应。例如小檗碱和氨基原小檗碱的人工合成，就是通过分子内的 Mannich 反应来实现的。

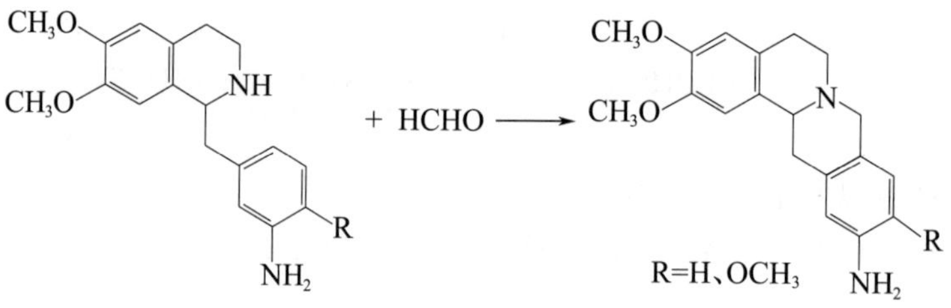

$$\text{(6,7-二甲氧基四氢异喹啉衍生物)} + HCHO \longrightarrow \text{(产物)}$$

R=H、OCH_3

由其他碳亲核试剂对亚胺及其盐的加成反应也属于 Mannich 反应（Suto Y，Kanai M，Shihasaki M. J Am Chem Soc，2007，129：500；Shi J W，Krystlc L，Carey Y N，et al. Org Lett，2007，9：1105）。

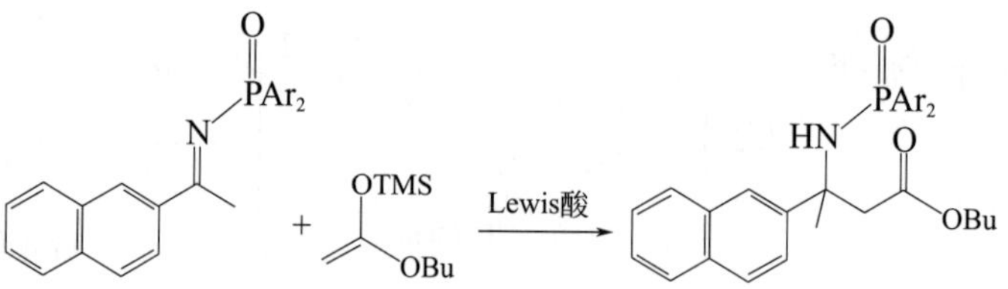

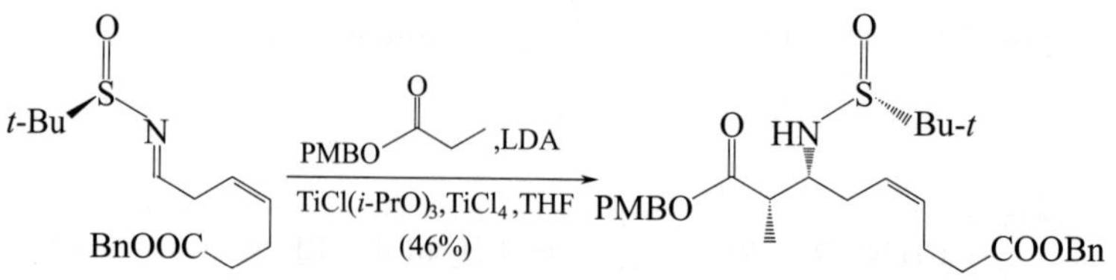

$$\text{(N-膦酰亚胺)} + \text{(OTMS, OBu 烯醇硅醚)} \xrightarrow{\text{Lewis酸}} \text{(产物)}$$

$$\text{(t-Bu亚磺酰亚胺, BnOOC)} \xrightarrow[\text{TiCl}(i\text{-PrO})_3,\ TiCl_4,\ THF\ (46\%)]{\text{PMBO丙酸酯, LDA}} \text{(PMBO ... COOBn)}$$

还有很多化合物可以发生 Mannich 反应。例如烯、尿素及其衍生物、胍、酰胺、磺酰胺、砜、硫醇、硫酚、磺酸、亚磺酸、含 Se-H 及 P-H 键的化合物等。

PhSeH, CH_2Cl_2, SiO_2, 4AMS

(Paquette LA, et al. J Am Chem Soc, 2007, 129, 500)

$$R^1\text{-}C_6H_4\text{-}CHO + R^2\text{-}C_6H_4\text{-}NH_2 + H\text{-}P(=O)(OR)_2 \longrightarrow R^1\text{-}C_6H_4\text{-}CH(P(=O)(OR)_2)\text{-}NH\text{-}C_6H_4\text{-}R^2$$

尿素及其衍生物的 Mannich 反应的例子如下：

$$O{=}C(NH_2)_2 + 2HCHO + 2HC(NO_2)_3 \longrightarrow O{=}C[NH{-}CH_2C(NO_2)_3]_2$$

$$O{=}C(NH_2)_2 + 2HCHO + 2HN(CH_2)_5 \longrightarrow O{=}C[NH{-}CH_2N(CH_2)_5]_2$$

由上述反应可以看出，尿素属于两性化合物，在 Mannich 反应中，既可以作为有机碱，也可以作为活泼氢化合物。

不对称 Mannich 反应受到人们的普遍重视，是合成光学活性 β-氨基羰基化合物的有效方法，而 β-氨基羰基化合物是合成药物和天然产物的重要中间体。近年来，在手性有机催化剂诱导下，进行不对称 Mannich 反应的报道很多，已取得明显的进展。List B 2000 年报道，使用手性脯氨酸可以进行不对称 Mannich 反应，生成的 β-氨基酮具有很高的光学活性。例如（List B. J Am Chem Soc，2000，122：9336）：

L-脯氨酸, DMSO

(50%)(*S*)-94%ee

R=p-$NO_2C_6H_4$, 2-$C_{10}H_7$, $(CH_3)_2CHCH_2$, $CH_3(CH_2)_2CH_2$, $(CH_3)_2CH$, $C_6H_5CH_2OCH_2$

又如（Kazuhiro N，Kosuke N，Masashi Y，et al. Heterocycles，2006，70：335）：

L-脯氨酸, *i*-PrOH

(91%ee)

L-脯氨酸催化的不对称 Mannich 反应的反应机理如下（图 1-1）。

在 L-脯氨酸催化的酮、醛和胺的三组分反应体系中，首先酮（醛）与脯氨酸反应生成

图 1-1　L-脯氨酸催化的不对称 Mannich 反应机理

烯胺中间体（**1**），醛与胺反应生成亚胺（**2**），两者经亲核加成生成中间体（**3**），（**3**）水解后得到相应产物（**4**），催化剂 L-脯氨酸再生。

L-脯氨酸催化的酮、醛、胺三组分反应体系中，存在着 Mannich 反应与醇醛缩合反应的竞争。在 Mannich 反应中，生成的烯胺（**1**）和亚胺（**2**）均具有稳定的 E-型结构，烯胺（**1**）选择性地进攻亚胺（**2**）的 *si* 面，亚胺（**2**）的氮原子与脯氨酸羧基之间形成的氢键对于稳定过渡态起着至关重要的作用。若（**1**）进攻（**2**）的 *re* 面，则导致吡咯环与芳香环之间的空间排斥（图 1-2 箭头 a）。而在醇醛缩合反应中，是以醛和烯胺碳原子取代基之间的空间排斥作用为主（箭头 b）。

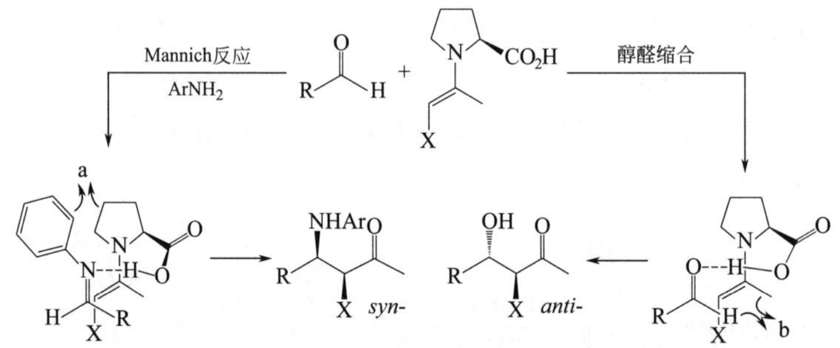

图 1-2　Aldol 和 Mannich 反应过渡态的对映面选择性

[List B, Pojarliev P, Biller W T, et al. J Am Chem Soc, 2002, 124 (5): 827]

除了 L-脯氨酸外，已经报道的不对称 Mannich 反应的有机小分子催化剂还有吡咯啉衍生物、咪唑啉类、噻唑啉类、哌啶类、磷酸类、硫脲类、金鸡纳碱类等。在已报道的五六元杂环有机催化剂中，脯氨酸的催化效果最好，底物适用范围广。其分子中含有酸性的羧基和碱性的仲胺基，是一种双功能催化剂，可以同时活化亲电和亲核底物。缺点是催化剂的用量较大，一般需要 0.2～0.3（摩尔分数），好在 L-脯氨酸价格不高。目前许多新型有机小分子催化剂不断报道，催化活性和对映选择性不断提高。微波技术、离子液体、高压等不断用于不对称 Mannich 反应中。设计合成结构新颖、催化效果更好的有机催化剂是今后的发展趋势。

Mannich 碱通常是不太稳定的化合物，可以发生多种化学反应，利用这些反应可以制备各种不同的新化合物，在有机合成中具有重要的用途。Mannich 碱的主要反应类型如下：脱氨甲基反应（R-CH_2 键的断裂）、脱胺反应（CH_2-N 键的断裂）、取代反应（氨基被取代、NH 中的氢被硝基、亚硝基、乙酰基等取代）、还原反应、与有机金属化合物的反应、成环反应等。

若 Mannich 碱中，胺基 β 位上有氢原子，加热时可脱去胺基生成烯，特点是在原来含有活性氢化合物的碳原子上增加一个次甲基双键。例如：

$$C_6H_5COCH_3 + CH_2O \xrightarrow{HN(C_2H_5)_2} C_6H_5COCH_2CH_2N(C_2H_5)_2 \xrightarrow{\triangle} C_6H_5COCH{=}CH_2$$

Mannich 碱的热消除，可被酸或碱所催化，也可直接在惰性溶剂中加热分解。常用的碱有氢氧化钾、二甲苯胺等。若把 Mannich 碱变成季铵碱，则消除更容易进行。此时的反应又叫 Mannich-Eschenmosor 亚甲基化反应。

$$\text{1-}(CH_2CH_2N(CH_3)_2)\text{-异喹啉} \xrightarrow[\text{减压蒸馏}]{\text{固体KOH}} \text{1-}(CH{=}CH_2)\text{-异喹啉} \quad (70\%)$$

$$HOOCCH_2O-C_6H_4-COCH(CH_2CH_3)CH_2N(CH_3)_2\cdot HCl \xrightarrow[65^\circ C,8h]{10\%NaOH} HOOCCH_2O-C_6H_4-COC(=CH_2)CH_2CH_3 \ (\text{利尿酸})$$

Mannich 碱的季铵盐与氰化钠反应，则可以被氰基取代生成腈。例如如下反应，生成的产物是药物左西孟旦的中间体。

$$AcNH-C_6H_4-COCH_2CH_3 \xrightarrow[(CH_3)_2NH\cdot HCl]{HCHO} AcNH-C_6H_4-CO-CH(CH_3)CH_2N(CH_3)_2$$

$$\xrightarrow{CH_3I} AcNH-C_6H_4-CO-CH(CH_3)CH_2\overset{+}{N}(CH_3)_3\cdot I^- \xrightarrow{NaCN} AcNH-C_6H_4-CO-CH(CH_3)CH_2CN$$

Mannich 反应在天然产物的合成中同样具有广泛的应用。在许多天然产物的合成中可以利用 Mannich 反应实现环化、N-甲基化、构建手性碳等关键步骤。

2-亚甲基辛醛

$C_9H_{16}O$，140.23

【英文名】 2-Methyleneoctanal

【性状】 油状液体。

【制法】 徐艳杰，孟祎，张方丽，陈力功．应用化学．2003，7：696.

$$CH_3(CH_2)_6CHO\ (\mathbf{2}) + CH_2O + HN(CH)_2 \longrightarrow CH_3(CH_2)_5C(=CH_2)CHO\ (\mathbf{1})$$

方法 1：

于安有搅拌器、温度计、回流冷凝器的反应瓶中，加入二甲胺水溶液 7.70g (56.37mmol)，6.0mol/L 的盐酸 10.0mL，搅拌下加入 38%的甲醛 6.8mL（93.96mmol)，20mL 水。用饱和碳酸钠溶液中和至 pH7，而后加入正辛醛（**2**）5.95g（46.48mmol)，加热至 90℃搅拌反应 4h。冷至室温，乙醚提取 3 次。合并乙醚溶液，依次用氢氧化钠溶液、水洗涤，无水硫酸镁干燥。过滤，浓缩，过硅胶柱纯化，石油醚-乙醚（100：1）洗脱，得无色液体（**1**）4.10g，收率 63.2%。

方法 2：

于安有搅拌器、温度计、回流冷凝器的反应瓶中，加入二甲胺水溶液 7.18g (52.62mmol)，醋酸 3.0mL，搅拌下加入 38%的甲醛 6.3mL（87.70mmol)，而后加入正辛醛（**2**）4.49g（38.08mmol）和 20mL 醋酸。加热至 90℃搅拌反应 4h。冷至室温，加入饱和氢氧化钠溶液中和醋酸。乙醚提取 3 次。合并乙醚溶液，水洗，无水硫酸镁干燥。过滤，浓缩，过硅胶柱纯化，石油醚-乙醚（100：1）洗脱，得无色液体（**1**）3.44g，收率 70.1%。

3-(4′-乙酰胺基苯甲酰基)丁腈

$C_{13}H_{14}N_2O_2$，230.26

【英文名】 3-(4′-Acetylaminobenzoyl)butyronitrile

【性状】 淡黄色固体。mp140～144℃。

【制法】 孙昌俊，曹晓冉，王秀菊．药物合成反应——理论与实践．北京：化学工业出版社，2007：413.

$$\text{AcNH-C}_6\text{H}_4\text{-COCH}_2\text{CH}_3\ (\mathbf{2}) \xrightarrow[(CH_3)_2NH\cdot HCl]{HCHO} \text{AcNH-C}_6\text{H}_4\text{-CO-CH(CH}_3\text{)CH}_2\text{N(CH}_3)_2\ (\mathbf{3})$$

$$\xrightarrow{CH_3I} \text{AcNH-C}_6\text{H}_4\text{-CO-CH(CH}_3\text{)CH}_2\overset{+}{\text{N}}\text{(CH}_3)_3\cdot I^-\ (\mathbf{4}) \xrightarrow{NaCN} \text{AcNH-C}_6\text{H}_4\text{-CO-CH(CH}_3\text{)CH}_2\text{CN}\ (\mathbf{1})$$

2-[(4′-乙酰胺基苯甲酰基)-丙基]-三甲铵氢碘酸盐（**4**)：于安有搅拌器、回流冷凝器、温度计的 2L 反应瓶中，加入二甲铵盐酸盐 100g（1.04mol)，36%的甲醛水溶液 70mL，加热溶解。冷却下分批加入醋酸酐 400mL，控制反应温度不超过 30℃。反应放热。约 2h 反应液澄清。加入 129g（0.675mol）对乙酰胺基苯丙酮（**2**)，慢慢加热，约 65～70℃时全溶。而后于沸水浴搅拌反应 3h。减压蒸出溶剂 250mL。冷后加入 75mL 丙酮，回流反应 5min。减压蒸出丙酮，得橙红色液体。加水 400mL，充分搅拌后，用二氯甲烷提取三次，弃去二氯甲烷层。冰水冷却下用 3mol/L 的氢氧化钠水溶液中和至 pH10。加入 350mL 二氯甲烷，并用固体氯化钠饱和。抽滤，滤饼用二氯甲烷洗涤。分出二氯甲烷层，无水硫酸钠干燥后得到（**3**）的溶液备用。

向上面二氯甲烷溶液中搅拌下滴加碘甲烷 90mL，反应放热，约 1h 加完。加完后继续室温反应3h。过滤，二氯甲烷洗涤，干燥，得2-[(4′-乙酰胺基苯甲酰基)-丙基]-三甲铵氢碘酸盐（**4**）浅黄色固体230g，收率87%，mp197～203℃（文献值206～207℃）。

3-（4′-乙酰胺基苯甲酰基）丁腈（**1**）：于安有搅拌器、滴液漏斗的反应瓶中，加入上述化合物230g，水1800mL，甲醇300mL。温热溶解。慢慢滴加氰化钾87.5g（1.35mol）溶于700mL水配成的溶液，约1h加完。滴加过程中反应液变混浊，并出现油状物，继续搅拌反应3h，油状物固化。抽滤，水洗。将其加入300mL乙醇中，加热溶解，活性炭脱色，冷后析出浅黄色固体。过滤，干燥，得3-（4′-乙酰胺基苯甲酰基）丁腈（**1**）90g，收率67%，mp140～144℃（文献值138～141℃，127～130℃）。

2-[*N*-甲基-*N*-(1-萘甲基)氨基]乙基苯基酮

$C_{21}H_{21}NO$，303.40

【英文名】 2-[*N*-Methyl-*N*-(1-naphthylmethyl)amino]ethyl phenyl ketone

【性状】 白色固体。mp88～90℃。

【制法】 [1] 孙昌俊，曹晓冉，王秀菊．药物合成反应——理论与实践．北京：化学工业出版社，2007：408.

[2] Anton S，Apostolos G，Waltraud G，et al. J Med Chem，1986，29（1）：112.

$$\text{(2) 1-}CH_2NHCH_3\text{-naphthalene} + HCHO + PhCOCH_3 \longrightarrow \text{(1) 1-}CH_2N(CH_3)CH_2CH_2COPh\text{-naphthalene}$$

于安有搅拌器、回流冷凝器的反应瓶中，加入*N*-甲基-1-萘甲胺（**2**）15.6g（0.09mol），乙醇40mL，搅拌下慢慢加入浓盐酸8.5mL，35%的甲醛水溶液7.5g（0.09mol），苯乙酮11.1g（0.09mol），加热回流1.5h。再加入多聚甲醛粉末4.2g（0.137mol），继续回流反应3h。冷后倒入300mL冰水中，用20%的氢氧化钠溶液调至强碱性，析出固体。抽滤，水洗，干燥，得27g粗品。用甲醇重结晶，得2-[*N*-甲基-*N*-(1-萘甲基)氨基]乙基苯基酮（**1**）24.5g，收率90%，mp87～88℃（文献值88～90℃）。

2,4′-二甲基-3-哌啶基苯丙酮盐酸盐

$C_{16}H_{23}NOHCl$，281.83

【英文名】 2,4′-Dimethyl-3-piperidinophenylpropanone hydrochloride

【性状】 白色或类白色粉末。mp176～177℃。稍有特异的臭味，有强酸味和苦味。易溶于水、乙醇、难溶于丙酮，几乎不溶于苯、乙醚。

【制法】 孙昌俊，曹晓冉，王秀菊．药物合成反应——理论与实践．北京：化学工业出版社，2007：398.

$$CH_3\text{-}C_6H_4\text{-}COCH_2CH_3\ \text{(2)} + HCHO + CH_3NO_2 \xrightarrow{\text{piperidine}\cdot HCl}$$

$$CH_3-C_6H_4-COCH(CH_3)CH_2-N(C_5H_{10}) \xrightarrow{HCl} CH_3-C_6H_4-COCH(CH_3)CH_2-N(C_5H_{10})\cdot HCl$$

(3)　　　　(1)

于反应瓶中加入硝基甲烷 40mL，乙醇 5.5mL，甲苯 11mL，浓盐酸 0.2mL，搅拌下依次加入对甲基苯丙酮（**2**）5.7g（0.039mol），哌嗪盐酸盐 9.0g（0.074mol），多聚甲醛 3.4g，加热回流 1.5h，同时用分馏柱蒸出反应中生成的水。冷后析出固体。将固体物粉碎，乙醚洗涤。加水 50mL 溶解，用 10%的氢氧化钠调至碱性。乙醚提取（20mL×3），合并乙醚提取液，无水硫酸钠干燥，过滤，得化合物（**3**）的溶液。通入干燥的氯化氢气体，析出白色固体。过滤，用甲基乙基酮重结晶，得无色结晶性粉末 2,4′-二甲基-3-哌啶基苯丙酮盐酸盐（**1**）10.4g，收率 82%，mp176～177℃。

1-（4-氯苯基）-β-二甲胺基丙酮盐酸盐

$C_{11}H_{14}ClNO \cdot HCl$，248.15

【英文名】 1-（4-Chlorophenyl）-*β*-dimethylaminopropanone hydrochloride

【性状】 白色结晶。mp172～174℃。

【制法】 景志红，刘爽．山东化工，1993，4：10.

$$Cl-C_6H_4-COCH_3 + (CH_2O)_n + NH(CH_3)_2 \longrightarrow Cl-C_6H_4-COCH_2CH_2N(CH_3)_2\cdot HCl$$

（2）　　　　（1）

于安有搅拌器、温度计、回流冷凝器的反应瓶中，加入对氯苯乙酮（**2**）49.3g（0.315mol），二甲胺盐酸盐 33.4g（0.41mol），多聚甲醛 18.9g（0.63mol），95%的乙醇 50mL，用盐酸调至溶液对刚果红试纸变蓝，搅拌回流反应 4h。冷却后加入丙酮 250mL，冰盐浴冷却，过滤析出的结晶，干燥，得白色固体化合物（**1**）60g，mp171～174℃，收率 75%。

假石榴碱

$C_9H_{15}NO$，153.22

【英文名】 Pseudopelletierine

【性状】 无色结晶。mp63～64℃。

【制法】 Cope C，Dryden H I，Jr，et al. Org Synth，1963，Coll Vol 4：816.

$$\text{(2)} \xrightarrow{HCl} OHC(CH_2)_3CHO\ \text{(3)}$$

$$OHC(CH_2)_3CHO\ \text{(3)} + CH_3NH_2 + HOOCCH_2COCH_2COOH \longrightarrow \text{(1)}$$

于安有搅拌器的 3L 反应瓶中，加入浓盐酸 22mL（0.26mol），无氧水 165mL，氮气保护，加入 2-乙氧基-3，4-二氢-2*H*-吡喃（**2**）64g（0.5mol），剧烈搅拌 20min，得戊二醛（**3**）的无色溶液。

依次加入 350mL 水，甲胺盐酸盐 50g（0.74mol）溶于 500mL 水的溶液，丙酮二羧酸 83g（0.57mol）溶于 830mL 水的溶液，十二水合磷酸氢二钠 88g（0.25mol）和氢氧化钠 7.3g（0.18mol）溶于 200mL 水的溶液，搅拌加热，有二氧化碳气体放出，反应体系的 pH 值逐渐升高。反应 2h，pH 值由 2.5 升至 4.5。加入 33mL 浓盐酸，回流加热 1h，使二氧化碳放出完全。冷至室温，慢慢加入由氢氧化钠 75g 溶于 100mL 水的溶液，使呈碱性。二氯甲烷提取（250mL×8），合并有机层，无水硫酸钠干燥。过滤，浓缩至 500mL，过硅胶柱纯化，以二氯甲烷洗脱。减压浓缩，得黄色结晶（**1**）。于 40℃/40Pa 减压升华，得几乎无色的化合物（**1**）47～55.5g，收率 61%～73%。将其溶于 100mL 沸腾的戊烷中，加入 3mL 水，加热沸腾，直至无水层。冰箱中冷冻后，过滤，冷戊烷洗涤。滤液和洗涤液合并，浓缩至 20mL，过滤，冷戊烷洗涤，得第二部分产品。共得半水合化合物（**1**）47～55g，mp47～48.5℃。减压升华。mp63～64℃。

吲哚-3-乙酸

$C_{10}H_9NO_2$，175.20

【英文名】 Indole-3-acetic acid

【性状】 白色结晶。mp168～170℃。溶于二氯甲烷、乙酸、苯，极易溶于乙醇。

【制法】 段行信．实用精细有机合成手册．北京：化学工业出版社，2000：441.

(2) + HCHO + $(CH_3)_2NH$ —HOAc→ 3-$CH_2N(CH_3)_2$-吲哚 (3) —NaCN→ 3-CH_2CN-吲哚 (4) ——→ 3-CH_2COOH-吲哚 (1)

3-二甲胺甲基吲哚（**3**）：于安有搅拌器、温度计、滴液漏斗的反应瓶中，加入 30%的二甲胺 900g（6.0mol），冰浴冷却下慢慢滴加冰醋酸 720g（12.0mol），控制反应体系温度在 8～15℃之间，加完后再慢慢加入 37%的甲醛溶液 470（5.5mol），搅拌反应 30min。而后慢慢加入吲哚（**2**）515g（5.0mol），搅拌 30min 后放置过夜。保持在 30℃℃以下将上述反应物加入 10%的氢氧化钠溶液（约需固体氢氧化钠 500g）中，注意充分搅拌，析出固体。加完后放置 4h，抽滤，水洗，干燥，得化合物（**3**）770g，收率 87%，mp126～129℃。

吲哚-3-乙酸（**1**）：于安有搅拌器、回流冷凝器、温度计的 20L 反应瓶中，加入水 2L，氰化钠 1.06Kg（93%，20mol），加热溶解后，再加入乙醇 8L，化合物（**3**）780g（4.5mol），搅拌下加热回流 80h。稍冷后加入 188g（4.7mol）氢氧化钠溶于 2L 水的溶液，继续搅拌回流 4h。蒸出乙醇约 5.5L。冷后过滤，得棕色溶液。冰水浴冷却，控制 15℃以下用无铁盐酸酸化，放置过夜。滤出结晶，用冷水浸洗，干燥，得粗品 640g，收率 81%～82%，mp160～162℃。用 8.2L 二氯甲烷和 270mL 乙醇的混合液重结晶，无铁活性炭脱色（回流 1h）。冷至 10℃，滤出结晶，用二氯甲烷浸洗，70℃以下干燥，得浅橙色至类白色结晶 430g，mp167～168℃。母液中可以回收产品约 90g。

α-亚甲基-γ-丁内酯

$C_5H_6O_2$，98.10

【英文名】 α-Methylene-γ-butyrolactone，Tulipalin A

【性状】 油状液体。

【制法】 Roberts T L，Borromeo F S，Poulter C D. Tetrahedron Lett，1977，(19)：1621.

(2) —[1. LDA; 2. $CH_2{=}\overset{+}{N}(CH_3)_2I^-$]→ (3) $CH_2N(CH_3)_2$ —[CH_3I]→ (4) $CH_2\overset{+}{N}(CH_3)_3I^-$ —[$NaHCO_3$]→ (1) CH_2

于安有搅拌器、低温温度计的反应瓶中，加入二异丙基胺 2.02g（20mmol），20mL 无水 THF，冷至 4℃，加入 2.35mol/L 的丁基锂-己烷溶液 8.34mL（20mmol），搅拌 15min 后冷至 −78℃。加入 γ-丁内酯（**2**）1.60g（19mmol），加完后继续于 −78℃ 搅拌反应 45min。加入二甲基亚甲基碘化铵 7.4g（40mmol），于 −78℃搅拌反应 30min 后慢慢升至室温。减压蒸出溶剂，剩余物溶于 20mL 甲醇中，加入碘甲烷 15mL，室温搅拌反应 24h。减压蒸出溶剂，得白色固体。加入 70mL 5%的碳酸氢钠水溶液和 50mL 二氯甲烷，充分摇动，使固体完全溶解。分出有机层，水层用二氯甲烷提取 5 次。合并有机层，无水硫酸镁干燥。过滤，减压蒸出溶剂，得浅黄色油状液体（**1**）2.4g。过硅胶柱纯化，用二氯甲烷-丙酮（9：1）洗脱，得纯品（**1**）1.21g，收率 67%。

(2S,3S)-2-甲基-3-(4-甲氧基苯胺)-3-苯基丙-1-醇

$C_{17}H_{21}NO_2$，271.36

【英文名】 (2S，3S)-3-(4-Methoxyphenylamino)-2-methyl-phenylpropan-1-ol

【性状】 黏稠物。

【制法】 Notz W，Tanaka F，Watanabe S，et al. J Org Chem，2003，68：9624.

(2) CHO + CHO + NH_2 / OCH_3 —[1. L-脯氨酸,DMF; 2. $NaBH_4$]→ (1) OH HN OCH_3

于反应瓶中加入丙醛（**2**）36mg（0.5mmol），对甲氧基苯胺 62mg（0.5mmol），L-脯氨酸 17mg（0.15mmol），无水 THF 3mL，冷至 4℃，搅拌下滴加苯甲醛 530mg

(5.0mmol) 溶于 DMF 3mL 的溶液，而后于 4℃搅拌反应 14～20h。冷至 0℃，加入 2mL 乙醚，$NaBH_4$ 400mg，反应 10min。加入 pH7.2 的磷酸钠缓冲液淬灭反应，分出有机层，水层用乙酸乙酯提取。合并有机层，无水硫酸镁干燥。过滤，浓缩，剩余物过硅胶柱纯化，己烷-乙酸乙酯洗脱，得化合物 (**1**)，收率 82%。*Syn*：*anti* 为 4∶1，94%ee。

二、 Pictet-Spengler 异喹啉合成法

β-芳基乙胺在酸性溶液中与羰基化合物缩合，生成 1，2，3，4-四氢异喹啉，该反应是由 Picter A 和 Spengler T 于 1911 年首次报道的，称为 Picter-Spengler 反应，又叫 Picter-Spengler 异喹啉合成法 (Isoquinoline Synthesis)。

该反应中常用的羰基化合物是醛，如甲醛或甲醛缩二甲醇、苯甲醛等，有时也可以使用活泼的酮。实际上，该反应是 Mannich 氨甲基化反应的一种特例。除了 β-芳基乙胺、醛外，活泼氢化合物为 β-芳基乙胺的芳环。

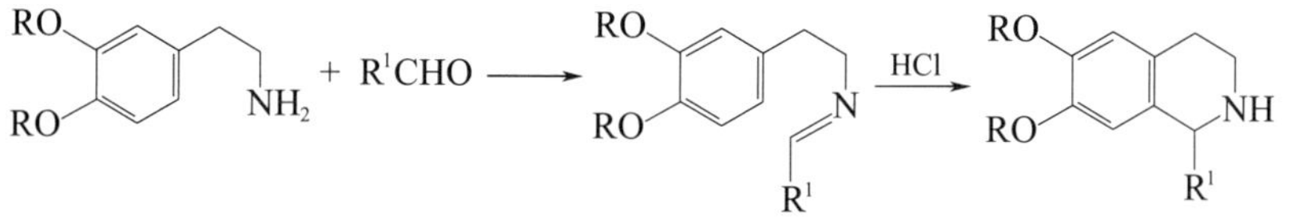

可能的反应机理如下：

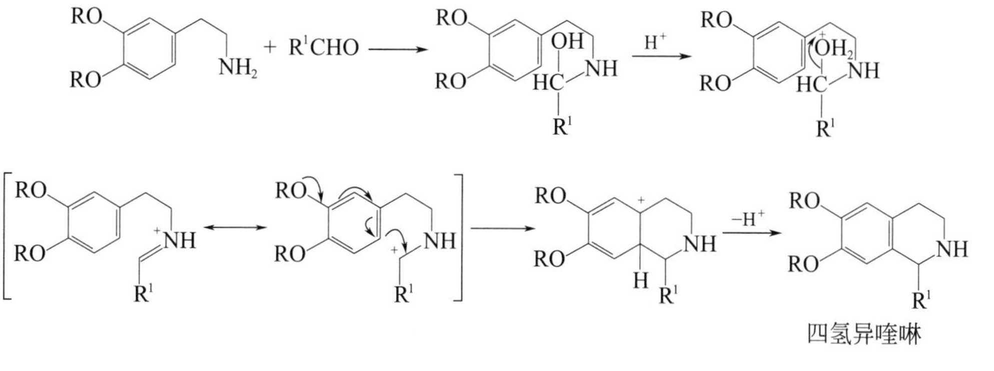

四氢异喹啉

在上述反应中，β-芳基乙胺首先与醛反应生成 α-羟基胺，脱水后生成亚胺，后者在酸催化下与芳环发生分子内芳环上的亲电取代反应而闭环，得到四氢异喹啉衍生物。

生成的四氢异喹啉脱氢生成异喹啉衍生物，是合成异喹啉类化合物的一种方法。

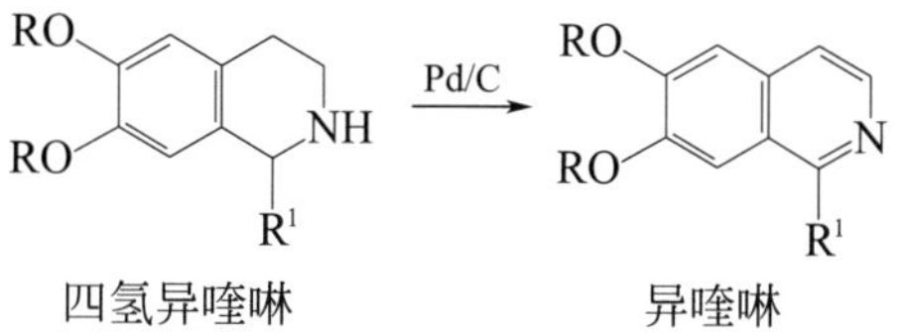

四氢异喹啉　　异喹啉

显然，β-芳基乙胺芳环上的取代基性质对反应有影响。若芳环闭环位置上电子云密度增加，则有利于反应的进行；反之，电子云密度降低则不利于反应的进行。因此，芳环上应具有使芳环活化的基团，如烷氧基、羟基等。例如：3，4-亚甲二氧基苯乙胺与 3，4-亚甲二氧基苯乙醛反应，可以得到 1-取代的四氢异喹啉。

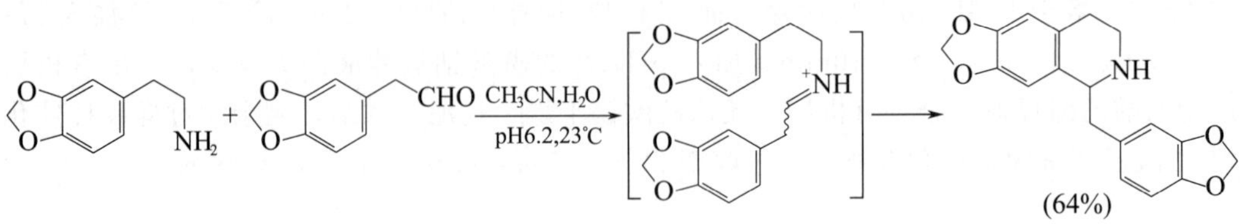

又如：

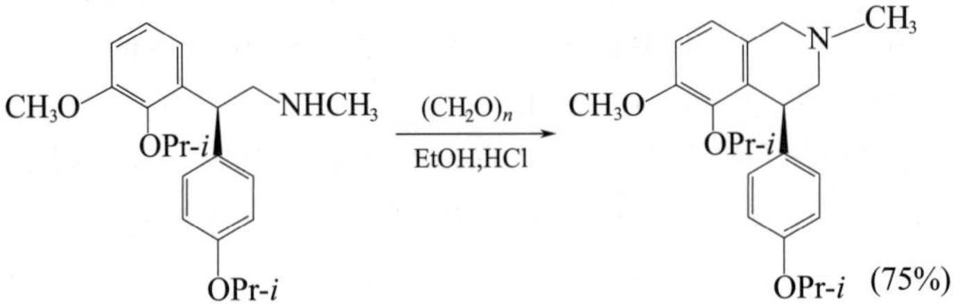

按照上述观点，吲哚乙胺（色胺）衍生物的 Pictet-Spengler 环化反应应当比苯乙胺容易，事实正是如此。

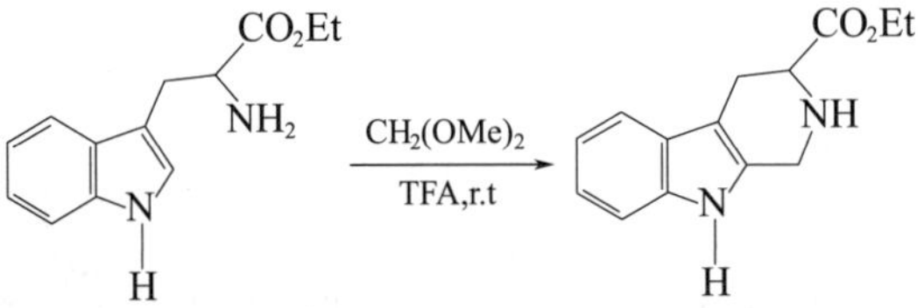

如下反应也属于 Pictet-Spengler 环化反应。

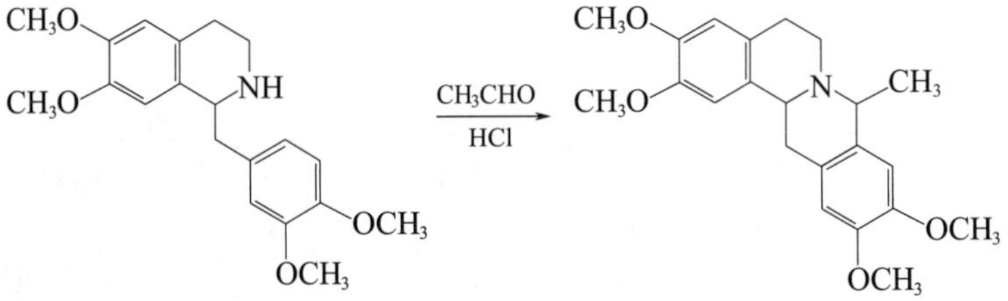

该反应的一种变化是使用 *N*-羟甲基或 *N*-甲氧基甲基衍生物作为起始反应物，例如：

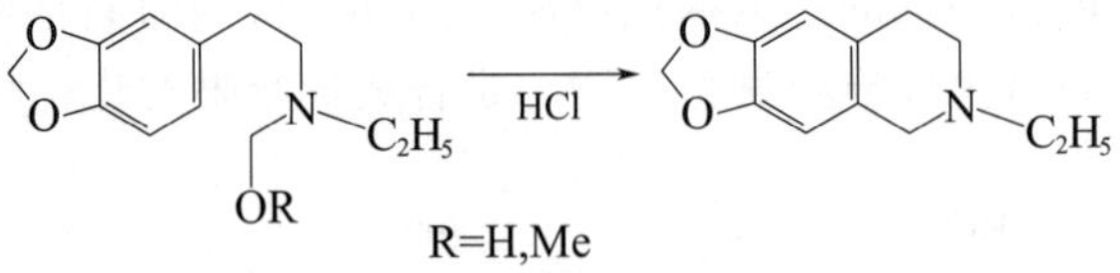

R=H,Me

该反应常用无机酸作催化剂，例如盐酸、硫酸等，许多反应是在弱酸性条件下进行的。如下反应使用丙酮酸，也生成了相应的四氢异喹啉衍生物。

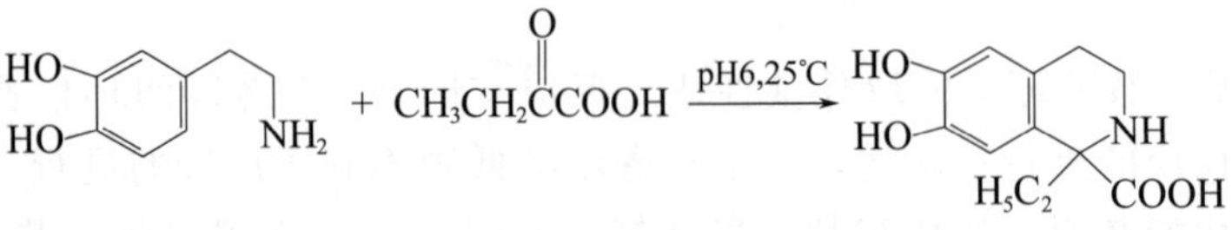

也有使用三氟甲磺酸（TFSA）、三氟乙酸作催化剂的报道。

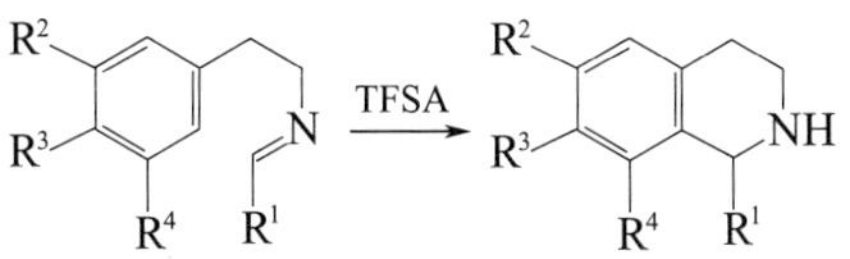

Lewis 酸作催化剂的报道也不少。有人研究了 Zn（OTf)$_2$ 和 In（OTf)$_3$ 等十余种镧系金属的 Lewis 酸催化的 Pictet-Spengler 环化反应。其中 Yb（OTf)$_3$ 被认为是目前最好的 Lewis 酸催化剂。

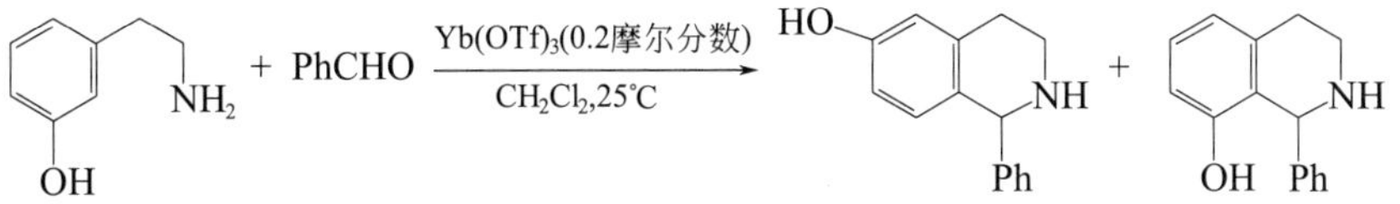

N-对甲苯亚磺酰化的二甲氧基苯乙胺与醛在 BF_3-Et_2O 催化下也可以发生该反应。

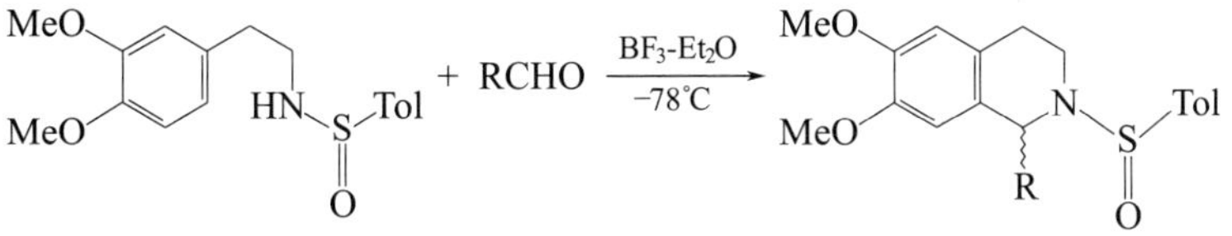

若使用更强的酸如三氟甲磺酸作催化剂，芳环上无取代基或连有烷基取代基时也可以发生该反应。

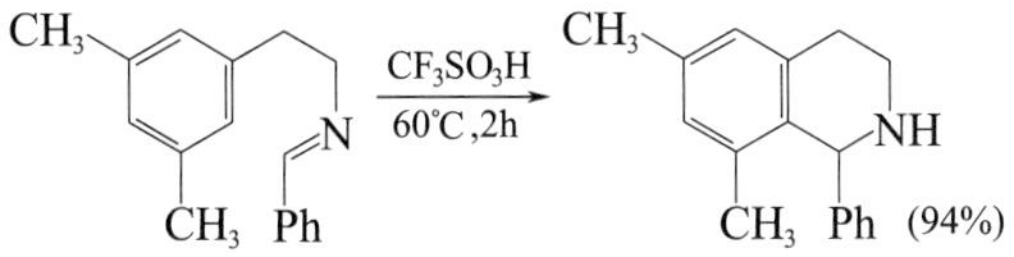

在该反应中使用的 *β*-芳乙胺，可以是伯胺或仲胺，也可以使用氨基酸类化合物。其中苯乙胺、吡咯乙胺、*β*-吲哚乙胺应用较多，特别是 *β*-吲哚乙胺最常用。

在 Picter-Spengler 反应过程中，闭环一步的闭环位置受环上取代基性质的影响。例如 3-甲氧基苯乙胺与甲醛在甲酸存在下反应，闭环发生在甲氧基的对位，生成 6-甲氧基四氢异喹啉衍生物，而当在 3-甲氧基苯乙胺的 2-位引入三甲基硅基时，闭环则发生在 2-位，生成 8-甲氧基四氢异喹啉衍生物。

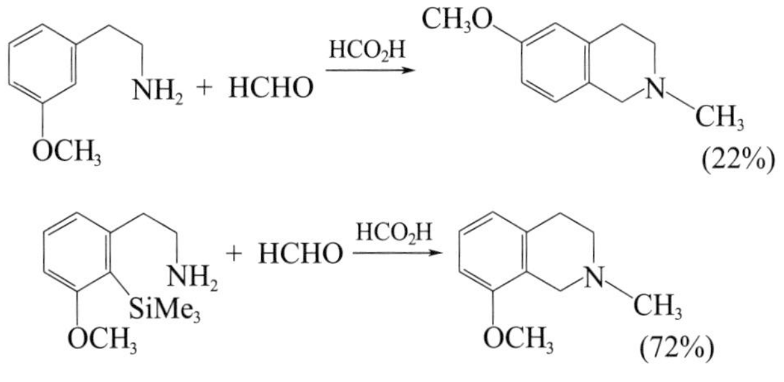

反应温度对该反应也有影响。例如，当芳香乙胺与苯甲醛或其他醛反应时，随着反应温度的不同，产物中顺反异构体的比例会发生变化（Bailey P D，et al. Tetrahedron Lett，1987，28：5177）。

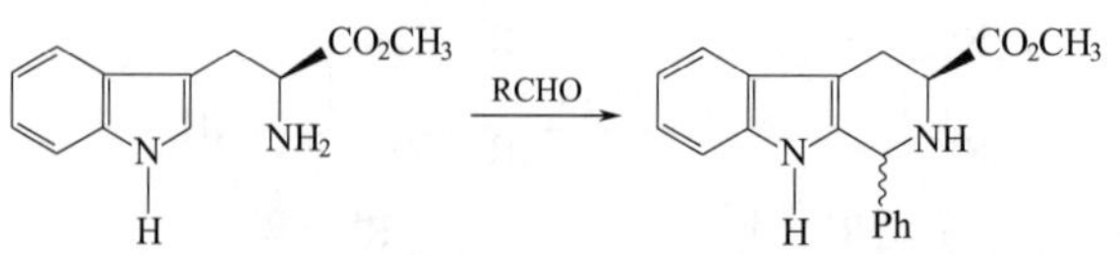

醛	CH_2Cl_2, 0℃		C_6H_6,回流	
	顺式：反式	收率/%	顺式：反式	收率/%
PhCHO	82:18	74	37:63	76
$C_6H_{11}CHO$	71:29	71	59:41	85
$CH_3CH_2CH_2CHO$	80:20	72	47:53	88
$PhCH_2CH_2CHO$	83:17	75	51:49	83
$(CH_3)_2CHCHO$	83:17	82	43:57	76

该方法的最显著的特点是可以在合成中一步构建多个环，是合成异喹啉和咔啉的一种方便的方法，在合成中广泛应用。

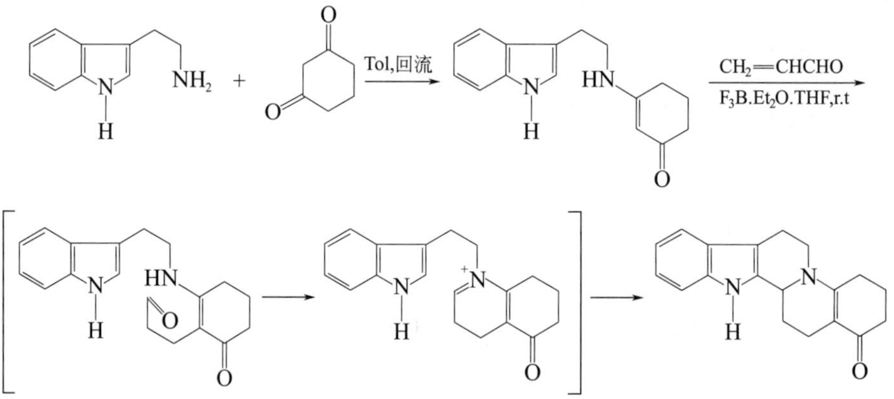

β-（2-萘基）乙胺与甲醛反应生成1，2，3，4-四氢-7，8-苯并异喹啉，但在同样条件下，β-（1-萘基）乙胺与甲醛反应没有得到环化产物。这也进一步说明，萘的α-位比β-位更活泼。

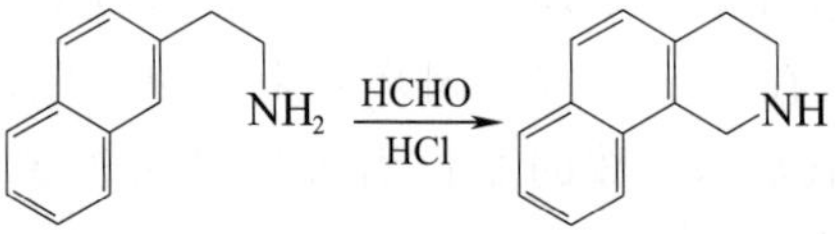

微波照射下的Pictet-Spengler反应也有报道，具体例子如下［Pal B，Jaisankar P，Girl V S. Synth Commun. 2003，33（13）：2339］：

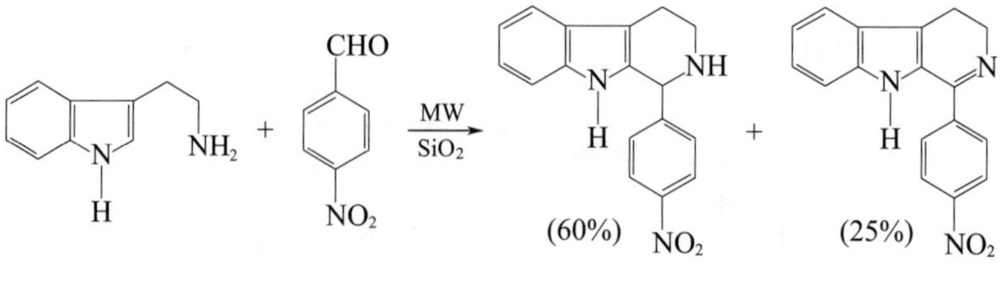

Pictet-Spengler反应的羰基化合物，醛最容易进行反应。半缩醛、缩醛在酸性条件下很容易原位生成醛参与反应。各种醛糖类化合物以半缩醛的形式存在，可以与富电子的苯乙胺发生反应。例如：

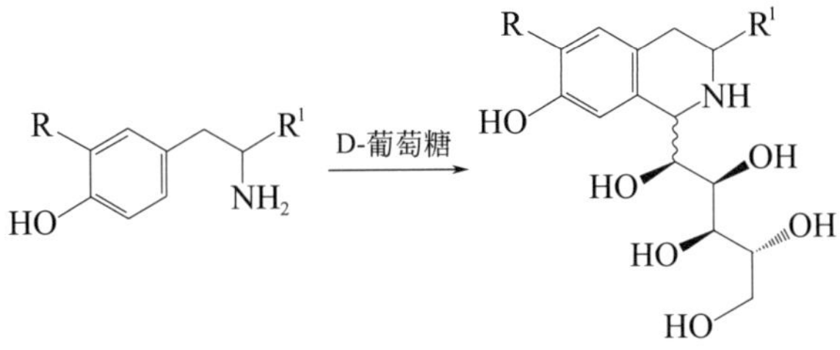

酮的活性低于醛，反应相对较困难。使用微波加热或使用沸石催化剂，可以使反应顺利进行。

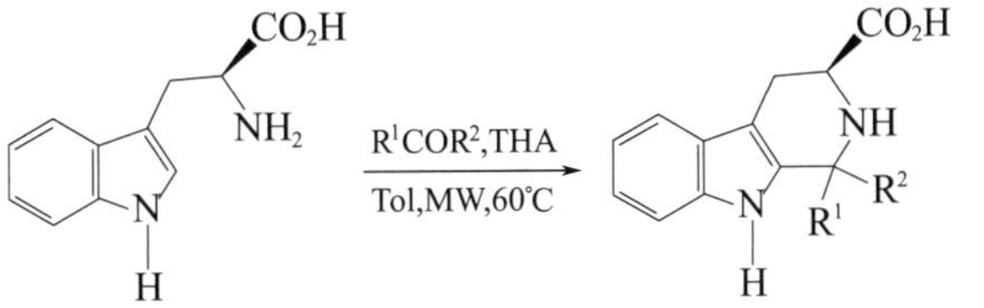

乙醛酸及其衍生物、酮酸、酮酸酯等可以作为羰基化合物参与 Pictet-Spengler 环化反应。

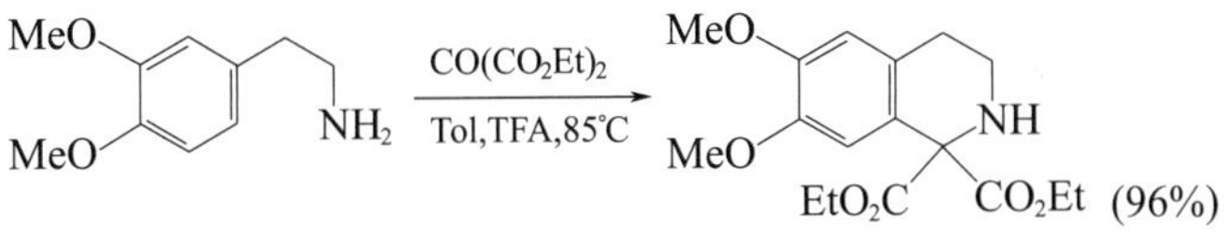

一些羰基化合物的等价物也可以进行 Pictet-Spengler 环化反应，这些等价物主要是 N，O-缩醛类杂环化合物，如 1，3-噁嗪烷（Oxazinane）、1，3-噁唑烷（Oxazolidine）。

Oxazinane　　Oxazolidine

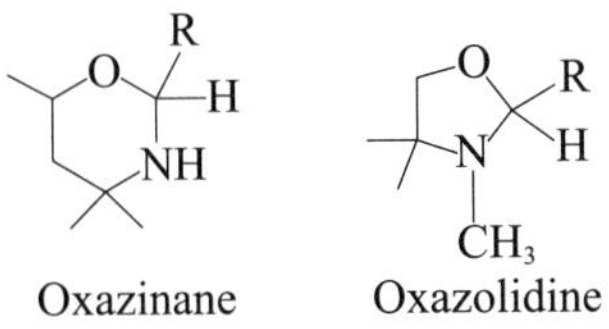

这些等价物极大地拓展了 Pictet-Spengler 环化反应的应用范围。例如（Alezra V，Bonin M，Micouin L，Husson H. Tetrahedron Lett，2001，42：2111）：

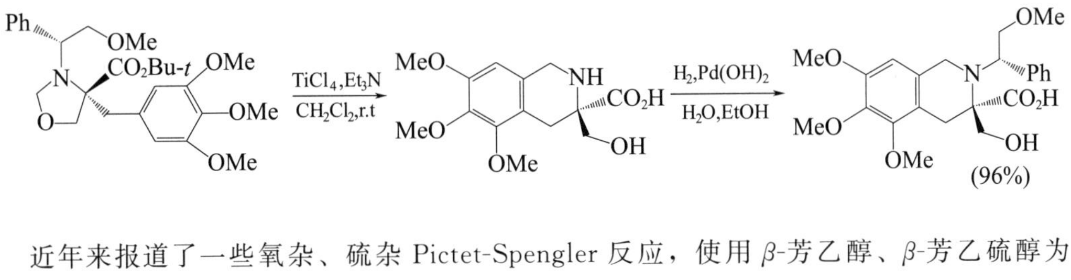

近年来报道了一些氧杂、硫杂 Pictet-Spengler 反应，使用 β-芳乙醇、β-芳乙硫醇为原料，与羰基化合物在酸性条件下反应，生成含氧、含硫杂原子的环状化合物，分别称为氧杂 Pictet-Spengler 反应和硫杂 Pictet-Spengler 反应。

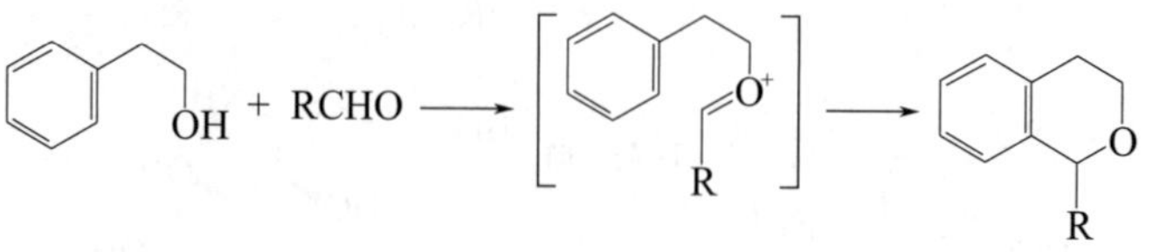

$$\text{PhCH}_2\text{CH}_2\text{OH} + \text{RCHO} \longrightarrow [\ \text{PhCH}_2\text{CH}_2\text{O}^+\text{=CHR}\ ] \longrightarrow \text{1-R-isochroman}$$

例如（Larghi E L，Kaufman T S. Synthesis，2006，187）：

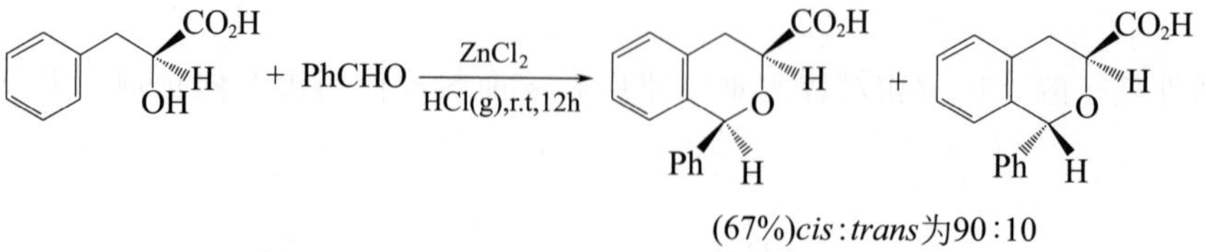

$$\xrightarrow[\text{HCl(g),r.t,12h}]{\text{ZnCl}_2}$$

(67%)*cis*:*trans*为90:10

由于β-芳基乙醇的反应活性比β-芳基乙胺低，在应用上受到一定限制。

赵宝祥等[赵宝祥，沙磊，谭伟等．有机化学，2004，24（10）：1303]曾报道了如下反应：

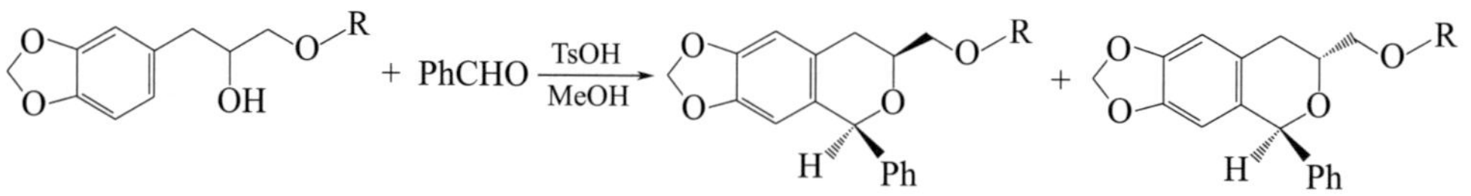

$$+ \text{PhCHO} \xrightarrow[\text{MeOH}]{\text{TsOH}}$$

如下反应可以看作是硫杂Pictet-Spengler反应，但反应机理已不相同。

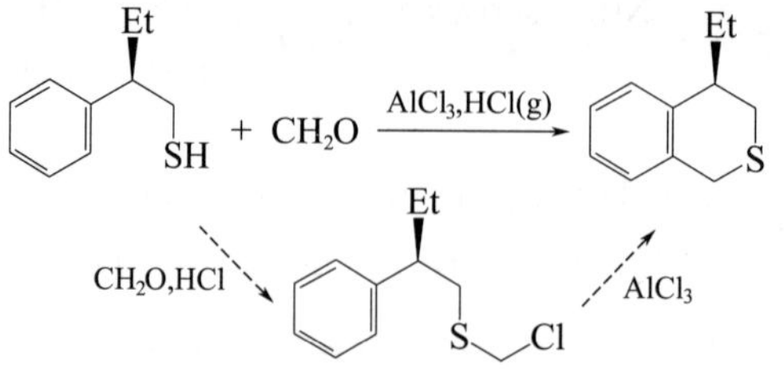

$$+ \text{CH}_2\text{O} \xrightarrow{\text{AlCl}_3,\text{HCl(g)}} ; \quad \text{CH}_2\text{O,HCl} ; \quad \text{AlCl}_3$$

近年来报道了一些非经典的Pictet-Spengler反应。例如以乙醇为溶剂，乙酸为催化剂，使芳香醛或脂肪醛与如下化合物进行Pictet-Spengler反应，得到了一系列吡咯并[1.2-*a*]喹喔啉化合物（Kolshorn H，Meier H，Abonia R，et al. J Heterocyclic Chem，2001，38：671）。

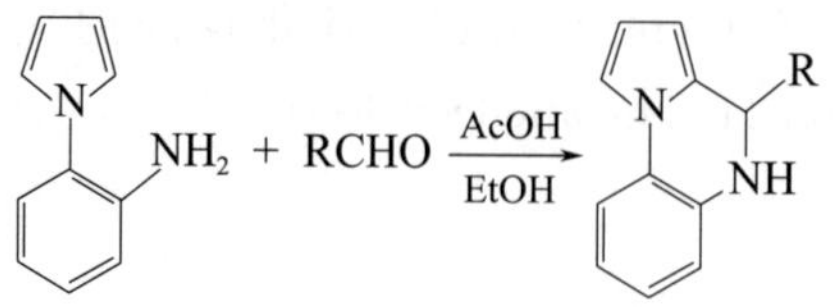

$$\text{NH}_2 + \text{RCHO} \xrightarrow[\text{EtOH}]{\text{AcOH}}$$

Kubdu（Agarwal P K，et al. Tetrahedron，2009，65：1153）等利用非经典的Pictet-Spengler反应合成了嘧啶并喹啉类化合物。

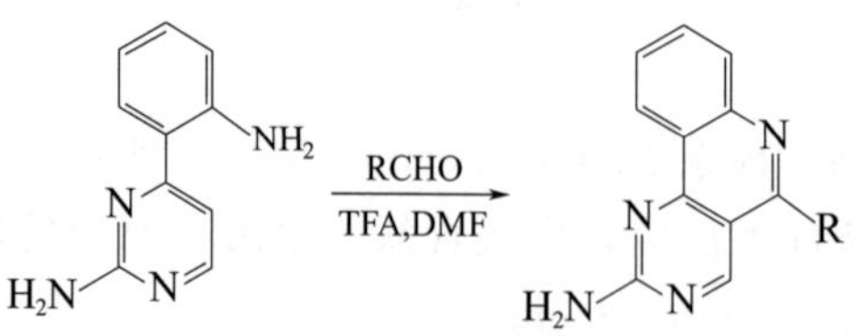

$$\xrightarrow[\text{TFA,DMF}]{\text{RCHO}}$$

郑连友等曾报道了如下非经典的 Pictet-Spengler 反应[郑连友，党群，郭四根，柏旭．高等学校化学学报，2006，27（10）：1869]。

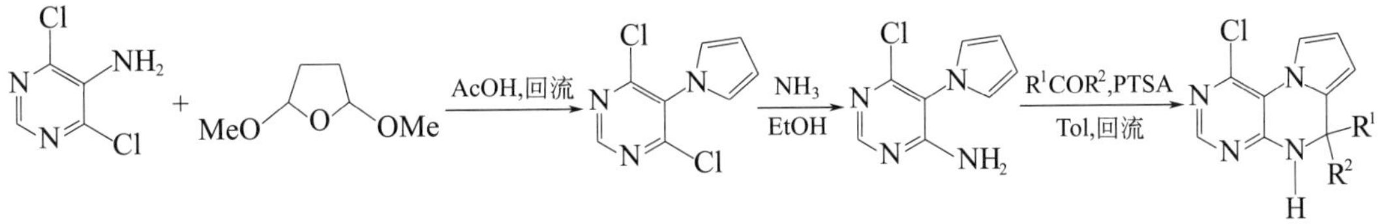

目前，越来越多的研究者对不对称 Pictet-Spengler 环化反应进行了研究，并已取得了一定的进展。1972 年，Brossi 等用天然氨基酸不对称合成异喹啉生物碱。L-多巴与甲醛、乙醛反应得到 3-羧基取代的四氢异喹啉，其中 1*S* 构型的产物对映体过量百分率达 95%。

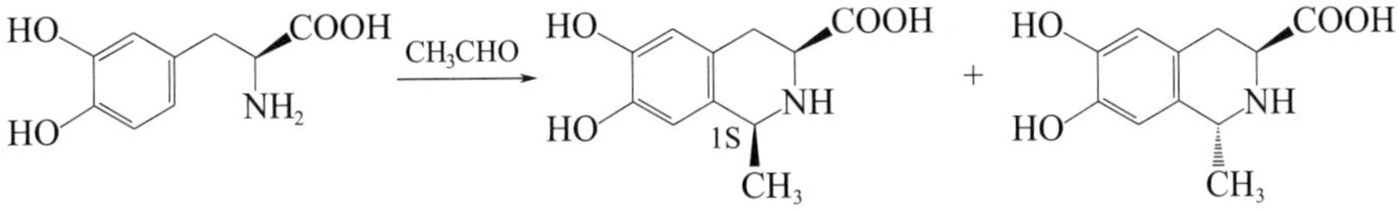

有人用多巴胺与光学纯的醛糖缩合合成异喹啉，选择性很高（1*R*∶1*S* 为 9∶1），可能是由于亚胺对芳环进行亲电取代时，受手性中心的制约所致。

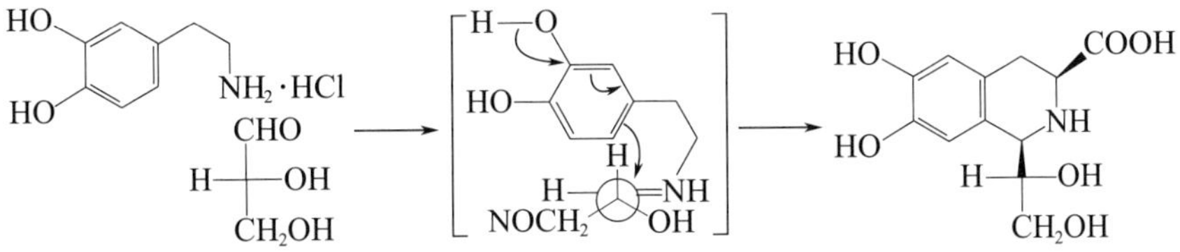

采用手性配体进行不对称诱导的研究相对较多，已经引起了化学工作者的广泛关注。例如：

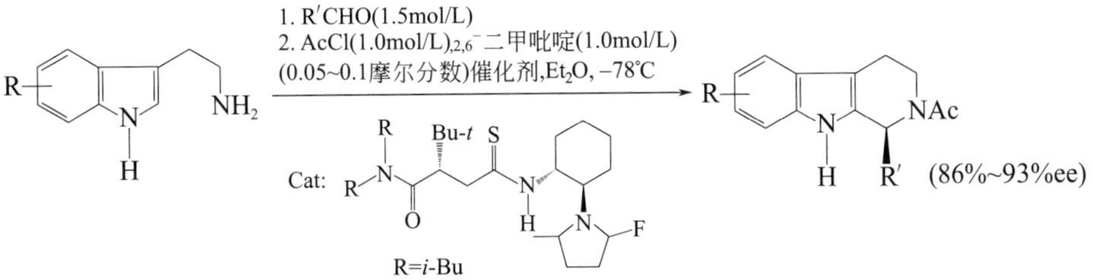

如下反应，16 个反应底物，环化后的产物 ee 值在 62%～96%之间[Seayad J，Seayad A M，List B. J Am Chem Soc，2006，128（4）：1086]。

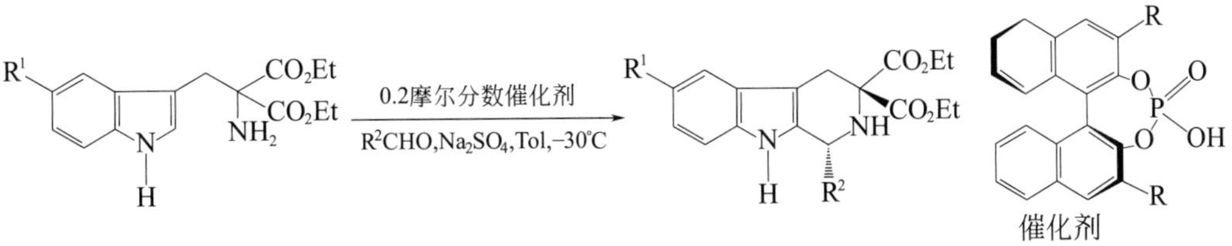

又如（Seayad A M，List B. J Am Chem Soc，2006，128：1086）：

R^1 CO$_2$Et CO$_2$Et NH$_2$ N H — R^{2}CHO,Na$_2$SO$_4$,Tol,–30℃ — Cat: (0.2摩尔分数) — R^1 CO$_2$Et CO$_2$Et N N H R^2 (62%~96%ee)

6,7-二羟基-1-苄基-1，2，3，4-四氢异喹啉-1-甲酸

$C_{17}H_{17}NO_4$，299.33

【英文名】 6,7-Dihydroxy-1-benzyl-1,2,3,4-tetrahydroisoquinoline-1-carboxylic acid

【性状】 白色固体。其盐酸盐 mp240～244℃（分解）。

【制法】 Hudlicky T. J Org Chem，1981，46（8）：1738.

HO HO NH$_2$ (2) + COOH OH ⟶ HO HO NH HOOC (1)

于具塞小试管中加入多巴胺盐酸盐（**2**）100mg（0.5mmol），苯基丙酮酸 90mg（0.55mmol），碳酸钠 50mg（0.5mmol），无水乙醇 2mL。氮气吹扫，密闭后于 80℃加热反应，其间有白色沉淀由浅黄色溶液中析出。冷却，过滤，依次用水、乙醇、乙醚洗涤，真空干燥，得化合物（**1**）粗品 138mg，mp238～245℃（分解）。用甲醇-盐酸（2∶1）重结晶，得盐酸盐 240～244℃（分解）。

(*R*,*S*)-1-苯磺酰基-4,5,6,7-四氢吡咯并［2,3-*c*］吡啶-5-甲酸甲酯

$C_{15}H_{16}N_2O_4S$，320.36

【英文名】 Methyl (*R*，*S*)-1-benzenesulfonyl-4，5，6，7-tetrahydropyrrolo［2，3-*c*］pyridine-5-carboxylate

【性状】 mp65℃。

【制法】 Rousseau J F，Dodd R H. J Org Chem，1998，63（8）：2731.

CO$_2$CH$_3$ NH$_2$ N SO$_2$Ph (2) — CH$_2$Cl$_2$,HCHO,H$_2$O / CF$_3$CO$_2$H ⟶ CO$_2$CH$_3$ NH N SO$_2$Ph (1)

于安有搅拌器、温度计、滴液漏斗的反应瓶中，加入化合物（**2**）1mmol，二氯甲烷 50mL，室温加入 37%的甲醛溶液 1mmol。而后慢慢于 15min 滴加三氟乙酸 2mmol，搅拌反应 1～2h。加入饱和碳酸氢钠溶液 5mL，分出有机层，水层用二氯甲烷提取 2 次。合并

有机层，饱和食盐水洗涤，无水硫酸镁干燥。过滤，减压蒸出溶剂，剩余物过硅胶柱纯化，以二氯甲烷-乙醇（98∶2）洗脱，得化合物（**1**），收率52%，mp65℃。

11-叔丁氧羰基-2,3,4,5,6,11b,12,13-八氢-1-氧代-11*H*-4b,11-二氮杂吲哚并［2,1-*a*］菲

$C_{24}H_{28}N_2O_3$，392.50

【英文名】 11-(*t*-Butoxycarbonyl)-2,3,4,5,6,11*b*,12,13-octahydro-1-oxo-11*H*-4*b*,11-diazaindeno[2,1-*a*]phenanthrene

【性状】 无色油状液体。

【制法】 Luo shengjun，Zhao Jingrui，Zhai Hongbin. J Org Chem，2004，69(13)：4548.

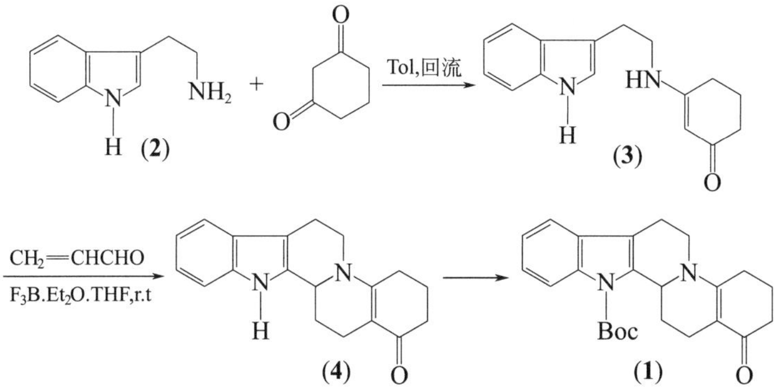

3-[2-(1*H*-3-吲哚基)乙胺基]-2-环己烯-1-酮（**3**）：于安有搅拌器、回流冷凝器的反应瓶中，加入色胺（**2**）5.0g（32.1mmol），1，3-环己二酮3.50g（32.1mmol），170mL甲苯，氮气保护，回流反应1h。TLC跟踪反应完全。冷至室温，过滤出固体物。母液浓缩得部分产物。两种固体合并，石油醚洗涤，干燥，得无色结晶化合物（**3**）7.54g，收率95%，mp158～160℃。

11-叔丁氧羰基-2,3,4,5,6,11*b*,12,13-八氢-1-氧代-11*H*-4*b*，11-二氮杂吲哚并[2,1-*a*]菲（**1**）：于安有搅拌器、温度计、滴液漏斗的反应瓶中，加入化合物（**3**）762mg（3.0mmol），干燥的THF65mL，新蒸馏的丙烯醛0.5mL（7.5mmol），氮气保护。搅拌下于10min滴加三氟化硼-乙醚0.46mL（3.6mmol），室温搅拌反应18h。TLC检测，反应结束。减压蒸出溶剂，产物（**4**）结晶析出，直接用于下一步反应。用甲醇-丙酮-石油醚重结晶，mp205～207℃。

将粗品（**4**）溶于190mL二氯甲烷中，加入叔丁酸酐1.96g（8.98mmol），DMAP 146mg（1.2mmol），室温搅拌反应18h。再加入叔丁酸酐1.31g（6.0mmol），继续搅拌反应20min。TLC检测，反应结束。蒸出溶剂，剩余物过硅胶柱纯化，以乙酸乙酯-石油醚洗脱（1∶1～1∶0），得无色油状液体（**1**）0.67g，收率57%。

N-对甲苯磺酰基-1,2,3,4-四氢异喹啉

$C_{16}H_{17}NO_2S$，287.38

【英文名】 *N*-Tosyl-1,2,3,4-tetrahydroisoquinoline

【性状】 白色针状结晶。mp147～148℃。

【制法】 倪峰，蒋慧慧，施小新．用 *N*-磺酰基 Pictet-Spengler 反应合成 1,2,3,4-四氢异喹啉．合成化学，2009，17（1）：10.

$$\text{(2)}\ \text{PhCH}_2\text{CH}_2\text{NHTs} + \text{HCHO} \xrightarrow{BF_3\text{-}Et_2O} \text{(1)}$$

于安有搅拌器、温度计、滴液漏斗的反应瓶中，加入化合物（**2**）13.77g（50mmol），氯仿 150mL，搅拌下滴加 47%的三氟化硼-乙醚溶液 11.0g（75mmol），加完后再加入 37%的甲醛水溶液 4mL（50mmol），搅拌反应 1h。加入 100mL 水淬灭反应，分出有机层，水层用氯仿提取 3 次。合并有机层，水洗，无水硫酸钠干燥。过滤，减压蒸出溶剂，剩余物用苯重结晶，得白色针状结晶（**1**），mp147～148℃，收率 95%。

采用类似的方法，改以乙醛酸、异丁醛、庚醛、苯甲醛、邻氯苯甲醛、邻乙氧基苯甲醛、邻硝基苯甲醛、对硝基苯甲醛、邻硝基苯乙醛、3,4-二甲氧基苯甲醛等代替甲醛，都可以得到相应的四氢异喹啉衍生物。

(*S*)-1-(1-戊基-1,3,4,9-四氢-β-咔啉-2-基)乙酮

$C_{18}H_{24}N_2O$，284.40

【英文名】 （*S*）-1-（1-Pentyl-1,3,4,9-tetrahydro-*β*-carbolin-2-yl）-ethanone

【性状】 白色固体。mp171～173℃。

【制法】 Taylor M S，Jacobsen E N. J Am Chem Soc，2004，126：10558.

$$\text{(2)} + \text{CHO-(CH}_2)_4\text{CH}_3 \xrightarrow[\text{2. AcCl,2,6-二甲基吡啶,Cat},\ -78\sim-60℃]{\text{1. }Na_2SO_4,CH_2Cl_2,Et_2O} \text{(1)}$$

Cat:

于安有磁力搅拌、温度计的反应瓶中，加入二氯甲烷-乙醚混合溶剂 12.5mL（体积比 3∶1），*β*-吲哚乙胺（**2**）40mg（0.25mmol），于 23℃滴加正己醛 0.275mmol，继续室温搅拌反应 1.5h。加入硫酸钠 500mg，再搅拌 30min。过滤，滤液浓缩，得浅褐色剩余物。加入 5mL 乙醚溶解，加入手性催化剂 13.5mg（0.025mmol），冷至－78℃，分别滴加 2，6-二甲基吡啶 0.25mmol 和乙酰氯 0.25mmol，于－78℃反应 5min 后，于－60℃反应 23h。升至室温，蒸出溶剂。剩余物过硅胶柱纯化，以乙酸乙酯-己烷（1∶2）洗脱，得白色固体（**1**）47mg，收率 65%，mp171～173℃。

6-甲氧基-1,2,3,4-四氢异喹啉

$C_{10}H_{13}NO$，163.22

【英文名】 6-Methoxy-1,2,3,4-tetrahydroisoquinoline

【性状】 油状液体。

【制法】 陈有刚，周新锐．精细化工中间体，2005，35（4）：33.

$$\text{CH}_3\text{O-C}_6\text{H}_4\text{-CH}_2\text{CH}_2\text{NH}_2\ (\textbf{2}) \xrightarrow[\text{HCl}]{\text{HCHO}} (\textbf{1})$$

于安有搅拌器、温度计、滴液漏斗的反应瓶中，加入β-间甲氧基苯基乙胺（**2**）24.5g，搅拌下滴加20%的甲醛水溶液25g，加完后水浴加热反应1h。用苯提取生成的油状物，水洗。减压蒸出溶剂，得无色黏稠油状物。将其溶于20%的盐酸32g中，水浴加热减压浓缩至干。将其溶于少量水中，用浓氢氧化钾中和至碱性，乙醚提取。减压蒸馏，收集143～144℃/0.8kPa的馏分，得油状液体（**1**）21.3g，收率80%。

6,7-二甲氧基-1,2,3,4-四氢异喹啉草酸盐

$C_{11}H_{15}NO \cdot C_2H_2O_4$，283.28

【英文名】 6,7-dimethoxy-1,2,3,4-tetrqhydroisoquinoline

【性状】 mp214～215℃。

【制法】 陈芬儿．有机药物合成法：第一卷．北京：中国医药科技出版社，1999：120.

$$(\text{CH}_3\text{O})_2\text{C}_6\text{H}_3\text{CH}_2\text{CH}_2\text{NH}_2\ (\textbf{2}) \xrightarrow[\text{2. (COOH)}_2]{\text{1. (HCHO)}_m\text{,HCO}_2\text{H}} \text{(6,7-二甲氧基四氢异喹啉)}\text{NH}\cdot\text{HO}_2\text{C—CO}_2\text{H}\ (\textbf{1})$$

于干燥的反应瓶中加入化合物（**2**）5.0g（0.0276mol），多聚甲醛0.85g，甲酸30mL，于40℃搅拌反应24h。减压回收甲酸，剩余物中加入100mL乙醇，而后倒入由草酸5.0g（0.044mol）溶于50mL醋酸的溶液中，析出固体。过滤，干燥，得化合物（**1**）6.83g，收率87℃，mp214～215℃。

三、 Strecker反应

脂肪族或芳香族羰基化合物（醛或酮）与氰化氢在过量氨或胺存在下反应生成α-氨基腈，后者经酸或碱水解生成（D，L）-α-氨基酸，该反应是由Strecker A于1854年首先报道的，称为Strecker反应，又叫Strecker氨基酸合成法。

$$\text{RCHO} \xrightarrow[\text{NH}_4\text{Cl}]{\text{KCN}} \text{RCH(NH}_2\text{)CN} \xrightarrow{\text{H}^+} \text{RCH(NH}_2\text{)COOH}$$

$$\text{RCHO} + \text{H}_2\text{NR}' \xrightarrow[\text{或KCN,NaHSO}_3]{\text{NaCN,AcOH}} \text{RCH(NHR}'\text{)CN} \xrightarrow{\text{H}^+} \text{RCH(NHR}'\text{)COOH}$$

该反应加料方式不同，可能的反应过程也可能不同。若醛或酮首先与氨或胺反应，首先生成α-氨基醇或亚胺，再与氰化氢反应生成α-氨基腈；若醛或酮中先加入氰化氢，则首

先生成 α-羟基腈，而后氨解生成 α-氨基腈，α-氨基腈最后水解生成 α-氨基酸。这是 Mannich 反应的一个特例。

$$\mathrm{R{-}CO{-}H(R')} \xrightarrow{NH_3} \mathrm{R{-}C(NH_2)(OH){-}H(R')}\ (\alpha\text{-氨基醇}) \xrightarrow{HCN} \mathrm{R{-}C(NH_2)(CN){-}H(R')}\ (\alpha\text{-氨基腈}) \xrightarrow{H_2O} \mathrm{R{-}C(NH_2)(COOH){-}H(R')}$$

α-氨基醇 $\xrightarrow{-H_2O}$ R—C(=NH)—H(R') 亚胺 $\xrightarrow{HCN}$ α-氨基腈

$$\mathrm{R{-}CO{-}H(R')} \xrightarrow{HCN} \mathrm{R{-}C(CN)(OH){-}H(R')}\ (\alpha\text{-羟基腈}) \xrightarrow{NH_3} \alpha\text{-氨基腈}$$

这是将醛、酮最终转化为氨基酸的方法。例如：

$$C_6H_5CH_2CHO \xrightarrow{NH_3,\ HCN} C_6H_5CH_2CH(NH_2)CN \xrightarrow{H_3O^+} C_6H_5CH_2CH(\overset{+}{N}H_3)COO^-$$

苯丙氨酸（74%）

一种改进的方法是用氯化铵和氰化钾代替氰化氢和氨。

$$CH_3CHO+NH_4Cl+KCN \longrightarrow CH_3CH(NH_2)CN \xrightarrow{H_3O^+} CH_3CH(\overset{+}{N}H_3)COO^-$$

丙氨酸（75%）

通常情况下用该方法合成的氨基酸是外消旋体。

氰化氢与醛或酮反应生成氰醇，这是一个平衡反应，对于醛和脂肪族酮，平衡偏向于右方，因此，除了位阻较大的酮如二异丙基酮外，该反应都是适用的。然而 ArCOR 反应的产率很低，而 ArCOAr 则不能发生该反应，因为平衡远远偏向于左方。使用芳香醛时，安息香缩合是主要的竞争反应，安息香缩合的催化剂是氰化钾。

对羟基苯甘氨酸是羟氨苄青霉素、羟氨苄头孢菌素等的中间体，其一条合成路线就采用了该反应。

$$HO{-}C_6H_4{-}CHO \xrightarrow[NH_4HCO_3]{NaCN} CH_3O{-}C_6H_4{-}(\text{乙内酰脲}) \xrightarrow{NaOH,H_2O}$$

$$CH_3O{-}C_6H_4{-}CH(NH_2){-}CCOOH \xrightarrow{HBr} HO{-}C_6H_4{-}CH(NH_2){-}CCOOH$$

$$HO{-}C_6H_4{-}CHO \xrightarrow{NaCN} HO{-}C_6H_4{-}CH(OH){-}CN \xrightarrow{NH_3} HO{-}C_6H_4{-}CH(NH_2){-}CN$$

由于反应中使用剧毒的氰化钠，这条路线已被其他合成路线代替。

除草剂草铵膦的一条合成路线如下：

$$CH_3P(OC_2H_5)_2 \xrightarrow[C_2H_5OH]{CH_2{=}CHCHO} CH_3P(=O)(OC_2H_5)-CH_2CH_2CH(OC_2H_5)_2 \xrightarrow[H_2O]{HCl} CH_3P(=O)(OC_2H_5)-CH_2CH_2CHO$$

$$\xrightarrow{KCN,NH_4Cl} CH_3P(=O)(OC_2H_5)-CH_2CH_2CH(NH_2)CN \xrightarrow[H_2O]{HCl} CH_3P(=O)(OC_2H_5)-CH_2CH_2CH(NH_2)COOH$$

影响该类反应的主要因素包括三个方面：羰基化合物的结构、胺组分和氰化物组分。

羰基化合物中，醛的活性大于酮，原因是在羰基的亲核加成反应中，醛羰基较酮羰基活泼。由于酮羰基与两个烃基结合，烃基的给电子作用降低了羰基碳的正电性，因而也就降低了亲电能力。两个体积较大的烃基则由于空间位阻的影响而不容易与亲核试剂结合。醛通常在常压下即可进行反应，而酮往往需要较高的温度和压力。脂肪酮的活性大于芳脂混合酮。而二芳基酮很难发生反应。羰基化合物的活性顺序如下：醛＞脂肪酮＞芳脂混合酮＞二芳基酮。

胺组分对 Strecker 反应有影响。在 Strecker 反应中，人们多用氨和脂肪族胺（伯胺或仲胺），原因是脂肪族胺的亲核能力大于芳香族胺。位阻对反应也有影响。有人用如下反应测试各种胺的反应活性：

$$CH_3COCH_3 + R^1NHR^2 + Me_3SiCN \xrightarrow{0.1MPa} NC-C(CH_3)_2-NR^1R^2$$

结果显示，在相同条件下，反应产物的收率依次是：苄基胺 63%，苯胺 11%，而 *N*-甲基苯胺 0。

氰化物最早使用的是氰化氢、氰化钠、氰化钾，由于都属于剧毒物质而给合成带来不少麻烦。近年来一些有机氰化物的应用越来越多，如 Me_3SiCN。Bu_3SnCN、EtAl(OPr-*i*)CN、$(EtO)_2POCN$ 等。

$$PhCOCH_3 + \text{吗啉(HN)} + Me_3SiCN \xrightarrow[25^\circ C]{MeCN} PhC(CH_3)(CN)-N(\text{吗啉基})\quad(78\%)$$

反应中常常加入一些催化剂，主要是 Lewis 酸或 Lewis 碱，例如高氯酸锂、氯化镍、氯化铋、三氟化硼、1-溴-二甲基溴化锍、高氯酸铁、氨基磺酸、碘等。

若在反应中加入醇或酚，它们会与 Me3SiCN 快速反应，原位生成 HCN，而后 HCN 与亚胺反应生成 α-氨基腈，反应机理与使用氰化钠时相同。

Yus 等（Ramon D J，Yus M. Tetrahedron Lett，2005，46：8471）对 TMSCN 与亚胺的反应机理进行了研究，认为 TMSCN 的亲核性很弱以至于不能与亚胺反应。认为反应中 TMSCN 首先与氢氧根负离子结合，生成五配位的硅负离子来提高其亲核性。硅负离子进攻亚胺的双键碳生成一个过渡的两性离子中间体，最后生成 α-氨基腈化物。

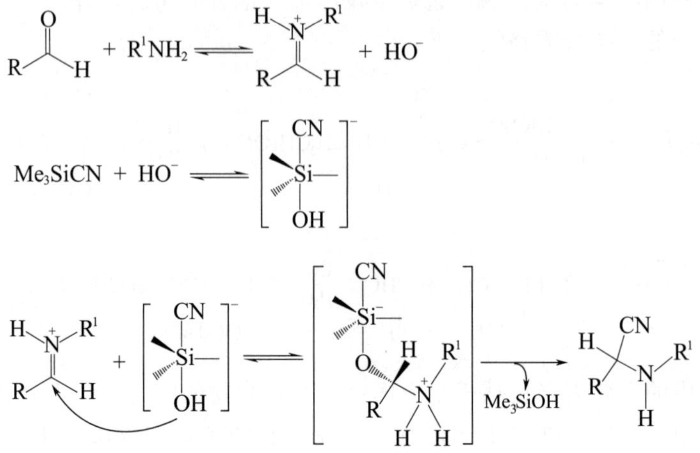

Kantam 等（Kantam M L，Mahendar K，Sreedhar B，et al. Tetrahedron，2008，64：3351）用 NAP-MgO 催化剂来活化 TMSCN，形成一个活性中间体后再与亚胺反应，可以在数分钟至数十分钟内完成，产率在 87%～97%。

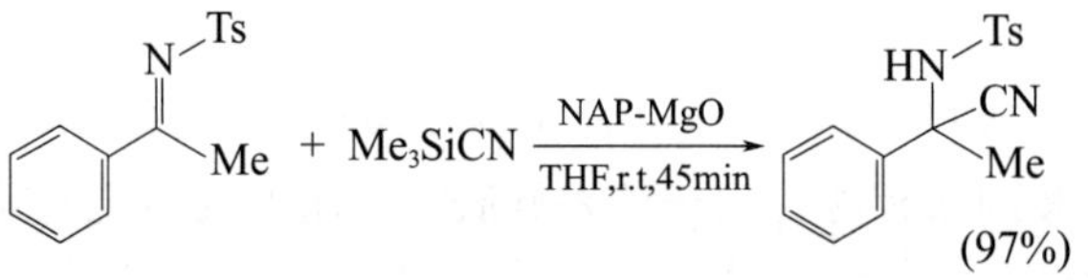

在上面介绍的各种反应中，都是提供氰基，而后氰基水解得到相应氨基酸，氰基是氨基酸的羧基来源。1979 年，Landini 等（Landini D，Brouner H A，Rolla F. Synthesis，1979，1：126）以氯仿作为羧基的来源进行 Strecker 反应。他们在相转移催化剂作用下，以芳香醛、氯仿、氢氧化钠、氯化锂和氨为原料，一步反应直接得到 α-氨基酸。

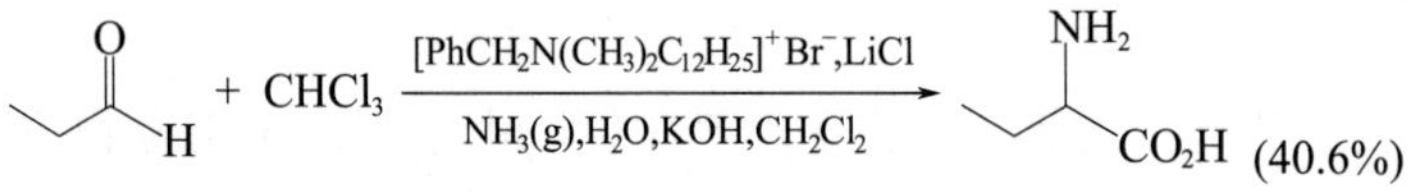

反应可能是按照如下机理进行的：

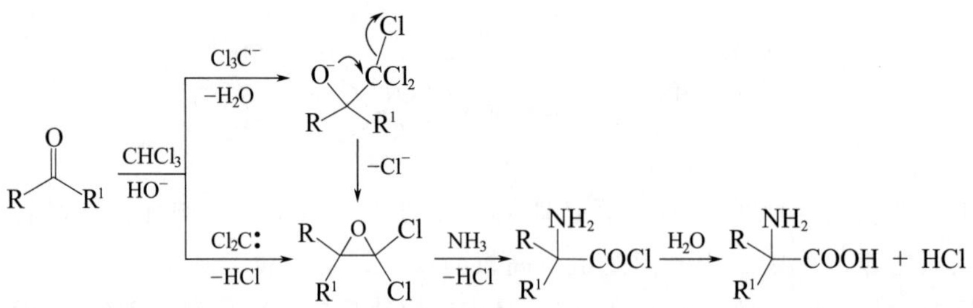

该方法的最大优点是避免了使用剧毒的氰化物，不足之处是目前报道的收率普遍较低，但仍有很大提升空间。

在 Strecker 反应中根据是否使用催化剂，可以分为无催化剂的 Strecker 反应和催化剂催化下的 Strecker 反应。

Yus 曾于 2005 年报道了无催化剂的 Strecker 反应。例如：

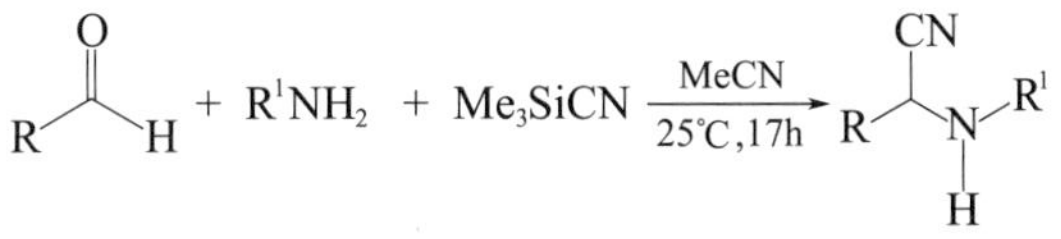

当上式中的 R 为苯基时，产物收率比 R 为烷基时高，但当苯基对位有取代基时收率降低。

也有在高温或超声作用下无催化剂催化的 Strecker 反应的报道。

催化剂催化下的 Strecker 反应，目前报道的催化剂的种类有 Lewis 酸、固体催化剂、有机催化剂等。

Lewis 酸催化剂的作用主要是由于金属原子的空的 d-轨道，接受亚胺氮上的孤对电子，使得亚胺碳的电正性增强，从而提高亚胺的反应活性。以下是 Lewis 酸催化剂几个例子，$InCl_3$、$BiCl_3$、$NiCl_2$、$Cu(OTf)_2$、$La(NO_3)_3 \cdot 6H_2O$、$GaCl_3 \cdot 6H_2O$、$Ga(OTf)_3$，有时也可以使用 I_2 作催化剂。

固体催化剂有蒙脱土 KSF、SiO_2 负载的杂多酸、固体 PVP（聚乙烯吡啶）-SO_2 复合物等。其优点是可以重复使用，但催化效果往往不如 Lewis 酸。

一些有机催化剂也用于 Strecker 反应，如 2,4,6-三氯-1,3,5-三嗪（TCT）、盐酸胍、β-环糊精、二茂铁盐等，各具特点。

近年来不对称 Strecker 反应得到迅速发展。研究方向集中在氰基与亚胺的不对称加成方面。这类反应更适用于 *N*-取代 α-氨基酸的合成，对于 *N*-上无取代基的 α-氨基酸，只需脱去 *N*-上的保护基即可。

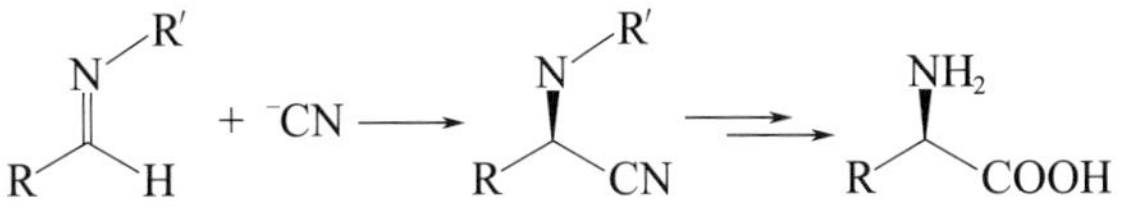

在 Strecker 不对称合成中，氰基进攻亚胺碳原子后，生成目标产物的手性中心，实现这一立体选择性反应的方法有三种。一是在醛部分引入手性基团，二是在胺部分引入手性基团生成手性胺，三是使用手性催化剂。其中利用手性胺的报道较多。在这方面均有不少成功的例子。

Carlos 等[Maria D D, Jose A G, Carlos C. Tetrahedron Lett, 1995, 36 (16): 2859]由手性的 1,2-异亚丙基-D-甘油醛与苄基胺经一系列反应，合成了手性的 β,γ-二羟基-α-氨基酸。

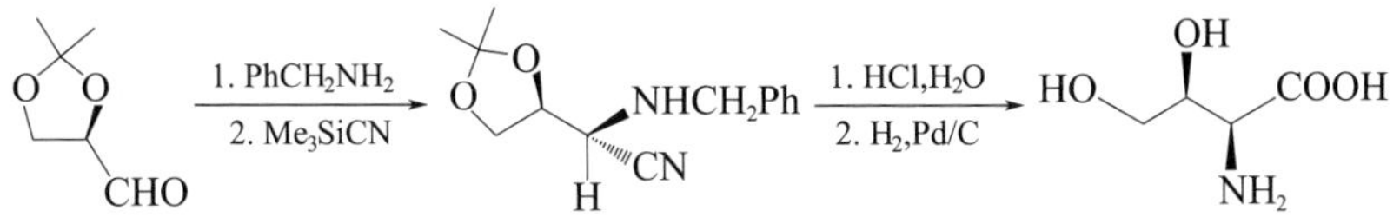

Chakraborty 等[Hussain K A, Reddy G V, Chakraborty T K. Tetrahedron, 1995, 51 (33): 9179]使用手性苯乙胺醇作为亚胺底物的手性胺，与一系列醛反应首先生成亚胺底物，再与 Me_3SiCN 反应引入氰基，再经水解、脱保护基，得到一系列手性 α-氨基酸。

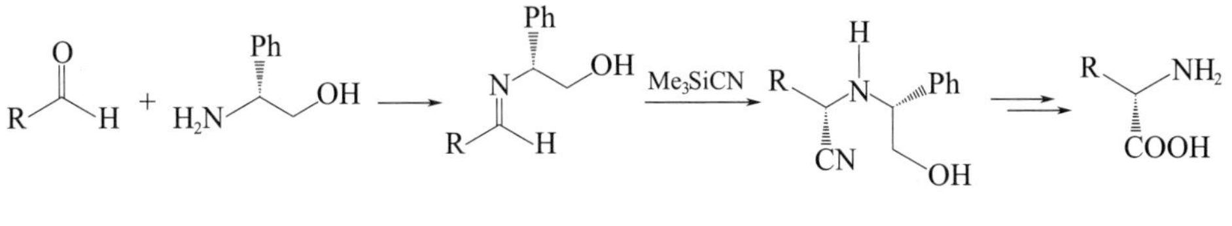

用 1-氨基-2,3,4,6-四-O-特戊酰基 β-D-吡喃半乳糖作手性胺，与醛、氰化钠反应，可以得到 R-型为主要产物的胺基腈化合物，R-型与 S-型的比例为 11∶1。

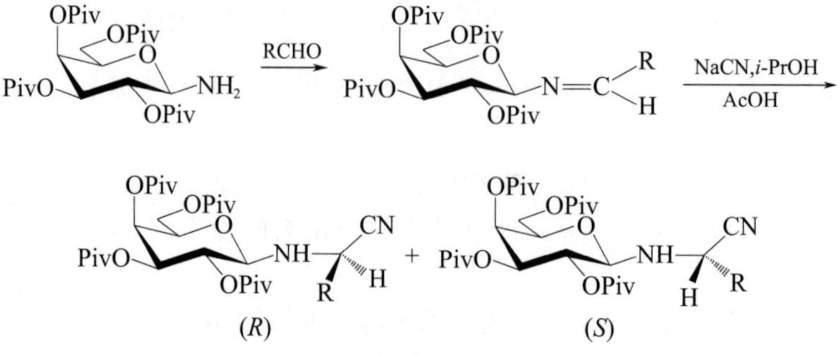

(R∶S为11∶1)

不对称 Strecker 反应中，手性催化剂的研究得到迅速发展。Haruro 等[Hururo I, Susumu K, et al. J Am Chem Soc, 2000, 122 (5): 762]在非手性体系 N-邻羟基苯基亚胺中，加入手性催化剂联萘二酚锆催化剂与三丁基氰化锡反应，得到手性氨基腈，再经水解、脱保护基，得到一系列手性氨基酸。

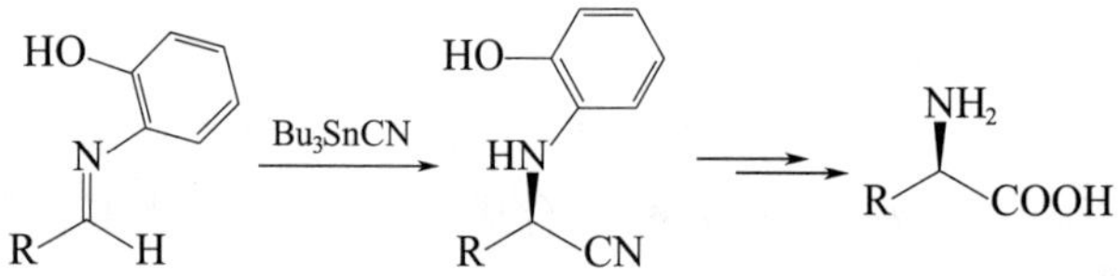

实验结果表明，亚胺苯环上的自由羟基是高选择性的关键。用结构类似的苯胺（无羟基取代基，或羟基被保护变为甲氧基）制备的亚胺，在此反应条件下均无明显的立体选择性。由此可以设想，苯环上的羟基是非手性底物与手性催化剂的关键结合点。

Matthew 等（Matthew S S, Eric N J, J Am Chem Soc, 1998, 120: 5315）用手性的 Salen 型化合物为手性试剂，用 HCN 作氰源，与一系列醛亚胺反应，得到选择性很高的 α-氨基腈，水解后得到手性 α-氨基酸。

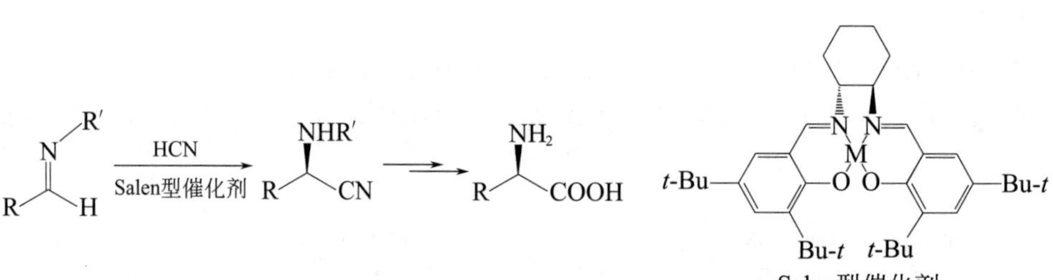

Salen型催化剂

和其他不对称合成反应一样，亚胺类化合物的反应活性越低，反应温度越低，则反应的选择性也会越高，但也会使反应变得越困难。

目前，在手性催化剂研究方面，已经报道的催化剂体系主要有如下几种：手性噁唑硼烷催化剂、手性钛配合物催化剂、手性镧系金属配合物催化剂、手性镁配合物催化剂、手性钒（V）配合物催化剂、手性铝配合物催化剂、手性有机小分子催化剂等。

手性有机小分子催化剂催化的不对称合成反应，近十几年来发展迅速，与过渡金属催化剂相比，具有无毒无害，价廉易得、反应体系无重金属残留、易于修饰与负载等特点，符合当前大力提倡的绿色环保要求。已发展成为继酶和手性过渡金属催化剂之外的又一类重要的手性催化剂。

关于这方面的内容，唐然肖等曾做过详细评论[唐然肖，李云鹏，李越敏等．有机小分子催化的不对称 Strecker 反应研究进展．有机化学，2009，29（7）：1048]。目前已报道的用于催化不对称 Strecker 反应的小分子有机催化剂主要有手性哌嗪二酮、手性胍、手性（硫）脲、氮-氧偶极衍生物、手性磷酸、手性二醇、糖衍生的手性催化剂、手性铵盐、手性镓唑硼烷衍生物、手性 *N*-甲酰脯氨酰胺催化剂等。虽然这些催化剂各具特点，有些选择性也很高，但在使用范围和通用性等方面尚有一定局限性。因此，设计合成结构新颖、催化效果更好、应用范围更广泛的催化剂成为今后发展的趋势。

Strecker 反应是由羰基化合物、氨（胺）和含氰基的化合物三组分原料合成 α-氨基腈的方法，后者氰基水解生成 α-氨基酸。该反应的进一步扩展，主要包括 Bucherer-Bergs 反应、Petasis 反应、Ugi 反应和酰胺羰基化反应等。

酮、氰化钾和碳酸铵三组分进行反应，生成乙内酰脲，该反应称为 Bucherer-Bergs 反应。乙内酰脲水解生成 α-氨基酸。

$$RC(=O)R^1 + KCN + (NH_4)_2CO_3 \longrightarrow \text{乙内酰脲} \longrightarrow R^1CH(R)CH(NH_2)COOH$$

乙内酰脲

Bucherer-Bergs 反应与 Strecker 反应具有相似的反应底物，不同的是前者使用的是碳酸铵——二氧化碳的供体。

反应机理如下：

$$O{=}C(R)R^1 + KCN + (NH_4)_2CO_3 \rightleftharpoons RR^1C(CN)OH + NH_3 + K(NH_4)CO_3$$

α-羟基腈

$$RR^1C(CN)OH + NH_3 \overset{-H_2O}{\rightleftharpoons} RR^1C(CN)NH_2 \overset{O=C=O}{\rightleftharpoons} RR^1C(CN)N^+H_2CO_2^- \rightleftharpoons RR^1C(CN)NHCOOH$$

α-羟基腈　α-氨基腈

$$\rightleftharpoons \longrightarrow \text{异氰酸酯中间体} \longrightarrow \text{乙内酰脲}$$

异氰酸酯中间体

反应的第一步是生成 α-羟基腈，随后与氨反应生成 α-氨基腈，这与 Strecker 反应是一样的。α-氨基腈与由来自碳酸铵的二氧化碳反应，再经异氰酸酯中间体，最后生成乙内酰脲。

正是由于第一步生成 α-羟基腈，所以，直接以 α-羟基腈与碳酸铵反应，同样得到了乙内酰脲。

1，4-环己二酮与氰化钾、碳酸铵于甲酰胺中反应，可以生成乙内酰脲类化合物。例如(Chu Y，et al. Tetrahedron，2006，62：5536)：

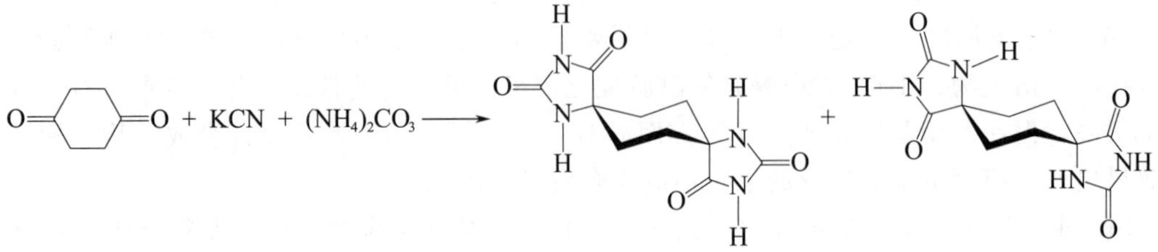

该反应主要应用于乙内酰脲、α-氨基酸的合成。目前在药物开发研究中有重要用途。例如二类 mGluR 受体强效选择性拮抗剂 LY354740 的不对称合成：

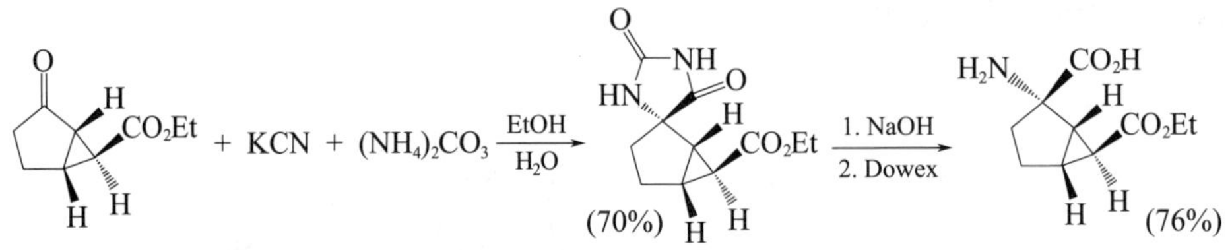

治疗糖尿病的醛糖还原酶抑制剂的制备，就有一步反应采用了 Bucherer-Bergs 反应(Sarges R，Goldstein S W，Welch W M，et al. J Med Chem，1990，33：1859)。

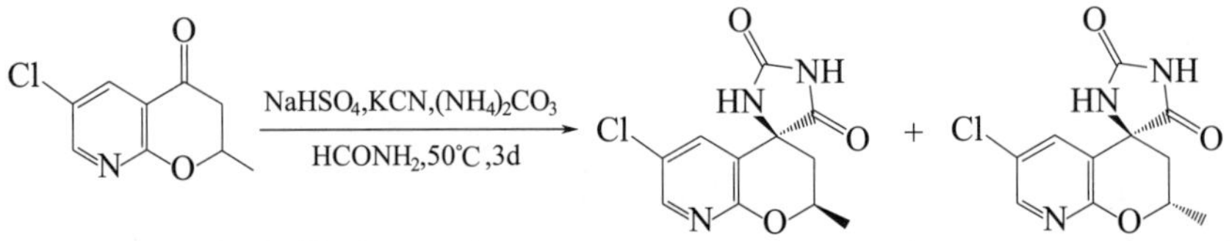

3-(4-氯 1，2，5-噻二唑-3-基) 吡啶

$C_7H_4ClN_3S$，197.64

【英文名】 3-(4-Chloro-1,2,5-thiadiazol-3-yl) pyridine

【性状】 黄色固体，mp48～49℃。

【制法】 陈仲强，陈虹．现代药物的制备与合成．北京：化学工业出版社，2007：302.

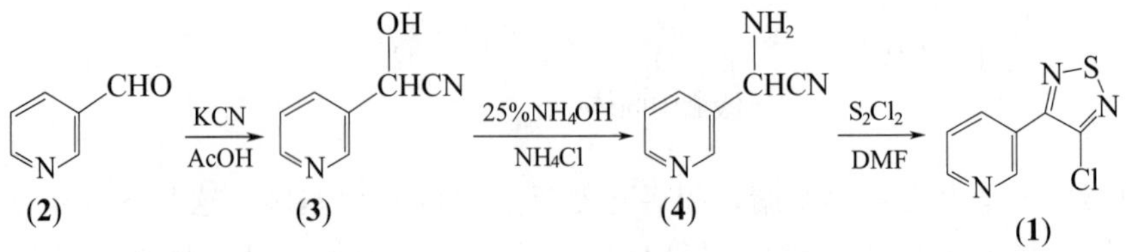

2-羟基-2-(3-吡啶基) 乙腈 (**3**)：于反应瓶中加入 KCN4.1g (63mmol)，水 17mL，3-

吡啶甲醛（**2**）4.0g（42mmol），搅拌下于0～4℃滴加醋酸3.6mL（63mmol），同温反应8h。冰箱中放置过夜。过滤，冰水洗涤，干燥，得白色固体（**3**）4.3g，直接用于下一步反应。

2-氨基-2-（3-吡啶基）乙腈（**4**）：于反应瓶中加入氯化铵9.8g（0.183mol），水27.5mL，25%的氨水4.9mL（0.066mol），搅拌下室温慢慢加入化合物（**3**）4.9g（0.037mol），室温搅拌反应18h。二氯甲烷提取2次，合并有机层，无水硫酸钠干燥。过滤，浓缩，得红棕色油状物（**4**），直接用于下一步反应。

3-（4-氯1，2，5-噻二唑-3-基）吡啶（**1**）：于反应瓶中加入$S_2Cl_2$4mL（48.6mmol）溶于6.75mLDMF的溶液，冷至5～10℃，于20～30min滴加化合物（**4**）3.3g（24.8mmol）溶于DMF 3.3mL的溶液。加完后继续于5～10℃搅拌反应30min。加入冰水13mL，过滤析出的硫。滤液中加入9mol/L的氢氧化钠10mL，注意保持体系温度在20℃以下。冷却，过滤析出的固体，减压干燥，得化合物（**1**）2.95g，收率60%。正庚烷中重结晶，得黄色固体，mp48～49℃。

D，L-α-氨基苯乙酸

$C_8H_9NO_2$，151.17

【英文名】 DL-α-Aminophenylacetic acid，DL-α-Phenylglycine

【性状】 菱形片状结晶。mp290℃（升华）。溶于碱液，不溶于水，微溶于乙醇。

【制法】 霍宁E C. 有机合成：第三集．南京大学化学系有机化学教研室译．北京：科学出版社，1981：51.

$$\underset{(\mathbf{2})}{C_6H_5CHO} \xrightarrow[NH_4Cl]{NaCN} \underset{NH_2}{C_6H_5\underset{|}{C}HCN} \xrightarrow[2.\ NH_3]{1.\ HCl} \underset{NH_2\ (\mathbf{1})}{C_6H_5\underset{|}{C}HCOOH}$$

于安有搅拌器的3L反应瓶中，加入98%的氰化钠100g（2.0mol），400mL水，搅拌溶解后，加入氯化铵118g（2.2mol），室温搅拌溶解后，一次加入有苯甲醛（**2**）212g（2.2mol）与甲醇400mL配成的溶液。反应很快开始，温度升高至45℃左右。继续搅拌反应2h。加入水1L稀释。用1L苯分3次提取，合并苯层，水洗。再用6mol/L的盐酸1200mL分3次提取，合并盐酸溶液，回流2h。加入水至约2L体积，减压蒸馏，蒸出苯甲醛等挥发物。活性炭脱色，过滤。滤液用氨水调至对石蕊呈碱性，冷却，析出黄色结晶。抽滤，水洗，再依次用乙醚、95%的乙醇洗涤，干燥，得粗品102～106g，收率34%～39%。将粗品溶于800mL 1mol/L的氢氧化钠溶液中，加入500mL乙醇，过滤。滤液煮沸，慢慢加入5mol/L的盐酸160mL，冷至室温，滤出结晶。依次用乙醇、水洗涤，置于盛有五氧化二磷的真空干燥器中干燥，得化合物（**1**）98～112g，收率33%～37%。

2-（1-氰基环己基）肼基甲酸甲酯

$C_9H_{15}N_3O_2$，197.24

【英文名】 Methyl 2-（1-cyanocyclohexyl）hydrazine carboxylate

【性状】 mp135～136℃。

【制法】 Wender P A，Eissenstat M A，Supuppo N，Ziegler F E. 1988，Coll Vol 6：334.

$$\text{(2)} \xrightarrow[\text{2. HCN, 0°C}]{\text{1. } H_2NNHCO_2CH_3} \text{(1) NC, } NHNHCO_2CH_3$$

于安有搅拌器、温度计、滴液漏斗、回流冷凝器的反应瓶中，加入氨基甲酸甲酯 9.0g（0.1mol），20mL 甲醇，2 滴醋酸和环己酮（**2**）9.0g（0.1mol），搅拌反应 30min 后，冷至 0℃。于 3min 滴加氰化氢 6mL（0.15mol），约 15min 升至室温，其间有结晶（**1**）析出。2h 后抽滤，用 10mL 冷甲醇洗涤。得化合物（**1**）17.7g，母液浓缩得 1.4g。总收率 97%，mp130～133℃。用甲醇-戊烷重结晶，mp135～136℃。

N-苯基氨基苯乙腈

$C_{14}H_{12}N_2$，208.26

【英文名】 *N*-Phenylaminophenylacetonotrile

【性状】 白色固体。mp　88～90℃。

【制法】 吴旻妍，纪顺俊．碘催化的无溶剂三组分 Strecker 反应合成 α-氰基化合物．合成化学，2008：16（6）：670.

$$\underset{\textbf{(2)}}{ArCHO} + PhNH_2 + (CH_3)_3SiCN \xrightarrow{I_2} \underset{\textbf{(1)}}{PhNH\text{-}CH(Ar)CN}$$

于安有磁力搅拌的反应瓶中，加入苯甲醛（**2**）0.5mmol，苯胺 0.5mmol，三甲基氰基硅 0.6mmol，少量碘（0.05 摩尔分数），氮气保护，室温搅拌反应 5min。TLC 检测反应完全。加入饱和硫代硫酸钠溶液淬灭反应，二氯甲烷提取。减压蒸出溶剂，过硅胶柱纯化，用乙酸乙酯-石油醚（1∶8）洗脱，得白色固体（**1**），mp88～90℃，收率 99%。

2-氨基-4-苯基丁酰胺

$C_{10}H_{14}N_2O$，178.23

【英文名】 2-Amino-4-phenyl-butanamide

【性状】 黄色固体。mp89℃。

【制法】 Mann S，Carillon S，Byeyne O，Marquet A. Chem Eur J，2002：8：439.

$$\underset{\textbf{(2)}}{PhCH_2CH_2CHO} \xrightarrow[CH_2Cl_2]{TMSCN, ZnI_2, NH_3} \underset{\textbf{(3)}}{PhCH_2CH_2CH(NH_2)CN} \xrightarrow[MeOH]{H_2O_2, NaOH} \underset{\textbf{(1)}}{PhCH_2CH_2CH(NH_2)CONH_2}$$

2-氨基-4-苯基丁腈（**3**）：于安有搅拌器、温度计、回流冷凝器的反应瓶中，加入3-苯基丙醛（**2**）5.07g（37.8mmol），TMSCN6mL（46.6mmol），二氯甲烷50mL，搅拌下加入碘化锌10mg（0.03mmol），室温搅拌15min。加入饱和甲醇-氨溶液38mL，于40℃反应3h。减压浓缩，剩余物过硅胶柱纯化（环己烷-乙酸乙酯），得黄色油状（**3**）4.39g，收率73%。

2-氨基-4-苯基丁酰胺（**1**）：于反应瓶中加入甲醇15mL，化合物（**3**）2.1g（13.15mmol），再依次加入1mol/L的氢氧化钠27mL和35%的H_2O_2 5mL，室温搅拌反应1h后，以二氯甲烷提取。合并有机层，无水硫酸钠干燥。浓缩，得黄色固体（**1**）1.78g，收率76%，mp89℃。

2-氨基-5，8-二甲氧基-1，2，3，4-四氢萘-2-羧酸

$C_{13}H_{17}NO_4$，251.28

【英文名】 2-Amino-5，8-dimethoxy-1,2,3,4-tetrahydronaphthalene-2-carboxylic acid

【性状】 无色片状结晶，mp274～277℃。

【制法】 陈仲强，陈虹．现代药物的制备与合成：第一卷．北京：化学工业出版社，2007：181.

(2) —— 1. KCN,$(NH_4)_2CO_3$；2. $Ba(OH)_2$,H_2O ——→ (1)

于反应瓶中，加入化合物（**2**）82.4g（0.4mol），氢化钾34g（0.52mol），碳酸铵345.6g（3.6mol），50%的乙醇2.4L，搅拌回流1h。蒸出乙醇，剩余物冷却，析出沉淀。过滤，干燥，得螺乙内酰脲109.4g，收率98.7%，mp275～278℃。

于反应瓶中加入螺乙内酰脲102.5g，八水合氢氧化钡630g，水8L，氮气保护，回流36h。冷却，加入1L水后，用6mol/L的硫酸中和至pH6。过滤，滤液冷却，析出固体。过滤，水洗，干燥，得化合物（**1**）85.7g，收率92%，mp264～266℃。取少量用水重结晶，得无色片状结晶，mp274～277℃。

（S）-三氟甲基丙氨酸盐酸盐

$C_4H_6F_3NO_2 \cdot HCl$，193.55

【英文名】 （*S*）-Trifluoromethylalanine hydrochloride

【性状】 纯品为白色固体。

【制法】 Huguenot F，Brigaud T. J Org Chem，2006，71（18）：7075.

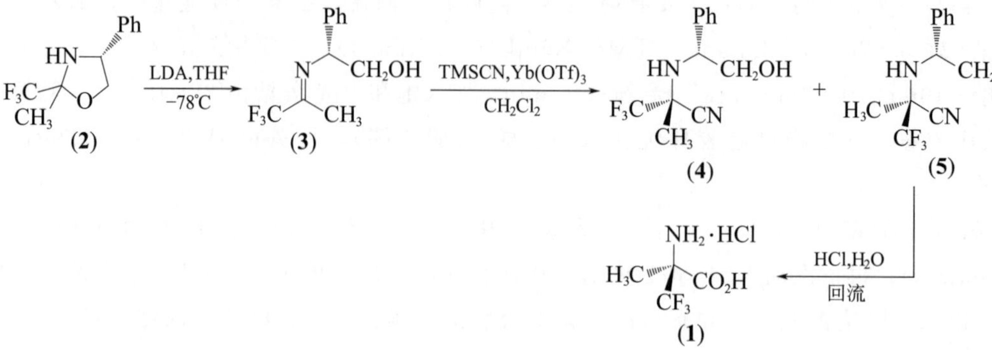

于反应瓶中加入 LDA 的 THF 溶液 5mL（1.1mmol），氩气保护，冷至 −78℃，滴加由噁唑啉衍生物（**2**）230mg（1.0mmol）溶于 1mL THF 的溶液。反应结束后，慢慢加入饱和碳酸氢钠溶液 5mL 淬灭反应。乙醚提取，合并乙醚层，无水硫酸镁干燥。过滤，浓缩，得粗品（**3**）213mg，收率 92%。

将化合物（**3**）1.15g（5.0mmol）溶于 25mL 二氯甲烷中，氩气保护，冷至 0℃。搅拌下加入 TMSCN 0.7mL（7.5mmol）和 Yb（OTf）$_3$ 620mg（1.0mmol），室温搅拌反应，直至原料消失（GC 检测）。将反应物倒入饱和碳酸氢钠 25mL 中，二氯甲烷提取。合并有机层，无水硫酸钠干燥。过滤，浓缩。剩余物过硅胶柱纯化分离，以石油醚-乙酸乙酯洗脱，得化合物（**4**）620mg，收率 48%。同时得化合物（**5**）550mg，收率 43%。

将化合物（**5**）260mg（1.0mmol）加入 5mL 浓盐酸中，回流 14h。冷至室温，乙醚提取。水层减压浓缩，得黄色固体（**1**）116mg，收率 60%，mp>220℃。

6′-氯-2′,3′-二氢-2′-甲基螺［咪唑烷-4,4′-4′*H*-吡喃并［2,3-b］吡啶］-2,5-二酮

$C_{11}H_{10}ClN_3O_3$，268.67

【英文名】 6′-Chloro-2′,3′-dihydro-2′-methylspiro[imidazolidine-4,4′-4′*H*-pyrano[2,3-*b*] pyridine]-2,5-dione

【性状】 mp>250℃。

【制 法】 Sarges R，Goldstein S W，Welch W M，et al. J Med Chem，1990，33：1859.

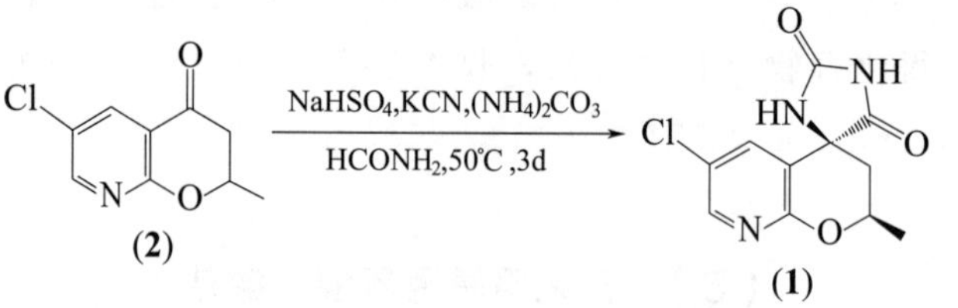

于压力釜中加入化合物（**2**）39.3g（0.2mol），KCN26g（0.4mol），碳酸铵 134.4g（1.4mol），亚硫酸氢钠 25g（0.24mol），DMF400mL，于 50℃搅拌反应 3 天。冷却，用 3L 水稀释。过滤，滤液用盐酸酸化至 pH2.5，室温搅拌 30min。过滤生成的固体，空气中干燥。用氯仿-甲醇（9∶1）重结晶，得外消旋的顺式化合物（**1**）26.6g，收率 50%，mp>250℃。

四、 Petasis 反应

1993 年，Petasis 首先报道了有机胺、醛（酮）和烯基或芳基有机硼酸参与的三组分反应：

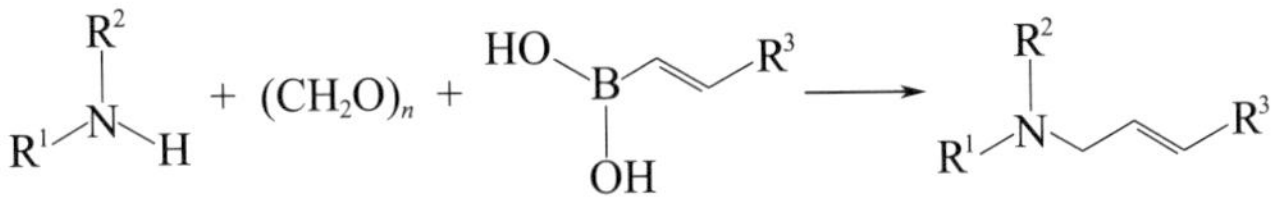

该反应可以一锅法构建新的碳-碳键，并可以生成烯丙基胺、手性氨基酸、手性氨基醇、2-取代的苯酚衍生物等。该反应称为 Petasis 反应，有时也称为有机硼酸的 Mannich 反应。

关于该反应的反应机理，有两种假设。Petasis 认为，反应首先由羟基醛 **1** 与胺 **2** 反应生成中间体 **4**，**4** 的羟基与硼的空轨道配位形成中间体 **6**，**6** 进行分子内亲核进攻水解后得到氨基醇 **7**（路线 1）。

路线 1：

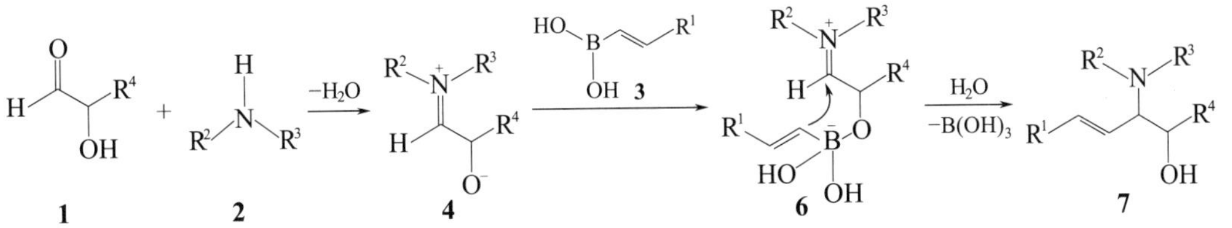

Schlienger 则认为羟基醛 **1** 首先与有机硼酸 **3** 反应生成硼酸酯 **5**，**5** 再与胺组分 **2** 反应生成中间体 **6**，此后分子内亲核进攻得到氨基醇 **7**（路线 2）。

路线 2：

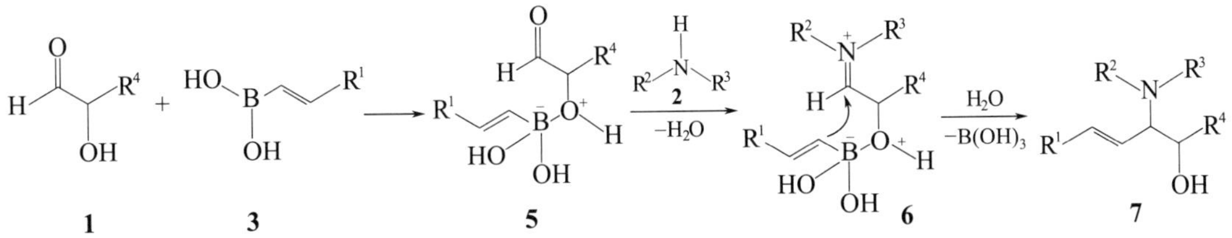

经过热力学计算，目前更倾向于路线 1，因为路线 1 反应中需要的能量更低。

Petasis 反应中的有机硼酸，烯基硼酸和芳基硼酸最常用。在如下反应中，烯基硼酸、乙醛酸和手性胺反应，高立体选择性地生成 β-烯基-α-氨基酸。

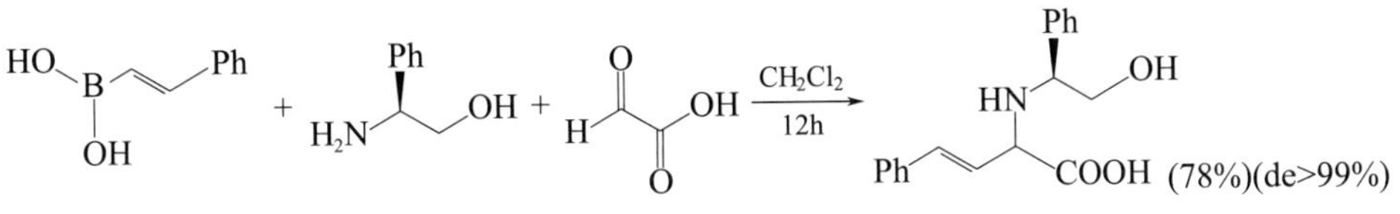

(78%)(de>99%)

芳基硼酸包括苯基硼酸和芳杂环硼酸，在生物活性分子合成中应用较多。如下反应是以芳基硼酸、N-苄基-2-氨基乙醇和乙二醛为原料合成 2-羟基吗啉衍生物。

$R—B(OH)_2$ + $HOCH_2CH_2NHCH_2Ph$ + OHC—CHO $\xrightarrow{EtOH}$

R=Ph(70%),2-$CH_3OC_6H_4$(50%),
4-BrC_6H_4(52%),2-噻吩基(56%)

Jiang 等（Jiang B，Yang C G，Gu X H. Tetrahedron Lett，2001，42：2545）通过吲哚基硼酸、胺和乙醛酸合成了 *N*-取代-2-吲哚基氨基酸。

$\xrightarrow[r.t,12h]{CH_2Cl_2}$

R=H(94%),5-OBn(91%),5-Br(93%),6-Br(90%)

也有使用有机硼酸酯的报道。例如用手性有机硼酸酯与乙醛酸、吗啉合成如下氨基酸（Koulmeister T，et al. Tetrahedron Lett，2002，43：5969）：

$\xrightarrow{CH_2Cl_2}$ (57.7%) + (42.3%)

有机氟硼酸钾也可用于该反应，不过此时应加入 Lewis 酸。例如（Stas S，Tehrani K A. Tetrahedron，2007，63：8921）：

$\xrightarrow[CH_2Cl_2/HFIP(体积比9:1)]{BF_3\text{-}Et_2O}$ (67%)

炔基硼酸不稳定，炔基氟硼酸钾可以稳定存在，因而采用炔基氟硼酸钾则很好地解决了这一问题（Tehrani K A，Stas S，Lucas B，et al. Tetrahedron，2009，65：1957）。

$\xrightarrow[CH_2Cl_2,r.t,18h]{BF_3\text{-}Et_2O}$ (76%)

Petasis 反应中的有机胺组分，可以是脂肪胺、芳香胺、氨气、喹啉等，最常见的是脂肪胺，尤其是仲胺和位阻大的伯胺。羟胺或其衍生物也可以作为胺组分参与 Petasis 反应，例如（Naskar D，Roy A，Seibel W L，et al. Tetrahedron Lett，2003，44：8865）：

$\xrightarrow{CH_2Cl_2}$

$R^1=R^2=Me(95\%);R^1=Me,R^2=H(87\%);R^1=Bu\text{-}t,R^2=H(75\%)$

亚磺酰胺的氨基也可以作为胺组分参与 Petasis 反应。例如：

吲哚的情况比较特殊，Naskar 等（Naskae D，Neogi S，Roy A，et al. Tetrahedron Lett，2008，49：6762）利用吲哚作为胺组分与有机硼酸、乙醛酸进行 Petasis 反应，得到 3-位取代的吲哚衍生物。

R=Me,R^1=H(60%);R=Me,R^1=6-Br(70%);R=Et,R^1=6-Br(68%)

叔胺由于 N-上没有脱水时需要的氢原子，一般不参与 Petasis 反应。但 Naskar（Naskar D，Roy A，Seibel W L，et al. Tetrahedron Lett，2003，44：5819）报道了芳基叔胺作为胺组分的 Petasis 反应：

R^1=R^2=Me(50%);R^1=R^2=Et(51%)

一些不含氮的富电子芳烃有时也可以发生 Petasis 反应。例如 1，3，5-三甲氧基苯、烯基硼酸和乙醛酸的 Petasis 反应（Naskar D，Roy A，Seibel W L，et al. Tetrahedron Lett，2003，44：8861）：

(60%)

使用手性胺，可以进行不对称 Petasis 反应。例如（Shevchuk M V，Sorochinsky A E，et al. Synlett，2010，73）：

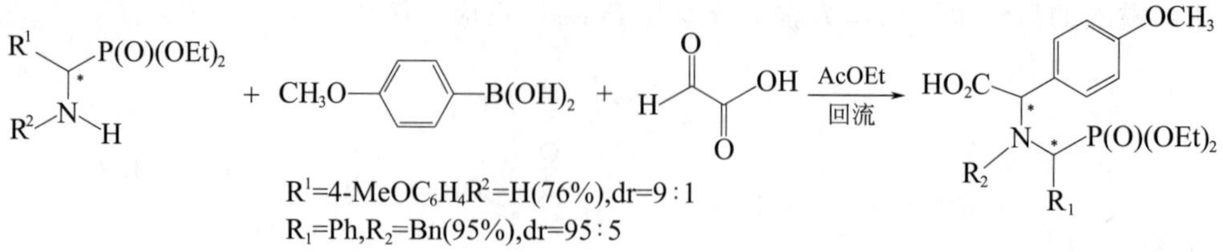

$R^1=4\text{-}MeOC_6H_4R^2=H(76\%),dr=9:1$
$R_1=Ph,R_2=Bn(95\%),dr=95:5$

关于Petasis反应的醛组分，可以使用乙醛酸、羟基醛、水杨醛等。使用乙醛酸时往往得到相应氨基酸。例如生物活性分子嘧啶基芳胺基乙酸的合成（Font D，Heras M，Villalgordo J M. Tetrahedron，2008，64：5226）：

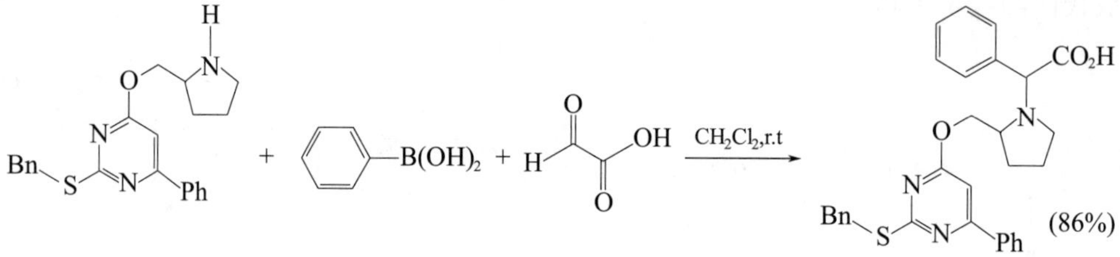

(86%)

对于羟基醛，由于羟基所在的碳原子可能具有手性，所以手性羟基醛可以用于不对称Petasis反应合成具有手性的胺基醇。例如（PrakashG K S，Mandal M，Schweizer S，et al. Org Lett，2000，2：3173）：

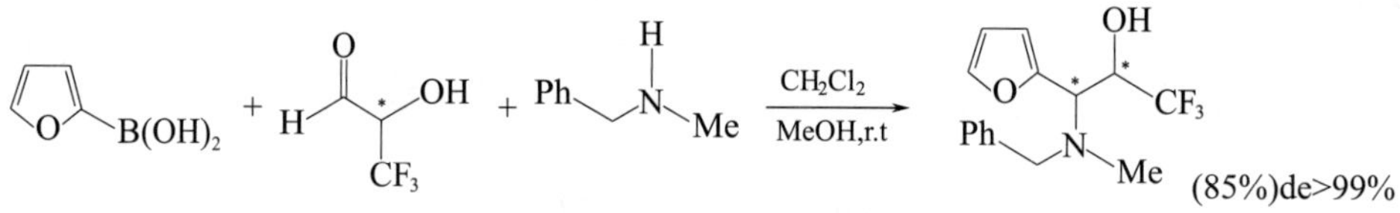

(85%)de>99%

使用水杨醛、有机硼酸、胺进行Petasis反应，可以得到邻氨基烃基取代的苯酚衍生物。

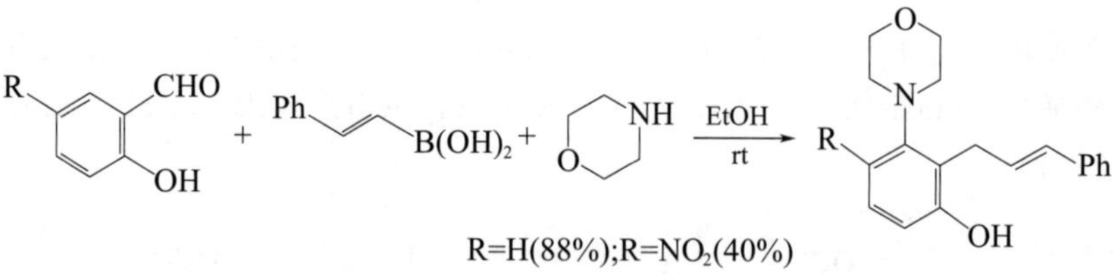

$R=H(88\%);R=NO_2(40\%)$

邻磺酰胺基苯甲醛、烯基氟硼酸钾、三乙胺发生Petasis反应，三乙胺进攻醛羰基，生成铵盐中间体，后者受热发生分子内环化，得到1，2-二氢喹啉衍生物（Petasis N A，Butkevich A N. J Organomet Chem，2009，694，1747）。

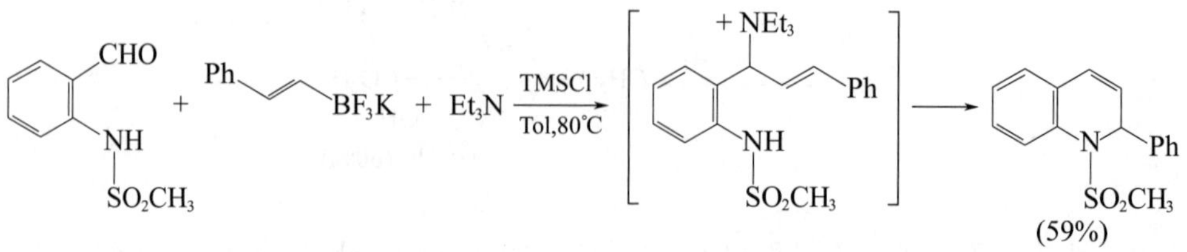

(59%)

除了上述几种醛外，甲醛、乙醛酸酯、被保护的醛也可以进行Petasis反应。如下例子

是丙酮保护的 α-羟基醛参与的 Petasis 反应（Kumagai N，Muncipinto G，Schreiber S L. Angew Chem Int Ed，2006，45：3635）：

通常情况下 Petasis 反应不需催化剂。若加入手性催化剂，有时会诱导产物产生手性。

有多种溶剂适用于 Petasis 反应，常用的多为极性大的溶剂，如乙醇、乙腈、二氯甲烷等。据报道六氟异丙醇对 Petasis 反应有促进作用。利用二氯甲烷-六氟异丙醇混合溶剂（体积比 90：10），可以提高反应收率，缩短反应时间。

固相合成技术、微波技术已有用于该反应的报道。

Petasis 反应虽然自发现以来只有短短二十余年的时间，但在有机合成和药物化学中已有很多应用，可以合成许多具有生物活性和药理活性的化合物，在天然化合物的合成中也崭入头角。随着新的有机硼化合物的不断合成，该反应的应用范围也会逐渐扩大。

［1-(1*R*)-苯基乙胺基］-［1-(4-甲基苯磺酰基)-1*H*-吲哚-3-基］-(*S*)-乙酸

$C_{25}H_{24}N_2O_4S$，448.54

【英文名】 [1-(1*R*)-Phenylethylamino]-[1-(toluene-4-sulfonyl)-1*H*-indol-3-yl]-(*S*)-acetic acid

【性状】 $[\alpha]_D^{20}+94.5°$(c0.825,$CHCl_3$)。

【制法】 Jiang B，Yang C G，Gu X H. Tetrahedron Lett，2001，42：2545.

于反应瓶中加入 1-对甲苯磺酰基吲哚-3-硼酸（**2**）316mg（1mmol），二氯甲烷 8mL，乙醛酸一水合物 92mg（1mmol），随后加入（*R*）-甲基苄基胺 121mg（1mmol），室温搅拌反应 12h。蒸出溶剂，剩余物用甲醇重结晶，得化合物（**1**），收率 77%，$[\alpha]_D^{20}+94.5°$(c0.825,$CHCl_3$)。

N-甲氧基-*N*-甲基氨基苯乙酸

$C_{10}H_{13}NO_3$，195.22

【英文名】 *N*-Methoxy-*N*-methylamino-phenylacetic acid

【性状】 白色固体。mp152～153℃，R_f=0.16（5%MeOH/CH_2Cl_2）。

【制法】 Naskar D，Roy A，Seibel W L，et al. Tetrahedron Lett，2003，44：8865.

$$CH_3NHOCH_3\ (\mathbf{2}) + C_6H_5B(OH)_2 + OHC\text{-}COOH \xrightarrow{CH_2Cl_2} HO_2C\text{-}CH(C_6H_5)\text{-}N(CH_3)OCH_3\ (\mathbf{1})$$

于反应瓶中加入乙醛酸一水合物368mg（4.0mmol），二氯甲烷12mL，搅拌下加入N，O-二甲基羟胺盐酸盐（**2**）390mg（4.0mmol），随后加入苯基硼酸488mg（4.0mmol），室温搅拌反应24h。过滤，二氯甲烷洗涤。减压浓缩，剩余物过硅胶柱纯化，得白色固体（**1**）750mg，收率96%，mp152～153℃。R_f=0.16（5%MeOH/CH_2Cl_2）。

N-tert-丁基-（4,4,4-三氯-1-苯基丁-1-炔-3-基）-胺

$C_{14}H_{16}Cl_3N$，304.65

【英文名】 *N-tert*-Butyl-（4,4,4-trichloro-1-phenylbut-1-yn-3-yl）-amine

【性状】 浅棕色油状液体。

【制法】 Tehrani K A，Stas S，Lucas B，et al. Tetrahedron，2009，65：1957.

$$Cl_3C\text{-}CH{=}N\text{-}Bu\text{-}t\ (\mathbf{2}) + Ph\text{-}C{\equiv}C\text{-}BF_3K \xrightarrow[CH_2Cl_2,r.t,18h]{BF_3\text{-}Et_2O} Cl_3C\text{-}CH(NH\text{-}Bu\text{-}t)\text{-}C{\equiv}C\text{-}Ph\ (\mathbf{1})$$

于反应瓶中加入*N*-叔丁基-β，β，β-三氯乙醛亚胺（**2**）4mmol，二氯甲烷8mL，搅拌下加入苯乙炔基三氟硼酸钾832mg（4mmol），随后加入BF_3-Et_2O 4mmol，室温搅拌反应18h。将反应物倒入0.5mol/L的氢氧化钠水溶液8mL中，分出有机层，水层用二氯甲烷提取。合并有机层，无水硫酸镁干燥。过滤，减压浓缩。于高真空（1.33Pa）、50℃保持1～2h，以除去痕量的苯乙炔等杂质，得浅棕色油状液体（**1**）921mg，收率76%。

第四节 α-碳的羰基化反应

醛、酮的羰基、羧酸酯基等α-碳上的氢，由于受到吸电子基团的影响而具有酸性，在碱的作用下容易失去质子而生成碳负离子或烯醇负离子，并进而作为亲核试剂与酯基、酰氯等反应，从而使得α-碳上引入酰基，实现α-碳的羰基化反应。

一、 Claisen酯缩合反应

含有α-氢的羧酸酯在碱性（如醇钠）条件下缩合生成β-酮酸酯的反应称为Claisen酯缩合反应，又称为酯缩合反应。例如：

$$2CH_3CO_2C_2H_5 \xrightarrow{C_2H_5ONa} CH_3COCH_2CO_2C_2H_5 + C_2H_5OH$$

该类反应是由 Claisen R L 于 1887 年首先报道的。

反应机理如下：

$$CH_3CO_2C_2H_5 + C_2H_5O^- \rightleftharpoons \bar{C}H_2CO_2C_2H_5 + C_2H_5OH$$

$$CH_3-\overset{O}{\overset{\|}{C}}-OC_2H_5 + \bar{C}H_2CO_2C_2H_5 \rightleftharpoons CH_3-\overset{O^-}{\overset{|}{\underset{OC_2H_5}{\underset{|}{C}}}}-CH_2CO_2C_2H_5 \xrightleftharpoons{-C_2H_5O^-} CH_3\overset{O}{\overset{\|}{C}}-CH_2CO_2C_2H_5$$

$$\xrightleftharpoons[-C_2H_5OH]{C_2H_5O^-} \left[CH_3\overset{O}{\overset{\|}{C}}-\bar{C}HCO_2C_2H_5 \longleftrightarrow CH_3\overset{O^-}{\overset{|}{C}}=CHCO_2C_2H_5\right] \xrightarrow{H^+} CH_3\overset{O}{\overset{\|}{C}}CH_2CO_2C_2H_5$$

由此可见，Claisen 酯缩合反应是碳负离子进行的酯羰基上的亲核加成，而后失去醇生成 β-酮酸酯。

上述反应是可逆的，普通的酯是很弱的酸（如乙酸乙酯，pK_a24），醇钠的碱性也不够强，从而形成碳负离子较困难，反应明显偏向左方。这种反应之所以能进行的比较完全，是由于初始加成物消除烷氧基负离子生成 β-酮酸酯，β-酮酸酯亚甲基上的氢原子更活泼，是一种比较强的酸，很容易和醇钠生成烯醇盐，同时不断蒸出反应中生成的酸性更弱的乙醇，最后经酸中和生成 β-酮酸酯。反应是可逆的，为了使反应向右移动，宜使用强碱催化剂以利于碳负离子的形成和平衡向产物的方向移动。

Claisen 缩合反应常用的碱是醇钠、氨基钠、氢化钠、三苯甲基钠等。一些位阻大的酯，也可以用 Grignard 试剂作为碱来使用。例如：

$$(CH_3)_2CHCO_2C_2H_5 + 2,4,6\text{-}(CH_3)_3C_6H_2MgBr \longrightarrow (CH_3)_2\bar{C}CO_2C_2H_5 + 1,3,5\text{-}(CH_3)_3C_6H_3$$

根据反应底物的不同，Claisen 缩合反应大致可以分为如下几种类型：酯-酯缩合、酯-酮缩合和酯-腈缩合。二元羧酸酯发生分子内的酯缩合反应生成环状化合物，称为 Dieckmann 反应。

1. 酯-酯缩合

酯-酯缩合有三种情况：同酯缩合、异酯缩合和二元酸酯的分子内缩合。

（1）同酯缩合

系指酯的自身缩合，如乙酸乙酯自身缩合生成乙酰乙酸乙酯，参加缩合的酯必须具有 α-H。同酯缩合的产物一般比较简单，收率也较高。例如（Yashizawa K，Toyota S，Toda E. Tetrahedron Lett，2001，42：7983）：

$$PhCH_2CO_2CH_2Ph \xrightarrow[90^\circ C, 20min]{t\text{-}BuOK} PhCH_2COCH(Ph)CO_2CH_2Ph \quad (84\%)$$

如果酯的α-碳上只有一个氢原子，由于酸性太弱，用乙醇钠难以形成碳负离子，需要用较强的碱才能把酯变为负离子。如异丁酸乙酯在三苯甲基钠作用下，可以进行缩合，而在乙醇钠作用下则不能发生反应：

$$(CH_3)_2CHCO_2Et + Ph_3CNa \xrightarrow{Et_2O} (CH_3)_2CH-\overset{O}{\overset{\|}{C}}-\underset{CH_3}{\underset{|}{\overset{CH_3}{\overset{|}{C}}}}-CO_2Et$$

两分子丁二酸酯缩合可以生成环状化合物2,5-二氧-1,4-环己二酸二乙酯，为镇痛药盐酸伊那朵林（Enadoline hydrochloride）的中间体。

$$2\ \begin{matrix} CH_2CO_2C_2H_5 \\ | \\ CH_2CO_2C_2H_5 \end{matrix} \xrightarrow[2.\ H_2SO_4]{1.\ EtONa}$$ 2,5-二氧-1,4-环己二酸二乙酯（结构式，取代基 $CO_2C_2H_5$、$C_2H_5O_2C$、O、O）

一些环内酯也可以发生该反应。例如γ-丁内酯在甲醇-甲醇钠作用下的缩合反应，最终生成的产物双环丙基酮是重要的医药中间体。

$$\gamma\text{-丁内酯} \xrightarrow[CH_3ONa]{CH_3OH} \text{双内酯} \xrightarrow[-CO_2]{HCl} ClCH_2(CH_2)_2\overset{O}{\overset{\|}{C}}(CH_2)_2CH_2Cl \xrightarrow{NaOH} \triangleright-\overset{O}{\overset{\|}{C}}-\triangleleft$$

3-氧代-2,4-二苯基丁酸苄基酯

$C_{23}H_{20}O_3$，344.41

【英文名】3-Oxo-2，4-diphenylbutyric acid benzyl ester，Benzyl 3-oxo-2，4-diphenylbutyrate

【性状】无色油状液体。

【制法】Yashizawa K，Toyota S，Toda E. Tetrahedron Lett，2001，42：7983.

$$\underset{(2)}{PhCH_2CO_2CH_2Ph} \xrightarrow[90℃,20min]{t\text{-BuOK}} \underset{(1)}{PhCH_2COCH(Ph)CO_2CH_2Ph}$$

于安有搅拌器、温度计、回流冷凝器的反应瓶中，加入苯乙酸苄基酯（**2**）40mmol，粉状叔丁醇钾3.68g（28mmol），于90℃搅拌反应20min。冷后用稀盐酸中和，乙醚提取。乙醚层无水硫酸钠干燥后，过滤，蒸出溶剂。剩余物减压蒸馏，得无色油状液体（**1**），收率84％。

反应在无溶剂存在下进行。采用类似的方法，由乙酸乙酯合成乙酰乙酸乙酯，收率73％；由丙酸乙酯合成2-甲基-3-氧代戊酸乙酯时收率60％；由乙酸苄基酯合成乙酰乙酸苄基酯时收率75％。

双环丙基甲酮

$C_7H_{10}O$，110.15

【英文名】 Dicyclopropylketone

【性状】 无色液体。bp72～74℃/4.39kPa，n_D^{25}1.4654。

【制法】 林原斌，刘展鹏，陈红彪．有机中间体的制备与合成．北京：科学出版社，2006：291.

(2) $\xrightarrow[CH_3ONa]{CH_3OH}$ 双丁内酯 $\xrightarrow[-CO_2]{HCl}$ $ClCH_2(CH_2)_2C(=O)(CH_2)_2CH_2Cl$ $\xrightarrow{NaOH}$ (1)

于安有搅拌器、回流冷凝器的反应瓶中，加入无水甲醇600mL，分批加入新鲜洁净的金属钠50g（2.17mol），待钠完全反应后，搅拌下一次加入γ-丁内酯（**2**）344g（4mol）。尽快地蒸出甲醇475mL左右，再减压蒸出50～70mL，剩余物为双丁内酯（mp86～87℃）。搅拌下滴加浓盐酸，有二氧化碳放出，10min内共加入盐酸800mL。加热回流20min，水浴冷却（此时用乙醚提取，分馏，可以得到1，7-二氯-4-庚酮）。搅拌下尽可能快地滴加由氢氧化钠480g溶于600mL水配成的溶液，控制内温不超过50℃。加完后加热搅拌回流30min。蒸馏，收集650mL酮-水混合液，加入固体碳酸钾使之饱和，分出有机层，水层用乙醚提取3次。合并有机层，无水硫酸镁干燥，回收乙醚后减压精馏，收集72～74℃/4.39kPa的馏分，得产品（**1**）114～121g，收率52%～55%。

1,4-环己二酮

$C_6H_8O_2$，112.13

【英文名】 1，4-Cyclohexanedione

【性状】 淡黄色至白色结晶。mp77～79℃。

【制法】 ［1］林原斌，刘展鹏，陈红彪．有机中间体的制备与合成．北京：科学出版社，2006：342.

［2］陈仲强，陈虹．现代药物的制备与合成：第一卷．北京：化学工业出版社，2007：246.

$2\ CH_2CO_2C_2H_5$–$CH_2CO_2C_2H_5$ (2) $\xrightarrow[2.\ H_2SO_4]{1.\ EtONa}$ (3) $\longrightarrow$ (1)

2,5-二氧-1,4-环己二酸二乙酯（**3**）：于安有搅拌器、回流冷凝器的反应瓶中，加入无水乙醇900mL，分批加入金属钠92g（4mol），加完后加热回流，使金属钠反应完全。稍冷后将丁二酸二乙酯348.4g（2mol）一次加入（注意防止冲料），搅拌回流24h。减压回收乙醇后，加入 2mol/L 的硫酸 2000mL，剧烈搅拌 3～4h。过滤，滤饼用水洗涤 3 次，干燥，得粗品 180～190g，mp126～128℃。用 1500mL 乙酸乙酯重结晶，得 2，5-二氧-1，4-环己二酸二乙酯（**3**）160～168g，mp126.5～128.5℃。母液浓缩，可回收 5.7g，总收率64%～68%。

1，4-环己二酮（**1**）：于压力反应釜中加入上述化合物（**3**）170g（0.66mol），水 170mL，升温至 185～195℃（约 90min）。保温反应 10～15min 后立即撤去热源，迅速冷至室温，打开反应釜，倒出反应液，得黄色-橙色液体。加入等量的乙醇，减压蒸出溶剂后，减压蒸馏，收集 130～133℃/2.66kPa 的馏分（立即固化），得 1，4-环己二酮（**1**）60～66g，收率 81%～89%。以四氯化碳重结晶，得纯品。

（2）异酯缩合

两种不同的酯进行缩合称为异酯缩合，又称交叉酯缩合反应。若两种酯均含 α-H，且活性差别不大，则既可发生同酯缩合，又可发生异酯缩合，得到四种缩合产物，实用价值不大，若两种酯的 α-氢酸性不同时，则酸性较强的酯优先与碱作用生成碳负离子，作为亲核试剂。下面三种酯 α-氢酸性强弱顺序为

$$CH_3COOC_2H_5 > RCH_2COOC_2H_5 > RR'CCHCOOC_2H_5$$

例如（Honda Y，Katayama S，et al. Org Lett，2002，4：447）：

$$\text{Cbz-NH-CH(CH}_2\text{Ph)-CO}_2\text{CH}_3 + \text{CH}_3\text{COOBu-}t \xrightarrow[-45^\circ C]{3.5\text{mol/L LDA,THF}} \xrightarrow{H^+} \text{Cbz-NH-CH(CH}_2\text{Ph)-COCH}_2\text{COOBu-}t \ (97\%)$$

若酯的 α-碳上即有 α-氢又有芳环，由于失去 α-氢后生成的碳负离子负电荷得到分散而容易形成，故更容易作为亲核试剂发生异酯缩合，例如：

$$CH_3COOC_2H_5 + PhCH_2CO_2C_2H_5 \xrightarrow[2.\ H_3^+O]{1.\ NaNH_2} CH_3COCH(Ph)CO_2C_2H_5 + C_2H_5OH$$

若两种酯中一种含 α-H，另一种不含 α-H，在碱性条件下缩合时，则 β-酮酸酯的收率较高（也会发生同酯缩合）。常见的不含 α-H 的酯有甲酸酯、草酸二乙酯、碳酸二乙酯、芳香羧酸酯等。例如氟乙酸乙酯与甲酸乙酯的缩合，生成的缩合产物是抗癌药 5-氟尿嘧啶的中间体：

$$HCOOC_2H_5 + FCH_2CO_2C_2H_5 \xrightarrow{CH_3ONa} H-C(ONa)=C(F)-CO_2C_2H_5 + C_2H_5OH$$

内酯与羧酸酯也可以发生酯缩合反应，例如高血压治疗药利美尼定（Rilmenidine）中间体的合成（陈芬儿．有机药物合成法：第一卷．北京：中国医药科技出版社，1999：361）：

$$\gamma\text{-丁内酯} + CH_3CO_2C_2H_5 \xrightarrow[(78\%)]{C_2H_5OH,Na} \alpha\text{-}COCH_3\text{-}\gamma\text{-丁内酯}$$

又如苯乙酸乙酯与碳酸二乙酯缩合生成苯基丙二酸二乙酯，后者为抗癫痫药物苯巴比妥、扑米酮等的中间体。

$$PhCH_2CO_2C_2H_5 + C_2H_5O-\overset{\overset{O}{\|}}{C}-OC_2H_5 \xrightarrow[2.\ H_3^+O]{1.\ NaNH_2} PhCH(CO_2C_2H_5)_2 + C_2H_5OH$$

高血压治疗药利美尼定（Rilmenidine）中间体3-氧代-3-环丙基丙酸乙酯的合成如下（陈芬儿．有机药物合成法：第一卷．北京：中国医药科技出版社，1999：361）：

$$\text{环丙基}-\overset{\overset{O}{\|}}{C}-CH_3 + C_2H_5O\overset{\overset{O}{\|}}{C}OC_2H_5 \xrightarrow[(57\%)]{NaNH_2\cdot Et_2O} \text{环丙基}-\overset{\overset{O}{\|}}{C}-CH_2CO_2C_2H_5$$

碳酸酯的反应活性较差，一般情况下收率较低。反应中常使用过量的碳酸酯，并不断蒸出反应中生成的乙醇，以提高产品收率。

利用草酸酯进行酯缩合的例子如下。

$$\begin{matrix}CO_2C_2H_5\\ |\\ CO_2C_2H_5\end{matrix} + 2CH_3COOC_2H_5 \xrightarrow{C_2H_5ONa} \begin{matrix}COCH_2CO_2C_2H_5\\ |\\ COCH_2CO_2C_2H_5\end{matrix}$$

$$\begin{matrix}CO_2C_2H_5\\ |\\ CO_2C_2H_5\end{matrix} + CH_3\underset{\underset{CH_3}{|}}{C}=CHCOOC_2H_5 \xrightarrow{C_2H_5ONa} CH_3\underset{\underset{CH_2COCO_2C_2H_5}{|}}{C}=CHCOOC_2H_5$$

抗肿瘤药三尖杉酯碱（Harringtonine）中间体的合成如下。

$$(CH_3)_2C=CHCH_2CO_2C_2H_5 + \begin{matrix}CO_2C_2H_5\\ |\\ CO_2C_2H_5\end{matrix} \xrightarrow[(65\%)]{NaH,\ C_6H_6} (CH_3)_2C=CH\underset{\underset{COCO_2C_2H_5}{|}}{C}HCO_2C_2H_5$$

为了使交叉酯缩合反应具有制备价值，人们从如下两个方面进行了研究，一是活化羰基，二是选择合适的缩合剂。

活化羰基的方法中，以咪唑及其衍生物为活化剂、Lewis 酸/碱为促进剂的方法，可以得到很高的交叉缩合的选择性（Misaki T. J Am Chem Soc，2005，127：2854；Iida A. Org Lett，2006，8：5215）。

$$R^1COCl + \text{N-甲基咪唑} \longrightarrow [R^1CO-\overset{+}{N}\text{咪唑}N-CH_3] \xrightarrow[CH_2Cl_2,\ -45^\circ C,\ 30min\ (92\%)]{R^2CH_2CO_2R^3,\ TiCl_4\text{-}Bu_3N} R^1\overset{\overset{O}{\|}}{C}\underset{\underset{R^2}{|}}{C}HCO_2R^3 + R^2CH_2\overset{\overset{O}{\|}}{C}\underset{\underset{R^2}{|}}{C}HCO_2R^3$$

>99 : 1　　自身缩合产物

$R^1=(CH_3)_3CCH_2,\ R^2=CH_3(CH_2)_3,\ R^3=CH_3$

上述反应使酰氯与咪唑衍生物首先进行反应，生成酰基咪唑正离子，从而使得酰基被活化，容易受到另一种含 α-H 的羧酸酯生成的负离子的进攻，提高了交叉缩合的选择性。

最具有普遍性的方法是将欲作为亲核体的组分预先用强碱（如 LDA）去质子化，制成预制烯醇负离子或烯醇硅醚，而后与欲作为亲电体的组分或其活化形式结合。这一方法已应用于生物碱（一）-secodaphniphyline 的合成（Heatheock C H. J Org Chem，1997，57：

2566)。

1. LDA,THF, −78℃
2.

2-氧代戊二酸

$C_5H_6O_5$，146.10

【英文名】 2-Oxoglutaric acid

【性状】 黄褐色固体。mp103～110℃。

【制法】 E M Bottorff，L L Moore1. Organic Syntheses，1973，Coll Vol 5：687.

Na,EtOH / Et_2O,Tol；HCl

(2) (3) (1)

3-乙氧羰基戊酮二羧酸二乙酯（**3**）：于安有搅拌器、回流冷凝器（安氯化钙干燥管）的反应瓶中，加入无水乙醇356mL，分批加入金属钠23g（1mol），搅拌反应至金属钠完全反应。蒸出过量的乙醇，当反应物变黏稠后加入干燥的甲苯。继续蒸馏，并再加入甲苯直至将乙醇完全蒸出。冷至室温，加入无水乙醚650mL，随后加入草酸二乙酯146g（1.0mol），向生成的黄色溶液中加入丁二酸二乙酯（**2**）174g（1.0mol），室温放置至少12h。搅拌下加入500mL水，分出乙醚层，水洗。合并水层，以12mol/L的盐酸酸化，分出油层，水层以乙醚提取（150mL×3）。合并油层和乙醚层，用无水硫酸镁干燥。浓缩，得化合物（**3**）粗品235～250g，收率86%～91%。

2-氧代戊二酸（**1**）：于安有搅拌器、回流冷凝器的反应瓶中，加入上述化合物（**3**）225g（0.82mol），12mol/L的盐酸330mL，水660mL，搅拌下回流反应4h。减压浓缩至干，剩余物放置后固化。加入200mL硝基乙烷，温热溶解。过滤，滤液于0～5℃甲苯5h。过滤生成的固体，于90℃减压干燥4h，得黄褐色固体（**1**）88～89g，收率73%～83%，mp103～110℃。

苯基丙二酸二乙酯

$C_{13}H_{16}O_4$，236.27

【英文名】 Diethyl phenylmalonate

【性状】 无色液体。mp 16～17℃。bp 205℃（分解），170～172℃/1.87kPa，160℃/1.6kPa。溶液乙醇、乙醚，不溶于水。

【制法】 孙昌俊，曹晓冉，王秀菊．药物合成反应——理论与实践．北京：化学工业出版社，2007：408.

$$\underset{(2)}{PhCH_2CO_2C_2H_5} + \underset{(3)}{\begin{matrix} CO_2C_2H_5 \\ | \\ CO_2C_2H_5 \end{matrix}} \xrightarrow[2.\ H_2SO_4]{1.\ EtONa} \begin{matrix} PhCHCOCO_2C_2H_5 \\ | \\ CO_2C_2H_5 \end{matrix} \xrightarrow[-CO]{175℃} \underset{(1)}{PhCH(CO_2C_2H_5)_2}$$

于反应瓶中加入无水乙醇250mL，搅拌下慢慢加入金属钠11.5g（0.5mol）。待金属钠全部反应完后，于60℃滴加草酸二乙酯（**2**）73g（0.5mol）。加完后加入苯乙酸乙酯（**3**）87.5g（0.535mol），很快出现固体物。趁热倒入烧杯中，冷至室温。加入乙醚400mL，充分搅拌。滤出固体，用少量乙醚洗涤。将固体物慢慢加入稀硫酸中（14～15mL浓硫酸溶于250mL水），生成油状物。分出油层，水层用乙醚提取（50mL×3），合并有机层，无水硫酸镁干燥后，蒸去乙醚。减压蒸馏，控制压力在2.0kPa，油浴慢慢加热至175℃，直至无一氧化碳逸出（约需5～6h）。而后减压蒸馏，收集158～161℃/1.3kPa的馏分，得苯基丙二酸二乙酯（**1**）95g，收率80%。

α-甲酰基苯乙酸乙酯

$C_{11}H_{12}O_3$，192.21

【英文名】 Ethyl α-formylphenylacetate

【性状】 黄色固体。

【制法】 孙昌俊，曹晓冉，王秀菊．药物合成反应——理论与实践．北京：化学工业出版社，2007：406.

$$\underset{(2)}{PhCH_2CO_2C_2H_5} + HCO_2C_2H_5 \xrightarrow{C_2H_5ONa} \begin{matrix} PhC—CO_2C_2H_5 \\ \| \\ CHONa \end{matrix} \xrightarrow{HCl} \underset{(1)}{\begin{matrix} PhCHCO_2C_2H_5 \\ | \\ CHO \end{matrix}}$$

于安有搅拌器、温度计、回流冷凝器、滴液漏斗的反应瓶中，加入干燥的环己烷100mL，乙醇钠50g（0.7mol）。搅拌下控制10℃左右滴加苯乙酸乙酯（**2**）51g（0.31mol）和甲酸乙酯28g（0.38mol）的混合液，约1.5h加完。升温至15℃左右，继续搅拌反应12h。加水150mL，将固体物溶解，活性炭脱色后，用盐酸酸化至pH2。分出有机层，水层用环己烷提取两次，合并有机层，无水硫酸钠干燥。减压蒸出环己烷，得浅黄色油状液体。冰箱中放置过夜，生成黄色固体α-甲酰基苯乙酸乙酯（**1**）32g，收率53.3%。

4,4,4-三氟乙酰乙酸乙酯

$C_7H_7F_3O_3$，184.11

【英文名】 Ethyl 4，4，4-trifluoroacetoacetate

【性状】 bp 131℃/94.5kPa。水溶性：10g/L（20℃）。

【制法】 李英春，李祺．氟化合物制备及应用．北京：化学工业出版社，2010：235.

$$\underset{(\mathbf{2})}{CF_3COOC_2H_5} + CF_3COOC_2H_5 \xrightarrow{EtONa} \underset{(\mathbf{1})}{CF_3COCH_2COOC_2H_5}$$

于安有搅拌器、温度计、滴液漏斗、回流冷凝器的反应瓶中，加入乙酸乙酯 200mL，氮气保护，搅拌下冷至−5℃，快速加入乙醇钠 45g（0.66mol）。控制在 5℃以下，慢慢滴加三氟乙酸乙酯（**2**）94g（0.66mol）。加完后保温反应 2h，慢慢升至 50℃，继续保温反应 4～5h。冷却，加入无水邻二氯苯 280g，安上分馏柱，减压分馏蒸出乙酸乙酯。冷至 5℃，用浓硫酸调至 pH2，其间温度不超过 25℃，保温 2h。最后减压蒸馏，得化合物（**1**）93g，收率 75.9%，纯度>99%。

（3）Dieckmann 缩合

Dieckmann 缩合可看成是分子内的 Claisen 酯缩合反应，可用于五六七元环的环状 β-酮酸酯的合成。合成 9～12 元环的产率很低，甚至不反应。大环可以通过高度稀释的方法进行关环。高度稀释有助于大环的关环，这是因为此时一个分子的一端更容易找到同一分子的另一端，而不是另一分子。

Dieckmann 缩合反应的反应机理和反应条件与 Claisen 酯缩合反应基本一致。

$$C_2H_5OOCCH_2CH_2CH_2CH_2COOC_2H_5 \xrightarrow[-C_2H_5OH]{C_2H_5O^-} C_2H_5OOCCH_2CH_2CH_2\overset{-}{C}HCOOC_2H_5 \longrightarrow$$

$$\text{(环戊烷, } \overset{-}{O},\ OC_2H_5,\ CO_2C_2H_5) \xrightarrow{-C_2H_5O^-} \text{(环戊酮)}-CO_2C_2H_5 \xrightarrow[2.\ H^+,\triangle]{1.\ HO^-} \text{环戊酮}$$

传统上使用的碱是乙醇钠，反应在无水乙醇中进行。目前大多采用位阻大、亲核性小的碱，如叔丁醇钾、二异丙基氨基锂（LDA）、LHMDS 等，反应在非质子溶剂如 THF 中进行，这有利于降低反应温度，减少副反应的发生。使用更强的碱，如 $NaNH_2$、NaH、KH 等通常可以提高反应收率。有时使用乙醇钠无效，必须使用更强的碱。例如如下类型的酯 R_2CHCO_2Et，反应产物应当是 $R_2CHCOCR_2CO_2Et$，由于分子中没有活泼的酸性氢，不能被乙醇钠转化的烯醇盐。

二元羧酸酯发生分子内的缩合生成环状的酮酯，后者进一步水解脱羧，生成环酮，是制备环酮的方法之一。一般而言，合成五元环、六元环化合物时收率较高。

$$COOC_2H_5(CH_2)_nCH_2COOC_2H_5 \xrightarrow{EtONa} {}_n(H_2C)\langle C{=}O,\ CHCOOC_2H_5 \rangle$$

$$\text{邻-}C_6H_4(CH_2CN)_2 \xrightarrow[H^+\triangle]{C_2H_5OH} \text{邻-}C_6H_4(CH_2CO_2C_2H_5)_2 \xrightarrow[2.\ H^+,\triangle]{1.\ C_2H_5O^-} \text{2-茚酮} \xrightarrow[2.\ H_3^+O\ \triangle]{1.\ CH_3MgBr} \text{2-甲基茚}(-CH_3)$$

在 $TiCl_4$ 和三乙胺作用下，氮杂二元酸酯进行分子内的酯缩合，可以生成氮杂的环酮类化合物。

此时的反应过程可能如下：

Dieckmann 缩合反应也可以使用 $TiCl_4/NBu_3$，这时采用 TMSOTf 作催化剂。在如下反应中，己二酸二甲酯生成 2-氧代环戊烷甲酸甲酯的收率达 91%；庚二酸二甲酯生成 2-氧代环己基甲酸甲酯的收率为 60%，均高于普通的方法。

长链二元羧酸酯发生分子内和分子间缩合，反应产物与链长有关。

n	产率/%	产率/%
6	47	10
7	15	11
8~11	0~0.53	28~12
12~14	24~28	10~0.94

二元酸酯在甲苯、二甲苯等非极性溶剂中用金属钠处理，可生成环状的 α-羟基酮。

文献报道，在聚乙烯负载的金属钾（PE-K）作用下，己二酸二乙酯于甲苯中室温发生分子内缩合反应，2-乙氧羰基环戊酮的收率达 89%。

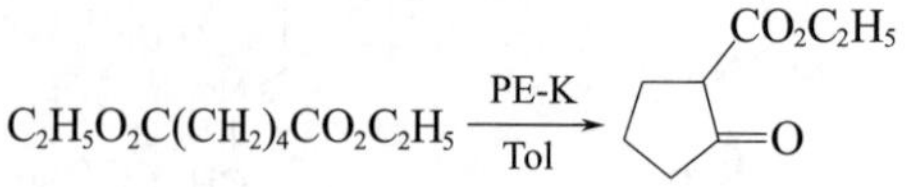

$$C_2H_5O_2C(CH_2)_4CO_2C_2H_5 \xrightarrow[\text{Tol}]{\text{PE-K}} \text{2-}CO_2C_2H_5\text{-环戊酮}$$

利用 Dieckmann 反应合成四元环虽然有报道，但收率很低。如下反应生成含四元环的螺环化合物。

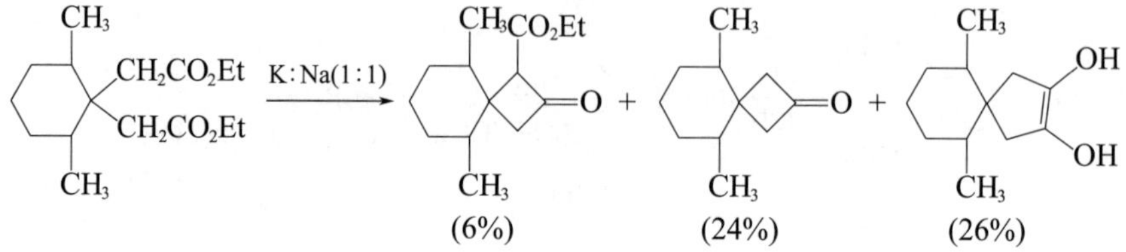

CH₃ CH₂CO₂Et CH₂CO₂Et CH₃ —K:Na(1:1)→ (6%) + (24%) + (26%)

但在如下“不正常”的 Michael 反应中，环丁酮可能是反应的中间体：

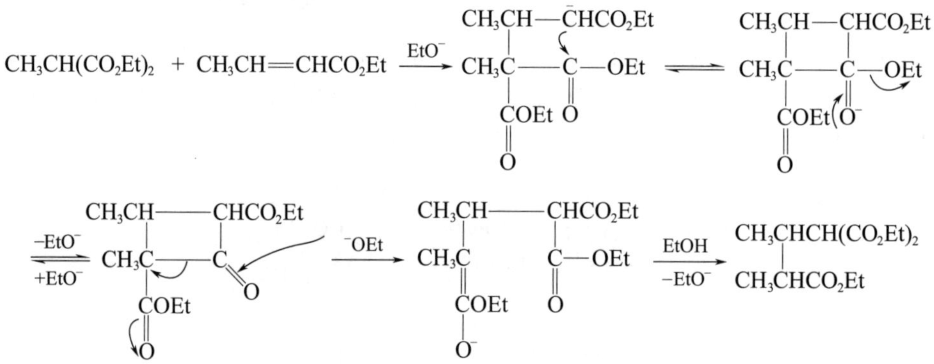

$$CH_3CH(CO_2Et)_2 + CH_3CH{=}CHCO_2Et \xrightarrow{EtO^-} \cdots \xrightarrow[-EtO^-]{EtOH} \begin{matrix} CH_3CHCH(CO_2Et)_2 \\ | \\ CH_3CHCO_2Et \end{matrix}$$

利用 Dieckmann 反应容易合成五六元环化合物。

对于 Dieckmann 酯缩合反应来说，若两个酯基在分子中所处的化学环境不同，则存在着反应的选择性问题。非对称酯的选择性取决于两个酯基 α-碳上氢原子的酸性和空间位阻。酸性强，将优先与碱作用生成相应的碳负离子（或烯醇负离子），从而作为亲核试剂进攻另一个酯基（与位阻效应一致）。

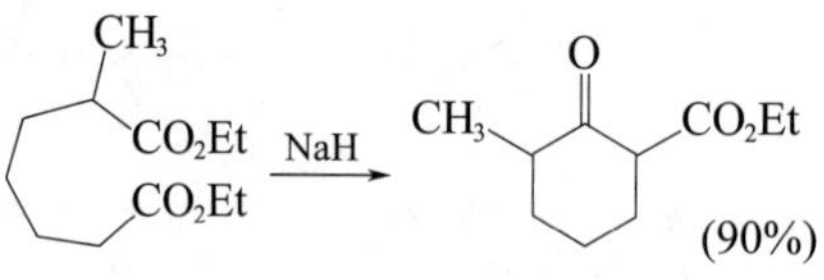

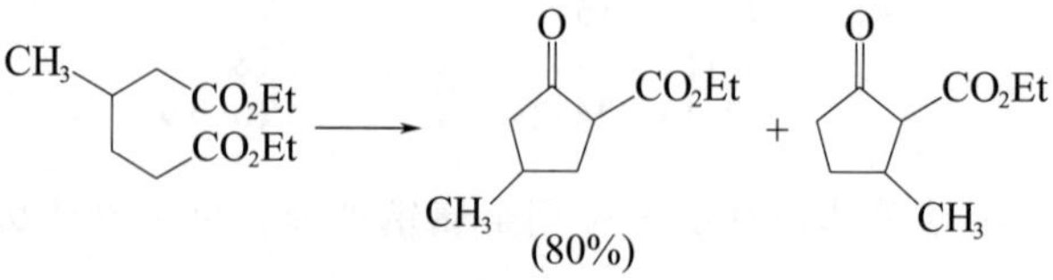

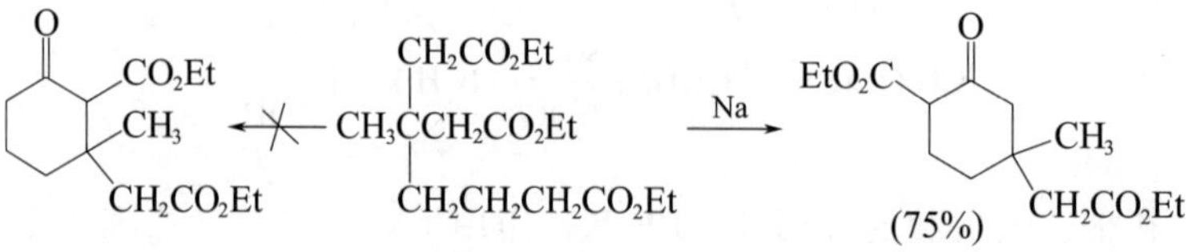

NaH (90%)

(80%)

Na (75%)

当β-位上连有一个吸电子的酯基时，情况正好相反。最简单的例子是1，2，4-三乙氧羰基丁烷的环化：

$CH_2CO_2Et-CHCO_2Et-CH_2CH_2CH_2CO_2Et$ →(Na) 2,3-二(乙氧羰基)环戊酮 + 2,4-二(乙氧羰基)环戊酮 (2.5~4.5):1

产物的比例与溶剂的性质有关。

(Na,EtOH,C_6H_6; TBDMSCl,DMAP) → A + B

在上述反应中，底物a处碳原子上的氢酸性较强，更容易生成相应的碳负离子，作为亲核试剂进攻另一个酯基中的羰基，最终生成化合物A，所以化合物A是主要产物。

又如如下反应：

(KHMDS,THF,−78℃) R=Bn,90%; R=Boc,85%

(NaHMDS,THF, −78℃) (58%)

利用Dieckmann反应可以合成桥环化合物。例如：

(Na; H^+) (68%)

(K) (50%)

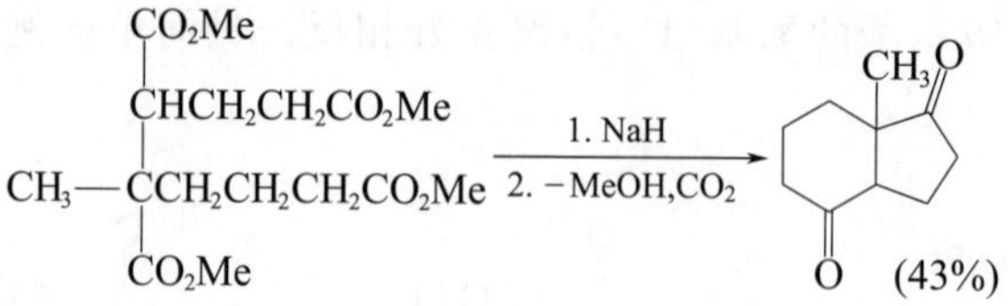

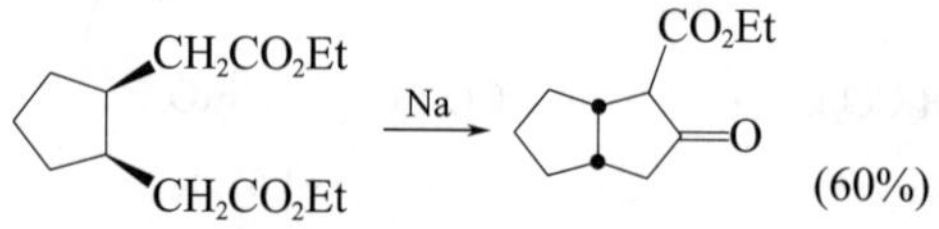

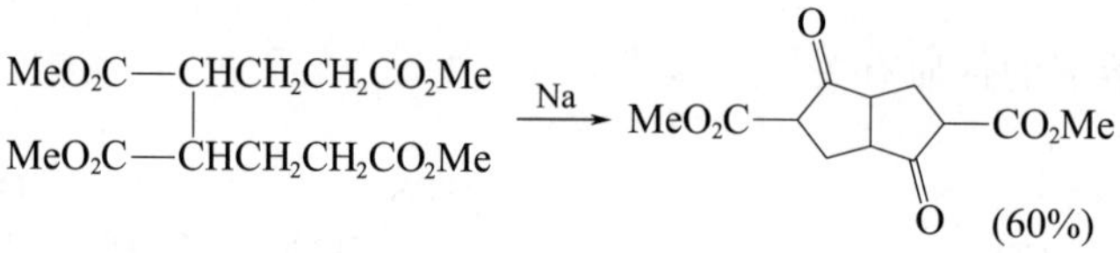

也可以用于七元环酮，一般在稀溶液中进行，以减少分子间的反应。例如：

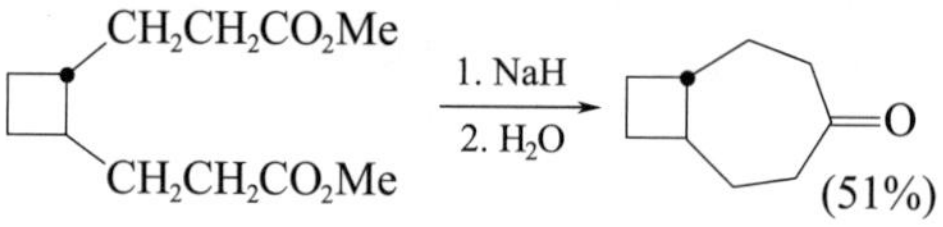

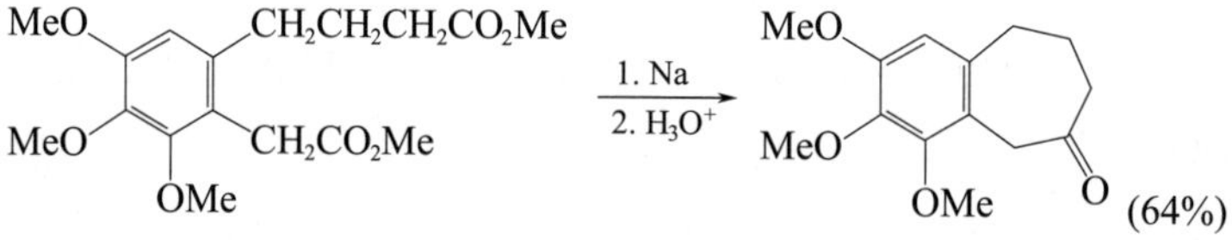

八元环酮也可以用相应的二元羧酸酯用 Dieckmann 反应来合成。当使用叔丁醇钾作碱时，可生成二聚的二酮 1,9-环十六二酮。癸二酸二乙酯和 1,11-十一酸二乙酯只生成二聚的二酮，收率 11%～12%。

一个有趣的例子是二茂铁类二元羧酸酯的 Dieckmann 缩合反应，高收率的得到环酮：

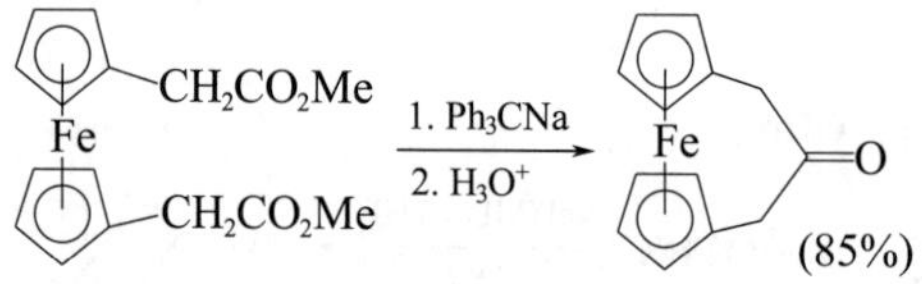

一些杂环化合物也可以用 Dieckmann 缩合反应来合成。例如：

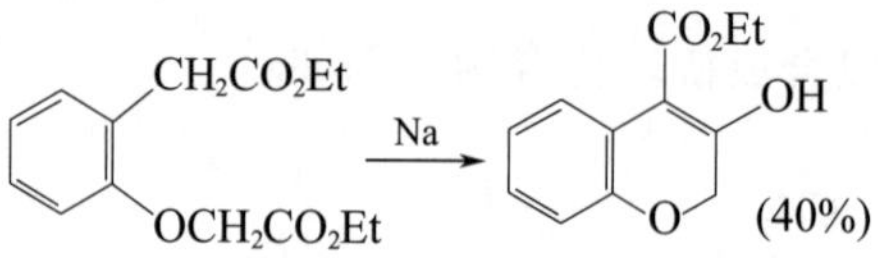

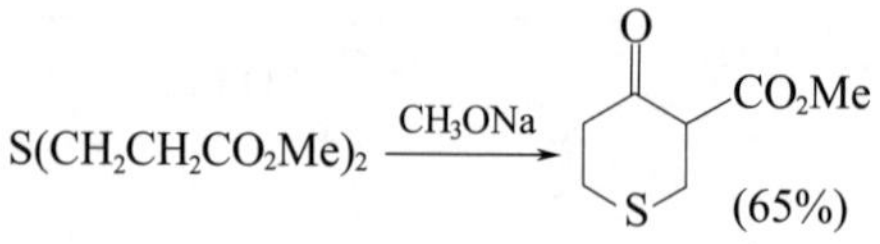

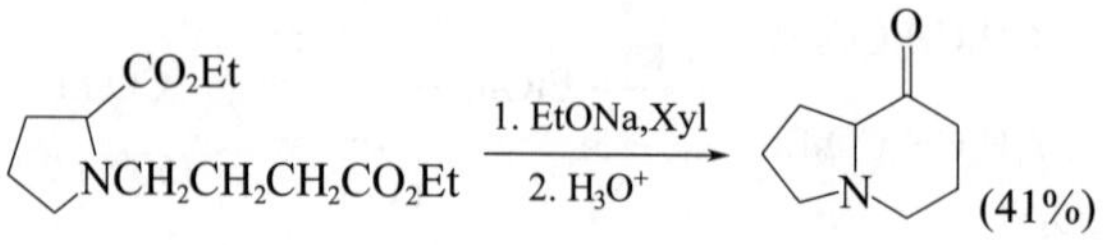

若两个酯基其中一个不含 α-氢，则不存在区域选择性。例如：

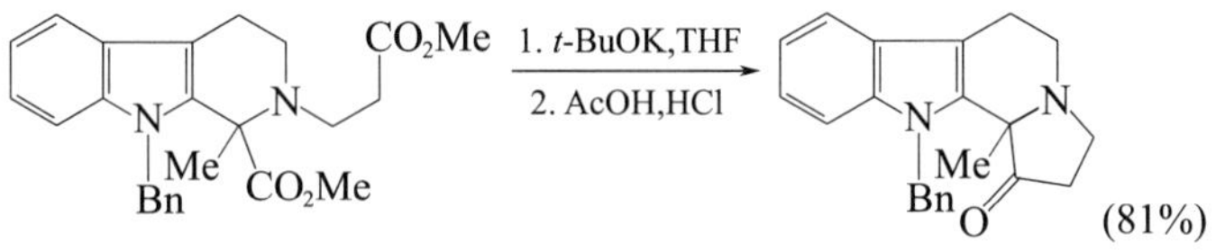

1. t-BuOK,THF
2. AcOH,HCl
(81%)

又如（de Sousa A L，Pilli R A. Org Lett，2005，7：1617）

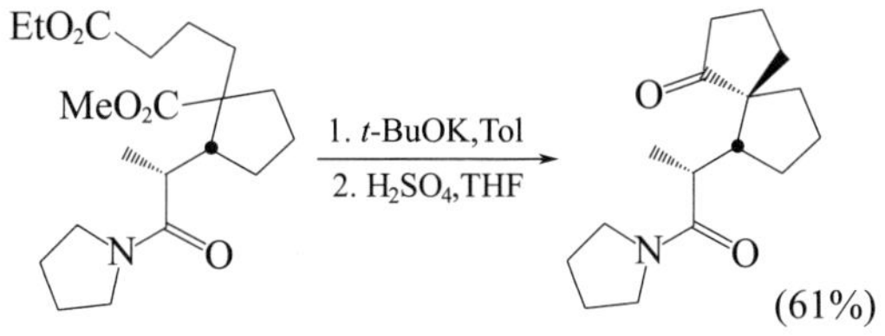

1. t-BuOK,Tol
2. H_2SO_4,THF
(61%)

其实，很多反应是首先进行分子间的酯缩合，而后再进行分子内的 Dieckmann 酯缩合反应。一个明显的例子是丁二酸二乙酯的缩合生成 2,5-二乙氧羰基-1,4-环己二酮的合成。

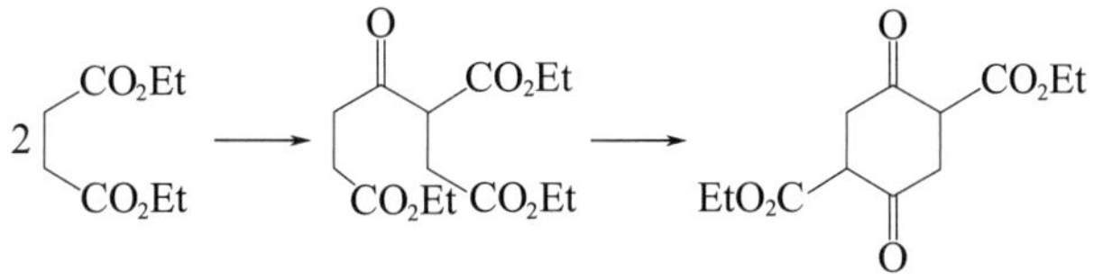

肉桂酸酯也可以先发生分子间的酯缩合，而后再进行分子内的 Dieckmann 酯缩合反应，生成环戊酮衍生物。

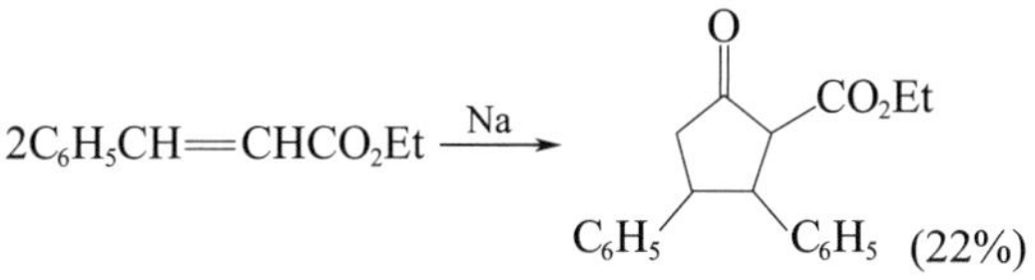

$2C_6H_5CH{=}CHCO_2Et \xrightarrow{Na}$ (22%)

草酸二甲（乙）酯与其他二羧酸二酯反应，可以生成二酮类化合物。例如：

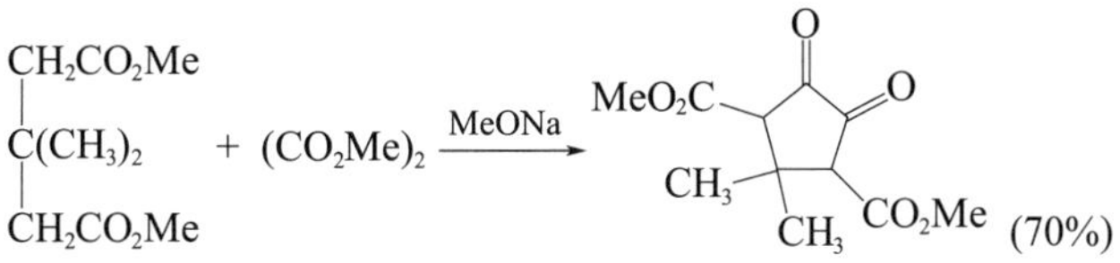

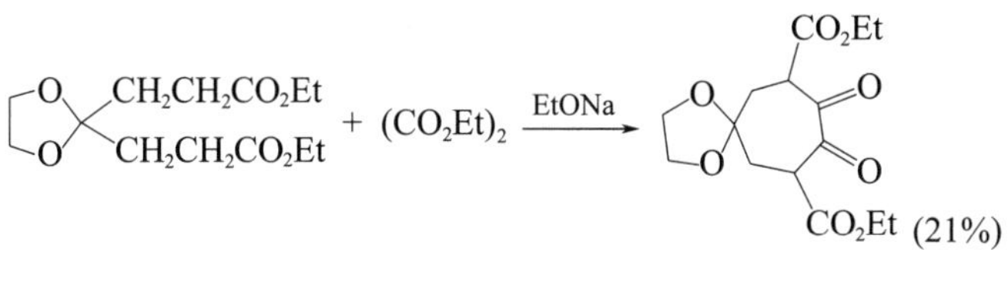

$+ (CO_2Me)_2 \xrightarrow{MeONa}$ (70%)

$+ (CO_2Et)_2 \xrightarrow{EtONa}$ (21%)

草酸二乙酯与如下含氨基的羧酸酯反应，可以得到环状化合物。

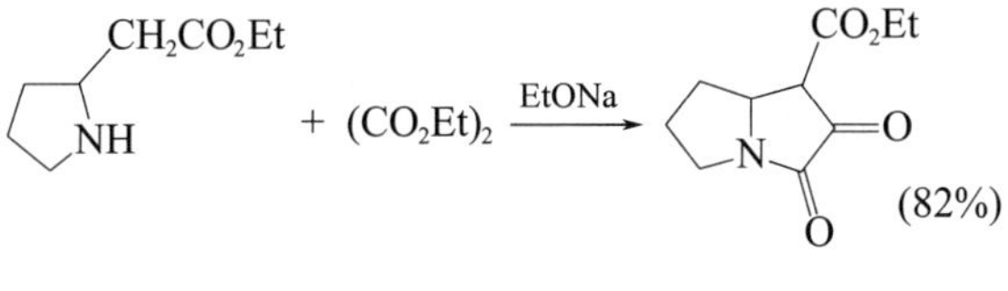

$+ (CO_2Et)_2 \xrightarrow{EtONa}$ (82%)

丁二酸二乙酯也可发生类似的反应。

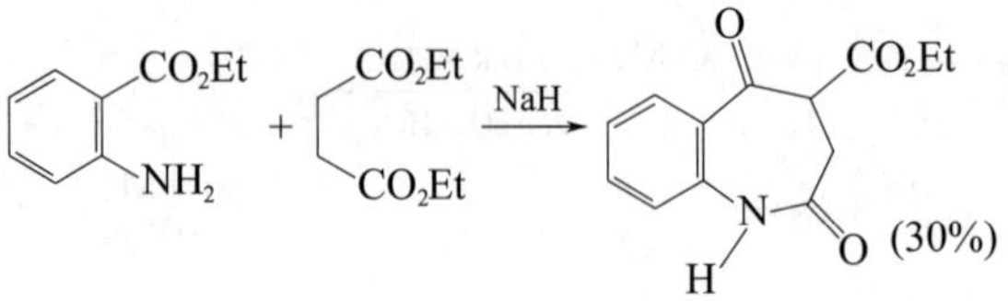

(30%)

戊二酸二乙酯与邻苯二甲酸二乙酯反应，生成苯并庚二酮衍生物。

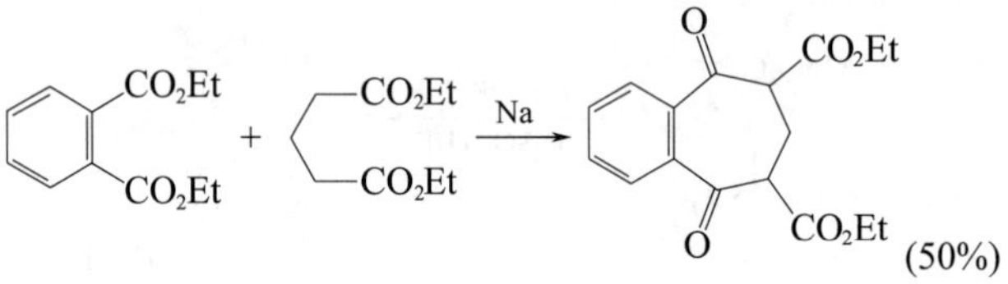

(50%)

对于α,β-不饱和羧酸酯，可以先进行 Michael 加成，而后再进行 Dieckmann 酯缩合反应。例如：

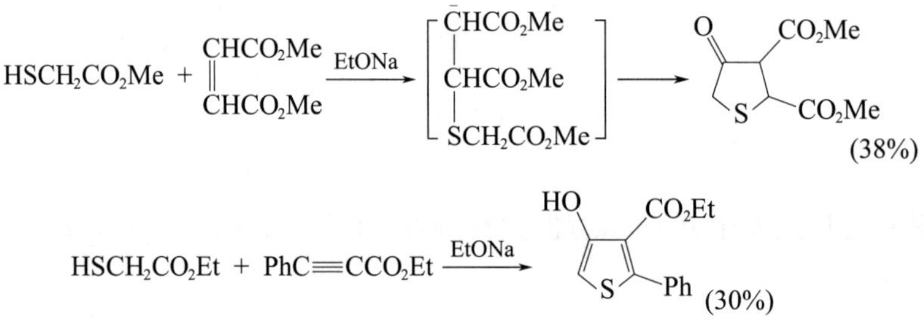

(38%)

(30%)

如下反应则最终生成四氢呋喃酮和吡咯啉酮的衍生物。

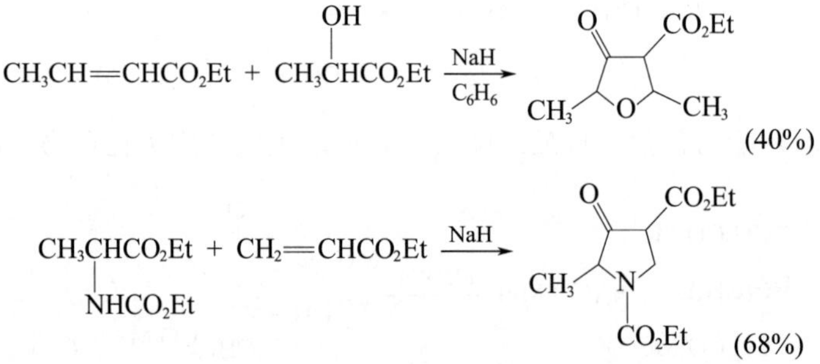

(40%)

(68%)

羰基化合物可以与炔氧基锂发生[2+2]环加成反应，若羰基化合物分子中同时含有酯基，则环加成产物可以与酯基发生 Dieckmann 反应，得到相应的环状化合物。例如[Mitsuru Shindo, Yusuke Soto, Kozo Shishido. J Am Chem Soc, 1999, 121 (27): 6507]

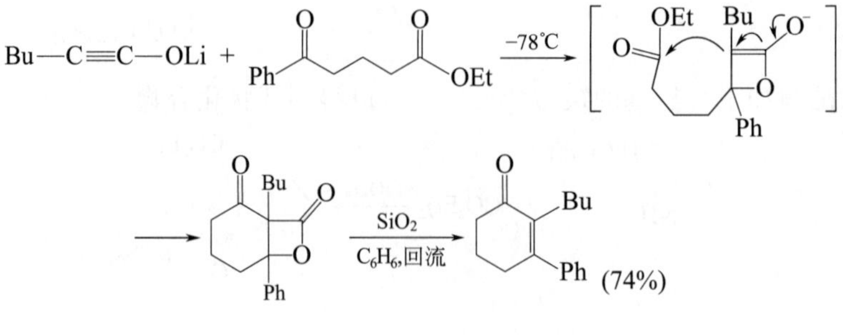

(74%)

其他反应见表 1-2。

表 1-6 炔醇锂与羰基酸酯［2+2］-Dieckmann 反应合成 2，3-取代环烯酮

R	R′	n	反应温度/℃	反应时间/h	脱羧方法	收率/%
Bu	Ph	2	−78	5	A	74
Me	Ph	2	−78	3	A	89
Bu	Me	2	−78	1.5	A	78
Bu	Me	2	−78	1.5	B	89
Me	Me	2	−78	1.5	A	54
Bu	Ph	1	−40	1.5	A	63
$B_{54}u$	Ph	1	−78	1.5	B	89
Bu	Me	1	−78	1.6	A	83
Me	Ph	1	−78	1.5	B	84
Me	Tol	1	−78	1.5	B	76
pentyl	Me	1	−78	1.5	A	80
Me	$EtO_2C(CH_2)_2$	1	−78	2	B	60

注:A指硅胶存在下回流; B指3%HCl EtOH回流。

与 Dieckmann 缩合相似的一个缩合反应是 Thorpe-Ziegler 缩合反应，在合成一些中等或大环化合物中有实际合成意义（详见 Thorpe-Ziegler 缩合反应）。

N-（1-苯乙基哌啶-4-基）苯胺

$C_{19}H_{24}N_2$，280.41

【英文名】 N-（1-Phenethylpiperidin-4-yl）aniline

【性状】 白色晶体。mp99～101℃（98～100℃）。

【制法】 谌志华，曾海峰，梁姗姗，聂海艳，虞心红．中国医药工业杂志，2013，44（5）：438.

$$PhCH_2CH_2NH_2\ (2) + 2CH_2{=}CHCO_2CH_3 \xrightarrow{CH_3OH} PhCH_2CH_2N(CH_2CH_2CO_2CH_3)_2\ (3) \xrightarrow{CH_3ONa} (4) \xrightarrow{HCl} (5) \xrightarrow[\text{Raney Ni}]{PhNH_2} (1)$$

N，N-双（甲氧羰基乙基）苯乙胺（**3**）：于安有搅拌器、温度计、滴液漏斗的 3L 反应瓶中，加入丙烯酸甲酯 688.7g（8.0mol）和无水甲醇 480mL，搅拌 30min。冰浴冷却，滴加 β-苯乙胺（**2**）387.8g（3.2mol）和无水甲醇 320mL 的混合液，控制内温不超过 40℃。滴毕加热回流搅拌反应 8h。冷却至室温，减压回收甲醇及过量丙烯酸甲酯，得淡黄色油状液体（**3**）926.0g，收率 98.5%。

N-苯乙基-4-哌啶酮（**5**）：于安有搅拌器、回流冷凝器、通气导管、回流冷凝器的3L反应瓶中，加入无水甲苯300mL，金属钠丝22.08g（0.96mol），氮气保护，升温至110℃，搅拌回流30min，冷却至40℃，缓慢滴加无水甲醇39.0mL（0.96mol），搅拌15min，滴加化合物（**3**）235.0g（0.80mol），控制温度不超过60℃。滴毕加热回流3h。TLC显示反应完全后冷却至室温，剩余物固化得化合物（**4**）。直接用于下一步反应。

将化合物（**4**）加至25%盐酸1.2L中，油浴加热回流5h，TLC显示反应完全后冷却至室温，搅拌过夜。分去甲苯层，冰浴冷却，搅拌下用40%氢氧化钠溶液调至pH12，析出淡黄色固体。冷却，抽滤，滤饼用石油醚重结晶，得淡黄色晶体（**5**）145g，收率89.5%，mp54.6～56.2℃（文献收率64%，mp55～57℃）。

（1-苯乙基哌啶-4-基）苯胺（**1**）：于2L压力釜中加入化合物（**5**）54g（0.266mol）、苯胺27.54g（0.296mol）、冰乙酸3.0mL、干燥的3Å分子筛75g、无水乙醇1L和3146型RaneyNi20g，用氮气除尽釜内空气后，于氢压0.4MPa、60℃条件下反应2h。冷却至室温，抽滤，滤液减压蒸除乙醇，剩余物中加入石油醚20mL，冷却析晶，抽滤，干燥后得白色晶体（**1**）65.6g，收率88.1%，mp99～101℃（文献98～100℃）。

2-（4-氯苯亚甲基）-2-氧代环戊烷甲酸甲酯

$C_{14}H_{13}ClO_3$，264.71

【英文名】 Methyl3-（4-chlorobenzylidene）-2-oxocyclopentanecarboxylate

【性状】 淡黄色粉末。mp129.9～130.3℃。

【制法】 林富荣，田胜，齐艳艳．应用化工，2013，42（5）：905.

$$(\mathbf{2})\ \text{己二酸二甲酯}\ \xrightarrow{CH_3ONa} (\mathbf{3})\ \text{2-氧代环戊烷甲酸甲酯} \xrightarrow{p\text{-}ClC_6H_4CHO} (\mathbf{1})\ Cl\text{-}C_6H_4\text{-}CH{=}\text{(2-氧代环戊烷-}CO_2CH_3)$$

2-氧代环戊烷羧酸甲酯（**3**）：于安有搅拌器、温度计、滴液漏斗、蒸馏装置的反应瓶中，加入50mL甲苯和质量分数为30.84%的甲醇钠14.3g（含甲醇钠为0.081mol），于90℃缓慢滴加由己二酸二甲酯（**2**）13.9g（0.08mol）溶于50mL甲苯的溶液，约1h加完，有大量白色固体产生，且在反应过程中要不断将甲醇蒸出，约4h反应结束。冰水浴冷却至0℃左右，滴加质量分数为6.0%的稀盐酸，白色固体逐渐消失，调节pH至中性，水洗2～3次，分液。有机相用无水硫酸钠干燥，减压蒸出甲苯，得淡黄色油状产品10.0g，含量为94.0%，收率为82.6%。

3-（4-氯苯亚甲基）-2-氧代环戊烷羧酸甲酯（**1**）：于安有搅拌器、温度计、滴液漏斗、回流冷凝器的反应瓶中，加入50mL甲苯、化合物（**3**）11.4g（0.08mol）和质量分数为30.84%的催化剂甲醇钠1.75g（含甲醇钠为0.20mol），于90℃缓慢滴加由对氯苯甲醛12.6g（0.09mol）溶于50mL甲苯溶液。反应一段时间，产生大量黄色固体，约15h反应结束。冷至室温，滴加稀盐酸，白色固体逐渐消失，为黄色浊液。调节pH至中性，水洗2～3次，分液。有机相用无水硫酸钠干燥，减压蒸出甲苯，得黄色固体。用乙醇重结晶，析出淡黄色粉末（**1**）18.6g，含量为95.7%，收率为89.0%，mp129.9～130.3℃。

N-苄基-3-吡咯烷酮

$C_{11}H_{13}NO$，175.23

【英文名】 *N*-Benzyl-3-pyrrolidinone

【性状】 无色液体。

【制法】 李桂花，陈延蕾，钱超，陈新志．化学反应工程与工艺，2010，26（5）：477.

$$\underset{(\mathbf{2})}{PhCH_2NH_2} + CH_2{=}CHCO_2C_2H_5 \xrightarrow{CH_3OH} \underset{(\mathbf{3})}{PhCH_2NHCH_2CH_2CO_2C_2H_5}$$

$$\xrightarrow{ClCH_2CO_2C_2H_5} \underset{(\mathbf{4})}{PhCH_2N(CH_2CO_2C_2H_5)CH_2CH_2CO_2C_2H_5} \xrightarrow{EtONa} (\mathbf{5}) \xrightarrow{HCl} (\mathbf{1})$$

3-苄胺基丙酸乙酯（**3**）：于安有搅拌器、滴液漏斗、温度计的500mL三口烧瓶中，加入苄胺（**2**）174mL（1.6mol），在15～20℃缓慢滴加丙烯酸乙酯101g（1.0mol），加完后继续搅拌反应16h。减压蒸馏，收集70～75℃/0.8kPa的馏分，为过量的苄胺、回收重复利用；收集140～142℃/0.8kPa的馏分，得无色液体（**3**）198g，收率96%。

3-（*N*-乙氧羰基亚甲基）苄胺基丙酸乙酯（**4**）：于安有搅拌器、回流冷凝器的500mL三口烧瓶中，加入化合物（**3**）198g（0.96mol），2.5g（0.015mol）碘化钾，150g（1.1mol）碳酸钾和160mL（1.5mol）氯乙酸乙酯，室温搅拌48h。过滤，滤饼为碳酸氢钾、氯化钾等无机盐类。滤液减压蒸馏，收集47～50℃/0.80kPa的馏分，为过量的氯乙酸乙酯、回收重复利用；剩余液体为化合物（**4**）的粗品262g，收率93%。直接用于下一步反应。

N-苄基-3-吡咯烷酮（**1**）：于安有搅拌器、滴液漏斗、回流冷凝器的反应瓶中，加入300mL无水甲苯，43g（1.8mol）洁净的金属钠，加热至沸，剧烈搅拌使金属钠充分分散后，静置冷却至40℃，制成钠砂。慢慢滴加34mL（0.68mol）无水乙醇，而后滴加化合物（**4**）粗品262g（0.89mol），控制温度不高于40℃，约9h反应完毕。冰浴冷却，滴加稀盐酸，搅拌30min。分液，甲苯相用20mL浓盐酸萃取一次合并到水相。水相加热回流8h。用固体氢氧化钠调节水溶液至强碱性，用200mL乙酸酯萃取，无水硫酸镁干燥。减压蒸馏，收集145～150℃/0.8kPa的馏分，得无色液体（**1**）101g，收率64%。

1-氮杂双环［2.2.2］辛-3-酮

$C_7H_{11}NO$，125.17

【英文名】 1-Azabicyclo[2.2.2]octan-3-one

【性状】 白色固体。

【制法】 ［1］何敏焕，项斌，高扬，史津晖，孙宇．浙江工业大学学报，2011，39

(1): 34.

[2] H U Daeniker , C A Grob. Org Synth, 1973, Coll Vol5: 989.

$$\underset{(2)}{\text{4-COOH-哌啶(N-H)}} \xrightarrow[CH_3OH]{SOCl_2} \underset{(3)}{\text{4-}CO_2CH_3\text{-哌啶(N-H)}} \xrightarrow[THF,K_2CO_3]{BrCH_2CO_2C_2H_5} \underset{(4)}{\text{4-}CO_2CH_3\text{-哌啶-N-}CH_2CO_2C_2H_5} \xrightarrow[Tol]{K,ROH} \underset{(5)}{\text{2-}CO_2C_2H_5\text{-3-奎宁酮}} \xrightarrow{HCl} \underset{(1)}{\text{3-奎宁酮}\cdot HCl}$$

4-哌啶甲酸乙酯(**3**):于安有搅拌器、温度计、滴液漏斗、回流冷凝器的250mL四口烧瓶中,加入4-哌啶甲酸(**2**)12.9g(0.10mol),170mL无水乙醇,冰浴冷却下缓慢滴加35mL(0.46mol)氯化亚砜,约1h加完。加完后升温回流3h,再减压蒸除溶剂。向残留固体中加入30%的NaOH溶液至强碱性,用氯仿(100mL×3)萃取。合并有机相,无水硫酸钠干燥。过滤,滤液减压蒸除溶剂,得淡黄色液体,继续减压蒸馏,收集97~101℃/1.3kPa的馏分,得无色透明液体(**3**)143g,收率91.1%,GC分析,纯度99.0%。

1-乙氧甲酰基甲基哌啶-4-甲酸乙酯(**4**):于安有搅拌器、回流冷凝器的250mL反应瓶中,加入化合物(**3**)15.7g(0.10mol)、四氢呋喃100mL、碳酸钾15.2g(0.11mol)和溴乙酸乙酯16.7g(0.10mol),加热回流4h。减压蒸除溶剂,向残留的固体中加水至碳酸钾正好溶解,用氯仿(100mL×3)萃取。合并有机相,用无水硫酸钠充分干燥。过滤,滤液减压蒸除溶剂,进一步减压蒸馏,收集143~146℃/530Pa的馏分,得到化合物(**4**)21.9g,收率90.1%。GC分析,纯度98.0%。

1-氮杂双环[2.2.2]辛-3-酮(**1**):于安有搅拌器、滴液漏斗、回流冷凝器的250mL四口烧瓶中,加入无水甲苯75mL,5.0g(0.13mol)金属钾,升温至金属钾呈熔融状,缓慢滴加11.0g(0.15mol)干燥的叔丁醇,至金属钾完全溶解。于1.0h缓慢滴加化合物(**4**)12.15g(0.05mol)溶于25mL甲苯的溶液。加完后升温至120~130℃,继续反应4h。冰浴冷却,滴加10mol/L的盐酸20mL,分出水层。甲苯层用10mol/L的盐酸萃取,合并水层,得2-乙氧羰基-3-奎宁酮(**5**)的盐酸盐水溶液,直接用于下步反应。

将上述溶液加热回流18h,加入0.3g活性炭,继续回流0.5h。趁热过滤,母液冷却至室温,分批加入碳酸钾固体至不再溶解。水层用氯仿(50mL×3)萃取。合并有机相,无水硫酸钠干燥过夜。过滤,滤液减压蒸除溶剂,剩余黄色液体溶于25mL丙酮中,冰水冷却下通入干燥的HCl气体,至固体析出完全,继续搅拌0.5h。过滤得到类白色固体,用少量热水和异丙醇重结晶,得白色化合物(**1**)4.55g,收率56.4%,纯度为97.6%,mp>250℃。将得到的化合物(**1**)用饱和碳酸钾溶液中和至碱性,乙酸乙酯萃取,干燥后可得1-氮杂双环[2.2.2]辛-3-酮游离碱,mp139~140℃(文献mp140℃)。

2. 酯-酮缩合

$$RCOOR^1 + R^2CH_2COR^3 \xrightarrow{NaNH_2} RCOCH(R^2)COR^3$$

羧酸酯与酮反应生成1,3-二酮,是合成1,3-二酮的重要方法之一。反应条件和反应机理与Claisen酯缩合相似。酮的α-H的酸性比酯的α-H强,酮容易生成碳负离子而进攻酯羰基发生亲核加成，最终生成酸性更强的1，3-二酮，此反应也称为Claisen缩合。此时应当有酮自身缩合的产物生成。若酯比酮更容易生成碳负离子，则主要产物为β-羟基酸酯，失水后生成α，β-不饱和酸酯，同时产物中有酯自身缩合的产物。

$$CH_3CH_2CO_2C_2H_5 + CH_3COCH_2CH_3 \xrightarrow[2.\ H_3^+O]{1.\ NaH} CH_3CH_2COCH_2COCH_2CH_3 \quad (51\%)$$

$$PhCO_2CH_3 + CH_3COPh \xrightarrow[2.\ H_3^+O]{1.\ NaNH_2} PhCOCH_2COPh \quad (62\%\sim71\%)$$

有报道称，在酮-酯缩合反应中加入冠醚可以提高产物收率。

酮与甲酸酯在碱性条件下缩合生成酮醛，而与其他的羧酸酯反应时，则生成β-二酮。

$$CH_3COCH_2R + HCOOC_2H_5 \xrightarrow[\text{或 } C_2H_5ONa]{Na} CH_3COCH(R)CHO$$

$$CH_3COCH_2R + R'COOC_2H_5 \xrightarrow[\text{或 } C_2H_5ONa]{Na} CH_3COCH(R)COR'$$

酮与碳酸二乙酯反应生成β-酮酸酯。

$$EtOCOOEt + R^1CH_2COR^2 \longrightarrow EtOCOCH(R^1)COR^2$$

例如喹诺酮类抗菌药盐酸环丙沙星（Ciprofloxacinhydrochloride）中间体的合成（陈芬儿．有机药物合成法：第一卷．北京：中国医药科技出版社，1999：799）：

$$\text{2,4-二氯-5-氟苯乙酮 } (ArCOCH_3) + C_2H_5OCOC_2H_5\ (\text{碳酸二乙酯}) \xrightarrow[(65.6\%)]{NaH} ArCOCH_2CO_2C_2H_5$$

又如消炎镇痛药伊索昔康（Isoxicam）中间体的合成：

$$CH_3COCH_3 + \begin{matrix} CO_2C_2H_5 \\ | \\ CO_2C_2H_5 \end{matrix} \xrightarrow[2.\ H_2SO_4]{1.\ CH_3ONa,Tol} CH_3COCH_2COCO_2C_2H_5 \xrightarrow{NH_2OH\cdot HCl} \text{5-甲基异噁唑-3-甲酸乙酯}\ (CO_2C_2H_5)$$

$$\xrightarrow{NH_3} \text{5-甲基异噁唑-3-甲酰胺}\ (CO_2NH_2)$$

对于不对称的酮，可有两个酰基化的方向，一般来说，反应发生在取代基较少的一边。甲基比亚甲基活泼，亚甲基比次甲基优先酰基化，R_2CH-很少被碱进攻。

酮-酯缩合反应也可以用于成环反应，尤其是制备五六元环化合物。分子内同时含有酮基和酯基时，若位置合适可发生分子内的酯-酮缩合，生成五元或六元环状二酮。

$$CH_3COCH(Ph)CH_2CH_2CO_2C_2H_5 \xrightarrow{C_2H_5ONa} \text{2-苯基-1,3-环己二酮}\ (80\%)$$

如下1,3-二酮若使用2mol的碱，可以生成双碳负离子，此时与酯反应，可以是位阻小的碳负离子作为亲核试剂进攻酯羰基，从而生成1,3,5-三酮。

$$CH_3COCH_2COR^2 \xrightarrow{2molKNH_2} \bar{C}H_2CO\bar{C}HCOR^2 \xrightarrow[2.\ H_2O]{1.\ RCOOR^1} RCOCH_2COCH_2COR^2$$

酮也可以与丁二酸酯反应，例如抗抑郁药盐酸曲舍林（Sertraline hydrochloride）中间体的合成（陈芬儿．有机药物合成法：第一卷．北京：中国医药科技出版社，1999：889）。

$$\text{3,4-二氯二苯甲酮} + \begin{matrix}CH_2CO_2C_2H_5\\ |\\ CH_2CO_2C_2H_5\end{matrix} \xrightarrow[(80\%)]{t\text{-BuOK},t\text{-BuOH}} (C_6H_5)(3,4\text{-}Cl_2C_6H_3)C{=}C(CH_2CO_2C_2H_5)CO_2C_2H_5$$

降血脂药阿托伐他汀钙（Atorvastatin Calcium）中间体的合成如下（陈仲强，陈虹．现代药物的制备与合成．北京：化学工业出版社，2007：440）。

$$NCCH_2CH(OH)CH_2CO_2CH_3 + CH_3CON(Ph)_2 \xrightarrow{LDA,THF} NCCH_2CH(OH)CH_2COCH_2CON(Ph)_2$$

临床用于治疗便秘为主的肠易激综合征药物马来酸替加色罗（Tegaserod Malaate）中间体的合成如下。

$$\text{5-甲氧基-2-硝基甲苯} + (CH_3O)_2HCN(CH_3)_2 \xrightarrow{\text{四氢吡咯},THF} \text{1-[2-(5-甲氧基-2-硝基苯基)乙烯基]吡咯烷} \xrightarrow[CH_3OH,THF(80\%)]{Raney\ Ni,NH_2NH_2 \cdot H_2O} \text{5-甲氧基吲哚}$$

4-丙基吡唑-3-羧酸乙酯

$C_9H_{14}N_2O_2$，182.22

【英文名】 Ethyl 2-propylpyrazolin-3-carboxylate

【性状】 黄色蜡状物。溶于氯仿、二氯甲烷、乙酸乙酯等有机溶剂，微溶于水。

【制法】 孙昌俊，曹晓冉，王秀菊．药物合成反应——理论与实践．北京：化学工业出版社，2007：401.

$$CH_3CH_2CH_2COCH_3 + \begin{array}{l}CO_2C_2H_5\\|\\CO_2C_2H_5\end{array} \xrightarrow[C_2H_5OH]{C_2H_5ONa} CH_3CH_2CH_2\overset{O}{\overset{\|}{C}}-CH=\overset{ONa}{\overset{|}{C}}-CO_2C_2H_5 \xrightarrow{H_2NNH_2} (1)$$

(2) (3) (1)

于安有搅拌器、温度计、回流冷凝器、滴液漏斗的反应瓶中，加入无水乙醇 500mL，分批加入金属钠 11.7g（0.51mol），待钠全部反应完后，于 60℃滴加 2-戊酮（**2**）44.1g（0.5mol）和草酸二乙酯 73.1g（0.5mol）的混合物，约 2h 加完。而后于 60℃反应 5h。减压蒸去溶剂至干，得浅黄色固体（**3**）。冷却下慢慢加入冰醋酸 110mL，再慢慢加入水合肼 0.5mol，回流反应 8h。冷后倒入 200g 碎冰中，用固体碳酸氢钠中和至 pH7。用二氯甲烷提取（300mL×2），再用饱和碳酸氢钠水溶液洗涤，无水硫酸钠干燥，减压蒸馏至干，得黄色蜡状物 2-丙基吡唑-3-羧酸乙酯（**1**）62g，收率 75%。

2-甲基-1,3-环戊二酮

$C_6H_8O_2$，112.13

【英文名】 2-methyl-1，3-Cyclopentanedione

【性状】 无色结晶。mp211～212℃。

【制法】 U. Hengartner1 ，Vera Chu. Organic Syntheses，1988，Coll Vol 6：774.

$$(2) \xrightarrow[Xyl,DMSO]{MeONa,MeOH} (1)$$

(2) (1)

于安有搅拌器、滴液漏斗、蒸馏装置的反应瓶中，加入二甲苯 1.4L，搅拌下加热至沸，慢慢滴加含有甲醇钠 43g（0.8mol）的甲醇溶液 179g，约 20min 加完，其间蒸出 450mL 溶剂。加完后再加入二甲苯 300mL，继续蒸馏，直至蒸汽温度升至 138℃。此时又蒸出 250mL，生成白色悬浮液。加入 DMSO 18mL，而后滴加由 4-氧代己酸乙酯（**2**）100g（0.633mol）溶于 200mL 二甲苯的溶液，约 25min 加完。共蒸出馏出物 900mL。保持蒸汽温度 134～137℃，继续反应 15min。冷至室温，剧烈搅拌下于 5min 加入 165mL 水，分为两相。剧烈搅拌下加入浓盐酸 82mL，于 0℃搅拌 1.5h。过滤生成的固体，用冷却的乙醚洗涤 2 次，得粗品（**1**）。将粗品溶于 1L 热水中，趁热过滤。浓缩至 550～600mL，0℃放置过夜。抽滤，于 80℃干燥，得化合物（**1**）50～50.6g，mp210～211℃，收率 70%～71%。

2-甲基-1-环己烯-1-羧酸甲酯

$C_9H_{14}O_2$，154.21

【英文名】 Methyl 2-methyl-1-cyclohexene-1-carboxylate

【性状】 bp96～97℃/3.59kPa。

【制法】 Margot Alderdice，F W Sum，Larry Weiler. Organic Syntheses，1990，Coll Vol 7：351.

$$(2) + CO(OCH_3)_2 \xrightarrow{KH,NaH} (3) \xrightarrow[2.\ (EtO)_2P(O)Cl]{1.\ NaH} (4) \xrightarrow{Me_2CuLi} (1)$$

2-氧代环己烷甲酸甲酯（**3**）：于安有搅拌器、滴液漏斗、通气导管、回流冷凝器的反应瓶中，加入通入氮气，加入碳酸二甲酯 18.02g（0.2mol），无水 THF50mL，氢化钠 6.12g（0.25mol）（由含 50%的矿物油的氢化钠 12.24g 用戊烷洗涤 4 次得到），搅拌下加热回流，慢慢滴加环己酮（**2**）7.80g（0.08mol）溶于 20mL THF 的溶液。2min 后加入氢化钾 0.306g（0.0076mol）引发反应，而后继续滴加（**2**）的 THF 溶液，约 1h 加完。加完后继续搅拌回流反应 30min。冰浴冷却，慢慢加入 3mol/L 的醋酸溶液 75mL 进行分解。将反应物倒入 100mL 氯化钠溶液中，氯仿提取（150mL×4）。合并有机层，无水硫酸钠干燥。过滤，旋转浓缩。剩余物减压蒸馏，收集 53～55℃/46.6kPa 的馏分，得无色液体（**3**）9.8～10.8g,收率 79%～87%。

2-二乙氧基磷酰氧基-1-环己烯-1-甲酸甲酯（**4**）：于安有搅拌器、滴液漏斗、回流冷凝器、通气导管的反应瓶中，通入干燥的氮气，加入氢化钠（由含 50%矿物油的氢化钠用无水乙醚洗涤 4 次以除去矿物油），无水乙醚 150mL，冰浴冷却，慢慢滴加由化合物（**3**）4.68g（0.03mol）溶于 10mL 乙醚的溶液，反应中放出氢气。加完后于 0℃继续搅拌反应 30min。而后慢慢加入氯磷酸二乙酯 4.5mL（5.37g，0.031mol），撤去冰浴，室温搅拌反应 3h。加入氯化铵固体 0.6g，继续搅拌反应 30min。过滤，滤液减压浓缩，得化合物（**4**）8.18～8.63g，直接用于下一步反应。

2-甲基-1-环己烯-1-甲酸甲酯（**1**）：于安有搅拌器、滴液漏斗、通气导管的反应瓶中，加入碘化亚铜 8.03g（0.042mol），无水乙醚 50mL，通入氮气，冰浴冷却。迅速加入 1.1mol/L 的甲基锂乙醚溶液 92.7mL（0.084mol），生成澄清无色或浅褐色二甲基铜锂溶液。用四氯化碳-干冰浴冷至－23℃，于 5～10min 滴加上述化合物（**4**）溶于 35mL 无水乙醚的溶液。加完后继续冷却下搅拌反应 3h。将暗紫色溶液倒入 75mL 冰冷的用氯化钠饱和的 5%的盐酸中，冰浴冷却下剧烈搅拌 5～10min 以使分解完全。搅拌下加入 15%的氨水 150mL，搅拌至有机层澄清而水层呈浅蓝色。分出有机层，有机层用 15%的氨水 50mL 洗涤。合并水层，用 100mL 乙醚提取。合并乙醚层，饱和盐水洗涤，无水硫酸镁干燥。过滤，旋转浓缩。剩余物（4.25～5.47g）减压蒸馏，收集 96～97℃/3.59kPa 的馏分，得化合物（**1**）3.99～4.17g，收率 86%～90%。

1*H*-吲唑

$C_7H_6N_2$，118.14

【英文名】 1*H*-Indazole

【性状】 mp146～147℃。

【制法】 C. Ainsworth Organic Syntheses，1963，Coll Vol 4：536.

(2) + HCO_2Et $\xrightarrow[Et_2O]{EtONa}$ (3) $\xrightarrow{NH_2NH_2}$ (4) $\xrightarrow{5\%Pd\text{-}C}$ (1)

2-羟基亚甲基环己酮（**3**）

方法 1：

于安有搅拌器、回流冷凝器（安氯化钙干燥管）的 5L 反应瓶中，加入无水乙醚 2L，切成小块的洁净的金属钠 23g（1mol），新蒸馏的环己酮（**2**）98g（1mol），甲酸乙酯 110g（1.5mol），水浴冷却，搅拌下加入无水乙醇 5mL。搅拌反应 6h，放置过夜。加入 25mL 无水乙醚，再搅拌反应 1h。加入 200mL 水，充分搅拌后，分出乙醚层，水层用 50mL 水洗涤。合并水层，用 100mL 乙醚提取，水层用 6mol/L 的盐酸 165mL 酸化，乙醚提取（300mL×2）。合并乙醚层，饱和盐水洗涤，无水硫酸镁干燥。滤去干燥剂。蒸出乙醚，剩余物减压分馏，收集 70～72℃/0.665kPa 的馏分，得化合物（**3**）88～94g，收率 70%～74%。n_D^{25} 1.5110。

方法 2：

于安有搅拌器、滴液漏斗、回流冷凝器（安氯化钙干燥管）的反应瓶中，加入 48%的氢化钠 50g（1mol），无水乙醚 2L，5mL 无水乙醇，水浴冷却。搅拌下滴加由新蒸馏的环己酮（**2**）98g（1mol）和甲酸乙酯 110g（1.5mol）的混合液，约 6h 加完。加完后放置过夜。加入 20mL 乙醇，搅拌反应 1h。再加入 200mL 水，搅拌后分出有机层，按照方法 1 的处理方法进行处理，得化合物（**3**）。

4，5，6，7-四氢吲唑（**4**）：于 2L 烧杯中加入化合物（**3**）63g（0.5mol），甲醇 500mL，慢慢加入水合肼 25mL（0.5mol），而后放置 30min，蒸汽浴加热减压浓缩，为了除去其中的水，再加入 100mL 无水乙醇，重新减压浓缩。剩余物溶于 100mL 热的石油醚中，冰浴冷却 1h。过滤生成的固体，少量石油醚洗涤，得粗品（**4**）58～60g，mp79～80℃，收率 95%～98%。直接用于下一步反应。

1*H*-吲唑（**1**）：于安有搅拌器、回流冷凝器的 3L 反应瓶中，加入化合物（**4**）50g（0.41nol），5%的 Pd-C 催化剂 35g，十氢萘 1L，搅拌下加热回流反应 24h。趁热过滤，滤液冷却后放置过夜。抽滤生成的固体，100mL 石油醚洗涤，空气中干燥。将其溶于 750mL 热苯中，用 4g 活性炭脱色，过滤，加入 2L 石油醚，冰浴中冷却。抽滤，干燥，得化合物（**1**）24～25g，mp146～147℃，收率 50%～52%。

3. 酯-腈缩合

腈与酯发生缩合反应，产物是 *β*-酮腈。

$$RCOOR^1 + R^2CH_2CN \longrightarrow RCOCH(R^2)CN$$

氰基具有很强的吸电子能力，其 *α*-H 的酸性较强，很容易被碱夺去生成碳负离子。生成的碳负离子对酯羰基进行亲核加成，而后失去烷氧基，生成 *β*-羰基腈类化合物。反应机理与酯缩合相似。因为氰基 α-H 的酸性较强，使用醇钠就可催化反应的顺利进行。例如：

$$CH_3CH_2CO_2Et + Cl\text{-}C_6H_4\text{-}CH_2CN \xrightarrow[2.\ H_2SO_4]{1.\ EtONa} Cl\text{-}C_6H_4\text{-}CH(CN)COCH_2CH_3$$

除了上述酮-酯缩合、酮-腈缩合外，羧酸在强碱如氨基锂等存在下也可以与酯缩合生成 β-酮酸盐。

$$H_2C(R)COO^- \xrightarrow{(i\text{-}Pr)_2NLi} {}^-HC(R)COO^- \xrightarrow{R_1CO_2CH_3} R^1COCH(R)COO^-$$

反应中将羧酸转化为双负离子，而后碳负离子对酯羰基进行亲核加成，消去醇，生成 β-酮酸盐。羧酸可以是 RCH_2COOH 或 $R_2CHCOOH$。因为 β-酮酸很容易失去羧基生成酮，所以该方法可以制备酮 RCH_2COR^1 和 R_2CHCOR^1。若使用甲酸酯，则反应后生成醛，是将羧酸转化为醛的一种方法。

$$H_2C(R)COOH \xrightarrow{(i\text{-}Pr)_2NLi} {}^-HC(R)COO^- \xrightarrow[-CH_3O^-]{HCO_2CH_3} \left[HCOCH(R)COO^- \right] \xrightarrow[\triangle]{H^+} H_2C(R)CHO + CO_2$$

很多其他碳负离子基团也可以与酯发生缩合反应，如乙炔负离子、α-甲基吡啶负离子、甲亚磺酰基碳负离子（$CH_3SOCH_2^-$）、DMSO 的共轭碱、硝基烷烃负离子、亚硝酸烷基酯负离子等。

$$RCOOR' + 2CH_3SO\bar{C}H_2 \longrightarrow RCO\bar{C}HSOCH_3 + R'O^- + (CH_3)_2SO$$

$$RCO\bar{C}HSOCH_3 \xrightarrow{H_3O^+} RCOCH_2SOCH_3 \xrightarrow{Al\text{-}Hg} RCOCH_3$$

上述反应生成的酮亚砜，还原后可以得到甲基酮。

如下 1，3-二噻烷负离子与酯反应，生成的缩合产物用 NBS 或 NCS 氧化水解，可以生成 α-酮醛或 α-二酮。

$$\text{2-R-1,3-二噻烷负离子} \xrightarrow{R^1COOR^2} \text{2-R-2-}(COR^1)\text{-1,3-二噻烷} \longrightarrow RCOCOR^1$$

4-氟苯甲酰乙腈

C_9H_6FNO，163.15

【英文名】 4-Fluorobenzoylcatonitrile，3-（4-Fluorophenyl）-3-oxopropanenitrile

【性状】 淡黄色固体。mp74～76℃。

【制法】 王俊芳，王小妹，王哲烽，时惠麟．中国医药工业杂志，2009，40（4）：247.

$$4\text{-}F\text{-}C_6H_4\text{-}COOCH_3\ (\mathbf{2}) + CH_3CN \xrightarrow{NaH} 4\text{-}F\text{-}C_6H_4\text{-}COCH_2CN\ (\mathbf{1})$$

于安有搅拌器、温度计、回流冷凝器、滴液漏斗的反应瓶中，加入干燥的甲苯320mL，60%的氢化钠26g（0.65mol），乙腈26.6g（0.65mol），搅拌反应30min。慢慢滴加对氟苯甲酸甲酯（**2**）50g（0.32mol）与甲苯50mL的溶液。加完后加热至90℃，搅拌反应2h。再补加乙腈26g（0.65mol），继续搅拌反应6.5h。冷却，抽滤，滤饼加入550mL水中，搅拌溶解。用盐酸调至pH6，二氯甲烷提取4次。合并二氯甲烷层，无水硫酸钠干燥。浓缩至干，得淡黄色固体化合物（**1**）47g，收率92%，mp74～76℃。

γ-苯基-γ-氰基丙酮酸乙酯

$C_{12}H_{11}NO_3$，217.22

【英文名】 Ethylγ-phenyl-γ-cyanopyruvate

【性状】 柠檬黄色结晶。mp130℃。

【制法】 勃拉特．合成化学：第二集．南京大学化学系有机化学教研室译．北京：科学出版社，1964：198.

$$\underset{(\mathbf{2})}{C_6H_5CH_2CN} + \begin{matrix}CO_2C_2H_5\\|\\CO_2C_2H_5\end{matrix} \xrightarrow{EtONa} \underset{\displaystyle CN}{C_6H_5\overset{|}{C}}{=}C(ONa)CO_2C_2H_5 \xrightarrow{HCl} \underset{(\mathbf{1})}{C_6H_5CH(CN)COCO_2C_2H_5}$$

于安有搅拌器、回流冷凝器的干燥的反应瓶中，加入无水乙醇650mL，分批加入金属钠46g（2mol），反应剧烈，放出氢气。若反应过于剧烈可适当冷却。待金属钠全部反应完后，加入草酸二乙酯312g（2.1mol），而后立即加入苯乙腈（**2**）234g（2mol），搅拌均匀后放置过夜。搅拌下加入水250～300mL，温热至35℃。用浓盐酸酸化至强酸性，冷至室温，析出结晶。冰水浴中冷却，抽滤，冷水洗涤，干燥，得柠檬黄色结晶360～380g，mp126～128℃。用60%的乙醇重结晶，得产品γ-苯基-γ-氰基丙酮酸乙酯（**1**）300～325g，mp130℃，收率69%～75%。

苯基氰基乙酸乙酯

$C_{11}H_{11}NO_2$，189.21

【英文名】 Ethyl phenylcyanoacetate

【性状】 bp125～135℃/0.40～0.665kPa。

【制法】 ECHorning，AFFinelli. Organic Syntheses，1963，Coll Vol 4：461.

于安有搅拌器、回流冷凝器（安氯化钙干燥管）的反应瓶中，加入无水乙醇300mL，搅拌下分批加入切成小块的洁净的金属钠12.0g（0.52mol），待金属钠完全反应完后，改为减压蒸馏装置，蒸汽浴加热减压蒸出乙醇，得白色固体乙醇钠。而后加入300mL干燥的碳酸二乙酯、80mL 干燥的甲苯和苯乙腈（**2**）58.5g（0.5mol），搅拌下加热，乙醇钠很快溶解。当开始蒸馏时，慢慢滴加干燥的甲苯，滴加速度与蒸馏速度一致，约于 2h 滴加 200～250mL 甲苯。冷却后，将反应物转移至 1L 烧杯中，加入 300mL 冷水，水相用 35～40mL 醋酸酸化。分出有机层，水层用乙醚提取（75mL×3）。合并有机层，水洗，无水硫酸镁干燥。常压蒸出乙醚，而后减压分馏，收集 125～135℃/0.40～0.665kPa 的馏分，得化合物（**1**）66～74g，收率 70%～78%。

$$PhCH_2CN\ (\mathbf{2}) + CO(OEt)_2 \xrightarrow[\text{Tol}]{\text{EtONa}} PhC(Na)(CN)COOEt\ (\mathbf{3}) \xrightarrow{\text{HOAc}} PhCH(CN)COOEt\ (\mathbf{1})$$

二、负碳离子酰基化生成羰基化合物

含有活泼氢的碳失去质子后生成碳负离子，发生酰基化反应可以在该碳上引入酰基生成羰基化合物。

$$RCOCl + Z\overset{-}{C}HZ' \longrightarrow RCOC(H)(Z)(Z')$$

式中 Z 和 Z′可以是 COOR′、CHO、COR′、CONR′$_2$、COO$^-$、CN、NO_2、SOR′、SO_2R′、SO_2OR′、SO_2NR′$_2$ 或类似的吸电子基团。如果含有活泼氢的碳原子上连有任意两个这样的基团（相同或不相同），在适当的碱存在下，可以失去一个质子生成碳负离子（有时可以互变为烯醇负离子），而后与酰基化试剂反应，在该碳原子上引入一个羰基生成羰基化合物。常用的碱有乙醇钠、叔丁醇钾，反应时通常分别以它们相应的醇作溶剂。至于选用哪一种碱，可以依据活泼氢的酸性强弱来决定。对于酸性特别强的化合物如 β-二酮，使用氢氧化钠的水溶液、乙醇溶液、丙酮溶液，甚至碳酸钠也可以催化反应的进行。若其中的 Z 或 Z′为酯基，应注意皂化副反应的发生。

如下化合物分子中虽然不含有上述各种基团，但同一碳上连有连个苯基，亚甲基上的氢酸性较弱，需要使用更强的碱，如氨基钠。

$$PhCH_2Ph \xrightarrow{NaNH_2,\ NH_3} [Ph\overset{-}{C}HPh]Na^+$$

活泼亚甲基的碳负离子与酸酐反应可以进行酰基化，但酸酐的使用较少，主要是与酰氯反应进行酰基化。酰基化后生成具有 $ZCHZ_2$ 结构的化合物，分子中含有 3 个 Z 基团。这样的化合物其中的 Z 基团可以脱去其中的一个或两个。例如乙酰乙酸乙酯酰基化后的酸式分解和碱式分解。

芳香族酰氯或酸酐与乙酰乙酸乙酯或丙二酸二乙酯等含活泼亚甲基的化合物发生碳原子上的酰基化反应，可以生成酮酸酯等类化合物。

$$PhCOCl + CH_3COCH_2CO_2C_2H_5 \xrightarrow{NaH} CH_3COCH(COPh)CO_2C_2H_5 \xrightarrow{NH_4Cl,\ H_2O} PhCOCH_2CO_2C_2H_5$$

（68%～71%）

$$CH_3COCH_2CO_2C_2H_5 \xrightarrow{Na} [CH_3CO\overline{C}HCO_2C_2H_5]\ Na^+ \xrightarrow{PhCH=CHCOCl}$$

$$PhCH=CHCO-\underset{}{\overset{CO_2C_2H_5}{\overset{|}{C}}}HCOCH_3 \xrightarrow{H_2O} PhCH=CHCO-CH_2COCH_3$$

反应机理如下：

$$H_2C{\begin{matrix}X\\Y\end{matrix}} + B^- \underset{}{\overset{-HB}{\rightleftharpoons}} \overset{-}{C}H{\begin{matrix}X\\Y\end{matrix}} \xrightarrow{RCOCl} R-\underset{Cl}{\overset{O^-}{C}}-CH{\begin{matrix}X\\Y\end{matrix}} \xrightarrow{-Cl^-}$$

$$R\overset{O}{\overset{\|}{C}}CH{\begin{matrix}X\\Y\end{matrix}} \overset{B^-}{\rightleftharpoons} RCO\overset{-}{C}{\begin{matrix}X\\Y\end{matrix}} \xrightarrow{RCOCl} (RCO)_2C{\begin{matrix}X\\Y\end{matrix}}$$

常用的碱有醇钠、氨基钠、氢化钠、醇镁等。最好用氢化钠、氨基钠，因为这时反应体系中没有醇，可防止酰氯与醇发生成酯反应。

常用的溶剂有醚、THF、DMF、DMSO，或者直接用过量的活泼亚甲基化合物作溶剂。

乙酰乙酸乙酯与1摩尔酰氯反应，生成二酰基乙酸乙酯，后者可选择性水解生成新的β-酮酸酯或1，3-二酮衍生物。例如：

$$CH_3COCH_2CO_2C_2H_5 \xrightarrow[Et_2O]{NaNH_2} CH_3CO\overline{C}HCO_2C_2H_5Na^+ \xrightarrow{PhCOCl} CH_3CO\underset{COPh}{\underset{|}{C}}HCO_2C_2H_5$$

$$\xrightarrow[2.\ HCl]{1.\ NaOH,\ H_2O} CH_3COCH_2COPh+CO_2+C_2H_5OH$$

$$CH_3CO\underset{COPh}{\underset{|}{C}}HCO_2C_2H_5 \xrightarrow[42℃]{NH_4Cl\cdot H_2O} PhCOCH_2CO_2C_2H_5+CH_3CONH_2$$

丙二酸酯用酰氯酰基化后再水解并加热脱羧，可生成酮。该方法可用于制备用其他方法不易得到的酮。

$$R'CH(CO_2C_2H_5)_2 \xrightarrow[2.\ RCOCl]{1.\ NaH} {\begin{matrix}R'\\RCO\end{matrix}}C(CO_2C_2H_5)_2 \xrightarrow{H_3^+O} R'CH_2COR+CO_2+C_2H_5OH$$

在此类反应中，O-酰基化常常是主要的副反应，若将活泼亚甲基化合物首先转化为镁烯醇后再与酰氯、酸酐反应，会得到较好的效果。

$$CH_2(CO_2Et)_2 \xrightarrow[EtOH]{Mg} EtOOCCH=\overset{OMgOEt}{\overset{|}{C}}-OEt \xrightarrow[\text{或}R\overset{O}{\overset{\|}{C}}O\overset{O}{\overset{\|}{C}}Et]{RCOCl} RCOCH(CO_2Et)_2 \xrightarrow{H_3O^+} RCOCH_3$$

$$\text{(2-硝基苯甲酰氯)}\ o\text{-}NO_2C_6H_4COCl + EtOOCCH=\overset{OMgOEt}{\overset{|}{C}}-OEt \longrightarrow o\text{-}NO_2C_6H_4COCH(CO_2C_2H_5)_2\ (82\%\sim88\%)$$

上述反应丙二酸二乙酯与乙醇、镁作用生成的烯醇乙氧基镁盐能溶于惰性溶剂中，酰基化反应很容易进行。进一步水解、脱羧，可以得到甲基酮。

例如农药、医药中间体 2,3-二氯-5-乙酰基吡啶的合成如下，当然也可以由酰氯与甲基锂、甲基格氏试剂反应来合成。

$$\text{5,6-二氯-3-(COCl)吡啶} + CH_2(CO_2C_2H_5)_2 \xrightarrow[Et_3N]{MgCl_2} \text{5,6-二氯-3-[COCH(CO_2C_2H_5)_2]吡啶} \xrightarrow[150\sim160^\circ C]{DMSO,H_2O} \text{5,6-二氯-3-(COCH_3)吡啶}\ (92.8\%)$$

例如抗菌药伊诺沙星中间体 2，6-二氯-5-氟吡啶-3-甲酰基乙酸乙酯的合成（陈芬儿．有机药物合成法：第一卷．北京：中国医药科技出版社，1999：984）：

$$\text{2,6-二氯-5-氟-3-(COCl)吡啶} \xrightarrow[2.\ TsOH]{1.\ C_2H_5OMgCH(CO_2C_2H_5)_2} \text{2,6-二氯-5-氟-3-(COCH_2CO_2C_2H_5)吡啶}$$

若使用丙二酸乙酯叔丁基酯的乙醇镁盐进行酰基化，而后在对甲基苯磺酸存在下加热，可以顺利生成 β-酮酸酯。

$$RCOCl + C_2H_5OMgCH(CO_2C_2H_5)(CO_2Bu\text{-}t) \longrightarrow$$

$$RCOCH(CO_2C_2H_5)(CO_2Bu\text{-}t) \xrightarrow{TsOH} RCOCH_2CO_2C_2H_5 + CH_2{=}C(CH_3)_2 + CO_2$$

α-单烷基取代的丙二酸二酯用上述方法进行酰基化反应，收率往往不高。但用 α-单烷基取代的丙二酸单酯生成的烯醇镁盐进行酰基化反应，伴随着二氧化碳的失去，可以一步合成 α-烷基取代的 β-酮酸酯。

$$RCH(CO_2Et)(COOH) \xrightarrow[THF]{i\text{-}PrMgBr} \text{[R-烯醇镁螯合物(EtO, Mg)]} \xrightarrow[-CO_2]{R^1COCl} \text{[R, R}^1\text{-烯醇MgCl螯合物]} \xrightarrow{H_3O^+} R^1COCH(R)CO_2Et\ (41\%\sim71\%)$$

酮与碳酸甲酯甲氧基镁作用也可以生成具有螯合结构的 β-酮酸的烯醇镁盐，后者酰基化后水解，可以生成 β-二酮类化合物。

$$RCOCH_3 + CH_3OMgOC(O)OCH_3 \xrightarrow{DMF} \text{[R-烯醇镁螯合物]} \xrightarrow{R^1COCl} R^1CO\text{-[R-MgCl螯合物]} \xrightarrow{H_3O^+} RCOCH_2COR^1$$

丙二酸亚异丙酯具有较强的酸性，很容易进行酰基化反应。酰基丙二酸亚异丙酯具有易开环的性质，是合成甲基酮和 β-酮酸酯的方法。

$$\text{丙二酸亚异丙酯} \xrightarrow[\text{或}(RCO)_2O/K_2CO_3/TEBA]{RCOCl/Py} RCO\text{-丙二酸亚异丙酯} \begin{cases} \xrightarrow{R^1OH} RCOCH_2COOR^1 \\ \xrightarrow{H_3O^+} RCOCH_3 \end{cases}$$

1,3-二羰基化合物在碱性条件下与酰卤反应，主要发生在β-碳上，生成 C-酰基化产物，O-酰基化是副产物，但 1，3-二羰基化合物的铊（Ⅰ）盐可以实现 C-和 O-的区域选择性酰基化反应。1，3-二羰基化合物的铊（Ⅰ）盐可以由 1，3-二羰基化合物与乙醇铊（Ⅰ）在惰性溶剂如石油醚中反应得到。2，4-戊二酮的铊（Ⅰ）盐在乙醚中于－78℃与乙酰氯反应，O-酰基化产物的收率达 90％以上，而于乙醚中室温与乙酰氟反应，则 C-酰基化产物达 95％以上。

$$\left[CH_3COCH^-COCH_3 \rightleftharpoons CH_3C(O^-)=CHCOCH_3\right]Tl(I)^+ \xrightarrow[-78℃]{CH_3COCl} CH_3C(OCOCH_3)=CHCOCH_3\ (90\%)$$

$$\xrightarrow[r.t]{CH_3COF} CH_3COCH(COCH_3)COCH_3\ (95\%)$$

1，3-二酮或β-酮酸酯在一定的条件下可以生成双负离子，后者可以进行γ-酰基化。

$$RCOCH_2COCH_3 \xrightarrow[液氨]{2LiNH_2} RCOCH(Li)COCH_2Li \xrightarrow{R^1CO_2CH_3} RCOCH(Li)COCH_2COR^1$$

$$\xrightarrow[液氨]{LiNH_2} RCOCH(Li)COCH(Li)COR^1 \xrightarrow{H_3O^+} RCOCH_2COCH_2COR^1$$

（40％～50％）

对于简单的酮类化合物，与酰氯反应需要强碱，如氨基钠、三苯甲基钠等，而且往往由于 O-酰基化而使产物复杂化。由于 O-位酰基化速度比较快，很多情况下会使得 O-酰基化产物成为主要的产物。为了提高 C-酰基化的产物比例，可以采用如下几种方法。低温下加入过量（2～3 倍）的烯醇负离子（将烯醇盐加入底物中而不是相反）；使用相对无极性的溶剂和金属离子(如 Mg^{2+})，烯醇氧负离子会与金属离子紧密结合；使用酰氯而不要使用酸酐；低温反应等。当使用过量的烯醇时可以实现 C-酰基化的原因是，反应中先发生 O-酰基化，生成烯醇酯，后者再被 C-酰基化。

将简单酮转化为烯醇硅醚，再在 $ZnCl_2$ 或 $SbCl_3$ 催化下与酰氯反应，可以实现碳酰基化反应。例如：

$$环己酮 \xrightarrow[Et_3N]{Me_3SiCl} 1\text{-}OSiMe_3\text{-环己烯} \xrightarrow[催化剂,DCM]{CH_3COCl} 2\text{-乙酰基环己酮} + 1\text{-乙酰氧基环己烯}$$

$ZnCl_2$:	63%	3%
$SbCl_3$:	65%	15%

$$RC(OSiMe_3)=C(CH_3)_2 + (CH_3CO)_2O \xrightarrow{BF_3} \xrightarrow[H_2O]{CH_3CO_2Na} RCOC(CH_3)_2COCH_3$$

在 BF_3 催化下，酮可以与酸酐反应，生成β-二酮。将酮和醋酸酐的混合物用 BF_3 饱和，而后用醋酸钠水溶液处理，可以生成β-二酮。

$$CH_3COCH_3 + (CH_3CO)_2O \xrightarrow[2.\ CH_3CO_2Na]{1.\ BF_3} CH_3COCH_2COCH_3 + CH_3CO_2H$$

大致的反应过程如下：

$$\mathrm{CH_3COCH_3} + (\mathrm{CH_3CO})_2\mathrm{O} \xrightarrow{-\mathrm{CH_3CO_2H}} \mathrm{CH_2{=}C(OOCCH_3)CH_3} \xrightarrow[\mathrm{BF_3}]{(\mathrm{CH_3CO})_2\mathrm{O}} \mathrm{CH_3COCH_2CH(OOCCH_3)CH_3}$$

$$\xrightarrow[-\mathrm{CH_3COF}]{\mathrm{BF_3}} \text{(BF}_2\text{ chelate)} \xrightarrow[\mathrm{H_2O}]{\mathrm{CH_3CO_2Na}} \mathrm{CH_3COCH_2COCH_3}$$

反应中催化剂 BF_3 是过量的（通入 BF_3 至饱和），使用催化量的 BF_3 未能成功。

丙酮、苯乙酮、*o*-、*m*-、*p*-硝基苯乙酮等甲基酮与醋酸酐在 BF_3 催化下反应都取得了较好的结果。

$$(\mathrm{CH_3CO})_2\mathrm{O}+\mathrm{CH_3COC_6H_4NO_2} \xrightarrow[(64\%\sim68\%)]{\mathrm{BF_3}} \mathrm{CH_3COCH_2COC_6H_4NO_2}+\mathrm{CH_3COOH}$$

亚甲基酮如二乙基酮、环戊酮、环己酮、四氢萘酮等也取得较好的结果。

$$(\mathrm{CH_3CO})_2\mathrm{O} + \text{环己酮} \xrightarrow[(73\%)]{\mathrm{BF_3}} \text{2-乙酰基环己酮} + \mathrm{CH_3COOH}$$

含有甲基、亚甲基的不对称酮（如 CH_3COCH_2R），发生上述反应生成两种酰基化产物的混合物。两种异构体的比例取决于 R 的性质和通入 BF_3 至饱和的速度。当慢慢通至饱和时，对于甲基乙基酮只得到亚甲基酰化的产物。但对于甲基丙基酮和其他更高级的甲基酮，甲基上的酰基化产物随着 *β*-碳上支链的增加而增加。甲基异丁基酮甲基上的乙酰基化产物达 45%，而当三个甲基连在 *β*-碳上的甲基新戊基酮进行反应时，则仅生成甲基酰基化产物。一般来说，提高 BF_3 至饱和的速度，可以提高甲基酰基化物的比例，而在酸存在下降低加入 BF_3 的速度可以提高亚甲基酰基化产物的比例。

如下反应在催化量的对甲苯磺酸存在下反应，而后加入 BF_3-乙醚溶液得到亚甲基酰基化产物（Mao Chung Ling，Hausker C R. Org，Synth，Coll Vol 6：245）。

$$n\text{-}\mathrm{C_4H_9CH_2COCH_3} + (\mathrm{CH_3CO})_2\mathrm{O} \xrightarrow{\mathrm{TsOH}} n\text{-}\mathrm{C_4H_9CH{=}C(OCOCH_3)CH_3} \xrightarrow[(\mathrm{CH_3CO})_2\mathrm{O}]{\mathrm{BF_3\cdot CH_3COOH}}$$

$$n\text{-}\mathrm{C_4H_9C(COCH_3)_2\cdot BF_3}\ \text{(螯合物)} \xrightarrow[\mathrm{H_2O},\,\triangle]{\mathrm{CH_3CO_2Na}} n\text{-}\mathrm{C_4H_9CH(COCH_3)_2}\ (64\%\sim77\%)$$

苯丙酮也可以发生类似的反应。

$$(\mathrm{CH_3CO})_2\mathrm{O}+\mathrm{CH_3COCH_2Ph} \xrightarrow[\mathrm{H^+}]{\mathrm{BF_3}} \mathrm{CH_3COCH(Ph)COCH_3}+\mathrm{CH_3COOH}$$

(50%～60%)

除了醋酸酐外，其他一些酸酐也可以发生碳上的酰基化反应。例如：

$$[\mathrm{CH_3(CH_2)_2CO}]_2\mathrm{O}+\mathrm{CH_3COC_6H_5} \xrightarrow{\mathrm{BF_3}} \mathrm{CH_3(CH_2)_2COCH_2COC_6H_5}+\mathrm{CH_3CH_2CH_2COOH}$$

(63%)

$$[CH_3(CH_2)_4CO]_2O + CH_3COCH_2CH_3 \xrightarrow{BF_3} CH_3(CH_2)_4COCH(CH_3)COCH_3 + CH_3(CH_2)_4COOH$$

(64%)

均三甲苯在 BF_3 催化下与醋酸酐反应，首先发生苯环上的 F-C 酰基化反应，而后发生酮碳上的酰基化反应。

$$\text{均三甲苯} \xrightarrow[BF_3]{(CH_3CO)_2O} \text{2,4,6-}(CH_3)_3C_6H_2COCH_3 \xrightarrow[BF_3]{(CH_3CO)_2O} \text{2,4,6-}(CH_3)_3C_6H_2COCH_2COCH_3$$

将醛、酮与仲胺发生缩合脱水转化为烯胺，与酰氯反应，可以生成 1,3-二羰基化合物（Stork 烯胺反应）。

$$\left[\gt C{=}C{-}\ddot{N}\lt \longleftrightarrow \gt \overset{-}{C}{-}C{=}\overset{+}{N}\lt \right]$$

$$\text{环己酮} + \text{吗啉} \xrightarrow[Tol]{TsOH} [\text{烯胺} \longleftrightarrow \text{共振式}] \xrightarrow{CH_3COCl} [\text{2-乙酰基烯胺}] \xrightarrow[Et_3N]{H_2O} \text{2-乙酰基环己酮}\ (61\%)$$

烯胺（enamines）是指具有“C=C—NH_2”结构的一类化合物的总称，但是习惯上所谓烯胺往往是指 α,β-不饱和三级胺。羰基化合物能与仲胺加成，生成醇胺，当羰基化合物具有 α-氢时，α-氢能与羟基脱水生成一分子不饱和胺——烯胺。

烯胺有碳负离子的结构特点，具有亲核性，可与卤代烷发生亲核取代反应，生成烷基化产物；与酰卤经亲核加成-消除生成酰基化产物。因生成的烷基化和酰基化产物具有亚铵盐的结构，$C{=}N^+$ 的极性很大，很容易与水发生亲核加成而水解成原来的羰基，得到羰基的 α-碳具有烷基或酰基的酮即 1,3-二酮。

与碱催化下醛、酮进行的直接酰基化相比，采用烯胺法有许多优点。不需要其他催化剂，可以避免在碱性条件下醛、酮的自身缩合、Michael 反应等。从烯胺的结构来看，烯胺有两个反应位点，碳和氮，反应中虽然氮上也可以发生酰基化反应，但生成的 *N*-酰基化产物（铵盐）为良好的酰基化试剂，也可以对烯胺进行酰基化，故烯胺碳酰基化的收率较高。这一方法是酮在 α-碳原子上引入酰基的重要主法之一。

$$\text{环己酮} + \text{四氢吡咯} \xrightarrow{TsOH} \text{烯胺} \xrightarrow{ClOC\text{-}C_6H_4\text{-}CH_3(o)} \text{C-酰基化产物} + \text{亚铵盐}\ Cl^- \xrightarrow[H_2O]{HCl} \text{2-(2-甲基苯甲酰基)环己酮}$$

（N-酰基化铵盐 Cl^- 与烯胺反应亦生成 C-酰基化产物）

制备烯胺时常用的仲胺是环状的哌啶、吗啉、四氢吡咯，使用的酰基化试剂可以是酰氯、酸酐、氯甲酸酯等。

酮与胺生成的酮亚胺也可以直接采用酰基苯并三唑进行酰基化（Katritzky A R，et al. Synthesis，2000，14：2029）。

$$R^2COCH_3 + R^3NH_2 \longrightarrow R^2C(=NR^3)CH_3 \xrightarrow[10℃]{LDA/THF} \xrightarrow[-78℃]{R^1COBt} R^2C(NHR^3)=CHCOR^1 \quad (29\%\sim90\%)$$

R^1=Ph, t-Bu, p-$MeOC_6H_4$, p-MeC_6H_4, $ClCH_2$, PhCH=CH

R^2=i-Pr, Ph, c-Pr

R_3=n-Bu, t-Bu, c-C_6H_{11}

Bt=benzotriazolyl

具有 α-氢的酯和腈不能用 BF_3 催化酰基化。当使用脂肪族醛与酸酐反应时，得到的是二羧酸酯。例如：

$$CH_3CH_2CHO + (CH_3CO)_2O \xrightarrow{BF_3} CH_3CH_2CH(OCOCH_3)_2$$

简单的具有 α-氢的酯（RCH_2CO_2Et）在低温（$-78℃$）可以进行酰基化反应，但需要使用强碱，如 N-异丙基环己基氨基锂等（Michael W. Rathke，Jeffrey Deitch. Tetrahedron Lett，1971，31：2953）。

$$CH_3CO_2C_2H_5 + LiN(CH(CH_3)_2)(c\text{-}C_6H_{11}) \xrightarrow{THF} LiCH_2CO_2C_2H_5 \xrightarrow{CH_3CH_2COCl} CH_3CH_2COCH_2CO_2C_2H_5 \quad (60\%)$$

酰氯与氰化亚铜反应可以生成酰基氰：

$$RCOCl + CuCN \longrightarrow RCO{-}CN + CuCl$$

上述反应的反应机理尚不清楚，可能是自由基机理，也可能是亲核取代。

酰基氰也可以由酰氯与氰化铊（Ⅰ）、氰化汞、氰化银、与 Me_3SiCN 和 $SnCl_4$ 催化剂、与 Bu_3SiCN 等反应来制备，但 R 基团最好是芳基或叔烷基。

在超声波或相转移催化剂存在下，酰氯与氰化钾（钠）反应制备酰基氰也是有效的方法。

酰基氰由于其特殊的结构而具有一些特殊的性质，在有机合成中具有重要的用途。酰基氰是一种温和的酰基化试剂，可以与水、醇、胺等亲核试剂发生酰基化反应；酰基氰可以发生一系列亲核加成反应，由于氰基的强吸电子作用，使得酰基氰羰基的亲电性增强，亲核试剂更容易进攻羰基碳原子；酰基氰的氰基则可以发生氰基本身的一些反应。

$$PhCOCN + CH_3NO_2 \xrightarrow{碱} PhC(OH)(CN)CH_2NO_2 \xrightarrow[DMAP]{Ac_2O,Py} PhC(OAc)(CN)CH_2NO_2$$

酰胺类化合物低温在强碱 LDA 作用下与酰氯反应可以高立体选择性的生成 α-酰基化产物，后者用三烃基硅烷在三氟乙酸存在下还原，可以高立体选择性的生成羰基还原产物醇。

例如（M Fujita，T Hiyama. Organic Syntheses，1993，Coll Vol 8：326）：

$$\text{CH}_3\text{CH}_2\text{CO-N(piperidine)} \xrightarrow[\text{2. PhCOCl}]{\text{1. LDA}} \text{PhCO-CH(Me)-CO-N(piperidine)}\ (51\%) \xrightarrow[\text{CF}_3\text{CO}_2\text{H}]{\text{PhMe}_2\text{SiH}} \text{PhCH(OH)-CH(Me)-CO-N(piperidine)}\ (90\%)$$

4-甲基-3-氧代戊酸乙酯

$C_8H_{14}O_3$，158.20

【英文名】 Ethyl 4-methyl-3-oxopentanoate

【性状】 无色液体。

【制法】 ［1］刘伟，严智，郑国钧．化学试剂，2006，28（9）：561.

［2］W Wierenga，H I Skulnick. Organic Syntheses，1990，Coll Vol 7，213.

方法 1：

$$\underset{(\mathbf{2})}{CH_2(CO_2C_2H_5)_2} \xrightarrow[EtOH]{Mg} ErMgCH(CO_2C_2H_5)_2 \xrightarrow{(CH_3)_2CHCOCl} (CH_3)_2CHCO—CH(CO_2C_2H_5)_2$$

$$\xrightarrow{TsOH} \underset{(\mathbf{1})}{(CH_3)_2CHCO—CH_2CO_2C_2H_5}$$

于反应瓶中加入镁屑 2.5g（0.105mol），无水乙醇 26mL，四氯化碳 0.5mL，加热引发反应后，滴加丙二酸二乙酯 15.1mL（0.1mol）和 30mL 甲苯的混合液，约 30min 加完。加完后继续于 60℃反应 2h，至镁屑消失。冷却至 0℃，于 0～5℃滴加异丁酰氯 11.5mL（0.11mol）和 80mL 甲苯的溶液，约 1h 加完，而后室温继续反应 16h。冷却，倒入由 45mL 浓盐酸与 45mL 冰水的稀酸中，分出有机层，水层用甲苯提取 2 次。合并有机层，饱和碳酸氢钠洗涤至中性，减压蒸出甲苯，得黄色油状液体。加入 50mL 水和 0.1g 对甲苯磺酸，回流 8h。冷却，甲苯提取 3 次。合并有机层，饱和碳酸氢钠洗涤、饱和盐水洗涤后，减压浓缩，得橙色液体。减压蒸馏，收集 71～74℃/2.67kPa 的馏分，得浅黄色液体（**1**）8.51g，收率 54%。

方法 2：

$$\underset{(\mathbf{2})}{CH_2(CO_2C_2H_5)(COOK)} \xrightarrow[Et_3N]{MgCl_2} ClMgCH(CO_2C_2H_5)(COOK) \xrightarrow{(CH_3)_2CHCOCl} (CH_3)_2CHCO—CH(CO_2C_2H_5)(COOK)$$

$$\xrightarrow{H^+} \underset{(\mathbf{1})}{(CH_3)_2CHCO—CH_2CO_2C_2H_5}$$

于反应瓶中加入乙酸乙酯 125mL，丙二酸单乙酯钾（**2**）13.6g（80mmol），冷至 0～5℃，依次加入无水氯化镁 9.12g（96mmol），三乙胺 27.8mL（0.2mol），于 30min 升至 35℃并继续于 35℃反应 6h。冷至 0℃，滴加异丁酰氯 6mL（57mmol），约 1h 加完，继续室温搅拌反应 12h。冷至 0℃，慢慢加入 13%的盐酸 70mL，分出有机层，水层用甲苯提取 3 次。合并有机层，饱和碳酸氢钠洗涤，饱和盐水洗涤。减压蒸出溶剂，剩余物减压蒸馏，得无色液体（1）5.5g，收率61%。

3-氧代-3-（2, 3, 4, 5-四氟苯基）丙酸乙酯

$C_{11}H_8F_4O_3$，264.18

【英文名】 Ethyl 3-oxo-3-（2,3,4,5-tetrafluorophenyl）propanoate

【性状】 白色针状结晶。mp44～46℃。

【制法】 王斌，梁燕羽，王训道．化学试剂，2001，23（6）：372.

$$CH_2(CO_2C_2H_5)(COOK)\ \textbf{(2)} \xrightarrow[Et_3N]{MgCl_2} ClMgCH(CO_2C_2H_5)(COOK) \xrightarrow{2,3,4,5\text{-}F_4C_6HCOCl} 2,3,4,5\text{-}F_4C_6H\text{-}CH(CO_2C_2H_5)(COOK)\ \textbf{(3)}$$

$$\xrightarrow{H^+} 2,3,4,5\text{-}F_4C_6H\text{-}COCH_2CO_2C_2H_5\ \textbf{(1)}$$

于反应瓶中加入乙酸乙酯400mL，丙二酸单乙酯钾（2）33.9g（0.22mol），依次加入无水氯化镁28.5g（0.3mol），三乙胺21.3g（0.21mol），于25～30℃搅拌30min。冷至0～5℃，于1h滴加2,3,4,5-四氟苯甲酰氯42.5g（0.2mol）。加完后继续于该温度搅拌反应8h。慢慢加入2mol/L的盐酸调至pH2～3，于25～30℃搅拌30min。分出有机层，水层用乙酸乙酯提取3次。合并有机层，饱和碳酸氢钠洗涤，饱和盐水洗涤，无水硫酸钠干燥。过滤，减压浓缩。剩余物加入甲醇，冷冻析晶。过滤，干燥，得白色针状结晶（1）50.2g，收率95%，mp44～46℃。

3-正丁基-2,4-戊二酮

$C_9H_{16}O_2$，156.22

【英文名】 3-Butyl-2,4-pentanedione

【性状】 无色透明液体。bp84～86℃/800Pa，n_D^{25}1.4422～1.4462。溶于乙醇、乙醚，微溶于水。

【制法】 ［1］Mao Chung Ling，Hausker C R. OrgSynth，1988，Coll Vol 6：245.

［2］韩广甸，范如霖，李述文．有机制备化学手册：下卷．北京：化学工业出版社，1978：20.

$$n\text{-}C_4H_9CH_2COCH_3\ \textbf{(2)} + (CH_3CO)_2O \xrightarrow{TsOH} n\text{-}C_4H_9CH{=}C(OCOCH_3)CH_3 \xrightarrow[(CH_3CO)_2O]{BF_3\cdot CH_3COOH}$$

$$n\text{-}C_4H_9\text{—}C[C(CH_3){=}O]_2BF_3 \xrightarrow[H_2O,\triangle]{CH_3CO_2Na} n\text{-}C_4H_9CH(COCH_3)_2\ \textbf{(1)}$$

于安有搅拌器的反应瓶中，加入 2-庚酮（**2**）28.6g（0.25mol），醋酸酐 51g（0.5mol），再加入 1.9g 对甲基苯磺酸，室温搅拌反应 30min。加入 1∶1 的三氟化硼-乙酸配合物 55g（0.43mol），反应放热。将得到的琥珀色溶液室温搅拌 16～20h。加入三水合醋酸钠 136g（1mol）溶于 250mL 水配成的溶液。回流反应 3h。冷却后用石油醚提取三次，合并有机层，无水硫酸钙干燥，旋转蒸发出去溶剂，减压蒸馏，收集 84～86℃/800Pa 的馏分，得无色液体 3-正丁基-2，4-戊二酮（**1**）25～30g，收率 64%～77%。

参考文献

[1] 黄培强．有机人名反应、试剂与规则．北京：化学工业出版社，2007：285.

[2] 荣国斌．有机人名反应及机理．上海：华东理工大学出版社，2003：340.

[3] Gawley R E. Synthesis，1976，777（Review）.

[4] Michael E J. Tetrahedron，1976，32：3（Review）.

[5] 李艳梅译．Smith M B，March J 著．March 高等有机化学——反应、机理与结构．北京：化学工业出版社．2009，586

[6] Li J J. 有机人名反应及机理．荣国斌译．上海：华东理工大学出版社．2003，324.

[7] Adams D H，Bhatmagar S P. Synthesis，1977，661（Review）.

[8] 黄培强．有机人名反应、试剂与规则．北京：化学工业出版社，2007：59.

[9] 方凯，林国强．Prins 成环反应研究进展．上海师范大学学报，2004，31（1）：1.

[10] Li J J. Name Reactions. Springer Berlin Heidelberg New York. 3rd. 2006，478.

[11] Michael B. Smith，Jerry March. March 高等有机化学——反应、机理与结构．李艳梅译．北京：化学工业出版社，2009

[12] Michael B. Smith，Jerry March. March 高等有机化学——反应、机理与结构．李艳梅译．北京：化学工业出版社，2009：596.

[13] Stetter H，Kuhlmann H. Org React，1991，40：407（Review）.

[14] 闻韧．药物合成反应．第二版．北京：化学工业出版社，2003：187.

[15] Li J J. 有机人名反应及机理．荣国斌译．上海：华东理工大学出版社，2003：32.

[16] 黄宪，王彦广，陈振初．新编有机合成化学．北京：化学工业出版社，2003：216.

[17] 张康华，曹小华，陶春元，全民强．安徽农业科学，2009，37（30）：14549.

[18] Ocampo R，Dolbier W R Jr，Tetrahedron，2004，60：9325（Review）.

[19] Furstner A. Synthesis，1989，571（Review）.

[20] 黄培强．有机人名反应、试剂与规则．北京：化学工业出版社，2007，62.

[21] 黄宪，王彦广，陈振初．新编有机合成化学．北京：化学工业出版社，2003：455.

[22] 王忠义，尤田耙，史海健，史好新．不对称 Reformatsky 反应研究进展．化学试剂，2000，22（6）：343.

[23] 曹映玉，杨润升，白冬花等．不对称 Reformatsky 反应研究进展．化学试剂．2005，02：79.

[24] 胡跃飞，林国强．现代有机反应．Vol 4. 北京：化学工业出版社，2008：331.

[25] 谢斌，王志刚，邹立科等．化学通报，2009，2：117.

[26] Blanc M C. Bull Soc Chim（Fr），1923，33：313.

[27] 黄培强．有机人名反应、试剂与规则．北京：化学工业出版社，2007：9.

[28] 申东升．芳香烃氯甲基化反应的综述．化学研究与应用，1999，11（3）：229.

[29] 闻韧．药物合成反应．第二版．北京：化学工业出版社，2003：194.

[30] 黄培强．有机人名反应、试剂与规则．北京：化学工业出版社，2007：429.

[31] 孙昌俊，王秀菊，孙风云．有机化合物合成手册．北京：化学工业出版社，2011.

[32] Jie Jack Li，Name Reactions. A Collection of Detailed Reaction Mechanisms. Third Edition. Springer. New York，2006：361.

[33] 万道正．曼尼希反应和曼尼希碱化学．北京：科学出版社，1986.

[34] March 高等有机化学——反应、机理与结构．李艳梅译．北京：化学工业出版社，2009：570.

[35] 马晶军，李宁，吴秋华等．化学进展，2008，20（1）：76.
[36] 胡跃飞，林国强．现代有机反应：第二卷．北京：化学工业出版社，2008：95.
[37] 闻韧．药物合成反应．第二版．北京：化学工业出版社，2003，198.
[38] Rozwadowski M D. Hetereocycles，1994，39：903（Review）.
[39] Cox E D，Cook J M. Chem Rev，1995，1797（Review）.
[40] 荣国斌．有机人名反应及机理．上海：上海理工大学出版社，2003：314.
[41] 黄培强．有机人名反应、试剂与规则．北京：化学工业出版社，2007：324.
[42] Chrzanowska M，Rozwadowska M D. Chem Rev，2004，104：3341（Review）.
[43] 胡跃飞，林国强．现代有机反应：第二卷．北京：化学工业出版社，2008：173.
[44] Duthaler R O. Tetrahedron，1994，50：1539（Review）.
[45] 胡爱国，王善韦，韩军，王积涛．α-氨基酸的不对称合成．高等学校化学学报，2001，22（3）：421.
[46] 唐贝，李高伟．酰亚胺的不对称 Strecker 反应研究进展．化学研究，2013，24（1）：104.
[47] March 高等有机化学——反应机理与结构．李艳梅译．北京：化学工业出版社，2009：595.
[48] 闻韧．药物合成反应．第二版．北京：化学工业出版社，2003：199.
[49] 荣国斌．有机人名反应及机理．上海：上海理工大学出版社，2003：399.
[50] 黄培强．有机人名反应、试剂与规则．北京：化学工业出版社，2007：434.
[51] 唐然肖，李云鹏，李越敏等．有机小分子催化的不对称 Strecker 反应研究进展．有机化学，2009，29（7）：1048.
[52] 胡跃飞，林国强．现代有机反应：第二卷．北京：化学工业出版社，2008：292.
[53] Petasis N A，Akritopoulou I. Tetrahedron Lett，1993，34：583.
[54] Candeias N R，Montalbano F，Cal P M S D. Gois P M P. Chem Rev，2010，110（10）：6169.
[55] 于涛，李慧，武新燕，杨军．有机化学，2012，32（10）：1836.
[56] Mukaiyama T. Org React，1982，28：203（Review）.
[57] Leijonmarck H K E. Chem Commun Stockhol，1992，33，1（Review）.
[58] Michael BSmith，Jerry March. March 高等有机化学——反应、机理与结构．李艳梅译．北京：化学工业出版社，2009：279.
[59] 黄培强．有机人名反应、试剂与规则．北京：化学工业出版社，2007：268.
[60] Li JJ. 有机人名反应及机理．荣国斌译．上海理工大学出版社，2003：110.
[61] Davis B R，Garratt P J. Comp Org Synth，1991，2：795.
[62] Li J J. Name Reactions. Springer，2006，Third Ed. 197.
[63] Michael B Smith，Jerry March. March 高等有机化学——反应、机理与结构．李艳梅译．北京：化学工业出版社，2009：279.
[64] 黄宪．有机合成：上册．北京：化学工业出版社，1991：19.
[65] Smith M B，March J. March 高等有机化学——反应、机理与结构．李艳梅译．北京：化学工业出版社，2009：279.

第二章 β-羟烷基化、β-羰烷基化反应

第一节 β-羟烷基化

环氧乙烷为三元环醚，分子具有较大的张力，容易开裂，性质非常活泼，可以作为羟乙基化试剂在碳、氧、氮、硫等原子上引入羟乙基。所以，环氧乙烷又称为羟乙基化试剂。相应的反应称为羟乙基化反应。

环氧乙烷与醇、酚在酸或碱的存在下，很容易开环，在醇或酚的羟基氧原子上引入羟乙基。

$$\text{环氧乙烷} + C_2H_5OH \xrightarrow{H^+} C_2H_5OCH_2CH_2OH$$

$$\text{环氧乙烷} + C_6H_5\text{—}OH \xrightarrow[\text{或}OH^-]{H^+} C_6H_5\text{—}OCH_2CH_2OH$$

$$\text{1-萘酚} + ClCH_2\text{—}\underset{O}{CH\text{—}CH_2} \xrightarrow{NaOH} \text{萘基—}O\text{—}CH_2\underset{OH}{CH}CH_2Cl \xrightarrow{NaOH} \text{萘基—}O\text{—}CH_2\text{—}\underset{O}{CH\text{—}CH_2}$$

值得指出的是，在上述反应中，萘酚与氢氧化钠反应生成酚氧负离子，酚氧负离子作为亲核试剂进攻环氧氯丙烷环氧环上含取代基少的碳原子，生成萘氧基氯代醇，后者在碱的作用下发生分子内的 S_N2 反应重新生成环氧环。生成的产物为药物萘哌地尔的中间体。

$$\text{萘基—}OH \underset{}{\overset{HO^-}{\rightleftharpoons}} \text{萘基—}O^- \xrightarrow{CH_2\text{—}CH\text{—}CH_2Cl\ (\text{环氧})} \text{萘基—}O\text{—}CH_2\underset{O^-}{CH}CH_2\text{—}Cl \xrightarrow{-Cl^-} \text{萘基—}O\text{—}CH_2\text{—}\underset{O}{CH\text{—}CH_2}$$

抑郁症治疗药物瑞波西汀（Reboxetine）中间体的合成如下（陈仲强，陈虹．现代药物

的制备与合成．北京：化学工业出版社，2007：283)：

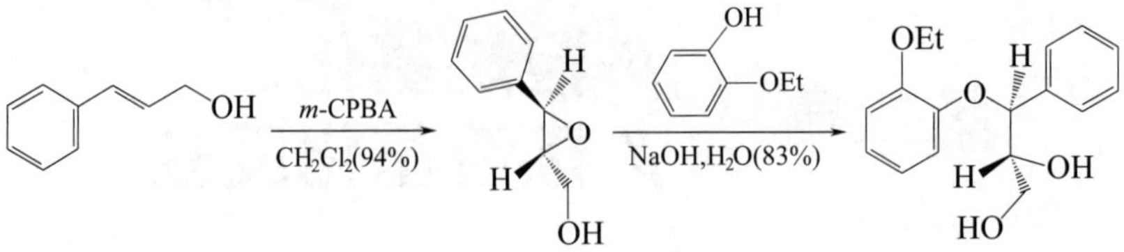

环氧乙烷及其衍生物很容易和氨或胺反应，生成β-氨基醇，该反应属于 S_N2 反应机理。

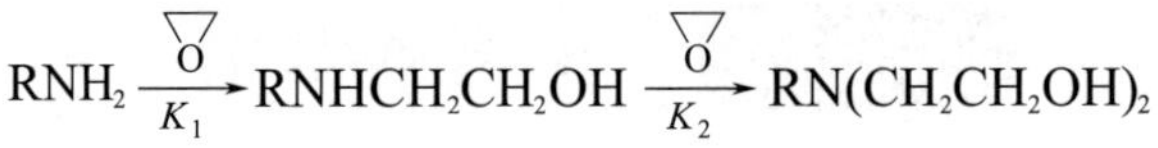

$$RNH_2 \xrightarrow[K_1]{\text{环氧乙烷}} RNHCH_2CH_2OH \xrightarrow[K_2]{\text{环氧乙烷}} RN(CH_2CH_2OH)_2$$

例如临床上用于治疗支气管哮喘病的药物溴沙特罗（Broxaterol）原料药的合成（陈仲强，陈虹．现代药物的制备与合成．北京：化学工业出版社，2007：330)：

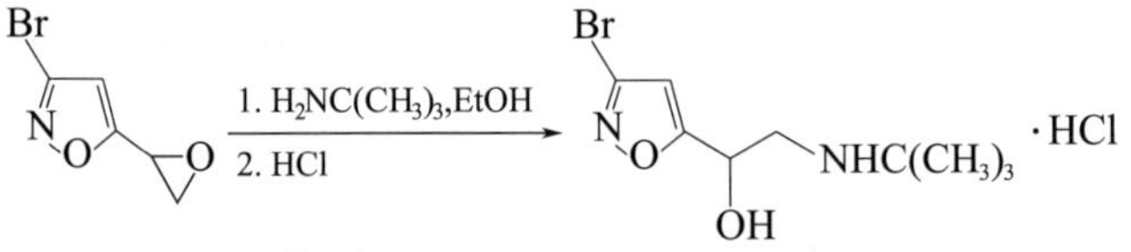

当然还有其他羟乙基化试剂，如β-卤代乙醇、碳酸乙二醇酯等。

本节主要讨论碳原子上由环氧乙烷及其衍生物引起的β-羟乙基化反应。

一、 芳烃的β-羟烷基化反应（Friedel-Crafts 反应）

芳烃的烷基化是合成烷基取代芳烃的重要方法，常用的烷基化试剂有卤代烃、烯、醇、醚、环氧乙烷衍生物、磺酸酯等。

以环氧乙烷及其衍生物为烃基化试剂，则得到β-羟烷基化产物。例如：

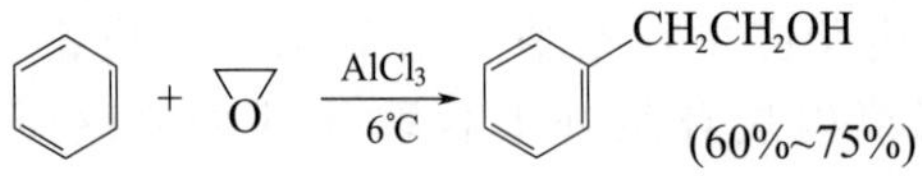

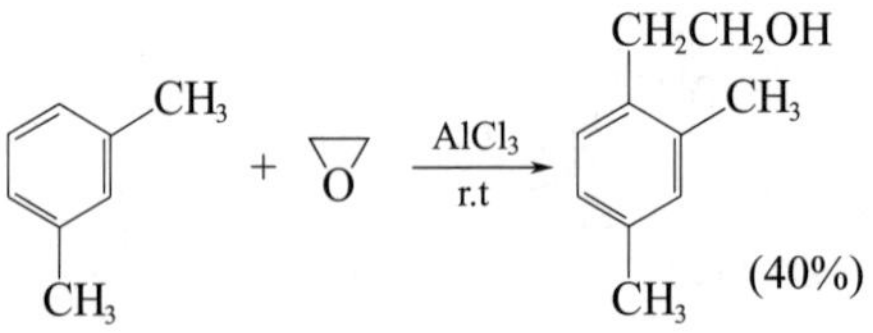

常用的催化剂为 Lewis 酸，如 $AlCl_3$、$SnCl_4$ 等。

反应机理属于芳环上的亲电取代。芳环上连有邻、对位取代基时反应容易进行。

Daimon 等使苯酚锂在三异丁基铝催化剂存在下与环氧乙烷反应，合成了对羟基苯乙醇（Daimon E，Wada I，Akada K. JP2003319213. 2000；JP2000327610. 2000)。

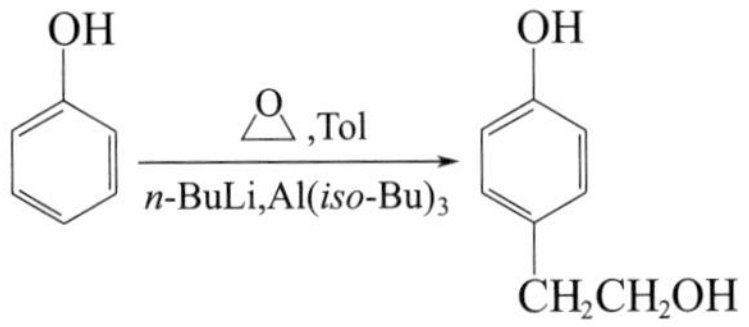

若使用单取代环氧乙烷作烃基化试剂，则往往得到芳基连在环氧乙烷已有取代基的碳原子上的产物。例如胃动力药马来酸曲美布汀中间体 2-苯基-1-丁醇的合成：

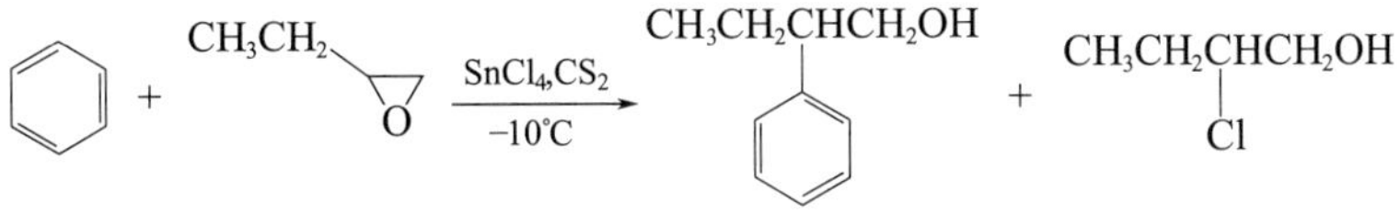

在上述反应中，环氧乙烷开环生成氯代醇是主要的副产物。

反应中若使用手性的环氧乙烷衍生物，在 Lewis 酸催化下与芳烃反应时，Lewis 酸和环氧乙烷的氧原子结合生成配合物，芳环则从环氧环的背面进攻，生成具有手性的开环产物。显然，碳正离子机理不适合于该反应，因为碳正离子机理会伴有手性碳原子构型的变化。因此，反应过程类似于 S_N2 反应[Nakajima T，Suga S. Bull Chem Soc Japan，1967，40 (12)：2980]。

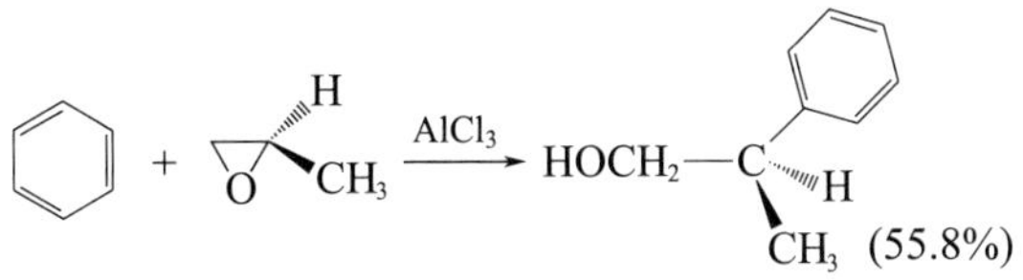

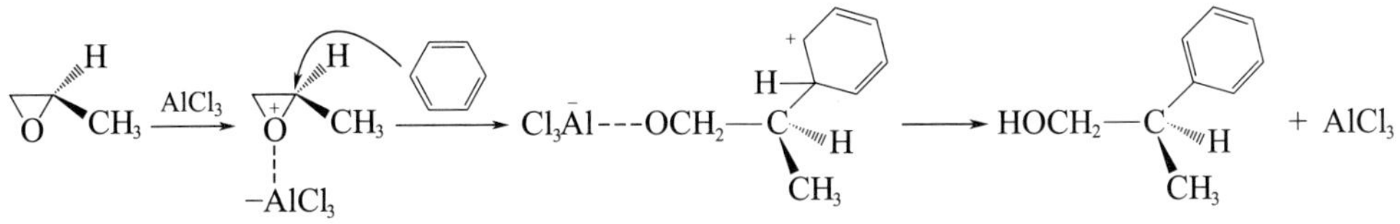

Bandini 等利用吲哚与光学活性的环氧乙烷衍生物的开环反应，合成了具有光学活性的吲哚衍生物，以 $InBr_3$ 为催化剂，得到高光学活性的吲哚衍生物，为吲哚衍生物的合成开辟了新途径（Bandini M，Cozzi P G，Melchiorre P，et al. J Org Chem，2002，67：5386）。

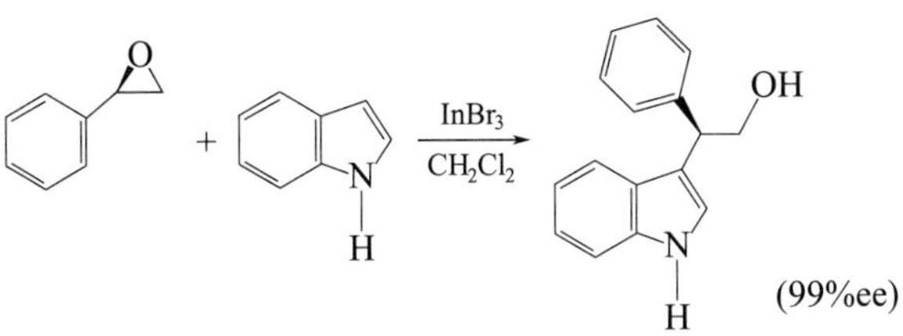

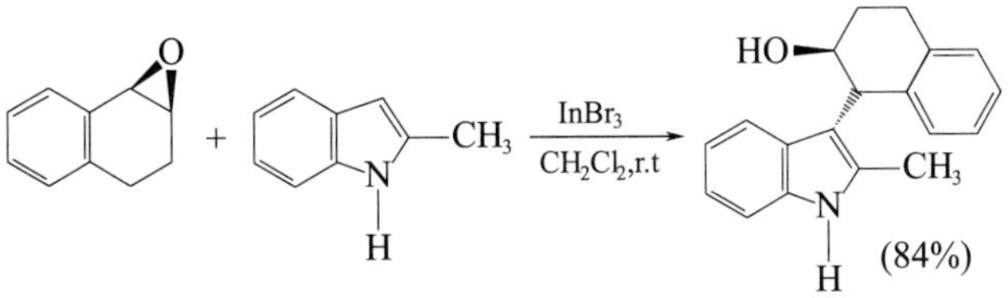

Kantam M L 等（Kantam M L，Laha S，Yadav J，Sreedhar B. Tetrahedron Lett，2006，47：6213）以纳米 TiO_2 催化剂，在温和的条件下使吲哚和环氧乙烷衍生物发生 F-C 反应，得到 3-取代吲哚衍生物。

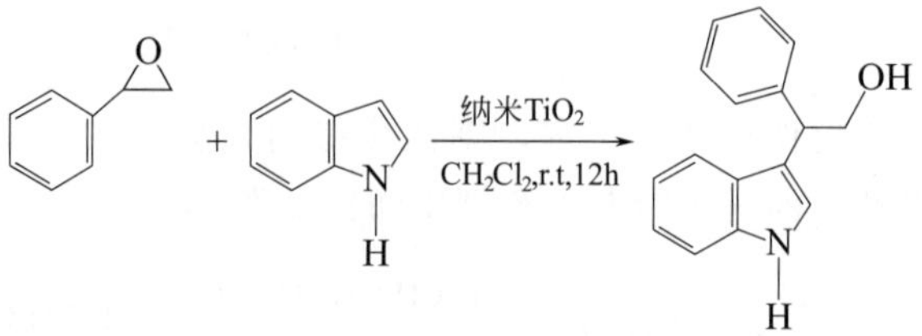

O
N
H
纳米TiO_2
CH_2Cl_2,r.t,12h
OH
N
H

Das 等（Das B，Thirupathi P，Kumar R A. et al. Catal Commun，2008，9：635）用硫酸氧锆（ZrO_2SO_4）作催化剂，取得相似的结果。

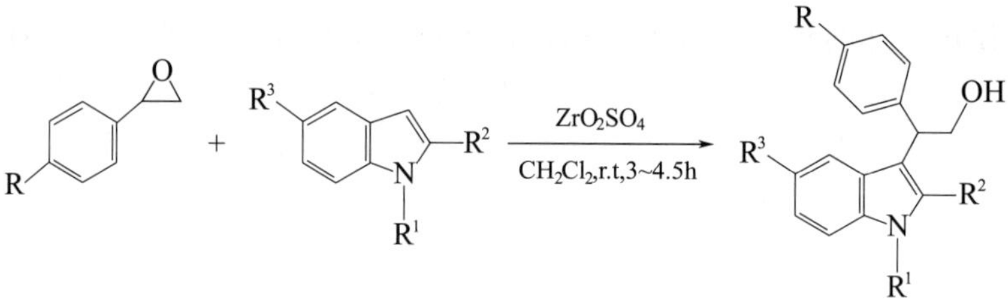

O
R
R^3
R^2
N
R^1
ZrO_2SO_4
CH_2Cl_2,r.t,3~4.5h
R
OH
R^3
R^2
N
R^1

上述反应具有一定的选择性，环氧乙烷在苄基处开环生成伯醇，吲哚则主要在 3-位发生取代反应。但受 5-位即官能团 R_3 的影响较大，当 R_3 为给电子基团时，反应容易进行，有很好的收率，而当 R_3 为吸电子基团（如硝基、氰基等）时，即使反应时间延长，产物的收率也明显降低。

若使用环状碳酸乙二醇酯与吲哚在离子液体中反应，则生成 *N*-羟乙基化产物（Gao Guohua，Zhang Lifeng，Wang Binshen. Chinese Journal of Catalisis，2013，34：1187）。

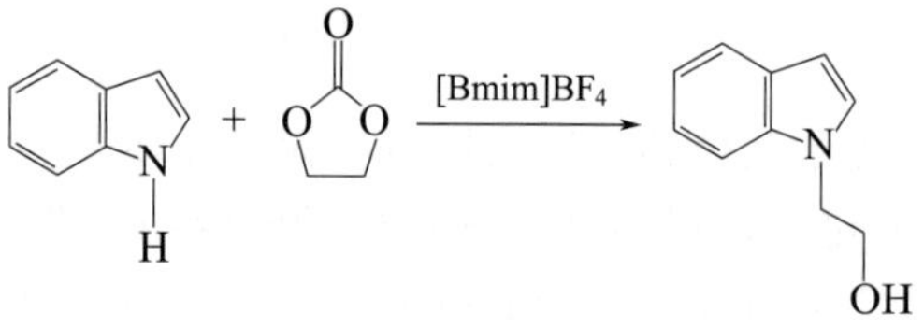

N
H
O
O
O
[Bmim]BF_4
N
OH

吡咯也可以在硫酸氧锆催化剂存在下发生 F-C 反应，反应发生在吡咯的 2-位，生成伯醇。

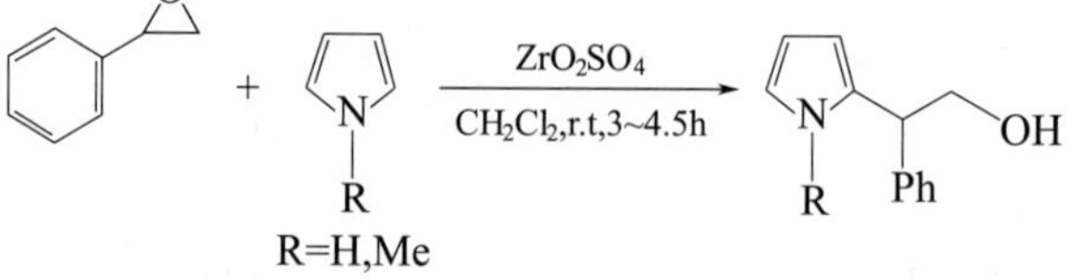

O
N
R
R=H,Me
ZrO_2SO_4
CH_2Cl_2,r.t,3~4.5h
N
R
Ph
OH

吡唑的反应则发生在 *N*-上，且环氧乙烷的开环方向也不同，生成的是仲醇。

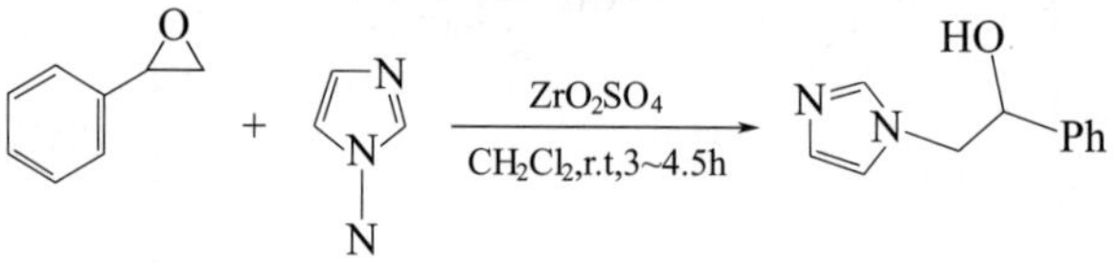

O
N
N
N
ZrO_2SO_4
CH_2Cl_2,r.t,3~4.5h
HO
N
N
Ph

Pineschi 等（Bertolini F，Crotti p，Macchia F，Pineschi M. Tetrahedron Lett，2006，47：61）曾报道了芳基环氧乙烷与硼酸三芳基酯发生的开环反应。硼酸三芳基酯本身为 Lewis 酸，开环时得到两种产物，即 *O*-烃基化产物和 *C*-烃基化产物。

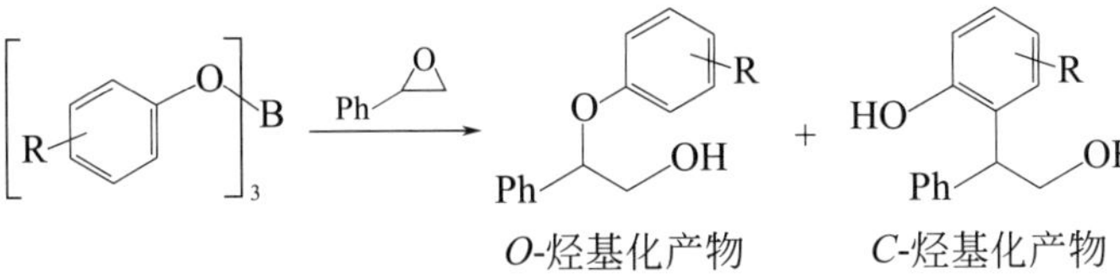

	O-烃基化产物	*C*-烃基化产物
R=*o*-Me	80%	20%
R=*o*-*t*-Bu	52%	48%
R=*o*-TIBS	30%	70%
R=*p*-OMe	69%	31%
R=*p*-Me	55%	45%
R=*m*-OMe	8%	92%
R=3,5-di-Me	10%	90%
R=3,5-di-OMe	5%	95%

两种产物都是环氧化合物中与苯基相连的碳被亲电试剂进攻而开环，但两种产物的比例变化很大，主要是受取代基电子效应和空间位阻的影响。当 R 为邻位甲基时，主要得到 *O*-烃基化产物，邻位取代基的体积增大时，有利于 *C*-烃基化产物。随着邻位取代基体积的增大，二者的比例由 80∶20 变为 30∶70。当 R 为对位甲基或甲氧基时，仍然是 *O*-烃基化产物为主。但当 R 为间位甲氧基或 3,5-二甲基或甲氧基时，则 *C*-烃基化产物占绝对优势，超过 90%。

上述结果的一种解释如下：

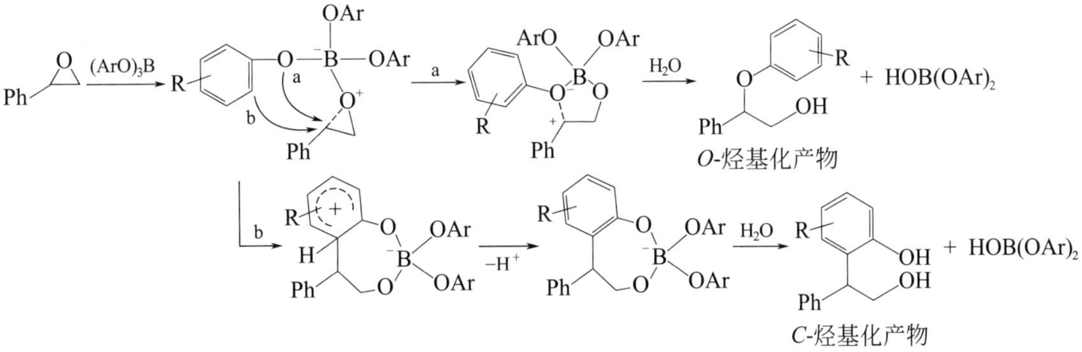

O-烃基化产物

C-烃基化产物

环氧乙烷衍生物的氧原子与硼酸三芳基酯中的硼原子配位生成配合物，此时有两种途径使得环氧环开环。途径 a 是氧原子进攻环氧环与苯相连的碳原子，最终生成 *O*-烃基化产物；途径 b 是芳环的碳原子进攻环氧乙烷与苯环相连的碳原子（实际上是芳环的亲电取代），最终生成 *C*-烃基化产物。显然这两种不同的开环方式受取代基性质和位阻的影响。

该方法为以环氧乙烷衍生物为原料合成不同结构的开环产物开辟了一条新途径。

(+)-2-苯基-1-丙醇

$C_9H_{12}O$，136.19

【英文名】 (+)-2-Phenyl-1-propanol

【性状】 无色液体。

【制法】 Nakajima T，Suga S. Bull Chem Soc Japan，1967，40（12）：2980.

$$\text{C}_6\text{H}_6 + \text{(2)} \xrightarrow[\text{CS}_2]{\text{AlCl}_3} \text{HOCH}_2\text{—C(C}_6\text{H}_5\text{)(H)(CH}_3\text{)} \ \text{(1)}$$

于安有搅拌器、温度计、滴液漏斗的反应瓶中，加入苯 32g，无水三氯化铝 8.1g（0.06mol），二硫化碳 15mL，冷至-5℃，搅拌下滴加由（+）-环氧丙烷（**2**）2.9g（0.05mol）、20mL 苯和 5mL 二硫化碳配成的溶液，约 3.5h 加完。反应结束后按照常规方法处理，得化合物（**1**）3.8g，收率 55.8%，bp112～113℃/2.5kPa。同时还得到 1-氯-2-丙醇和 2-氯-1-丙醇的混合物 1g。

2-（2-甲基-1*H*-吲哚-3-基）-2-（4-氯苯基）-乙醇

$C_{17}H_{16}ClNO$，285.77

【英文名】 2-（2-Methyl-1*H*-indol-3-yl）-2-（4-chlorophenyl）-ethanol

【性状】 黄色油状液体。

【制法】 Kantam M L，Laha S，Yadav J ，Sreedhar B Tetrahedron Lett，2006，47：6213.

$$\text{(2)} + \text{2-甲基吲哚} \xrightarrow[\text{CH}_2\text{Cl}_2\text{,r.t,12h}]{\text{纳米TiO}_2} \text{(1)}$$

于安有磁力搅拌的反应瓶中，加入 2-甲基吲哚 2.25mmol，无水二氯甲烷 3mL，对氯苯基环氧乙烷（**2**）1mmol，0.1 摩尔分数的纳米 TiO_2，室温搅拌反应 12h。TLC 跟踪反应至反应完全。离心除去催化剂，乙醚、二氯甲烷洗涤。加入饱和碳酸氢钠水溶液 3mL 淬灭反应。乙醚提取，合并有基层，无水硫酸钠干燥，浓缩，得粗品。过硅胶柱纯化，得黄色油状液体（**1**），收率 72%。

二、 活泼亚甲基化合物 β-羟烷基化反应

含活泼亚甲基的化合物如乙酰乙酸乙酯，在碱催化下与环氧乙烷反应，可在碳原子上进行羟乙基化反应，而后发生酯交换，生成维生素 B_1 的中间体——2-乙酰基-γ-丁内酯。

$$\text{CH}_3\text{COCH}_2\text{COOC}_2\text{H}_5 + \text{环氧乙烷} \xrightarrow[\text{C}_2\text{H}_5\text{ONa}]{\text{C}_2\text{H}_5\text{OH}} \text{CH}_3\text{COCH(CH}_2\text{CH}_2\text{OH)COOC}_2\text{H}_5 \longrightarrow \text{2-乙酰基-γ-丁内酯(COCH}_3\text{)}$$

丙二酸二乙酯在相似条件下生成 α-乙氧羰基-γ-丁内酯，其为合成维生素 B_1 及心绞痛治疗药物卡波罗孟（Carbocromen）的中间体。而 3-羟甲基四氢呋喃则是抗病毒药喷昔洛

韦、杀虫剂呋虫胺的中间体[孙乐大. 广州化工，2010，38 (1)：104]。

$$CH_2(COOC_2H_5)_2 \xrightarrow[C_2H_5ONa]{\text{环氧乙烷}, C_2H_5OH} HOCH_2CH_2CH(COOC_2H_5)_2 \xrightarrow{(75\%)} \text{3-乙氧羰基-γ-丁内酯} \xrightarrow[(70\%)]{KBH_4} \text{3-羟甲基四氢呋喃}$$

高血压治疗药利美尼定（Rilmenidine）中间体的合成如下（陈芬儿. 有机药物合成法：第一卷. 北京：中国医药科技出版社，1999：361）：

$$\text{环丙基}-CO-CH_2CO_2C_2H_5 \xrightarrow[C_2H_5OH]{\text{环氧乙烷}, C_2H_5ONa} \text{α-(环丙甲酰基)-γ-丁内酯}$$

又如如下反应[沙磊,赵宝祥，谭伟等. 合成化学，2005，13 (5)：344]：

$$\text{R-C}_6H_4\text{-OCH}_2\text{-环氧乙烷} + CH_2(CO_2C_2H_5)_2 \xrightarrow[EtOH]{EtONa} \text{5-(R-苯氧甲基)-3-乙氧羰基-γ-丁内酯}$$

不对称环氧乙烷与含活泼亚甲基化合物在碱性条件下反应时，首先是活泼亚甲基化合物的烯醇负离子进攻环氧乙烷中取代基较少的碳原子。例如：

$$CH_3COCH_2COOC_2H_5 + ClCH_2\text{-环氧乙烷} \xrightarrow[C_2H_5OH]{C_2H_5ONa} CH_3CO\text{-}CH(COOC_2H_5)\text{-}CH_2CH(O^-)CH_2Cl \longrightarrow \text{3-乙酰基-5-氯甲基-γ-丁内酯}\ (68\%)$$

在上述反应中，第一步生成的羟乙基化产物进一步发生分子内的醇解而环合为 γ-丁内酯衍生物。

整个反应过程如下：

$$CH_3COCH_2COOC_2H_5 \underset{-C_2H_5OH}{\overset{C_2H_5O^-}{\rightleftharpoons}} CH_3C(O^-)=CHCO_2C_2H_5 \xrightarrow{ClCH_2\text{-环氧乙烷}} CH_3CO\text{-}CH(COOC_2H_5)\text{-}CH_2CH(O^-)CH_2Cl \xrightarrow{-C_2H_5O^-} \text{3-乙酰基-5-氯甲基-γ-丁内酯}$$

常见的活泼亚甲基化合物有 β-二酮、β-羰基酸酯、丙二酸酯、丙二腈、氰基乙酸酯、乙酰乙酸酯、苄基腈、脂肪族硝基化合物等。

Bakalarz Jeziorna 等（Bakalarz Jeziorna H，et al. Org Soc Perkin Trans I，2001，1086）以环氧乙烷衍生物和具有 α-氢的膦酸酯为原料，以丁基锂为碱、BF_3-Et_2O 为催化剂，进行区域选择性开环，合成了多功能的膦酸酯化合物。

$$Bn_2NCH_2\text{-环氧乙烷} + RCH_2P(O)(OEt)_2 \xrightarrow[-78\sim-20^\circ C]{BF_3 \cdot Et_2O, BuLi} Bn_2NCH_2CH(OH)CH_2CH(R)P(O)(OEt)_2$$

R=H,Ph,-PO(OEt)$_2$

其他连有吸电子基团如 F_3C、NO_2、CN 等的化合物，其 α-氢被碱夺去后生成碳负离子，后者与环氧乙烷衍生物都可以发生碳上的 β-羟基化反应。

端基炔也可以与环氧乙烷及其衍生物在碱性条件下发生羟乙基化反应。例如：

$$CH_3CH_2C\equiv CH + \text{环氧乙烷} \longrightarrow CH_3CH_2C\equiv CCH_2CH_2OH$$

酰胺和磺酰类化合物 α-碳上的氢在强碱如 LDA 等作用下形成的烯醇负离子，可以对环氧乙烷进行开环反应，例如：

LDA,THF −5℃ ; de>99%

Y=

LDA,THF −78℃

氢氰酸根也可以作为负离子对环氧乙烷进行亲核开环反应。例如：

NaCN,H_2O 12h,r.t(90%)

Me_3SiCN KCN,18-冠-6 ; R=$PhCH_2O$ 85% ; R=Ph 74%

2-氧代-四氢呋喃-3-甲酸乙酯

$C_7H_{10}O_4$，158.15

【英文名】 Ethyl 2-oxo-tetrahydrofuran-3-carboxylate

【性状】 无色液体。

【制法】 孙乐大．广州化工，2010，38（1）：104.

$$\underset{(2)}{CH_2(COOC_2H_5)_2} \xrightarrow[C_2H_5ONa]{\text{环氧乙烷},\ C_2H_5OH} HOCH_2CH_2CH(COOC_2H_5)_2 \longrightarrow (1)$$

于反应瓶中加入无水乙醇 900mL，分批加入金属钠 44g，待金属钠完全反应后，冷却下慢慢加入丙二酸二乙酯 320g，加完后继续搅拌 30min，得糊状反应物。慢慢滴加由环氧乙烷 88g 溶于 300mL 无水乙醇的溶液，控制反应温度在 40～45℃。加完后继续室温搅拌反应 15h。冰浴冷却下慢慢滴加 120mL 冰醋酸，而后减压浓缩回收溶剂。加入 500mL 水溶解生成的醋酸钠。分出有机层，无水硫酸钠干燥。过滤，减压蒸馏，收集 101～105℃/133～266Pa 的馏分，得化合物（**1**）237g，收率 75%。

2-乙酰基-4-氯甲基-γ-丁内酯

$C_7H_9ClO_3$，176.60

【英文名】 2-Acetyl-4-chloromethyl-γ-butyrlactone

【性状】 无色液体。bp164～168℃/1.46kPa，151～156℃/1.06kPa。n_D^{20} 1.4815～1.4830。

【制法】 Zuidema G D，Tamelen E E V，Zyl G V. Org Synth，1963，Coll Vol 4：10.

$$CH_3COCH_2CO_2C_2H_5 + \underset{(3)}{\text{环氧氯丙烷}(CH_2Cl)} \xrightarrow[\text{2. HOAc}]{\text{1. EtONa}} (1)$$

(2) (3) CH₂Cl (1) CH₂Cl

于安有搅拌器、温度计、回流冷凝器、滴液漏斗的反应瓶中，加入无水乙醇 400mL，分批加入金属钠 23g（1.0mol），待钠全部反应完后，冷至 50℃。滴加乙酰乙酸乙酯（**2**）130g（1.0mol），保持内温 45～50℃. 加完后冷至 35℃，搅拌下滴加环氧氯丙烷（**3**）92.5g（1.0mol），约 20min 加完。升温至 45～50℃，保温反应 18h。冷至 15℃，搅拌下滴加 60～65mL 冰醋酸，直至对石磊试纸呈酸性。减压蒸出 3/4 的乙醇（内温不得超过 100℃）。剩余物加入 250mL 水，分出有机层，水层用乙醚提取两次。合并有机层，水洗，无水硫酸钠干燥。回收乙醚后，减压蒸馏，收集 160～170℃/1.47kPa 的馏分，得 2-乙酰基-4-氯甲基-γ-丁内酯（**1**）107～114g，收率 61%～64%。

采用类似的操作方法，可以合成 α-乙酰-δ-甲基-γ-丁内酯（49%）、α-乙酰-δ-苯基-γ-丁内酯（60%）、α-乙酰-δ-乙氧甲基-γ-戊内酯（46%）、α-乙酰-δ-苄氧甲基-γ-戊内酯（77%）。

三、 有机金属化合物的 β-羟烷基化反应

在干燥的乙醚中，有机卤化剂与镁屑反应是制备 Grignard 试剂的经典方法，生成的 Grignard 试剂不经分离直接用于下一步反应中。使用 Grignard 试剂的反应通称 Grignard 反应。

$$\text{R—X} + \text{Mg} \xrightarrow{\text{干乙醚}} \text{R—MgX}$$

Grignard 试剂与环氧乙烷可以发生亲核开环反应，生成在 Grignard 试剂与金属相连的碳原子上的羟乙基化产物，生成 β-取代的乙醇类化合物。这在有机合成中十分有用，可以合成增加两个碳原子的醇。

$$C_4H_9MgX + \underset{O}{\triangledown} \longrightarrow C_4H_9CH_2CH_2OMgX \xrightarrow{H_3O^+} \underset{(62\%)}{C_4H_9CH_2CH_2OH}$$

$$\text{环戊烯氧化物} + CH_2{=}CHCH_2MgBr \longrightarrow \text{反-2-烯丙基环戊醇} \quad (79\%\sim91\%)$$

（Louis S. Hegedus，Michael S. Holden，James M. McKearin. Org Synth，1990，Coll Vol 7，501）

该反应更适合于用由伯卤代烷制备的 Grignarg 试剂，此时醇的收率较高。Grignard 试剂可以是脂肪族的，也可以是芳香族的。但若使用叔卤代烷制备的 Grignard 试剂，则相应醇的收率较低。

对羟基苯乙醇为高血压、心脏病治疗药美多心安、治疗药高血压、青光眼病的药物倍他洛尔等的中间体，其一条合成路线如下：

$$p\text{-}BrC_6H_4OH \xrightarrow[K_2CO_3]{PhCH_2Cl} p\text{-}BrC_6H_4OCH_2Ph \xrightarrow[2.\ \text{环氧乙烷}]{1.\ Mg,THF} p\text{-}PhCH_2OC_6H_4CH_2CH_2OH \xrightarrow[EtOH]{Pd\text{-}C,H_2} p\text{-}HOC_6H_4CH_2CH_2OH$$

Grignard 试剂与环氧乙烷的反应为放热反应，反应中析出大量镁盐而影响反应的进一步进行，因此常常需要加入大量的乙醚或四氢呋喃。溶剂中微量的水又可使 Grignard 试剂分解，因此，反应的收率往往不高。

环氧丙烷或其他不对称的环氧乙烷衍生物与 Grignard 试剂反应时，Grignard 试剂中与镁原子相连的碳原子作为亲核试剂进攻环氧环的空间位阻较小的碳原子，水解后生成相应的醇，但反应的选择性并不太高。除了生成仲醇外，尚有部分伯醇的生成。

$$CH_3CH(-O-)CH_2 + RMgX \longrightarrow CH_3CH(OMgX)CH_2R \xrightarrow{H_3O^+} CH_3CH(OH)CH_2R$$

值得指出的是，偕二取代的环氧乙烷与 Grignard 试剂反应时，可能生成如下产物，新的烷基连接在羟基所在的位置上。

$$R^1R^2C(-O-)CH_2 + RMgX \longrightarrow R^1R^2CH-CH(R)OH$$

可能的原因是环氧化合物在反应前就异构化为醛或酮，而后再与 Grignard 试剂反应。

乙烯基环氧乙烷与 Grignard 试剂反应时常常得到混合物，除了正常的反应产物外，还有烯丙基重排产物，甚至后者成为主要产物。

$$R{-}MgX + CH_2{=}CH{-}\underset{O}{\triangledown} \longrightarrow RCH_2CH{=}CHCH_2OMgX$$

如下环状的乙烯基环氧乙烷化合物与 Grignard 试剂和二烷基铜锂反应，得到的产物不同。

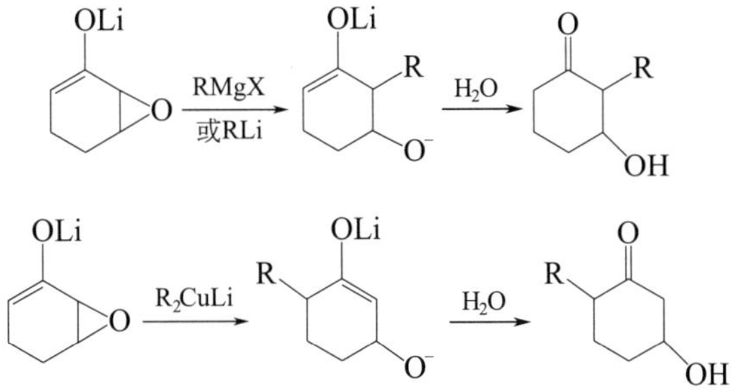

如下芳基和羰基不在环氧乙烷同一碳原子上的化合物，与 Grignard 试剂反应时，Grignard 试剂首先对羰基进行亲核加成，而后重排生成烯醇卤化镁和酮，烯醇卤化镁水解生成醛，酮再与 Grignard 试剂反应生成叔醇。

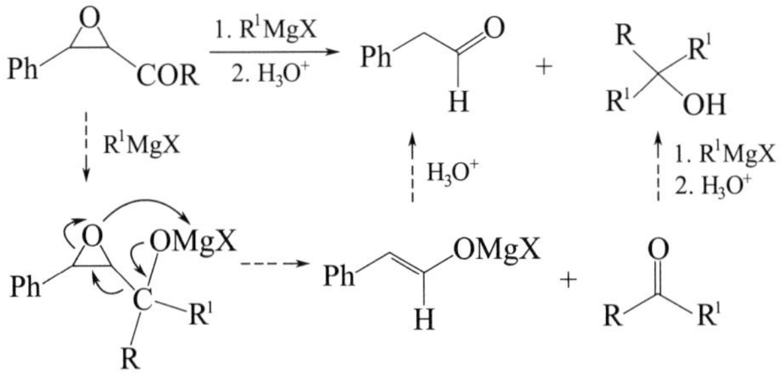

如下反应得到了正常的反应产物，但反应机理不是 S_N2 反应，即 Grignard 试剂进攻与两个苯环连接的环氧环的碳，而是通过 1,4-加成反应进行的。

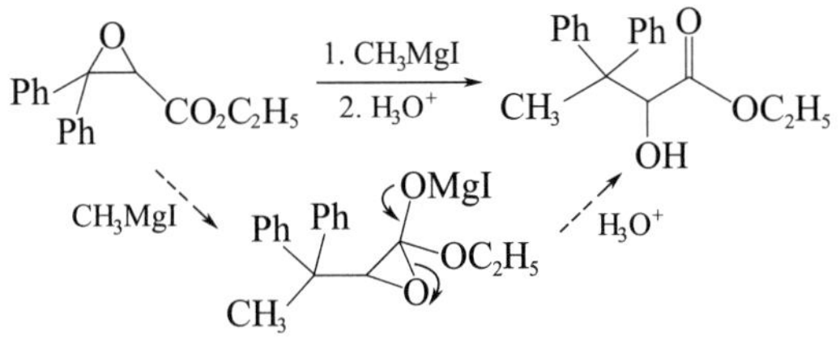

与其他反应不同，在三苯氧基氯化钛催化下，烯丙基格氏试剂与环氧乙烷反应时，Grignard 试剂进攻取代基较多的环氧环的碳原子[Ohno H，Hiramatsu K，Tanaka T. Tetrahesron Lett，2004，45 (1)：75]。

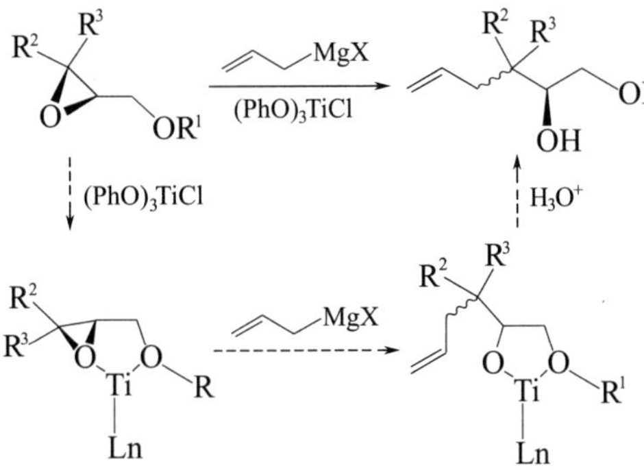

反应中钛原子与环氧乙烷中的氧原子配位，使得环氧环上取代基较多的碳原子与氧原子之间的C-O键减弱，容易发生断裂生成稳定的叔碳正离子，反应按照S_N1机理进行。此时电子效应起了主导作用。

除了Grignard试剂外，很多其他有机金属化合物也可以促进环氧乙烷类化合物发生羟乙基化反应。例如有机锂盐、烷基铜锂、有机硼盐等。很多情况下分子中的羟基、酯基、羧基、醚基等不受影响。有机铝、有机钡、有机锰化合物也有报道。

CH_3O_2C / CH_3O_2C + $(i\text{-Bu})_2CuLi$ ⟶ CH_3O_2C / CH_3O_2C / OH (60%)

有机锂、烷基铜锂等作为亲核试剂都区域选择性地进攻环氧乙烷中取代基少的碳原子，空间位阻起主要作用。对于芳基环氧乙烷，由于烷基锂的亲核性很强，仍从环氧乙烷位阻小的碳原子进攻。

如下反应具有很高的区域选择性和立体选择性。

Bzlo / Me / CH_2OH / O —$(CH_3)_2CuLi$, $Et_2O, -20℃$⟶ Bzlo / Me / CH_3 / OH / OH (95%)

—CH_2═$CHMgBr/CuI/Et_2O$, $-20℃$⟶ Bzlo / Me / CH_2OH / OH (90%)

CH_3 / O —$2(CH_3)_2CuLi$, $Et_2O,0℃$⟶ $CH_3CHCH_2CH_3$ / OH (89%)

又如如下反应（Bruce H. Lipshutz1，Robert Moretti，Robert Crow. Organic Syntheses，Coll Vol 8，33）：

O / H / O / Ph —$(CH_2$═$CH—)(2\text{-Thienyl})Cu(CN)Li_2$, (73%)⟶ HO / H / O / Ph

有报道称，在二烷基铜锂与环氧乙烷衍生物的反应中，加入$BF_3.Et_2O$可以增加二烷基铜锂的反应性。

二烷基铜锂与环己烷并合的环氧乙烷反应时，选择性地进攻直立键的位置，符合构象最小改变原理。

R^1 / O —R_2CuLi⟶ R^1 / OH / R

二烷基铜锂与含有乙烯基的环氧乙烷反应时，烯丙基重排产物常常是主要产物。例如：

$R^1=R^2=H, R=Bu$	80%	13%	4%
$R^1=R^2=H, R=Ph$	76%	8%	15%
$R^1=R^2=H, R=Me$	74%	20%	6%

$R=R'=Me$	70%	30%
$R=Me, R'=CN$	90%	10%
$R=Bu, R'=CN$	100%	

若乙烯基上连有吸电子基团，与氰化铜锂复合物或烷基铜锂反应时，产率适中，但反应的选择性不是太好。

$'MeCu'=Me_2CuLi.BF_3$	收率：54%	42∶58
$=MeCu(CN)Li$	71%	68∶32
$=Me_2Cu(CN)Li_2$	71%	64∶36

对羟基苯乙醇

$C_8H_{10}O_2$，138.17

【英文名】 2-（4-Hydroxyphenyl）ethanol，Tyrosol

【性状】 白色结晶。

【制法】 郑红，高文芳，冀学时，张守芳．中国药物化学杂志，2002，12（3）：166.

(2) → [$PhCH_2Cl$, K_2CO_3] → (3) → [1. Mg, THF; 2. 环氧乙烷] → (4) → [Pd-C, H_2, EtOH] → (1)

4-（苯甲氧基）溴苯（**3**）：于反应瓶中加入对溴苯酚（**2**）31.2g（0.18mol），100mL丙酮，无水碳酸钾50g，苄基氯25.3g（0.20mol），搅拌下回流反应10h。抽滤，浓缩，剩余物乙醇中重结晶，得针状结晶40.7g，收率86%，mp62～63℃。

4-苯甲氧基苯乙醇（**4**）：于反应瓶中加入镁屑2.0g，另将化合物（**3**）21g（80mmol）溶于90mL无水THF中，先用滴液漏斗加入20mL，向反应瓶中加入1～2滴碘甲烷引发反应。保持回流，滴加其余的溶液，加完后继续反应直至镁屑消失。冷至0℃，慢慢滴加由环氧乙烷7.5mL（0.15mol）溶于20mL THF的溶液，控制滴加速度，使温度保持在5～9℃。加完后室温反应3h。倒入水中，用盐酸调至pH4，乙醚提取。无水硫酸钠干燥，过滤，浓缩，得白色固体（**4**）13g，收率71.2%，mp87～88℃。

对羟基苯乙醇（**1**）：于氢化反应瓶中加入化合物（**4**）22.8g（0.1mol），乙醇180mL，5%的Pd-C催化剂，氢化8h。过滤，减压浓缩。剩余物用氯仿重结晶，得白色结晶（**1**）12.3g，收率89%，mp92～93℃。

2-噻吩乙醇

C_6H_8OS，128.19

【英文名】 2-（Thiophen2-yl）ethanol

【性状】 无色液体。bp108～109℃/1.75kPa。

【制法】 ［1］林原斌，刘展鹏，陈红飙．有机中间体的制备与合成．北京：科学出版社，2006：130.

［2］沈东升．精细石油化工，2001，3：30.

2-溴噻吩（**2**）+ Mg —THF→ 2-噻吩基MgBr —1. 环氧乙烷；2. H_3^+O→ 2-噻吩-CH_2CH_2OH（**1**）

于安有搅拌器、温度计、滴液漏斗、回流冷凝器的反应瓶中，加入干燥的镁屑38.5g（1.58mol），无水THF100mL，一粒碘。慢慢滴入由2-溴噻吩（**2**）250g（1.5mol）和1000mL THF配成的溶液，先加入约40mL，温热引发反应。引发后搅拌下滴加其余的2-溴噻吩溶液，保持内温45℃左右，约4h加完。加完后继续搅拌反应2h。冷至5℃，慢慢滴加环氧乙烷70.4g（1.6mol）溶于200mL THF且冷至5℃的溶液，约4h加完，室温搅拌反应6h。冰水浴冷至5℃，滴加200mL饱和氯化铵溶液而后于35～40℃保温反应0.5h。倾出上层溶液，下次黏稠物用THF提取两次，合并THF溶液，依次用饱和碳酸钠溶液、饱和食盐水洗涤，无水硫酸钠干燥。减压蒸出THF，而后减压分馏，收集102℃/0.4～0.66kPa的馏分，得2-噻吩乙醇（**1**）135～145℃，收率70%～75%。

1-庚烯-4-醇

$C_7H_{14}O$，114.18

【英文名】 Hept-1-en-4-ol

【性状】 浅黄色油状液体。

【制法】 Holub N，Neidhoefer J. Blechert S. Org Lett，2005，7，1227.

1,2-环氧戊烷（**2**）+ CH_2═CHMgBr —CuCN / THF, −78℃→ 1-庚烯-4-醇（**1**，OH）

于安有搅拌器、温度计、滴液漏斗的反应瓶中，加入1,2-环氧戊烷（**2**）3.50g（40.6mmol），氰化亚铜364mg（4.06mmol），干燥的THF30mL，冷至－78℃，搅拌下滴加1mol/L的乙烯基溴化镁THF溶液52.8mL（52.8mmol），约45min加完。加完后慢慢升至0℃。慢慢滴加20mL饱和氯化铵溶液淬灭反应。分层，水层用乙醚提取3次。合并有机层，依次用水、饱和盐水洗涤，无水硫酸镁干燥。蒸出溶剂后，柱色谱分离纯化，乙醚-戊烷（1∶3）洗脱，得浅黄色油状液体（**1**）4.41g，收率95%。

（3*R*）-4-苄基-4-甲基庚-6-烯-3-醇

$C_{15}H_{22}O$，218.34

【英文名】（3*R*）-4-Benzyl-4-methylhept-6-en-3-ol

【性状】无色油状物。

【制 法】Tanaka T，Hiramatsu K，Kobayashi Y ，Ohno H. Tetrahedron. 2005，61：6726.

(2) —[MgCl（烯丙基）/ $(PhO)_3TiCl$]→ (1)

于反应瓶中加入2.0mol/L的烯丙基氯化镁的THF溶液1.5mL（3.0mmol），冷至−78℃，搅拌下滴加0.5mol/L的三苯氧基氯化钛的THF溶液6.0mL（3.0mmol），加完后于−50℃搅拌反应30min。于−78℃慢慢加入化合物（**2**）176mg（1.0mmol）溶于1mL THF的溶液，而后搅拌反应96h，期间慢慢升至室温。用30mL乙醚稀释，加入5mL饱和KF溶液。过滤，滤液用2mol/L的氢氧化钠溶液、水、饱和盐水洗涤，无水硫酸钠干燥。过滤，浓缩，将得到的油状物过硅胶柱纯化，得无色油状液体（**1**）153mg，收率70%。

第二节 β-羰烷基化反应

一、Michael加成反应

经典意义上的Michael加成反应是指活泼亚甲基化合物烯醇化碳负离子或其他稳定的碳负离子类亲核试剂，例如有机铜锂等，与α,β-不饱和醛、酮、腈、硝基化合物及羧酸衍生物在碱性条件下发生的1,4-加成反应，生成β-羰烷基类化合物。该反应是由美国化学家Arthur Michael于1887年发现的。其实早在1883年，Komnenos等就报道了第一例碳负离子与α,β-不饱和羧酸酯的1,4-加成反应，但直到1887年Michael发现使用乙醇钠可以催化丙二酸酯与肉桂酸酯的1,4-加成后，对该类反应的研究才得到迅速发展。由于Michael在该领域中的贡献，称为Michael加成反应或Michael反应。例如：

C_2H_5O-CO-CH=CH-R + $CH_2(COOEt)_2$ —[EtONa / EtOH]→ $(EtOOC)_2CH$-CHR-CH_2-CO-OC_2H_5

Michael 加成反应从反应机理上来看，属于共轭加成或 1，4-加成，是有机合成中形成碳-碳单键的常用反应之一。

该类反应的反应机理如下：

$$RCOCH_2R' \underset{-HB}{\overset{B^-}{\rightleftharpoons}} [RCO\bar{C}HR' \longleftrightarrow RC(O^-){=}CHR'] \xrightarrow{C=C-Y} [RCO-CH(R')-C-C^-(Y) \longleftrightarrow RCO-CH(R')-C-C{=}Y^-]$$

$$\xrightarrow[-B^-]{HB} RCO-CH(R')-C-C(Y)-H$$

反应中活泼亚甲基化合物首先在碱的作用下烯醇化，生成烯醇负离子，而后烯醇负离子的碳原子进攻 α,β-不饱和化合物的碳-碳双键的 β-碳原子，最后生成 β-羰烷基化合物。反应中的 α,β-不饱和化合物常常被称为 Michael 受体，而活泼亚甲基化合物则称为 Michael 供体。

当然，反应中也可以发生 1,2-加成，生成羰基上的加成产物。因此，区域选择性是 Michael 反应的必须关注的问题。实际上，在传统的 Michael 反应中，给体进攻羰基的 1,2-加成是动力学控制反应，而 1,4-加成属于热力学控制的反应，1,4-加成产物在热力学上更稳定。由于 Michael 反应是可逆的，反应中生成的 1,2-加成产物会重新分解为原料，并最终逐渐转化为热力学稳定的 1,4-加成产物。

常见的 Michael 供体有丙二酸酯、氰基乙酸酯、β-酮酯、乙酰丙酮、硝基烷烃、砜类化合物等。常见的 Michael 受体为 α,β-不饱和羰基化合物及其衍生物，如 α,β-不饱和醛、α,β-不饱和酮、α,β-炔酮、α,β-不饱和腈、α,β-不饱和羧酸酯、α,β-不饱和酰胺、杂环 α,β-烯烃、α,β-不饱和硝基化合物以及对苯醌类等。

反应中常用的碱有氢氧化钠（钾）、醇钠（钾）、金属钠、氨基钠、氢化钠、吡啶、哌啶、三乙胺、季铵碱、碳酸钠（钾、锂、铯）、醋酸钠、PPh_3、DBU、TMG（四甲基胍）等。在具体反应中究竟选择哪一种碱，可以根据 Michael 供体的活性和反应条件而定。供体的酸性强，可以适当选用较弱的碱。

$$CH_2{=}CHCH(CH_3)NO_2 + CH_2{=}CHCN \xrightarrow[(72\%)]{TMG(10mol\%),CH_3CN} CH_2{=}CHC(CH_3)(NO_2)CH_2CH_2CN$$

$$Cl-C_6H_4-CH{=}CHCO_2C_2H_5 + CH_3NO_2 \xrightarrow[MeOH]{Bu_4NOH} Cl-C_6H_4-CH(CH_2NO_2)-CH_2CO_2C_2H_5\ (50\%)$$

抗真菌药环吡酮胺（Ciclopirox Olamine）原料药的合成如下（陈芬儿．有机药物合成法：第一卷．北京：中国医药科技出版社，1999：281）：

$$C_6H_{11}COCH_3 \xrightarrow[2.\ NH_2OH.HCl]{1.\ CH_3CH{=}CHCO_2CH_3} \text{6-环己基-4-甲基-1-羟基-3,4-二氢吡啶-2-酮} \xrightarrow[2.\ H_2NCH_2CH_2OH]{1.\ DDQ或MnO_2} \text{6-环己基-4-甲基-1-羟基吡啶-2-酮}\cdot H_2NCH_2CH_2OH$$

有时候芳香醛也可以作为 Michael 反应的给体，例如：

$$\text{3-吡啶甲醛} + CH_2{=}CHCN \xrightarrow[\text{DMF}]{\text{NaCN}} \text{3-吡啶基}-CO-CH_2CH_2-CN$$

该方法为芳醛在催化剂存在下对 α,β-不饱和双键的加成反应来制备腈的方法，一般也适用于杂环芳醛。反应历程一般认为是 Lapworth 历程，即氰基催化苯偶姻机理。氰基稳定了能进行 Michael 加成的碳负离子，而后进行共轭加成，最后消除而得到产品。利用该反应可以合成表 2-1 中各种化合物（Stetter H，Kuhlmann H，Lorenz G. Org Synth，1988，Coll Vol 6：866）。

表 2-1 羰基化合物与丙烯腈反应生成腈类化合物

产物	产物分子式	蒸馏收率/%	重结晶收率/%	沸点℃/Pa	熔点/℃
$C_6H_5CO-CH_2CH_2CN$	$C_{10}H_9NO$	71	50	131～134/26.6	72～72
$C_6H_5CO-CH_2CH(CH_3)CN$	$C_{11}H_{11}NO$	73～76	34～37	113～115/13.3	42～43
$C_6H_5CO-CH(CH_3)CH_2CN$	$C_{11}H_{11}NO$	62～64	45～47	111～113/20	58～59
$C_6H_5CO-CH(C_6H_5)CH_2CN$	$C_{16}H_{13}NO$	83	56	157～159/6.6	83～84
p-$ClC_6H_4CO-CH_2CH_2CN$	$C_{10}H_8ClNO$	88～89	71～72	152	

目前。随着人们对 Michael 反应体系研究的不断深入，该反应的给体、受体和催化剂类型有了很大的扩展。现在将任何带有活泼氢的亲核试剂与活性 π-体系发生共轭加成的过程，统称为 Michael 反应。

有时一些简单的无机盐如三氯化铁、氟化钾等也用作 Michael 反应的催化剂。烯酮肟与乙酰乙酸乙酯在三氯化铁催化剂存在下，首先发生 Michael 加成反应，再经脱水、环合，可以得到烟酸衍生物。具体反应如下（Chibiryaev A M，et al. Tetrahedron Lett，2000，41：4011）：

$$MeCOCH_2CO_2Et + PhCH{=}CH-C(CH_3){=}NOH \xrightarrow[150\sim160^\circ C, 4h]{FeCl_3} \text{2,6-二甲基-4-苯基烟酸乙酯}\ (81\%)$$

镁-铝复合物可以催化如下反应：

$$PhCH{=}CHCOPh + CH_2(CO_2Et)_2 \xrightarrow[6h]{\text{Mg-Al环己烷}} (EtO_2C)_2CH-CH(Ph)-CH_2COPh\ (96\%)$$

止吐药大麻隆中间体的合成使用 KF 作催化剂（陈芬儿. 有机药物合成法：第一卷. 北京：中国医药科技出版社，1999：168）：

$$CH_3COCH_2CO_2C_2H_5 + CH_2{=}CHCO_2C_2H_5 \xrightarrow{KF，EtOH} CH_3COCH(CH_2CH_2CO_2OC_2H_5)CO_2C_2H_5$$

Michael 受体的活性与 α,β-不饱和键上连接的官能团的性质有关。若相连官能团的吸电子能力强，则 β-碳上电子云密度低，容易受到亲核试剂的进攻，反应活性高，容易发生反应。根据在具体反应中的反应情况，所连接取代基的吸电子能力依如下顺序逐渐降低：

$$NO_2 > SO_3R > CN > CO_2R > CHO > COR$$

一些环丙烷衍生物也可以发生 Michael 反应，此时环丙烷开环，而后再关环生成环戊酮衍生物。例如 1-氰基-1-环丙烷甲酸乙酯与氰基乙酸乙酯、丙二酸二乙酯的反应：

也可以发生分子内的 Michael 加成反应。例如：

经典的 Michael 反应是在质子性溶剂中使用催化量的碱进行的，后来的研究发现，使用等摩尔的碱可以将活泼亚甲基化合物转化为烯醇式，反应的收率更高，而且选择性强。例如在等摩尔碳酸锂催化下发生双分子 Michael 反应，可以得到单一的光学异构体。

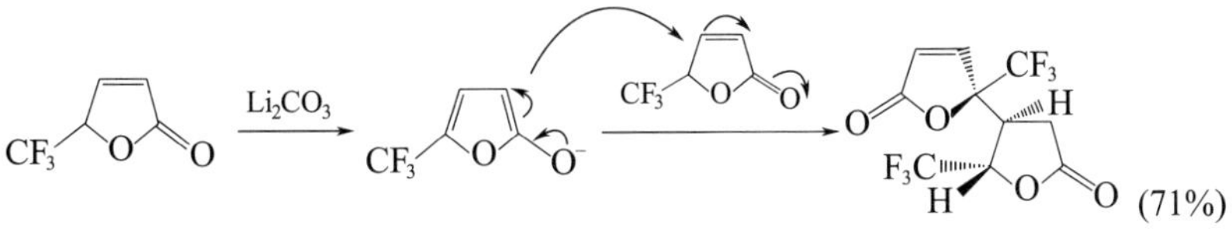

除了烯醇负离子的碳原子作为 Michael 反应的供体生成 C—C 键之外，一些杂原子（S、N、P、O、Si、Sn、Se 等）的负离子也可以与 Michael 受体反应，生成含杂原子的化合物。例如：

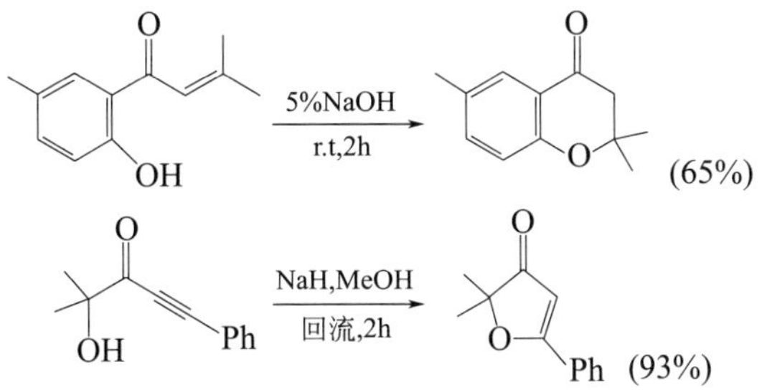

$$C_6H_5SH + CH_2{=}CHCN \xrightarrow[(95\%)]{\text{哌啶}} C_6H_5SCH_2CH_2CN$$

$$(C_4H_9)_2NH + CH_2{=}CH{-}C{\equiv}N \xrightarrow[(61\%)]{} (C_4H_9)_2NCH_2CH_2CN$$

硫化氢与丙烯腈反应，而后酸性水解，可以生成巯基丙酸，巯基丙酸为医药芬那露的中间体。

$$CH_2{=}CHCN + NaHS \xrightarrow{HCl} HSCH_2CH_2CN \xrightarrow{HCl} HSCH_2CH_2COOH$$

在催化量 DBU 催化下，苯胺衍生物可以与 α,β-不饱和醛发生 Michael 加成，氮原子连接在 α,β-不饱和醛的 β-位上。在 $InCl_3$、$La(OTf)_3$、$Yb(OTf)_3$ 存在下，于一定的压力下，胺可以与 α,β-不饱和酯发生 Michael 加成，生成 β-氨基酯。

也有光引发 Michael 加成的报道。在钯催化剂存在下，或在光引发下，分子内含有氨基和 α,β-不饱和酮基的化合物可以发生分子内的 Michael 反应生成环胺。

在特殊情况下，Michael 加成反应也可以被酸催化。例如分子内的 Michael 反应。

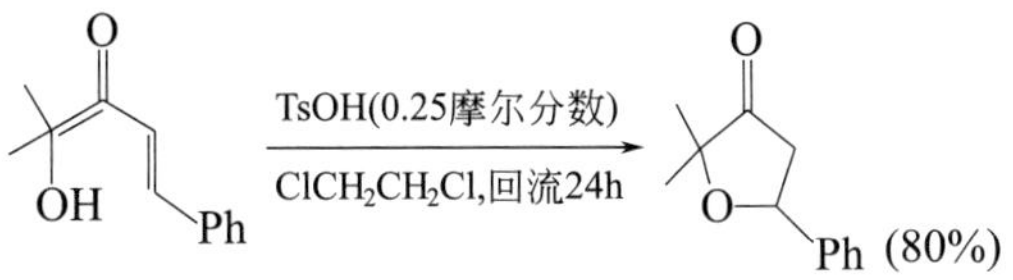

电化学引发的 Michael 反应也有报道。

Michael 反应的研究发展很快，微波、超声波、离子液体技术、相转移催化以及固相合成方面的研究已有很多报道。

Michael 加成反应常常和 Robinson 环化联系在一起，是合成环状化合物的一种有用的方法。

不对称合成的报道也越来越多，并且已取得许多令人瞩目的成就。

含有适当的不同 R 基团的底物发生 Michael 反应时，可以得到两个新的手性中心。

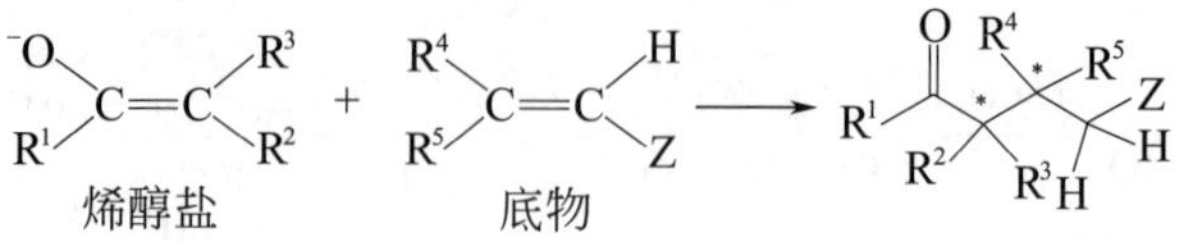

烯醇盐　　底物

因此，反应中可能生成两对对映异构体。在非对映立体选择性的反应过程中，只得到两对异构体中的一对，或大部分是两对异构体中的一对。反应中烯醇盐和底物可以以 Z 或 E 型异构体的形式存在。由酮或羧酸酯生成的烯醇盐，E-型烯醇盐得到顺式对映体对，而 Z-型烯醇盐反应得到反式产物（Oare D A，Heathcock C H. J Org Chem，1990，55：157）。

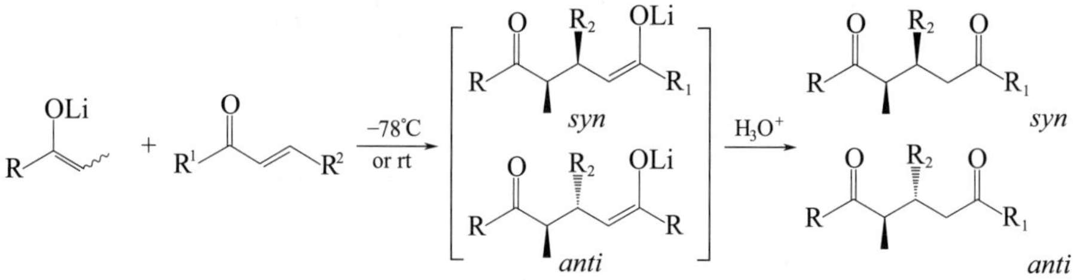

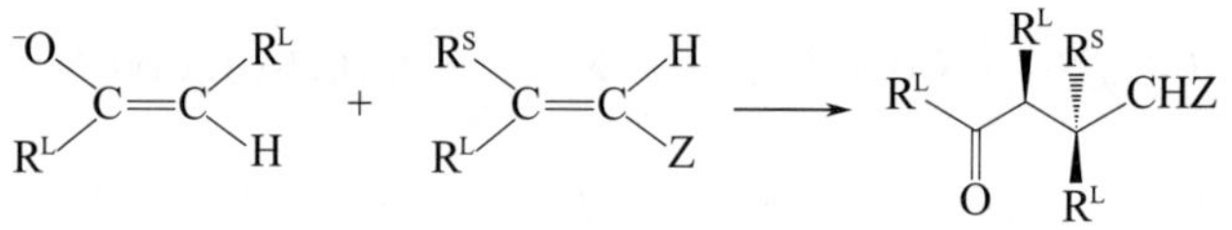

例如：

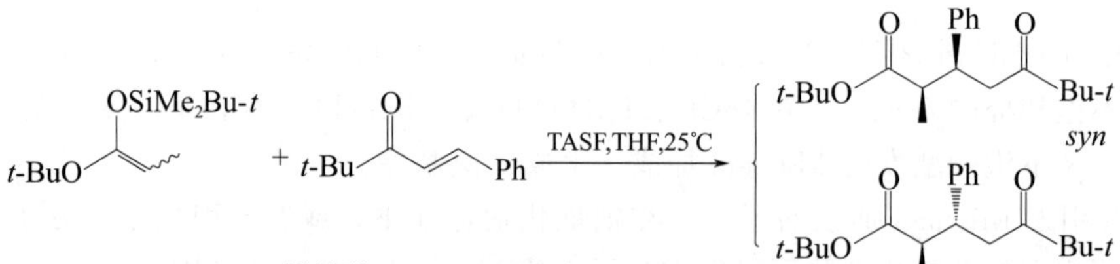

烯缩醛	syn/anti
E	39∶61
Z	63∶37

不对称 Michael 反应近年来发展很快，主要有三种方法。一是由非手性给体与手性受体反应，由手性受体诱导产物的手性。例如（Alexakis A，Sedrani R，Mangeney P，Normant J F. Tetrahedron Lett，1988，29：4411）：

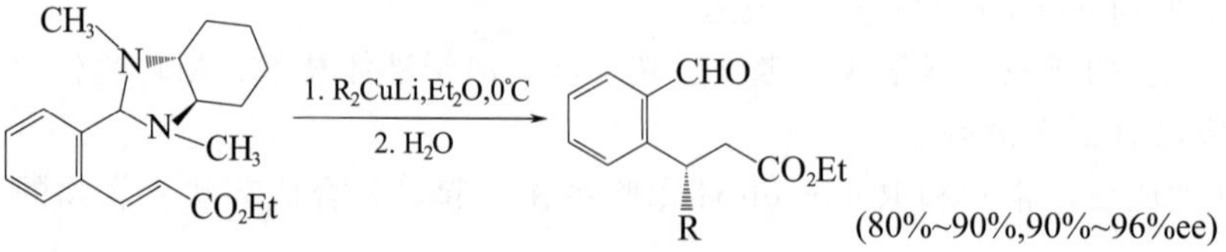

(80%~90%,90%~96%ee)

二是手性给体与非手性受体反应，由手性的给体诱导产物的手性。例如（Blarer S J，Schweizer W B，Seebach D. Helv Chim Acta，1982，65：1637）：

1. Et_2O, $-80°C \sim$ r.t, 6h
2. HCl, EtOH, 60°C, 30min
(68%~80%, >90%ee)

上述两种方法由于手性受体和手性给体来源不足而受到限制。目前研究最多的是第三种方法，使用手性催化剂催化非手性给体和非手性受体之间的不对称 Michael 加成反应。

已有许多新的手性催化剂合成出来并应用到不对称 Michael 加成反应中。关于这方面的进展情况，李洪森[李洪森，燕方龙，赵琳静等．化学试剂，2009，31（12）：992]和李宁[李宁，郗国宏，吴秋华等．有机化学，2009，Vol 29（7）：1018]等曾做过述评。主要的手性催化剂有含氮手性催化剂、手性金属配体催化剂、手性冠醚配合物催化剂、手性胍催化剂等。

1. 含氮手性化合物催化剂

在含氮手性催化剂中，吡咯烷类化合物、手性方酰胺、有机（硫）脲、噁唑啉、金鸡纳碱、季铵盐、伯胺等均有报道。

（1）手性吡咯烷衍生物

手性吡咯烷衍生物是有效的催化剂，如手性吡咯烷二唑、三唑、四唑、氨甲基吡咯烷等。其共同特征是吡咯氮原子 α-位取代基在反应中起到重要的作用。例如[Thandavamurthy K，Sethuraman. Tetrahedron Asymmetry，2008，19(23)：2741]：

(0.1摩尔分数)催化剂**1**或**2**
H_2O(85%~99%ee)

1 **2**

Chandrasekhar 等（Chandrasekhar S，Kumar T P，Haribabu K，Reddy C. R. Tetrahedron Asymmetry，2011，22：697）设计并合成了吡咯烷-吡唑手性分子 **3**，用于立体选择性催化羰基化合物与 β-硝基芳基烯烃的 Michael 加成反应，结果发现，环己酮、环戊酮、四氢吡喃酮、N-甲基哌啶酮或直链酮均能顺利地与 β-硝基芳基烯烃发生反应，表现出优秀的立体选择性。当亲核试剂为苯乙酮或丙酮时，反应的收率与空间选择性均明显下降。

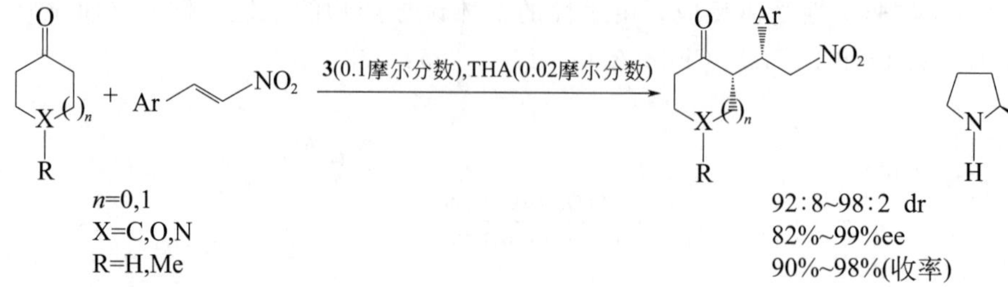

n=0,1
X=C,O,N
R=H,Me

3(0.1摩尔分数),THA(0.02摩尔分数)

92:8~98:2 dr
82%~99%ee
90%~98%(收率)

他们提出的反应机理如下：

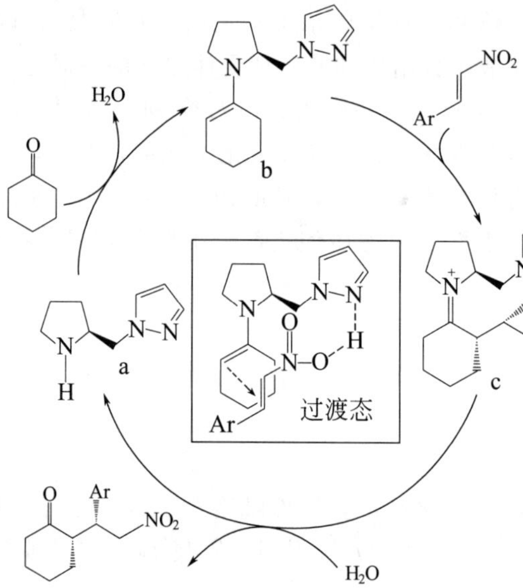

a b c 过渡态

首先是吡咯烷-吡唑 a 与环己酮作用形成手性烯胺 b，硝基烯烃通过 TFA 中的质子与催化剂吡唑中的一个氮（Brϕnsted 碱位点）形成的氢键固定，诱导其进烯胺的 *Re* 面（过渡态）生成 c，c 水解得到产物。他们对反应混合物做了 ESI-MS 检测，发现有中间体 b、c 与催化剂 a 的分子量，进一步证明了此催化反应机理的合理性。

（2）手性（硫）脲衍生物

（硫）脲通过与底物中的羰基或硝基形成双重氢键活化，产生优秀的立体诱导效果，从而被广泛应用于有机合成中。近年来，硫脲-伯胺、硫脲-仲胺、硫脲-叔胺和硫脲-金鸡纳碱等双功能硫脲催化剂在 Michael 加成中已经有了成功的应用。

关于这类手性催化剂的具体例子如下。

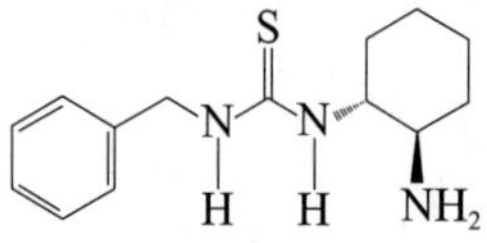

硫脲-伯胺

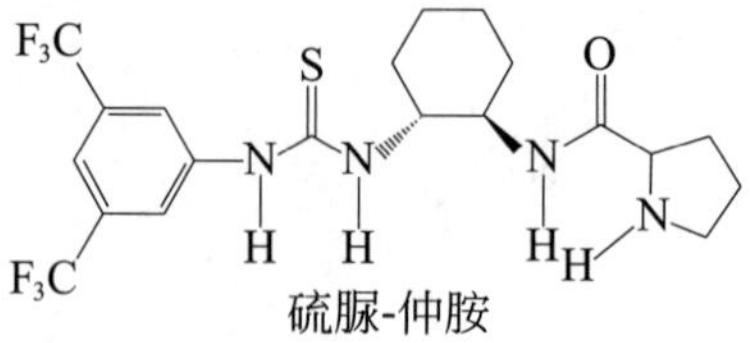

硫脲-仲胺

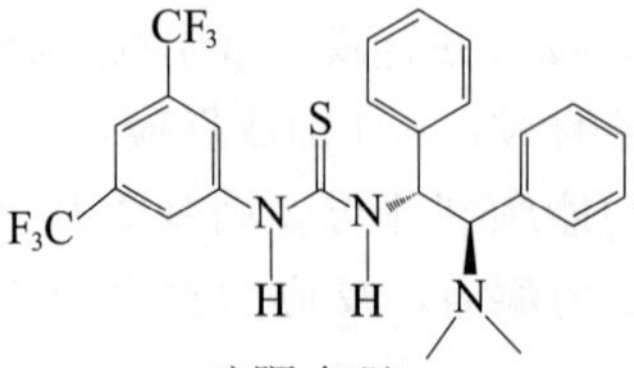

硫脲-叔胺

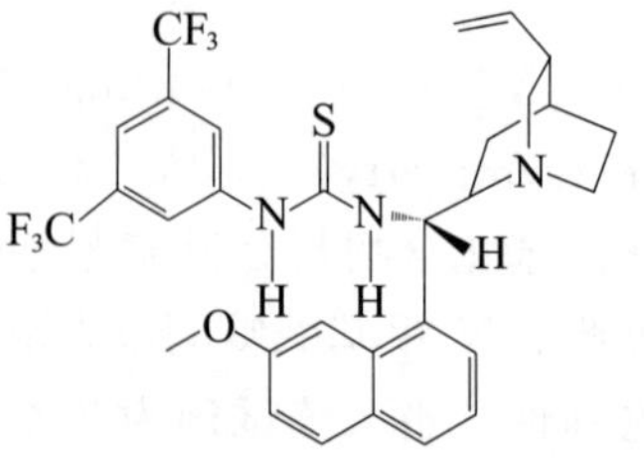

硫脲-金鸡纳碱

Wang 等（Bai J F，Xu X Y，Huang Q C，Peng L，Wang L X. Tetrahedron Lett，2010，51，2803）以 L-脯氨酸与手性二胺为原料制备了硫脲-仲胺手性催化剂用于不对称催化 α-二取代醛与硝基烯烃的 Michael 反应，取得对映选择性和收率比较满意的结果。

催化剂(0.2摩尔分数)

CH_2Cl_2,r.t

R^1=苯基,各种取代苯基,2-呋喃基,2-噻吩基,2-萘基

$R^2=R^3$=Me,R_2,R_2=$(CH_2)_5$

催化剂

反应可能经历了如下过渡态。硫脲与硝基烯烃中的硝基形成氢键，提高其亲核活性：催化剂中吡咯氮上与醛生成具有强亲核活性的烯胺，手性环己二胺骨架保证了加成的立体选择性。

（3）手性方酰胺

Xu 等（Xu D Q，Wang Y F，Zhang W，et al. Chem Eur J. 2010，16：4177）以手性方酰胺 **4** 为催化剂，立体选择性地催化 4-羟基香豆素、4-羟基-6-甲基-2-吡喃酮与 β，γ-不饱和 α-酮酸酯的 Michael 加成反应，得到的化学收率和对映选择性分别为 65%～93%和 90%～>99%*ee*。

4(0.025摩尔分数)

CH_2Cl_2,r.t,12h

X=H,6-Me,6-Cl

R=芳基,杂环芳基,烷基

4

他们提出了一个过渡态模型，催化剂中方酰胺片断与 α-酮酸酯的两个羰基形成双氢键活化，金鸡纳碱的叔氮有利于供体形成亲核试剂并控制进攻方向，生成 *R*-构型的主要产物。他们将该催化剂与硫脲催化剂进行对比发现，方酰胺型催化剂的催化效果明显优于硫脲催化剂，原因可能是方酰胺的两个 N—H 键的距离比硫脲更远，可以更好地与邻二羰基官能团进行空间匹配。他们还用计算化学方法对该推测进行了验证。

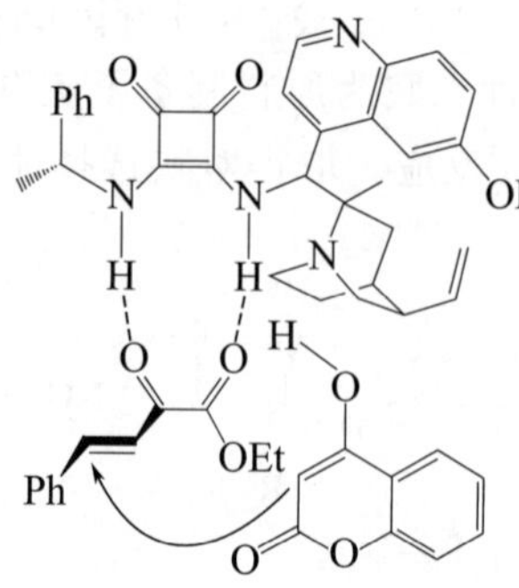

（4）手性噁唑啉

如下手性苯基三噁唑啉 **5** 与叔丁醇钾反应可以生成配合物，在不同条件下催化苯乙酸甲酯和丙烯酸甲酯的 Michael 加成反应，ee 最高为 56%。叔丁醇钾的用量影响对映选择性，当叔丁醇钾的用量从 0.1 摩尔分数提高到 0.2 摩尔分数时，产物的 ee 值从 35%提高到 46%[Sung G K，Kyo H A. Tetrahedron Lett.，2001，42(25)：4175]。

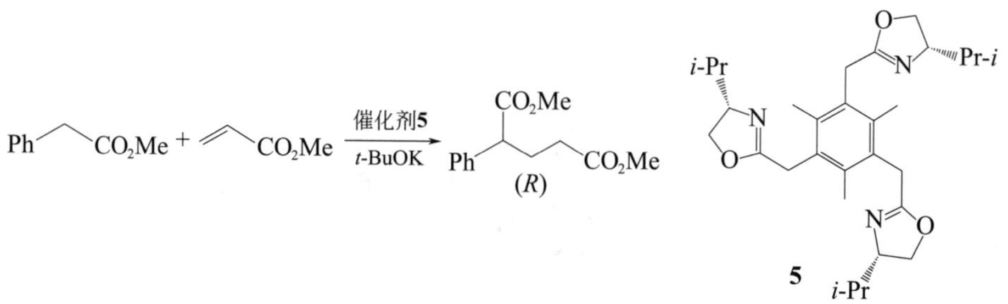

（5）生物碱金鸡纳碱

Arrigo 等[Arrigo S，Antomio M，Laura P. Tetrahedron Asymmetry，2008，19（18）：2149]报道了一系列金鸡纳碱化合物作为催化剂，催化查尔酮和苯胺的 Michael 加成反应，其中化合物 **6** 的催化性能最好，加成产物 ee 值为 58%。

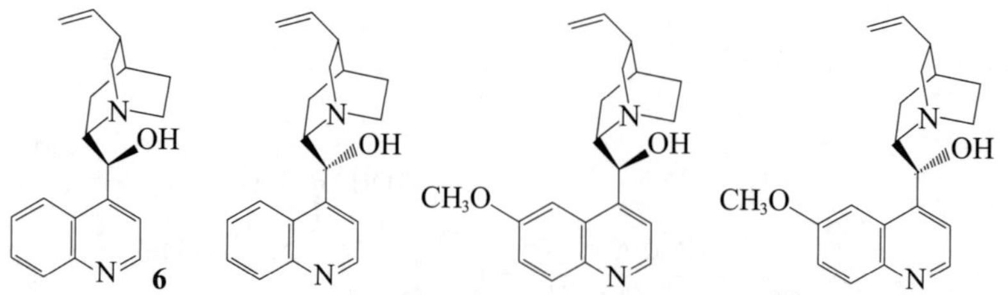

利用金鸡纳生物碱上的碳碳双键与丙烯腈、丙烯酸酯等共聚制成聚合物作催化剂，用于 β-酮酯和甲基乙烯基酮、十二烷基硫醇与甲基乙烯基酮、苄硫醇与硝基苯乙烯、硫酚与环己烯酮、硫酚与顺丁烯二甲酸二甲酯之间的 Michael 加成反应，也取得令人满意的结果。

（6）手性季铵盐

Barry 等[Barry L，Bryan A，Eirene H M. Tetrahedron Lett，2005，46（26）：4461]利用 α-甲基萘胺合成手性季铵盐 **7**，在碳酸铯的存在下以乙醚或异丙醚为溶剂，催化如下反应，加成产物 ee 值在 91%～94%，而以 1，2-二甲氧基乙烷作为溶剂，加成产物的 ee 值降至 28%。

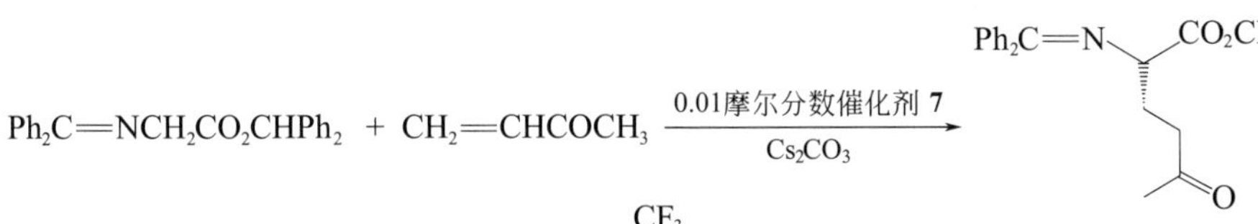

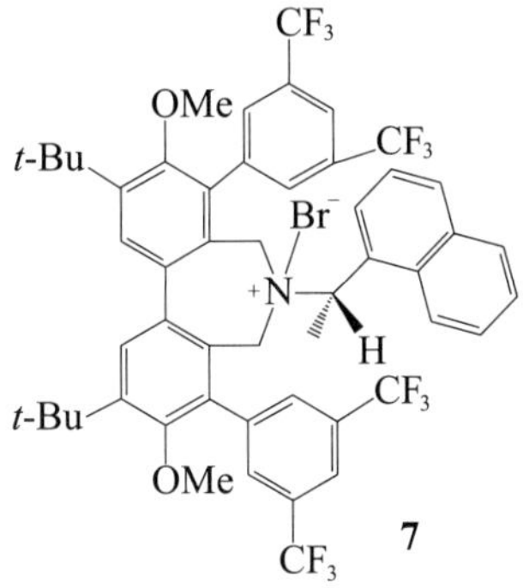

$Ph_2C{=}NCH_2CO_2CHPh_2 + CH_2{=}CHCOCH_3 \xrightarrow[Cs_2CO_3]{0.01摩尔分数催化剂 7}$

(7) 手性伯胺

Li 等 (Wang J F, Wang X, Ge Z M, Cheng T M, Li R T. Chem Commun, 2010, 46: 1751) 研究了以手性环己二胺为催化剂，己二酸为添加剂，环戊酮与查尔酮的 Michael 加成反应。发现，含各种取代基（给电子、吸电子）的查尔酮衍生物都能顺利地发生反应，得到的加成产物。通过简单的柱色谱分离和重结晶，可以将 *dr* 值提高到 99∶1。

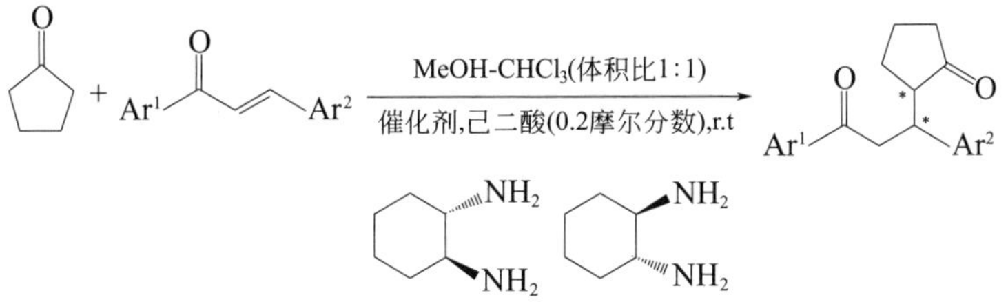

MeOH-CHCl₃(体积比1∶1)；催化剂,己二酸(0.2摩尔分数),r.t

催化剂

关于手性伯胺催化的 Michael 加成已有不少报道，近年来几种常见的催化剂如下：

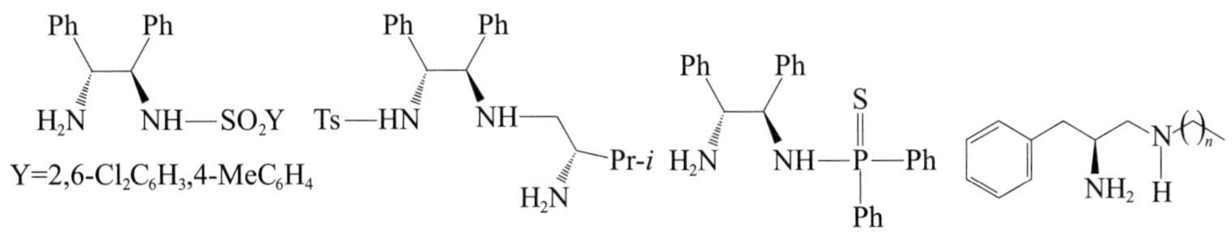

$Y=2,6\text{-}Cl_2C_6H_3, 4\text{-}MeC_6H_4$

2. 手性金属配体催化剂

金属原子与手性配体形成的手性金属配合物，在不对称 Michael 加成反应也有很多报道。这类催化剂包括手性铜配合物、手性镍配合物、手性碱土金属配合物、其他手性金属（钌、铑、镧系金属等）配合物、手性双金属配合物等，各具特色。

Takao 等 [Takao I, Wang H, Masahito W. J Organomet Chem, 2004, 689 (8): 1377] 报道了 Ru 与手性胺基配体形成的配合物催化的2-环戊烯酮与丙二酸二酯类化合物的加成反应，产物产率 99%，ee 值>91%。

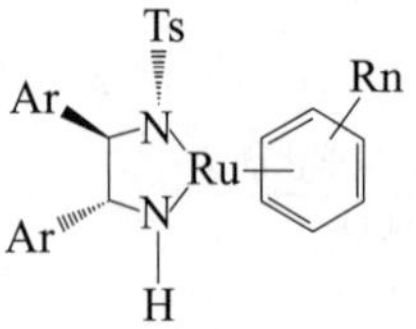

Rn=1,2,4,5-四甲基, 1,2,3,4,5,6-六甲基

手性 1，1′-联二萘酚类催化剂有比较好的刚性结构，主族金属的联二萘酚催化剂也越来越引起人们的重视。Kumaraswamy 等［Kumaraswamy G，Sastry M N V，Nivedita J. Tetrahedron Lett，2001，42（48）：8515］报道了联萘酚的钙盐催化的查尔酮、环己烯酮、环戊烯酮与丙二酸二甲酯的加成反应，产物的 ee 值最高为 88%。

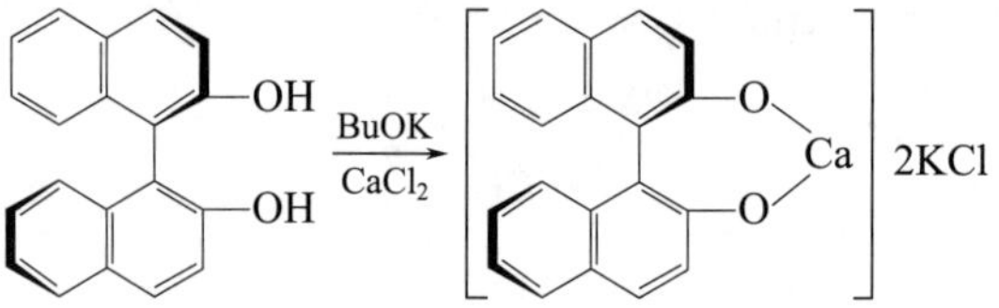

Velmathi 等［Velmathi S，Swarnalakshmib S，Narasimhana S. Tetrahedron Asymmetry，2003，14（1）：113］以手性胺基酯或胺基二醇与 $LiAlH_4$ 反应，生成的以铝为中心离子的杂双金属配体，以其催化丙二酸乙酯与环己烯酮的加成反应，收率在 65%～90%，ee 值 55%～95%。

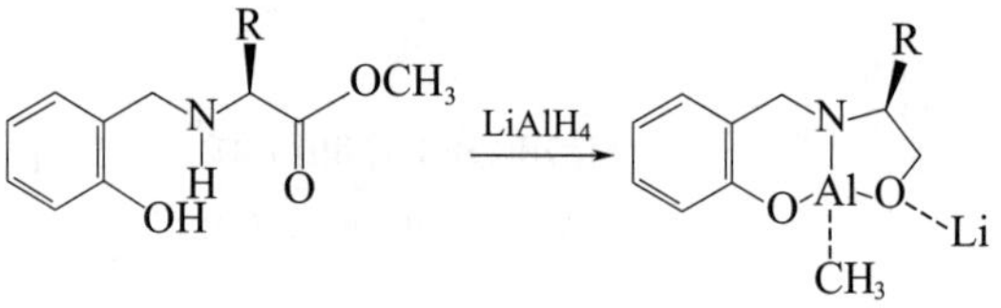

还有很多关于手性金属配体催化剂催化的不对称 Michael 反应的报道，不再赘述。

Michael 加成反应在天然产物及药物合成中得到了广泛的应用。

2-氧代-5-（吡啶-4-基）-1,2-二氢吡啶-3-腈

$C_{11}H_7N_3O$，197.20

【英文名】 2-Oxo-5-（pyridine-4-yl）-1，2-dihydropyridine-3-carbonitrile

【性状】 米色固体。mp272℃。

【制法】 陈芬儿．有机药物合成法：第一卷．北京：中国医药科技出版社，1999：67.

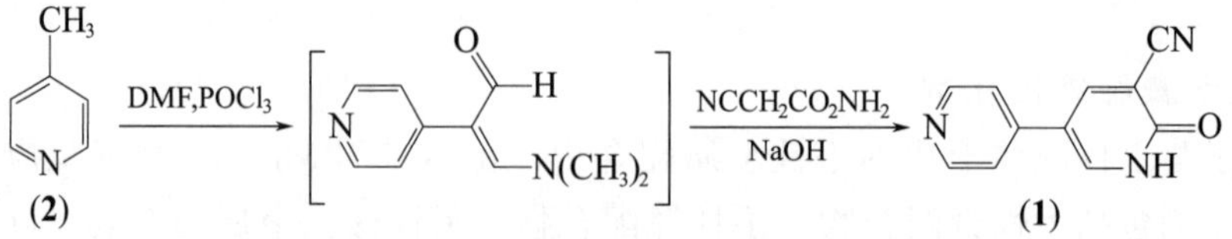

于反应瓶中加入 DMF 307mL，于 15℃搅拌下滴加三氯氧磷 234g（1.50mol），再加入 4-甲基吡啶（**2**）46.5g（0.50mol），注意内温不超过 20℃。加完后继续搅拌反应 1h。将反应物倒入 930mL 冰水中，用 30%的氢氧化钠调至 pH8，冷至 10℃以下。过滤，除去无机盐。于 15℃下依次加入氰乙酰胺 72.3g（0.9mol）、30%的氢氧化钠溶液 123mL，继续搅拌

2h。加入乙醇 560mL，冷至 10℃以下，用醋酸调至 pH6，析出米色固体。过滤，干燥，得化合物（**1**）61.6g，收率 62.5%，mp272℃。

2-（3-氧代环己基）丙酸

$C_9H_{14}O_3$，170.21

【英文名】 2-（3-Oxocyclohexyl）propanoic acid

【性状】 油状液体。

【制法】 陈芬儿．有机药物合成法：第一卷．北京：中国医药科技出版社，1999：312.

$CH_3CH(CO_2C_2H_5)_2$ / EtOH，Na；HCl

$CH(CO_2C_2H_5)_2$ / CH_3；$CHCO_2H$ / CH_3

（**2**）（**3**）（**1**）

α-甲基-3-氧代环己基丙二酸二乙酯（**3**）：于反应瓶中加入无水乙醇 300mL，氮气保护，加入金属钠 2.2g（0.096mol），待金属钠反应完后，滴加甲基丙二酸二乙酯 182g（1.14mol），室温搅拌 1h。滴加 2-环己烯-1-酮（**2**）92g（0.96mol）溶于 118mL 乙醇的溶液，约 1h 加完。加完后继续室温搅拌反应 5h。用浓盐酸调至酸性，减压蒸出溶剂。剩余物中加入乙醚 1.2L，静止分层。水洗，无水硫酸钠干燥。过滤，浓缩，减压蒸馏，收集 149～152℃/106.7kPa 的馏分，得油状液体（**3**）204.4g，收率 78.7%。

2-（3-氧代环己基）丙酸（**1**）：于反应瓶中加入化合物（**3**）15.75g（0.058mol），6mol/L 的盐酸 235mL，二氧六环 235mL，回流反应 10h。冰浴冷却，用 50%的氢氧化钠溶液 75mL 和水 75mL 的溶液调至碱性。用乙醚 500mL 提取，乙醚层弃去。水层用盐酸调至 pH1～2，浓缩至干。剩余物用乙醚提取（350mL×3），合并乙醚层，无水硫酸钠干燥。过滤，浓缩，减压蒸馏，收集 164～166℃/93.3kPa 的馏分，得化合物（**1**）5.4g，收率 54.9%。

1,3-二甲基-5-氧代双环［2.2.2］辛-2-甲酸

$C_{10}H_{14}O_3$，182.22

【英文名】 1,3-Dimethyl-5-oxo-bicyclo[2.2.2]octane-2-carboxylic acid

【性状】 白色结晶。mp130～131℃。

【制法】 Dietrich Spitzner，Anita Engler. Org Synth，1993，Coll Vol 8：219.

1. LDA / 2. $CH_3CH{=}CHCO_2Me$；KOH / MeOH

$-CO_2Me$；$-CO_2H$

（**2**）（**3**）（**1**）

1，3-二甲基-5-氧代双环[2.2.2]辛-2-甲酸甲酯（**3**）：于安有搅拌器、温度计、通气导

管的反应瓶中，加入干燥的 THF 100mL，无水二异丙基胺 5.56g（55mmol），氩气保护，以干冰-异丙醇浴冷至－78℃。用注射器慢慢加入 1.8mol/L 的丁基锂-己烷溶液 30mL（54mmol）使生成二异丙基氨基锂溶液。30min 后，加入 3-甲基-2-环己烯-1-酮（**2**）5.50g（50mmol）溶于 60mL THF 的溶液，约 15min 加完。加完后继续冷却下搅拌反应 30min。向生成的黄色二烯醇锂溶液中用注射器于 2min 加入（*E*）-巴豆酸甲酯 10.0g（0.1mol），撤去冷浴，慢慢升至室温，继续室温搅拌反应 2h。加入 1mol/L 的盐酸淬灭反应，并调至酸性。二氯甲烷提取（80mL×3）。合并有机层，浓缩，得黄色油状液体。过硅胶柱，以乙醚洗脱，得黄色油状物。减压蒸馏，收集 110～120℃/6.7Pa 的馏分，得无色液体（**3**）8.25～9.43g，收率 78%～90%。冰箱中放置固化，以 10mL 戊烷重结晶，得白色固体（**3**）6g，mp37℃。

1,3-二甲基-5-氧代双环[2.2.2]辛-2-甲酸（**1**）：于安有搅拌器、回流冷凝器的反应瓶中，加入上述化合物（**3**）11.2g（53.4mmol），甲醇 40mL，16mL 水，再加入氢氧化钾 8.0g（143mmol），氩气保护，回流反应至水解完全（TLC 跟踪反应）大约需 1 天。旋转浓缩蒸出甲醇，得到的黑色溶液用乙醚提取 2 次。水层用稀硫酸酸化至酸性，二氯甲烷提取 4 次。有机层过硅胶柱纯化，以乙醚洗脱除去黑色杂质。减压浓缩，得 10g 粗品。减压蒸馏（180℃/4.0Pa），用乙醚-戊烷重结晶，得白色结晶（**1**）7.0g，收率 67%，mp130～131℃。

2-（2-氧代丙基）环己酮

$C_9H_{14}O_2$，154.21

【英文名】 2-(2-oxopropyl) Cyclohexanone

【性状】 浅黄色油状液体。

【制法】 Masaaki Miyashita，Tetsuji Yanami，Akira Yoshikoshi. Org Synth，1990，Coll Vol 7：414.

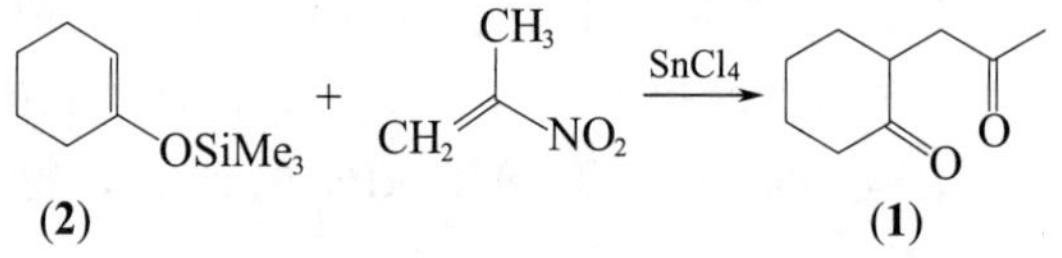

于安有搅拌器、滴液漏斗、温度计、通气导管的反应瓶中，加入干燥的二氯甲烷 500mL，氮气保护，以干冰-丙酮浴冷至－78℃，用注射器加入无水氯化锡 23mL（0.20mol），再于 5～10min 用注射器加入 2-硝基丙烯 20mL（0.23mol），生成绿色溶液。于－78℃继续搅拌反应 20min，滴加 1-三甲基硅氧基-1-环己烯（**2**），约 1h 加完。加完后继续于－78℃搅拌反应 1h。搅拌下于 3～3.5h 慢慢升至－5℃。安上回流冷凝器，加入 280mL 水，搅拌回流 2h。冷却，分出有机层，水层用二氯甲烷提取。合并有机层，依次用冷水、饱和盐水洗涤，无水硫酸钠干燥。过滤，旋转浓缩。剩余油状物减压分馏，收集 84～85°C/105Pa 的馏分，得浅黄色油状液体（**1**）18.7～21.5g，收率 61%～70%。n_D^{25} 1.4655。

2, 5-庚二酮

$C_7H_{12}O_2$，128.17

【英文名】 2,5-Heptanedione
【性状】 无色液体。
【制法】 John E. McMurry1，Jack Melton. Org Synth，1988，Coll Vol 6：648.

5-硝基庚-2-酮（**3**）：于安有搅拌器、滴液漏斗、回流冷凝器的反应瓶中，加入1-硝基丙烷（**2**）36.0g（0.414mol），二异丙基胺14.4g（20.0ml，0.142mole），氯仿200mL，氮气保护，搅拌下加热至60℃，于2h滴加甲基乙烯基酮28g（0.40mole）。加完后继续于60℃搅拌反应16h。冷至室温，依次用水、5%的盐酸洗涤。旋转浓缩，剩余物减压蒸馏，收集65～70℃/26.7Pa的馏分，得化合物（**3**）39.1g，收率61%。n_D^{20} 1.4403。

2，5-庚二酮（**1**）：于安有搅拌器、温度计、滴液漏斗、回流冷凝器的反应瓶中，加入甲醇200mL，分批加入洁净的金属钠5.67g（0.247mol）制成甲醇钠-甲醇溶液。氮气保护，冰浴冷却，于15min滴加化合物（**3**）38.6g（0.243mole），加完后继续于0℃搅拌反应15min。换上干冰-丙酮浴，撤去滴液漏斗，通入臭氧-氧气体5h。停止通入臭氧，通入氧气赶出剩余的臭氧。继续用干冰冷却，加入二甲硫醚21g（0.34mol），慢慢升至室温，过夜。旋转浓缩除去甲醇，剩余物溶于250mL乙醚中，过硅胶短柱除去极性杂质。旋转浓缩，剩余物加入5%的盐酸30mL，搅拌45min，氯仿提取3次。合并有机层，饱和盐水洗涤，无水硫酸钠干燥。过滤减压浓缩。剩余物减压蒸馏，收集88～90℃/2.66kPa的馏分，得化合物（**1**）22.7g，收率73%，n_D^{20} 1.4313。

2-（3-氧代环己基）-丙二酸二乙酯

$C_{13}H_{20}O_5$，256.30

【英文名】 2-（3-Oxo-cyclohexyl）-malonic acid diethyl ester
【性状】 无色油状液体。
【制法】 胡跃飞，林国强．现代有机反应：第四卷．北京：化学工业出版社，2008：221.

$+CH_2(CO_2C_2H_5)_2 \xrightarrow{EtONa，EtOH}$

（**2**） （**1**）

于反应瓶中加入无水乙醇30mL，金属钠0.2g，待金属钠反应完后，冷却，加入丙二酸二乙酯15.0g（93.7mmol），冷至－5℃，滴加由环己烯酮（**2**）8.7g（90.5mmol）溶于10mL无水乙醇的溶液。加完后室温搅拌反应6h。加入少量乙酸中和乙醇钠，减压蒸出乙醇。剩余物中加入乙醚，水洗，无水硫酸钠干燥。过滤，浓缩，减压蒸馏，收集135～

137℃/133～266Pa 的馏分，得无色液体（**1**）20.9g，收率 90%。

1-（1-甲基-3-氧代-丁基）-2-氧代环戊烷甲酸叔丁酯

$C_{15}H_{24}O_4$，268.35

【英文名】 1-（1-Methyl-3-oxo-butyl）-2-oxo-cyclopentanecarboxylic acid *t*-butyl ester

【性状】 油状液体。

【制 法】 ［1］ Hamashima Y，Hotta D，Sodeoka M. J Am Chem Soc. 2002，124：11240.

［2］ 胡跃飞，林国强. 现代有机合成：第四卷. 北京：化学工业出版社，2008：222.

(0.05摩尔分数)催化剂,THF, −20℃,24h

t-BuO (2) + → OBu-t (1)

催化剂: Pd^{2+} $(OH_2)_2$ ·2TfO⁻ · P P =(R)-BINAP

于安有磁力搅拌的反应瓶中，加入催化剂 0.15g（0.2mmol），THF 1mL，2-环戊酮甲酸叔丁酯（**2**）0.44g（4.0mmol），氮气保护，冷至－20℃。加入 3-戊烯-2-酮 0.67g（8.0mmol），继续于－20℃搅拌反应 24h。加入饱和氯化铵水溶液 20mL，乙醚提取（50mL×3），合并乙醚层，饱和盐水洗涤，无水硫酸钠干燥。过滤，浓缩。剩余物经柱色谱纯化，得油状液体（**1**）0.79g，收率 89%，$[\alpha]_D^{20}-28.40$（*c* 1.10，$CHCl_3$）。

二、 有机金属化合物的 β-羰烷基化反应

有机金属试剂可以与 α,β-不饱和羰基化合物（包括醌）发生加成反应。α,β-不饱和醛、酮，由于分子中存在一个 π-π 共轭体系，而且羰基是一个吸电子基团，体系中的电子云向羰基氧偏移，使得 β-碳和羰基碳均带部分正电荷，与亲核试剂反应时，既可发生 1,2-加成，又可发生 1,4-加成反应（Michael 加成）。

$$-\overset{|}{\underset{4}{C}}{}^{\delta^+}=\overset{|}{\underset{3}{C}}-\overset{|}{\underset{2}{C}}{}^{\delta^+}=\underset{1}{O}$$

a: $-C=C-C(Nu)-O^- \xrightleftharpoons{HNu} -C=C-C(Nu)-OH + Nu^-$ 1,2-加成产物

b: $-C(Nu)-C=C-O^- \underset{-Nu^-}{\overset{HNu}{\rightleftharpoons}} -C(Nu)-C=C-OH \rightleftharpoons -C(Nu)-C(H)-C=O$ 1,4-加成产物

若发生 1,4-加成，则生成的产物是在 β-碳原子上引入一个烃基，生成新的羰基化合物，也称之为 β-羰烷基化反应。

反应究竟以 1,2-还是 1,4-加成为主，与羰基的活性、亲核试剂的亲核性、立体效应等

均有关系。

氰化氢、盐酸羟胺、亚硫酸氢钠等弱亲核试剂，容易发生 1，4-加成。

$$R—CH=CH—\overset{O}{\overset{\|}{C}}—H(R') \xrightarrow{NH_2OH} R—\underset{}{\overset{NHOH}{\overset{|}{CH}}}—CH_2\overset{O}{\overset{\|}{C}}—H(R')$$

$$R—CH=CH—\overset{O}{\overset{\|}{C}}—H(R') \xrightarrow{NaHSO_3} R—\overset{SO_3Na}{\overset{|}{CH}}—CH_2\overset{O}{\overset{\|}{C}}—H(R')$$

$$R—CH=CH—\overset{O}{\overset{\|}{C}}—H(R') \xrightarrow{HCN} R—\overset{CN}{\overset{|}{CH}}—CH_2\overset{O}{\overset{\|}{C}}—H(R')$$

烃基锂、苯基钠、Grignard 试剂、炔钠等强亲核性试剂与 α,β-不饱和醛、酮可以发生 1,2-加成和 1,4-加成，生成 1,2-和 1,4-加成产物的混合物。

$$R—CH=CH—\overset{O}{\overset{\|}{C}}—H(R') \xrightarrow[Et_2O]{C_6H_5Li} R—CH=CH\overset{O^-}{\overset{|}{\underset{C_6H_5}{\underset{|}{C}}}}—H(R') \xrightarrow{H_2O} R—CH=CH\overset{OH}{\overset{|}{\underset{C_6H_5}{\underset{|}{C}}}}—H(R')$$

$$R—CH=CH—\overset{O}{\overset{\|}{C}}—H(R') \xrightarrow{CH_3MgI} R—CH=CH\overset{OMgI}{\overset{|}{\underset{CH_3}{\underset{|}{C}}}}—H(R') \xrightarrow{H_2O} R—CH=CH\overset{OH}{\overset{|}{\underset{CH_3}{\underset{|}{C}}}}—H(R')$$

$$R—CH=CH—\overset{O}{\overset{\|}{C}}—H(R') \xrightarrow{HC\equiv CNa} R—CH=CH\overset{ONa}{\overset{|}{\underset{C\equiv CH}{\underset{|}{C}}}}—H(R') \xrightarrow{H_2O} R—CH=CH\overset{OH}{\overset{|}{\underset{C\equiv CH}{\underset{|}{C}}}}—H(R')$$

烯醇式负离子及其他能生成稳定负离子的金属有机化合物则容易发生 1,4-加成。

1. Grignard 试剂与 α,β-不饱和羰基化合物反应

α,β-不饱和醛、酮与 Grignard 试剂反应时，受空间位阻的影响较大，若 Grignard 试剂本身体积较大，或 α,β-不饱和醛、酮羰基所连的基团体积较大时，有利于 1,4-加成。

$$C_6H_5CH=CH—\overset{O}{\overset{\|}{C}}—C(CH_3)_3 \xrightarrow[2.\ H_2O]{1.\ C_6H_5MgBr} C_6H_5\underset{C_6H_5}{\underset{|}{CH}}—CH_2—\overset{O}{\overset{\|}{C}}—C(CH_3)_3$$

在有催化量的亚铜盐存在时，Grignard 试剂与 α,β-不饱和醛、酮发生 1,4-加成，这是将烃基及芳基引入 α,β-不饱和羰基化合物 β-位的有效方法。

$$\text{(bicyclic lactone enone)}—CH_3 + \text{CH}_2=\text{CHCH}_2\text{CH}_2\text{MgBr} \xrightarrow{CuBr} \text{(bicyclic lactone ketone)}—CH_3,\ —CH_2CH_2CH=CH_2$$

$$CH_3CH=CHCOCH_3 + CH_3MgBr \xrightarrow{CuI\text{-}P(Bu\text{-}n)_3} (CH_3)_2CHCH_2COCH_3$$

上述反应的大致过程如下：

$$CH_3MgBr + CuX \longrightarrow [CH_3{:}Cu(I)X]^- \overset{+}{Mg}Br$$

[1]

$O^-\overset{+}{Mg}Br$

[2] + $CH_3{:}Cu(II)X$

OMgBr O H^+ $-CuX$

[4] [3]

反应中亚铜盐首先与 Grignard 试剂作用生成有机铜配合物[1],[1]可以迅速将电子转移给 α,β-不饱和羰基化合物形成负离子自由基[2],同时生成二价铜盐 CH_3 : Cu(Ⅱ)X,而后烃基由二价铜盐转移到 β-碳上生成[3],并亚铜盐 CuX 再生;[3]酸化生成 1,4-加成产物[1],完成 Michael 加成反应。

早在 1941 年,Kharasch 等人首次报道了铜试剂催化的 Grignard 试剂与羰基化合物进行的加成反应(Syuzanna R Harutyunyan,Tim den Hartog,Koen Geurts,etal. Chem Rev,2008,108:2824),在 MeMgBr 与环己烯酮的反应中,不加铜盐只得到 1,2-加成产物,而加入氯化亚铜后,得到 83%收率的 1,4-加成产物。

MeMgBr,Et_2O OH (43%) + (48%)

O

MeMgBr,Et_2O CuCl(0.01eq) O (83%) + (7%)

除了亚铜盐之外,$Cu(OAc)_2$、锌配合物(如 *t*-BuOZnCl)、$CeCl_3$ 也可以催化 Grignard 试剂与 α,β-不饱和羰基化合物的 1,4-加成反应。

α,β-不饱和羧酸酯也可以发生类似的反应。

C_2H_5 CN; CH_3 CO_2Et + $(CH_3)_2CHMgBr$ $\xrightarrow[<20^\circ C]{CuCN}$ C_2H_5 CN; CH_3; $(CH_3)_2CH$ CO_2Et (65.5%)

α,β-炔酸酯也可以发生类似的反应。例如:

$CH_3C{\equiv}CCO_2Et$ + MgBr $\xrightarrow[-90^\circ C]{CuCl}$ CO_2Et (52%)

手性铜试剂在不对称共轭加成反应中的应用受到了人们的高度关注,而不对称共轭加成反应是有机合成中的重要反应之一。关于这方面的内容,潘明翔等[潘明翔,王维,裴文.化工生产与技术,2011,18(5):37]曾做过述评。Lippard 等人 1988 年由环己烯酮进行不对称共轭加成,制得 3-取代的环己酮[Villacorta G M,Rao C P,Lippard S L. J Am Chem

Soc，1988，110（10）：3175]。

$$\text{环己-2-烯酮} + RMgX \xrightarrow{Cu(\text{I})\text{ 催化剂}} \text{3-R-环己酮}$$

2007 年，Beatriz MaciaA Ruiz 等人使用双二苯基磷酰联萘（Tol-BINAP）/CuI 催化 RMgBr 和 α，β-不饱和硫代酸酯，尤其是不饱和的脂肪族的硫代酸酯得到了较好的对映选择性[对映选择性 ee 为99%，Beatriz Macia Ruiz，Koen Geurts M，Angeles Fernandez-Ibanez，et al. Org Lett，2007，9（24）：5123]：

$$R\text{-CH=CH-C(O)SR}^1 \xrightarrow[R^2MgBr,t\text{-BuOMe}]{\text{Tol-BINAP/CuI}} R\text{-CH(R}^2\text{)-CH}_2\text{-C(O)SR}^1$$

R=芳基。烃基；R^1=Me,Et;

Pp-Tol$_2$
Pp-Tol$_2$
(R)-Tol-BINAP

Tol-BINAP/CuI 催化许多种 Grignard 试剂包括相对不活泼的 MeMgBr 和位阻较大的 Grignard 试剂，并且位阻较大的 Grignard 试剂在芳香族和脂肪族的 α,β-不饱和硫代酸酯的 1,4-加成中获得了很好的对映选择性。

2008 年 Pieter H Bos 等人使用 CuCl/Tol-BINAP 催化 Grignard 试剂用于 α,β-不饱和的 2-吡啶砜，产率为 97%，ee 为 94%[Pieter H Bos，Adriaan J Minnaard，Ben L Feringa. Org Lett，2008，10（19）：4219]。

$$R\text{-CH=CH-}SO_2Py \xrightarrow[R^2MgBr,t\text{-BuOMe}]{\text{(R)-(+)-Tol-BINAP/CuCl}} R\text{-CH(R}^2\text{)-CH}_2\text{-}SO_2Py$$

R=烃基; R^1=烃基

这种方法广泛适用于脂肪族类化合物，产率为 88%～97%，ee 为 88%～94%。

Tomiok 等自 1992 年起，报道了一系列关于脯氨酸衍生膦配体，在铜催化下 α，β-不饱和酮与 Grignard 试剂的不对称共轭加成反应，反应在－78℃进行，得到了 82%的收率和 92%的选择性。

$$\text{环己-2-烯酮} + n\text{-BuMgCl} \xrightarrow[\text{CuI,Et}_2\text{O}]{\text{配体}} \text{3-(Bu-}n\text{)环己酮}$$

配体：CH_3，CH_3，N，PPh_2，t-Bu，O

2008 年 Yasumasa Matsumoto 等人（Yasumasa Matsumoto，Ken-ichi Yamada，Kiyoshi Tomioka. J Org Chem，2008，73：4578）用对称的手性氮杂环卡宾做配体，铜试剂催化 3-取代的环烯酮与 Grignard 试剂的反应，当 $Cu(OTf)_2$ 的摩尔分数为 6%，温度在 0℃、反应时间在 0.5h 时，收率为 98%，ee 为 80%。

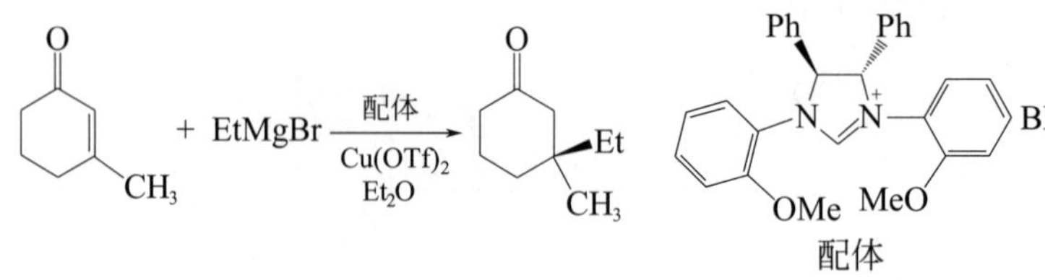

+ EtMgBr
配体
Cu(OTf)$_2$
Et$_2$O
CH$_3$
Et
Ph
Ph
BF$_4^-$
OMe
MeO
配体

虽然对铜催化的环状酮的研究已经比较广泛，但是非环状酮的反应条件仍受到限制，因此，BeatrizMacia′等人使用亚磷酰胺做配体，有机铜试剂催化非环状的 α，β-不饱和酮（Beatriz Macia′，M Angeles Fernandez-Ibanez，Natasa Mrsic，et al. Tetrahedron Letters，2008，49：1877）：

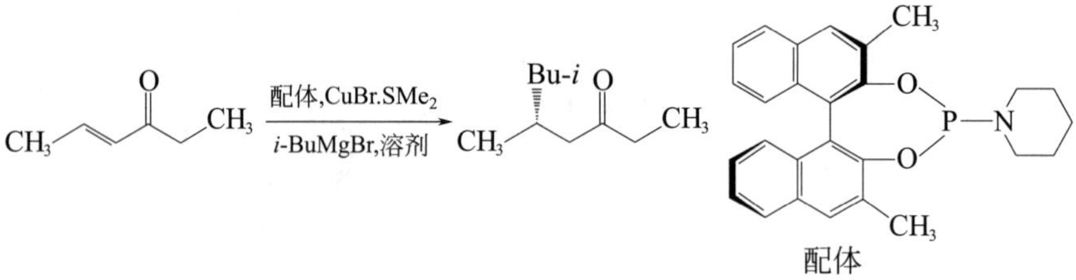

CH$_3$
配体,CuBr.SMe$_2$
i-BuMgBr,溶剂
Bu-i
CH$_3$
P
N
配体

试验不同种的 Grignard 试剂用于脂肪族和芳香族的非环状酮类化合物，反应温度在 −30℃、时间为 1h，均得到较好的收率和对映选择性。

2010 年 Tim den Hartog 等人[Tim den Hartog，Alena Rudolph，Beatriz Macia′，et al. J Am Chem Soc，2010，132(41)：14349]使用 Cu-Tol-BINAP 作催化剂，用于 4-氯代的不饱和酯、硫代酸酯和酮类化合物与 Grignard 试剂的反应，其中在低温 −78℃的条件下催化酮类化合物，反应时间为 16h，收率可高达 84%，ee 为 96%。

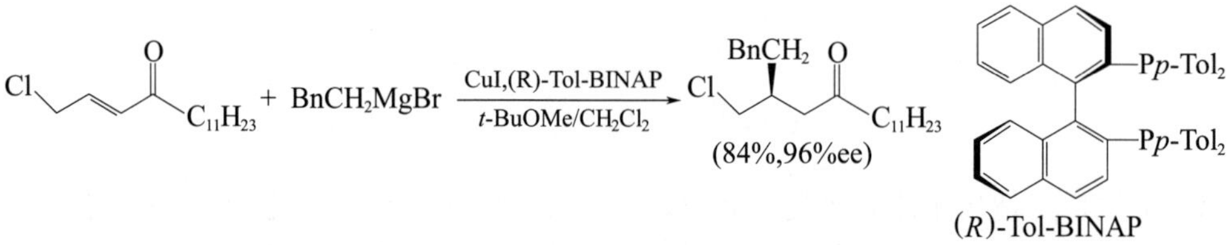

Cl
C$_{11}$H$_{23}$
+ BnCH$_2$MgBr
CuI,(R)-Tol-BINAP
t-BuOMe/CH$_2$Cl$_2$
BnCH$_2$
(84%,96%ee)
Pp-Tol$_2$
Pp-Tol$_2$
(R)-Tol-BINAP

同时，Lae titia Palais 等人首次报道了铜试剂催化 Grignard 试剂和 α，β-不饱和醛类化合物的 1，4-共轭加成反应，ee 最高可达 90%，更重要的是将 2，4，6-三甲基苯磺酰氯（TMSCl）用于铜试剂催化 Grignard 试剂的反应中，使区域选择性得到很大的提高，如以下反应[L Palais，L Babel，A Quintard，et al. Org Lett，2010，12(9)：1988]，其中，CuTC 为噻吩羧酸铜。

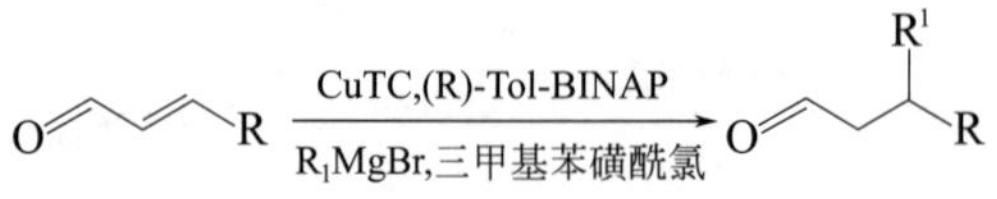

CuTC,(R)-Tol-BINAP
R$_1$MgBr,三甲基苯磺酰氯
R
R^1

有机铜试剂催化的 Grignard 试剂与 α，β-不饱和羰基化合物的共轭加成反应，已成为化学家研究的热点领域之一。目前反应底物主要集中于 α，β-不饱和酮类化合物，以 α，β-不饱和醛类和砜类化合物为底物的应用报道较少。研究底物适应性广泛的手性配体将成为重点研究方向之一；同时应更深入地研究反应机理。

2. 有机铜类化合物与 α，β-不饱和羰基化合物反应

二烃基铜锂由于自身体积较大，有利于1，4-加成。

$$\text{3-甲基环己-2-烯酮} \xrightarrow[\text{2. } H_2O]{\text{1. } (CH_3)_2CuLi} \text{3,3-二甲基环己酮}$$

二烃基铜锂与 α，β-不饱和化合物的1，4-加成反应，不仅收率高，而且立体选择性较高。α，β-不饱和醛、酮、砜等均可发生该反应，而且分子中的羟基、不共轭羰基等均不受影响。在如下反应中，1，4-加成产物的收率达96%，但当使用 Grignard 试剂时，不能得到满意的结果。

$$(CH_3)_3C\text{—}\langle\text{环己亚基}\rangle\text{=CHCOCH}_3 \xrightarrow{(CH_3)_2CuLi} (CH_3)_3C,H\text{—}\langle\text{环己基}\rangle\text{—}CH_2COCH_3,\ CH_3 \quad (96\%)$$

对 α-烷基-α，β-不饱和环烯酮的共轭加成主要生成反式异构体。加入 TMSCl 或三烃基膦有助于提高收率和选择性。例如：

$$\text{2-(6-甲氧羰基己基)环戊-2-烯酮} \xrightarrow[\text{THF}]{(CH_2\text{=}CH)_2CuLi} \text{反式-2-(6-甲氧羰基己基)-3-乙烯基环戊酮} \quad (66\%)$$

关于二烃基铜锂与 α，β-不饱和羰基化合物的共轭加成的反应机理，首先是生成加合中间体，此时铜的表观氧化态是+3价，随后进行还原消除生成烯醇盐。

$$R''_2CuLi + R'CH\text{=}CH\overset{O}{\overset{\|}{C}}R \longrightarrow \left[\begin{array}{c} R''_2Cu\cdots O\cdots Li^+ \\ R'CH\text{=}CH\overset{O}{\overset{\|}{C}}R \end{array}\right] \longrightarrow \left[R'\underset{Cu(III)R''_2}{\underset{|}{C}H}CH\text{=}\overset{O^-Li^+}{\overset{|}{C}}R\right]$$

$$\xrightarrow{-R''Cu(I)} R'\underset{R''}{\underset{|}{C}H}CH\text{=}\overset{O^-Li^+}{\overset{|}{C}}R \xrightarrow{H^+} R'\underset{R''}{\underset{|}{C}H}\text{—}CH_2\overset{O}{\overset{\|}{C}}R$$

共轭加成的另一种可能的机理类似于卤代烃的取代反应，第一步可能首先进行单电子转移（SET），生成负离子自由基。

$$R''_2CuLi + R'CH\text{=}CH\overset{O}{\overset{\|}{C}}R \xrightarrow{SET} \left[R''_2CuLi^+ + R'\dot{C}HCH\text{=}\overset{O^-}{\overset{|}{C}}R\right] \longrightarrow \left[R'\underset{Cu(III)R''_2}{\underset{|}{C}H}CH\text{=}\overset{O^-\ Li^+}{\overset{|}{C}}R\right]$$

$$\xrightarrow{-R''Cu(I)} R'\underset{R''}{\underset{|}{C}H}CH\text{=}\overset{O^-Li^+}{\overset{|}{C}}R \xrightarrow{H^+} R'\underset{R''}{\underset{|}{C}H}\text{—}CH_2\overset{O}{\overset{\|}{C}}R$$

在共轭加成的具体操作中，若反应后期用水淬灭反应，可以得到 β-位取代的酮；若反应后期加入活泼的烃基化试剂（或其他亲电试剂），则可以得到 α，β-双烃基化产物（或其他 β-烃基-α-取代酮）。

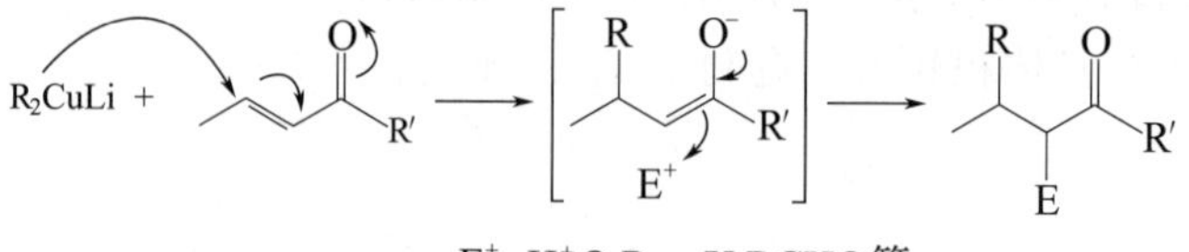

$E^+=H_3^+O$,R—X,RCHO等

对于环状烯酮的共轭加成，生成的 α，β-双烃基化产物以反式为主。具体例子如下：

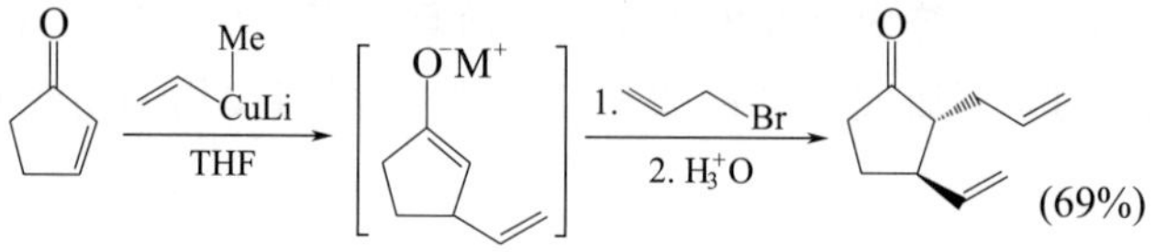

(69%)

在二烃基铜锂与 α，β-不饱和羰基化合物的共轭加成的反应中，二烃基铜锂分子中只有一个烃基被利用（仲、叔烃基的利用率不高），而另一个烃基仍然留在铜原子上，后处理后生成 RH 成为无用之物。鉴于此，人们开发了一类新的混合二烃基铜锂——RR′CuLi，例如 R(R′C≡C)CuLi、R[$(CH_3)_3CO$]CuLi、R(ArS)CuLi、R(CN)CuLi 等。

当其中 R′为 1-戊炔基时的反应如下：

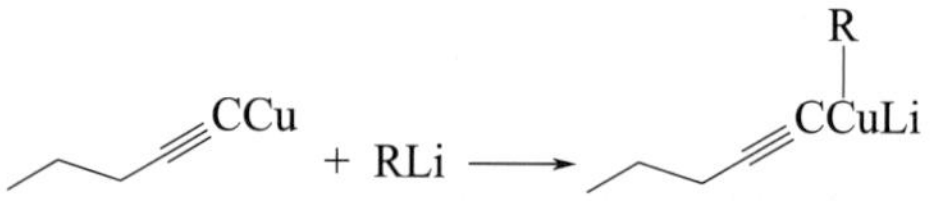

上述试剂在反应中 R 基团可以与 α，β-不饱和羰基化合物发生 1，4-加成反应，而 1-戊炔基仍留在铜原子上，水解后生成 1-戊炔。1-戊炔用亚铜盐处理又可以生成 1-戊炔亚铜，从而循环使用。

三氟化硼-乙醚等 Lewis 酸可以活化有机铜试剂与 α，β-不饱和羰基化合物的 1，4-加成，此时有机铜试剂可以表示为 $RCu\cdot BF_3$、$R_2CuLi\cdot BF_3$ 等。一些 β-位连有取代基的位阻较大的 α，β-不饱和羰基化合物反应活性低，加入三氟化硼-乙醚活化的有机铜试剂，可以加速反应。也可加速位阻大的 α，β-不饱和酯、α，β-不饱和酸的加成反应。

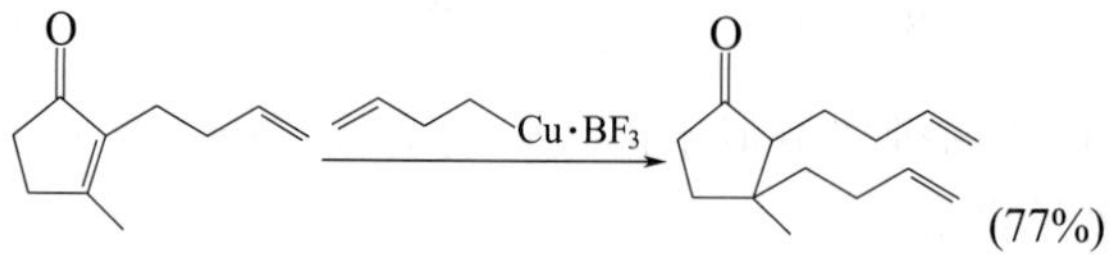

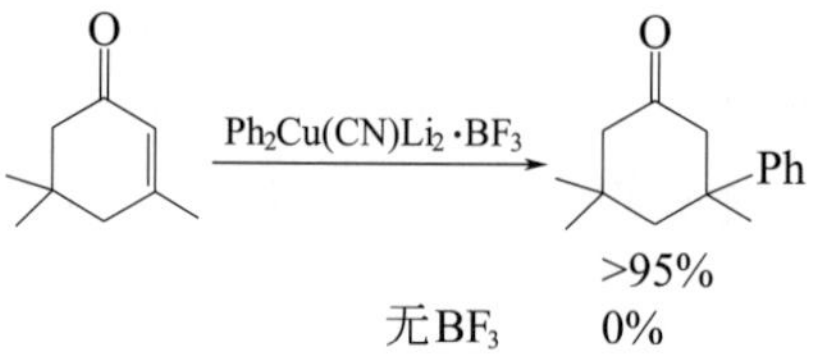

(77%)

>95%

无BF_3 0%

三甲基氯硅烷也可以促进烷基铜锂与 α，β-不饱和羰基化合物的反应，此时中间体是烯醇硅醚。反应中对烯酮与铜锂试剂可逆生成的配合物的硅化可能是提高反应速度的原因，而且可以提高 1,4-加成的选择性。对 α，β-不饱和酯和 α，β-不饱和酰胺的 1,4-加成也有效。例如肉桂醛与 Me_2CuLi 反应，1,4-加成收率为 74%，而加入 Me_3SiCl 在 HMPA 中反应，1,4-加成产物的收率达 98%。

二烃基铜锂与α，β-不饱和羰基化合物的不对称合成反应近年来发展很快。在这方面主要是采用两种方法，第一种是采用手性催化剂催化法，例如，在手性催化剂存在下，二烃基铜锂与α，β-不饱和羰基化合物反应可以生成高光学纯度的加成产物。

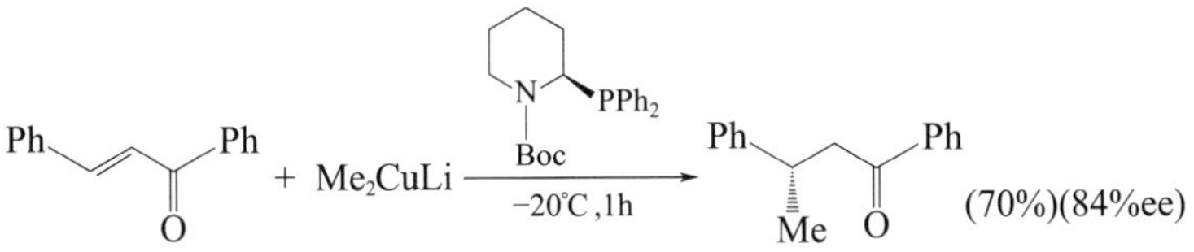

第二种方法是在α，β-不饱和羰基化合物分子中引入手性辅助基团，反应结束后再将辅助基团除去，得到光学活性的加成产物。

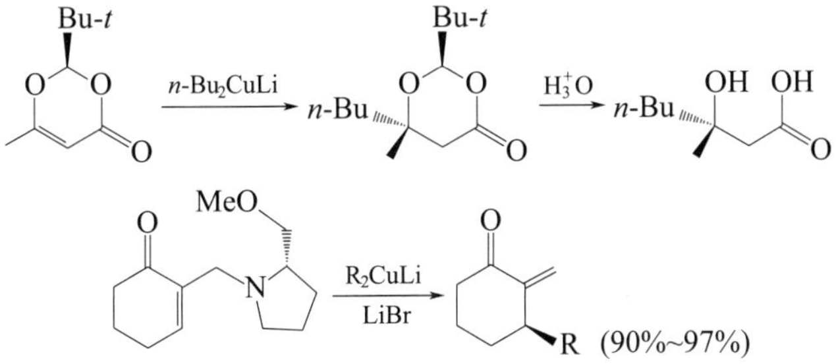

使用含手性的阴离子化合物的铜锂试剂与α，β-不饱和羰基化合物反应，得到高对映选择性的加成产物。例如：

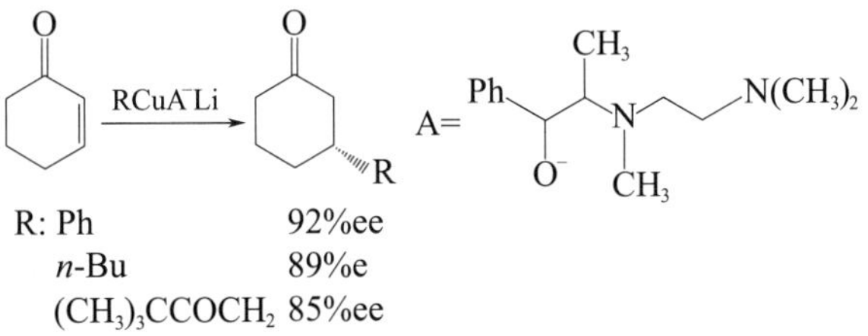

还有一种有机铜试剂叫做高序铜——带有三个负离子基团的有机铜（Ⅰ）物种$[R3Cu]^{2-}$。与此相对应的二烷基铜锂类化合物$[R_2Cu]^-$叫低序铜。高序铜的典型例子是高序氰基铜锂$[R_2(CN)Cu]Li_2$，是由有机锂与氰化亚铜按2∶1摩尔比制备的，但反应中只有一个R基可以被利用。后来又发展了混合高序氰化铜锂，使用一个廉价的基团Rr作固定基，另一个是反应中可以转移的R_1基。

$$R_1Li+RrLi+CuCN \longrightarrow R_1RrCu(CN)Li_2$$

作为固定基团的主要有：

$$\text{2-噻吩基},\quad \text{1-吡咯基},\quad \text{1-咪唑基},\quad MeO-C(CH_3)_2-C\equiv C-,\quad CH_3-S(=O)-CH_2-$$

高序铜比低序铜应用效果更好，适用范围也更广。

α，β-炔酮、炔酸、炔酸酯等也可以与有机铜试剂进行 1，4-加成反应，生成的产物几乎全部是同相加成产物。因此，利用这一性质，可以立体选择性地合成 Z-型或 E-型三取代烯烃，但反应必须在低温下（-78℃）进行才行。

$$CH_3C\equiv CCO_2CH_3 \xrightarrow[-78℃]{(C_4H_9)_2CuLi} (CH_3)(C_4H_9)C=C(H)(CO_2CH_3)\quad(86\%)$$

反应机理是通过生成乙烯铜进行的。乙烯铜在低温下可以保持构型，但温度较高即可迅速发生互变。

$$RC\equiv CCO_2CH_3 \xrightarrow[-78℃]{R'_2CuLi} (R)(R')C=C(Cu)(CO_2CH_3) \xrightleftharpoons{\text{温度升高}} (R')(R)C=C(Cu)(CO_2CH_3)$$

3. 烃基硼烷与 α，β-不饱和羰基化合物反应

烃基硼烷在光照或在少量氧或自由基引发剂存在下，可以与 α，β-不饱和羰基化合物发生共轭加成反应，生成 β-烃基取代的饱和羰基化合物。

$$R_3B + R^1CH{=}CHCOR^2 \xrightarrow{h\nu} R^1RCH-CH_2COR^2$$

反应是按自由基型机理进行的：

$$R_3B + O_2 \longrightarrow \dot{R} + R_2BO_2\cdot$$

$$\dot{R} + -C{=}C-C{=}O \longrightarrow R-C-C{=}C-\dot{O} \xrightarrow{R_3B} R-C-C{=}C-OBR_2 + \dot{R}$$

$$R-C-C{=}C-OBR_2 \xrightarrow{H_2O} R-C-C{=}C-OH \longrightarrow R-C-CH-C{=}O$$

反应中生成烯醇二烃基硼酸酯，水解后生成高收率的饱和酮。立体化学表明，若三烃基硼烷的烃基具有手性，反应后烃基的构型保持不变。

若 α，β-不饱和羰基化合物的 β-位有烷基取代基，则必须有氧或自由基引发剂如过氧化乙酰等存在才能顺利进行反应。

三烃基硼可以通过如下反应来制备：

$$3\ CH_3CH{=}CH_2 \xrightarrow{B_2H_6} [CH_3CH_2CH_2]_3B$$

$$R^1R^2BH + R^3_2CuLi \longrightarrow R^1R^2R^3B + [R^3CuH]^- Li^+$$

也可以通过 Grignard 试剂来制备。

$$R^1R^2BCl + CH_2{=}CHCH_2MgBr \longrightarrow R^1R^2BCH_2CH{=}CH_2$$

$$3RX + BF_3 + 3Mg \longrightarrow R_3B + 3MgXF$$

三环己基硼烷（由环己烯与三乙基硼烷制备）与 3-戊烯-2-酮的 1，4-加成产物的收率达 96%。

$$(C_6H_{11})_3B + CH_3CH{=}CHCOCH_3 \xrightarrow[r.t,1h]{O_2,THF} \xrightarrow{H_2O} C_6H_{11}CH(CH_3)CH_2COCH_3\ (96\%)$$

丙烯醛、甲基乙烯基酮等高度活泼的 α，β-不饱和羰基化合物与烃基硼烷甚至可以在 THF 中，室温下进行 1，4-加成而无需引发剂。

$$R_3B + CH_2{=}CHCOR' \xrightarrow[r.t]{THF} RCH_2CH{=}C(OBR_2)R' \xrightarrow{H_2O} RCH_2CH_2COR'$$

由于丙烯醛和甲基乙烯基酮活性高，不易制得纯品，有时可以采用 Mannich 碱原位产生来合成。

$$\text{2-(CH}_2\text{NMe. HCl)环己酮} \xrightarrow[K_2CO_3]{MeI} \left[\text{2-(CH}_2\overset{+}{N}Me_3\cdot I^-\text{)环己酮}\right] \longrightarrow \left[\text{2-亚甲基环己酮}\right] \xrightarrow{R_3B} \text{2-(CH}_2\text{R)环己酮}$$

烯基硼烷和炔基硼烷与 α，β-不饱和羰基化合物发生 1,4-加成，分别需要以铑和三氟化硼作催化剂。

如下二烯进行硼氢化反应可以生成环状硼烷，后者进一步与烯反应则生成混合型三烃基硼烷，其与 α，β-不饱和羰基化合物发生 1,4-加成的收率很高。该方法的特点是不仅保证了烷基的充分利用，而且对那些位阻较大，不能直接制备 R_3B 的烯烃，仍可以顺利制备混合型三烷基硼烷而应用于该反应。例如：

$$\text{二烯} + B_2H_6 \longrightarrow \text{HB(环状，3,5-二甲基)} \xrightarrow{(CH_3)_2C{=}C(CH_3)_2} CH_3{-}CH(CH_3){-}C(CH_3)_2{-}B\text{(环状)}$$

$$\xrightarrow{CH_2{=}CHCOCH_3} CH_3{-}CH(CH_3){-}C(CH_3)_2{-}CH_2CH_2COCH_3\ (88\%)$$

4. 有机锌试剂和 α，β-不饱和羰基化合物的不对称共轭加成

有机锌试剂（通式为 R_2Zn 或 RZnX，R 为烃基，X 为卤素）可以与 α，β-不饱和羰基化合物发生1,4-加成反应。与格氏试剂相比，要求的反应温度不太苛刻。格氏试剂反应一般在−78℃进行，而锌试剂可以在更高的温度下进行，配体相对来说也比较简单。反应常常在镍、铜存在下进行。

Soai等首次报道了镍催化的二烷基锌和查尔酮的不对称共轭加成反应，反应在−30 ℃进行，得到了96 %的收率和94 %的对映选择性（Soai K，Yokoyama S，Haysaka T，et al. J Org Chem，1988，53：4148；Soai K，Okudo M，Okamoto M. Tetrahedron Lett，1991，32：95）。

Ph Ph O + Et_2Zn —(N-哌啶基, OH, Me, Ph; Ni(acac)$_2$,MeCN)→ Ph Ph O (96%)(94%ee)

镍催化的锌试剂和α，β-不饱和化合物的不对称共轭加成反应，配体的研究开发有较多的报道。除了上面提到的氨基醇配体外，还有其他氨基醇类配体、硫醇类配体、吡啶-醇类配体、二胺类配体、脯氨酰胺类配体以及含噁唑啉结构的配体等。

铜试剂也可以催化锌试剂和不饱和化合物的不对称共轭加成反应。Alexakis报道了首例以麻黄碱衍生的亚磷酰胺类单膦配体的铜配合物，催化二乙基锌和环己烯酮的不对称共轭加成反应，得到70 %的收率和32 %的对映选择性（Alexakis A，Frutos J，Mangeney P. Tetrahedron Asymmetry，1993，4：2427）。

O + Et_2Zn —(O, P—NMe_2, N; CuI,Tol,20℃)→ O (70%)(32%ee)

后来，又有许多新配体应用于该类反应，主要包括以下几类配体：TADOL衍生物类配体、具有噁唑啉结构的配体、具有联萘结构的配体、具有联苯骨架的配体、其他一些骨架的配体如肽和膦配体等。

5. 芳基金属试剂和α，β-不饱和化合物的不对称共轭加成

过渡金属催化的芳基金属试剂与α，β-不饱和化合物的不对称共轭加成反应报道相对较少。Hayashi和Miyaura建立的铑配合物能高选择性地催化芳基金属试剂或芳基硼酸与不饱和酮（Takaya Y，Ogasawara M，Hayashi T，et al. J Am Chem Soc，1998，120：5579）、不饱和酰胺（Sakuya Y，Miyaura N. J Org Chem，2001，66：8944）等的不对称共轭加成，对映选择性高达99 %以上。

R^1 O NHR^2 —(ArB(OR)$_2$,RhX/(*S*)-BINAP; 碱,二氧六环/H_2O,100℃)→ R^1 H Ar O NHR^2

2001年Reiser等首次报道了铜催化的二苯基锌和环己烯酮的不对称共轭加成反应，得到73%的收率和74%的选择性。

$$\text{2-cyclohexenone} + Ph_2Zn \xrightarrow[\text{Cu(OTf)}_2\text{, MeCN/Tol, 0°C}]{\text{ligand}} \text{3-phenylcyclohexanone}\ (73\%)(74\%ee)$$

2004 年 Feringa 等报道了用亚磷酰胺作配体与铜形成的配合物为催化剂，催化 α，β-不饱和酮的不对称加成反应，得到 94％的对映选择性（Pena D，Lopez F，Harutyunyan S R，et al. Chem Commun，2004，1836）。

金属参与的 α，β-不饱和羰基化合物 1，4-加成反应近年来发展很快，在产品收率和反应选择性等方面都能获得满意的结果。该类反应在天然产物、生物活性物质及手性药物合成领域已有重要应用，成为有机化学研究的热门课题之一。

（S）-3-甲基-3-乙基环己酮

$C_9H_{16}O$，140.23

【英文名】（S）-3-Ethyl-3-methylcyclohexanone

【性状】无色液体。

【制法】Yasumasa Matsumoto，Ken-ichi Yamada，Kiyoshi Tomioka. J Org Chem，2008，73：4578.

$$(\mathbf{2}) + EtMgBr \xrightarrow[\text{Cu(OTf)}_2\text{, Et}_2\text{O}]{\text{配体}} (\mathbf{1})$$

配体

于安有磁力搅拌、温度计、滴液漏斗的反应瓶中，加入三氟醋酸铜 43mg（0.06 摩尔分数）、四氟硼酸咪唑盐配体 84mg（0.08 摩尔分数），乙醚 15mL，氩气保护，冷至 0℃。搅拌下于 3min 滴加 3.0mol/L 的乙基溴化镁乙醚溶液 0.67mL（2.0mmol），而后继续于 0℃ 搅拌反应 0.5h。冷至 －60℃，于 10min 滴加 3-甲基环己-2-烯酮（**2**）0.23mL（2.0mmol）溶于 10mL 乙醚的溶液。加完后继续于－60℃搅拌反应 1.5h。用 15mL 饱和氯化铵溶液和 15mL 氨水淬灭反应。分出有机层，水层用乙醚提取 3 次。合并有机层，饱和盐水洗涤，无水硫酸钠干燥。过滤，浓缩，剩余物过柱分离，以己烷-乙醚（19∶1）洗脱，得化合物（**1**）277mg，收率 98％，80％ee。

(2R,3S,4S)-4-(t-丁基二甲基硅氧)-3-甲基-2-苯基-环戊酮

$C_{18}H_{28}O_2Si$，304.50

【英文名】（2R，3S，4S）-4-（t-Butyldimethylsilyloxy）-3-methyl-2-phenyl-cyclopentanone

【性状】无色油状液体。

【制法】Aurelio G. Csaky, Myriam Mba, Joaquin Plumet. J Org Chem, 2001, 66 (26): 9026.

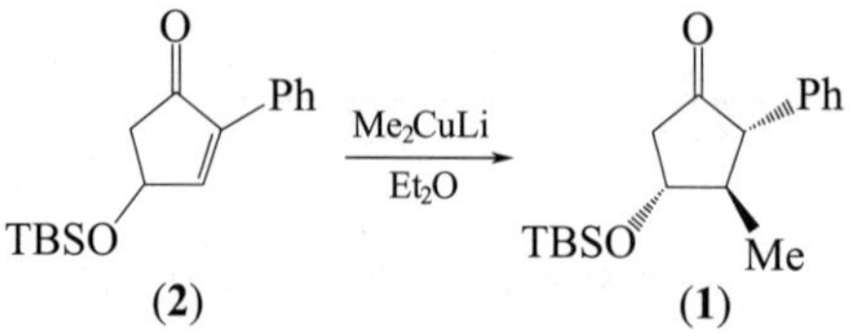

于安有磁力搅拌、温度计、滴液漏斗的反应瓶中，加入乙醚 5mL，CuI145mg (0.76mmol)，冷至 0℃，滴加 1.6mol/L 的 MeLi 的乙醚溶液 0.95mL (1.52mmol)，继续搅拌反应 10min。而后加入化合物（**2**）199mg（0.69mmol）溶于 5mL 乙醚的溶液，于 0℃搅拌反应 2h。加入饱和氯化铵水溶液 3mL，分出有机层，水层用乙醚提取 3 次。合并有机层，无水硫酸钠干燥。过滤，浓缩，得浅黄色液体。硅胶柱纯化，以己烷-乙醚 (10∶1)洗脱，得无色油状液体（**1**），收率 85%。

（*R*）-3, *N*-二苯基丁酰胺

$C_{16}H_{17}NO$，239.32

【英文名】(*R*) -3，*N*-DiphenylButyramide

【性状】白色固体。

【制法】Sakuya Y，Miyaura N. J Org Chem，2001，66：8944.

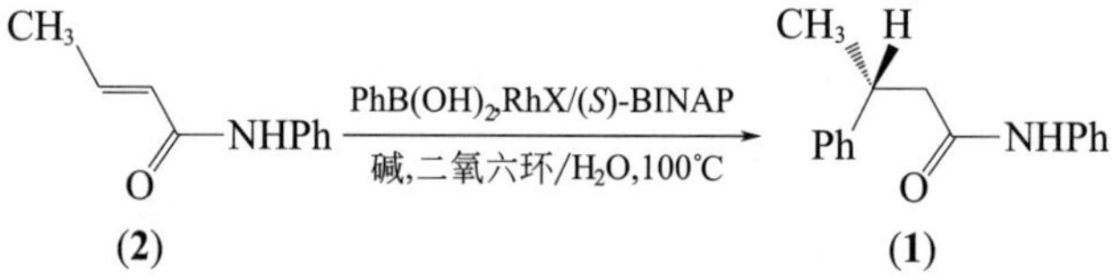

于安有磁力搅拌、回流冷凝器的反应瓶中，加入 Rh ($acacC_2H_4$)$_2$ (0.03mmol)，(*S*) -BINAP (0.045mmol)，苯基硼酸 (2mmol)，K_2CO_3 (0.5mmol)，(*E*) -*N*-苯基-2-丁烯酰胺（**2**）1mmol，氩气保护，于 100℃搅拌反应 16h。乙酸乙酯提取，饱和盐水洗涤，无水硫酸钠干燥。过滤，减压浓缩。剩余物过硅胶柱纯化，得化合物（**1**），收率 88%。

参考文献

[1] 闻韧．药物合成反应：第二版．北京：化学工业出版社，2003，202.
[2] Smith M B，March J . March 高等有机化学——反应、机理与结构．李艳梅译．北京：化学工业出版社，2009.
[3] 孙昌俊，王秀菊，曹晓冉．药物合成反应——理论与实践．北京：化学工业出版社，2007.
[4] 周婵，许家喜．化学进展，2011，23 (1)：165.
[5] Linle H D，Masjedizadch M R，Wallquist O，MeLoughlin J I. Org React. 1995，47：315.
[6] 李洪森，燕方龙，赵琳静等．化学试剂，2009，31 (12)：992.
[7] 李宁，郗国宏，吴秋华等．有机化学，2009，Vol 29 (7)：1018.
[8] 应安国，武承林，付永前，任世斌，梁华定．有机化学，2012，32，1587-1604.
[9] 胡跃飞，林国强．现代有机反应：第四卷．北京：化学工业出版社，2008：221.

［10］闻韧．药物合成反应．北京：化学工业出版社，2003：204.
［11］潘明翔，王维，裴文．化工生产与技术，2011，18（5）：37.
［12］程传玲，汪文良，刘艳芳．广东化工，2010，37（8）：28.
［13］汪顺义，纪顺俊．有机化学，2008，28（2）：181.

第三章 亚甲基化反应

亚甲基化反应是在有机物中引入碳-碳双键的一种反应，在有机合成中占有重要地位。有机分子中引入双键基本有两种方法，一是双键已存在于原料中，如有机金属试剂与卤代烯烃的偶联反应等，二是通过化学反应重新建立双键，如消除反应、碳负离子与羰基化合物的缩合等。本章主要介绍羰基化合物的亚甲基化反应（羰基的亚甲基化、羰基 α-碳的亚甲基化）和一些有机金属化合物的亚甲基化反应。

第一节 羰基的亚甲基化反应

这类反应主要是 Wittig 试剂、Tebbe 试剂和有机锌试剂等与羰基化合物的反应，使得羰基直接变为亚甲基。

一、 Wittig 反应

三苯基膦与卤代烃反应生成鏻鎓盐（Phosphonium Salts），鎓盐中与磷原子相连的 α-碳上的氢被带正电荷的磷活化，能被强碱如苯基锂夺去，生成磷叶立德（phosphorous ylid）或其共振结构叶林（*yliene*）的磷化合物，即 Wittig 试剂。

$$Ph_3P: + BrCH_2CH_2CH_3 \xrightarrow{S_N2} Ph_3\overset{+}{P}CH_2CH_2CH_3 \cdot Br^-$$

$$\xrightarrow[-PhH,\ LiBr]{Et_2O,\ PhLi} [\underset{ylide}{Ph_3\overset{+}{P}-\overset{-}{C}HCH_2CH_3} \longleftrightarrow \underset{yliene}{Ph_3P=CHCH_2CH_3}]$$

Wittig 试剂具有很强的亲核性，与醛、酮作用，羰基直接变成烯键，并同时生成氧化三苯基膦。此反应由 Wittig 于 1953 年发现，称为 Wittig 反应。由于该反应可以在羰基化合物羰基的位置直接引入碳-碳双键，所以又称作羰基烯化反应。Wittig 反应产率高、立体选择性好，并且反应条件温和，是合成烯键的一个重要方法，越来越受到化学家的重视，广泛用于不饱和脂肪酸、维生素、药物、甾族、萜类、植物色素、昆虫信息素等的合成。例如桃蛀螟性信息素顺、反-10-十六碳烯醛的合成[宋卫，唐光辉，冯俊涛等．西北林业科技大学学报，2008，36（1）：179]：

$$HO(CH_2)_{10}OH \xrightarrow[\text{回流 36h}]{48\%HBr,\ Tol} HO(CH_2)_{10}Br \xrightarrow[\text{回流}]{PPh_3,\ PhH} HO(CH_2)_9CH_2\overset{+}{P}Ph_3\overset{-}{Br} \xrightarrow[2.\ CH_3(CH_2)_4CHO]{1.\ NaH,\ DMSO}$$

$$CH_3(CH_2)_4CH=CH(CH_2)_8CH_2OH \xrightarrow{PCC,\ CH_2Cl_2} CH_3(CH_2)_4CH=CH(CH_2)_8CHO$$

又如抗凝血药奥扎格雷钠（Ozagrel Sodium）中间体对甲基肉桂酸甲酯的合成（陈芬儿．有机药物合成法：第一卷．北京：中国医药科技出版社，1999，102）：

$$CH_3-C_6H_4-CHO \xrightarrow[K_2CO_3,\ C_6H_6\ (70.5\%)]{BrCH_2CO_2CH_3,\ PPh_3} CH_3-C_6H_4-CH=CHCO_2CH_3$$

目前研究最多的 Wittig 试剂是三苯基膦生成的叶立德，为黄色至红色的化合物，通常是由三苯基膦与有机卤化物在非质子溶剂中制备的。可用通式表示为：

$$(C_6H_5)_3\overset{+}{P}-\overset{-}{C}HR$$

Wittig 试剂可以由三苯基膦与有机卤化物反应，首先生成季鏻盐，而后在非质子溶剂中加碱处理，失去一分子卤化氢而成。

$$Ph_3P + XCHR^1R^2 \longrightarrow Ph_3\overset{+}{P}-CHR^1R^2\ X^- \xrightarrow[-LiX]{C_6H_5Li} \left[\underset{ylide}{Ph_3\overset{+}{P}-\overset{-}{C}R^1R^2} \longleftrightarrow \underset{ylene}{Ph_3P=CR^1R^2} \right]$$

常用的碱有丁基锂、苯基锂、氨基钠、氢化钠、醇钠、氢氧化钠、叔丁醇钾、二甲亚砜盐（$CH_3SOCH_2^-$）、叔胺等。常用的非质子溶剂有 THF、DMF、DMSO、乙醚等。

这种结构的磷叶立德可分为三类：a. 稳定的叶立德，R ＝ 酯基、羧基、氰基等吸电子基；b. 活泼的叶立德，R ＝ 烷基或环烷基；c. 中等活泼的叶立德，R ＝ 烯基或芳基。

制备 Wittg 试剂所用碱的强度随叶立德的结构不同而不同。制备活泼的叶立德必需用苯基锂、丁基锂、氨基钠等强碱，而制备稳定的叶立德，采用醇钠甚至氢氧化钠即可。Wittig 试剂活性高，对水、空气都不稳定，所以制备时一般应在无水、氮气保护下操作，而且制得的试剂不经分离直接与醛、酮进行反应。

关于 Wittig 反应的机理，目前还缺乏一致的看法。基本有两种观点，一种观点认为该反应必须首先形成内鎓盐，再生成磷氧杂四元环。另一种观点认为反应不必经过内鎓盐，而是直接形成磷氧杂四元环。

$$\underset{(内鎓盐)}{R_3\overset{+}{P}-CR^1R^2-CR^3R^4-O^-} \qquad \underset{(磷氧杂四元环)}{\begin{array}{l} R_3P-CR^1R^2 \\ \ |\qquad\ \ | \\ O\ -\ CR^3R^4 \end{array}}$$

第一种观点始于 20 世纪 60 年代末，认为磷叶立德作为亲核试剂，首先与羰基进行亲核加成形成内鎓盐，并通过四元环状过渡态，由于磷-氧（P＝O）键键能很强，极易脱去氧化三苯基膦而生成烯烃。生成双键的位置是固定的，即原来羰基被换成亚烷基。上述机理可以看做是［2＋2］方式的二步过程，首先生成偶极中间体内鎓盐，该内鎓盐在－78℃是比较稳定的，但 0℃时即分解消除氧化三苯基膦和烯烃。

$$Ph_3\overset{+}{P}-\overset{-}{C}HR + {>}C{=}O \rightleftharpoons RCH(-\overset{+}{P}Ph_3)-C(-O^-){<} \rightleftharpoons \begin{array}{l} RCH-PPh_3 \\ \ \ |\qquad\ \ | \\ {>}C\ -\ O \end{array} \longrightarrow RCH{=}C{<} + Ph_3P{=}O$$

除了 $Ph_3P=CH_2$ 以外，其他 Wittig 试剂与羰基化合物反应生成的烯烃化合物都有顺反异构体。这一机理可较好地解释 Wittig 反应中的立体化学的一般规律。当叶立德的 α-碳上连有吸电子基团（稳定的叶立德）时，由于降低了 α-碳原子的电子云密度，不利于亲核加成，此时为热力学控制反应，生成更稳定的 *E*-型烯为主要产物。叶立德 α-碳上连有给电子基团（活泼的叶立德）时，增加了 α-碳上的负电荷，有利于亲核加成，此时反应为动力学控制反应，得到的产物以 *Z*-型烯为主。产物中顺反异构体的比例，与 Wittig 试剂的性质、反应物活性、以及反应条件等都有关系。

一般来说，生成反式（*trans*-）烯烃是由热力学控制的，其间经历稳定的苏式（*threo*）内鎓盐中间体。而生成顺式（*cis*-）烯烃是由动力学控制的，其间经历赤式（*erythero*-）内鎓盐中间体。

慢　快　快　快
cis-
Z-烯(动力学控制产物)

慢　快　快　快
trans-
E-烯(热力学控制产物)

Wittig 试剂的活性高，则稳定性差。这一类 Wittig 试剂 α-碳原子亲核活性很强，即使在低温下也能与羰基反应。Wittig 试剂的活性低，则稳定性高。属于这一类的 Wittg 试剂 α-碳原子上的负电荷分散，亲核活性降低，但稳定性增加。

实际上，采用稳定的叶立德与醛、酮反应，产物以 *E*-型为主。而采用活泼的叶立德与醛、酮反应，一般情况下以 *Z*-型烯为主。例如：

$$Ph_3\overset{+}{P}-\overset{-}{C}HCO_2Et + PhCHO \longrightarrow (Ph)(H)C=C(H)(CO_2Et) \quad E(79\%)$$

$$Ph_3\overset{+}{P}-\overset{-}{C}H_2CH_3 + PhCHO \longrightarrow (Ph)(H)C=C(CH_3)(H) \quad Z(67\%)$$

制备 Wittig 试剂时，除了使用三苯基膦以外，有时也可用烷基膦，例如正丁基、环己基以及乙氧基等，它们是给电子基团，从而使 Wittig 试剂中磷原子上的正电荷减少，α-碳原子上的负电荷难以分散，其结果是 Wittig 试剂的稳定性降低而反应活性增加。最常用的还是苯基，即三苯基膦。

如果将三苯基膦换成三乙基膦，则活泼的叶立德与醛、酮反应，得到的烯烃以 *E*-型为主。

$$(C_2H_5)_3\overset{+}{P}-\overset{-}{C}HCH_3 + PhCHO \longrightarrow \underset{H}{\overset{Ph}{}}C=C\underset{CH_3}{\overset{H}{}} \quad (83\%)$$

Wittig 试剂活性高，反应速度快，但因为稳定性差而制备条件要求苛刻，一般在无水条件下进行。但活性虽低而稳定性大的 Wittig 试剂则制备容易，有时甚至可以在水溶液中来制备。例如：

$$Ph_3P + ClCH_2-C_6H_4-NO_2 \xrightarrow[H_2O]{Na_2CO_3} Ph_3P=CH-C_6H_4-NO_2$$

反应物醛、酮对反应速度和产品收率有影响。用同一种 Wittig 试剂时，醛的活性大于酮；芳环上有吸电子基团的芳醛活性大于有给电子基团的芳醛。

关于 Wittig 反应产物中顺反异构体的比例，即立体选择性，一般是 Wittig 试剂以及醛、酮的活性大，则选择性差。但可以通过 Wittig 试剂的选择以及改变反应条件来控制。

关于 Wittig 试剂内鎓盐机理可以解释很多问题，但内鎓盐是否存在，一直缺乏实验根据。20 世纪 70 年代，人们发现不稳定的叶立德在 -70℃ 于无盐条件下发生 Wittig 反应，磷的 NMR 值在 -66，这与四元环中的磷原子的价态相符。同时对某些磷氧杂四元环进行 X 射线晶体结构测定，证实了其四元环结构。

关于 Wittig 反应机理的另一种解释是 Wittig 试剂首先与醛、酮的羰基进行［2＋2］环加成，一步生成磷氧杂四元环，而后再分解为烯。

$$Ph_3P=CHR + O=C\langle \longrightarrow \begin{array}{c} Ph_3P-CHR \\ | \quad\;\; | \\ O-C\langle \end{array} \longrightarrow \underset{H}{\overset{R}{}}\rangle C=C\langle + Ph_3P=O$$

这一机理预见了空间位阻较大的醛与无支链的活泼叶立德反应具有高度的 Z-型选择性。

目前认为。Wittig 反应的机理与反应物结构和反应条件有关。低温下、于无盐体系中，活泼的叶立德主要是通过磷氧杂四元环机理进行的；在有盐（如锂盐）体系中叶立德与醛、酮反应的机理可能是通过形成内鎓盐进行的。但多数报道倾向于磷氧杂四元环机理。

用 Wittig 反应合成烯烃类化合物有如下特点：

① 反应条件温和，产品收率高；

② 生成的烯烃一般不会异构化，而且双键的位置是确定的，双键就在原来羰基的位置。

$$\underset{(次)}{\text{亚甲基环己烷}} + \underset{(主)}{\text{1-甲基环己烯}} \xleftarrow[2.\ H^+]{1.\ CH_3MgBr} \text{环己酮} \xrightarrow[Et_2O,\ 65℃]{Ph_3P=CH_2} \text{亚甲基环己烷}$$

③ α,β-不饱和羰基化合物的反应，一般不发生 1，4-加成，只发生 1，2-加成。

④ 采用适宜的反应试剂和反应条件，可立体选择性地得到顺、反异构体。一般而言，在非极性有机溶剂中，共轭稳定的 Wittig 试剂与醛反应优先生成 E-烯烃，而不稳定的 Witigg 试剂则优先生成 Z-烯烃。

⑤ 季鏻盐本身是相转移催化剂，因而可在相转移条件下进行反应。Wittig 反应更适合于合成二和三取代烯烃。

脂肪族、脂环族、芳香族的醛、酮均可与 Wittig 试剂进行反应，生成相应的烯类化合物。醛、酮分子中若含有烯键、炔键、羟基、醚基、氨基、芳香族硝基（卤素）、酰胺基、酯基等基团时，均不影响反应的进行。但醛、酮的反应活性可以影响反应速度和产品收率。一般而言，醛反应最快，酮次之，酯最慢。例如，当同一 Wittig 试剂分别与丁烯醛和环己酮在相似条件下反应时，丁烯醛容易亚甲基化，而环己酮的反应产物收率低。

$$Ph_3P{=}CHCO_2C_2H_5 \xrightarrow[C_6H_6,\triangle]{CH_3CH{=}CHCHO} CH_3CH{=}CHCH{=}CHCO_2C_2H_5\ (80\%)$$

$$Ph_3P{=}CHCO_2C_2H_5 \xrightarrow[C_6H_6,\triangle]{\text{环己酮}} \text{环己亚基}{=}CHCO_2C_2H_5\ (22\%)$$

正是由于羰基存在着这种反应性差异，可以进行选择性亚甲基化。例如酮基羧酸酯类化合物进行 Wittig 反应时，酮羰基参加反应，而酯羰基不受影响。

$$CH_3O{-}C_6H_4{-}\overset{O}{\overset{\|}{C}}{-}CH_2CH_2CO_2CH_3 + Ph_3P{=}CH_2 \xrightarrow[25^\circ C]{DMSO} CH_3O{-}C_6H_4{-}\overset{CH_2}{\overset{\|}{C}}{-}CH_2CH_2CO_2CH_3\ (81\%)$$

又如顽固性皮肤 T-细胞淋巴瘤治疗药 Bexarotene 中间体的合成（陈仲强，陈虹．现代药物的制备与合成．北京：化学工业出版社，2007：209）：

$$\xrightarrow[C_6H_6(78\%)]{CH_3PPh_3Br,KN(TMS)_2}$$

广谱抗生素头孢克肟（Cefixime）中间体合成如下（陈芬儿．有机药物合成法：第一卷．北京：中国医药科技出版社，1999，605）：

$$\xrightarrow[DMF(84\%)]{PPh_3,KI} \quad \xrightarrow[CH_2Cl_2(87.5\%)]{HCHO,NaHCO_3}$$

Wittig 试剂除了与醛、酮反应外，也可和烯酮、异氰酸酯、酰亚胺、酸酐、亚硝基化合物等发生类似的反应，生成烯类化合物。

$$\text{邻苯二甲酸酐} + Ph_3P{=}C(R^1)(R^2) \longrightarrow \text{(产物：一个 C=O 转变为 C—O—R}^1\text{，O 上带 R}^2\text{)}$$

$$RN{=}O + Ph_3P{=}C(R^1)(R^2) \longrightarrow RN{=}C(R^1)(R^2)$$

$$R_2C{=}N{-}R + Ph_3P{=}C(R^1)(R^2) \longrightarrow R_2C{=}C(R^1)(R^2)$$

Wittig 试剂与烯酮类化合物反应，可以生成累积二烯类化合物。

$$R_2C{=}C{=}O + Ph_3P{=}C(R^1)(R^2) \longrightarrow R_2C{=}C{=}C(R^1)(R^2)$$

$$RN{=}C{=}O + Ph_3P{=}C(R^1)(R^2) \longrightarrow RN{=}C{=}C(R^1)(R^2)$$

Wittig 试剂的制备比较麻烦，而且 Wittig 反应的后处理比较困难，很多人对其进行了改进。例如用膦酸酯［1］、硫代膦酸酯［2］、膦酰胺［3］等代替三苯基膦来制备 Wittig 试剂。

$$(RO)_2P(=O){-}CH_2R' \quad [1] \qquad (RO)_2P(=S){-}CH_2R' \quad [2] \qquad (R_2N)_2P(=O){-}CHR^1R^2 \quad [3]$$

这些试剂具有或者制备容易、或者立体选择性高、或者产品易于分离提纯等特点。例如膦酸酯可通过 Arbuzow 重排反应来制备。

$$(RO)_3P + R'X \longrightarrow [(RO)_3\overset{+}{P}R']\overset{-}{X} \longrightarrow (RO)_2P(=O){-}R' + RX$$

该反应经过两步反应，第一步是亚磷酸酯作为亲核试剂与卤代烃发生 S_N2 反应，第二步是卤离子作为亲核试剂与第一步生成的膦化物发生 S_N2 反应，而烷基膦酸酯作为离去基团被取代。

$$(RO)_3P\!: + R'X \xrightarrow{S_N2} [(RO)_3\overset{+}{P}{-}R']X^-$$

$$X^- + R{-}O{-}P(OR)_2{-}R' \xrightarrow{S_N2} XR + (RO)_2P(=O){-}R'$$

例如：

$$(C_2H_5O)_3P + BrCH_2COOC_2H_5 \xrightarrow{\text{Arbuzow重排}} (C_2H_5O)_2P(=O)CH_2CO_2C_2H_5 + C_2H_5Br$$

$$(C_2H_5O)_2P(=O)CH_2CO_2C_2H_5 + \text{环己酮} \xrightarrow{NaH} \text{[环己基(CHCO}_2C_2H_5\text{)(O—P(=O)(OC}_2H_5)_2\text{)]} \longrightarrow \text{环己亚基}{=}CHCO_2C_2H_5\ (70\%) + (C_2H_5O)_2P(=O){-}ONa$$

利用膦酸酯与醛、酮在碱存在下反应生成烯烃的反应，称为 Horner 反应，也叫 Horner-Wittig 反应。可以使用的碱有氨基钠、氨基钾、叔丁基钾、苯基钾、氢化钠、正丁基锂等强碱。常用的溶剂为二氧六环、1,2-二甲氧基乙烷、DMF、THF 等。

$$Ph_2P(O)CH_2R^1 \xrightarrow{n\text{-BuLi}} Ph_2P(O)\overset{-}{C}HR^1 \xrightarrow{R^2CHO} R_1CH(P(O)PH_2)CH(OH)R^2 \xrightarrow[\text{或KOH,DMSO}]{\text{NaH,DMF}} R^1CH{=}CHR^2 + Ph_2PO_2^-$$

Horner-Wittig 反应机理与 Wittig 反应相似，但在消除步骤略有差别。一般情况下，由于在磷和相邻碳负离子上都连有位阻较大的取代基，因而有利于生成 E-型烯烃。

$$(EtO)_2P(O)CH_2CO_2R \xrightarrow[-BuH]{BuLi} [(EtO)_2P(O)\overset{-}{C}HCO_2R\ Li^+ \longleftrightarrow (EtO)_2P(O^-Li^+){=}CHCO_2R] \xrightarrow{R^1CHO} (EtO)_2P(O)CH(CO_2R)CH(O^-Li^+)R^1$$

$$\longrightarrow \text{(oxaphosphetane)} \longrightarrow (EtO)_2P(O)O^-\ Li^+ + R^1CH{=}CHCO_2R$$

Horner 反应适用于各种取代烯烃的制备。α，β-不饱和醛、双酮、烯酮等都可以发生反应。例如：

$$PhCO_2CH{=}CHCHO + (C_2H_5O)_2\overset{O}{\overset{\|}{P}}CH_2CO_2C_2H_5 \xrightarrow[(72\%)]{} PhCO_2CH{=}CHCH{=}CHCO_2C_2H_5$$

$$[Ph_3\overset{+}{P}(CH_2)_8CO_2C_2H_5]I^- \xrightarrow[r.t]{C_2H_5ONa,DMF} Ph_3P{=}CH(CH_2)_7CO_2C_2H_5$$

$$\xrightarrow{CH_3CH{=}CHCHO} CH_3CH{=}CHCH{=}CH(CH_2)_7CO_2C_2H_5\quad(60\%)$$

文献报道，α-烷氧羰基膦酸酯与苯甲醛在表面活性剂三甲基苄基氢氧化铵存在下，在 THF 中于-78℃反应 15min，可以立体选择性地生成顺式 α，β-不饱和酸酯，此法具有反应迅速、产率高、立体选择性好、后处理简单等特点（Ando K. Tetrahedron Lett，1995，36：4105）。

$$PhCHO + (PhO)_2\overset{O}{\overset{\|}{P}}CH_2CO_2C_2H_5 \xrightarrow[THF,\ -78^\circ C]{PhCH_2N(CH_3)_3OH} PhCH{=}CHCO_2C_2H_5\quad (98\%)(Z:E\text{为}93:7)$$

Horner 反应与 Wittig 反应相比，具有一些特殊的优越性：

① 膦酸酯制备容易，且价格低廉；

② 膦酸酯试剂较 Wittig 试剂反应性强，稳定性高，可以与一些难以发生 Wittig 反应的醛或酮进行反应；

③ 产品易于分离。反应结束后，膦酸酯生成水溶性的磷酸盐很容易与生成的烯烃分离；

④ 立体选择性高，产物主要是反式异构体。

该方法的重要性还在于，若反应中用锂作为碱，中间体 1，2-亚膦酰醇 Z/E 可以被分离纯化，得到纯的非对映异构体。后者经立体选择性消除可以得到纯的 E-或 Z-烯烃。膦氧化物可以通过烷基三苯基鏻与氢氧化钾一起加热得到。该法可用于 Z-烯的制备，而 E-烯则可以通过对 β-酮膦氧化物立体选择性还原-消除来制备。

$$Ph_2P(=O)CH_2R^1 \xrightarrow{n\text{-BuLi}} Ph_2P(=O)\overset{-}{C}HR^1 \xrightarrow{R^2CHO} \text{1,2-亚酰膦醇} \xrightarrow{\text{分离}} \xrightarrow[\text{或KOH,DMSO}]{\text{NaH,DNF}} (Z)\text{-}R^1CH{=}CHR^2$$

$$Ph_2P(=O)CH_2R^1 \xrightarrow[\text{2. }R^2CO_2Et]{\text{1. BuLi}} \beta\text{-酮膦氧化物} \xrightarrow{NaBH_4} \text{1,2-亚酰膦醇} \xrightarrow{\text{分离}} \xrightarrow[\text{或KOH,DMSO}]{\text{NaH,DMF}} (E)\text{-}R^1CH{=}CHR^2$$

1,2-亚酰膦醇 $\xrightarrow{[O]}$ β-酮膦氧化物

β-酮膦氧化物　　1,2-亚酰膦醇

膦酰胺也可以发生类似的反应。由于膦酰胺可以由相应的卤化物来制备，所以，利用膦酰胺来制备烯烃的报道也不少。例如：

$$CH_3Cl+PCl_3 \xrightarrow[\text{2. }CH_3NH_2]{\text{1. }AlCl_3/H_2O} CH_3\overset{O}{\overset{\|}{P}}[N(CH_3)_2]_2 \xrightarrow{n\text{-}C_4H_9Li} \overset{+}{Li}\overset{-}{C}CH_3\overset{O}{\overset{\|}{P}}[N(CH_3)_2]_2 \xrightarrow[PhH]{Ph_2CO} Ph_2C{=}CH_2$$

(95%)

相转移催化法在 Horner 反应中也得到应用。例如：

$$PhCH{=}CHCHO+(C_2H_5O)_2\overset{O}{\overset{\|}{P}}CH_2C_6H_4Br\text{-}p \xrightarrow[(81\%)]{Bu_4NI,\ NaOH/H_2O/PhH} PhCH{=}CHCH{=}CHCH_6H_4Bt\text{-}p$$

关于 Wittig 反应，Schlosser 等做了进一步的改进，他们发现，在 Wittig 试剂制备和后续的脱质子反应步骤中，加入过量的锂盐，可以使 Wittig 反应选择性地生成 E-构型的烯烃。这种选择性获得 E-构型烯烃的方法后来称为 Schlosser 改良法。

$$Ph_3\overset{+}{P}{-}CH_2R\ Br^- \xrightarrow[25^\circ C,10min]{PhLi,Et_2O} Ph_3P{=}CHR \xrightarrow[-70^\circ C,5min]{R^1CHO} \text{(O—PPh}_3\text{ 四元环, H, R}^1\text{, H, R)} \xrightarrow[-30^\circ C,5min]{PhLi,Et_2O}$$

$$\text{(O—PPh}_3\text{ 四元环, H, R}^1\text{, }^-\text{, R)} \xrightarrow{HCl(1eq)} \text{(O—PPh}_3\text{ 四元环, H, R}^1\text{, R, H)} \xrightarrow[Et_2O,25^\circ C,2h]{t\text{-BuOK},t\text{-BuOH}} R^1CH{=}CHR$$

R	R^1	产率/%	E:Z
CH_3	C_5H_{11}	70	90:10
C_5H_{11}	CH_3	60	96:4
C_3H_7	C_3H_7	72	98:2
CH_3	Ph	69	99:1
C_2H_5	Ph	72	97:3

这种选择性生成 E-构型烯烃的原因，是 Wittig 试剂与羰基化合物生成的四元环中间体（顺式内鏻鎓盐），在烷基锂或芳基锂（BuLi、PhLi 等）和低温条件下，α-位脱去质子生成 α-碳负离子，迅速转化为热力学稳定的反式内鏻鎓盐中间体异构体，最后后者分解得到 E-构型的烯烃。

其他 Ylide 也已进行了广泛的研究，如硫、胂、氮、锑、硅等。硫原子具有低能量的

d-轨道，因此，它也能和磷一样能稳定 α-碳负离子。在碱性试剂存在下，α-甲硫基二甲基亚砜可与芳香醛顺利缩合，缩合产物进行醇解，可以得到羧酸酯，提供了一种羧酸酯的制备方法。例如：

$$p\text{-}CH_3O\text{-}C_6H_4\text{-}CHO + H_2C(SCH_3)(SOCH_3) \xrightarrow[\text{THF}]{PhCH_2N(CH_3)_3OH} p\text{-}CH_3O\text{-}C_6H_4\text{-}CH{=}C(SCH_3)(SOCH_3)$$

$$\xrightarrow{EtOH,\ H^+} p\text{-}CH_3O\text{-}C_6H_4\text{-}CH_2CO_2C_2H_5 \quad (93\%)$$

上述反应中最后一步醇解很容易进行。将缩合产物溶于无水乙醇中，冰浴冷却，通入氯化氢气体，而后室温放置。减压除去溶剂，剩余物过硅胶柱纯化即可。

一些含硅化合物也可以发生 Witigg-Horner 反应。α-三甲基硅基乙酸叔丁酯于-78℃与二异丙基氨基锂反应，生成的 α-锂盐与羰基化合物迅速缩合，生成 α，β-不饱和羧酸酯。

$$RR'C{=}O + H_2C(Si(CH_3)_3)(CO_2C(CH_3)_3) \xrightarrow[-78℃]{LiN(C_3H_7\text{-}i)_2,\ THF} RR'C{=}CHCO_2C(CH_3)_3$$

$$CH_3CH{=}CHCHO + H_2C(Si(CH_3)_3)(CO_2C(CH_3)_3) \xrightarrow[-78℃]{LiN(C_3H_7\text{-}i)_2,\ THF} CH_3CH{=}CHCH{=}CHCO_2C(CH_3)_3 \quad (78\%)$$

Wittig 反应应用性广泛，已经成为烯烃合成的重要方法。它与消除反应（例如卤代烃的脱卤化氢反应）不同的是，消除反应得到由查依采夫规则决定的结构异构体的混合物，而 Wittig 反应得到双键固定的烯烃。

相转移催化技术、微波技术也已用于 Wittig 反应。

很多醛和酮都可发生 Wittig 反应，但羧酸衍生物（如酯）反应性不强。因此大多数情况下，单、二和三取代的烯烃都可以较高产率通过该反应制得。羰基化合物可以带着—OH、—OR、芳香—NO_2 甚至酯基官能团进行反应。

有位阻的酮类反应效果不理想，反应较慢且产率不高，尤其是在与稳定的叶立德反应时。可以用 Horner-Wadsworth-Emmons 反应来弥补这个不足。而且该反应对不稳定的醛类也不是很适合，包括易氧化、聚合或分解的醛。

不对称 Wittig 反应近年来报道逐渐增加，其中光学活性 Wittig 试剂的研究较多，是获得手性烯烃最直接的方法。根据手性中心直接与磷原子相连或间接与磷原子相连，光学活性 Wittig 试剂分为三类。

$$X{=}P^*(X)(Z)\text{-}CHR^1R^2 \qquad X{=}P(R^*)(R^*)\text{-}CHR^1R^2 \qquad X{=}P(R)(R)\text{-}CHR^1COR^*$$

类型Ⅰ　　类型Ⅱ　　类型Ⅲ

类型Ⅰ

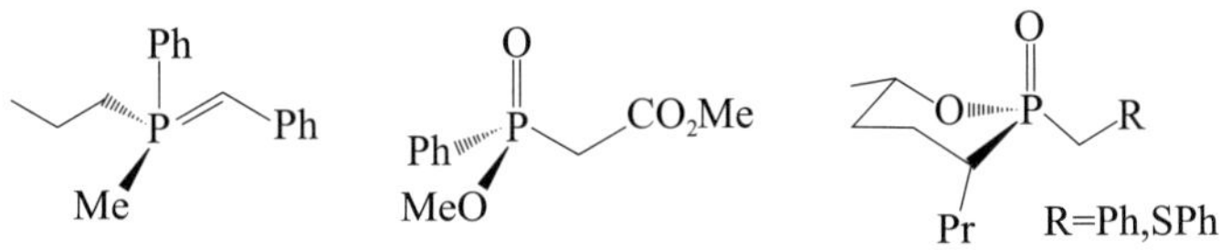

R=Ph,SPh

类型Ⅱ

R=Me,Ph,CH₂═CH—

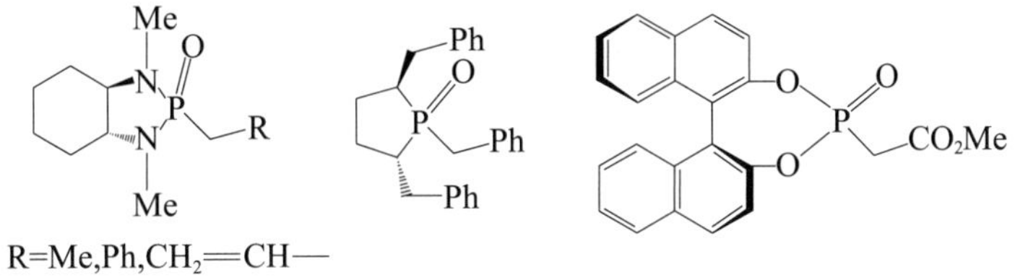

类型Ⅲ

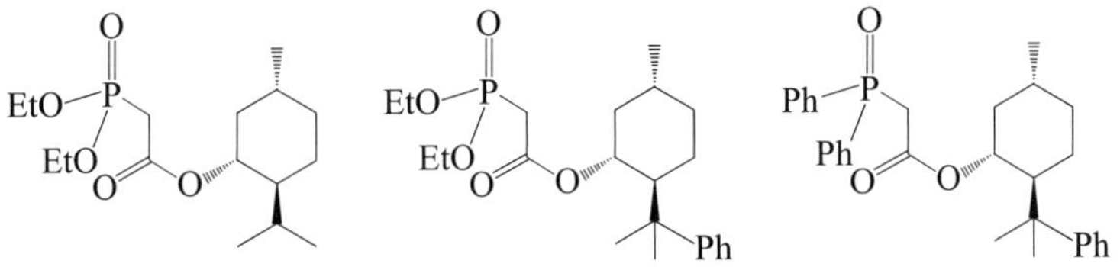

虽然不对称 Wittig 反应的报道已有不少，但仍处于探索阶段，很多问题尚不清楚，有待进一步的开发与研究。

9-(4-甲氧基-2. 3. 4-三甲基苯基)-3, 7-二甲基壬-2, 4, 6, 8-四烯酸丁酯 .

$C_{25}H_{34}O_3$，382.54

【英文名】Butyl 9-(4-methoxy-2.3.4-trimethylphenyl)-3,7-dimethylnona-2,4,6,8-tetraenoate

【性状】mp 80～81℃。

【制法】陈芬儿．有机药物合成法：第一卷．北京：中国医药科技出版社，1999：42.

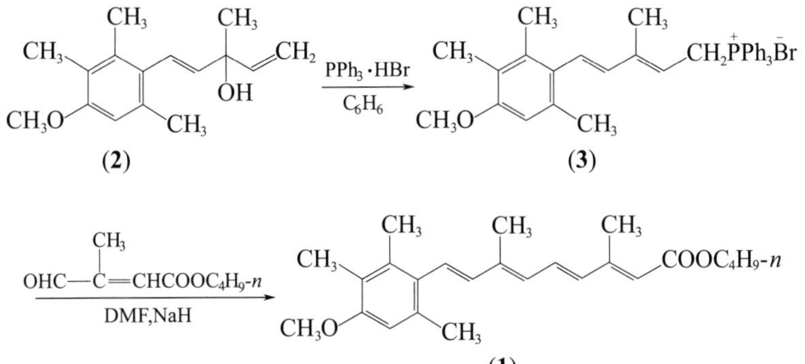

$PPh_3 \cdot HBr$，C_6H_6

(2) → (3)

$OHC—C(CH_3)═CHCOOC_4H_9\text{-}n$，DMF,NaH

(1)

于干燥的反应瓶中加入化合物（**2**）246g（1mol），苯 2.4L，三苯基膦溴化氢 343g（1mol），于 60℃搅拌反应 24h。冷却，过滤，滤饼用苯洗涤。滤饼溶于 700mL 二氯甲烷，回收溶剂，真空干燥，得化合物（**3**），直接用于下一步反应。

于反应瓶中加入上述化合物（**3**）228g（0.4mol），DMF 910mL，氮气保护，冷至5～10℃，于20min分批加入50%的氢化钠（矿物油）17.5g，加完后继续于10℃搅拌反应1h。控制5～8℃滴加3-甲酰丁烯酸丁酯61.8g（0.36mol），加完后继续搅拌反应2h。将反应物倒入8L冰水中，加入氯化钠300g，用正己烷提取。合并提取液，依次用甲醇-水（6∶4）、水洗涤，无水硫酸钠干燥。过滤，浓缩，冷却，析出固体（**1**），mp 80～81℃。

(E)-3,4′,5-三甲氧基二苯乙烯

$C_{17}H_{18}O_3$，270.33

【英文名】（*E*）-3,4,5-Trimethoxystilbene

【性状】白色晶体。mp 56℃。

【制法】[1] Aggarwal V K，Fulton J R，Sheldon C G. et al. J Am Chem Soc，2003，125：6034.

[2] 侯建，王国平，邹强．中国医药工业杂志，2008，39（1）：1

CH_3O / CHO / OCH_3 (**2**) + H_2N-NH-Ts + 对甲氧基苯甲醛（CHO / OCH_3）——1. *t*-BuOK,Tol；2. ClFeTPP,$BnNEt_3Cl$,$P(OCH_3)_3$——→ (**1**)

于安有搅拌器、温度计的反应瓶中，加入磺酰基肼329mg（1.2mmol），氮气保护，冷至0℃，加入含叔丁醇钾0.15mol的甲苯溶液的8mL，再加入3，5-二甲氧基苯甲醛①（**2**）180mg（1.2mmol），慢慢升至室温搅拌反应1h。依次加入苄基三乙基氯化铵0.1mmol、ClFeTPP 7mg（0.01mmol）、对甲氧基苯甲醛140mg（1.0mmol）、三甲氧基磷1.2mmol、无水甲苯5mL。于40℃搅拌反应48h。加入7mL水淬灭反应，乙醚提取3次。合并乙醚层，无水硫酸钠干燥。过滤，减压浓缩。得黑褐色剩余物。过硅胶柱纯化，得*E*-异构体（**1**）② 191mg，收率89%；得*Z*-异构体6mg，收率3%。

注：① 反应中首先生成3，5-二甲氧基苯甲醛的腙。

3,5-二甲氧基苯甲醛（CH_3O / CHO / OCH_3）+ H_2N-NH-Ts ——→ 对应腙（$CH=N$-NH-Ts）

② 也可以采用如下合成路线：

3,5-二甲氧基苄氯（CH_2Cl）——$P(OEt)_3$——→ $CH_2P(O)(OEt)_2$ ——CH_3O-C_6H_4-CHO——→ (E)-3,4′,5-三甲氧基二苯乙烯

肉桂酸乙酯

$C_{11}H_{12}O_2$，176.22

【英文名】Ethyl cinnamate

【性状】油状液体。mp 6～10℃，bp 271℃。

【制法】Xu Caiding，Chen Guoying，Fu Chong ，Huang Xian. Synth Commun，1995，25（15）：2229.

$$\underset{(2)}{PhCHO}+Ph_3P{=}CHCO_2C_2H_5\xrightarrow[\text{硅胶}]{\text{微波}}\underset{(1)}{PhCH{=}CHCO_2C_2H_5}$$

于反应瓶中加入三苯基乙氧羰基磷叶立德 1.0mmol，苯甲醛 1.0mmol，硅胶 2g（200～300 目）。将反应瓶置于 400W 微波反应炉中，加热反应 5min。冷后加入 30mL 二氯甲烷提取，浓缩，硅胶柱纯化，得几乎无色的油状液体（**1**）150mg，收率 85%。

对甲氧基苯乙炔

C_9H_8O，132.16

【英文名】4-Methoxyphenylethyne

【性状】无色液体。低温固化为白色固体。

【制法】Marimetti A，Savignac P. Org Synth，1998，Coll Vol 9：230.

$$\underset{(2)}{(C_2H_5O)_2\overset{O}{\overset{\|}{P}}CCl_3}\xrightarrow[\text{2. EtOH, }H_2O\text{, HCl}]{\text{1. }i\text{-PrMgCl, THF/}Et_2O\text{, }-78^\circ C}\underset{(3)}{(C_2H_5O)_2\overset{O}{\overset{\|}{P}}CHCl_2}$$

$$(\mathbf{3})+CH_3O-C_6H_4-CHO\xrightarrow[\text{2. }n\text{-BuLi 3. }H_2O\text{, HCl}]{\text{1. LDA, THF}}\underset{(1)}{CH_3O-C_6H_4-C\equiv CH}$$

二氯甲基膦酸二乙酯（**3**）：于安有搅拌器、温度计、滴液漏斗、回流冷凝器的反应瓶中，加入 400mL THF，氮气保护，冷至－78℃，慢慢滴加 1.9mol/L 的异丙基氯化镁乙醚溶液 83mL（0.158mol），约几分钟加完。保持－78℃，滴加由三氯甲基膦酸二乙酯（**2**）38.3g（0.15mol）溶于 50mL THF 的溶液，约 15min 加完。继续于－78℃搅拌反应 15min，生成橙色溶液。滴加无水乙醇 12g 溶于 15mL THF 的溶液，生成黄色溶液。慢慢升至－40℃，慢慢倒入 3mol/L 的盐酸 70mL 和等体积的碎冰、70mL 二氯甲烷中，黄色褪去，但升至室温后又变为橙色。分出有机层，水层用二氯甲烷提取（60mL×2）。合并有机层，无水硫酸镁干燥。过滤，旋转浓缩，得浅黄色液体 36.3g。减压蒸馏，收集 115～119℃/1.20kPa 的馏分，得浅黄色液体（**3**）26.6g，收率 80%，纯度大于 90%。

对甲氧基苯乙炔（**1**）：于安有搅拌器、温度计、滴液漏斗、回流冷凝器的反应瓶中，通入氮气，加入 1.56mol/L 的正丁基锂-己烷溶液 92mL（0.143mol），干冰-丙酮浴冷至－20℃，于 15min 滴加由二异丙基胺 15.1g（0.149mol）溶于 200mL THF 的溶液。冷至－78℃，于 30min 滴加由对甲氧基苯甲醛 18.1g（0.133mol）溶于 50mL THF 的溶液。生成的棕色溶液于－78℃继续搅拌反应 30min。于 1h 慢慢升至 0℃，再冷至－78℃，滴加 1.56mol/L 的正丁基锂-己烷溶液 183mL（0.285mol），约 20min 加完。加完后继续于－78℃搅拌反应 30min。于 1h 慢慢升至 0℃，滴加 3mol/L 的盐酸调至 pH5～6（125～130mL），棕色变为黄橙色。分出有机层，水层用乙醚提取 3 次。合并有机层，无水硫酸镁干燥。过滤，旋转蒸出溶剂，剩余物溶于 200mL 己烷中，15min 后过滤。滤液浓缩，过硅胶柱纯化，得无色液体（**1**）11.0g，收率 63%。bp 70～72℃/400Pa。冰箱中放置后生成白色固体。

二、 钛的亚甲基化试剂在烯烃化合物合成中的应用

碳-氧双键转化为碳-碳双键在有机合成中有重要意义。Wittig 反应虽然是一种不错的方法，但反应常常在强碱性条件下进行，能使得 α-位具有手性的醛、酮消旋化、对于分子中同时含有醛基和酮基的化合物的亚甲基化选择性差。近几十年来，钛试剂的亚甲基化研究发展较快，已成为一种行之有效的方法。

1. Tebbe 试剂

Tebbe 试剂是由双环戊二烯二氯化钛（简称为二氯二茂钛）与三甲基铝反应而制得的一种新型试剂，实际上是一种桥式亚甲基钛配合物。

$$Cp_2TiCl_2 + AlMe_3 \xrightarrow{-HCl} Cp_2Ti(\mu\text{-}CH_2)(\mu\text{-}Cl)AlMe_2$$

这种桥式亚甲基钛配合物可以看做是二环戊二烯基亚甲基钛［$Cp_2Ti{=}CH_2$］和 $Al(CH_3)_2Cl$形成的卡宾配合物。该试剂在碱的作用下可以生成二环戊二烯基亚甲基钛，其具有与 Wittig 试剂类似的性质，可以与醛、酮的羰基反应，在原来羰基的位置上生成碳-碳双键。该方法是由 Tebbe 等于 1978 年首先报道的。

$$Cp_2Ti(\mu\text{-}CH_2)(\mu\text{-}Cl)AlMe_2 \xrightarrow[-Al(CH_3)_2Cl]{\text{碱}} Cp_2Ti{=}CH_2 \xrightarrow{R_2C{=}O} R_2C{=}CH_2$$

该反应的反应机理如下：

$$Cp_2Ti{=}CH_2 + O{=}C(R)Y \longrightarrow [\text{氧杂钛环丁烷}] \longrightarrow Cp_2Ti{=}O + Y(R)C{=}CH_2$$

Y=H、R、OR、NR$_2$

反应中使用的三甲基铝有毒、易燃。后来有报道，二氯二茂钛与 Grignard 试剂也可以生成类似于 Tebbe 试剂的亚甲基化试剂（B D Heisteeg，G Schat. Tetrahedron Lett，1983，24：6493）。

$$Cp_2TiCl_2 + CH_3MgBr \longrightarrow Cp_2Ti(\mu\text{-}CH_2)(\mu\text{-}Cl)MgBr\ [Cp_2Ti{=}CH_2 \cdot MgBrCl]$$

Cp_2TiCl_2 与锌试剂用作亚甲基化试剂也有报道，只是由于它们的性能与 Tebbe 试剂相似，尚未受到太多的重视（J J Eisch，et al. Tetrahedron Lett，1983，24：2043）。

$$Cp_2Ti{=}CH_2 \cdot ZnI_2$$

Tebbe 反应与 Wittig 反应相比，反应活性更高，不但可以与一般的醛、酮反应，而且可以与易烯醇化的醛、酮和高位阻的酮进行亚甲基化反应，例如：

$Ph_3P{=}CH_2$ (4%)　　$Cp_2Ti(Cl)CH_2AlMe_2$ (77%)

对于位阻大的 α，α-二取代环酮，不能得到烯基化产物，而是生成烯醇化的钛酸酯；当与可烯醇化的酮羰基化合物反应时，其立体化学不受影响。

$Cp_2Ti{=}CH_2$　　$OTiMeCp_2$

与 Wittig 试剂不同的是 Tebbe 试剂可以与羧酸酯、内酯、酰胺等不活泼的化合物实现亚甲基化。对于 α，β-不饱和酸酯，反应后 α，β-不饱和键的构型保持不变，若 α-碳上连有手性基团，反应后其绝对构型不变。

Ph　OMe　$Cp_2Ti{=}CH_2$　Ph　OMe　CH_2

Me　H　Me　R　O　H　H　O　$Cp_2Ti(Cl)CH_2AlMe_2$　Me　H　Me　R　O　H　H

与 α，β-不饱和酸酯的反应只发生在酯羰基上，碳-碳双键不发生反应，这一特点在有机合成中具有实际应用价值。

如果控制 Tebbe 试剂的用量，酮酸酯进行反应时体现良好的化学选择性，酮羰基优先反应。

O　CO_2Me　$Cp_2Ti{=}CH_2$ / Tol　CH_2　CO_2Me　$Cp_2Ti{=}CH_2$ / Tol　CH_2　CH_2　COMe

O　OCH_3　O　Cp_2TiC_2 / $AlMe_3$　OCH_3　O

Tebbe 试剂与酰胺反应可生成烯胺。

$$\text{CH}_3\text{C(=O)N(Me)Bn} \xrightarrow{Cp_2Ti{=}CH_2} \text{CH}_2\text{=C(CH}_3\text{)N(Me)Bn}\ (97\%)$$

各类化合物亚甲基化的反应活性不同，据此可以进行选择性亚甲基化，活性顺序如下：

$$\text{RCHO} > \text{RCONR}_2 > \text{RCOR}' > \text{RCOOR}'$$

Tebbe 试剂对水、空气敏感，限制了其应用。Grubbs 等（T R Howard，J B Lee，R H Grubbs. J Am Chem Soc，1980，102：6876）发现，低温时在吡啶参与下，Tebbe 试剂与 2-甲基-1-戊烯反应，生成钛杂环丁烷试剂，其稳定性好，反应中可以生成［$Cp_2Ti{=}CH_2$］中间体进行亚甲基化反应。

$$Cp_2Ti(\mu\text{-}CH_2)(\mu\text{-}Cl)AlMe_2 \xrightarrow[Py]{\text{2-甲基-1-戊烯}} \text{钛杂环丁烷} \xrightarrow[Et_2O,0℃]{\text{2-苯基环戊酮}} \text{1-亚甲基-2-苯基环戊烷}\ (98\%)$$

Tebbe 试剂与酰卤或酸酐反应则可得烯醇钛盐，继而水解则得甲基酮。由于生成烯醇时不发生异构化反应，更适于合成 α-碳为手性中心或区域异构体不稳定的烯醇。

$$PhCH_2OCH_2CH(CH_3)COCl \xrightarrow[AlMe_3]{Cp_2TiCl_2} PhCH_2OCH_2CH(CH_3)C(OTiCp_2Cl){=}CH_2 \xrightarrow{NH_4Cl,H_2O} PhCH_2OCH_2CH(CH_3)COCH_3$$

2. 二甲基二茂钛

Petasis 于 1990 年发现，二甲基二茂钛 Cp_2TiMe_2 同样可以进行亚甲基化反应，而且对水、空气稳定，可以在溶液中长期保存，制备方法简便。

$$Cp_2TiCl_2 + 2MeLi \longrightarrow Cp_2TiMe_2 \xrightarrow{60\sim80℃} Cp_2Ti{=}CH_2$$

二甲基二茂钛具有 Tebbe 试剂的一切特点。可以与易烯醇化的酮反应使之亚甲基化，可以选择性地对同一底物中的不同类型的羰基进行亚甲基化。

$$\beta\text{-四氢萘酮} \xrightarrow[THF,60℃]{Cp_2TiMe_2} \text{2-亚甲基四氢萘}$$

$$\text{OHC–C(Me)(COOMe)–N(4-Ph-噁唑烷-2-酮)} \xrightarrow[THF,65℃]{Cp_2TiMe_2} \text{CH}_2\text{=CH–C(Me)(COOMe)–N(4-Ph-噁唑烷-2-酮)}\ (52\%)$$

酰亚胺和酸酐，根据使用的 Cp_2TiMe_2 的量，可以亚甲基化其中的一个或两个羰基。

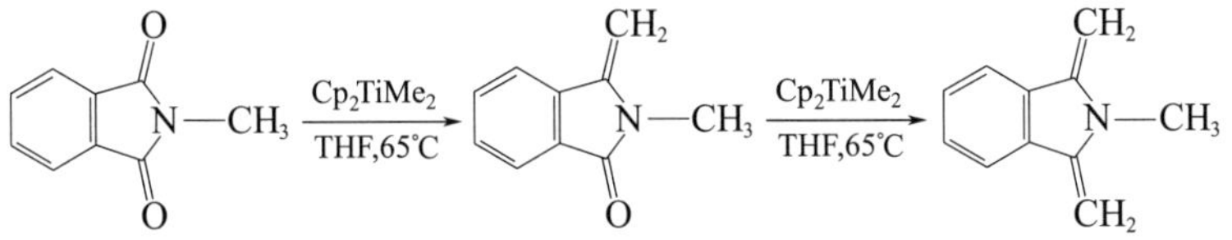

Cp_2TiMe_2 还可以使羧酸的硅基酯、硫代酯、硒酯等含杂原子的化合物亚甲基化。

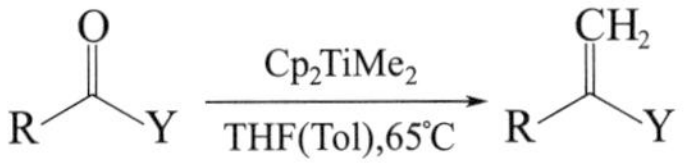

Y=OCOR、$OSiR_3$、SR、SeR等

Cp_2TiMe_2 对内酯的亚甲基化明显优于 Tebbe 试剂，例如：

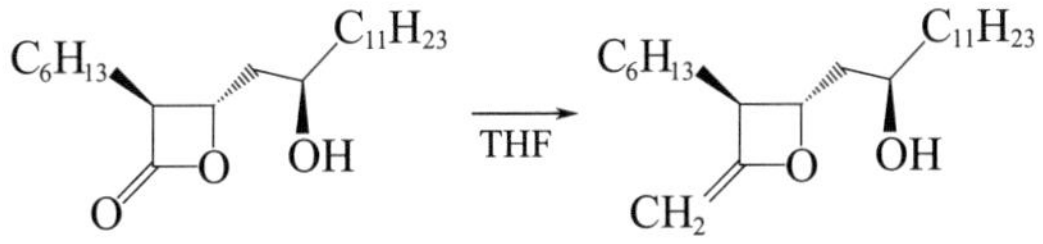

Cp_2TiMe_2:91%
Tebbe试剂:6%

3. 其他茂钛类亚烷基化试剂

Negishi 等（T Yoshida，E Negishi. J Am Chem Soc. 1981，103：1276）报道了如下反应，成功合成了累积二烯。

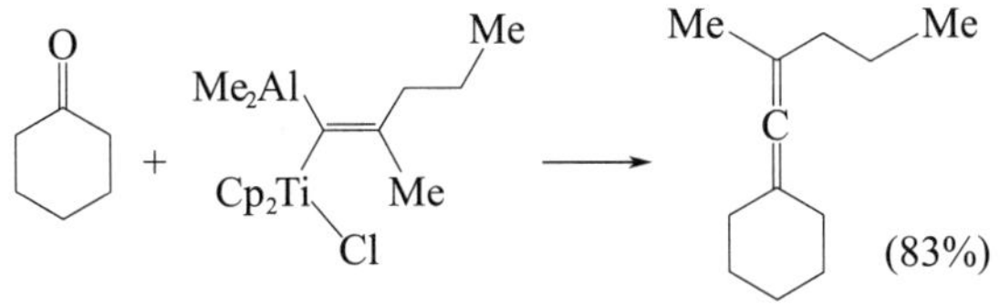

(83%)

二苄基二茂钛可以使羰基亚甲基化。

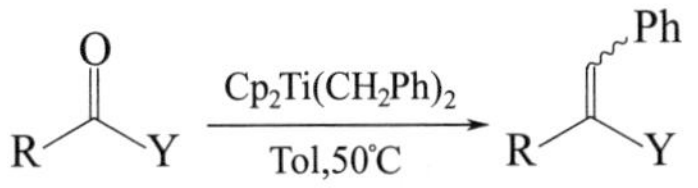

Y=H,R,Ar,OR,NR_2

钛的其他类似物也有报道，例如：

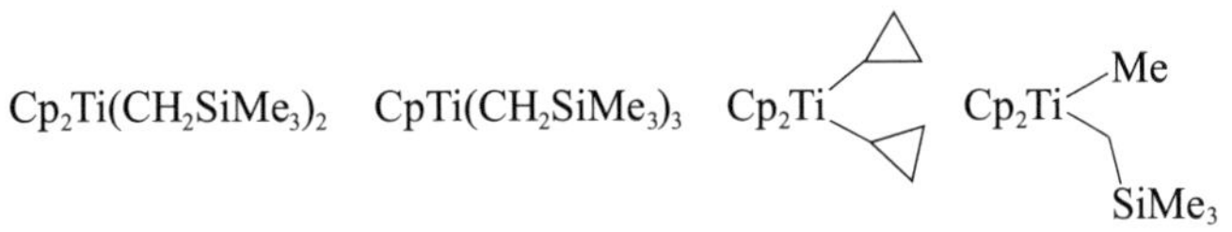

$Cp_2Ti(CH_2SiMe_3)_2$　$CpTi(CH_2SiMe_3)_3$

有机钛的亚烷基化试剂在有机合成中得到了广泛的应用，更多更好的新型有机钛试剂也将会不断涌现，为有机合成提供有利的方法。

1-苯氧基-1-苯基乙烯

$C_{14}H_{12}O$，196.21

【英文名】1-Phenoxyl-1-phenylethene

【性状】浅黄色液体。

【制法】Stanley H P，Gia K，Virgil L. Org Synth，1993，Coll Vol 8：512.

$$\underset{(\mathbf{2})}{PhCOOPh} \xrightarrow[AlMe_3]{Cp_2TiCl_2} \underset{(\mathbf{1})}{PhC(=CH_2)OPh}$$

于安有磁力搅拌的反应瓶中，通入干燥的氮气，加入二环戊二烯和二氯化钛 5g (20mmol)，2mol/L 的三甲基铝-甲苯溶液 20mL（40mmol)，室温搅拌反应 3 天，得 Tebbe 试剂。冰浴冷却，于 5～10min 加入由苯甲酸苯基酯（**2**）4g（20mmol）溶于 20mL THF 的溶液，反应放热，室温搅拌反应 30min。加入乙醚 50mL，而后滴加 50 滴 1mol/L 的氢氧化钠水溶液，其间有大量甲烷气体生成。约 10min 加完，继续搅拌至无甲烷放出。加入无水硫酸钠，过滤，乙醚洗涤。浓缩，剩余物过碱性氧化铝柱纯化，用己烷-乙醚 (9∶1)洗脱，得浅黄色液体化合物（**1**）2.68～2.79g，收率 68%～72%。

采用类似的方法可以实现如下反应，收率 63%～67%。

$$\text{3,4-二氢香豆素} \xrightarrow[AlMe_3]{Cp_2TiCl_2} \text{2-亚甲基色满}$$

(2*R*-*cis*)-2-［［1-［3,5-双(三氟甲基)苯基］乙烯基］氧基］-3-(4-氟苯基)-4-苄基吗啉

$C_{27}H_{22}F_7NO_2$，525.47

【英文名】(2*R*-*cis*)-2-[[1-[3,5-Bis(trifluoromethyl)phenyl]ethenyl]oxy]-3-(4-fluorophenyl)-4-benzylmorpholine

【性状】浅黄色固体。

【制法】Payack J F，Hughes D L，Cai D W，et al. Org Synth，2002，79：19.

$$Cp_2TiCl_2 \xrightarrow[Tol]{CH_3MgCl} Cp_2TiMe_2$$

$$(\mathbf{2}) \xrightarrow{Cy_2TiMe_2} (\mathbf{1})$$

二环戊二烯基二甲基钛：于安有搅拌器、温度计、滴液漏斗、通气导管的反应瓶中，

通入干燥的氮气，加入二环戊二烯基二氯化钛 41.5g（0.167mol），干燥的甲苯 450mL，冷至−5℃。搅拌下滴加 3.0mol/L 的甲基氯化镁-THF 溶液 126mL（0.38mol），约 1h 加完，其间保持反应液温度不超过 8℃。加完后于 0～5℃继续搅拌反应 1h，或直到不溶性的紫色二环戊二烯基二氯化钛消失。

于另一安有搅拌器、温度计、滴液漏斗、通气导管的反应瓶中，加入 6%的氯化铵水溶液 117mL（7g 氯化铵溶于 117mL 水），通入氮气，冷至 0℃。于 1h 内慢慢加入上述反应液，其间保持反应液在 0～5℃，用 30mL 该液搅拌冲洗反应瓶。将反应物转移至分液漏斗中，分出有机层，冷水洗涤 3 次，饱和盐水洗涤，无水硫酸钠干燥。过滤，于 35℃以下减压浓缩至 150g，^{1}H NMR 分析，其中含有 29.55g 的二环戊二烯基二甲基钛，收率 85%。氮气保护下低温保存备用。

于安有搅拌器、回流冷凝器的反应瓶中，加入化合物（**2**）2.41g（4.57mmol），上述二环戊二烯基二甲基钛甲苯溶液 12mL，二环戊二烯基二氯化钛 71mg（0.28mmol），将生成的红橙色反应物于 80℃搅拌反应 5.5h，其间逐渐变为黑色。冷至室温，加入碳酸氢钠 0.6g，甲醇 9.6mL，水 0.36mL，于 40℃反应 14h。将绿色反应物冷至室温，过滤。滤液减压浓缩，剩余物用 24mL 热甲醇，冷至室温，加入 7.2mL 水，搅拌 18h。过滤，氮气保护下干燥，得浅黄色固体（**1**），收率 96%。

2-甲氧基-4-苯基-1, 3-丁二烯

$C_{11}H_{12}O$，160.22

【英文名】2-Methoxy-4-phenyl-1，3-butadiene

【性状】无色液体。

【制法】Barluenga J，Tomas M，Lopez L A，et al. Synthesis，1997，967.

$$\text{Ph-CH=CH-C(=O)OCH}_3\ (\mathbf{2}) \xrightarrow[\text{Tol,70°C}]{\text{Cp}_2\text{TiMe}_2} \text{Ph-CH=CH-C(=CH}_2\text{)OCH}_3\ (\mathbf{1})$$

于安有磁力搅拌、温度计、回流冷凝器的反应瓶中，加入肉桂酸甲酯（**2**）0.972g（6mmol），二甲基二茂钛 3.7g（18mmol），甲苯 10mL，氮气保护，于 70℃搅拌反应 18～24h，至反应完全。减压浓缩，得棕色油状物。加入戊烷 10mL，过滤。浓缩，过硅胶柱纯化，得无色液体（**1**），收率 56%～62%。

三、 锌试剂、 铬试剂与羰基化合物反应合成亚甲基化合物

有机锌试剂已经用于有机合成中，其活性一般不如镁试剂和锂试剂，但相对稳定，受到人们的普遍关注。

在如下反应中，二碘甲烷与锌-铜偶在 THF 中反应，生成偕二锌化合物，而后与甾族化合物进行羰基上的亚甲基化，生成相应的烯。

[反应式：3β-AcO-5α-OH-6-氧代甾体（侧链 CH(CH₃)CO₂Me）$\xrightarrow[\text{THF,回流}]{\text{CH}_2\text{I}_2\text{,Zn-Cu}}$ 相应的 6-亚甲基化合物（C=CH₂）]

用二碘甲烷、锌和 $TiCl_4$ 可以制备的一类锌试剂，对酮的亚甲基化效果非常好。容易烯醇化的酮、α-或β-四氢萘酮都可以发生反应，而用 Wittig 试剂与这些化合物反应不能得到满意的结果。

$$\xrightarrow[CH_2I_2(5.0)]{Zn(9.0),TiCl_4(1.0)} \quad (88\%)$$

$$\xrightarrow[CH_2I_2(5.0)]{Zn(9.0),TiCl_4(1.0)} \quad (64\%)$$

Nysted 试剂是由二溴甲烷与锌-铅偶制备的锌试剂，已有商业化产品，特别对甾族化合物中含 α-羟基酮片段的亚甲基化有效。

用锌粉还原二碘甲烷制备二锌化合物，其 THF 溶液密闭条件下可以保存一月以上。该试剂对酮亚甲基化时必须加入钛盐；而与醛反应时，则不必加入钛盐，但加入 $BF_3\text{-}Et_2O$ 可以提高收率。

$$CH_2I_2 + Zn \xrightarrow[THF，0℃]{cat.\ PbCl_2} IZn—CH_2—ZnI$$

使用 1，1-二碘代烷或 1，1-二溴代烷与锌反应制得的锌试剂，也可以发生类似的反应。

$$PhCOOMe + CH_3CHBr_2 \xrightarrow[TMEDA]{Zn,TiCl_4} Ph(OMe)C{=}CHCH_3 \quad (98\%)(Z:E为92:8)$$

醛与偕二碘代烷在氯化铬（Ⅱ）存在下，可以生成 Wittig 型烯基化合物。该反应的特点是醛反应后生成 E-烯烃，而酮不反应。

$$R^2CHI_2 \xrightarrow[THF]{CrCl_2,DMF} \left[R^2CH\begin{matrix}Cr(III)\\Cr(III)\end{matrix}\right] \xrightarrow{R^1CHO} R^1CH{=}CHR^2$$

在催化量的 $CrCl_3$ 存在下，偕二溴代烃、金属钐和 SmI_2 反应得到的试剂，可以将酮转化为烯。

$$+ n\text{-}C_5H_{11}CHBr_2 \xrightarrow[THF]{Sm,SmI_2,CrCl_3} {=}CHC_5H_{11}\text{-}n \quad (71\%)$$

反-2-辛烯

C_8H_{16}，112.22

【英文名】(E)-2-Octene；

【性状】无色液体。

【制法】Okazoe T，Takai K，Utimoto K. J Am Chem Soc，1987，109：951.

$$n\text{-}C_5H_{11}CHO + CH_3CHI_2 \xrightarrow[\text{THF}]{CrCl_2,DMF} \text{(1)}$$

(2) (1)

于反应瓶中加入 THF 20mL，无水 $CrCl_2$ 0.98g（8.0mmol），氩气保护，于 25℃加入由己醛（**2**）1.0mmol 和 1，1-二碘乙烷 0.56g（2.0mmol）溶于 3mL THF 的溶液，而后室温搅拌反应 4.5h。加入 15mL 戊烷稀释，而后倒入 40mL 水中。分出有机层，水层用戊烷提取 3 次。合并有机层，饱和盐水洗涤，无水硫酸钠干燥。过滤，浓缩，剩余物过硅胶柱纯化，得无色液体（**1**），收率 94%，*E*∶*Z* 为 96∶4。

cis-4-异丙烯基环己基甲酸

$C_{10}H_{16}O_2$，168.24

【英文名】 *cis*-4-(Prop-1-en-2-yl)cyclohexanecarboxylic acid

【性状】 白色固体。mp 64～65℃。

【制法】 赖春球，嵇志琴．化学试剂，1995，7（6）：359.

$$\text{(2)} \xrightarrow[CH_2Cl_2]{Zn\text{-}CH_2Br_2\text{-}TiCl_4} \text{(1)}$$

(2) (1)

$Zn\text{-}CH_2Br_2\text{-}TiCl_4$ 的制备：于干燥的反应瓶中，加入锌粉 5.75g，通入氮气，加入 THF 50mL，二溴甲烷 2.03mL，冷至－40℃，于 10min 用注射器慢慢加入 $TiCl_4$ 2.3mL，升至室温，搅拌 3 天即可。

于反应瓶中加入化合物（**2**）15mg，干燥的二氯甲烷 10mL，氮气保护，慢慢加入上述 $Zn\text{-}CH_2Br_2\text{-}TiCl_4$ 溶液 2mL，室温搅拌反应 6h。强反应物倒入 2.0mol/L 的盐酸 20mL 中，搅拌 5min，分出有机层，水层用乙醚提取 3 次。合并有机层，用 7%的碳酸钠溶液洗涤（20mL×4）。合并水层，盐酸酸化后，乙醚提取 4 次。合并乙醚层，饱和盐水洗涤，无水硫酸钠干燥。过滤，浓缩，剩余物过硅胶板色谱分离纯化，得白色固体（**1**），收率 95%，mp 64～65℃。

第二节 羰基 α-位的亚甲基化

含活泼亚甲基的羰基化合物，羰基 α-位的氢由于受到邻近羰基吸电子作用的影响具有弱酸性，在碱的作用下失去质子生成碳负离子（或烯醇负离子），后者作为亲核试剂进攻另一羰基化合物的羰基进行亲核加成，而后脱水生成烯键，这相当于在原来羰基化合物的 α-位引入了烯键。这类反应主要有 Knoevenagel 反应、Stobbe 反应、Perkin 反应、

Erlenmeyer-Plochl 反应等。

一、 Knoevenagel 反应

该反应最早是由德国化学家亚瑟•汉斯（Arthur Hantzsch）发现的，1885 年，他用乙酰乙酸乙酯、苯甲醛和氨反应，发现生成了对称的缩合产物 2，6-二甲基-4-苯基-1，4-二氢吡啶-3，5-二甲酸二乙酯，也生成了少量的 2，4-二乙酰基-3-苯基戊二酸二乙酯，这是有关 Knoevenagel 反应的最早纪录。

$$CH_3COCH_2CO_2Et + PhCHO + NH_3 \longrightarrow \text{(2,6-dimethyl-4-phenyl-1,4-dihydropyridine-3,5-}(CO_2Et)_2) + EtO_2C\text{-}CH(COCH_3)\text{-}CH(Ph)\text{-}CH(COCH_3)\text{-}CO_2Et$$

1894 年德国化学家 Emil Knoevenagel 从多个方面对这一反应作了进一步研究，他发现任何一级和二级胺都可以促进反应进行；反应可以分步进行；而且丙二酸酯可以代替乙酰乙酸乙酯作为活性的亚甲基化合物。目前认为，醛、酮与含活泼亚甲基的化合物，例如丙二酸、丙二酸酯、氰乙酸酯、乙酰乙酸乙酯等，在缓和的条件下即可发生缩合反应，生成 α，β-不饱和化合物，该类反应统称为 Knoevenagel 缩合反应。反应结果是在 1，3-二羰基化合物的亚甲基的位置上引入了 C ═C 双键。用通式表示如下：

$$R^1COR^2 + Z\text{-}CH_2\text{-}Z' \xrightarrow{\text{碱}} (R^1)(R^2)C{=}C(Z)(Z') + H_2O$$

式中 Z 和 Z′可以是 CHO、RC ═O、COOH、COOR、CN、NO_2、SOR、SO_2R、SO_2OR、或类似的吸电子基团。当 Z 为 COOH 时，反应中常常会发生原位脱羧。

常用的催化剂为碱，例如吡啶、哌啶、丁胺、二乙胺、氨-乙醇、甘氨酸、氢氧化钠、碳酸钠、碱性离子交换树脂等。

反应中若使用足够强的碱，则只含有一个 Z 基团的化合物（CH_3Z 或 RCH_2Z）也可以发生该反应。

反应中还可以使用其他类型的化合物，如氯仿、2-甲基吡啶、端基炔、环戊二烯等。实际上该反应几乎可以使用任何含有可以被碱夺取氢的含有 C—H 键的化合物。

$$PhCHO + CH_2(CO_2H)_2 \xrightarrow{\text{哌啶，吡啶}} PhCH{=}CHCOOH + H_2O + CO_2$$

$$RCHO + CH_2(CO_2C_2H_5)_2 \xrightarrow{Py} RCH{=}C(CO_2C_2H_5)_2 + H_2O$$

反应机理（以吡啶等叔胺为催化剂）：

$$CH_2(CO_2C_2H_5)_2 + B^- \underset{}{\overset{HB}{\rightleftharpoons}} {}^-CH(CO_2C_2H_5)_2 \xrightarrow{R-CH=O} R-\overset{O^-}{\overset{|}{C}}HCH(CO_2C_2H_5)_2 \underset{-B^-}{\overset{HB}{\rightleftharpoons}}$$

$$R-\overset{OH}{\overset{|}{C}}HCH(CO_2C_2H_5)_2 \underset{-HB}{\overset{B^-}{\rightleftharpoons}} R-\overset{OH}{\overset{|}{C}}H\bar{C}(CO_2C_2H_5)_2 \longrightarrow RCH{=}C(CO_2C_2H_5)_2 + HO^-$$

若以仲、伯胺或铵盐为催化剂，有可能仍按上述机理进行，还可能由于醛、酮与这些

碱生成亚胺或 Schiff 碱而按下面机理进行（图 3-1）。

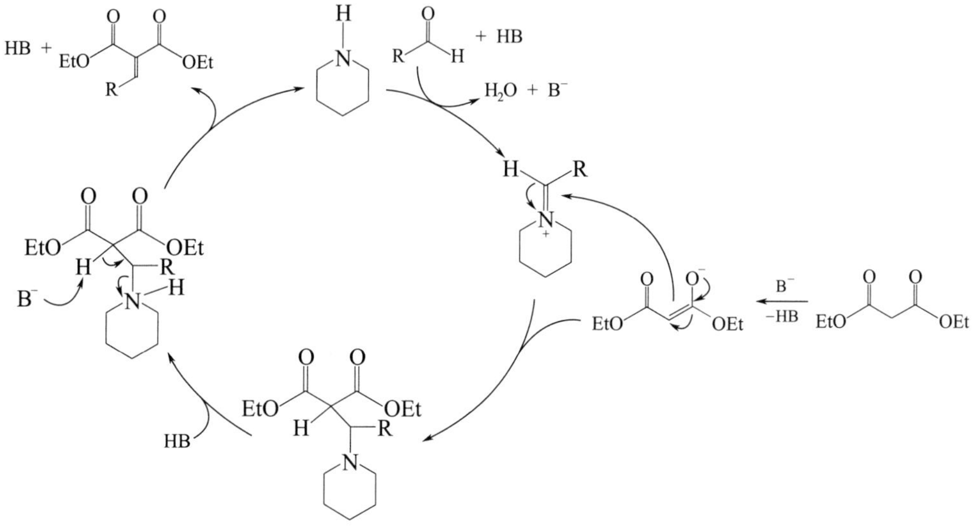

图 3-1　Knoevenagel 反应的亚胺或 Schiff 碱机理

一般认为，用伯、仲胺催化，有利于生成亚胺中间体，可能按第二种机理进行；若反应在极性溶剂中进行，则第一种机理的可能性较大。

Knoevenagel 反应可以看作是羟醛缩合的一种特例，在这里亲核试剂不是醛、酮分子，而是活泼亚甲基化合物。若用丙二酸作为亲核试剂，则消除反应与脱羧反应同时发生。

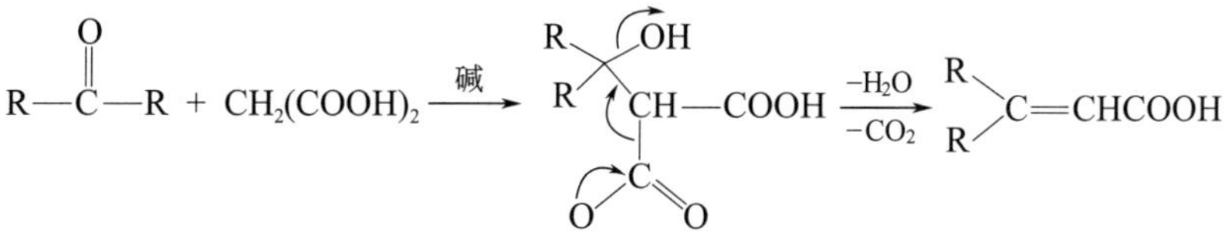

$$R-\overset{O}{\overset{\|}{C}}-R + CH_2(COOH)_2 \xrightarrow{\text{碱}} R_2C(OH)-CH(COOH)-COO^- \xrightarrow[-CO_2]{-H_2O} R_2C{=}CHCOOH$$

例如：

$$PhCHO + CH_3CH_3CH(COOH)_2 \xrightarrow{Py} PhCH{=}C(C_2H_5)-COOH \quad (60\%)$$

值得指出的是，苯环上有吸电子基团（如 p-NO_2、m-NO_2、p-CN、m-Br 等）的取代苯甲醛，在吡啶催化下与甲基丙二酸缩合，可生成 α-甲基-β-羟基苯丙酸化合物，而未取代的苯甲醛和苯环上有给电子基团的苯甲醛，在吡啶存在下却不与甲基丙二酸发生缩合反应。

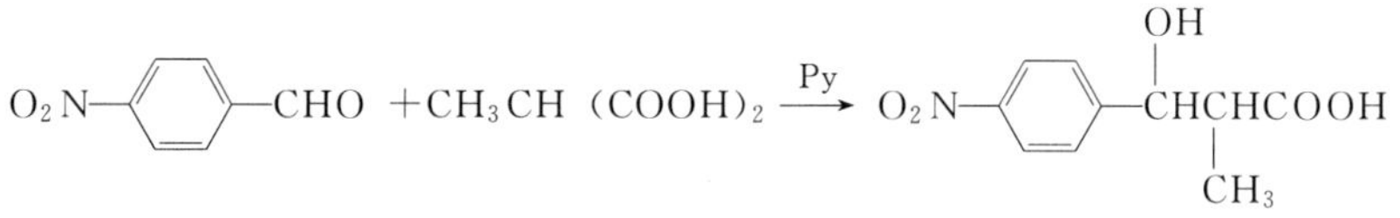

$$O_2N-C_6H_4-CHO + CH_3CH(COOH)_2 \xrightarrow{Py} O_2N-C_6H_4-CH(OH)CH(CH_3)COOH \quad (47\%)$$

但取代或未取代的苯甲醛在六氢吡啶（哌啶）催化下，与甲基丙二酸缩合，可得到 α-

甲基肉桂酸化合物。例如：

$$O_2N-C_6H_4-CHO + CH_3CH(COOH)_2 \xrightarrow{\text{哌啶}} O_2N-C_6H_4-CH=C(CH_3)COOH \quad (39\%)$$

临床上用于治疗高血压、心绞痛的药物非洛地平（Felodipine）中间体的合成如下（陈芬儿．有机药物合成法：第一卷．北京：中国医药科技出版社，1999：227）。

$$\text{2,3-}Cl_2C_6H_3CHO + CH_3COCH_2CO_2CH_3 \xrightarrow[C_6H_6(72.7\%)]{\text{哌啶},AcOH} \text{2,3-}Cl_2C_6H_3CH=C(COCH_3)CO_2CH_3$$

又如心脏病、高血压病治疗药物尼伐地平（Nilvadipine）中间体的合成（陈芬儿．有机药物合成法：第一卷．北京：中国医药科技出版社，1999：443）。

$$\text{3-}NO_2C_6H_4CHO + (CH_3O)_2CHCOCH_2CO_2CH_3 \xrightarrow[C_6H_6]{\text{哌啶},AcOH} \text{3-}NO_2C_6H_4CH=C(COCH(OCH_3)_2)CO_2CH_3$$

长效消炎镇痛药萘丁美酮（Nabumetone）中间体的合成如下。

$$\text{6-}CH_3O\text{-2-萘}-CHO + CH_3COCH_2CO_2CH_2Ph \xrightarrow[C_6H_{12}(76\%)]{\text{哌啶},AcOH} \text{6-}CH_3O\text{-2-萘}-CH=C(COCH_3)CO_2CH_2Ph$$

钙拮抗剂尼索地平（Nisodipine）中间体的合成如下。

$$\text{2-}NO_2C_6H_4CHO + CH_3COCH_2CO_2CH_3 \xrightarrow[C_6H_6(89\%)]{\text{哌啶},AcOH} \text{2-}NO_2C_6H_4CH=C(COCH_3)CO_2CH_3$$

当使用端基炔进行反应时，炔钠是常用的试剂，此时的反应称为 Nef 反应。

Knoevenagel 反应有时也可以被酸催化。例如钙拮抗剂尼莫地平（Nimodipine）中间体的合成如下（陈芬儿．机药物合成法：第一卷．北京：中国医药科技出版社，1999：451）。

$$\text{3-}NO_2C_6H_4CHO + CH_3COCH_2CO_2CH_2CH_2OCH_3 \xrightarrow[(78\%)]{H_2SO_4} \text{3-}NO_2C_6H_4CH=C(COCH_3)CO_2CH_2CH_2OCH_3$$

超声波可以促进反应的进行，也可以在无溶剂条件下利用微波照射来完成反应。沸石、过渡金属化合物如 SmI_2、$BiCl_3$ 等也用于促进 Knoevenagel 反应。

沸石分子筛具有无毒、无污染、可循环使用等特点，是一种环境友好的催化剂。王琪珑等[左伯军，王琪珑，马玉道等．催化学报，2002，23（6）：555]利用高硅、铝比的沸石分子筛（HY）催化 Knoevenagel 反应，无论丙二腈、丙二酸，还是乙酰乙酸乙酯，均可与取代苯甲醛反应，反应 3～12h，收率 70%～94%。

Doebner 主要在使用的催化剂方面作了改进，用吡啶-哌啶混合物代替 Knoevenagel 使用的氨、伯胺、仲胺，从而减少了脂肪醛进行该反应时生成的副产物 β，γ-不饱和化合物。不仅反应条件温和、反应速度快、产品纯度和收率高，而且芳醛和脂肪醛均可获得较满意的结果。有时又叫 Knoevenagel-Doebner 缩合反应。

该类反应常用的溶剂是苯、甲苯，并进行共沸脱水。

预防和治疗支气管哮喘和过敏性鼻炎药物曲尼司特（Tranilast）中间体的合成如下。

$$3,4\text{-}(CH_3O)_2C_6H_3\text{—}CHO + CH_2(COOH)_2 \xrightarrow[(91.6\%)]{\text{哌啶}NH,C_5H_5N} 3,4\text{-}(CH_3O)_2C_6H_3\text{—}CH{=}CHCOOH$$

又如心脏病治疗药盐酸艾司洛尔（Esmolol hydrochloride）中间体（陈芬儿．机药物合成法：第一卷．北京：中国医药科技出版社，1999：715）。

$$CH_3O\text{—}C_6H_4\text{—}CHO + CH_2(COOH)_2 \xrightarrow[(74\%)]{\text{哌啶}NH,C_5H_5N} CH_3O\text{—}C_6H_4\text{—}CH{=}CHCOOH$$

当用吡啶作溶剂或催化剂时，往往会发生脱羧反应，生成 α，β-不饱和化合物。

$$\text{2-呋喃}\text{—}CHO + NCCH_2CO_2H \xrightarrow[C_6H_6]{Py,AcONH_4} \text{2-呋喃}\text{—}CH{=}CHCN + CO_2 + H_2O$$

活泼亚甲基化合物为氰基乙酸乙酯，催化剂为醋酸铵时的反应称为 Cope 缩合反应。

$$PhCOCH_3 + NCCH_2CO_2C_2H_5 \xrightarrow[C_6H_6]{AcOH,\ AcONH_4} PhC(CH_3){=}C(CN)\text{—}CO_2C_2H_5 + H_2O$$

位阻较小的酮，例如丙酮、甲基酮、环酮等，与活性较高的亚甲基化合物如丙二腈、氰基乙酸（酯）、脂肪族硝基化合物等，也能顺利进行 Knoevenagel-Doebner 缩合反应。位阻大的酮反应较困难，产品收率较低。

$$(CH_3)_3CCOCH_3 + CH_2(CN)_2 \xrightarrow[C_6H_6]{H_2NCH_2CH_2CO_2H} (CH_3)_3CC(CH_3){=}C(CN)_2 \quad (48\%)$$

醛与乙酰乙酸乙酯发生 Knoevenagel 反应，在仲胺催化下，原料配比或反应温度不同可生成两种产物。

$$RCHO + CH_3COCH_2CO_2C_2H_5 \xrightarrow{\text{仲胺，}0℃} RCH{=}C(COCH_3)(CO_2C_2H_5)$$

$$RCHO + 2CH_3COCH_2CO_2C_2H_5 \xrightarrow[r.t]{\text{仲胺}} R-CH(CH(COCH_3)CO_2C_2H_5)_2$$

有时也可以使用强碱，如氢化钠或丁基锂等，例如降血脂药氟伐他汀钠（Fluvastatin Sodium）中间体的合成（陈仲强，陈虹．现代药物的制备与合成：第一卷．北京：化学工业出版社，2007：431）。

$$\text{ArCH=CHCHO} + CH_3COCH_2CO_2CH_3 \xrightarrow[(83\%)]{NaH,\,n\text{-}BuLi} \text{ArCH=CHCH(OH)CH}_2\text{COCH}_2\text{COOCH}_3$$

（Ar 为 1-异丙基-3-(4-氟苯基)吲哚-2-基，N 上取代基 $CH(CH_3)_2$）

α-羟基酮或β-羟基醛（酮）与乙酰乙酸乙酯缩合生成的化合物还可以进一步缩合，例如：

$$PhCH(OH)-C(=O)Ph + CH_3COCH_2CO_2C_2H_5 \longrightarrow PhC(CH(OH)Ph)=C(COCH_3)C(=O)OC_2H_5 \xrightarrow{-C_2H_5OH} \text{3-乙酰基-4,5-二苯基呋喃-2(5H)-酮}$$

$$R-CH(OH)-CH_2CHO + CH_3COCH_2CO_2C_2H_5 \xrightarrow[-C_2H_5OH]{-H_2O} \text{3-乙酰基-6-R-5,6-二氢吡喃-2-酮}$$

利用 Knoevenagel 反应可以合成香豆素类化合物。邻羟基苯甲醛与含活泼亚甲基化合物（如丙二酸酯、氰基乙酸酯、丙二腈等）在哌啶存在下发生环合反应，生成香豆素-3-羧酸衍生物，该方法比 Perkin 反应要温和得多。

$$\text{R-C}_6\text{H}_3\text{(CHO)(OH)} + Y\text{-}CH_2\text{-}COOR \xrightarrow{\text{哌啶}} \text{R-C}_6\text{H}_3\text{(OH)CH=C(Y)COOR} \xrightarrow{-ROH} \text{R-3-Y-香豆素}$$

$Y=CN, COOR, CONH_2$ 等

水杨醛与乙酰乙酸乙酯反应，生成香豆素衍生物。

$$\text{C}_6\text{H}_4\text{(CHO)(OH)} + CH_3COCH_2CO_2C_2H_5 \longrightarrow \text{3-乙酰基香豆素}$$

水杨醛与丙二腈或丙二酸二乙酯反应，都可以得到香豆素类化合物。

$$\text{水杨醛} \xrightarrow[\text{NaHCO}_3\text{,PTC}]{CH_2(CN)_2} \text{3-氰基香豆素 (90\%)}$$

$$\text{水杨醛} \xrightarrow[\text{乙酸六氢吡啶}]{CH_2(CO_2Et)_2} \text{3-乙氧羰基香豆素 (81\%)}$$

微波应用于Knoevenagel反应，可明显缩短反应时间、提高收率。例如：

$$R-C_6H_4-CHO + R^1CH_2CN \xrightarrow[MW]{CH_3CONH_2} R-C_6H_4-CH=C(R^1)CN \quad (89\%\sim97\%)$$

又如：

$$(CH_3)_2N-C_6H_4-CHO + \text{呋喃-2,4-二酮} \xrightarrow[\text{MW.2min}]{\text{蒙脱土-KSF}} (CH_3)_2N-C_6H_4-CH=\text{(呋喃二酮)} \quad (92\%)$$

$$\text{巴比妥酸} + OHC-\text{(5-硝基呋喃)}-NO_2 \xrightarrow[\text{MW.4min}]{\text{蒙脱土-KSF}} \text{5-[(5-硝基呋喃-2-基)亚甲基]巴比妥酸} \quad (98\%)$$

$$\text{3-}CH_3O\text{-4-HO-}C_6H_3-CHO + CH_3NO_2 \xrightarrow[C_2H_5OH,r.t]{CH_3NH_2\cdot HCl} \text{3-}CH_3O\text{-4-HO-}C_6H_3-CH=CHNO_2 \quad (90\%\sim93\%)$$

微波辐射下的液相反应，溶剂的选择非常重要。溶剂极性越大，越容易吸收微波，升温也越快。DMF不仅极性大，沸点高，还能够促使水从反应体系中溢出。以DMF为溶剂进行如下Knoevenagel反应，收率77%～98%，而且产物为E-型。

$$ArCHO + NC\diagup\!\!\diagdown R \xrightarrow[3\sim9min]{DMF,WM} Ar-CH=C(CN)R$$

微波辐射下的固相Knoevenagel反应也有不少报道。反应在无溶剂情况下进行，符合绿色化学的要求。如下反应在固体氢氧化钠存在下反应，微波辐射1.5～4min，产物收率达73%～95%。

$$ArCHO + NC\diagup\!\!\diagdown X \xrightarrow[NaOH(s),1.5\sim4min]{WM} ArHC=C(CN)X$$

超声波技术、离子液体技术均已用于Knoevenagel反应。

Knoevenagel-Doebner缩合反应应用非常广泛，下面是该反应在有机合成中的一些特殊例子。

1. *N*-甲基亚磺酰基对甲苯胺的双锂衍生物与醛、酮的反应

二者加成、水解后，生成羟基亚磺酰胺，后者加热，发生立体专一性的顺式消除，生成烯烃。

Ar=p-$CH_3C_6H_4$

+ SO_2 + $ArNH_2$

该方法与Wittig反应一样，将羰基直接变为烯键，有时可以作为Wittig反应的替代方法。

2. 酮与对甲苯磺酰甲基异腈[1]反应得到不同的产物

1.t-BuOK,THF,−5℃ 2. H_2O

t-BuOK,DME 0~20℃

TiOEt EtOH/DME

H_3^+O

[1] [2] [3] [4]

该反应的结果取决于反应条件。酮与[1]于−5℃，在THF中用叔丁醇钾作碱，可以发生缩合和异氰基水解得到正常的Knoevenagel反应产物[2]。使用相同的碱，但将溶剂改为DME，则产物为腈[3]。若反应在乙氧基铊存在下于无水乙醇-DME（4∶1）室温下反应，则生成4-乙氧基-2-噁唑啉[4]，由于[3]水解可以生成羧酸，[4]水解生成α-羟基醛，因此，该反应提供了由RCOR′向RCHR′COOH、RCHR′CN或RC(OH)R′CHO的转化方法。利用某些醛（R′═H）也可以将其转化为RCHR′COOH和RCHR′CN。

3. 醛或酮RCOR′与CH_2═C(Li)OCH_3反应

生成羟基烯醇酯RR′C(OH)C(OCH_3)=CH_2，后者很容易水解生成酮醇RR′C(OH)$COCH_3$。

2-苄基丙烯酸

$C_{10}H_{10}O_2$，162.19

【英文名】2-Benzylacrylic acid

【性状】白色固体。mp 69℃。

【制法】陈仲强．陈虹．现代药物的制备与合成．北京：化学工业出版社，2007：473.

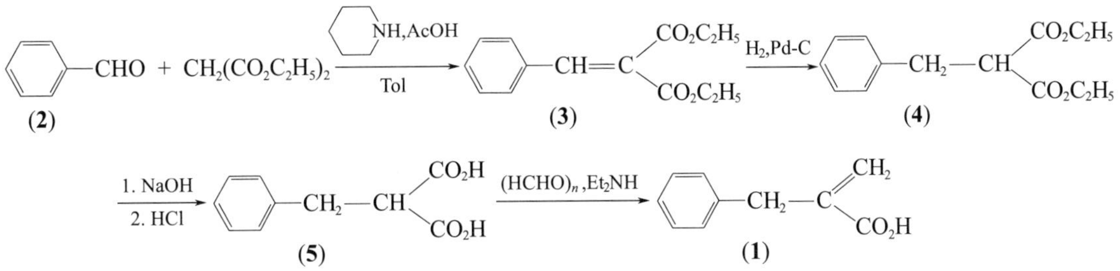

苯亚甲基丙二酸二乙酯（**3**）：于反应瓶中加入苯甲醛（**2**）120g（1.13mol），丙二酸二乙酯 181g（1.13mol），哌啶 7.7g（0.09mol），冰醋酸 5.4g（0.09mol），甲苯 260mL，分水回流反应 3h。共收集生成的水 20mL 左右。冷却，得化合物（**3**）的甲苯溶液，用于下一步反应。

苄基丙二酸二乙酯（**4**）：于高压反应釜中加入上述化合物（**3**）的甲苯溶液，5%的Pd-C催化剂 20g，于 1～1.5MPa 氢气压力下反应，控制反应温度 30～50℃，前期为 30℃，后期为 50℃，直至不再吸收氢气为止，约需 3h。过滤除去催化剂，得化合物（**4**）的甲苯溶液。

苄基丙二酸（**5**）：向上述甲苯溶液中加入 20%的氢氧化钠水溶液 800mL，搅拌回流 3h。冷却，分出水层，冷至 10℃以下，用浓盐酸调至 pH1。乙酸乙酯提取（200mL×2）。合并乙酸乙酯层，水洗，得化合物（**5**）的乙酸乙酯溶液，用于下一步反应。

苄基丙烯酸（**1**）：将上述化合物（**5**）的乙酸乙酯溶液冷至 10℃以下，慢慢滴加二乙胺 116.6mL（1.12mol），注意内温要低于 30℃。加入多聚甲醛 53.6g（1.64mol），搅拌回流 1h。冷至 10℃，加入 100mL 水稀释，用浓盐酸调至 pH1。分出有机层，水洗，无水硫酸钠干燥。过滤，减压浓缩至干，得化合物（**1**）161g，收率 88%（以苯甲醛计），mp 69℃。

(E)-3,4-二甲氧基苯丙烯酸

$C_{11}H_{12}O_4$，208.21

【英文名】(*E*)-3，4-Dimethoxyphenylacrylic acid，(*E*)-3,4-Dimethoxy cinnamonic acid

【性状】白色粉状固体。mp 181～182℃。

【制法】[1] 李凡，侯兴普等．中国医药工业杂志，2010，41（4）：241.

[2] Stabile R G，Dicks A P. J Chem Educ，2004，81（10）：1488.

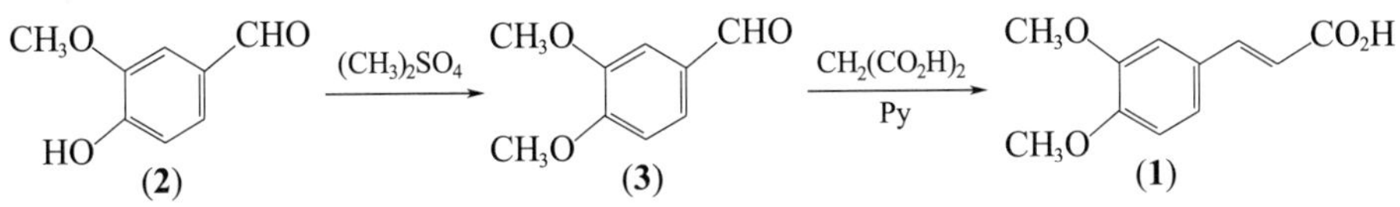

3,4-二甲氧基苯甲醛（**3**）：于安有搅拌器、温度计、回流冷凝器、滴液漏斗的反应瓶中，加入 3-甲氧基-4-羟基苯甲醛（**2**）36.4g（0.24mol），水 90mL，搅拌加热，氮气保护下慢慢加入 33%的氢氧化钠水溶液 72mL（0.59mol）。加完后加热回流，慢慢滴加硫酸二甲酯 45.6g（0.36mol）。此后每隔 10min 依次加入 33%的氢氧化钠水溶液 12mL（0.1mol）和硫酸二甲酯 7.8g（0.06mol），重复 4 次。加完后继续回流 30min。冷却后用石油醚提取

(60mL×3)。合并有机层，水洗 3 次，无水硫酸钠干燥，减压蒸出溶剂，得白色固体（**3**）35.3g，mp 41℃，收率 88%。

（*E*）-3，4-二甲氧基苯丙烯酸（**1**）：于安有搅拌器、回流冷凝器的反应瓶中，加入吡啶 90mL，化合物（**3**）3.7g（0.2mol），丙二酸 52.5g（0.5mol），*β*-丙氨酸 3g（0.03mol）。搅拌下加热回流 1.5h。冷至 0℃，搅拌下滴加浓盐酸 240mL。过滤，滤饼用水洗涤，于 105℃干燥 2h，得白色粉末固体（**1**）40.1g，mp 181～182℃，收率 98%。

t-丁基丙二酸二乙酯

$C_{11}H_{20}O_4$，216.26

【英文名】 Diethyl t-butylmalonate

【性状】 无色液体。bp 60～61℃/93Pa。n_D^{20} 1.4250。

【制法】 Eliel E L，Hutchins R O，Knoeber Sr M. Org Synth，1988，Coll Vol 6：442.

$$(CH_3)_2C{=}O\ (\mathbf{2}) + CH_2(CO_2Et)_2 \xrightarrow{ZnCl_2,\ Ac_2O} (CH_3)_2C{=}C(CO_2Et)_2\ (\mathbf{3})$$

$$\xrightarrow[2.\ H_2SO_4\ H_2O]{1.\ CH_3MgI,\ CuCl} (CH_3)_3C{-}CH(CO_2Et)_2\ (\mathbf{1})$$

异亚丙基丙二酸二乙酯（**3**）：于安有搅拌器、回流冷凝器（安氯化钙干燥管）的反应瓶中，加入丙二酸二乙酯 400g（2.5mol），丙酮（**2**）216g（3.73mol），醋酸酐 320g（3.14mol），无水氯化锌 50g（0.37mol），搅拌下加热回流 20～24h。冷却后加入 300～350mL 苯。生成的混合液水洗 4 次，每次 500mL 水。合并水洗，用苯提取。合并苯层，旋转浓缩。剩余物减压分馏，先收集 85～87℃/1.20kPa 的馏分，主要为丙二酸；重 119～135g。再收集 87～104℃/1.20kPa 的馏分，为无色油状液体化合物（**3**），重 231～246g，收率 46%～49%。

t-丁基丙二酸二乙酯（**1**）：于安有搅拌器、滴液漏斗、回流冷凝器、通气导管的反应瓶中，加入镁屑 18.3g（0.753mol），通入氮气，慢慢滴加由碘甲烷 113.5g（0.7993mol）与 200mL 无水乙醚配成的溶液。反应完后将反应液冷至 0～5℃，加入氯化亚铜 1.0g，保持 −5～0℃慢慢滴加异亚丙基丙二酸二乙酯（**3**）100g（0.50mol）与 100mL 无水乙醚的溶液，约 1.5h 加完。加完后撤去冷浴，继续搅拌反应 30min。将反应物倒入由 500～1000g 碎冰与 400mL 10%的硫酸的混合液中，分出乙醚层，水层用乙醚提取（200mL×3），合并乙醚层，饱和硫代硫酸钠溶液洗涤，无水硫酸镁干燥。过滤，旋转蒸出乙醚，剩余物减压分馏，收集 60～61℃/93Pa 的馏分，得无色液体（**1**）93.5～102g，收率 87%～94%。n_D^{20} 1.4250。

二、 Stobbe 反应

醛或酮与丁二酸酯在强碱的作用下发生的缩合反应称为 Stobbe 缩合反应。该反应是由

Stobbe H 于 1893 年首先报道的。常用的催化剂为叔丁醇钾、氢化钠、醇钠、三苯甲基钠等。

$$CH_3COCH_3 + (CH_2CO_2C_2H_5)_2 \xrightarrow[2.\ H^+]{1.\ C_2H_5ONa,C_2H_5OH} (CH_3)_2C{=}C(CO_2C_2H_5)CH_2CO_2H$$

$$Ph_2CO + (CH_2CO_2C_2H_5)_2 \xrightarrow[2.\ H^+]{1.\ t\text{-}BuOK/t\text{-}BuOH} Ph_2C{=}C(CO_2C_2H_5)CH_2CO_2H \quad (90\%\sim94\%)$$

丁二酸酯与醛、酮缩合比普通的酯容易得多，对碱的强度要求也不太高，而且反应产率一般较好。该反应中丁二酸酯的一个酯基转变为羧基，产物是带有酯基的 α，β-不饱和酸。

该反应的反应机理如下：

$$(CH_2CO_2C_2H_5)_2 \underset{-ROH}{\overset{RO^-}{\rightleftharpoons}} \left[C_2H_5O_2C\bar{C}HCH_2CO_2C_2H_5 \longleftrightarrow C_2H_5O{-}C(O^-){=}CHCH_2CO_2C_2H_5 \right] \xrightarrow{(CH_3)_2C{=}O} C_2H_5O{-}C(=O){-}CH(C(CH_3)_2O^-)CH_2C(=O)OC_2H_5$$

$$\rightleftharpoons \text{(环状四面体中间体, }{}^-O,\ C_2H_5O,\ COOC_2H_5) \underset{}{\overset{-C_2H_5O^-}{\rightleftharpoons}} \underset{[1]}{\gamma\text{-内酯 (COOC}_2H_5)} \underset{-ROH}{\overset{^-OR}{\rightleftharpoons}} \underset{[2]}{(CH_3)_2C{=}C(CH_2COOH)CO_2C_2H_5}$$

反应中生成的中间体 γ-内酯[1]可以分离出来。在碱的作用下，[1]可以定量转化为[2]。[2] 在强酸中加热水解，发生脱羧反应，生成较原来的起始原料醛、酮增加三个碳原子的不饱和酸。

$$RR^1C{=}C(CH_2CO_2H)CO_2C_2H_5 \xrightarrow{H^+\ \triangle} RR^1C{=}CHCH_2CO_2H + C_2H_5OH + CO_2$$

[2] 在碱性条件下水解，而后酸化，可得到二元羧酸。

$$PhCHO + (CH_2CO_2C_2H_5)_2 \xrightarrow[C_2H_5OH]{C_2H_5ONa} PhCH{=}C(CH_2COOH)CO_2C_2H_5$$

$$\xrightarrow[2.\ H^+]{1.\ HO^-} PhCH{=}C(CH_2COOH)CO_2H \xrightarrow{Pd,\ H_2} PhCH_2CH(CO_2H)CH_2COOH$$

上述机理可以解释如下事实：丁二酸酯的反应性比其他酯好得多；总是除去一个酯基；产物不是醇而是烯。

若以芳香醛、酮为原料，生成的羧酸经催化还原后，再经分子内的 F-C 反应，可生成环己酮的稠环衍生物，例如抗抑郁药盐酸舍曲林的重要中间体 α-萘满酮的合成：

$$PhCHO + (CH_2CO_2C_2H_5)_2 \xrightarrow[C_2H_5OH]{C_2H_5ONa} PhCH{=}C(CH_2COOH)(CO_2C_2H_5) \xrightarrow[2.\ H^+]{1.\ HO^-} PhCH{=}C(CH_2COOH)(CO_2H)$$

$$\xrightarrow{\triangle} PhCH{=}CHCH_2COOH \xrightarrow{Ni,\ H_2} PhCH_2CH_2CH_2CO_2H \xrightarrow{PPA} \alpha\text{-萘满酮}$$

Stobbe 反应也可用于合成 γ-酮酸类化合物。

$$RCH{=}C(COOH){-}CH_2COOH \xrightarrow{Br_2,CCl_4} RCHBr{-}CBr(CH_2COOH){-}COOH \xrightarrow[\triangle]{NaOH,H_2O} \text{(R-取代呋喃酮, COONa)} \longrightarrow \text{(R-取代呋喃酮异构体, COONa)}$$

$$\longrightarrow RCOCH(COONa)CH_2COONa \xrightarrow[\triangle]{H^+} RCOCH_2CH_2COOH$$

除了丁二酸酯以外，某些 β-酮酸酯以及醚的类似物，也可在碱的催化下，与醛、酮反应生成 Stobbe 反应产物。例如：

$$p\text{-}CH_3OC_6H_4CHO + O{=}C(CH_2CH_2CO_2C_2H_5)_2 \xrightarrow{t\text{-}BuOK} p\text{-}CH_3OC_6H_4CH{=}C(CH_2CO_2C_2H_5){-}C(=O)CH_2CH_2CO_2C_2H_5 \quad (90\%)$$

$$p\text{-}CH_3OC_6H_4CHO + O(CH_2CO_2C_2H_5)_2 \xrightarrow[2.\ t\text{-}BuOK]{1.\ NaOH/C_6H_6} p\text{-}CH_3OC_6H_4CH{=}C(CO_2C_2H_5)(OCH_2CO_2C_2H_5) \quad (80\%)$$

$$p\text{-}CH_3OC_6H_4CHO + CH_3COCH_2CO_2Et \xrightarrow[-10℃,4\sim5h]{NaOH,EtOH} p\text{-}CH_3OC_6H_4CH{=}C(COCH_3)CH_2COOH \quad (80\%\sim95\%)$$

Stobbe 反应在合成中有不少重要用途，可以合成出用其他方法不容易合成的化合物，例如：

$$2\text{-萘基}COCH_3 + (CH_2CO_2Et)_2 \longrightarrow 2\text{-萘基}C(CH_3){=}C(CO_2Et)CH_2COOH \longrightarrow \text{(HO, COOEt, CH}_3\text{取代菲)}$$

$$2,4,5\text{-}(MeO)_3C_6H_2CHO + (CH_2CO_2Me)_2 \xrightarrow[2.\ Ac_2O,AcONa]{1.\ t\text{-}BuOK,t\text{-}BuOH} \text{(OMe, MeO, OMe, OAc, CO}_2\text{Me 取代萘)} \quad (84\%)$$

（Giles R G F，Green I R，van Eeden N. Eur J Org Chem，2004，4416）

Stobbe 反应已扩展到戊二酸二叔丁基酯。

$$\ce{(CH2)3(CO2Bu-\mathit{t})2 ->[NH2Li,液NH3] Li+ {}^{-}CH(CO2Bu-\mathit{t})CH2CH2CO2Bu-\mathit{t} ->[R-CO-R'] RR'C(OLi)-CH(CO2Bu-\mathit{t})CH2CH2CO2Bu-\mathit{t} ->[H+] RR'C(OH)-CH(CO2Bu-\mathit{t})CH2CH2CO2Bu-\mathit{t}}$$

按照 Stobbe 反应机理，反应过程中也可以内酯化而生成单酸。

$$\ce{(CH2)3(CO2R)2 ->[NH2Li,液NH3] Li+ {}^{-}CH(CO2R)CH2CH2CO2R ->[环己酮] (C6H10)(OLi)-CH(CO2R)CH2CH2CO2R ->[1.内酯化][2.消除] C6H10=C(COOR)-CH2CH2CO2H}$$

(或异构体)

4-(3,4-二氯苯基)-3-(乙氧羰基)-4-苯基丁-3-烯酸

$C_{19}H_{16}Cl_2O_4$，379.24

【英文名】 4-(3,4-Dichlorophenyl)-3-(ethoxycarbonyl)-4-phenylbut-3-enoic acid

【性状】 浅黄色油状液体。

【制法】 陈芬儿．有机药物合成法：第一卷．北京：中国医药科技出版社，1999：889.

$$\ce{C6H5COC6H3Cl2 (2) + CH2CO2C2H5-CH2CO2C2H5 ->[\mathit{t}-BuOK] (C6H5)(3,4-Cl2C6H3)C=C(CH2CO2H)(CO2C2H5) (1)}$$

于反应瓶中加入化合物（**2**）398g（1.58mol），叔丁醇 1.5L，叔丁醇钾 169g（1.5mol），丁二酸二乙酯 402mL（2.4mol），氮气保护，搅拌回流 16h。冷至室温，倒入 2L 冰水中，用盐酸调至 pH1～2，乙酸乙酯提取（1L×3）。合并有机层，用 1mol/L 的氨水提取（1L×3）。合并氨水层，乙酸乙酯洗涤后，冷至 0～5℃，用浓盐酸调至 pH1 以下，乙酸乙酯提取（2L×4）。合并有机层，无水硫酸镁干燥。过滤，减压浓缩，得浅黄色油状液体（**1**）477g，收率 80%。

2-(1-苄基-3-甲基-2-吲哚亚甲基)-1-亚异丙基丁二酸酐

$C_{24}H_{21}NO_3$，371.44

【英文名】 2-(1-Benzyl-3-methyl-2-indolylmethylene)-3-isopropylidenesuccinic anhydride

【性状】 红色固体。mp 165～167℃。

【制法】 董文亮，赵宝祥．有机化学，2007，27（07）：847.

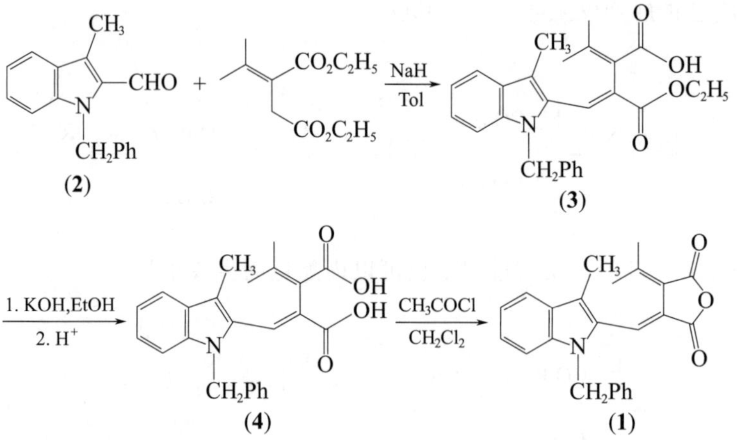

2-(1-苄基 3-二甲基-2-吲哚亚甲基)-3-亚异丙基丁二酸（**4**）：于安有搅拌器、温度计、滴液漏斗的反应瓶中，加入甲苯 10mL，NaH 2.4mmol，搅拌下室温滴加由 1-苄基-3-甲基吲哚-2-甲醛（**2**）0.5g（2mmol）溶于 5mL 甲苯的溶液。冰浴冷却，滴加亚异丙基丁二酸二乙酯 0.52g（2.4mmol）溶于 5mL 甲苯的溶液，约 3h 加完。升至室温，搅拌反应过夜。用水提取 3 次，合并水层，盐酸酸化至 pH3～4。乙酸乙酯提取 3 次，干燥，浓缩，得红色固体化合物（**3**）0.58g，收率 69%。

将化合物（**3**）溶于 10% 的 KOH-乙醇溶液中，回流 8h。浓缩，剩余物中加入 10mL 水溶解，盐酸酸化至 pH3～4，得红色固体化合物（**4**）0.5g，收率 93.7%，不必提纯，直接用于下一步反应。

2-(1-苄基-3-甲基-2-吲哚亚甲基)-3-亚异丙基丁二酸酐（**1**）：将化合物（**4**）0.5g（1.3mmol）溶于 15mL 二氯甲烷，冰浴冷却，滴加乙酰氯 2.5mL，慢慢升至室温，反应 6h。减压浓缩，过硅胶柱纯化，石油醚-乙酸乙酯（4∶1）洗脱，乙酸乙酯重结晶，得红色固体（**1**）0.1g，收率 21.1%，mp 165～167℃。

β-乙氧羰基-γ，γ-二苯乙烯基乙酸

$C_{19}H_{18}O_4$，310.35

【英文名】 *β*-Carbethoxy-*γ*，*γ*-diphenylvinylacetic acid

【性状】 无色结晶。mp 123～124.5℃。

【制法】 William S Johnson，William P Schneider. Org Synth，1963，Coll Vol 4：132.

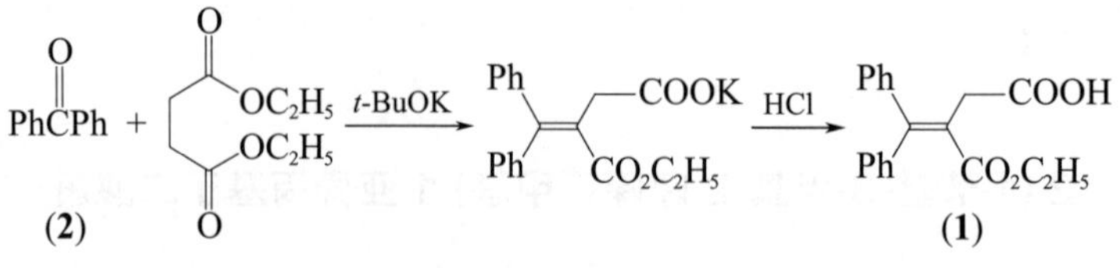

于安有搅拌器、回流冷凝器（安氯化钙干燥管）、通气导管的反应瓶中，加入干燥的叔丁醇 45mL，通入干燥的氮气，分批进入金属钾 2.15g（0.055mol），混合物回流直至金属钾反应完全。冷至室温，加入二苯酮（**2**）9.11g（0.05mol）和丁二酸二乙酯 13.05g（0.075mol），回流 30min。冷却后用约 10mL1∶1 的盐酸酸化。减压蒸出溶剂，剩余物中

加入水，乙醚充分提取。合并乙醚层，用1mol/L的氨水洗涤，直至乙醚中不含有机酸。合并水层，乙醚提取后，用稀盐酸酸化至对刚果红呈酸性，析出固体。抽滤，水洗，干燥，得粗品化合物（**1**）14～14.5g，收率92%～94%，mp 120～124℃。将其溶于50mL热苯中，加入等体积的石油醚，冷却，抽滤，干燥，得几乎无色的结晶（**1**）13～13.4g，mp 123～124.5℃。

2,4,5-三甲氧基苯亚甲基丁二酸二乙酯

$C_{18}H_{24}O_7$，352.38

【英文名】 Diethyl 2,4,5-trimethoxybenzylidenesuccinate

【性状】 黄色黏稠液体。

【制法】 Yvon B L，Datta P K，Le T N，Charlton J L. Synthesis，2001：1556.

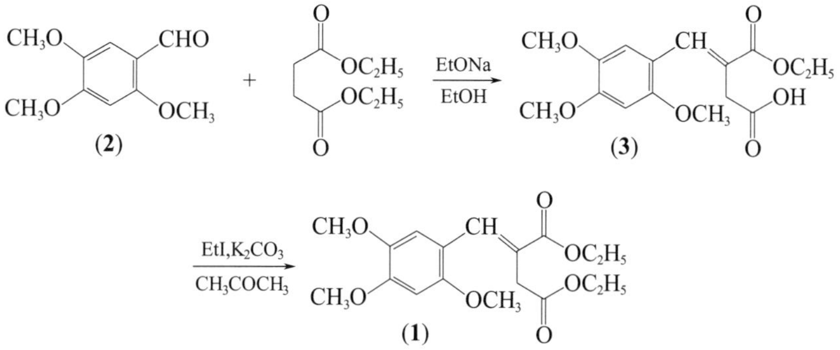

2，4，5-三甲氧基苯亚甲基丁二酸单乙酯（**3**）：于安有搅拌器、温度计、回流冷凝器的反应瓶中，通入氮气，加入无水乙醇20mL，金属钠0.432g（18.8mmol），加热回流至金属钠反应完全。冷至室温，搅拌下迅速加入由丁二酸二乙酯3.1mL（18.6mmol）、2，4，5-三甲氧基苯甲醛（**2**）3.23g（16.5mmol），溶于15mL无水乙醇的溶液，搅拌回流反应21h。加入20mL蒸馏水，减压蒸出20mL，而后将反应物倒入水中。乙酸乙酯提取（20mL×3），合并有机层，用5%的碳酸氢钠溶液提取（20mL×3）。合并水层，用盐酸酸化，再用新的乙酸乙酯提取（20mL×3），水洗，无水硫酸钠干燥。过滤，减压蒸出溶剂，得棕色浆状物（**3**）5.08g，收率95%。

2，4，5-三甲氧基苯亚甲基丁二酸二乙酯（**1**）：将粗品（**3**）4.91g（15.1mmol）溶于30mL丙酮中，加入固体碳酸钾10.5g（75.7mmol），室温搅拌几分钟后，加入碘甲烷2.4mL（30mmol），回流反应20h。冷却，过滤，滤饼用丙酮洗涤。合并滤液和洗涤液，减压蒸出溶剂，得橙色油状液体。将其溶于二氯甲烷中，无水硫酸钠干燥。过滤，旋转浓缩，得橙色油状液体（**1**）4.8g，收率90%。

(*E*)-2-(4-苄氧基-3-甲氧基苯亚甲基)-丁二酸

$C_{19}H_{18}O_6$，342.35

【英文名】 (*E*)-2-(4-Benzyloxy-3-methoxybenzylidene)-succinic acid

【性状】 黄色柱状结晶。mp 131～133℃。

【制法】[1] 夏亚穆，王伟，杨丰科，常亮．高等学校化学学报，2010，31（5）：947.

[2] 夏亚穆，毕文慧，王琦，郭英兰．有机化学，2010，30（5）：684.

于安有搅拌器、回流冷凝器的反应瓶中，加入无水乙醇 500mL，乙醇钠 40.8g（0.6mol），搅拌下加入 4-苄氧基-3-甲氧基苯甲醛（**2**）72.6g（0.3mol），丁二酸二乙酯 52.2g（0.3mol），回流反应 4h。减压蒸出溶剂，加入 20%的氢氧化钠 250mL，回流 2h。冷至室温，乙酸乙酯提取 3 次。水层用盐酸酸化，析出黄色沉淀。乙醇中重结晶，得黄色柱状结晶（**1**）85.2g，收率 83%，mp 131～133℃。

三、 Perkin 反应

芳香醛与脂肪酸酐在碱性催化剂存在下加热，生成 β-芳基丙烯酸衍生物的反应，称为 Perkin 缩合反应。该反应是由 Prkin W H 于 1868 年首先报道的。

$$ArCHO + (RCH_2CO)_2O \xrightarrow{RCH_2CO_2K} ArCH{=}CRCOOH + RCH_2COOH$$

Perkin 反应的反应机理如下：

反应中酸酐的烯醇式与醛羰基进行醇醛缩合反应，最后生成 α，β-不饱和酸。

在三乙胺存在下，醛与醋酸酐反应生成不饱和酸，有人提出了如下反应机理（Kinastowski S，Nowacki A. Tetrahedron Lett，1982，23：3723）。

$$(CH_3CO)_2O + Et_3N \longrightarrow CH_3CO\overset{+}{N}Et_3 + CH_3COO^- \longrightarrow CH_2{=}C{=}O + CH_3CO\overset{-}{O}H\overset{+}{N}Et_3$$

反应中不是醇醛缩合型反应，而是生成烯酮并与羰基进行环加成，最后发生开环断裂

得到 α，β-不饱和酸。

由于酸酐的 α-氢原子比羧酸盐的 α-氢原子活泼，故更容易被碱夺去产生碳负离子，所以一般认为在 Perkin 反应中与芳醛作用的是酸酐而不是羧酸盐。用碳酸钾、三乙胺、吡啶等代替乙酸钠，苯甲醛与乙酸酐照样能进行 Perkin 反应；但在同样的碱性催化条件下，苯甲醛与乙酸钠却不发生缩合反应，从而证明确实是酸酐与芳醛发生反应。

Perkin 反应通常仅适用于芳香醛和无 α-H 的脂肪醛。芳醛的芳基可以是苯基、萘基、蒽基、杂环基等。适用的催化剂一般是与脂肪酸酐相对应的脂肪酸钠（钾）盐，有时也使用三乙胺等有机碱。有报道称，使用相应羧酸的铯盐，可以缩短反应时间和提高产物的收率，原因是铯盐的碱性更强。

由于羧酸酐 α-H 的活性不如醛、酮 α-H 活性高，而且羧酸盐的碱性较弱，所以 Perkin 反应常在较高温度下进行反应。催化剂钾盐的效果比钠盐好。但温度高时，容易发生脱羧和消除反应而生成烯烃。

$$PhCH(OH)-CH_2-C(=O)-O^- \xrightarrow[HO^-]{\triangle} PhCH{=}CH_2 + CO_2$$

芳环上的取代基对 Perkin 反应的收率有影响。环上有吸电子基团时，反应容易进行，收率较高，反之则反应较慢，收率较高。

$$\text{邻氯苯甲醛} + (CH_3CO)_2O \xrightarrow[180℃]{CH_3CO_2Na} \text{邻-}Cl\text{-}C_6H_4CH{=}CHCOOH\ (66\%\sim71\%)$$

$$\text{对-}CH_3C_6H_4CHO + (CH_3CO)_2O \xrightarrow[180℃]{CH_3CO_2Na} \text{对-}CH_3C_6H_4CH{=}CHCOOH\ (33\%)$$

$$\text{糠醛} + (CH_3CO)_2O \xrightarrow[180℃]{CH_3CO_2Na} \text{2-呋喃基}-CH{=}CHCOOH\ (65\%\sim70\%)$$

生成的 α，β-不饱和酸有顺反异构体，占优势的异构体为 β-碳上大基团与羧基处于反位的异构体。

$$PhCHO + (CH_3CH_2CO)_2O \xrightarrow{CH_3CH_2CO_2Na} \underset{(主)}{(Ph)(H)C{=}C(CH_3)(CO_2H)} + \underset{(次)}{(Ph)(H)C{=}C(CO_2H)(CH_3)}$$

苯环上的醛基邻位上如果有羟基，生成的不饱和酸将失水环化，生成香豆素类化合物。例如水杨醛与醋酸酐发生 Perkin 反应，顺式异构体可自动发生内酯化生成香豆素，而反式异构体发生乙酰基化生成乙酰香豆酸。

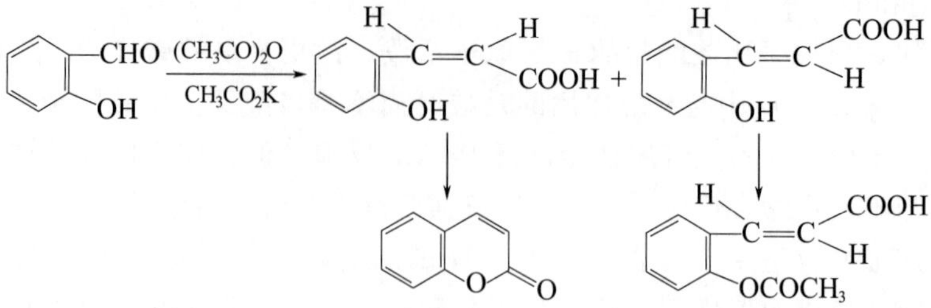

香豆素　　乙酰香豆酸

酸酐的 α-碳上有两个氢时，总是发生脱水生成烯，这种情况无法得到 β-羟基酸。当使用 $(R_2CHCO)_2O$ 类型的酸酐时，由于不会发生脱水，总是得到 β-羟基酸。

发生该反应的醛除了芳香醛外，它们的插烯衍生物如 ArCH ═CHCHO 也可以发生 Perkin 反应。

酸酐的来源少，数量有限，故 Perkin 反应的应用范围受到一定限制。此时可采用羧酸盐与醋酸酐反应生成混合酐，再利用混合酐进行 Perkin 反应。例如：

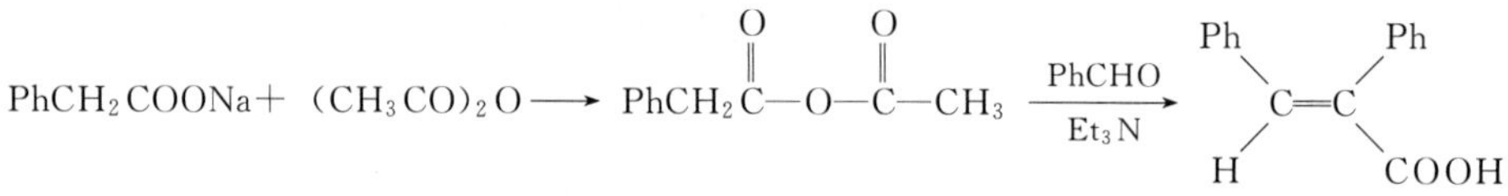

2-乙酰基-4-硝基苯氧乙酸在吡啶存在下与乙酸酐一起加热，则发生分子内的缩合，生成苯并呋喃甲酸衍生物，此时是酮羰基参与了反应。

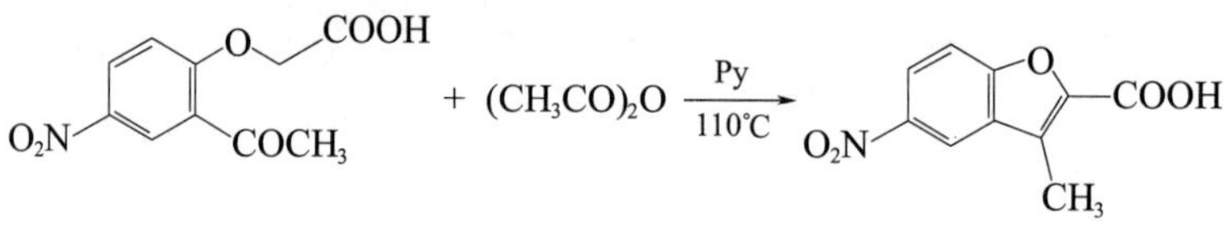

在三乙胺催化下，芳醛与 4-氯苯氧乙酸在醋酸酐中一起加热，可以生成 α-（4-氯苯氧基）肉桂酸。

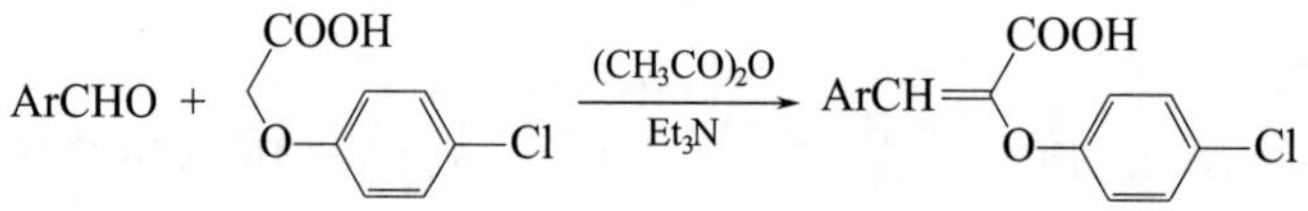

如果脂肪酸 β-位上连有烷基等取代基，由于位阻的原因不容易进行 Perkin 反应，但反应温度较高时可得到脱羧产物。

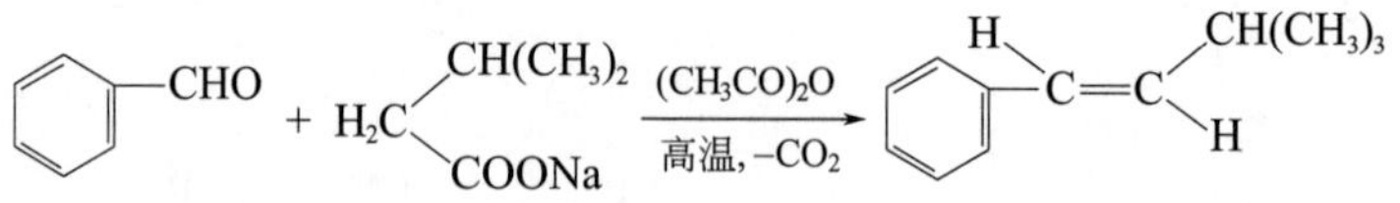

β-苯丙酸可能因为苯环的屏蔽，难以发生 Perkin 反应，而苯乙酸则容易发生该反应。α-苯氧乙酸类也可发生 Perkin 反应。

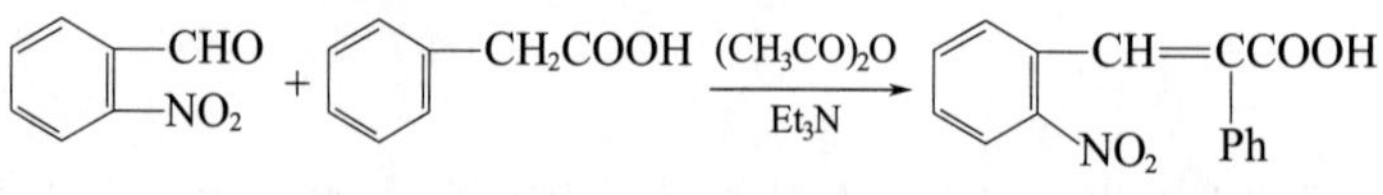

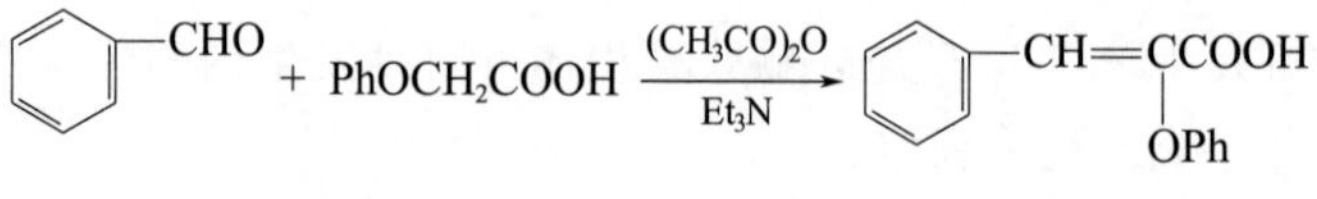

芳香醛与环状丁二酸酐反应，不是生成 α，β-不饱和酸，而是生成 β，γ-不饱和酸。例如苯甲醛与丁二酸酐的反应：

$$PhCHO + \text{(丁二酸酐)} \xrightarrow{-H_2O} PhCH{=}\text{(环状酸酐)} \xrightarrow{H_2O} \text{Ph(H)C}{=}\text{C(COOH)}CH_2COOH \xrightarrow{\text{内酯化}} \text{(5-苯基-4-羧基-γ-丁内酯)}$$

$$\xrightarrow{\triangle} PhCH{=}CHCH_2COOH + \text{(5-苯基-γ-丁内酯)} + CO_2$$

$$\text{(5-苯基-γ-丁内酯)} \xrightarrow{H_2O\ \triangle} PhCH{=}CHCH_2COOH$$

芳香族酸酐也可以发生 Perkin 反应。例如：

$$\text{(邻苯二甲酸酐)} + PhCH_2COOH \xrightarrow[230\sim240℃]{CH_3CO_2Na} \text{(3-亚苄基苯酞, =CHPh)}$$

α，β-不饱和酸与苯甲醛反应时，双键发生移位，缩合仍发生在 α-位，显然这一点是与不饱和醛参加的羟醛缩合不同的。

$$C_6H_5CHO + CH_3CH{=}CHCOOH \xrightarrow{(CH_3CO)_2O} C_6H_5CH{=}C(COOH)CH{=}CH_2$$

$$C_6H_5CHO + CH_3CH{=}CHCOOH \xrightarrow{HO^-} C_6H_5CH{=}CH{-}CH{=}CHCOOH$$

若羧酸的 α-位连有酰胺基或 β-位连有羰基时，发生 Perkin 反应得到关环化合物。

$$PhCHO + CH_3CONHCH_2COOH \xrightarrow[CH_3COONa]{(CH_3CO)_2O} \text{(4-亚苄基-2-甲基噁唑-5-酮, PhCH=)} \xrightarrow[\triangle]{H_2O} PhCH{=}C(COOH)NHCOCH_3$$

相转移催化法在 Perkin 反应中得到了应用，季铵盐、聚乙二醇等对该反应具有明显的催化作用。例如：

$$\text{邻-}ClC_6H_4CHO + (CH_3CO)_2O \xrightarrow[CH_3CO_2K,\ 160℃]{\text{聚乙二醇-600}} \text{邻-}ClC_6H_4CH{=}CHCO_2H$$

(95.7%)

微波技术应用于 Perkin 反应也时有报道。

肉桂酸

$C_9H_8O_2$，148.16

【英文名】Cinnamic acid，3-Phenylacrylic acid

【性状】白色结晶状固体。mp 135～136℃。bp 300℃。易溶于醚、苯、丙酮、冰醋酸、二硫化碳，溶于乙醇、甲醇、氯仿，微溶于水。

【制法】孙昌俊，曹晓冉，王秀菊．药物合成反应——理论与实践．北京：化学工业出版社，2007：414.

$$C_6H_5CHO\ (\mathbf{2}) + (CH_3CO)_2O \xrightarrow{CH_3COONa} C_6H_5CH{=}CHCOOH\ (\mathbf{1}) + CH_3COOH$$

于安有搅拌器、回流冷凝器（顶部按一只氯化钙干燥管）、温度计的反应瓶中，加入新蒸馏过的苯甲醛（**2**）21g（0.2mol），醋酸酐 30g，无水粉状醋酸钠 10g（0.12mol），油浴加热至 180℃，搅拌反应 8h。冷后加入 100mL 水，水蒸气蒸馏，除去未反应的苯甲醛。加入适量的水，使生成的肉桂酸溶解。弃去树脂状物，活性炭脱色，趁热过滤，冷却，析出固体。用浓盐酸调至对刚果红试纸呈酸性。滤出固体，水洗，干燥，得肉桂酸（**1**）17g，收率 44%，mp 131～133℃。

α-甲基肉桂酸

$C_{10}H_{10}O_2$，162.19

【英文名】*α*-Methylcinnamic acid

【性状】白色固体。mp 81℃（74℃）。

【制法】韩广甸，赵树纬，李述文．有机制备化学手册（中）．北京：化学工业出版社，1978：144.

$$C_6H_5CHO\ (\mathbf{2}) + (CH_3CH_2CO)_2O \xrightarrow{CH_3CH_2COONa} C_6H_5CH{=}C(CH_3)COOH\ (\mathbf{1}) + CH_3CH_2COOH$$

于安有搅拌器、回流冷凝器（顶部按一只氯化钙干燥管）、温度计的反应瓶中，加入新蒸馏过的苯甲醛（**2**）21g（0.2mol），丙酸酐 32g（0.25mol），无水丙酸钠 20g，油浴中于 130～135℃搅拌加热 30h。而后将反应物慢慢倒入 400mL 冰水中，再用碳酸氢钠溶液调至中性。水蒸气蒸馏，除去未反应的苯甲醛。活性炭脱色后，用浓盐酸调至酸性。滤出析出的固体，水洗，干燥，得 *α*-甲基肉桂酸（**1**）21～25g。用汽油重结晶，得纯品 19～23g，收率 60%～70%，mp 81℃（74℃）。

香豆素

$C_9H_6O_2$，146.18

【英文名】Coumarin，2*H*-1-Benzopyran-2-one

【性状】无色斜方或长方晶体。mp 71℃，bp 301.7℃。溶于乙醇、氯仿、乙醚，稍溶于热水，不溶于冷水，有香荚兰豆香，味苦。

【制法】孙昌俊，曹晓冉，王秀菊．药物合成反应——理论与实践．北京：化学工业出版社，2007：453.

(2) —[$(CH_3CO)_2O$, K_2CO_3]→ (1)

于安有韦氏分馏柱的500mL反应瓶中，加入水杨醛（**2**）122g（1.0mol），醋酸酐306g（3.0mol），无水碳酸钾35g（0.25mol），慢慢加热至180℃，同时控制馏出温度在120～125℃。至无馏出物时，再补加醋酸酐51g（0.5mol），控制反应温度在180～190℃之间，馏出温度在120～125℃。内温升至210℃时，停止加热。趁热倒入烧杯中，用碳酸钠水溶液洗至中性。减压蒸馏，收集140～150℃/1.3～2.0KPa的馏分。再用乙醇-水（1∶1）重结晶，得香豆素（**1**）85g，收率58%，mp 68～70℃。

(*E*)-3-(3,5-二异丙氧基苯基)-2-(4-异丙氧基苯基)丙烯酸

$C_{24}H_{30}O_5$，398.50

【英文名】α-(*p*-Isopropoxyphenyl)-*m*,*m*-dipropoxycinnamic acid，(*E*)-3-(3,5-Diisopropoxyphenyl)-2-(4-isopropoxyphenyl)acrylic acid

【性状】白色固体。mp 168～171℃。

【制法】Solladie G，et al. Tetrahedron，2003，59：3315.

(2) + 4-*i*-PrO-$C_6H_4CH_2COOH$ —[Ac_2O,Et_3N]→ (1)

于安有磁力搅拌器、温度计、回流冷凝器的反应瓶中，通入氩气保护，加入3，5-二异丙氧基苯甲醛（**2**）2.12g，对异丙氧基苯乙酸1.85g，醋酸酐1.62mL，三乙胺0.94mL，于110℃搅拌反应12h。冷至室温，加入50mL水和50mL乙酸乙酯。分出有机层，水层用乙酸乙酯提取3次。合并有机层，饱和盐水洗涤，无水硫酸镁干燥。过滤，减压浓缩，得深黄色固体4.24g。过硅胶柱纯化，己烷-乙酸乙酯（9∶1）洗脱，回收300mg未反应的原料（**2**），得化合物（**1**）3g。用己烷重结晶，得纯品（**1**）2.38g，收率72%，mp 168～171℃。

化合物（**1**）可以发生如下各种反应：

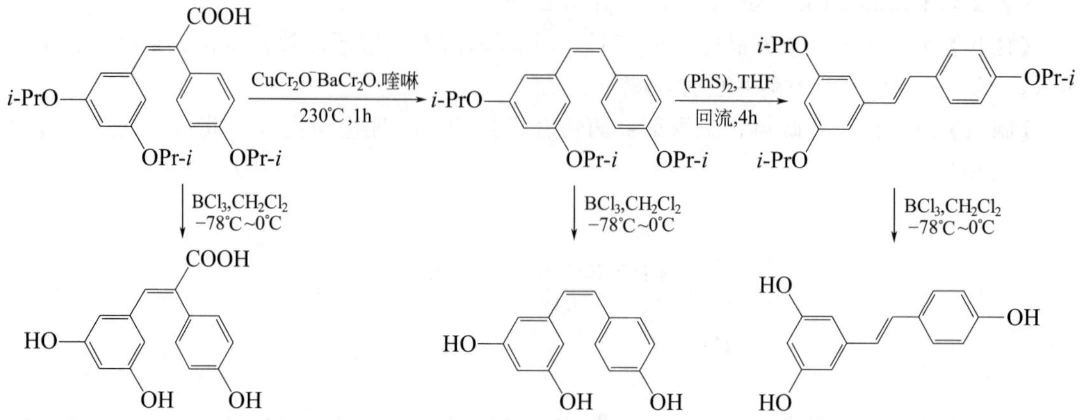

四、 Erlenmeyer-Plöchl 反应

α-酰基氨基乙酸在醋酸酐作用下生成二氢异噁唑酮中间体，后者与羰基化合物发生缩合、水解生成不饱和的α-酰基氨基酸，α-酰基氨基酸经还原或水解生成相应的氨基酸或α-氧代羧酸。该反应最早是由 Erlenmeyer E 和 Plöchl J 分别于 1893 年和 1884 年报道的，后来称为 Erlenmeyer-Plöchl 反应。

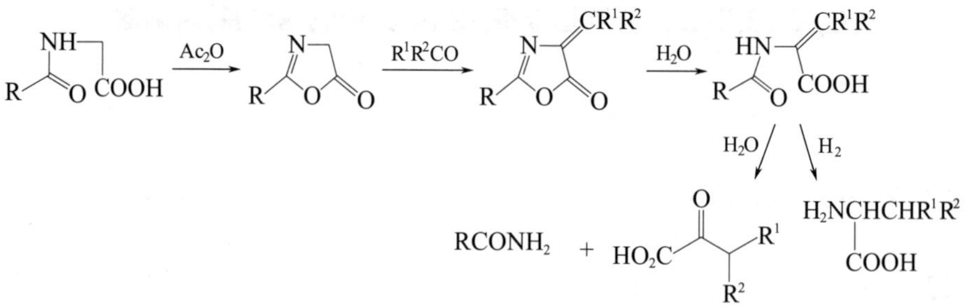

以乙酰甘氨酸与苯甲醛的反应为例表示反应过程如下：

反应的第一步是α-酰基氨基乙酸在醋酸酐作用下先生成混合酸酐，混合酸酐发生分子内关环生成二氢异噁唑酮中间体。

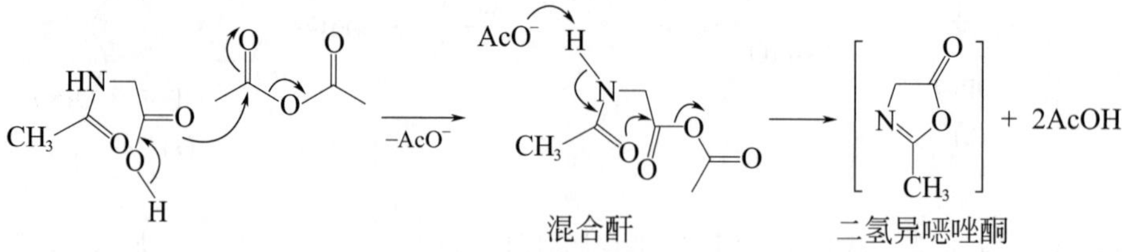

随后二氢异噁唑酮中间体经如下一系列反应生成相应化合物。

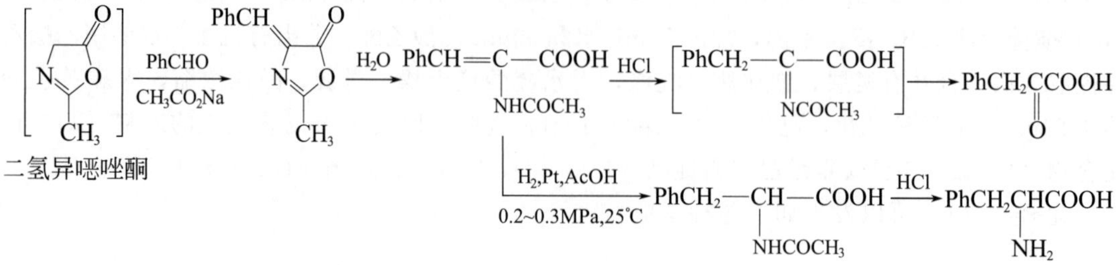

在上述反应中，得到了比原料苯甲醛多两个碳原子的 α-苯丙氨酸及相应的增加两个碳原子的 α-酮酸。

显然，这是合成 α-氨基酸的方法之一。

Mohan 等（Monk K A，Sarapa D，Mohan R S. SyntCommun，2000，30：3167）报道，在二氢异噁唑酮中间体与醛的反应中，使用醋酸铋代替醋酸钠，也取得较好的结果。

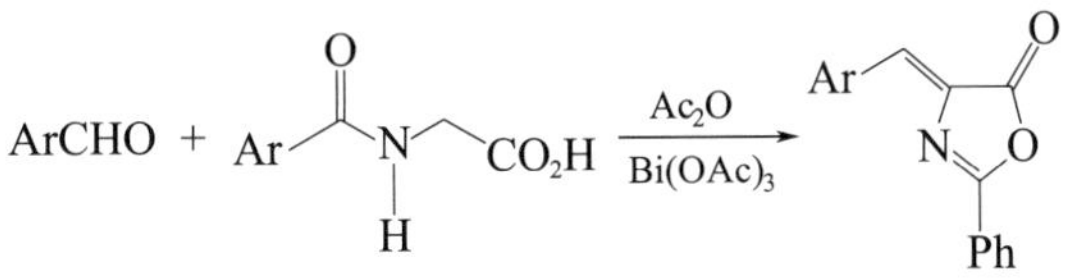

有人曾做过改进，使用酮亚胺与二氢异噁唑酮中间体反应，合成了 2-苯基-4-二苯基亚甲基二氢噁唑酮。

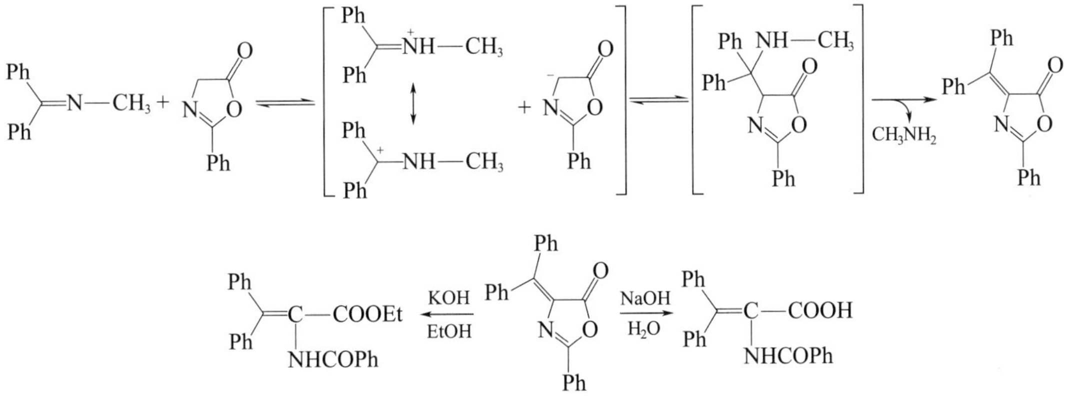

若将中间体二氢噁唑酮中间体与另一分子氨基酸缩合，再经催化加氢及水解脱去酰基，则可以得到二肽，是合成肽类化合物的一种方法。

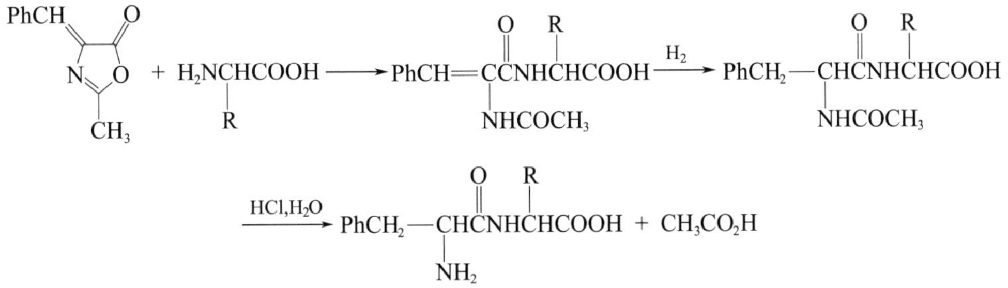

2-苯基-4-藜芦亚基-5（4）-异噁唑酮

$C_{18}H_{15}NO_4$，309.32

【英文名】2-Phenyl-4-veratral-5（4）-oxazolone

【性状】黄色结晶。mp 151～152℃（苯中结晶）。

【制法】Monk K A，Sarapa D，Mohan R S. SyntCommun，2000，30：3167.

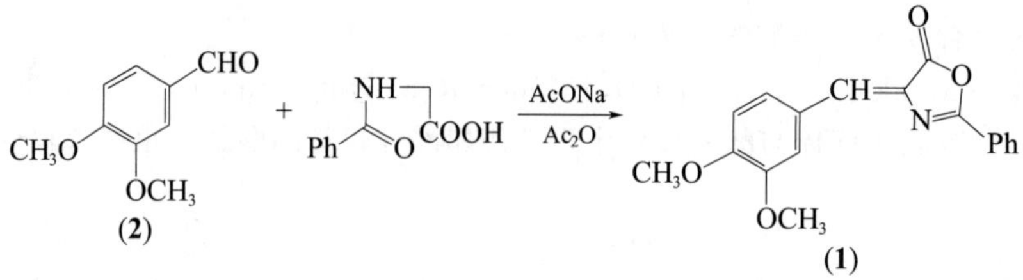

于安有搅拌器、回流冷凝器、温度计的反应瓶中，加入藜芦醛（**2**）160g（0.96mol），粉状的苯甲酰基甘氨酸 192g（1.07mol），新熔融的醋酸钠 80g（0.98mol），300g 醋酸酐，反应体系几乎变为固体。慢慢加热，逐渐液化，并变为深黄色。尽快熔化后，蒸气浴加热 2h。其间有深黄色结晶析出。加入 400mL 乙醇，冰箱中放置过夜。抽滤，冷乙醇洗涤 2 次，再用 100mL 沸水洗涤，干燥，得黄色结晶（**1**）205～215℃，mp 149～150℃，收率 69%～73%。用苯重结晶后，mp 151～152℃。

α-乙酰氨基肉桂酸

$C_{11}H_{11}NO_3$，205.21

【英文名】α-Acetyaminocinnamic acid

【性状】无色针状结晶。mp 191～192℃。

【制法】孙昌俊，王秀菊，曹晓冉．药物合成反应——理论与实践．北京：化学工业出版社，2007：410.

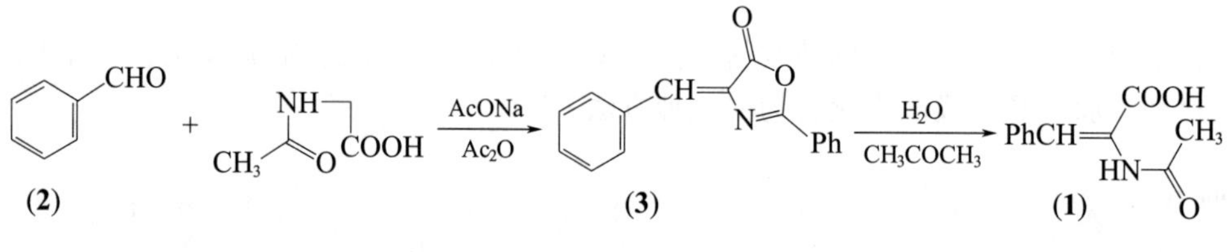

于安有搅拌器、温度计、回流冷凝器的反应瓶中，加入乙酰基甘氨酸 58.5g（0.5mol），无水醋酸钠 30g（0.37mol），新蒸馏的苯甲醛（**2**）79g（0.74mol），醋酸酐 134g（1.25mol），搅拌下加热至完全溶解生成溶液（约 10～20min）。而后继续回流反应 1h。冷后冰箱中放置过夜。生成的黄色甲基加入 125mL 冷水，粉碎，抽滤，水洗，真空干燥，得化合物（**3**）69～72g，mp 148～149℃，收率 74%～77%。

于安有搅拌器、回流冷凝器的反应瓶中，加入化合物（**3**）47g（0.25mol），丙酮 450mL，水 175mL，搅拌下回流反应 4h。蒸出大部分的丙酮，剩余物用 400mL 水稀释，加热沸腾 5min，使生成溶液。过滤，少量不溶物用沸水 50mL 洗涤。将滤液加热至沸，用 5g 活性炭脱色，趁热过滤，滤饼用沸水洗涤 2 次。合并滤液和洗涤液，冰箱中放置过夜。抽滤，冷水洗涤，干燥，得无色针状结晶（**1**）41～46g，mp 191～192℃，收率80%～90%。

化合物（**3**）还原水解，可以得到 D/L-苯丙氨酸，收率 63.7%～66%。

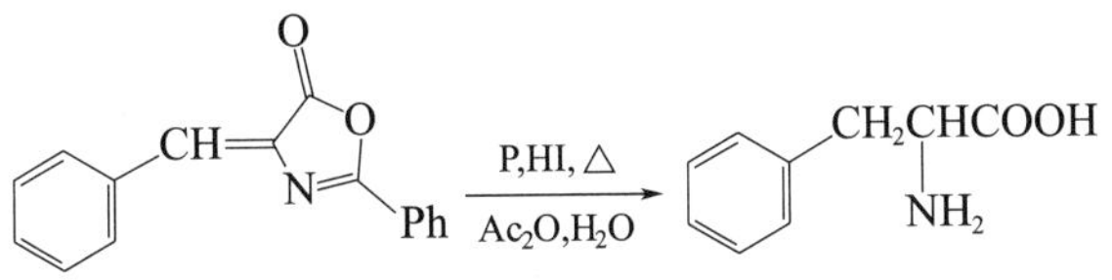

化合物（1）用盐酸水解，可以生成苯基丙酮酸，收率 88%～94%。

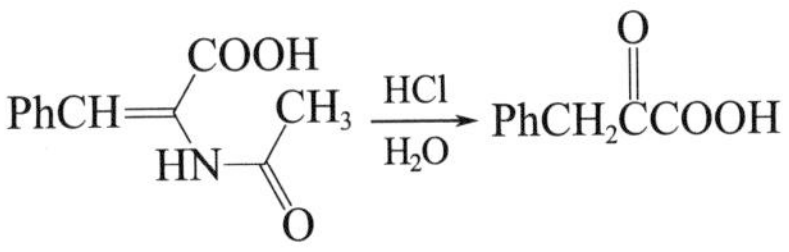

3-(2-氟-5-羟基苯基) 丙氨酸

$C_9H_{10}FNO_3$，199.18

【英文名】3-(2-Fuloro-5-hydroxyphenyl)-alanine

【性状】白色固体。

【制法】Konkel J T，Fan J，Jayachandran B，Kirk K L. J Fluorine Chem，2002，115：27.

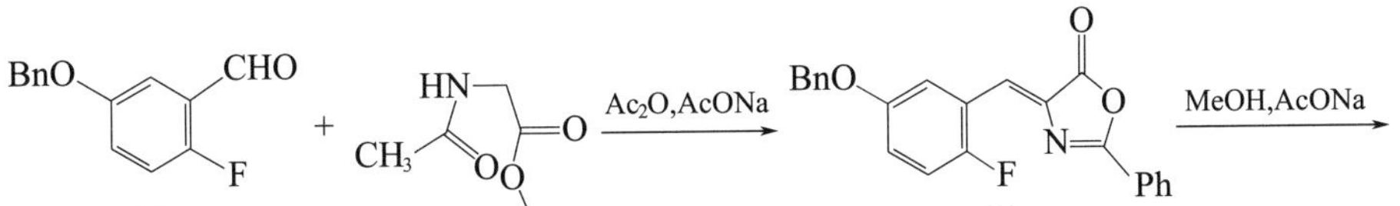

2-苯基-4-(2-氟-5-苄氧基苯亚甲基) 异噁唑酮（3）：于反应瓶中加入 2-氟-5-苄氧基苯甲醛（2）500mg（2.17mmol），N-苯甲酰基甘氨酸 430mg（2.40mmol），醋酸钠 200mg，醋酸酐 1.1mL，于 80℃ 搅拌反应 2h。将生成的黄色反应物冷却，加入 5mL 乙醇，倒入 15mL 冰水中，过滤，干燥，得黄色结晶（3）770mg，收率 95%，mp 156～157℃。

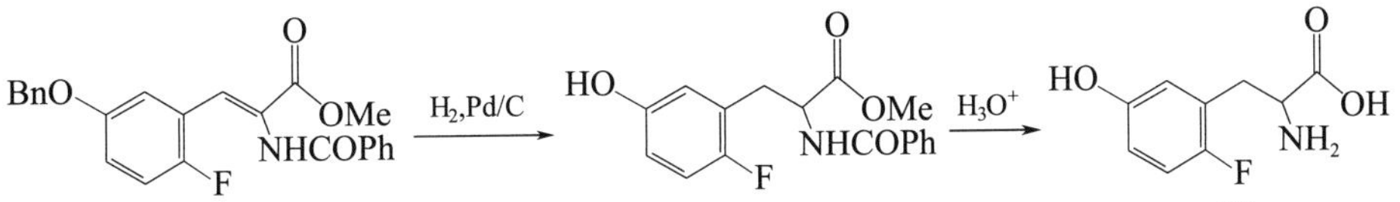

2-苯甲酰胺基-3-(2-氟-5-苄氧基苯基) 丙烯酸甲酯（4）：于反应瓶中加入化合物（3）530mg（1.43mmol），醋酸钠 126mg，甲醇 80mL，室温搅拌反应 2h。旋转浓缩，剩余物溶于 50mL 乙酸乙酯中，水洗 2 次。浓缩，得白色固体（4）557mg，收率 96%，mp 135～136℃。

N-苯甲酰基-3-(2-氟-5-羟基苯基)丙氨酸甲酯（5）：于压力反应釜中，加入化合物（4）470mg（1.16mmol），甲醇 100mL，10%的 Pd-C 催化剂 100mg，于 0.28MPa 氢气压力下反应 20h。滤去催化剂，减压浓缩，得化合物（5）306mg，收率 83%，mp 139～140℃。

3-(2-氟-5-羟基苯基)丙氨酸（1）：于反应瓶中加入 3mol/L 的盐酸 10mL，化合物（5）158mg（0.5mmol），回流反应 24h。减压浓缩至干，加入 5mL 水。乙醚提取 3 次。水层用氢氧化钠溶液中和至pH6，浓缩至3mL，析出白色固体。过滤，得化合物（**1**）43mg，收率40%。

第三节　有机金属化合物的亚甲基化

分子中含有α-活泼氢的化合物，在有机金属试剂如有机锂作用下，可以生成碳负离子，后者与羰基化合物反应生成烯烃或α,β-不饱和化合物——亚甲基类化合物。

一、苯硫甲基锂与羰基化合物的反应

苯基甲硫醚与丁基锂在THF中反应，在1,4-二氮双环[2.2.2]辛烷（DA-BCO）存在下，几乎定量地生成苯硫甲基锂，后者可以与羰基化合物迅速反应，生成β-羟基烷基苯硫醚，最后经处理得烯烃。

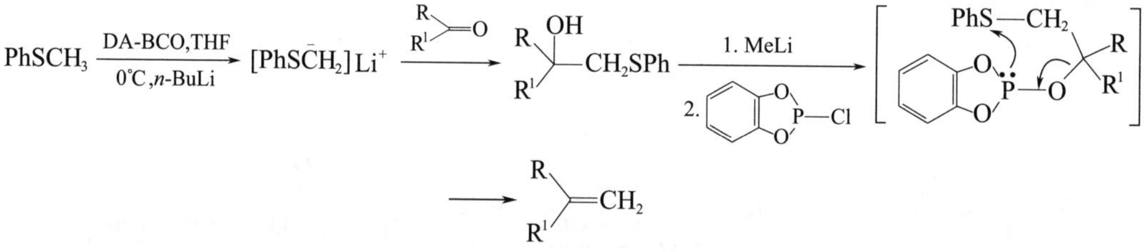

$$PhSCH_3 \xrightarrow[0^\circ C,\ n\text{-}BuLi]{DA\text{-}BCO,THF} [PhS\bar{C}H_2]Li^+ \xrightarrow{RR^1C=O} RR^1C(OH)CH_2SPh \xrightarrow[2.\ \text{邻亚苯基氯代亚磷酸酯}]{1.\ MeLi} [\text{中间体}] \longrightarrow RR^1C=CH_2$$

上述反应从形式上看，与Wittig反应的结果是一样的，都是在羰基化合物羰基的位置生成碳-碳双键，但上述反应具有独特的优点。位阻较大的酮类化合物难以与Wittig试剂（$Ph_3P=CH_2$）反应，而苯硫甲基锂则可以顺利地进行反应；Wittig试剂只能与醛、酮反应，不能与酯反应，而苯硫甲基锂则可以顺利地与酯反应。

位阻较大的酮的反应例子如下：

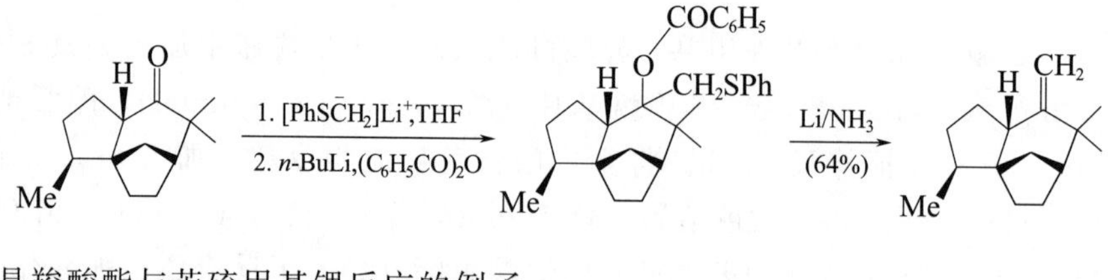

$$\xrightarrow[2.\ n\text{-}BuLi,(C_6H_5CO)_2O]{1.\ [PhS\bar{C}H_2]Li^+,THF} \xrightarrow[(64\%)]{Li/NH_3}$$

如下是羧酸酯与苯硫甲基锂反应的例子：

$$CH_3(CH_2)_8CO_2CH_3+2\ [PhS\bar{C}H_2]\ Li^+ \xrightarrow[-25^\circ C]{} CH_3(CH_2)_8C(OH)(CH_2SPh)_2\ (73\%)$$

$$\xrightarrow[2.\ Li/NH_3]{1.\ n\text{-}BuLi,\ (C_6H_5CO)_2O} CH_3(CH_2)_8C(CH_3)=CH_2$$

(60%)

二、 Julia 烯烃合成法

Julia 烯烃合成法是 Julia 和 Paris 共同发现的。1973 年他们（Julia M，Paris J M. Tetrahedron Lett，1973，14，4833）报道了利用β-酰氧基砜的还原消除而得到烯烃的偶联成烯过程，随后 Lythgoe 进行了改进，被称为 Julia-Lythgoe 烯化反应。

砜、亚砜类化合物α-碳上的氢具有弱酸性，在碱的作用下容易生成碳负离子，后者与羰基化合物进行亲核加成，生成的羟基乙酰化，最后钠-汞齐脱砜基消除，生成烯烃（Griew P A，et al. Chem Commun，1975，537），整个过程共四步反应。

$$C_6H_5SO_2CH(R)(R^1) \xrightarrow{n\text{-BuLi}} C_6H_5SO_2\bar{C}(R)(R^1) \xrightarrow{R^3COR^2} R-C(C_6H_5SO_2)(R^1)-C(OLi)(R^3)-R^2 \xrightarrow{Ac_2O} R-C(C_6H_5SO_2)(R^1)-C(OAc)(R^3)-R^2 \xrightarrow{Na\text{-}Hg} R-C(R^1)=C(R^3)-R^2$$

反应也可以按照如下方式进行，二者的区别在于前者生成羧酸酯，而后者生成磺酸酯。

$$[C_6H_5SO_2\bar{C}(R)(R^1)]M^+ \xrightarrow{R^3COR^2} R-C(C_6H_5SO_2)(R^1)-C(OH)(R^3)-R^2 \xrightarrow{CH_3SO_2Cl} R-C(C_6H_5SO_2)(R^1)-C(OSO_2CH_3)(R^3)-R^2 \xrightarrow{Na\text{-}Hg} R-C(R^1)=C(R^3)-R^2$$

式中M=Li、Mg

该类反应称为 Julia 烯烃合成法。关于该反应最后一步还原消除的机理，至今尚未完全解释清楚。

反应操作简便，四步都可以在一锅中反应，立体选择性较好。中间体也可分离出来，经纯化后，再经还原消除或其他方法生成烯烃，使产率提高。再实际操作中，往往将醛与砜加成得到的醇官能团化，将其与乙酸酐、苯甲酰氯等试剂反应，转化为乙酸酯、苯甲酸酯、对甲苯磺酸酯或甲磺酸酯的形式，以提高消除反应的产率，并避免逆羟醛反应发生。

Julia 反应的可能的反应机理如下：

$$PhSO_2CH_2R^1 \xrightarrow{n\text{-BuLi}} PhSO_2\bar{C}HR^1 \xrightarrow{R^2CHO} PhSO_2CH(R^1)-CH(O^-)R^2 \xrightarrow{R^3-X} PhSO_2CH(R^1)-CH(OR^3)R^2 \xrightarrow[^-OEt]{Na\text{-}Hg,EtOH} PhSO_2C(R^1)=CHR^2 \xrightarrow{Na\text{-}Hg} NaO(O)\dot{S}(Ph)C(R^1)=CHR^2 \xrightarrow{-PhSO_2Na} R^1\dot{C}=CHR^2 \xrightarrow{Na\text{-}Hg} R^1\bar{C}=CHR^2 \xrightarrow{EtOH} R^1CH=CHR^2$$

乙烯自由基　　乙烯负离子　　(*E*)-型

砜的α-氢具有酸性，在强碱（如正丁基锂、叔丁基锂、甲基锂、二异丙基氨基锂）的作用下失去，得到碳负离子，碳负离子与醛发生加成，生成负离子中间体烷氧基负离子。接着与 R^3-X 反应成酯，经钠汞齐在极性质子溶剂（如甲醇、乙醇）中还原消除，经过自由基机理，生成烯烃。还原消除一步的详细机理还不是很明确。

虽然 Julia-Lythgoe 烯化反应具有优良的反式立体选择性，但也存在一些不足：反应步骤多；砜基负离子的高度稳定性降低了其反应活性，比如若在碳负离子附近连接一个吸电子基团，其与醛的反应很难进行；钠汞齐的强还原性、强碱性等都限制了其应用。因此，有机化学家进行了不断的改进。

Julia 烯烃合成法的最新进展是用芳杂环取代基（BT、PYR、PT、TBT）代替经典 Julia 反应中的（苯砜基）苯环，称为改进的 Julia 烯烃合成法。

BT　PYR　PT　TBT

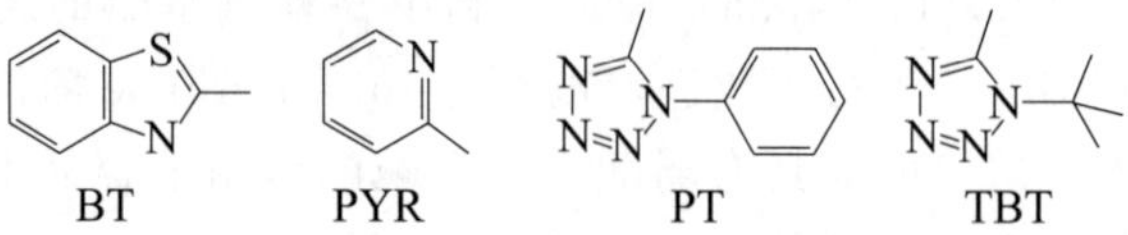

常见的是苯并噻唑基（BT）砜，使得反应更容易进行，反应的立体选择性也有提高。此时的反应机理如下：

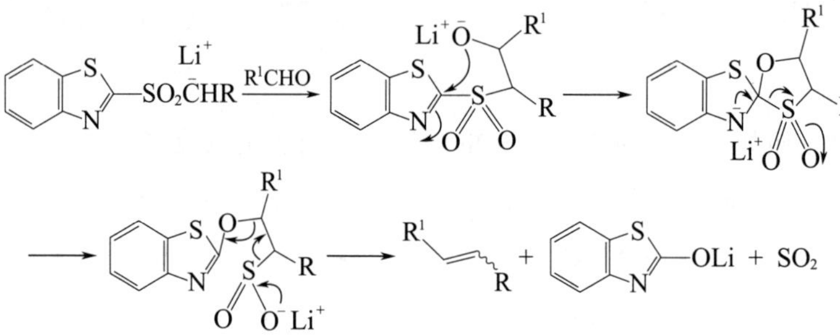

$$\text{BT-}SO_2\bar{C}HR\ Li^+ \xrightarrow{R^1CHO} \cdots \longrightarrow \cdots \longrightarrow \cdots \longrightarrow R^1CH{=}CHR + \text{BT-OLi} + SO_2$$

反应中砜首先被去质子化，然后与醛发生加成生成烷氧基负离子。随后发生 Smiles 重排反应，经过加成-消除两步后，与芳环相连的原子变为氧，涉及的不稳定中间体很快放出二氧化硫，生成羟基苯并噻唑锂盐和烯烃。由于反应不再涉及可以发生平衡反应的中间体（如碳负离子），故烯烃的立体化学由砜负离子与醛加成一步的立体选择性所决定，一般都是立体异构体的混合物。

常用的砜类化合物还有：

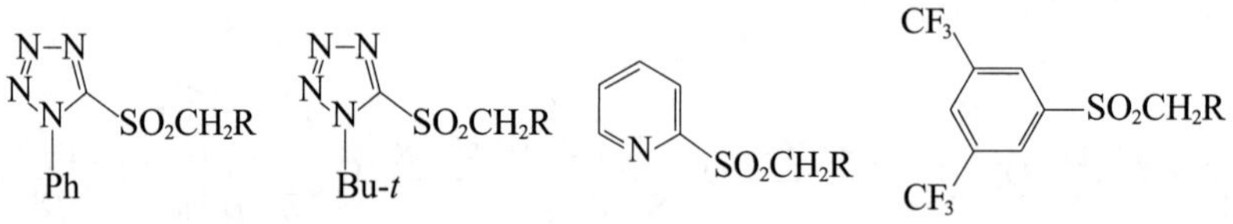

SO_2CH_2R（1-苯基四唑-5-基，Ph）　SO_2CH_2R（1-叔丁基四唑-5-基，Bu-*t*）　SO_2CH_2R（2-吡啶基）　SO_2CH_2R（3,5-双 CF_3 苯基）

若发生 Julia 反应的砜为四唑基砜时，反应机理与上面苯并噻唑基砜的机理相同，此时的反应称为 Julia-Kocienski 烯烃合成。

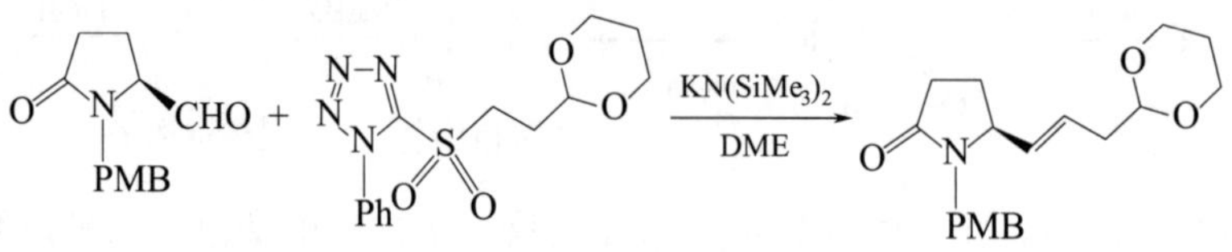

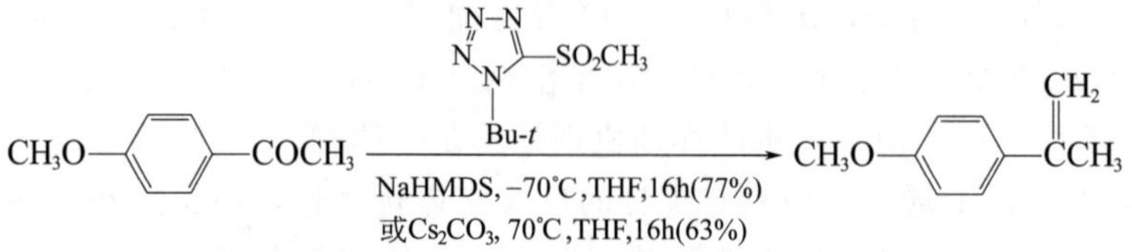

$$\text{(PMB-吡咯烷酮)-CHO} + \text{PT-}SO_2CH_2CH_2\text{-(1,3-二噁烷-2-基)} \xrightarrow[\text{DME}]{KN(SiMe_3)_2} \text{(PMB-吡咯烷酮)-CH=CHCH}_2\text{-(1,3-二噁烷-2-基)}$$

$$CH_3O\text{-}C_6H_4\text{-}COCH_3 \xrightarrow[\substack{\text{NaHMDS, }-70^\circ C\text{, THF, 16h(77\%)} \\ \text{或}Cs_2CO_3\text{, }70^\circ C\text{, THF, 16h(63\%)}}]{\text{1-(Bu-}t\text{)-四唑-5-基-}SO_2CH_3} CH_3O\text{-}C_6H_4\text{-}C(=CH_2)CH_3$$

值得指出的是，无论经典的 Julia 反应，还是改良法，生成烯烃的立体选择性，均随着新形成键邻位支链的增大而提高。

n-C$_5$H$_{11}$CH=CHC$_4$H$_9$-n E:Z为94:6；E:Z为96:4；E:Z>99:1

E:Z为80:20；E:Z为90:10；E:Z>99:1

钠汞齐还原能力强，碱性强，反应中很多基团难以共存。后来又发展了一些新的还原体系，如 SmI_2/HMPA、SmI_2/DMPU、Mg/EtOH 等。使用 SmI_2 时可以省去乙酰基化步骤。

使用 SmI_2 时的反应机理如下：

SmI_2 SET；SmI_2 SET；$-R^3COO^-$；(E)-型

有人以镁粉在乙醇中还原，得到一系列烯烃化合物。

Mg-HgCl$_2$ EtOH,r.t,2h (99%)(E:Z为19:1)

后来又有进一步的改进，例如（Blakemore P R，Ho D K H，Nap W M. Org Biomol Chem，2005，3：1365）：

K$_2$CO$_3$,Me$_2$CO.20h；(NH$_4$)$_6$Mo$_7$O$_{24}$(0.05摩尔分数),H$_2$O$_2$ EtOH,0~25℃；PhCHO,NaHMDS THF,65℃,2h

另外，除了砜之外，亚砜也被用于 Julia 烯烃合成反应。

利用 Julia 反应可以合成多种烯类化合物，单烯、共轭多烯、多取代烯等。甲基烯也可以用该方法来合成，例如：

A.NaHMDS,THF, −78~25℃(90%)
或B. Cs_2CO_3,THF/DMF,65℃(86%)

Julia 反应在天然产物合成中具有重要用途，是构建 E-双键的重要方法之一。例如 2008 年，Jung 等（Jung M E，Im G J. Tetrahedron Lett，2008，49：4962）利用改进的 Julia 反应成功地合成了如下关键中间体，完成了 HIF-1 抑制剂 laurenditerpenolla 的全合成。

LiHMDS
−78℃,SiO_2
(88%)E:Z为1:1

Julia 反应中的芳杂基砜的多样性使得 Julia 烯烃合成法能适应不同的反应底物，而且反应条件温和、收率高。更重要的是反应产物的 E、Z 立体选择性可以通过改变芳杂砜基、溶剂和所使用的碱等反应条件进行调控。相信在天然产物的合成中会有更深入广泛的应用。

(6E)-6,7,8,9-四脱氧-3,4,5-三-O-［(1,1-二甲基乙基)二甲基硅基］-8-甲基-2-O-甲基-L-古洛糖-6-烯酸甲酯

$C_{30}H_{64}O_6Si_3$，605.09

【英文名】 Methyl(6E)-6,7,8,9-Tetradeoxy-3,4,5-tris-O-[(1,1-dimethylethyl)dimethylsilyl]-8-methyl-2-O-methyl-L-gulonon-6-enonoate

【性状】 油状液体。

【制法】 Martin G，Banwell，Kenneth，J，McRae. J Org Chem，2001，66（20）：6768.

(2) + $SO_2CH_2CH(CH_3)_2$ —LiHMDS / DME→ (1)

于安有搅拌器、温度计的反应瓶中，加入化合物(**2**)658mg(1.16mmol)，2-[(2-甲基丙基)磺酰基]苯并噻唑 385mg（1.51mmol），DME 22mL，氮气保护，冷至－78℃，加入 1.0mol/L 的 LiHMDS-THF 溶液 1.28mL（1.28mmol），慢慢 1.5h 升至 18℃。加入 5%的盐酸 10mL，乙醚提取（50mL×3）。合并乙醚层，1mol/L 的氢氧化钠溶液洗涤，饱和盐水洗涤，无水硫酸钠干燥。减压浓缩，得浅黄色油状液体。过硅胶柱纯化，2%的乙酸乙酯-石油醚洗脱，得化合物（**1**）434mg。

1,4-双（4-甲氧基苄氧基）-2-乙烯基苯

$C_{24}H_{24}O_4$，376.45

【英文名】1,4-Bis-（4-methoxybenzyloxy）-2-vinylbenzene

【性状】白色固体。mp 92～95℃。

【制法】Christophe Aïssa. J Org Chem，2006，71（1）：360.

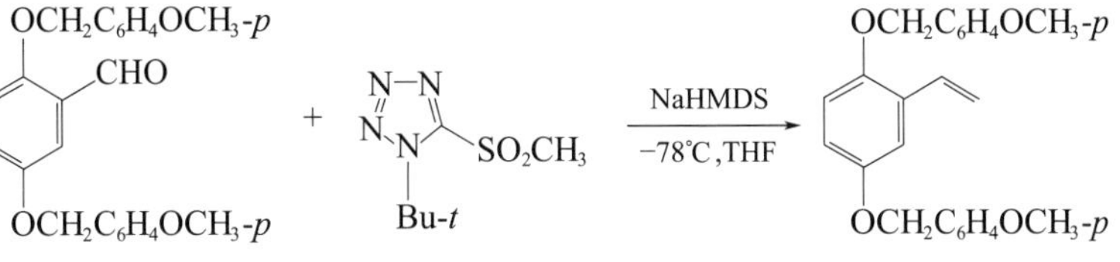

于反应瓶中加入1，4-双（对甲氧基苄氧基）苯甲醛（**2**）189mg（0.5mmol），砜（**3**）123mg（0.6mmol），THF 5mL，氩气保护，冷至－78℃，加入NaHMDS 119mg（0.65mmol），搅拌反应16h。慢慢升至室温，加入饱和氯化铵水溶液淬灭反应。用甲基叔丁基醚提取，合并有机层。饱和盐水洗涤，无水硫酸钠干燥。过滤，减压浓缩，剩余物过硅胶柱纯化，以己烷-乙酸乙酯（7∶1）洗脱，得白色固体（**1**）175mg，收率93%，mp 92～95℃。

2-氟-3-苯基丙烯酸乙酯

$C_{11}H_{11}FO_2$，194.21

【英文名】Ethyl 2-Fluoro-3-phenylacrylate

【性状】无色液体。

【制法】Emmanuel Pfund，Cyril Lebargy，Jacques Rouden，Thierry Lequeux .J Org Chem，2007，72（21）：7871.

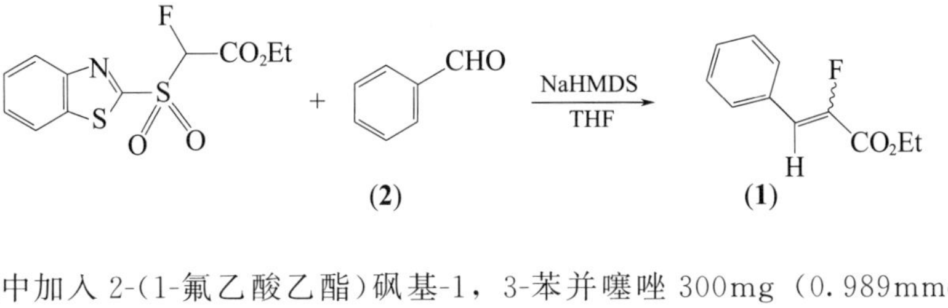

于反应瓶中加入2-(1-氟乙酸乙酯)砜基-1，3-苯并噻唑300mg（0.989mmol），苯甲醛126mg（1.18mmol），THF 5mL，氮气保护，室温滴加0.8mol/L的NaHMDS溶液1.7mL（1.38mmol）。加完后继续于20℃搅拌反应2h。加入饱和氯化铵溶液1mL和饱和盐水2mL，以二氯甲烷-乙醚（1∶1）提取。有机层用饱和盐水洗涤，无水硫酸镁干燥。过滤，浓缩，剩余物过硅胶柱纯化，以己烷-乙酸乙酯（95∶5）洗脱，得化合物（**1**）132mg，收率69%，Z∶E为85∶15。

(E)-肉桂酸乙酯

$C_{11}H_{12}O_2$，176.22

【英文名】(*E*)-Ethyl cinnamate

【性状】无色油状液体。

【制法】Blakemore P R，Ho D K H，Nap W M. Org Biomol Chem，2005，3：1365.

$$\text{(2) 2-巯基苯并噻唑 (SH)} + ClCH_2CO_2Et \xrightarrow[\text{2. }(NH_4)_6Mo_7O_{24}\text{(0.05摩尔分数)},H_2O_2,\ EtOH,0\sim25^\circ C]{\text{1. }K_2CO_3,Me_2CO,\ 20h} \text{(3) 苯并噻唑}-SO_2-CH_2CO_2Et$$

$$\xrightarrow[THF,65^\circ C,2h]{PhCHO,NaHMDS} \text{(1) } PhCH{=}CHCO_2Et$$

苯并噻唑磺酰基乙酸乙酯（**3**）：于安有搅拌器、滴液漏斗、回流冷凝器的反应瓶中，加入2-巯基苯并噻唑（**2**）10.0g（59.8mmol），碳酸钾9.9g（72mmol），丙酮100mL，搅拌下滴加氯乙酸乙酯7.6mL（72mmol）。加完后回流反应20h。冷至室温，过滤，减压浓缩，得黄色油状液体。将其溶于50mL乙醇中，于0℃依次加入$(NH_4)_6Mo_7O_{24}\cdot4H_2O$ 3.7g（3.0mmol）和30%的H_2O_2 27.2g（270mmol），室温搅拌反应42h。蒸出乙醇，剩余物中加入乙酸乙酯和水。分出有机层，水层用乙酸乙酯提取。合并有机层，饱和盐水洗涤，无水硫酸镁干燥。减压浓缩，得白色化合物（**3**）粗品。用甲基叔丁基醚重结晶，得白色固体（**3**）12.1g，收率71%。

(*E*)-肉桂酸乙酯（**1**）：将化合物（**3**）342mg（1.20mmol）溶于10mL THF中，冷至0℃，氮气保护，加入1.0mol/L的NaHMDS（六甲基二硅胺基钠）的THF溶液1.10mL（1.1mmol），搅拌30min后，加入苯甲醛1.0mmol，回流2h。冷至室温，加入饱和氯化铵溶液15mL，乙酸乙酯15mL，分出有机层，水层用乙酸乙酯提取2次。合并有机层，饱和盐水洗涤，无水硫酸镁干燥。过滤，浓缩，剩余物过硅胶柱纯化，以乙酸乙酯-己烷洗脱，得化合物（**1**）。

三、Peterson反应（硅烷基锂与羰基化合物的缩合反应）

通过硅基稳定的α-碳负离子对醛、酮羰基的加成-消除，可以得到烯烃类化合物，该反应称为Peterson反应。是由Peterson D J首先于1968年报道的。该反应是Wittig反应的另一种替代形式，有时也称为硅-Wittig反应。

$$Me_3SiCH_2CO_2Me \xrightarrow{PhLi} [Me_3Si\overset{-}{C}HCO_2Me]Li^+ \xrightarrow{\text{环己酮}} \text{1-OLi-1-}[CH(SiMe_3)CO_2Me]\text{环己烷}$$

$$\longrightarrow \left[\text{环己烷}(O{-}SiMe_3)(CHCO_2Me)\right] \xrightarrow{-Me_3SiOLi} \text{环己亚基}{=}CHCO_2Me$$

关于 Peterson 反应的反应机理，最初认为是硅试剂对羰基化合物进行亲核加成生成 β-硅基醇盐，氧负离子与硅结合形成四元环中间体，而后消除硅醇盐生成烯烃，反应过程与 Wittig 反应相似。

但进一步的研究发现，Peterson 成烯反应的四元环过渡态处于极化状态，环中的 C-Si 键非常容易断裂，很有利于 Si-O 键的快速生成，于是又提出了分步反应机理。

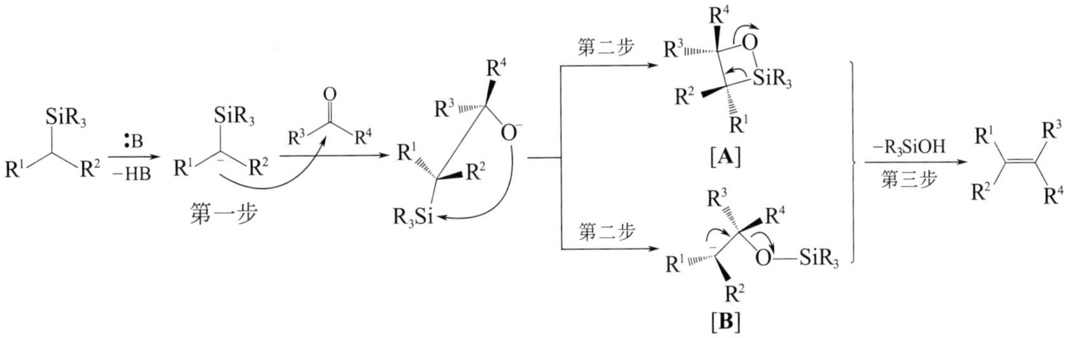

反应的第一步，是硅烷在碱作用下生成的 α-硅基碳负离子与羰基化合物加成，生成 β-硅基醇负离子；第二步是通过 Si—C 键的断裂和 Si—O 键的生成，迅速生成中间体 **B**；第三步是发生快速的三烷基硅醇的消除反应，生成烯类化合物。后两步反应进行的很快，决定反应速度的步骤是第一步反应。

若硅烷分子中的 R_1 和 R_2 为给电子基团时（如氢或烷基），可以分离得到 β-硅基醇负离子；若 R_1 和 R_2 为吸电子基团时（包括芳基），则直接生成最终的烯烃产物。

反应的第一步得到几乎等量的苏式和赤式 β-硅基醇非对映异构体混合物，虽然反应受硅试剂和羰基化合物结构的影响，但这种影响不大。后面的消除反应属于立体专一性反应。同一条件下，用 β-羟基硅烷的两个非对映体分别发生消除，可以分别得到顺式和反式的烯烃。此外，同一个 β-羟基硅烷在酸和碱介质中分别发生消除，也分别生成构型相反的烯烃。在酸、碱条件下的反应，其机理是不同的。利用此性质可以控制产物烯烃的构型。

碱性条件下的消除反应：

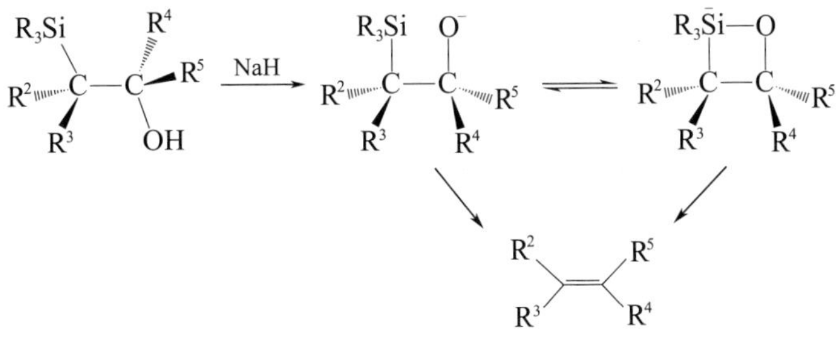

羟基硅烷在碱作用下生成烷氧基负离子，后者进攻硅原子，生成五配位的硅，形成四元环的中间体（推测），然后发生顺式消除生成烯烃。

常用的碱为氢化钠、醇盐等。使用醇盐作碱时，醇钾的反应速率最快，醇钠其次，醇镁最慢。

酸性条件下的消除反应：

$$R_3Si(R^2)(R^3)C-C(R^4)(R^5)OH \underset{}{\overset{H_3O^+}{\rightleftharpoons}} R_3Si(R^2)(R^3)C-C(R^4)(R^5)\overset{+}{O}H_2 \overset{H_2O:}{\rightleftharpoons} \xrightarrow{-HOSiR_3} R^2R^3C=CR^4R^5$$

在酸性条件下，醇羟基首先质子化，然后水作亲核试剂，进攻硅原子，发生 E2 消除反应生成烯烃。

总的反应情况如下：

$$R_3SiCHR^2R^3 \xrightarrow[-BH]{B:} R_3Si\bar{C}R^2R^3 \xrightarrow{R^4R^5C=O} \begin{cases} R_3Si(R^2)(R^3)C-C(R^4)(R^5)OH \xrightarrow{碱} R^2R^3C=CR^5R^4 \\ R_3Si(R^2)(R^3)C-C(R^5)(R^4)OH \xrightarrow{碱} R^2R^3C=CR^4R^5 \end{cases}$$

（两异构体在酸作用下交叉生成另一构型的烯烃）

反应中 β-羟基硅基化合物一般可以分离。但当 α-硅基试剂为 α-硅基钠、α-硅基钾时，中间体会很快发生消除反应生成烯。

α-硅基碳负离子只含氢、烷基和供电子基时，中间体 β-羟基硅烷比较稳定，可以在低温下分离出来。对羟基硅烷的两个非对映体进行拆分，然后用其中一个在酸作用下发生消除，另一个与碱作用消除，产物是相同的。此法可以用来控制产物烯烃的双键构型。

酸催化下，硅基与羟基处于反式的异构体生成 E 型为主的产物烯烃，处于顺式的异构体生成 Z 型为主的烯烃；碱催化下，反式异构体主要生成 Z 型烯烃，顺式异构体主要生成 E 型烯烃。

$$Me_3Si-CH(C_3H_7)-CH(OH)(C_3H_7) \xrightarrow[H_2O,THF]{H_2SO_4} C_3H_7CH=CHC_3H_7 \quad \text{收率99\%} \quad E:Z\text{为}8:92$$

$$Me_3Si-CH(C_3H_7)-CH(OH)(C_3H_7) \xrightarrow{KH,THF} C_3H_7CH=CHC_3H_7 \quad \text{收率96\%} \quad E:Z\text{为}95:5$$

当使用某些 α-硅基锂试剂时，由于碱性太强，容易导致羰基化合物烯醇化等副反应的发生。此时可以加入 $CeCl_3$ 抑制副反应，使 Perterson 反应顺利进行。

$$\xrightarrow[(72\%)]{TMSCH_2Li,CeCl_3}$$

（2-[2-甲基-2-(SPh)丙基]环戊酮 → 亚甲基环戊烷产物，CH_2，SPh）

Peterson 反应中不发生重排，具有很强的区域选择性，可用于合成末端烯烃或环外烯烃。但酸性和碱性的条件会使一些官能团受到破坏，比如双键在酸作介质时会发生重排，使产率降低，从而限制了该反应的应用。对此有很多改进办法。Chan 等人的方法是用乙酰氯或氯化亚砜与羟基硅烷中间体反应，生成 β-硅基酯，再使其在 25℃ 发生分解，制取烯烃；

Corey 等人是用 α-硅基亚胺与醛酮反应，使中间体亚胺离子原位水解，一步制得烯烃。Corey 的方法也称为 Corey-Peterson 反应。

Peterson 烯化反应可以用于合成环丙烯类化合物，例如：

(反应式：R,R-取代苯并环丙烯 $\xrightarrow[2.\ Me_3SiCl]{1.\ BuLi}$ SiMe$_3$取代物 $\xrightarrow[2.\ R^1R^2CO]{1.\ BuLi}$ 亚甲基环丙烯产物)

α-硅基 Grignard 试剂在 $CeCl_3$ 存在下，可以与酯类化合物反应，生成相应的烯丙基硅化物。

(反应式：RO-CH(OR)-CO-OR $\xrightarrow[CeCl_3]{Me_3SiCH_2MgCl}$ RO-CH(OR)-C(OH)(CH$_2$SiMe$_3$)$_2$ $\xrightarrow[THF]{NaH,HMPA}$ RO-CH(OR)-C(=CH$_2$)CH$_2$SiMe$_3$)

α-硅基膦酸酯在丁基锂存在下与醛反应，生成的烯烃以 E-型为主。当 R^1 为甲硫基时，可以得到单一的 E-型产物；当 R^1 为 F 时，与醛反应的产物仍以 E-型为主，但选择性降低；与酮反应时，主要得到 Z-型产物。

(反应式：$(EtO)_2P$-CH(R^1)-SiMe$_3$ $\xrightarrow[R^2R^3CO]{n\text{-}BuLi}$ $(EtO)_2P$-C(R^1)=CR^2R^3)

	$E:Z$
R^1=SMe, R^2=Ph, R^3=H	100:1
R^1=SMe, R^2=Me, R^3=H	100:1
R^1=F, R^2=Ph, R^3=H	74:26

α-硅基苄醇的氨基甲酸酯在叔丁基锂作用下与羰基化合物反应，得到 Z-型为主的烯烃，当使用空间位阻较大的三苯基硅基时，反应的选择性更高。

(反应式：PhCH(X)OCONR$_2$ $\xrightarrow[R^1R^2CO]{t\text{-}BuLi}$ R_2NOCO-C(Ph)=CR^1R^2)

X=TMS,TBS,TPS

α-三甲基硅基乙酸酯或 α-三甲基硅基丙酮亚胺在催化量 CsF 存在下，高温发生 Peterson 反应生成 E-型为主的 α，β-不饱和酯或亚胺。

$$Me_3SiCH_2CO_2Et + PhCHO \xrightarrow[DMSO]{CsF} PhCH(OSiMe_3)CH_2CO_2Et + PhCH{=}CHCO_2Et$$

35min,r.t	91%	痕量
35min,r.t, 而后100℃,1h	0	93%

$$CH_3C(=NBu\text{-}t)CH_2SiMe_3 + PhCHO \xrightarrow[DMSO]{CsF} PhCH{=}CH\text{-}C(CH_3){=}NBu\text{-}t$$

(42%)Z; E为5∶2

(>80%)主要E-型

当醛或酮与如下形式的试剂反应时，产物是环氧乙烷基硅烷。后者水解生成酮。对于醛而言，这是一种将醛（RCHO）转化为甲基酮（RCH_2COCH_3）的方法。

α-硅基碳负离子的产生方法主要有如下几种。

① 由Grignard反应产生。

$$R_3SiCH_2X \xrightarrow[Et_2O]{Mg} R_3SiCH_2MgX$$

② 硅烷直接脱质子　硅烷在丁基锂等强碱存在下可以直接生成α-碳负离子。

$$R_3SiCH_2Ar \xrightarrow{n\text{-BuLi}} [R_3Si\bar{C}HAr]Li^+$$

③ 乙烯基硅烷与有机金属化合物的反应。

$$R_3Si\text{CH=CH}_2 + R'Li \longrightarrow [R_3Si\overset{-}{C}HCH_2R']Li^+$$

$$\text{(CH}_3)_2\text{CHCH}_2\text{CH}_2\text{CH}_2\text{Li} \xrightarrow[\text{2. } n\text{-}C_{10}H_{21}CHO \quad \text{3. } H_2O]{\text{1. CH}_2\text{=CHSiPh}_3\text{, Et}_2\text{O}} \text{(CH}_3)_2\text{CH(CH}_2)_4\text{CH=CHC}_{10}H_{21}\text{-}n$$

④ 由硅基卤化物制备。

$$Ph_3SiCH_2Br \xrightarrow{n\text{-BuLi, }Et_2O} Ph_3SiCH_2Li \xrightarrow{C_6H_5CHO} Ph_3SiCH_2CH(OH)C_6H_5$$

⑤ α-硅基硒化合物的裂解。

$$R_3SiCHR'(SeR'') + n\text{-BuLi} \longrightarrow [R_3Si\overset{-}{C}HR']Li^+$$

$$\text{1-SiMe}_3\text{-1-SeCH}_3\text{-cyclopropane} \xrightarrow[\text{2. } C_{10}H_{21}CHO \quad \text{3. } H_2O]{\text{1. } n\text{-BuLi, THF, }-78^\circ C} \text{1-SiMe}_3\text{-1-CH(OH)C}_{10}H_{21}\text{-}n\text{-cyclopropane (85\%)} \longrightarrow \text{cyclopropylidene=CHC}_{10}H_{21}\text{-}n \text{ (46\%)}$$

⑥ 由锡烷制备硅烷基锂。

$$Me_3SiCH_2Sn(C_4H_9\text{-}n)_3 \xrightarrow[C_6H_{14}, 0^\circ C, 0.5h]{n\text{-BuLi, THF}} Me_3SiCH_2Li \xrightarrow[\text{2. } H_2SO_4, 24h]{\text{1. menthone}} \text{2-isopropyl-5-methyl-1-methylenecyclohexane (60\%)}$$

Peterson 反应具有一些独特的特点。

① 应用范围广，可以用于合成各种类型的烯烃。

② 硅基的稳定化作用可以有效地抑制一些副反应，产率一般比较高。

③ 硅试剂反应性强，可以与各种羰基化合物反应，且三烷基硅基容易消去。若采用含硅基和磷的试剂与羰基化合物反应，通常会发生 Peterson 反应而不发生 Wittig 反应。

$$Ph_2C{=}O + Ph_3\overset{+}{P}{-}\overset{-}{C}HSiMe_3 \longrightarrow Ph_2C(\overset{-}{O}){-}CH(\overset{+}{P}Ph_3)(SiMe_3) \longrightarrow Ph_2C{=}CH{-}\overset{+}{P}Ph_3 \quad (\not\longrightarrow Ph_2C{=}CH{-}SiMe_3)$$

④ Peterson 反应通常得到几乎等量的 Z、E-异构体，但通过控制条件可以明显提高反应的立体选择性。

Peterson 反应在有机合成中具有广泛的用途，可以用来制备端基烯、Z、E-烯烃、共轭烯烃、累积二烯、含有各种杂原子取代的烯烃、具有张力的烯烃以及具有 α,β-不饱和键的醛、酮、羧酸、酯、腈等。

1. 合成端基烯

$$\left.\begin{aligned} &Me_3SiCH_2Cl \xrightarrow[Et_2O]{Mg} Me_3SiCH_2MgCl \\ &Me_3SiCH_2Br \xrightarrow[Et_2O]{n\text{-BuLi}} Me_3SiCH_2Li \end{aligned}\right\} \xrightarrow{RR^1C{=}O} RR^1C(OH){-}CH_2SiMe_3 \longrightarrow RR^1C{=}CH_2$$

利用 Peterson 反应合成端基烯，效果有时比 Wittig 反应好。

$\xrightarrow{Ph_3P=CH_2}$ 不反应

$\xrightarrow[2.\ H_3O^+]{1.\ Me_3SiCH_2MgCl}$

2. 合成烯硫醇醚

$$RR^1C=O + Me_3Si\bar{C}HSCH_3 \longrightarrow RR^1C=CHSCH_3$$

+ $Me_3Si\bar{C}HSPh$ THF / DMF 或HMPT

3. 合成乙烯基硅烷

乙烯基硅烷是一种应用广泛的试剂，可以用如下方法来合成。

$$RR^1C=O + [Me_3Si\bar{C}HSiMe_3]Li^+ \longrightarrow RR^1C=CH(SiMe_3)$$

4. 合成累积二烯

$\xrightarrow{RLi}$ $\xrightarrow{PhCHO}$ $\xrightarrow{SOCl_2}$ $\xrightarrow[DMSO]{Bu_4N^+F^-}$ $PhCH=C=CH_2$

5. 合成 1,3-丁二烯类化合物

$\xrightarrow{BuLi}$

6. 合成 α,β-不饱和醛、酮、羧酸、酯、腈等

$$CH_3CHO \xrightarrow[-H_2O]{H_2NC(CH_3)_3} CH_3CH=NC(CH_3)_3 \xrightarrow[2.\ Me_3SiCl]{1.\ LDA} Me_3SiCH_2CH=NC(CH_3)_3$$

$$\xrightarrow[2.\ RCHO]{1.\ LDA} RCH=CHCH=NC(CH_3)_3 \xrightarrow{H_3O^+} RCH=CHCH=O$$

$[Me_3Si\bar{C}HCO_2Et]Li^+$ ；$\xrightarrow[2.\ H_3O^+]{1.\ [Me_3Si\bar{C}HCOOLi]Li^+}$ COOH

$$PhCHO + [Me_3Si\bar{C}HCN]Li^+ \longrightarrow PhCH=CH-CN$$

Peterson 成烯反应又有了进一步的扩展，在氟离子催化下，二（三甲基硅基）甲基衍生物可以与羰基化合物顺利反应生成相应的烯烃（Palomo C，Aizpurua J M，et al. J Org Chem，1990，55：2498）。

$$R^1R^2C{=}O + (Me_3Si)_2CR^3R^4 \xrightarrow[CH_2Cl_2\text{ 或 }THF]{TASF\text{ 或 }TBAF} R^1R^2C{=}CR^3R^4$$

该反应对于那些不能烯醇化的羰基化合物效果很好，且具有很高的立体选择性。

$$CH_3O\text{-}C_6H_4\text{-}CHO + (Me_3Si)_2CH(CO_2Bu\text{-}t) \longrightarrow CH_3OC_6H_4CH{=}CHCO_2Bu\text{-}t \quad (96\%)E:Z\text{为}100:0$$

与经典的 Peterson 反应相比，反应条件温和，反应几乎在中性条件下进行，特别适用于对酸、碱敏感的反应底物。常用的氟离子化合物有三（二甲氨基）锍三甲基硅基二氟化物（TASF）和四丁基氟化铵（TBAF）。

$$3(CH_3)_2NSi(CH_3)_2 + SF_4 \longrightarrow 2(CH_3)_3SiF + [((CH_3)_2N)_3S]^+[F_2Si(CH_3)_3]^-$$
（TASF）

虽然反应机理尚不太清楚，但有人提出了如下反应过程。

$$R{-}CH(SiMe_3)_2 + F^- \longrightarrow R{-}\bar{C}H{-}SiMe_3 + Me_3SiF$$

$$R{-}\bar{C}H{-}SiMe_3 \xrightarrow{R^1R^2C=O} R^1R^2C(O^-){-}CH(R){-}SiMe_3 \longrightarrow R^1R^2C{=}CH\sim R + Me_3SiO^-$$

$$Me_3SiO^- \xrightarrow{Me_3SiF} Me_3SiOSiMe_3 + F^-$$

反应中也可能有如下过程：

$$Me_3SiO^- + R{-}CH(SiMe_3)_2 \longrightarrow R{-}\bar{C}H{-}SiMe_3 + Me_3SiOSiMe_3$$

$$R^1R^2C(O^-){-}CH(R){-}SiMe_3 + R{-}CH(SiMe_3)_2 \longrightarrow R^1R^2C(OSiMe_3){-}CH(R){-}SiMe_3 + R{-}\bar{C}H{-}SiMe_3$$

$$R^1R^2C(OSiMe_3){-}CH(R){-}SiMe_3 \longrightarrow R^1R^2C{=}CH\sim R + Me_3SiOSiMe_3$$

1,1-二苯基-2-(2-吡啶基)乙烯

$C_{19}H_{15}N$，257.33

【英文名】1,1-Diphenyl-2-(2-pyridyl)-1-ethene

【性状】mp 120～121.5℃。

【制法】Ager D. J Org React,1990,38:1-223.

(2) —1. n-BuLi; 2. $Ph_2C=O$→ (1)

于安有搅拌器、温度计的反应瓶中，加入 THF 54mL，二异丙基胺 0.03mol，冷至－75℃，慢慢加入 15%的正丁基锂-己烷溶液 0.03mol。于 5min 滴加 2-三甲基硅基甲基吡啶(**2**) 0.03mol，加完后继续低温反应 10min。慢慢加入二苯酮 0.045mol 溶于 THF 的溶液，而后于－75℃搅拌反应 1h。升至室温反应 2h。加入 60mL 水淬灭反应，乙醚提取。合并乙醚层，水洗，无水硫酸镁干燥。过滤，减压浓缩，剩余物用石油醚重结晶，得化合物(**1**)，收率 53%，mp 120～121.5℃。

6-甲基-6-十二烯

$C_{13}H_{26}$,182.35

【英文名】6-Methyl-6-dodecene

【性状】无色液体。

【制法】Anthony G M Barrett, John A, Flygare, Jason M, Hill, Eli M, Wallace1. Org Synth,1998,Coll Vol 9:580.

$PhMe_2SiCl$ (2) —1. Li,THF,己醛; 2. CCl_4,PPh_3,THF→ (3) —Mg,CuBr,Me_2S; $C_5H_{11}COCl$→ [ ]

1. MeLi → 2. p-TsOH → (1); 2. KH → (1′)

1-氯-1-(二甲基苯基硅基)己烷(**3**)：于安有搅拌器、通气导管、橡皮膜的反应瓶中，通入干燥的氮气，加入无水 THF 250mL，金属锂丝 7.37g(1.06mol)，冷至 0℃，用注射器加入二甲基苯基氯硅烷 29.1mL(29.1mL,176mmol)，于 0℃搅拌反应 16h。约 0.5h 反应体系由无色澄清变为暗红色。

于另一安有搅拌器、温度计、通气导管的反应瓶中，加入无水 THF 400mL，己醛 16.78g (167.5mmol)，氩气保护，用干冰-丙酮浴冷至－78℃，慢慢加入上述苯基二甲基硅基锂的 THF 溶液。加完后慢慢升至 0℃，搅拌反应 1h。加入 250mL 饱和氯化铵水溶液，250mL 乙醚。分出有机层，依次用饱和氯化铵、饱和盐水洗涤，无水硫酸镁干燥。过滤，浓缩，剩余物过硅胶柱纯化，以己烷-乙醚(10∶1)洗脱，得无色油状液体 1-(二甲基苯基硅基)-1-己醇 32.6g，收率 82%。

于安有搅拌器、回流冷凝器的反应瓶中，加入无水 THF 500mL，上述 1-(二甲基苯基硅基)-1-己醇 32.6g(138mmol)，四氯化碳 53.20g(345.9mmol)，三苯基膦 54.30g(207mmol)，通入氩气，回流反应 12h。减压蒸出溶剂，剩余物用己烷提取(300mL×3)。减压浓缩，剩余物过硅胶柱纯化，得无色油状液体(**3**)30.4～31.7g，收率 71%～74%(以己醛计)。

6-甲基-6-十二烯：于安有搅拌器、回流冷凝器、滴液漏斗的干燥反应瓶中，溴化镁-乙醚($MgBr_2 \cdot Et_2O$) 96.23g(37.3mmol)，无水 THF 250mL。而后加入金属钾丝 26.67g(682mmol)(用 60mL 无水 THF 浸泡)，加热回流反应 3h。反应后生成黑色活性镁粉末。冷却、沉降。将 THF 层小心倒入 250mL 异丙醇中，活性镁用乙醚洗涤(200mL×2)，而后加入 100mL 乙醚。搅拌下慢慢滴加由粗品化合物(**3**)31.58g(124mmol)溶于 100mL 乙醚的溶液，其间保持反应液回流。加完后继续回流反应 15min。

于另一安有搅拌器、橡皮膜的干燥反应瓶中，加入溴化亚铜-二甲硫醚配合物 25.61g(124mmol)，无水乙醚 250mL，用干冰-丙酮浴冷至－78℃，加入上述制得的 Grignard 试剂，剩余物用乙醚 200mL 冲洗至反应瓶中，慢慢升至－10℃，而后用注射器慢慢加入己酰氯 17.42mL(125mmol)，慢慢升至室温，搅拌反应 3h。用硅藻土过滤，乙醚洗涤。浓缩，剩余物减压浓缩，得粗品化合物 α-硅基酮，不必进一步 U 纯化，直接用于下一步反应。

1. 酸催化消除

于安有搅拌器、滴液漏斗、橡皮膜的干燥反应瓶中，加入上述粗品 α-硅基酮，无水 THF 500mL，氩气保护，冷至－78℃，慢慢滴加 1.4mol/L 的甲基锂-己烷溶液 125mL(175mmol)，约 1h 加完，加完后继续于－78℃搅拌反应 30min。

于另一安有搅拌器的反应瓶中，通入氩气，加入一水合对甲苯磺酸 47.39g(249mmol)，THF 100mL，而后用注射器加入上述溶液，搅拌反应 2h。将反应物转移至含有 500mL 饱和碳酸氢钠溶液和 250mL 乙醚的分液漏斗中，充分摇动后分出有机层，依次用饱和碳酸氢钠溶液和饱和盐水洗涤，无水硫酸镁干燥。过滤，浓缩，剩余物过硅胶柱纯化，用己烷洗脱，得(Z)-6-甲基-6-十二烯(**1**)11.3～11.75g，收率 50%～52%，*Z*∶*E* 为 92∶8。

2. 碱催化消除

于安有搅拌器、滴液漏斗、橡皮膜的干燥反应瓶中，加入上述粗品 α-硅基酮(由 30.0g(118mmol)α-硅基氯化物制备)，无水 THF500mL，氩气保护，冷至－78℃，慢慢滴加 1.4mol/L 的甲基锂-己烷溶液 118mL(165mmol)，约 1h 加完，加完后继续于－78℃搅拌反应 30min。

于另一安有搅拌器的反应瓶中，通入氩气，加入 27g 氢化钾(35%的矿物油，用乙醚洗涤 3 次)，100mL THF，0.20g 18-冠-6。搅拌下加入上述制备的溶液，搅拌反应 16h。小心加入异丙醇以分解过量的氢化钾，直至无气体放出。加入 250mL 饱和氯化铵水溶液和 250mL 乙醚。分出有机层，依次用饱和碳酸氢钠溶液和饱和盐水洗涤，无水硫酸镁干燥。过滤，浓缩，剩余物过硅胶柱纯化，用己烷洗脱，得(*E*)-6-甲基-6-十二烯(1′)11.2～11.6g，收率 52%～54%，*E*∶*Z* 为 95∶5。

1,2-十三碳二烯

$C_{13}H_{24}$，180.33

【英文名】1,2-Tridecadiene

【性状】无色液体。bp 63～64℃/13.3Pa。

【制法】T H Chan,W Mychajlowskij,B S Ong,David N,Harpp. J Org Chem,1978,43(8):1526.

$$Ph_3SiCBr{=}CH_2 \xrightarrow[Et_2O,\,-24℃]{n\text{-}BuLi} [Ph_3Si\overset{-}{C}{=}CH_2]Li^+ \xrightarrow{n\text{-}C_{10}H_{21}CHO} n\text{-}C_{10}H_{21}CH(OH){-}C(SiPh_3){=}CH_2$$

(2) (3)

$$\xrightarrow{SOCl_2} n\text{-}C_{10}H_{21}CH(Cl){-}C(SiPh_3){=}CH_2 \xrightarrow[DMSO]{Et_4NF} n\text{-}C_{10}H_{21}CH{=}C{=}CH_2$$

(4) (1)

于安有搅拌器、温度计的反应瓶中,加入 α-溴代乙烯基三苯基膦 8.8g(0.024mol),乙醚 60mL,冷至-24℃,慢慢加入正丁基锂 0.024mol,继续搅拌反应 1.5h。慢慢加入正十一醛 0.024mol 溶于 10mL 乙醚的溶液,于-24℃继续搅拌反应 1h。室温搅拌反应过夜,将反应液倒入 50mL 10%的盐酸中,分出有机层,水洗,无水硫酸镁干燥。过滤,减压浓缩,得纯品(**3**)。加入 25mL 四氯化碳,过量 25%的氯化亚砜,搅拌反应 2h。减压蒸出溶剂,得化合物(**4**)。加入二甲基亚砜,过量 10%的四乙基氟化铵,室温搅拌反应 2h。加入 25mL 水和 25mL 乙醚,分出乙醚层,水洗,无水硫酸镁干燥。过滤,减压浓缩,得粗品(**1**)。加入 10mL 己烷,冷却,过滤,得三苯基硅醇。滤液减压蒸馏,收集 63~64℃/13.3Pa 的馏分,得化合物(**1**),收率 44%。

3-环己基-2-三甲基硅基甲基丙烯酸乙酯

$C_{15}H_{28}O_2Si$,268.47

【英文名】3-Cyclohexyl-2-trimethylsilanylmethyl-acrylic acid ethyl ester

【性状】油状液体。

【制法】Hideyuki Suzuki,Soichi Ohta, Chiaki Kuroda. Synth Commun,2004,34:1383.

$$Me_3SiCH_2CO_2Et\ \textbf{(2)} \xrightarrow[HMPA,THF]{LDA,ICH_2SiMe_3} Me_3SiCH(CH_2SiMe_3)CO_2Et\ \textbf{(3)}$$

$$\textbf{(3)} + C_6H_{11}CHO \xrightarrow[THF,HMPA]{LDA} C_6H_{11}CH{=}C(CO_2Et)CH_2SiMe_3\ \textbf{(1)}$$

2,3-双三甲基硅基丙酸乙酯(**3**):于反应瓶中加入干燥的 THF 20mL,二异丙基胺 4.0mL(28.46mmol),氩气保护,于-60℃滴加 1.57mol/L 的正丁基锂-己烷溶液 17.5mL(27.4mmol),加完后继续搅拌 15min。滴加三甲基硅基乙酸乙酯(**2**)3.852g(24.03mmol)溶于 10mL THF 的溶液,继续搅拌反应 1h。依次加入 HMPA 5.0mL(28.74mmol)和碘甲基三甲基硅烷 4.3mL(28.74mmol),搅拌反应 1h 后,慢慢升至室温,再搅拌反应 1h。加入饱和氯化铵水溶液 30mL,乙醚提取。有机层水洗、饱和盐水洗涤,无水硫酸钠干燥。过滤,浓缩,剩余物过硅胶柱纯化,以己烷-乙醚(199∶1)洗脱,得油状液体(**3**)2.77g,收率 47%。

于反应瓶中加入二异丙基胺 0.06mL(0.427mmol)，THF 1mL，氩气保护，冷至−60℃，加入 1.56mol/L 的正丁基锂-己烷溶液 0.23mL(0.359mmol)，搅拌 15min 后，滴加由化合物(**3**)89.1mg(0.362mmol)溶于 1mL THF 的溶液，继续低温搅拌反应 30min，依次加入 HMPA 0.03mL(0.172mmol)和环己基甲醛 22.2mg(0.198mmol)溶于 1mL THF 的溶液，搅拌 15min 后，加入 10mL 饱和氯化铵溶液，室温搅拌 1h。乙醚提取。有机层水洗、饱和盐水洗涤，无水硫酸钠干燥。过滤，浓缩，剩余物过硅胶柱纯化，以己烷-苯(9∶1)洗脱，得油状液体(**1**)30.7mg，收率 58%，为 *E*、*Z*-异构体混合物。进一步进行柱色谱分离，两种异构体可以分离。

(*E*)-3-苯基丙烯腈

C_9H_7N，129.16

【**英文名**】3-Phenylacrylonitrile

【**性状**】油状液体。

【**制法**】Palomo C，Aizpurua J M，Garcia J M，et al. J Org Chem，1990，55：2498.

$$\underset{(\mathbf{2})}{Me_3SiCH_2CN} \xrightarrow[\text{THF, }-78^\circ C]{Me_3SiCl,BuLi} \underset{(\mathbf{3})}{(Me_3Si)_2CH{-}CN} \xrightarrow[CH_2Cl_2,r.t]{PhCHO,TASF} \underset{(\mathbf{1})}{Ph{-}CH{=}CH{-}CN}$$

二(三甲基硅基)乙腈(**3**)：于安有搅拌器、温度计、滴液漏斗的反应瓶中，加入 1.6mol/L 的正丁基锂-己烷溶液 66mL(105.6mmol)，THF 70mL，氩气保护，冷至−78℃。滴加三甲基硅基乙腈(**2**)7.0mL(50mmol)，加完后继续搅拌 30min。加入三甲基氯硅烷 13mL(100mmol)，继续搅拌 10min，升至室温搅拌 30min。将反应物倒入 150mL 饱和氯化铵溶液中，剧烈搅拌 5min，用 300mL 水稀释。分出有机层，无水硫酸镁干燥。浓缩，得化合物(**3**)8.0g，收率 86%。bp 102～103℃/2.13kPa。

(*E*)-3-苯基丙烯腈(**1**)：于反应瓶中加入无水二氯甲烷 10mL(含有少量 4A 分子筛)、苯甲醛 0.21g(2mmol)，化合物(**3**)0.46g(25mmol)，氩气保护，冷至−100℃，加入(二甲氨基)鋶盐的三甲基硅基二氟化物(TASF)50mg，于此温度反应 30min。快速升温至 40℃，加入三甲基氯硅烷 0.5mL 淬灭反应。以二氯甲烷稀释后，依次用 0.1mol/L 盐酸和水洗涤。分出有机层，无水硫酸镁干燥。过滤，减压浓缩，的化合物(**1**)0.23g，收率 90%。bp 120～123℃/2.66kPa。

【参考文献】

[1]李艳梅译．March 高等有机化学——反应。机理与结构．北京：化学工业出版社，2009：595.

[2]闻韧．药物合成反应．第二版．北京：化学工业出版社，2003：207.

[3]荣国斌．有机人名反应及机理．上海：上海理工大学出版社，2003：438.

[4]黄培强．有机人名反应、试剂与规则．北京：化学工业出版社，2007：132，134.

[5]Maryanoff B E，Reitx A B. Chem Rev，1989，89：863(Review).

[6]Zhu G D，Okamura W H. Chem Rev，1995，95：1877(Review).

[7]Hoffmann H W. Angew Chem Int Ed，2001，40：1411(Review).

[8]黄宪，王彦广，陈振初．新编有机合成化学．北京：化学工业出版社，2003：452.

[9]胡跃飞,林国强. 现代有机合成反应:第三卷. 北京:化学工业出版社,2008:413.
[10]Tebbe F N,Parshall G W,Reddy C S. J Am Chem Soc,1978,100:3611.
[11]Sato F,Urabe H,Okamoto S. Chem Rev,2000,100:2835
[12]赵立芳,郭进宝. 浙江化工,2004:07.
[13]雍莉,黄吉玲,钱延龙. 有机化学,2000,20(2):138.
[14]黄宪,王彦广,陈振初. 新编有机合成化学. 北京:化学工业出版社,2003:451.
[15]Jones G. Org Reactions,1967,15:204(Review).
[16]Smith M B,March J. March 高等有机化学——反应、机理与结构. 李艳梅译. 北京:化学工业出版社,2009:587.
[17]黄培强. 有机人名反应、试剂与规则. 北京:化学工业出版社,2007:121.
[18]Li J J. 有机人名反应及机理. 荣国斌译. 上海:华东理工大学出版社,2004:220.
[19]边延江,秦英,肖立伟,李记太. 有机化学,2006,26(9):1165(Review).
[20]Li J J. 有机人名反应及机理. 荣国斌译. 上海:华东理工大学出版社,2004:386.
[21]Li J J. Name Reactions. Springer Berlin Heidelberg New York. 3rd,2006:575.
[22]Smith M B,March J. March 高等有机化学——反应、机理与结构. 李艳梅译. 北京:化学工业出版社,2009:587.
[23]Li J J. 有机人名反应及机理. 荣国斌译. 上海:华东理工大学出版社,2004:305.
[24]Smith M B,March J. March 高等有机化学——反应、机理与结构. 李艳梅译. 北京:化学工业出版社,2009:590.
[25]黄宪,王彦广,陈振初. 新编有机合成化学. 北京:化学工业出版社,2003.
[26]Baltazzi,E. Quart. Rev Chem Soc,1955,9. 150Review).
[27]闻韧. 药物合成反应. 北京:化学工业出版社,2003:218.
[28]Mukerjee A K. Heterocycles,1981,16:1995(Review).
[29]Mukerjee A K. Heterocycles,1987,26:1077(Review).
[30]Julia M;Paris J M. Tetrahedron Lett,1973,14,4833.
[31]马俊海,王帆,王进欣,尤启冬. 有机化学,2010,30(11):1615.
[32]Kocienski P J,Lythgoe B,Ruston S. J Chem Soc,Perkin Trans 1,1978,829.
[33]Kocienski P J Phosphorus and Sulfur 1985,24,97(Review).
[34]Kelly S E. Comp Org Syn,1991,1,792(Review).
[35]Blakemore P R. J Chem Soc,Perkin Trans 1,2002,2563(Review).
[36]胡跃飞,林国强. 现代有机反应:第七卷. 北京:化学工业出版社,2008:189
[37]Peterson D J. J Org Chem,1968,33(2):780.
[38]Birkofer L,Stiehl O. Top Curr Chem,1980,88:58(Review).
[39]Ager D J. Synthesis,1984,384(Review).
[40]Ager D J. Org React,1990,38:1(Review).
[41]T H Chan. AccChem Res,1977,10(12):42.
[42]李中华,朱传芳. 化学试剂,1995,7(2):91.
[43]黄培强. 有机人名反应、试剂与规则. 北京:化学工业出版社,2004:125.
[44]胡跃飞,林国强. 现代有机反应:第三卷. 北京:化学工业出版社,2008:23.

第四章 α,β-环氧烷基化反应（Darzens缩合反应）

醛、酮在碱性条件下与α-卤代酸酯作用，生成环氧乙烷衍生物的反应，称为Darzen反应。该反应是由Darzens G于1902年首先报道的。生成的环氧乙烷衍生物直接加热或水解，生成醛或酮。

$$R^1R^2C{=}O + ClCH(R)-C(=O)-OC_2H_5 \xrightarrow{EtONa} R^1R^2C\overset{O}{-}C(R)CO_2C_2H_5$$

可能的反应机理是：

$$ClCH(R)-C(=O)-OC_2H_5 \xrightarrow[-EtOH]{EtONa} Cl\bar{C}(R)-C(=O)-OC_2H_5 \xrightarrow{O=CR^1R^2} R^1R^2C(O^-)-C(Cl)(R)CO_2C_2H_5 \xrightarrow{-Cl^-} R^1R^2C\overset{O}{-}C(R)CO_2C_2H_5$$

$$\xrightarrow[-EtOH]{OH^-} R^1R^2C\overset{O}{-}C(R)CO_2^- \xrightarrow{H_3O^+} R^1R^2C\overset{O}{-}C(R)-C(=O)OH \xrightarrow{-CO_2} R^1R^2C{=}C(R)OH \rightleftharpoons R^1R^2CH-C(=O)-R$$

反应的第一步是碱夺取与卤素原子相连的碳上的氢生成碳负离子，接着碳负离子进攻羰基化合物的羰基碳原子，发生Knoevenagel型反应，随后再发生分子内的S_N2反应失去卤素负离子，生成环氧化合物。

虽然反应中卤代烷氧基负离子一般无法分离出来，但采用氟代酸酯（由于氟在亲核取代反应中是很差的离去基团）、氯代酸酯时，该中间体可以分离，是该机理的证据之一。

该反应常用的碱是醇盐（如乙醇钠、异丙醇钠等）、氢氧化物、碳酸盐、丁基锂、LDA和LiHMDS等，反应的收率普遍较高，有时也可以使用氨基钠等。

该反应中使用的羰基化合物，除脂肪醛的收率不高外，其他芳香醛、脂基芳基酮、脂环酮以及α，β-不饱和醛酮和酰基磷酸酯等，都可以顺利地进行反应。脂肪醛有时效果不理想的原因是在碱性催化剂存在下发生自身缩合。α-卤代酸酯最好使用α-氯代酸酯，因为α-溴代酸酯和α-碘代酸酯活性较高，容易发生取代反应而使产物复杂化。

但一些脂肪族醛，若采用二（三甲基硅基）氨基锂作碱催化剂，低温下可以与α-卤代酸酯反应，甚至乙醛、取代乙醛也能得到良好收率的环氧化合物（Borch R F. Tetrahedron Lett，1972，3761）。

$$ClCH_2CO_2C_2H_5 \xrightarrow[2.CH_3CHO]{1.LiN[Si(CH_3)_3]_2} (CH_3)(H)C\overset{O}{-}CH-CO_2C_2H_5$$

上述反应是分步进行的，首先由氯代酸酯与二（三甲基硅基）氨基锂在 THF 中于 $-78℃$ 反应生成氯代酯的共轭碱。而后与脂肪醛、芳香醛或酮反应，可以高收率的得到环氧化合物。

α,α-二氯代羧酸酯也可以发生 Darzens 缩合反应。

$$RCHO+Cl_2CHCO_2Et \xrightarrow{EtONa,EtOH} \text{(R, Cl, }CO_2Et\text{ 取代环氧化合物)} \xrightarrow[EtOH]{ArSNa} RCH(SAr)COCOOEt$$

(62%~95%)

除了 α-卤代酸酯外，α-氯代酮、α-氯代腈、α-氯代砜、α-氯代亚砜、α-氯代 N，N-二取代酰胺、α-氯代酮亚胺及重氮乙酸酯等都可以发生类似反应，甚至烯丙基卤、苄基卤、9-氯代芴、2-氯甲基苯并噁唑等也可以发生 Darzens 反应。有些反应可以采用相转移催化法，使反应在水溶液中进行。

用 α-氯代酮时，可生成 α-环氧基酮类化合物。

$$C_6H_5CHO+C_6H_5COCH_2Cl \xrightarrow{OH^-,0℃} C_6H_5(H)C\overset{O}{—}CHCOC_6H_5$$

在如下天然产物 Phebalosin 和 Murracarpin 的合成中，就是利用了 α-氯代酮与醛的 Darzenes 反应。

$$\xrightarrow[K_2CO_3,MeCN]{ClCH_2COCH_3} \xrightarrow[LDA,THF]{PPh_3,MeBr}$$

$$\xrightarrow[MeOH]{10\%H_2SO_4}$$

Phebalosin　　　　Murracarpin

Darzens 缩合反应在药物合成中应用广泛，例如布洛芬中间体的合成：

$$(CH_3)_2CHCH_2-C_6H_4-COCH_3+CCH_2CO_2C_2H_5 \xrightarrow[35℃,3h,\triangle,1h]{i\text{-PrONa}} (CH_3)_2CHCH_2-C_6H_4-C(CH_3)\overset{O}{—}CHCO_2C_2H_5$$

$$\xrightarrow{NaOH,H_2O} (CH_3)_2CHCH_2-C_6H_4-C(CH_3)\overset{O}{—}CHCO_2Na \xrightarrow{HCl} \xrightarrow[\triangle]{-CO_2} (CH_3)_2CHCH_2-C_6H_4-CH(CH_3)-CHO$$

(74%~75%)
(布洛芬中间体)

又如维生素 A 中间体的合成：

$+ ClCH_2CO_2CH_3$ $\xrightarrow[-10℃]{CH_3ONa}$ CHCO$_2$CH$_3$ $\xrightarrow[2.HCl]{1.NaOH,H_2O}$

CHCO$_2$H $\xrightarrow[\triangle]{-CO_2}$ CHO

(84%~86%)
(维生素A中间体)

钙拮抗剂，用于治疗心脏病药物盐酸戈洛帕米（Gallopamil hydrochloride）中间体的合成如下（陈芬儿．有机药物合成法：第一卷．北京：中国医药科技出版社，1999：805）：

CHO, CH_3O, OCH_3 $+ ClCH_2CO_2\underset{CH_3}{C}HC_2H_5$ $\xrightarrow{i\text{-PrOK},i\text{-PrOH}}$ $CO_2CHC_2H_5$ (CH$_3$), CH_3O, OCH_3

$\xrightarrow[CH_2Cl_2,H_2O]{KH_2PO_4}$ CH_2CHO, CH_3O, OCH_3

如下反应则是使用了氯代乙腈[向伟国，陈国华等．中国药科大学学报，2006，37（4）：297]。

O, CN, CH_3O $\xrightarrow{ClCH_2CN}$ O, CN, CN, CH_3O

$\xrightarrow{LiBr,LiOH}$ CO_2H, CN, CH_3O

用α-氯代酮亚胺在二异丙基氨基锂作用下与羰基化合物可以进行如下反应[Sulmon P，Kimpe N D. Schamp N. J Org Chem. 1988，53（19）：4457]：

R^1, N—R, Cl $\xrightarrow[0℃]{LDA,THF}$ Li^+, N—R, R^1, Cl $\xrightarrow[THF]{R^2COR^3}$ N—R, R^1, Cl, O^-, R^2, R^3

$\longrightarrow$ N—R, R^1, O, R^2, R^3 $\xrightarrow{H_3O^+}$ O, R^1, O, R^2, R^3

反应中若使用α-卤代羧酸，则可以生成α,β-环氧烷基酸。

$$PhCOCH_3+ClCH_2CO_2H \xrightarrow[-80^\circ C, THF]{LiN(Pr-i)_2} \text{Ph(CH}_3\text{)C(O)CH}-CO_2H$$

(E:Z为65:35)

在苄基三乙基氯化铵作为相转移催化剂时，氯代乙腈与环己酮在50%的氢氧化钠水溶液中反应，可以得到环氧腈类化合物。例如：

$$\text{环己酮}+ClCH_2CN \xrightarrow[50\%NaOH, 15\text{-}20^\circ C]{PhCH_2\overset{+}{N}Et_3Cl^-} \text{螺环氧}-CN$$

(79%)

Achard等[Achaed T J R, et al. Tetrahedron Lett, 2007, 48 (17): 2961]报道了α-卤代乙酰胺与芳香醛的Darzenes反应，选择适当的溶剂、碱和卤代酰胺，得到的产物具有很高的顺式、反式选择性。

$$XCH_2CONPh_2 + ArCHO \xrightarrow[MeCN等]{固体NaOH等} \text{Ar–环氧–CONPh}_2 + \text{Ar–环氧–CONPh}_2$$

超声辐射技术也用于Darzens缩合反应。例如[李纪太，刘献峰，刘晓亮．超声辐射下水溶液中合成2,3-环氧-1,2-二芳基丙酮．有机化学，2007，27 (11)：1428]：

$$ArCHO+PhCOCH_2Cl \xrightarrow[r.t]{NaOH, US} \text{Ar(H)C–O–C(H)COPh}$$

有时也可以将相转移催化与超声辐射联合使用，以取得更好的效果。

α,β-环氧酸酯是极其重要的有机合成中间体，经水解、脱羧，可以转化为比原来反应物醛、酮增加一个或多个碳原子的醛、酮。

$$R^1R^2C(O)C(R)CO_2C_2H_5 \xrightarrow{H_2O} R^1R^2C(O)C(R)CO_2H \xrightarrow[\triangle]{-CO_2} \begin{cases} R=H: & R^1R^2CH-CHO \\ R=CH_3: & R^1R^2CH-COCH_3 \end{cases}$$

Darzens缩合反应也可以在无溶剂条件下进行，李磊等[李磊，任仲皎，曹卫国等．无溶剂条件下芳香醛与氯代苯乙酮的Darzens缩合反应．有机化学，2007，27 (1)：120]将芳香醛与氯代苯乙酮在氢氧化钠存在下一起研磨数分钟，得到较高收率的环氧化合物。优点是操作简单、条件温和、收率高，符合环境要求。

$$ArCHO+PhCOCH_2Cl \xrightarrow[5\sim18min]{NaOH, 研磨} \text{Ar(H)C–O–C(H)COPh}$$

(82%~86%)

在某些活泼金属促进下，三甲基氯硅烷可以催化Darzens缩合反应。例如[王进贤，文小刘，李顺喜，周文俊．TMSCl催化下α-溴代苯乙酮与芳香醛的Darzens缩合反应．西北

师范大学学报 . 2011，47（3）：60]：

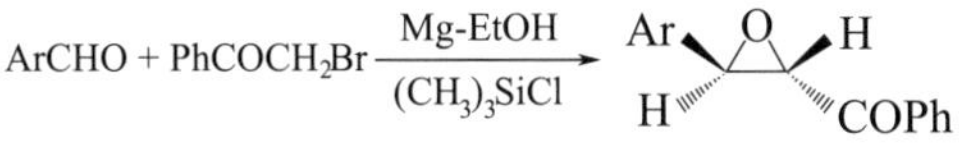

对称和不对称的酮与氯乙酸-8-苯基薄荷酯的不对称 Darzens 缩合反应，可以得到中等至良好的立体选择性生成缩水甘油酸酯，丙酮、环己酮、二苯甲酮的非对映选择性在 77%～96%（Ohkata N，Kimura J，Shinohara Y，et al. Chem Commun. 1996，2411）。

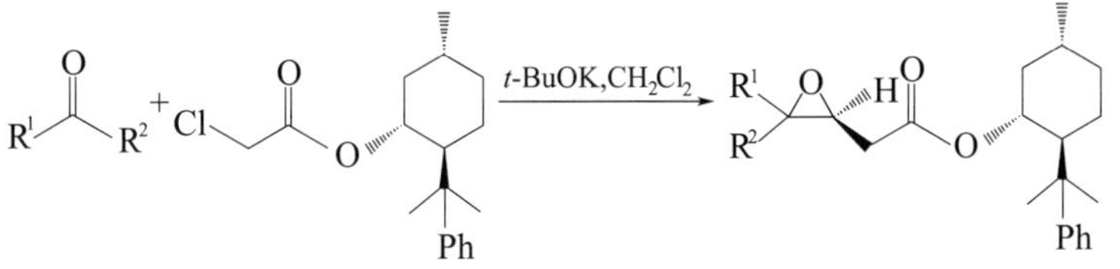

一些手性相转移催化剂也可以催化不对称 Darzens 反应，例如 α-卤代甲基砜与醛的反应：（Arai S，Shioiri T. Tetrahedron，2002，58：1407；1999，55：6375）。

手性相转移催化剂：

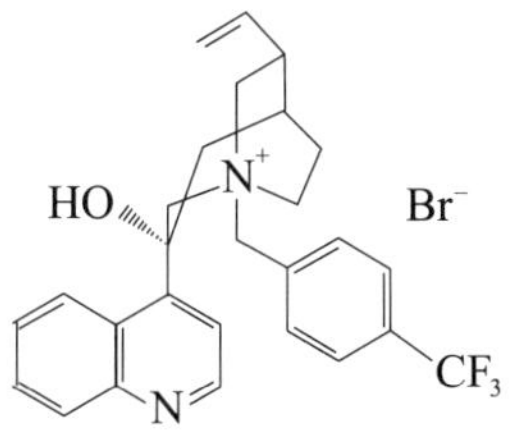

何健兴等对手性奎宁季铵盐在不对称 Darzens 缩合反应中的催化作用进行了研究[何建兴，苏晶、林汉森、李建组 . 广东化工 . 2013，40（7）：27]，合成了一系列奎宁季铵盐，并研究了其催化活性。

已有一些手性冠醚催化不对称 Darzens 缩合反应的报道。例如如下基于 D-葡萄糖或 D-甘露糖的手性冠醚为相转移催化剂的 α-卤代酮与芳醛的反应。

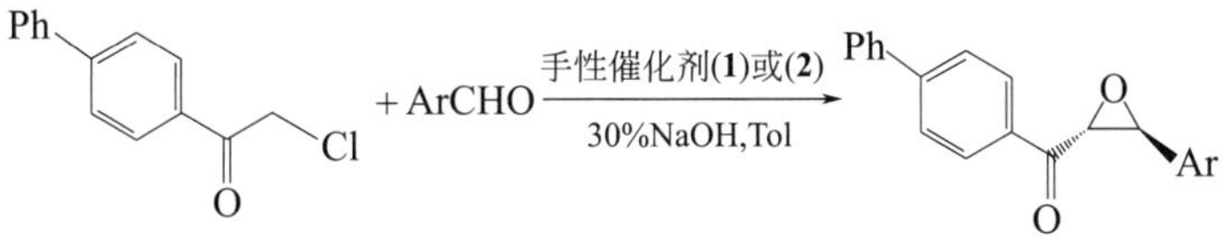

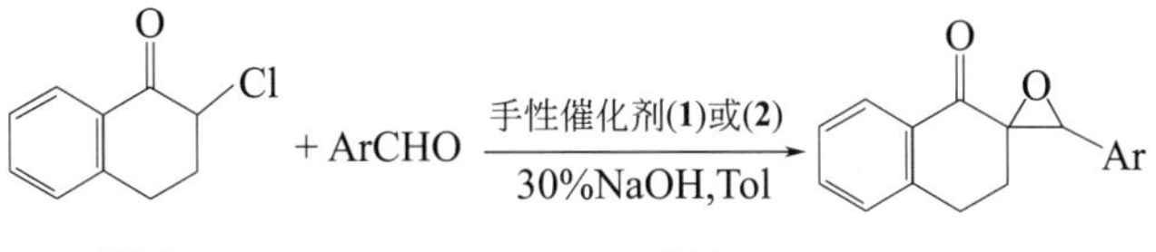

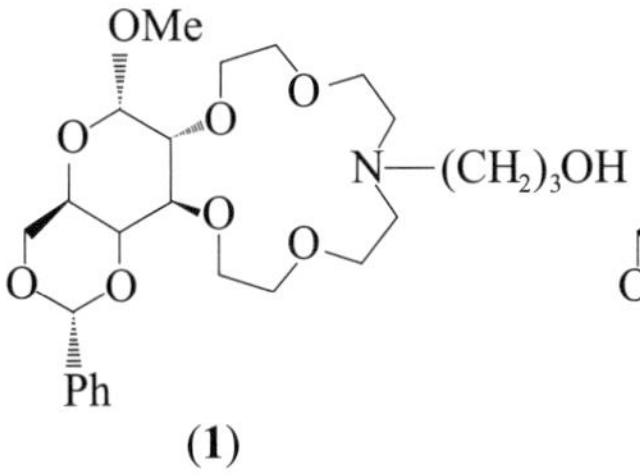

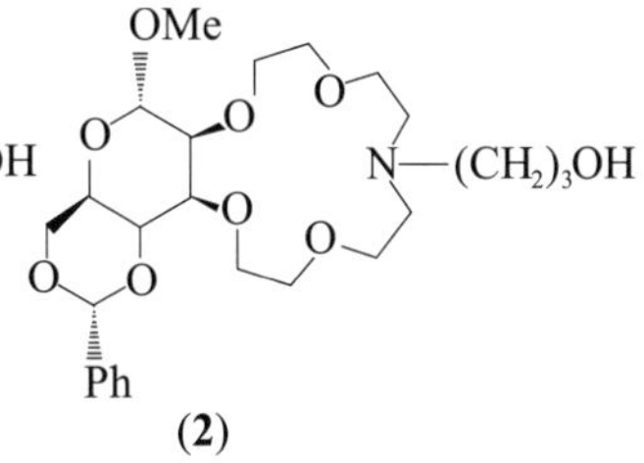

手性联萘也可用于不对称 Darzens 缩合反应，例如重氮乙酰胺与醛的反应：

RCHO + N_2=CH-C(O)-NR^1R^2 $\xrightarrow[\text{Zr(OBu-}n)_4\text{,MeCN}]{\text{催化剂}}$ 环氧-$CONR^1R^2$ (64%~97%),91%~97%ee

催化剂

若以各种亚胺类化合物代替羰基化合物与各种 α-卤代化合物进行 Darzens 缩合反应，则生成氮杂环丙烷衍生物，此时称为氮杂 Darzens 缩合反应。

R^1R^2C=N-R^3 + X-CH(R^4)-Z $\xrightarrow{\text{碱,溶剂}}$ 氮杂环丙烷

X=Cl,Br,I.Z=COR,CO_2R,CN,SO_2R,POR

Sola 等[Sola T M，Churcher I，Lewis W，et al. Org Biomol Chem，2011，9（14）：5034]报道了如下反应，醛亚胺的收率 49%～86%，顺、反异构体的比例为 71∶29～98∶2，主要异构体的对映选择性均大于 98%。

t-Bu-S(O)-N=C(R)R^1 + $BrCH_2CO_2Et$ $\xrightarrow[\text{THF}]{\text{LiHMDS}}$ 氮杂环丙烷-CO_2Et

又如如下反应，氮杂环丙烷衍生物的收率 84%～100%，ee 值 92%～97%[Akiyama T，SuzukiT，Mori K. Org Lett，2009，11（11）：2445]。

ArCOCH(OH)OH + MeO-C_6H_4-NH_2 ⟶ ArCOCH=N-C_6H_4-OMe $\xrightarrow[\text{Tol,催化剂}]{N_2CHCO_2Et}$ ArCO-氮杂环丙烷-COO_2Et

催化剂

Darzens 缩合反应在有机合成中占有重要的地位，缩合产物 α,β-环氧化合物包含 2 个手性中心，具有很好的反应活性，可以制备链增长的羰基化合物以及制备增长 2 个碳的 α-羰基衍生物、α-羟基衍生物、β-醇开环产物、β-胺开环产物等。

2-(3，5-二甲氧基苯基）辛醛

$C_{16}H_{24}O_3$，264.36

【英文名】2-(3,5-Dimethoxyphenyl)octanal

【性状】油状液体。

【制法】陈芬儿．有机药物合成法：第一卷．北京：中国医药科技出版社，1999：168.

CH_3O OCH$_3$ (2) $\xrightarrow[C_6H_6]{ClCH_2CO_2C_2H_5,\,t\text{-}BuOK}$ (3) $\xrightarrow[2.HCl]{1.EtONa}$ (1)

2,3-环氧-3-(3,5-二甲氧基苯基)壬酸乙酯（**3**）：于反应瓶中加入化合物（**2**）25.0g（100mmol），氯乙酸乙酯18.4g（150mmol），苯25mL，冷至0～－5℃，搅拌下分批加入叔丁醇钾16.8g（150mmol）。加完后室温搅拌反应2h。慢慢倒入200g冰水中，分出有机层。水层用苯提取3次。合并有机层，依次用水（100mL×2）、含3mL醋酸的100mL水洗涤，无水硫酸钠干燥。过滤，减压浓缩，得黏稠物（**3**）33.6g（100%），直接用于下一步反应。

2-(3,5-二甲氧基苯基)辛醛（**1**）：于反应瓶中加入无水乙醇200mL，分批加入金属钠10g（0.44mol），待金属钠完全反应后，加入上述化合物（**3**）135g（0.40mol），室温反应4 h。冷至15℃，加水10mL，减压浓缩。冷却，固化。加入水200mL，浓盐酸36mL，回流2h。加入适量乙醚，分出有机层，依次用水、饱和碳酸氢钠、水洗涤，无水硫酸钠干燥。过滤，回收溶剂，得红色液体（**1**）100g，收率95%。

3,3-二苯基-2,3-环氧丙酸甲酯

$C_{16}H_{14}O_3$，254.29

【英文名】Methyl 3,3-diphenyl-2,3-epoxypropanate

【性状】浅黄色油状液体。

【制法】[1] 周付刚，谷建敏等．中国医药工业杂志，2010，41（1）：1.

[2] Riechers H，Albrecht H P，Amberg W，et al. J Med Chem，1996，39（11）：2123.

$$Ph_2C{=}O + ClCH_2CO_2CH_3 \xrightarrow[MTB]{CH_3ONa} Ph_2C\text{-}CH(O)\text{-}CO_2CH_3$$

(2) (1)

于安有搅拌器、回流冷凝器的反应瓶中，加入无水甲醇 100mL，分批加入新切的金属钠 9.77g（0.425mol），金属钠反应物后，减压蒸出甲醇。剩余物中加入甲基叔丁基醚（MTB）75mL，化合物二苯酮（**2**）45.56g（0.25mol）。冷至－10℃，搅拌下慢慢滴加氯乙酸甲酯 46.12g（0.425mol）。加完后继续搅拌反应 1h。慢慢滴加水 125mL，静置分层。分出有机层，水层用 MTB 提取。合并有机层，饱和盐水洗涤至中性，无水硫酸钠干燥后，蒸出溶剂，得浅黄色油状液体（**1**）58.75g，收率 89%。其纯度能满足一般合成反应的需要。

2-(3-(4-氯苯基)环氧乙烷-2-基)苯并［d］噁唑

$C_{15}H_{10}ClNO_2$，270.70

【英文名】 2-[3-(4-Chlorophenyl)oxiran-2-yl]benzo[*d*]oxazole

【性状】 淡黄色固体。mp 149～150℃。为顺反异构体的混合物，顺式∶反式为 65∶35。

【制法】 颜朝国，陆文兴，吴骥陶．有机化学，1992，12（4）：390.

(2) 2-氯甲基苯并噁唑 (CH_2Cl) + 对氯苯甲醛 (CHO, Cl) $\xrightarrow[DMF,rt]{KOH}$ (1)

于安有搅拌器、滴液漏斗的反应瓶中，加入粉状氢氧化钾 1.12g（20mmol），DMF 10mL，搅拌下滴加由 2-氯甲基苯并噁唑（**2**）0.84g（5mmol）和对氯苯甲醛 5mmol 溶于 8mL DMF 的溶液。加完后继续搅拌反应 1h。加入 50mL 水，抽滤生成的固体，用 95% 的乙醇重结晶，得淡黄色固体（**1**），mp 149～150℃，收率 73%。为顺反异构体的混合物，顺式∶反式为 65∶35。

对甲氧基苯丙酮

$C_{10}H_{12}O_2$，164.20

【英文名】 4-Methoxyphenylacetone

【性状】 浅黄色液体。

【制法】 张翠娥，刘敏，韩建．应用化工，2009，38（10）：1540.

(2) CH_3O-C₆H₄-CHO $+CH_3CHClCO_2CH_3 \xrightarrow[2.\ HCl]{1.\ MeONa,\ MeOH}$ CH_3O-C₆H₄-CH_2COCH_3 (1)

于反应瓶中加入 28% 的甲醇钠-甲醇溶液 150g（0.78mol），室温滴加对甲氧基苯甲醛（**2**）68g（95%，0.48mol）和 2-氯丙酸甲酯 116g（0.95mol）的混合溶液，反应放热，升至 55～60℃，反应 2h。冷至 40℃滴加 3mol/L 的盐酸 580mL，升至 90℃反应 4h。冷至室温，分出有机层，水层用四氯化碳提取（50mL×3）。合并有机层，以 5% 的亚硫酸氢钠溶液洗涤，水洗至中性。回收溶剂，减压蒸馏，收集 145℃/2.60kPa 的馏分，得浅黄色液体（**1**）65.2g，收率 83%。

【参考文献】

[1] Smith M B，March J. March 高等有机化学——反应、机理与结构．李艳梅译．北京：化学工业出版社，2009：590.

[2] Li J J. 有机人名反应及机理．荣国斌译．上海：华东理工大学出版社，2003：433.

[3] 闻韧．药物合成反应．第二版．北京：化学工业出版社，2003：220.

[4] 黄宪，王彦广，陈振初．新编有机合成化学．北京：化学工业出版社，2003：243.

[5] 张珊珊，郑土才，邱欢欢，聂孝文，况庆雷．化学与生物工程，2014，31 (6)：15.

[6] 谢建刚，李树白，朱思君，权静．化学试剂，2008，30 (7)：500.

第五章 环加成反应

环加成反应（cycloaddition reaction）是在光或热的条件下，两个或多个带有双键、共轭双键或孤对电子的分子相互作用生成环状化合物的反应。环加成反应在反应过程中不消除小分子化合物，没有 σ-键的断裂，Diels-Alder 反应就是典型的环加成反应。

环加成反应有不同的分类方法，可以根据参加反应的电子数和种类分类，也可以根据成环原子数目分类。按照成环原子数目环加成反应可分为［4+2］、［3+2］、［2+2］、［2+1］等，其中最常见的 Diels-Alder 反应就属于［4+2］环加成反应。

在环加成反应过程中，反应物在不同情况下可以经过不同的过渡态，形成具有不同立体结构特征的产物。

第一节 Diels-Alder 反应

Diels-Alder 反应是由德国化学家 Diels O 和 Alder K 于 1928 年发现的，并因此获得 1950 年诺贝尔化学奖，目前已经发展成为有机合成中最有用的反应之一。该反应不仅可以一次形成两个碳-碳单键，建立环己烯体系，而且在多数情况下是一种协同反应，表现出可以预见的立体选择性和区域选择性。

其中最简单的 D-A 反应应当是 1，3-丁二烯与乙烯的［4+2］环加成反应。1，3-丁二烯及其衍生物等称为双烯体，而乙烯及其衍生物称为亲双烯体。

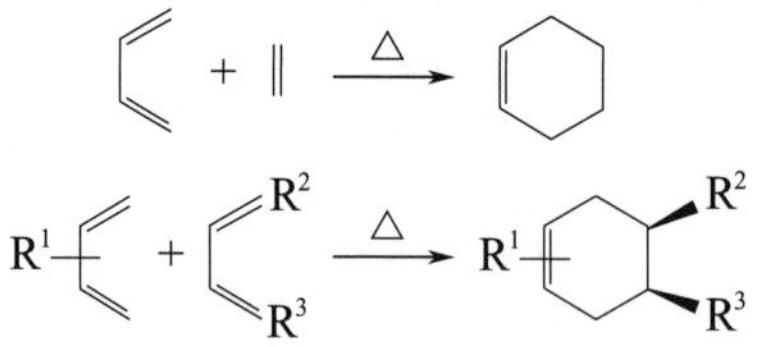

一、 Diels-Alder 反应的反应机理

无催化剂的 Diels-Alder 反应有三种可能的机理。一种是协同反应，生成环状的六元环过渡态，没有中间体生成，协同一步完成；第二种是双自由基机理，首先是双烯的一端与亲双烯体的一端结合，生成双自由基；第二步是另一端相互结合；第三种是双离子机理。

第一种机理

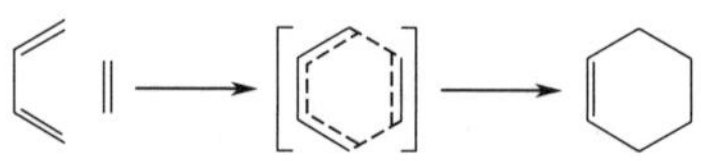

第二种机理

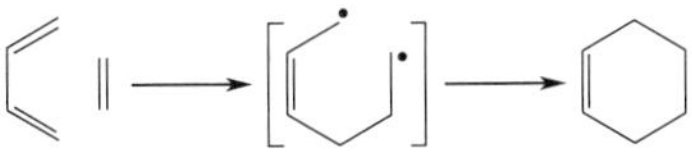

第三种机理

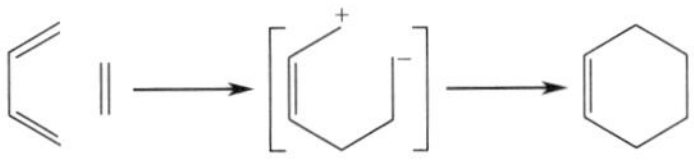

大量的研究表明，虽然双自由基和双离子机理在一些情况下可能发生，但绝大多数情况下是采用第一种机理。主要证据如下：a. 无论双烯体还是亲双烯体，反应具有立体专一性，纯粹的双自由基机理和双离子机理都不可能导致构型保持；b. 一般而言，Diels-Aldr 反应受溶剂的影响很小，这样就可以排除双离子机理，因为极性溶剂可以分散该机理过渡态的电荷而提高反应速率；c. 在如下化合物的解离过程中，在实验误差范围内，同位素效应 $K_1/K_2=1.00$。

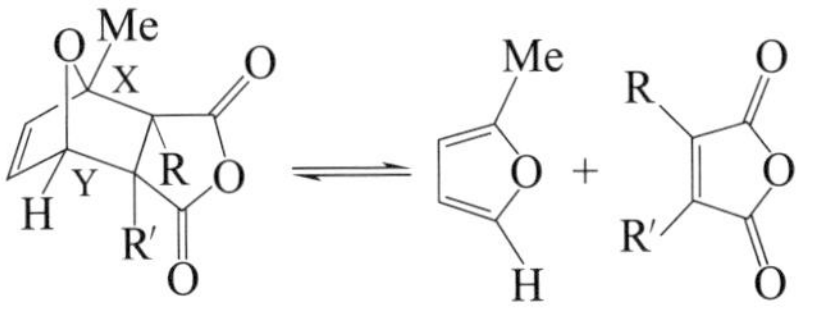

1. R=H,R′=D 2. R=D,R′=H

反应中若 X 键比 Y 键先打开，则该反应应该存在同位素效应影响。研究结果支持 X 键和 Y 键同时打开。该反应是 Diels-Alder 反应的逆反应，根据微观可逆原理，正反应的机理也应该是 X 键和 Y 键同时生成，这与类似正反应结果是一致的。当然还有其他证据证明是按第一种机理进行的。但值得指出的是，协同反应并不意味着反应是同步进行的。在同步反应的过渡态中，两个 σ-键形成的程度相同，但在不对称反应物的 Diels-Alder 反应中，则很可能是不同步的。也就是说，在可能的过渡态结构中，其中一个 σ-键形成的程度比另一个形成的程度大。

在有些反应中，利用双自由基机理解释可能更恰当一些。

关于环加成的协同反应机理，可以用分子轨道对称性守恒原理来解释。分子轨道对称性原理认为，化学反应是分子轨道进行重新组合的过程。在一个协同反应中，分子轨道的对称性是守恒的，即在由原料到产物的变化过程中，轨道的对称性始终保持不变。分子轨道的对称性控制着整个反应的进程。

分子轨道对称性原理利用前线轨道理论和能级相关理论来分析周环反应，总结了周环反应的立体选择性，并可利用这些规则来预言反应能否进行以及反应的立体化学进程。以下用前线轨道理论来解释环加成反应。

前线轨道理论最早是由日本福井谦一于 1952 年提出的。他首先提出了前线分子轨道和前线电子的概念，已占有电子的能级最高的轨道称为最高占有轨道（HOMO），未占有电子的能级最低的轨道称为最低未占轨道（LUMO）。有的共轭体系中含有奇数个电子，它的 HOMO 轨道中只有一个电子，这样的轨道称为单占轨道（SOMO）。单占轨道既是 HOMO，又是 LUMO，HOMO 和 LUMO 统称为前线轨道，用 FOMO 表示。处于前线轨道上的电子称为前线电子。前线电子是分子发生化学反应的关键电子，类似于原子之间发生化学反应的“价电子”。这是因为分子的 HOMO 对其电子的束缚力较小，具有电子给予体的性质；LUMO 对电子的亲和力较强，具有电子接受体的性质，这两种轨道最容易发生作用。所以，在分子间进行化学反应时，最先作用的分子轨道是前线轨道，起关键作用的是前线电子。

前线轨道理论在解释环加成反应时应符合以下几点：

① 两个分子发生环加成反应时，起决定作用的轨道是一个分子的 HOMO 与另一分子的 LUMO，反应中，一个分子的 HOMO 电子进入另一分子的 LUMO。

② 当两个分子相互作用形成 σ-键时，两个起决定作用的轨道必须发生同位相重叠。因为同位相重叠使能量降低，互相吸引；而异位相重叠使体系能量升高，互相排斥。

③ 相互作用的两个轨道，能量必须相近，能量越接近，反应就越容易进行。因为相互作用的分子轨道能差越小，新形成的成键轨道的能级越低，相互作用后体系能级降低得多，体系越趋于稳定。

环加成反应有同面（synfacial）加成和异面（antarafical）加成。同面加成时，π-键以同一侧的两个轨道瓣发生加成，以 s 来表示；异面加成时，以异侧的两个轨道瓣发生加成，以 a 表示。

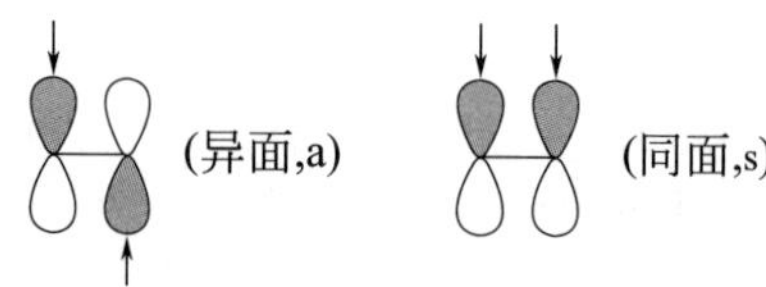

在环加成反应中，参加反应的是 π-电子。通常情况下表示环加成反应时，应当将参与反应的电子类型、数目、立体选择性都表示出来。D-A 反应可以表示为（$\pi4_s+\pi2_s$），表示为 D-A 反应有两个反应物，其中一个出 4 个 π 电子，另一个出两个 π 电子，反应时发生的是同面-同面加成。

1,3-丁二烯与乙烯的反应情况如下（图 5-1）：

当进行环加成反应时，1,3-丁二烯基态的 HOMO 与乙烯基态的 LUMO 重叠，或者 1,3-丁二烯基态的 LUMO 与乙烯基态的 HOMO 重叠，无论采用哪一种方式，基态时同面-同面加成轨道位相都是相同的，即对称性允许（图 5-2）。

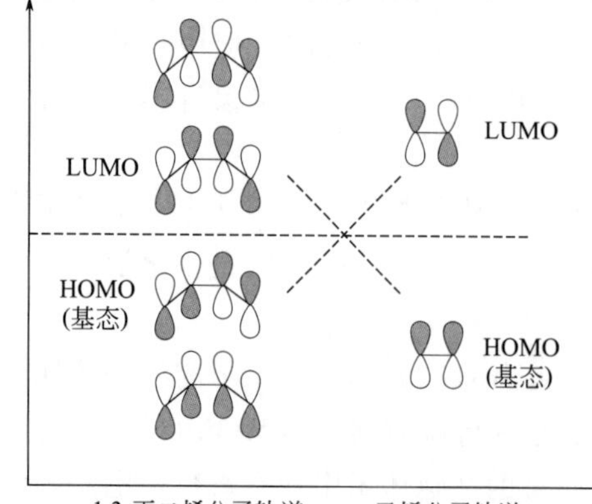

图 5-1　1,3-丁二烯和乙烯的分子轨道

正因为分子轨道有如上两种重叠的可能，故 D-A 反应可以分为三类。将电子从双烯体的 HOMO 流入亲双烯体的 LUMO 的反应称为正常的 D-A 反应；将电子由亲双烯体的 HOMO 流入双烯体的 LUMO 的反应称为反常的 D-A 反应，也叫反电子需求的 Diels-Alder 反应，若双烯体连有吸电子基团，或亲双烯体上连有给电子基团，此时更容易发生这种反电子需求的 D-A 反应。但目前只有很少这种反应发生；而电子双向流动的称为中间的 D-A 反应。

光激发的 D-A 反应同面-同面加成是禁

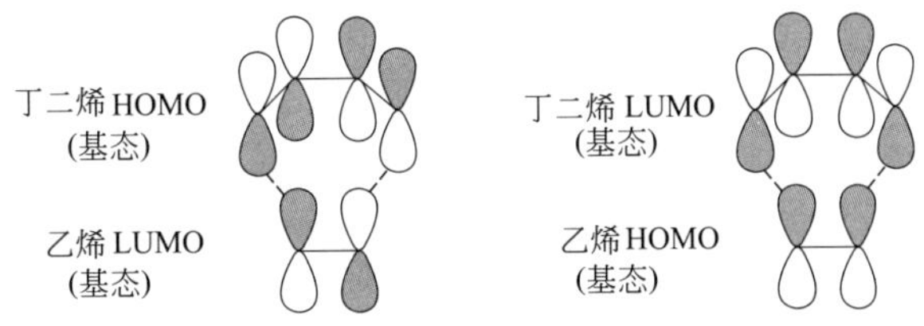

图 5-2 丁二烯和乙烯加热条件下的环加成

阻的（图 5-3）。

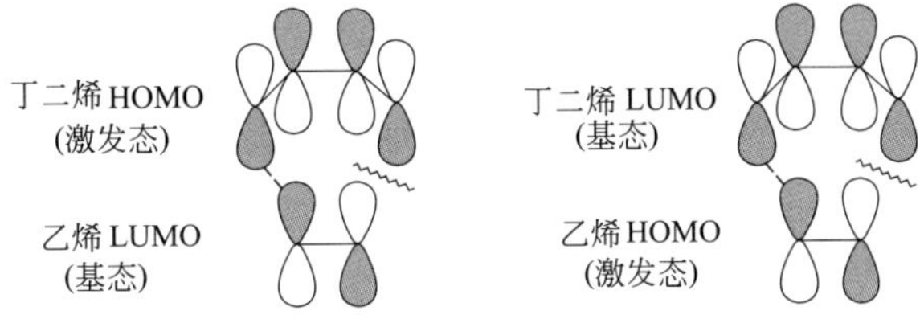

图 5-3 丁二烯和乙烯光照条件下的环加成

乙烯二聚生成环丁烷属于 $4n$ 体系［2＋2］，1,3-丁二烯与乙烯的反应属于 $4n+2$ 体系［4＋2］。由于直链共轭多烯 π 分子轨道对 C2 旋转轴或镜面的对称性是交替变化的，所以，前线轨道理论对其他的 $4n$ 体系分析后得出的结论与乙烯二聚的结论一致。故环加成反应的立体选择性规律总结如下（表 5-1）。

表 5-1 环加成反应的立体选择规则

参加反应的电子数	$4n+2$	$4n$
同面-同面	△允许　　$h\nu$ 禁阻	△禁阻　　$h\nu$ 允许
同面-异面	△禁阻　　$h\nu$ 允许	△允许　　$h\nu$ 禁阻

在 D-A 反应中，双烯体和亲双烯体分子中可以带有取代基。比较常见的双烯体和亲双烯体如下：

常见的亲双烯体（一般连有吸电子基团）：

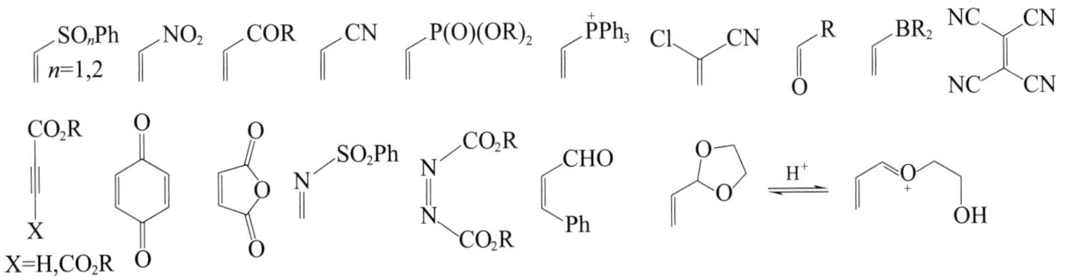

三键化合物（—C≡C—Z 或 Z—C≡C—Z）也可以作为亲双烯体，丙二烯是很差的亲双烯体，但连有活化基的丙二烯可以作为亲双烯体。苯炔虽然不能分离得到，但可以作为亲双烯体被二烯捕获。

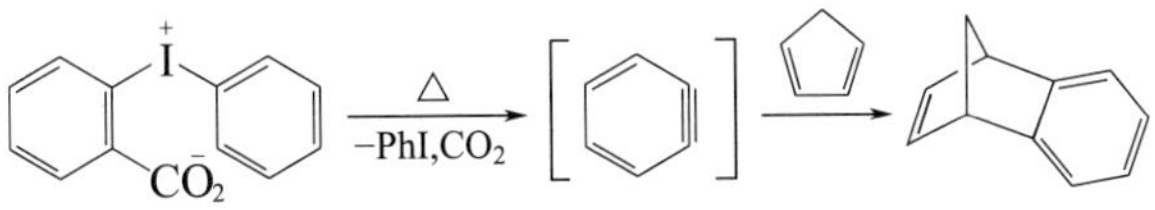

没有吸电子基团的孤立双键和三键化合物，往往需要高温、高压或催化剂存在下才可以发生 Diels-Alder 反应。但具有张力的环状双键或三键化合物，反应很容易进行，它们属于活泼的亲双烯体。

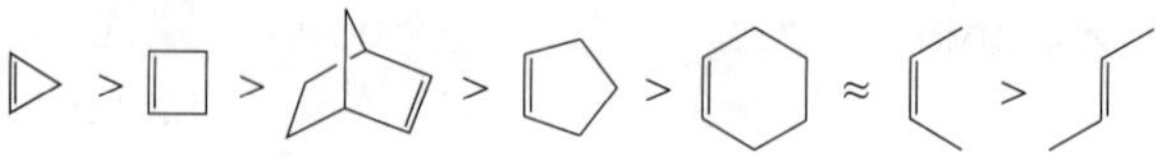

糖尿病治疗药米格列奈钙中间体顺式全氢异吲哚的合成如下。

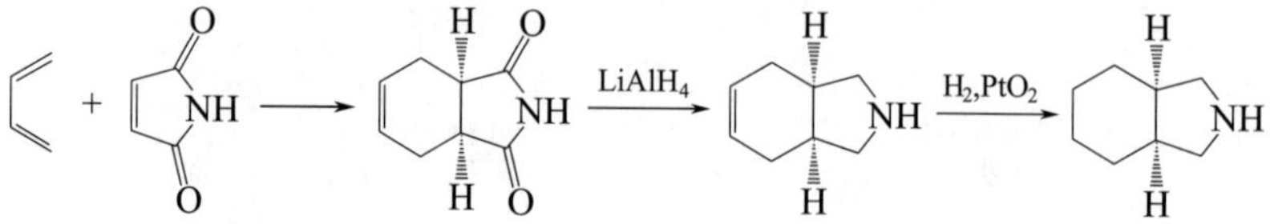

抗焦虑枸橼酸坦度螺酮（Tandospirone Citrate）中间体双环[2.2.1]庚烷-2,3-二酰亚胺的合成如下。

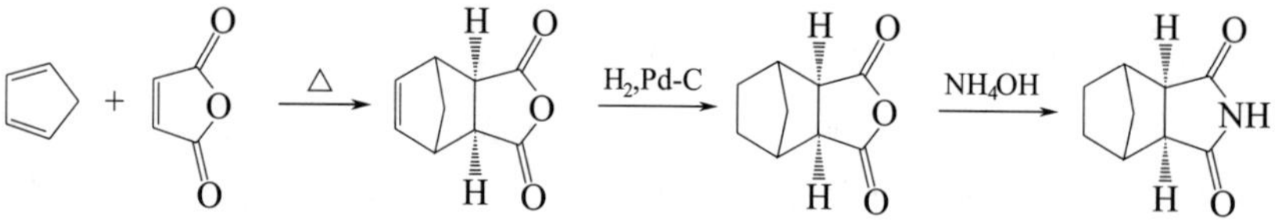

亲双烯体双键或三键上的原子，除了碳原子之外，还可以是一个或两个杂原子，称为杂亲双烯体，常见的杂原子有 N、O、S 等。例如：

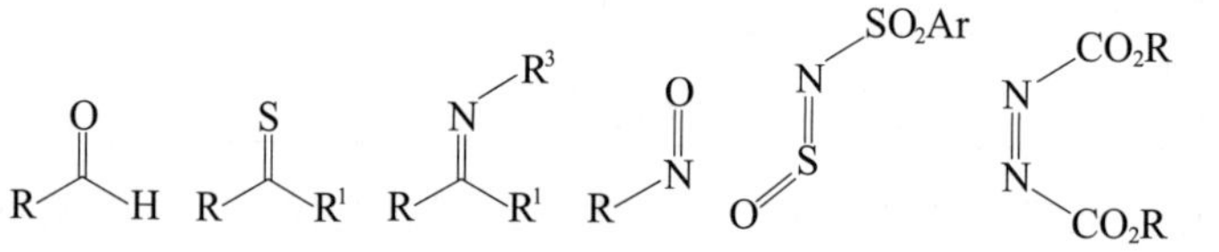

当然，各种亲双烯体的反应活性不同，具体的反应条件也有差异。杂亲双烯体参与的 Diels-Alder 反应是合成杂环化合物的一种方法。

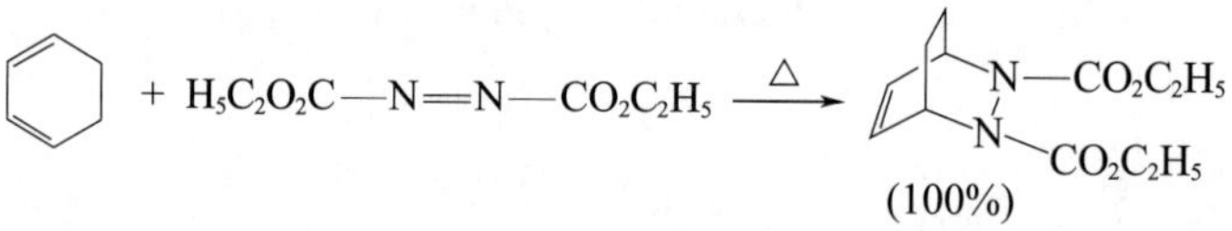

乙烯是亲双烯体，但其活性低，而且是气体，使用不便。若将其分子中引入一个吸电子基团，转化为活泼的亲双烯体，反应后再将引入的基团除去，则使得反应容易进行。这种临时至活的亲双烯体称为合成等价物（synthetical equeivalent）。例如：

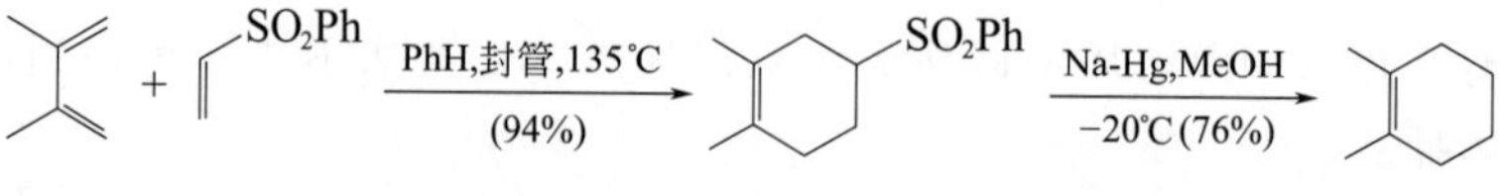

2-氯丙烯腈是常用的乙烯酮的合成等价物。由于乙烯酮在 Diels-Alder 反应条件下会优先与双烯体发生［2+2］反应生成环丁酮衍生物，所以不能用作亲双烯体来制备环己酮衍生物。使用 2-氯丙烯腈则可以与双烯体反应得到相应加成物，后者水解得到环己酮类化合物。例如：

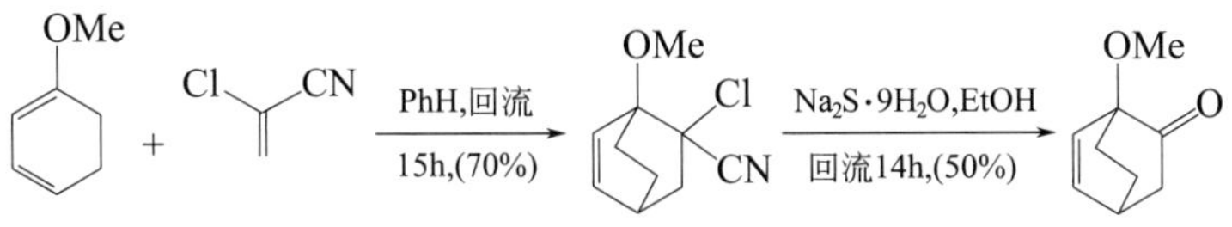

PhH,回流 15h,(70%)　$Na_2S\cdot 9H_2O$,EtOH 回流14h,(50%)

使用2-氯丙烯腈作为乙烯酮的合成等价物有如下优点：2-氯丙烯腈是已商品化的稳定化合物；与双烯体反应可以被CuCl催化，表现出高度的区域选择性；加成产物氯代腈可以在多种温和的条件下水解生成酮。

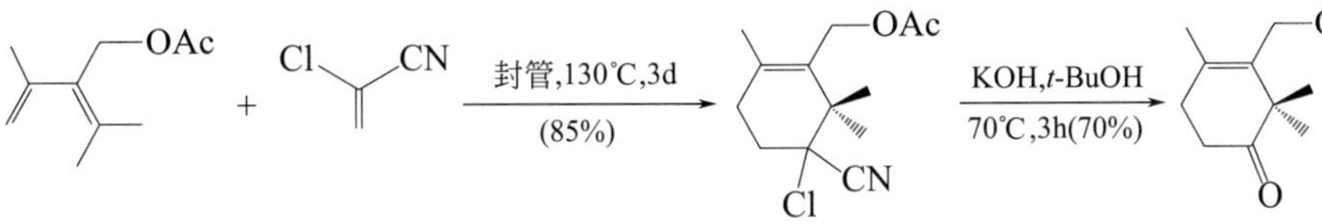

封管,130℃,3d (85%)　KOH,*t*-BuOH 70℃,3h(70%)

常见的双烯体（连有给电子基团容易发生反应）可以是开链的、环内的、环外的、跨环的、环内环外的。

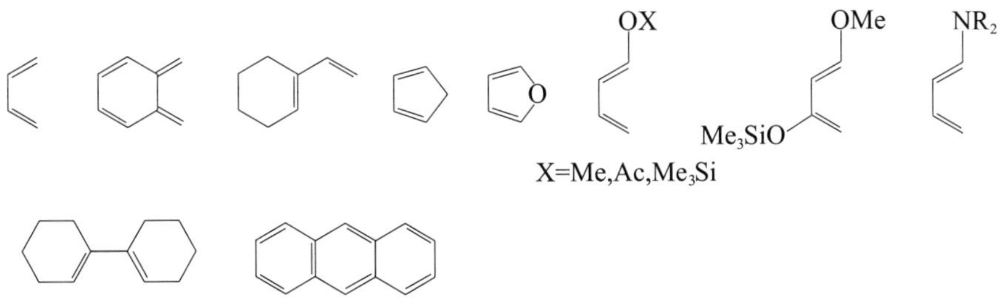

X=Me,Ac,Me_3Si

对于双烯体，反应时要求具有单键顺式结构，而如下化合物则不能进行该反应，因为它们不能通过单键的旋转生成单键顺式结构。

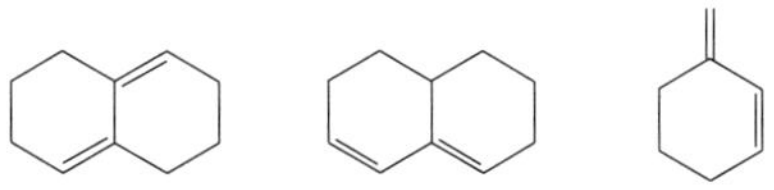

双烯体上连有给电子取代基，而亲双烯体上连有吸电子取代基时，反应容易进行。

以下双烯都是以人名命名的双烯体，在有机合成中占有重要地位。

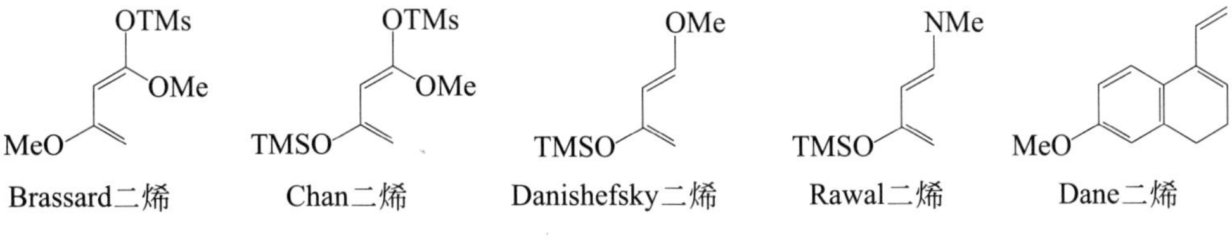

Brassard二烯　Chan二烯　Danishefsky二烯　Rawal二烯　Dane二烯

以Danishefsky二烯的反应为例表示如下。

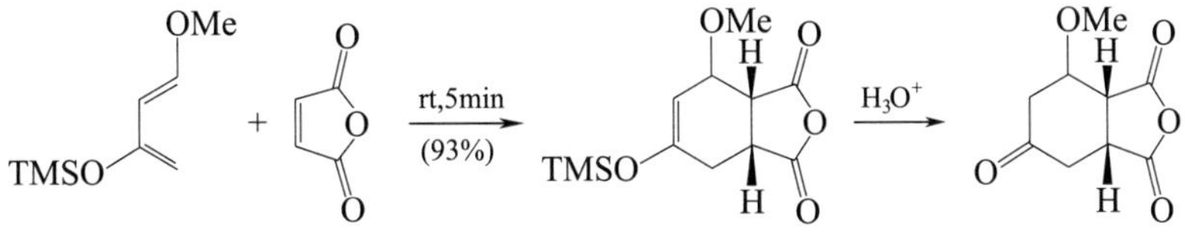

rt,5min (93%)　H_3O^+

Danishefsky二烯类化合物可按如下路线来制备。

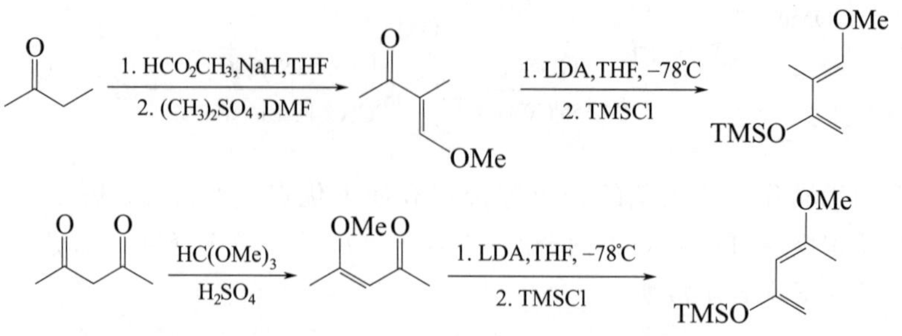

5,6-二亚甲基-1,3-环己二烯具有很高的反应活性，但一般不能从反应中分离出来。常常采用原位产生的方法，用以合成苯并加成产物。

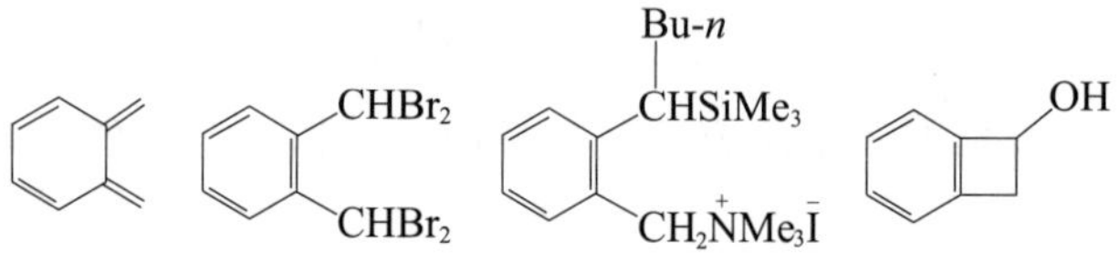

5,6-亚甲基-1,3-环己二烯及其前体化合物

例如：

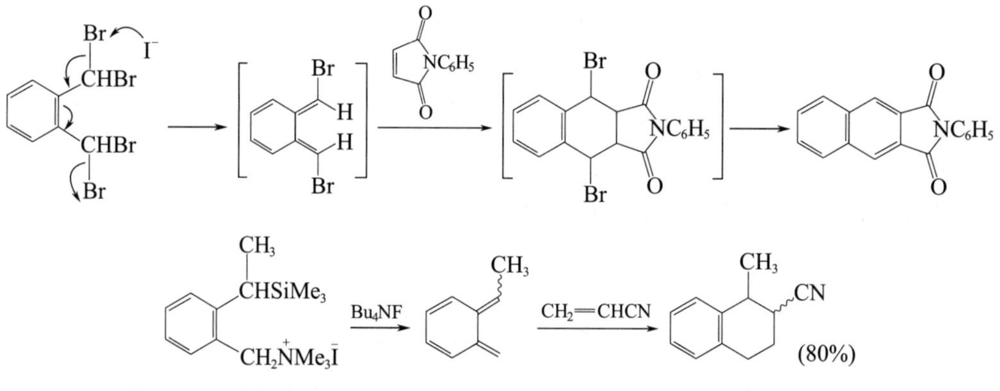

1,3-丁二烯是气体，使用不便。其替代物是3-环丁烯砜，3-环丁烯砜是固体，使用方便。1,3-丁二烯可以由逆Diels-Alder反应原位产生。

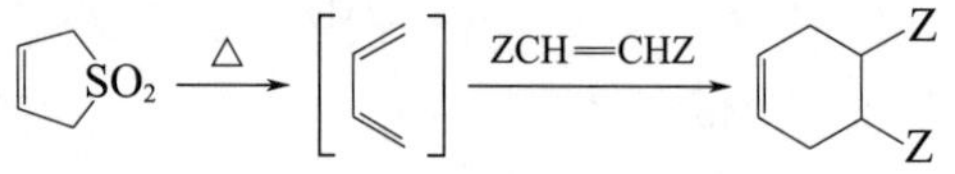

一些芳香族化合物也可以像双烯体一样进行Diels-Alder反应。苯与亲双烯体的反应性能很差，只有非常少的亲双烯体如苯炔能与苯反应。萘和菲与亲双烯体的反应也是惰性的，但蒽和其他至少具有三个线性苯环的化合物可以顺利地发生Diels-Alder反应。

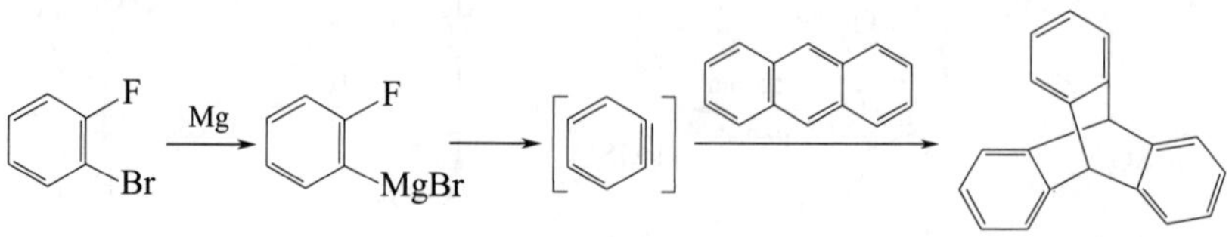

如下反应虽然不是共轭体系，但分子的几何构型合适，也可以发生反应。不过该反应

称为同型 Diels-Alder 反应（homo-Diels-Alder reaction）。

$$+\ CH_2{=\!=}CH_2 \longrightarrow$$

很多 1,3-偶极化合物也可作为双烯体进行 D-A 反应。例如：

$$\overset{-}{C}H_2—\overset{+}{N}{=\!=}N \longleftrightarrow \overset{-}{C}H_2—\ddot{N}{=\!=}N^+$$

$$O{=\!=}\overset{+}{O}—O^- \longleftrightarrow {}^+O{=\!=}O—O^-$$

$$R—N{=\!=}\overset{+}{N}{=\!=}N \longleftrightarrow R—\overset{+}{\ddot{N}}—N{=\!=}N^-$$

$$^-CH_2—\ddot{N}{=\!=}N^+ + \text{(cis-}CH(CO_2CH_3){=}CH(CO_2CH_3)) \xrightarrow{\triangle}$$

$$^+O—O—O^- + \text{(cis-RCH=CHR)} \xrightarrow{\triangle}$$

$$O_2N-C_6H_4-\overset{+}{\ddot{N}}—N{=\!=}N^- + \xrightarrow{\triangle}$$

不过上述 1,3-偶极化合物也可作为双烯体进行的 D-A 反应，属于［3＋2］环加成反应。

含杂原子的双烯体或亲双烯体也可以发生 Diels-Alder 反应，生成杂环化合物。亲双烯体主要有如下类型：N≡C—、—N=C—、—N=N—、O=N—、—C=O，甚至氧分子。

含杂原子的 Diels-Alder 反应：

$$\xrightarrow{Et_2O,\ \triangle} \quad (91\%\sim95\%)$$

一些含杂原子的二烯可以作为双烯体，氮杂二烯通过 Diels-Alder 反应生成吡啶、二氢吡啶、四氢吡啶衍生物。一些杂二烯如—C=C—C=O、O=C—C=O、—N=C—C=N—、—C=N—C=O、—C=N—C=S 等也可以作为双烯体。例如：

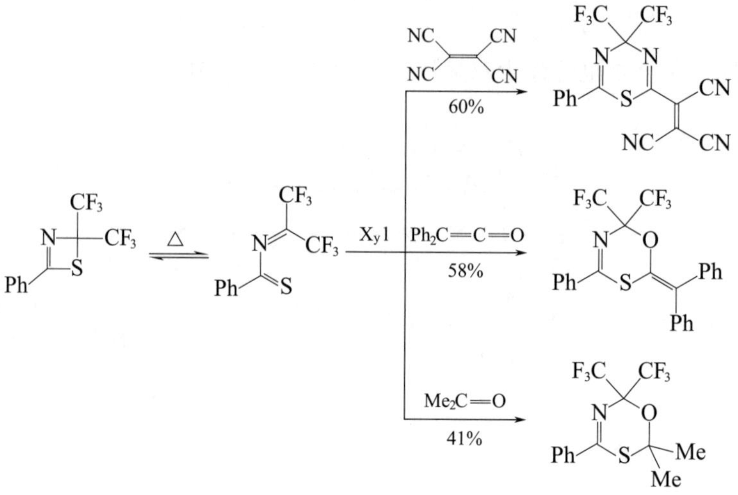

分子内也可以发生 Diels-Alder 反应，生成环状化合物。例如，在 BF_3-Et_2O 作用下先发生消除反应生成烯胺酮，而后发生分子内 Diels-Alder 反应，生成环状化合物。

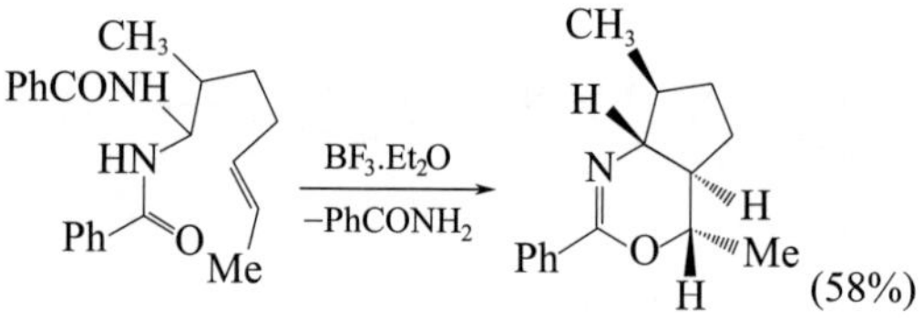

目前已开发出一些催化剂，如 Fe（$BuEtCHCO_2$）$_3$，可以有效地催化含杂原子的 Diels-Alder 反应，$InCl_3$ 是催化亚胺类 Diels-Alder 反应的良好催化剂。

目前文献中已经报道了很多加速 Diels-Alder 反应的方法。例如微波、超声波、在乙醚溶剂中加入 $LiClO_4$、在色谱填充物上吸附反应物等。在超临界 CO_2 作溶剂的 Diels-Alder 反应、固相载体上的 Diels-Alder 反应、沸石承载催化剂的 Diels-Alder 反应、氧化铝用于促进 Diels-Alder 反应的报道也逐渐增多。另外，在水中进行的 Diels-Alder 反应受到人们的普遍关注。

Fringuelli 等（Fringuelli F，Piermatti O，Pizzo F. Eur J Org Chem，2001，439）对水介质中 Lewis 酸催化的 Diels-Alder 反应进行了综述。水介质中的 Diels-Alder 反应不仅可以加快反应速度，而且可以提高反应的区域选择性和立体选择性。水相中的 Diels-Alder 反应包括使用水和水与有机溶剂组成的混合溶剂。组成混合溶剂的有机溶剂常用的有 THF、MeCN、MeOH、EtOH 等，其中 H_2O-THF 最经常使用。镧系金属的三氟甲磺酸盐和其他过渡金属的三氟甲磺酸盐在该类反应中特别引人关注。其中有些可以在水相中制备，而且在水相中完成催化反应后回收循环使用。用水代替有机溶剂对于绿色化学和环境保护具有重要意义。

Diels-Alder 反应在天然化合物、药物合成中有广泛应用，例如利尿药（用于治疗高血压病药物）盐酸西氯他宁（Cicletanine hydrochloride）中间体的合成（陈芬儿．有机药物合成法：(第一卷．北京：中国医药科技出版社，1999：762)：

3,6-氧桥-1,2,3,6-四氢邻苯二甲酸酐

$C_8H_6O_4$，166.13

【英文名】3,6-endoro-1,2,3,6-Tetrahydrophthalic anhydride

【性状】白色粉末。mp 114～116℃。

【制法】胡仲禹，黄华山，夏美玲等．江西化工，2013：104.

在安有磁力搅拌器、回流冷凝管、温度计和恒压滴液漏斗的 250mL 的三颈圆底烧瓶中，依次加入马来酸酐（**2**）6.86g（0.07mol）和 l 呋喃 32.23g（0.474mol），室温下搅拌 16 h，混合物为淡黄色泥状物。抽滤，用少量乙醇洗涤，滤饼干燥，得白色粉末（**1**）4.79g，收率 82.5%，mp 114～116℃。

2-甲基-3-羟基吡啶-4, 5-二甲酸二乙酯

$C_{12}H_{15}NO_5$，253.25

【英文名】Diethyl 2-methyl-3-hydroxypyridinedicarboxylate

【制法】英志威，段梅莉，冀亚飞．中国医药工业杂志，2009，40（2）：81.

于反应瓶中加入 4-甲基-5-乙氧基噁唑（**2**）5.27g（41.5mmol），顺丁烯二甲酸二乙酯 14.3g（83mmol），于 150℃ 反应 5h。冷至 0℃，加入乙醚 50mL，通入氯化氢气体约 30min。过滤析出的沉淀，得到类白色固体。用乙醇-乙醚（1：1）重结晶，得白色固体（**1**）的盐酸盐 9.4g，收率 89%。将其加入 50mL 饱和碳酸氢钠溶液中，用氯仿提取 3 次，合并有机层，无水硫酸镁干燥，过滤，蒸出溶剂，得澄清液体（**1**）8.2g，收率 78%。

6-乙氧基-4a,5,8,8a-四氢萘-1, 4-二酮

$C_{12}H_{14}O_3$，206.24

【英文名】6-Ethoxy-4a,5,8,8a-tetrahydronaphthalene-1，4-dione

【性状】mp 88～90℃。

【制法】陈芬儿．有机药物合成法：第一卷．北京：中国医药科技出版社，1999：921.

(2) (1)

于反应瓶中加入对苯二醌（**2**）57.3g（0.54mol），无水乙醇200mL，搅拌溶解，加入2-乙氧基-1,3-丁二烯53.8g（0.55mol），回流反应2h。搅拌下倒入热的无水乙醇25mL中，冷却1h。过滤，干燥，得化合物（**1**）97.7g，收率88%，mp 88～90℃。

2-苯基-3, 4-二氢吡喃-4-酮

$C_{11}H_{10}O_2$，174.20

【英文名】2-Phenyl-2，3-dihydropyran-4-one

【性状】黄色油状液体。

【制法】Huang Y，Rawal V H. Org Lett，2000，2：3321.

(2) (1)

于安有磁力搅拌器、温度计的干燥反应瓶中，加入新蒸馏的化合物（**2**）227mg（1mmol），氯仿2mL，充入氮气，慢慢加入苯甲醛1.5mmol，而后室温搅拌反应2h。加入15mL二氯甲烷稀释，冷至－78℃，加入乙酰氯2mmol搅拌反应30min。加入饱和碳酸钠溶液，分出有机层，水层用15mL水稀释，二氯甲烷提取。合并有机层，无水硫酸镁干燥。过滤，减压浓缩，得黄色油状液体。过硅胶柱纯化，得化合物（**1**），收率86%。

N-苄基-2-氮杂降冰片烯

$C_{13}H_{15}N$，185.27

【英文名】*N*-Benzyl-2-azanorbornene，2-(phenylmethyl)-2-azabicyclo[2.2.1]hept-5-ene

【性状】无色油状液体。

【制法】Grieco P A，Smart B E. Org Synth，1993，Coll Vol 8：31.

$PhCH_2NH_2 \cdot HCl \xrightarrow[H_2O]{HCHO} [PhCH_2(H)\overset{+}{N}{=}CH_2\ Cl^-] \rightarrow$ (1)

(2) (1)

于安有搅拌器、回流冷凝器的反应瓶中，加入无离子水 26mL，苄基胺盐酸盐（**2**）8.6g（60mmol），搅拌下加入 37%的甲醛溶液 6.3mL（84mmol），随后再加入新制备的环戊二烯 9.9mL（120mmol），室温剧烈搅拌反应 4h。将反应物倒入 150mL 水中，乙醚-己烷（1∶1）提取 2 次。水层用固体氢氧化钾调至碱性，乙醚提取（60mL×3）。合并有机层，无水硫酸镁干燥。过滤，浓缩，得浅黄色油状液体 11.2g，收率 100%。减压蒸馏，收集 80～85℃/6.5Pa的馏分，得无色油状液体（**1**）10.1～10.2g，收率 91%～92%。

2-对溴苯基-3，4，5，6，-四苯基吡啶

$C_{35}H_{24}BrN$，538.49

【英文名】 2-*p*-Bromophenyl-3,4,5,6-tetraphenylpyridine

【性状】 浅黄色结晶。mp 256～257℃。易溶于苯、甲苯、氯仿，难溶于醇和醚，不溶于水。除了与高氯酸生成结晶状的高氯酸盐外，不与酸成盐。

【制法】 韩广甸，赵树纬，李述文．有机制备化学手册（中卷）．北京：化学工业出版社，1978：126.

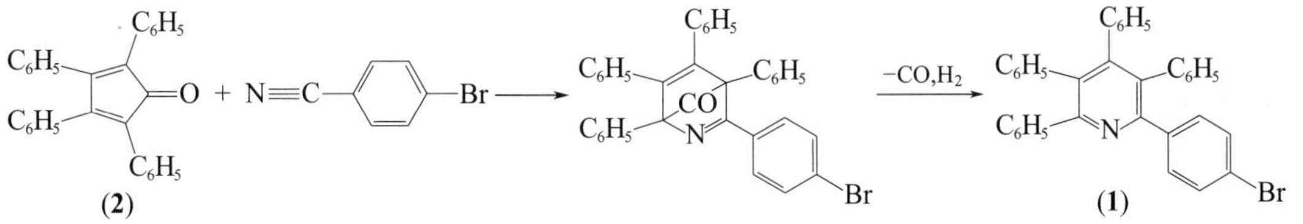

(2) + N≡C–C₆H₄–Br → [CO-bridged adduct] —(−CO, H_2)→ (1)

于安有空气冷凝器（安氯化钙干燥管）的反应瓶中，加入四苯基环戊二烯酮（**2**）19.2g（0.05mol），对溴苯甲腈 18g（0.1mol），再加入沸石，慢慢加热至微沸，反应 34h 后反应物的紫红色褪去。用 50mL 沸乙醇提取加入 5g 氢氧化钠溶于 20mL 水配成的溶液，再加热回流 3h，以使过量的对溴苯甲腈水解。蒸出乙醇，剩余物中加入 100mL 水，抽滤，水洗，于 120℃干燥。用乙醇-苯混合液（乙醇∶苯为 7∶3）重结晶，得浅黄色结晶 2-对溴苯基-3,4,5,6-四苯基吡啶（**1**）23.3g，mp 256～257℃，收率 86.6%。

二、 Diels-Alder 反应的立体化学特点

1. 顺式原理

Diels-Alder 反应从机理上属于［4+2］环加成反应，双烯体和亲双烯体的 p-轨道通过上下重叠成键。因此，Diels-Alder 反应是立体专一性顺式加成反应，双烯体和亲双烯体的立体构型在反应前后保持不变。这一现象称为顺式原理。例如，1,3-丁二烯与顺式丁烯二酸酯反应，生成顺式 1,2,3,4-四氢苯二甲酸酯，而与反式丁烯二酸酯反应生成相应的反式衍生物。

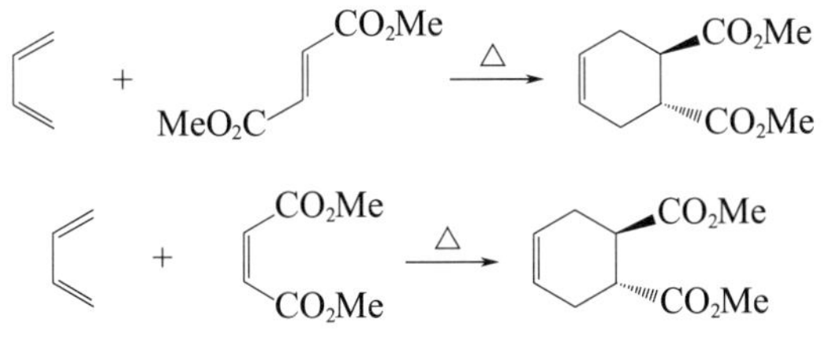

又如：

Ph Ph O O O △ Ph Ph O O O

Me Me O O O △ Me Me O O O

2. 内型规则

Diels-Alder 反应遵循内型规则，即生成的产物以内型为主。原因是当采取内型方式进行反应时，亲双烯体上的取代基与双烯 π-轨道存在有利于反应的次级作用。例如环戊二烯与顺丁烯二酸酐的反应：

内型(*endo*)加成

外型(*exo*)加成

其他反应也有类似的情况。例如：

CO_2Me → CO_2Ne (74%) + CO_2Me (26%)

Diels-Alder 反应生成热力学不稳定的内型异构体为主的产物，说明 Diels-Alder 反应是受热力学和动力学控制的反应。反应条件对内型规则有规律性的影响：升高反应温度会降低内型产物的比例；增大压力会增加内型产物的比例；使用路易斯酸催化剂会显著增加内型产物的比例。

	endo-	*Exo-*
25℃	65%	37%
100℃	59%	41%
BF_3-Et_2O, −20℃	90%	10%

25℃

endo加成
(内型加成)

90℃

90℃

exo加成
(外型加成)

值得指出的是，内型规则主要适用于环状亲双烯体的 Diels-Alder 反应，对于非环状亲双烯体并不完全遵循内型规则。对于分子内的 Diels-Alder 反应，使用内型规则也需谨慎。

D-A 反应既可以发生在两个分子间，也可以发生在分子内（只要位置合适）。这是合成双环和多环化合物的一种方便方法。

180℃,4h (100%)

200℃,0.75h (80%)

155℃,23h (87%)

X=Y=O,150℃,12h,56% (95%)
X=O,Y=H,82℃,1.5h,86% (100%)
X=O,Y=OH/H 23℃,20h,70% (100%)

3. Diels-Alder 反应的区域选择性

Diels-Alder 反应具有区域选择性，当一个不对称的双烯体与一个不对称的亲双烯体反应时，可能生成两个位置异构体。但根据取代基性质，往往得到一种主要产物。

G:给电子基团
L:吸电子基团

1-取代丁二烯与不对称亲双烯体反应时，主要得到邻位产物（1,2-定位加成物）。加成方向与取代基性质无关。例如：

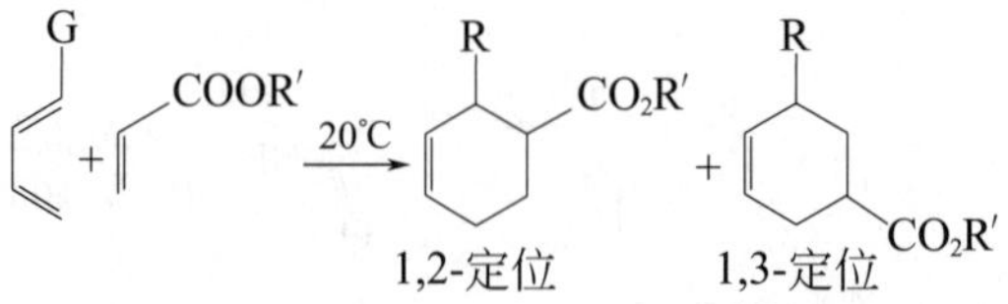

R	R′	1,2-定位：	1,3-定位	收率/%
NEt_2	Et	100	0	94
Me	Me	18	1	64
Ph	Me	39	1	61
t-Bu	Me	4.1	1	76
COOH	H	100	1	67
COONa	Na	1	1	60

在上述反应中无论给电子基团还是吸电子基团，反应的主要产物都是1,2-定位产物。但2,4-戊二烯酸钠与丙烯酸钠反应时，则两种产物的比例相当，这可能是由于生成1,2-定位产物时，两个带负电荷的基团相距较近，互相排斥，从而使得1,3-定位产物更有利造成的。

2-取代丁二烯与不对称亲双烯体反应时，主要得到对位产物。加成方向与取代基性质无关。

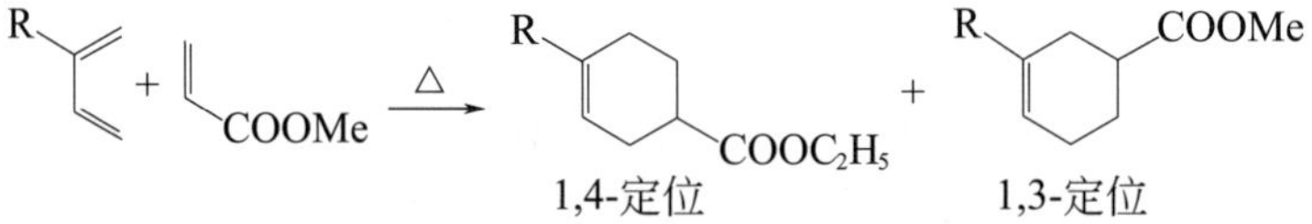

R	1,2-定位：	1,3-定位	收率/%
OEt	100	0	50
Me	54	1	54
Ph	4.5	1	73
CN	100	0	86
t-Bu	3.5	1	47

可以推断，1,3-二取代-1,3-丁二烯与不对称亲双烯体反应，取代基的定位效应应当具有加合性，其中一种几乎为唯一产物。

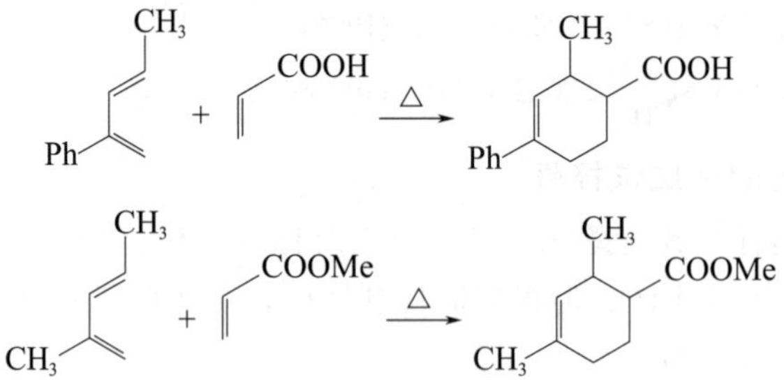

1,4-二取代-1,3-丁二烯与亲双烯体的反应，其取代基定位效应依如下次序递减：Pn＞CH_3＞COOH。

区域选择性是由取代基影响双烯体和亲双烯体前线轨道各碳原子位置的轨道系数造成的。双烯体在C_1位置有取代基时，C_4位的轨道系数最大；在C_2位有取代基时，C_1位轨道系数最大；连有吸电子基团的亲双烯体则是C_2位置的轨道系数最大。反应中双烯体和亲双烯体轨道系数大的原子之间结合成键。

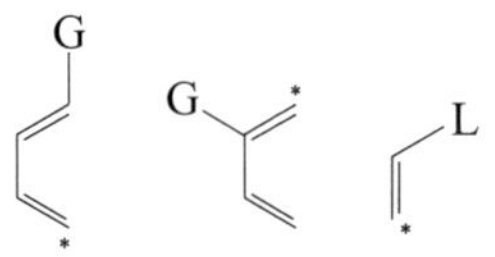

发生 D-A 反应时，两种反应物轨道系数最大的位置最容易结合，这就决定了邻、对位加成的区域选择性。

D-A 反应对位阻比较敏感。例如 A 和 B 是一对异构体，但 A 的空间位阻比 B 大，提高了反应的活化能，发生 D-A 反应困难一些。

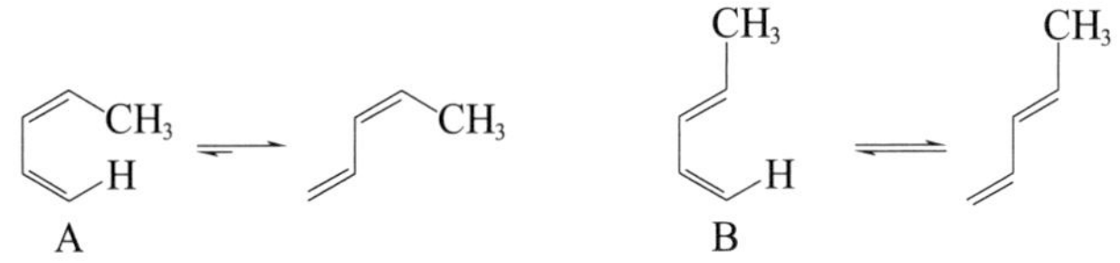

位阻大的亲双烯体，难以发生 D-A 反应，但在超高压情况下可以发生 D-A 反应。抗癌活性成分斑蝥素可以在超高压条件下使用空间位阻较大的原料经多步反应合成出来。

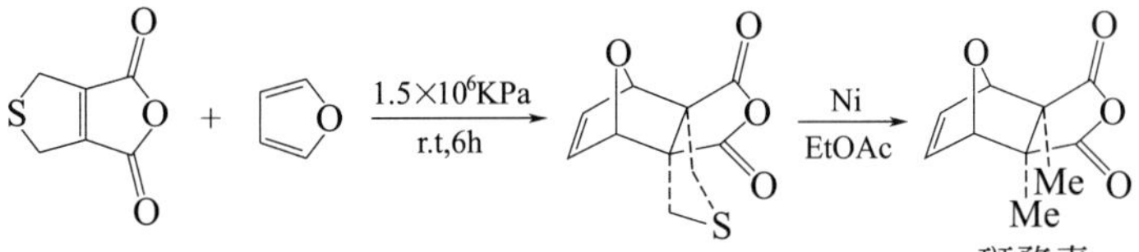

简单的醛（RCHO）和亚胺（RN═CHR′）作为亲双烯体反应性能低。但若 R 是吸电子基团如 CO_2R、SO_2R 等，或者使用高反应活性的 Danishefsky 双烯并使用 Lewis 酸作催化剂，醛和亚胺也可以顺利地进行 D-A 反应。例如（Org Synth，1990，Coll Vol 7：147）：

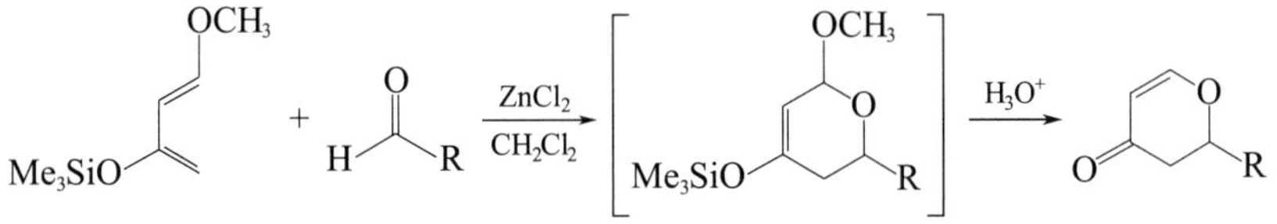

又如（Huang Y，Rawal V H. Org Lett，2000，2：3321）：

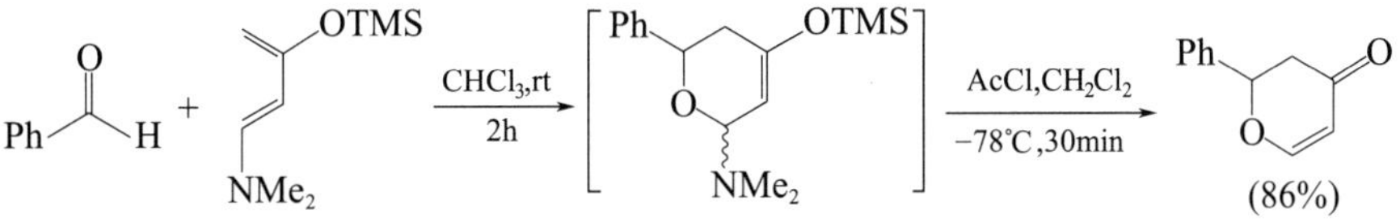

亚胺鎓是亲双烯体，亚胺鎓可以在水中形成，相应的 D-A 反应也可以在水中进行。例如：

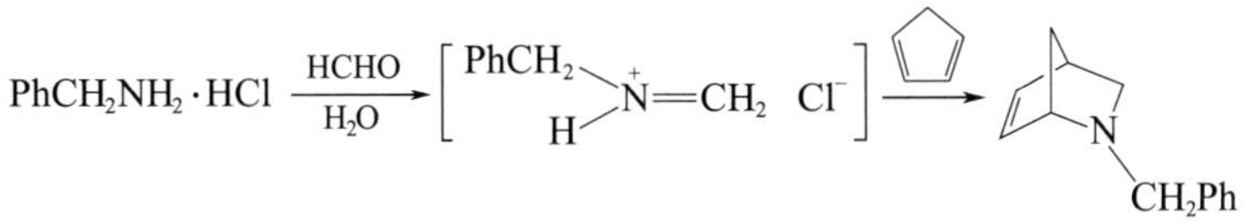

内-三环［6.2.1.$0^{2,7}$］十一碳-4,9-二烯-3,6-二酮

$C_{11}H_{10}O_2$，163.20

【英文名】*endo*-Tricyclo［6.2.1.$0^{2,7}$］undecan-4,9-diene-3,6-dione

【性状】白色针状或片状结晶。mp 157～158℃。

【制法】Masaji O. Kawase T，Okada T，Enomato T. Org Synth，1998，Coll Vol 9：186.

方法 1：

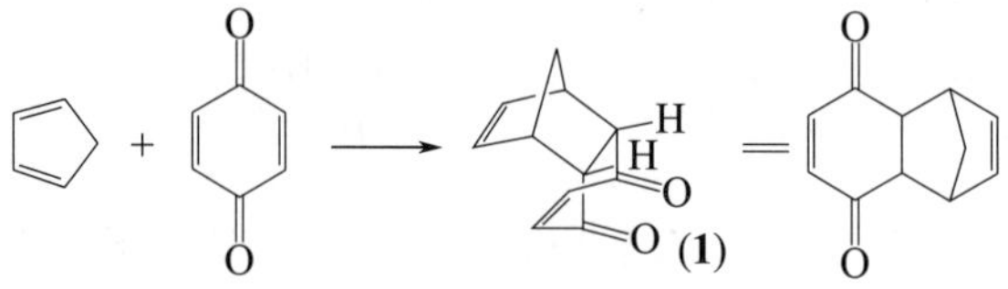

(2)　(3)　(*endo*型)

于反应瓶中加入对苯醌（**3**）5.4g（0.05mol），无水乙醇 20mL，充分摇动使呈悬浮液。冰水浴冷至 0～5℃，迅速加入冷却的环戊二烯（**2**）3.6g（4.3mL，0.055mol），冰浴中放置 20min，注意经常摇动。而后室温反应 45min。抽滤，得浅黄色固体。用丙酮重结晶，干燥，得闪光的白色针状或片状结晶 4～6g，mp 157～158℃，收率 60%～70%。

市售环戊二烯为二聚体，加热至 170℃可分解为单体。可利用长 20cm 的韦氏分馏柱进行慢慢分馏，收集 42～44℃的馏分得到环戊二烯。环戊二烯不能久置，应尽快使用以防二聚。蒸馏时不得将瓶内液体蒸干以防止爆炸。

方法 2：

于安有搅拌器。温度计、滴液漏斗、回流冷凝器的反应瓶中，加入 1,4-苯醌（**2**）108.1g（1.0mol），350mL 二氯甲烷，冷至 0℃，搅拌下滴加环戊二烯 41.5mL（34.2g，0.52mol），控制滴加速度，保持内温不超过 8℃，约 45min 加完。再搅拌下滴加环戊二烯 41.5mL（34.2g，0.52mol），约 45min 加完。加完后冰浴冷却搅拌反应 1h，而后室温搅拌反应 30min。减压旋转浓缩，剩余物中加入 200mL 己烷，冰浴冷却 30min，抽滤，滤饼用己烷充分洗涤，空气中干燥，得化合物（**1**）150～155g，母液中可回收 12～15g，共得产品 164～169g，收率 94%～97%。

反-4-烯-四氢邻苯二甲酸二乙酯

$C_{12}H_{18}O_4$，226.27

【英文名】Diethyl *trans*-4-ene-tetrahydrophthalate

【性状】无色液体。bp 129～131℃/666Pa，n_D^{25} 1.4570。

【制法】［1］Thomas E S Jr，Lewis F H. Org Synth，1988，Coll Vol 6：454.

［2］林原斌，刘展鹏，陈红飙．有机中间体的制备与合成．北京：科学出版社，2006：471.

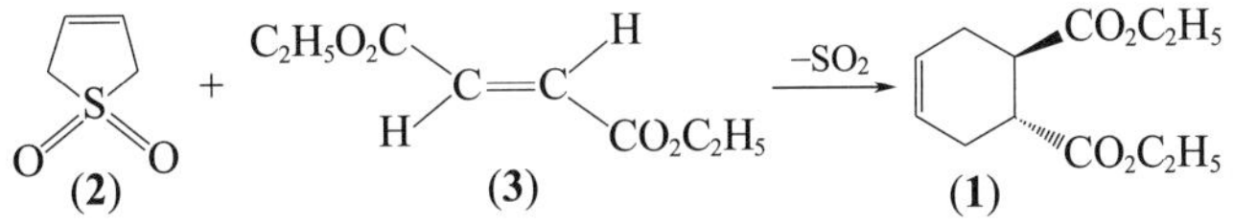

于压力反应釜中，加入 3-烯环丁砜（**2**，mp 64～66℃）60g（0.51mol），富马酸二甲酯（**3**）86g（0.5mol），1g 氢醌，90mL 无水乙醇。搅拌溶解。密闭反应釜，搅拌下慢慢升温至 105～110℃，内压约 0.5MPa，保温反应 8～10h。冷至室温，打开反应釜，取出反应物，剧烈搅拌下加入 60g 碳酸钠溶于 350mL 水的溶液，有大量二氧化碳放出。加完后继续搅拌 15min。用 200mL 石油醚（65～70℃）洗涤反应釜后，将石油醚倒入反应液中，剧烈搅拌 10min。分出有机层，水层用石油醚提取两次。合并有机层，依次用冷的 5%的碳酸钠溶液、水洗涤，无水硫酸钠干燥。回收溶剂后减压分馏，收集 129～132℃/665Pa 的馏分，得反-4-烯-四氢邻苯二甲酸二乙酯（**1**）75～82g，收率 66%～73%。

（3*aS*,4*R*,5*R*,7*aS*）-3-氧代-5,6-二苯基-1,3,3*a*.4.5.7*a*-六氢异苯并呋喃-4-甲酸

$C_{21}H_{18}O_4$,，334.37

【英文名】（3*aS*，4*R*，5*R*，7*aS*）-3-Oxo-5,6-diphenyl-1,3,3*a*.4.5.7*a*-hexahydroisobenzofuran-4-carboxylic acid

【性状】无色晶体。mp 234℃

【制法】徐贤恭，谢周，刘伯发．有机化学，1985：4：309.

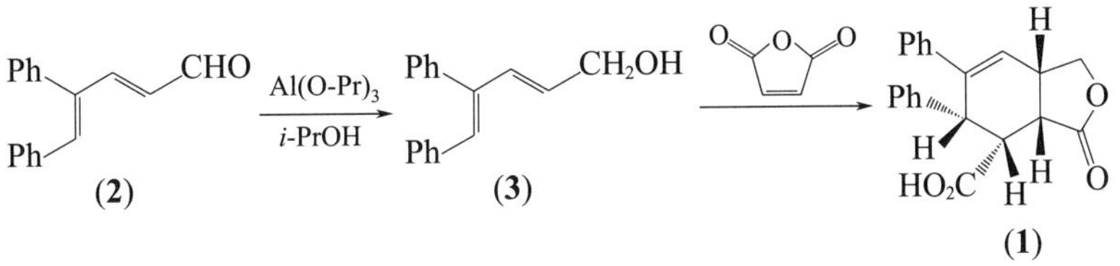

（2*E*,4*Z*）-4,5-二苯基-2,4 一戊二烯醇（**3**）：于安有滴液漏斗及分馏柱（填充玻璃填料）的双颈瓶中，加入（2*E*,4*Z*）-4,5-二苯基-2,4-戊二烯醛（**2**）1.2g（5.1mmol），新鲜异丙醇铝 2.8g（13.6mmol），异丙醇（经 CaO 干燥并与异丙醇铝迴流后蒸出）75 mL 和少量对苯二酚。加热回流 3 h，慢慢蒸去反应生成的丙酮，并不断补充异丙醇使反应液总体积大致不变，约 8～9h 可将丙酮除尽。此后蒸去溶剂，用稀盐酸（17 mL，相对密度 1.19 的盐酸稀释到 100mL）水解后，乙醚提取。洗涤，无水硫酸钠干燥。蒸去乙醚得橙红色的油状物。用正己烷重结晶两次，得到 0.92g 白色针状结晶（**3**），mp 65℃，产率 76%。

（3*aS*,4*R*,5*R*,7*aS*）-3-氧代-5,6-二苯基-1,3,3*a*.4.5.7*a*-六氢异苯并呋喃-4-甲酸（**1**）：700 mg（3mmol）化合物（**3**）和 0.32 mL 吡啶溶解在 12 mL 四氢呋喃中，与 35 mL 含 400mg（4mmol）顺丁烯二酸酐的四氢呋喃溶液混合，并加少量对苯二酚，于 50℃加热 8h。蒸去溶剂，用乙酸乙酯溶解残留物，以稀盐酸和水分别洗涤。经无水硫酸钠干燥后浓缩，析出无色晶体（**1**）300mg，mp 234℃，产率 43%。

三、不对称 Diels-Alder 反应

不对称 Diels-Alder 反应近年来发展迅速，在有机合成特别是药物合成中应用越来越多，受到人们的普遍关注。

Diels-Alder 反应的不对称合成，主要有两种类型。一是辅助试剂诱导的不对称 Diels-Alder 反应，二是催化不对称 Diels-Alder 反应。早期第一种方法研究较多，后来寻找有效的手性 Lewis 酸催化剂占据主导位置。近年来一些有机催化剂也显示了其特有的功能。

1. 辅助试剂诱导的不对称 Diels-Alder 反应

这种方法是在亲双烯体或双烯体分子中引入一个手性辅助基，使之成为手性的亲双烯体或手性的双烯体，完成诱导 Diels-Alder 反应后再除去手性基团。所以对于手性基团的基本要求是容易引入并容易除去。

（1）亲双烯体上引入手性辅基

此类不对称 Diels-Alder 反应研究的较多。常用的手性亲双烯体有如下三种类型：

(a) (b) (c)

① 属于手性丙烯酸酯，制备容易，应用较广；

② 属于手性 α，β-不饱和羰基化合物，手性基团与不饱和键相连，制备较困难，应用较少；

③ 属于手性酰胺，由于相应亚铵盐氮原子的正电效应，具有高活性。

常用的手性丙烯酸酯①有薄荷醇衍生物、樟脑衍生物、噁唑烷酮等。

这类反应常常是在 Lewis 酸催化下进行。在 Lewis 酸催化剂存在下，很多手性亲双烯体的 Diels-Alder 反应，立体选择性高达 100∶1 以上，而仅仅在热条件下很难得到较高的立体选择性。Lewis 酸通过与手性亲双烯体杂原子的配位而实际上参与了对底物构型的控制。例如在下述反应中，加入 $AlCl_3$ 后，$AlCl_3$ 与手性酯羰基配位，使得酯羰基与烯双键主要呈反式构型，从而提高了反应的立体选择性。

$AlCl_3,CH_2Cl_2$

又如如下反应，两个酯（丙烯酸酯和内酯）基的羰基与 Ti 配位生成稳定的环状结构，使得烯键的一个反应面完全被遮挡，几乎得到唯一的产物。

$TiCl_4,CH_2Cl_2,0℃,3h$

97∶3

手性 α，β-不饱和羰基化合物②，由于手性辅基 R＊与反应位点很近，R＊可以起到高效的手性促进作用。例如在 $ZnCl_2$ 催化下生成单一的 *endo*-型产物。

$ZnCl_2$, –20℃

endo∶*exo* 为 15∶1

endo 产物的 ds>100

反应的高对映选择性可能是由如下两个因素引起的：一是 Lewis 酸与亲双烯体的 α-羟基酮部分的配位形成刚性的五元环螯合体，使得烯酮体系的二个非对映面能够得到区分；二是从已形成的产物的绝对构型来看，分子丙烯酮片段的 Diels-Alder 反应是按照顺式平面进行的。

该方法在天然产物的合成中得到广泛的应用。例如：

(S) $\xrightarrow{ZnCl_2}$ sarkomycin

(R) $\xrightarrow{BF_3\text{-}Et_2O}$ de>98%

(+)-pumiliotoxm C

手性 α，β-不饱和酰胺③与三氟甲磺酸三甲基硅基酯（TMSOTf）作用可以生成亚铵盐，亚铵盐具有非常高的 Diels-Alder 反应活性。例如如下反应（表 5-2），手性 α，β-不饱和酰胺与 TMSOTf 作用生成的亚铵盐，与环戊二烯反应，高收率的生成相应的产物，而且产物以 *endo*-型为主。

表 5-2 手性 α,β 不饱和酰胺的 D-A 反应

$\xrightarrow[CH_2Cl_2]{TMSOTf}$ $\xrightarrow[2.\ H_2O]{1.\ \text{环戊二烯},\ -40^\circ C}$ $CONR_2^*$

NR_2^*	*endo*/*exo*	收率/%	de/%
—N, H, Pr-*i*	>10	90~95	>92
—N, O, Bu, H	13	91~97	90~96
—N, O, *i*-Pr, H	18	94~98	74~76

手性 α,β-不饱和 N-酰基噁唑烷酮是另一类手性 α,β-不饱和酰胺亲双烯体，也可以看做是手性 α,β-不饱和酸酯类亲双烯体的一种补充，称为 Evans 手性辅助基团。这类手性辅助基团生成的手性亲双烯体一般给出中等至非常好的手性诱导结果。而且多数情况下这类手性辅助基团生成的产物是结晶固体，可以方便地分离得到单一的非对映体产物，因而在合成中应用较多。

$Et_2AlCl, CH_2Cl_2, -100℃, 3h$

(81%)(98%de)

(2) 双烯体上引入手性辅基

这方面的报道比较少见，主要原因是手性修饰的双烯体制备困难。其中报道较多的是与双烯体相连的氧原子和氮原子上连接手性基团。由于手性中心距离反应中心较远，它们的诱导能力一般较差。不过若选择适当的亲双烯体，有时也可以取得满意的结果。具体例子如下：

>97%de

C_6H_6,回流

$R=CO_2Et, R^1=H$

$R=CO_2Et, R^1=Me$

单一的非对映体产物

$C_6H_6, 25℃$

1. $ZnCl_2$
2. $NaHCO_3, H_2O$
3. SiO_2

（3）手性双烯体和手性亲双烯体的 Diels-Alder 反应

手性双烯体和手性亲双烯体的 Diels-Alder 反应也有报道，但数量不多。原因可能是两个原料都具有手性，不易得到，而且反应结果也不易预料和解释。仅列出个别例子如下（Masamun S，Choy W，Paterson J S，et al. Angew Chem Int Ed，Engl，1985，24：1）。

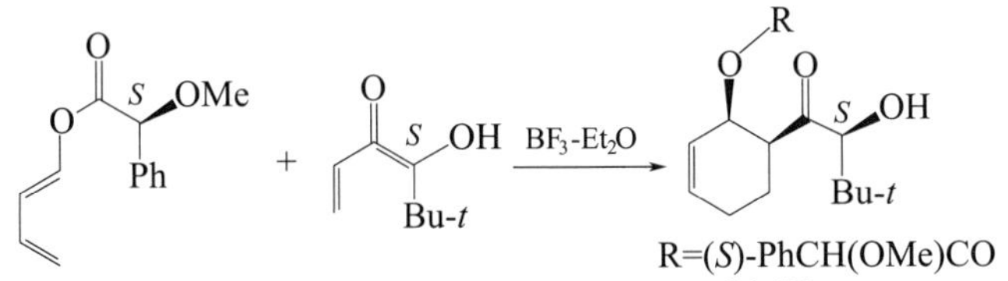

$R=(S)$-PhCH(OMe)CO
选择性>130∶1

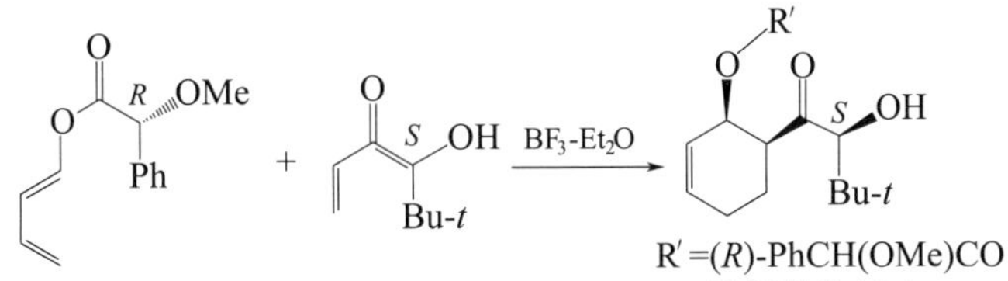

$R'=(R)$-PhCH(OMe)CO
选择性为35∶1

辅助试剂诱导的 Diels-Alder 反应存在明显的缺点：增加了反应步骤，辅助基团的引入和除去，至少需要两步反应；至少消耗等摩尔的手性辅助试剂；手性诱导效果一般不太好，因为手性中心往往远离反应中心。

2. 金属催化不对称 Diels-Alder 反应

一些手性配体与 Lewis 酸形成 Lewis 酸金属配合物，常常可以作为 Diels-Alder 反应的催化剂进行手性合成，称为金属催化不对称 Diels-Alder 反应。常用的金属是 Al、B、Ti、Fe、Ru、Cr、Cu、Mg、Ni、Zr 和镧系元素的 Lewis 酸等。这是一种直接由非手性底物有效和经济地获得手性对映体产物的反应。很多情况下手性金属配合物无需事先制备，而是将催化量的配体与金属 Lewis 酸在反应前混合，原位生成和使用。配体大多数是手性二醇、二酚、磺酰胺、噁唑啉等，各种结构的配体文献报道很多，各具特点。值得指出的是，各种金属并非对同一配体都有效，不同的金属配合物也只能对一种或几种反应底物获得满意的结果。一些常见的配体如下：

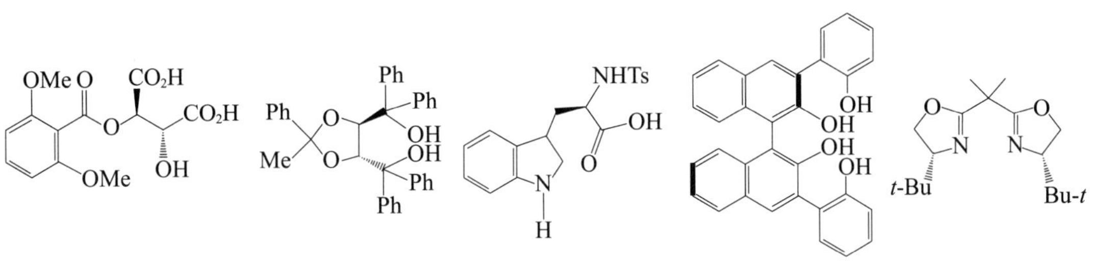

与普通的催化反应相同，这类手性催化反应基本上也是手性催化剂通过与亲双烯体上的杂原子配位来诱导反应的立体化学。手性配体的结构是影响金属催化不对称 D-A 反应的最重要和最灵活的因素。

目前报道的有关催化剂主要有如下几类。

（1）Narasaka 催化剂

Narasaka 首先报道了一种由酒石酸衍生的手性二醇与钛的催化剂 A，在 4A 分子筛存在下用以催化手性 α,β-不饱和 N-酰基噁唑烷酮与双烯的 Diels-Alder 反应，具有高对映选择性。溶剂对反应有影响，1,3,5-三甲苯效果较好。

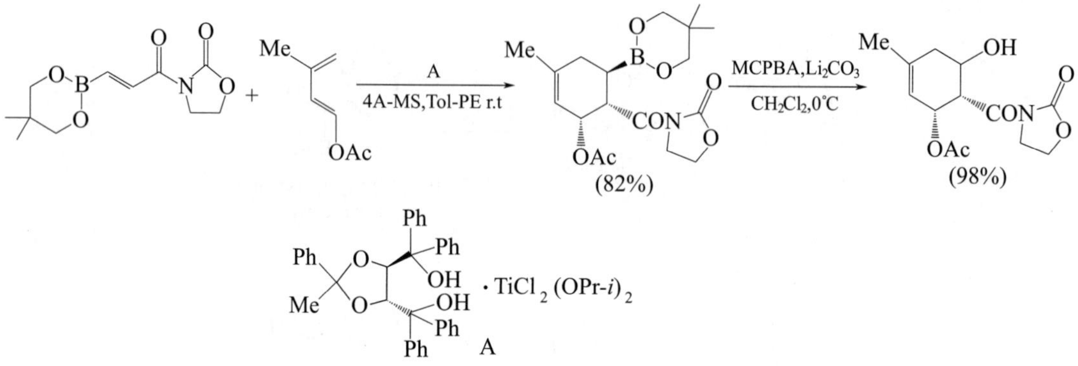

A
4A-MS,Tol-PE r.t
(82%)
MCPBA,Li_2CO_3
CH_2Cl_2,0℃
(98%)

$\cdot TiCl_2(OPr\text{-}i)_2$ A

作为配体的手性源最常用的是具有 C_2 对称性的手性二醇。这种 C_2 对称性减少了竞争的过渡态的数目，特别是当金属配位数大于 4 时。

具体反应如下：

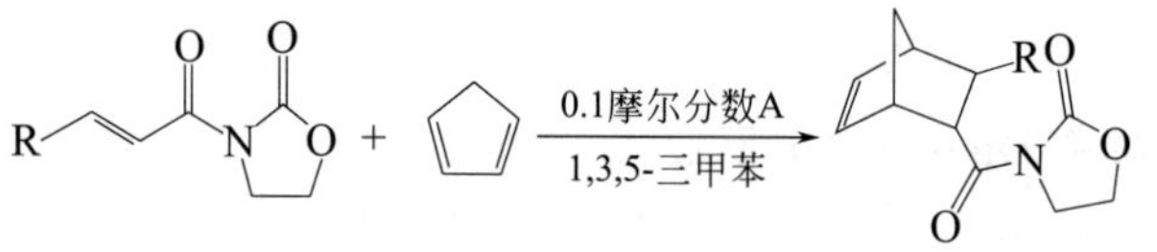

0.1摩尔分数A
1,3,5-三甲苯

	收率(*endo*∶*exo*)/%	%ee
R=Me	90(91∶9)	91
R=Ph	97(92∶8)	82
R=Pr-*n*	75(91∶9)	75

用乙基代替催化剂 A 中的苯基，在催化环戊二烯和不饱和酰胺的环加成反应中选择性良好，有报道用其作催化剂成功合成了光学活性的如下雌酮前体，但该反应需要化学量的钛配合物。

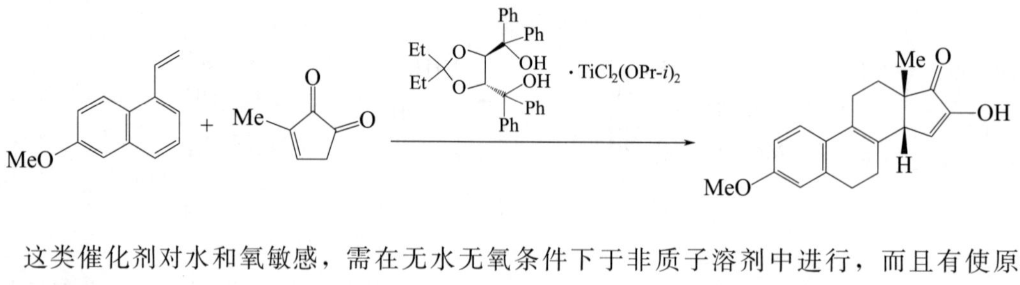

$\cdot TiCl_2(OPr\text{-}i)_2$

这类催化剂对水和氧敏感，需在无水无氧条件下于非质子溶剂中进行，而且有使原料聚合的倾向。

(2) BINAP 配体催化下的 Diels-Alder 反应

联萘酚（BINAP）与镧系金属及 Pt、Pd 等金属配位生成的手性催化剂可以催化不对称 Diels-Alder 反应。这类催化剂的典型例子是三氟甲磺酸镱、（*R*）-（+）-联萘酚和叔胺制备的催化剂 B。

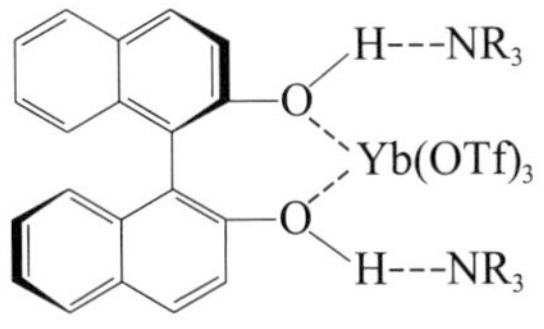

B

在该催化剂存在下，再加入非手性添加剂，可以催化如下 Diels-Alder 反应：

$B, CH_2Cl_2, 0℃$

0.2摩尔分数

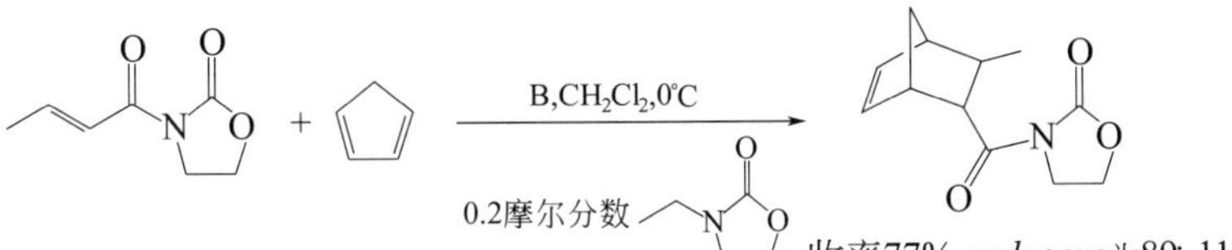

收率77%，*endo*:*exo*为89:11

*endo*产物93%ee

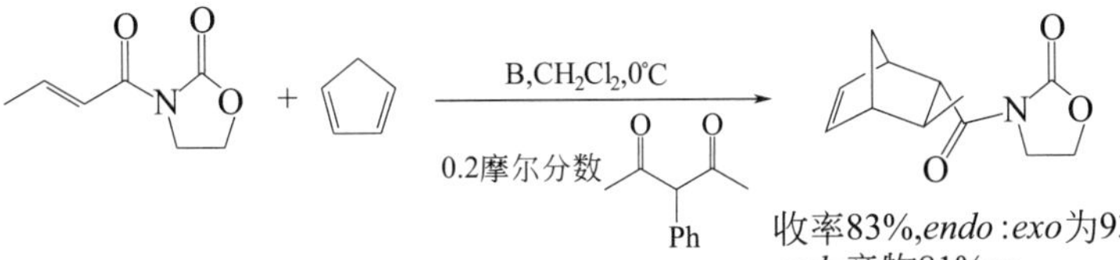

$B, CH_2Cl_2, 0℃$

0.2摩尔分数

收率83%，*endo*:*exo*为93:7

*endo*产物81%ee

值得指出的是，反应需要加入另外的非手性配体，但加入不同的非手性配体，不对称 Diels-Alder 反应可能会给出相反的立体选择性。

（3）Corey 催化剂

Corey 报道了具有如下结构的双磺酰胺来催化环戊二烯与 α，β-不饱和酰亚胺的 Diels-alder 反应。后来陆续报道了一些结构类似的催化剂，这些催化剂称为 Corey 催化剂。

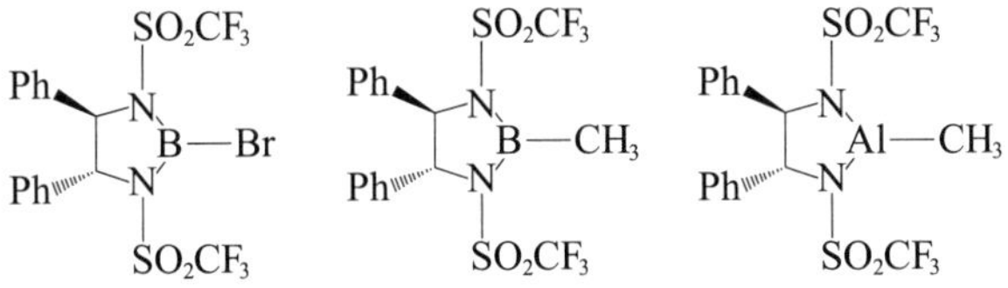

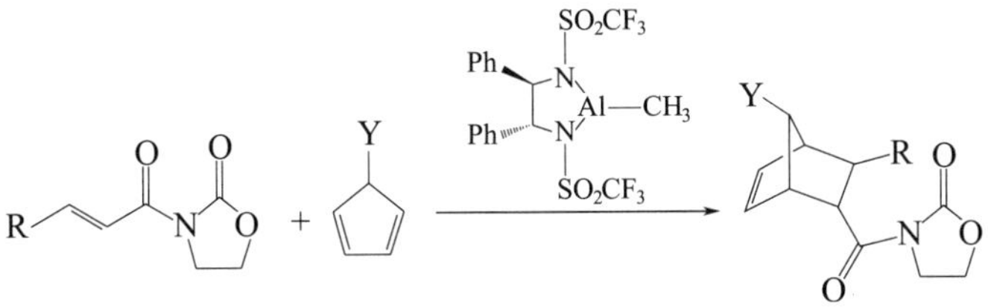

Y=H,R=H(−90℃)　收率92%，*endo*:*exo*>50:1,95%ee

Y=OBn,R=Me(−78℃)　收率88%，*endo*:*exo*>96:4,94%ee

（4）手性酰氧基硼烷（CAB）催化剂

手性酰氧基硼烷（CAB）催化剂，是由酒石酸衍生的一种催化剂，已经证明是对映选择性 Diels-Alder 反应、杂 Diels-Alder 反应和其他反应的良好催化剂。结构如下：

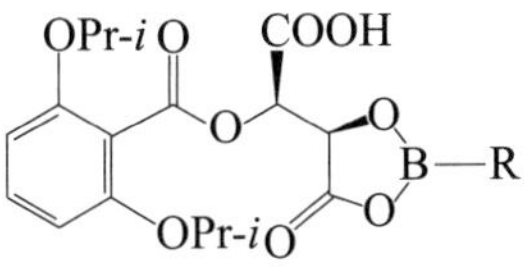

CAB

具体反应如下：

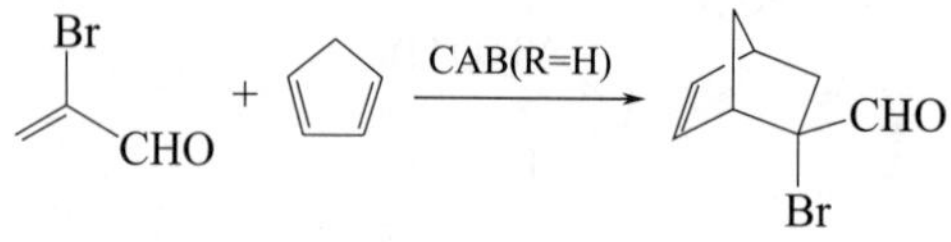

CAB(R=H)

exo:*endo*为94:6
95%ee

（5）双噁唑啉催化剂 常见的双噁唑啉配体有如下几种。

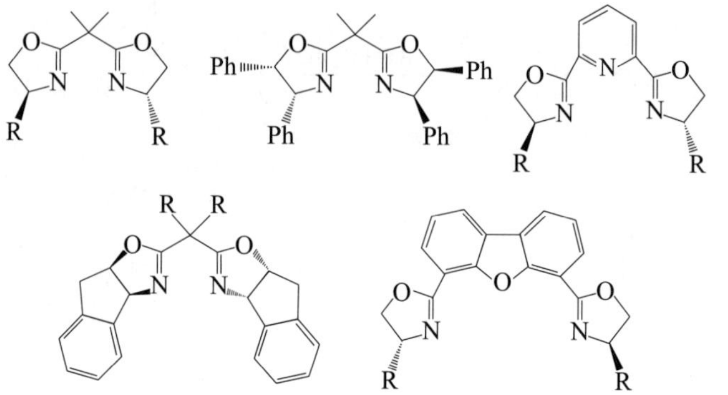

具有 C_2 对称性的双噁唑啉配体与铁（Ⅱ）、镁（Ⅱ）、铜（Ⅱ）、铬（Ⅲ）配位得到的手性配合物在不对称 Diels-Alder 反应中的应用有不少报道。

一些具体的反应例子如下（表 5-3）。

表 5-3 双噁唑啉配体手性催化剂催化的 D-A 反应

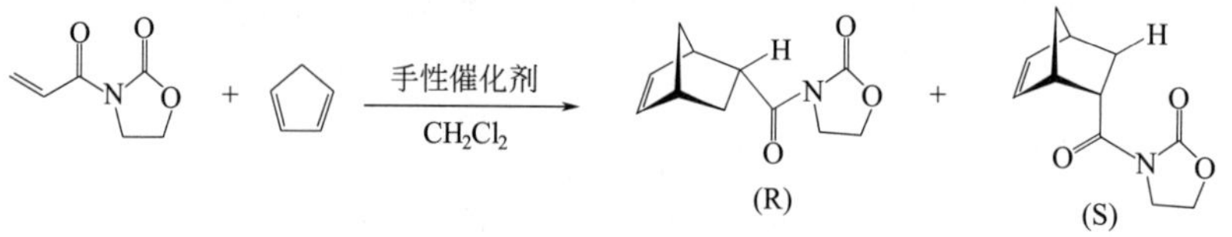

手性催化剂
CH_2Cl_2

(R)　　(S)

催化剂	L-FeI_3-I_2(−50℃)		L-MgI_2-I_2(−78℃)		L-$Zn(SbF_6)_2$(−78℃)		L-$Cu(OTf)_2$(−50℃)	
配体L	*endo*/*exo*	*endo* ee(R)	*endo*/*exo*	*endo* ee(R)	*endo*/*exo*	*endo* ee(R)	*endo*/*exo*	*endo* ee(R)
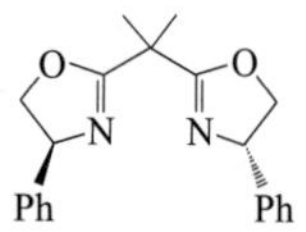 (Ph)	94:6	76	94:6	76	98:2	92	95:5	30
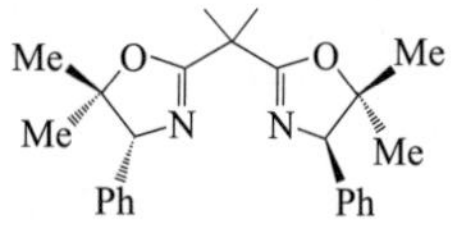 (Me, Me, Ph)	94:6	82	95:5	86	–	–	72:28	10
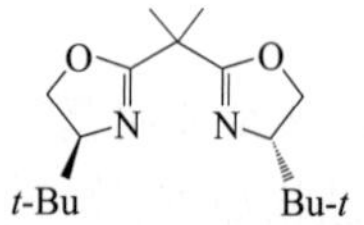 (*t*-Bu)	88:12	24	94:6	0	95:5	38	97:4	98

注：反应在二氯甲烷中，使用0.110的配体和0.10的金属盐存在下进行。

这类催化剂从结构上看，双噁唑啉配体平面的 π-体系和两个五元环限制了配体骨架构型上的灵活性，在分析配合物构型时起到了简化作用；这类配体构型上的刚性和 C2 对称性限制了催化剂-底物可能的非对映体过渡态的数目，有利于提高非对映体的选择性；噁唑环上的取代基非常靠近金属中心，对不对称催化反应起着明显的屏蔽和导向作用。另外，这类配体从化学制备的角度也比较容易（以氨基醇或氨基酸为起始原料），因而这些配体得到较广泛的应用。

3. 有机催化剂在不对称 Diels-Alder 反应中的应用

有机催化不对称 Diels-Alder 反应，只有手性有机分子被用作催化剂，不需要金属离子，因而受到人们越来越多的关注。由于没有金属离子的参与，催化剂与底物之间的关系似乎更容易被理解。该类反应一般催化剂用量较大，反应机理也更具有多样性，溶剂的选择范围更宽。有机分子催化的不对称 Diels-Alder 反应发展非常迅速，关于这方面的内容，王玉杰等曾做过比较全面的综述[王玉杰，魏长勇．有机催化不对称 Diels-Alder 反应的研究进展．精细与专用化学品，2011，19（11）：41]。

（1）手性仲胺催化剂

在不对称 D-A 反应中，研究比较成熟的是应用手性仲胺催化含羰基的亲双烯体的 D-A 反应，特别是环状手性仲胺。手性仲胺主要是通过生成亚胺和烯胺而促进不对称 Diels-Alder 反应。

亚胺离子活化　α,β-不饱和醛与手性仲胺可逆地形成亚胺离子而赋予亲双烯体手性，并增强了亲双烯体的反应活性。与双烯体进行 Diels-Alder 反应，得到手性环己烯衍生物。例如：

0.05摩尔分数　MeOH,H_2O,r.t　·HCl　CHO　exo　endo

R	反应时间(h)	收率/%	*exo*:*endo*	*exo* ee/%	*endo* ee/%
Me	16	75	1:1	86(2S)	90(2S)
Pr	14	92	1:1	86(2S)	90(2S)
i-Pr	14	82	1:1	84(2S)	93(2S)
Ph	21	99	1:3:1	93(2S)	93(2S)
5-甲基-2-呋喃基	24	89	1:1	91(2S)	93(2S)

在上述反应中，当 R 为 Ph 时，*exo*：*endo* 为 1.3：1，ee 值（对映体过量值）分别达到 93%。

手性环胺的具体例子如下：

常用的是胺的强酸盐，如盐酸、三氟乙酸、高氯酸、磺酸盐等。

该方法也可实现分子内的 Diels-Alder 反应（intramolecular Diels-Alder，IMDA），并已用于有机合成中[Wilson R M，Jen W S，MacMillan D W C. J Am Chem Soc，2005，127（33）：11616]。

催化剂(1)或(2)　X=CH_2,O

(1)　(2)　Y=HCl,TFA,$HClO_4$

将底物范围进一步扩展到 α,β-不饱和酮，产物也具有较好的 ee 值，同时二烯的范围也进一步扩大，可以获得一系列烷基、烷氧基、氨基以及芳基取代的环己烯基酮[Northrup A B, MacMillan D W C. J Am Chem Soe，2002，124 (11)：2458]。

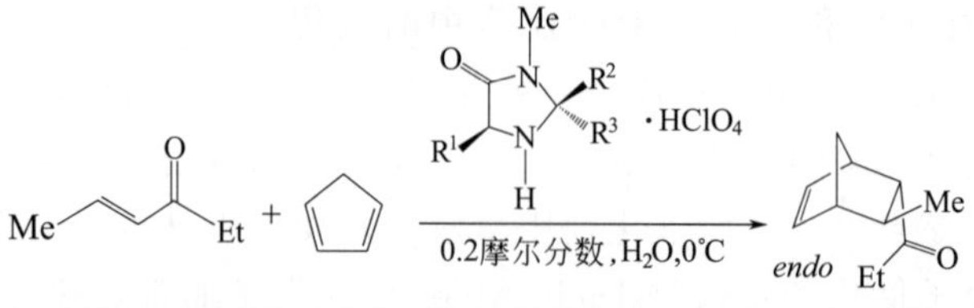

R^1	$R^2(R^3)$	时间/h	收率/%	endo/exo	ee/%
Bn	Me,Me	48	20	7∶1	0
Bn	t-Bu,H	48	27	9∶1	0
Ph	PhH	22	88	21∶1	47
Bn	Ph,H	42	83	23∶1	82
Bn	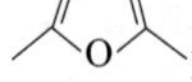 (5-甲基呋喃-2-基)Me,H	22	89	25∶1	90

有人报道了使用手性联二萘胺类催化剂催化不饱和醛和环戊二烯的 Diels-Alder 反应，以三氟甲基苯作溶剂，加入对甲苯磺酸，得到外型产物。该方法收率高达 90%，外型产物与内型产物比可达 20∶1。

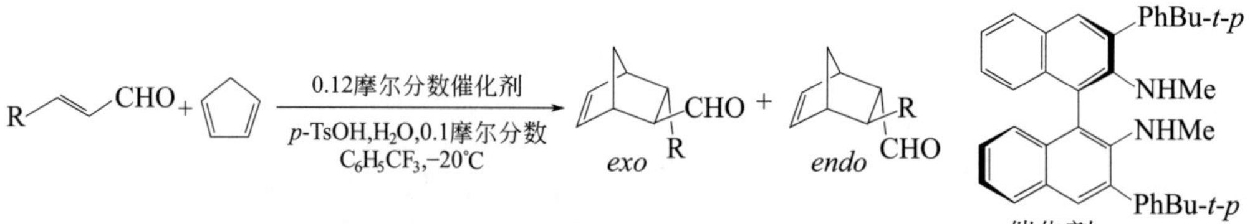

烯胺活化 α,β-不饱和酮通过烯胺生成连有手性基团的双烯体而后进行不对称 Diels-Alder 反应。其反应过程如图 5-4 所示，首先手性脯氨酸与 α，β-不饱和酮通过形成烯胺得到手性双烯体[1]，随后可能按照两种途径进行反应：一步法（途径 A）和两步法（途径 B）。途径 A 是双烯体与亲双烯体直接进行[4+2]环加成，得到关环产物；途径 B 是二者先进行 Michael 加成，而后再进行关环。

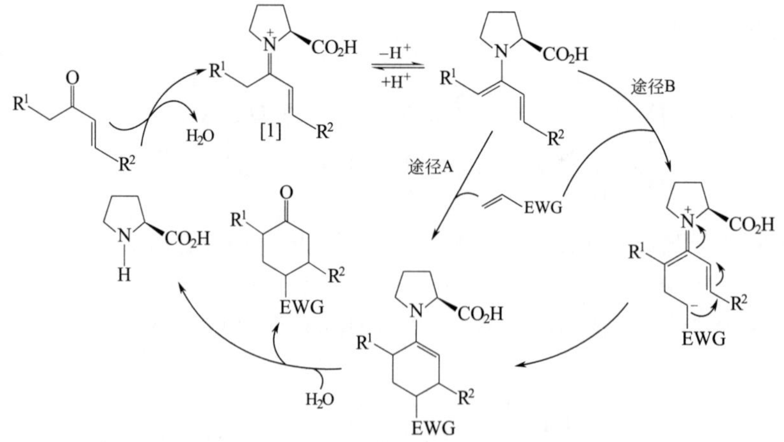

图 5-4　通过烯胺活化进行的 Diels-Alder 反应

Cordova 等[Sunden H, Ibrahem I, Eriksson L, et al. Angew Chem Int Ed, 2005, 44 (31)：4877] 以 α,β-不饱和环烯酮与甲醛、芳香胺为原料，研究了杂 Diels-Alder 反应，而

且获得二环产物。

(S)-脯氨酸(0.3摩尔分数)
DMSO,50℃
(72%),>99%ee
$-H_2O$
$-H^+$

后来，又有人报道了螺环化合物的合成[Bencivenni G, Wu L Y, Mazzanti A, et al. Angew Chem Int Ed, 2009, 48 (39): 7200]。

催化剂0.2摩尔分数
2-$FC_6H_4CO_2H$,Tol,60℃
催化剂

(2) 手性有机碱可以催化不对称 Diels-Alder 反应

一些手性有机碱可以催化不对称 Diels-Alder 反应，例如以奎宁为手性碱，可以催化蒽酮和马来酰亚胺的 Diels-Alder 反应，奎宁起双重作用：由奎宁上的羟基与马来酰亚胺上的羰基形成氢键来活化马来酰亚胺，并与脱去质子的蒽酮形成离子对，以促进反应的进行。

奎尼定
$CHCl_3$,r.t
离子对
氢键

(3) 手性双胍催化剂

将手性双环胍用于催化蒽酮和马来酰亚胺的 Diels-Alder 反应，收率和选择性都很好，同时扩展了底物适用范围[Shen J, Nguyen T T, Goh Y-P, et al. J Am Chem Soc, 2006, 128 (42): 13692]。

0.1摩尔分数
CH_2Cl_2, −20℃

(4) 手性硫脲

手性硫脲也可作为催化剂催化不对称的 Diels-Alder 反应（Alex Zea, a Guillem Valero, a Andrea-Nekane R. Alba, a Albert Moyano, Adv Synth Catal, 2010, 352,

1102)。

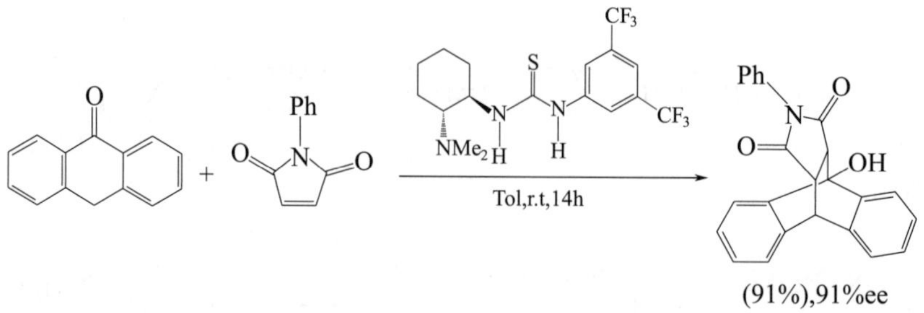

Tol,r.t,14h

(91%),91%ee

(5) 有机双功能催化剂

一些有机双功能催化剂也可以催化的不对称 Diels-Alder 反应。自从 Kagan 等［Riant O,Kagan H B. Tetrahedron Lett，1989，30 (52)：7403］发现羟基对于活化马来酰亚胺的重要性之后，许多可以同时作为 Brösnsted 碱以及提供氢键的双功能催化剂被开发出来，并应用于 Diels-Alder 反应。

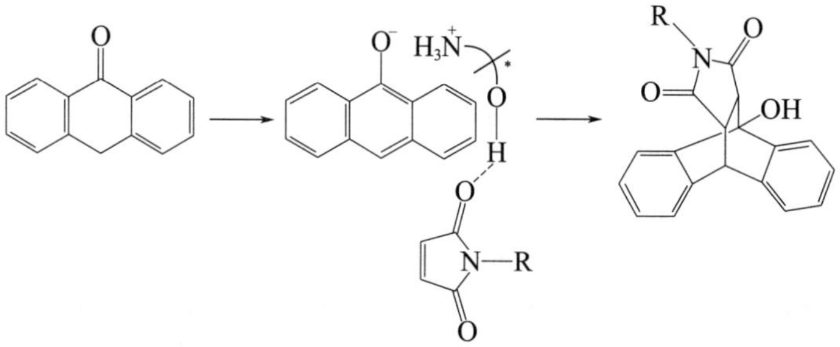

如 Yamamoto 小组的工作，他们使用一个 C_2 手性轴的催化剂催化蒽酮和马来酰亚胺的 Diels-Alder 反应，马来酰亚胺的羰基可以与催化剂的一个羟基形成氢键，蒽酮的羰基与催化剂的 N 上的 H 形成氢键。该方法收率高达 99%，对映体过量值为 74%。

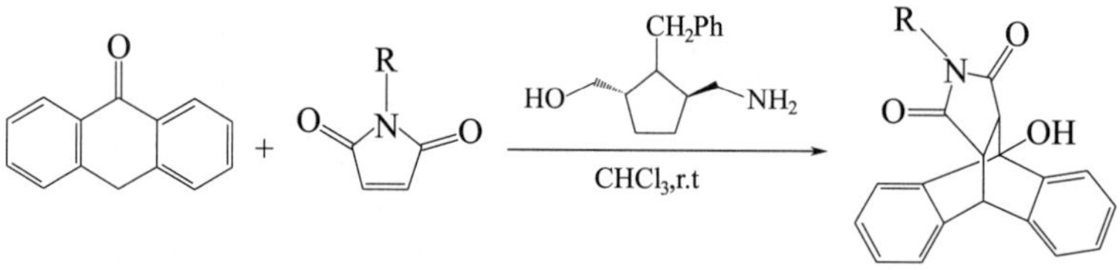

$CHCl_3$,r.t

(6) Brönsted 酸

Brönsted 酸作为催化剂使用只是近十几年的事情，第一个例子是 2000 年 Gobel 报道，使用如下催化剂催化环戊烯二酮与二烯的环化反应。该反应需要等摩尔量的手性催化剂，并且选择性低。

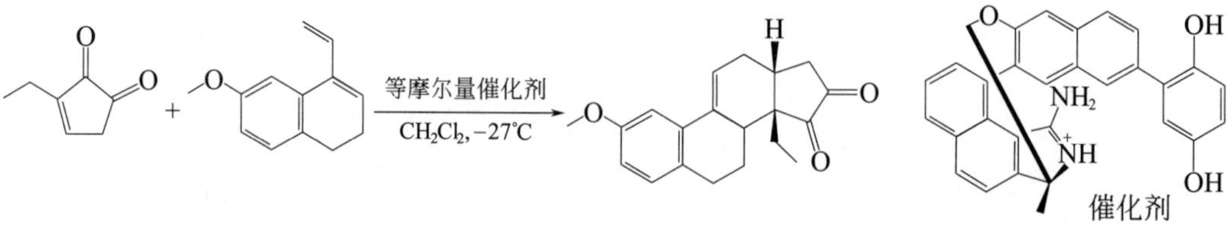

等摩尔量催化剂

CH_2Cl_2, −27℃

催化剂

手性磷酸催化的不对称 Diels-Alder 反应也有报道，Akiyama 等［Akiyama T，Morita H，Fuchibe K. J Am Chem Soc，2006，128 (40)：13070］用手性磷酸催化如下亚胺与乙烯基醚的 Diels-Alder 反应，产物四氢喹啉衍生物具较高的对映选择性。该方法的收率高达 99%，对映体过量值为 95%。不过该反应属于反电子需求的 Diels-Alder 反应。

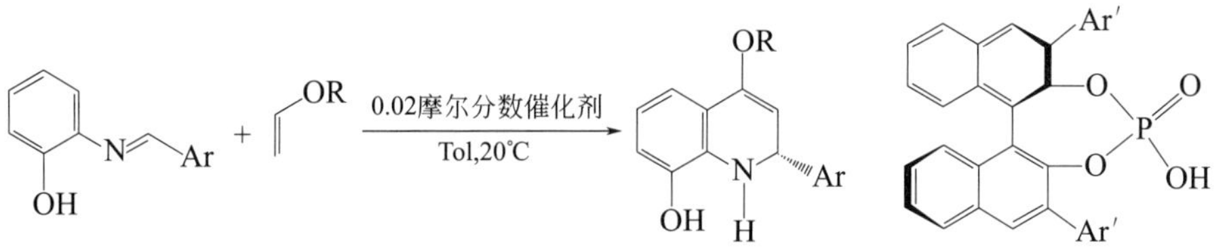

除了上述不对称 Diels-Alder 反应外，近年来生物分子催化不对称 Diels-Alder 反应也有不少报道。主要包括抗体酶（Abzymes）、核酶（Ribozymes）等的催化反应。已有大量事实证明，自然界中确实存在 Diels-Alder 反应酶，但目前距离应用还有很长的路要走。

Diels-Alder 反应是有机合成中必不可少的一类反应，虽然这一领域已取得了令人瞩目的成果，但仍然存在一些问题，如底物范围受限等。随着研究的不断深入，有机催化不对称 Diels-Alder 反应会取得更大的进展。

2-甲基双环［2.2.1］庚-5-烯-2-醛

$C_9H_{12}O$，136.19

【英文名】 2-Methyl-bicyclo[2.2.1]hept-5-ene-2-carbaldehyde

【性状】 油状液体。

【制法】 Furuta K，Shimizu S，Miwa Y，Yamamoto H. J Org Chem，1989，54（7）：1581.

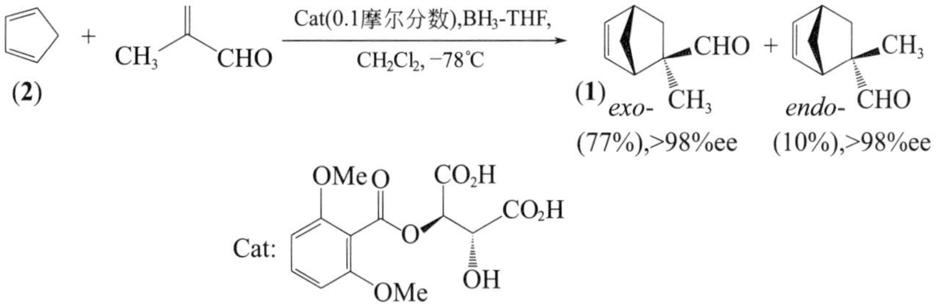

于反应瓶中加入催化剂 1.3g（4mmol），二氯甲烷 80mL，氮气保护，冷至 0℃，搅拌下滴加 1.0mol/L 的 BH3-THF 溶液 4.0mL（4mmol），待反应体系澄清后（约需 15min），冷至−78℃，用注射器依次加入 2-甲基丙烯醛 3.3g（40mmol）和新蒸馏的环戊二烯（**2**）9.8g（120mmol），加完后继续于−78℃搅拌反应 3h。慢慢升至 0℃，倒入 10%的碳酸钠水溶液中。分出有机层，水层用二氯甲烷提取。合并有机层，水洗，无水硫酸钠干燥。浓缩，剩余物过硅胶柱纯化，以 5%的乙酸乙酯-己烷洗脱，得 *exo*-和 *endo*-两种异构体的混合物 4.7g，收率 87%。

3-［［(1S,2R,6R)-2-乙酰氧基-6-羟基-4-甲基-3-环己烯-1-基］羰基］-1,3-噁唑啉-2-酮

$C_{13}H_{17}NO_6$，283.28

【英文名】 3-[[(1*S*，2*R*，6*R*)-2-Acetoxy-6-hydroxy-4-methyl-3-cyclohexene-1-yl]carbonyl]-1,3-oxazolidin-2-one

【性状】 无色液体。

【制法】Yamamoto I，Narasaka K. Bull Chem Soc Jpn，1994，67：3327.

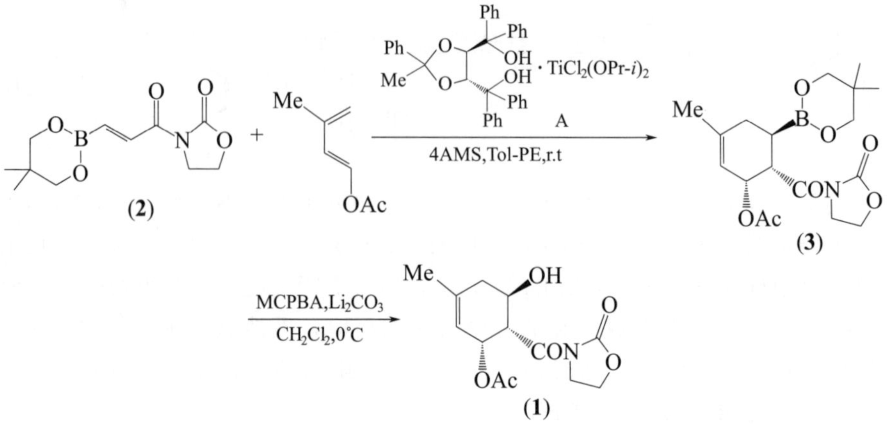

3-[[(1*S*,2*R*,6*R*)-2-乙酰氧基-4-甲基-6-(5,5-二甲基-1,3,2-二氧硼烷-2-基)3-环己烯-1-基]羰基]-1,3-噁唑啉-2-酮（**3**）：于反应瓶中加入甲苯 15mL，二氯二异丙氧基钛 610mg（2.27mmol），4A 分子筛 4.9g，室温搅拌下加入手性二醇，搅拌反应 1h，制成手性催化剂。冷至 0℃，而后加入化合物（**2**）5.8g（23mmol），PE 135mL，1-乙酰氧基-3-甲基-1,3-丁二醇 29g（0.23mmol），室温搅拌过夜。用 pH7 的磷酸盐缓冲液淬灭反应。过滤，乙酸乙酯提取。合并有机层，无水硫酸钠干燥。过滤，减压浓缩。剩余物过硅胶柱纯化，以乙酸乙酯-己烷（2∶3）洗脱，得无色油状液体（**3**）7.17g，收率 82%。

3-[[(1*S*,2*R*,6*R*)-2-乙酰氧基-6-羟基-4-甲基-3-环己烯-1-基]羰基]-1,3-噁唑啉-2-酮（**1**）：于反应瓶中加入化合物（**3**）7.0g（18.5mmol），二氯甲烷 80mL，冷至 0℃，加入 Li_2CO_3 683mg（9.2mmol）。而后，于 1h 保持 0℃加入由间氯过苯甲酸 8.69g（纯度 55%，27.7mmol）溶于 140mL 二氯甲烷的溶液，加完后继续于 0℃搅拌反应 2.25h。加入 2-甲基-2-丁烯 16.4mL，于 0℃搅拌反应 22h，直至没有间氯过苯甲酸。过滤，减压浓缩。剩余物过硅胶柱纯化，甲醇-乙醚（5∶95）洗脱，得化合物（**1**）5.14g，收率 98%，94%ee。

(2*R*, 3*R*, 4*R*)-9-甲基-2, 4-二苯基-2, 3, 4, 9-四氢-1*H*-咔唑-3-甲醛

$C_{26}H_{23}NO$，365.47

【英文名】(2*R*，3*R*，4*R*)-9-Methyl-2，4-diphenyl-2，3，4，9-tetrahydro-1*H*-carbazole-3-carbaldehyde

【性状】类白色固体。

【制法】Zhao C W，Lu Y P，Zhang J K，et al. Chem Eur J，2010，16（20）：5853.

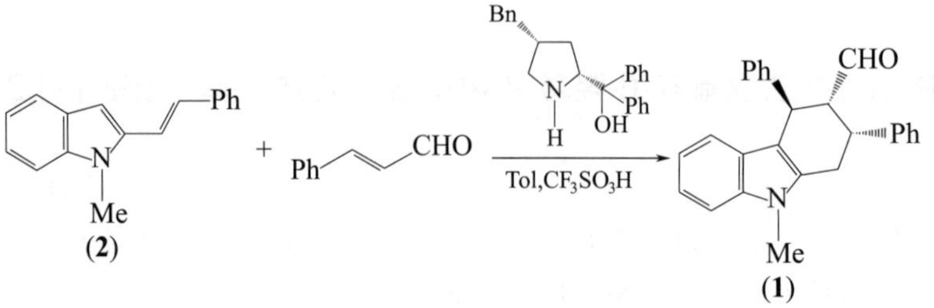

于反应瓶中加入 1-甲基-2-苯乙烯基吲哚（**2**）27mg（0.12mmol），催化剂 5.4mg

(0.15 摩尔分数)，甲苯 1mL，室温加入反式肉桂醛 0.1mmol，而后加入三氟甲磺酸 1.3μL (0.2 摩尔分数)，搅拌反应。TLC 跟踪反应。反应结束后，以饱和碳酸氢钠溶液淬灭反应。乙酸乙酯提取，合并有机层，无水硫酸钠干燥。减压浓缩，剩余物过硅胶柱纯化，得化合物 (**1**) 30mg，收率 83%，*endo*/*exo* 为 12∶1。

(1*R*,4*S*)-2-(4-甲氧基苯基)-3,3-二甲基-2-氮杂双环［2.2.2］辛-5-酮

$C_{16}H_{21}NO_2$，259.35

【英文名】(1*R*,4*S*)-2-(4-Methoxyphenyl)-3,3-dimethyl-2-aza-bicyclo[2.2.2]octan-5-one

【性状】浅黄色固体。

【制法】Sunden H，Ibrahem I，Eriksson L，et al. Angew Chem Int Ed，2005，44 (31)：4877.

(2) + HCHO + H_2N—C₆H₄—OMe —(S)-脯氨酸, DMSO,50℃→ (1)

于反应瓶中加入 36% 的甲醛水溶液 1mmol，对氨基苯甲醚 1.1mmol，(S) -脯氨酸 0.3 摩尔分数，DMSO 4mL，搅拌下加入 4，4-二甲基环己-2-烯酮 (**2**) 2mmol，而后于 50℃ 搅拌反应 24h。按照常规方法处理，过硅胶柱纯化，以乙酸乙酯-戊烷 (1∶5) 洗脱，得浅黄色固体 (**1**)，收率 72%，>99%ee。

四、 逆向 Diels-Alder 反应

几乎早在发现 Diels-Alder 反应的同时，人们也发现了逆 Diels-Alde r 反应。因为大部分的 D-A 反应加成物在加热到适当温度时即发生逆 D-A 反应，特别是逆 D-A 反应中生成一个或两个较稳定产物时，逆 D-A 反应更易发生。即使常见的环己烯，也能在剧烈条件下发生逆 D-A 反应。因此，逆 D-A 反应和 D-A 反应一样，可广泛地用于有机化学合成中。

正向 Diels-Alder 反应是 π-键断裂生成更稳定的 σ-键，反应容易进行，而逆向 Diels-Alder 反应一般需要比较剧烈的条件。若逆向反应生成的双烯体和亲双烯体是化学反应性稳定的产物和气体、或者被其他反应物不断消耗，则可以在较温和的条件下进行。以下是逆 Diels-Alder 反应释放出的双烯体和亲双烯体对反应影响的大致顺序。

双烯体

呋喃 ≈ 吡咯(N-H) > 苯 > 萘 > 亚甲基环戊二烯 > 环戊二烯 > 蒽 > 丁二烯

亲双烯体

N_2>CO_2 ≈ 苯 > 萘 ≈ RCN> 马来酸酐

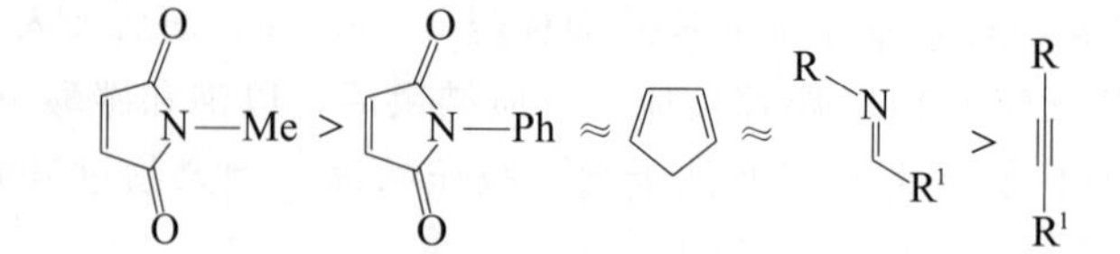

一般说来，具有环己烯类结构的化合物，在双键旁 α-和 β-原子间的单键在高温下可发生断裂，形成一个双烯和一个烯烃化合物。

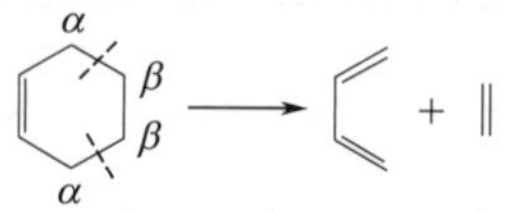

有些逆-Diels-Alder 反应可以被 Lewis 酸催化，在比较温和的条件下进行。例如：

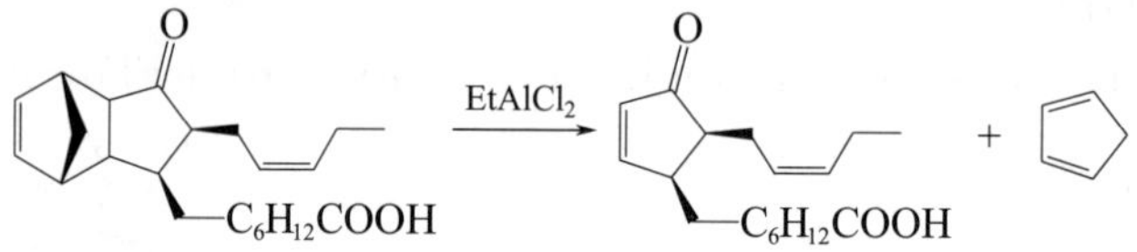

$$\xrightarrow{EtAlCl_2}$$

早在 1937 年，Alder 和 Rickert 就报道了第一个产物和原料不同的逆 D-A 反应，这类反应有时也称为反 Diels-Alder 反应。

$$\xrightarrow{200℃}$$

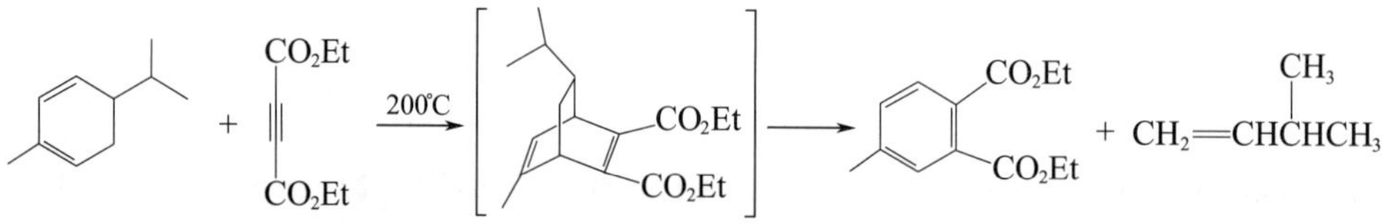

在此反应中，亲双烯体丁炔二酸乙酯和双烯反应生成不稳定的 D-A 加成物，后者迅速热解成两个另外的化合物。

也就是说，Diels-Alder 加成物解聚时，有时并不是原来加成时生成的键发生断裂，因此可能解聚后生成新的双烯体和亲双烯体。1，3-环己二烯与丙炔醛反应生成的加成产物，热解聚后生成苯甲醛和乙烯。

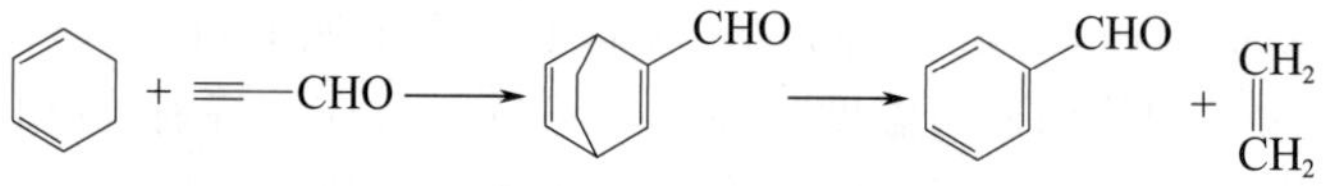

又如：

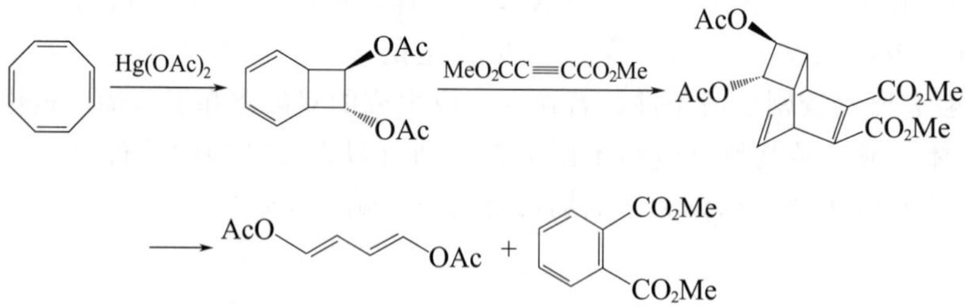

$$\xrightarrow{Hg(OAc)_2} \xrightarrow{MeO_2CC\equiv CCO_2Me}$$

对于环状结构的反应物来说，逆 D-A 反应的断裂方式取决于产物的稳定性和裂解难易程度。裂解产物为稳定的取代苯时，逆 D-A 反应容易发生。

又如如下反应，在 50℃以下即可进行逆 D-A 反应，产物之一为取代苯。

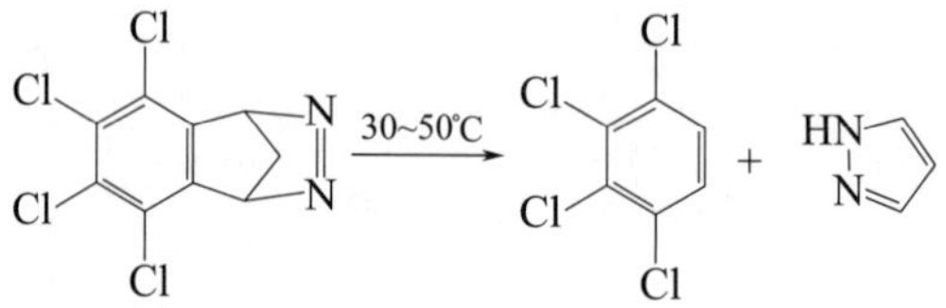

$$\xrightarrow{30\sim50℃}$$

除取代苯作为逆 D-A 的稳定产物外，常见的还有多芳环、杂芳环、共轭体系、N_2、H_2O、RC≡N、HC≡N、C=O、H_2S 等。

有报道称，带有三甲硅烷基的环戊二烯的加成物，其中的三甲硅烷基可以促进其逆 D-A 反应，在温和条件下可顺利完成。

在逆 D-A 反应中，使用较多的双烯组分有蒽、呋喃、噻吩、环戊二烯酮、吡喃酮、二嗪、三嗪和四嗪等，亲双烯体方面比较常用的为顺丁烯二酸酐或丁烯二酸酯。

蒽的加成物的逆 D-A 反应通常用于保护双键或活化某一反应部位。呋喃和噻吩的加成物的逆 D-A 反应一般裂解失去氧桥和硫桥，分别脱去稳定的逆 D-A 产物 H_2O 和 H_2S。环戊二烯酮与亲二烯体的加成物可以脱去碳基桥。二嗪、三嗪和四嗪，因其杂环中氮原子相对位置不同，它们的环加成物的逆 D-A 反应分别脱去 N_2、HCN 和 RCN。

逆 D-A 反应与 D-A 反应微观可逆，因此反应具有立体专一性；顺式异构体的逆 D-A 反应，产物为反、反-二烯，而反式异构体的逆 D-A 反应得到顺，顺-二烯。

自从 Stork 于 20 世纪 70 年代引入快速真空热裂解法以来，应用该方法进行逆 Diels-Alder 反应已成为标准程序，但并无标准的反应条件。任何一个逆 Diels-Alder 反应条件均靠实验结果来确定。

如下反应中逆向 Diels-Alder 反应生成的双烯体是活性很低的苯衍生物，而亲双烯体是 CO_2，CO_2 作为气体不断从反应体系中逸出，该反应可以在温和的条件下顺利进行。

CO_2Me Me Me O O + MeO OMe —PhH,回流 / 24h→ [MeO OMe Me MeO$_2$C O Me O] —$-CO_2$ / $-MeOH$→ CO_2Me Me Me OMe

逆 D-A 反应的应用范围比较广，主要应用于化合物的分离提纯、保护双键、合成新的有机化合物。

1. 分离提纯

在有机化学中，对混合物（特别是沸点相近的混合物）分离提纯，有时也可以采用逆 D-A 反应。利用共扼二烯的 D-A 反应和逆 D-A 反应，可以分离出纯的化合物。如，顺，顺-，顺，反-和反，反-2,4-己二烯的三种异构体的混合物与偶氮二羧酸酯反应时，只有反，反-2,4-己二烯能迅速与偶氮物反应。因此，利用暂时生成的杂环中间体经立体专一性的逆 D-A 反应，可以分离和回收纯的反，反-2,4-己二烯异构体。

顺,顺 顺,反 反,反 —NCO_2R=NCO_2R / 180℃→ N-CO_2R N-CO_2R —H^+→ N-H N-H —HgO→ N=N —250℃→ 反,反 + N_2

又如蒽及其衍生物的纯化。蒽及其衍生物可以与顺丁烯二酸酐反应生成环加成产物，加成产物可以很容易地与其他烃类化合物进行分离。分离后的加成产物加热分解，则可以得到蒽及其衍生物。

+ O O O —△→ O O O —△→ + O O O

近年来，在二氢吡啶化学研究中，可以利用逆 D-A 反应对 1,2-二氢吡啶和 1,4-二氢吡啶进行分离。吡啶和吡啶盐用 $NaBH_4$ 还原得到 1,2-和 1,4-二氢吡啶，其中只有含共轭双键的 1,2-二氢吡啶可以与丁烯二酸酐作用，从而将两者分离。

$NaBH_4$；CH_3OCOCl；CO_2CH_3 (Ⅰ)(40%)；CO_2CH_3 (Ⅱ)(60%)；(Ⅰ) + CH_3O_2C；逆D-A反应 270℃ (Ⅱ)

2. 保护双键

在有机合成中，有时可以利用 D-A 反应和逆 D-A 反应实现对双键的保护，既可保护普通双键，也可保护共轭双键。若保护共轭双键，一般使用顺丁烯二酸酐；若保护孤立双键，通常用蒽或环戊二烯。在具有多个双键的分子中，利用各双键的 D-A 反应性能差异或位阻的差异以及共轭双键与孤立双键之别，来保护某一双键，而后进行相应的化学反应，最后利用逆 D-A 反应使被保护的双键再生。例如由 1-乙烯基环己烯制备乙烯基环己烷，其中利用了环上双键位阻大而不易反应的特点，使环外双键得到保护[Slaugh L H，Lagoon E F. J Org Chem，1962，27 (3)：1037]。

$CH=CH_2$ + 225℃；H_2,Ni 125℃；330~390℃；+ $CH=CH_2$

又如在利用丙烯腈制备烯丙胺的反应中，碳-碳双键必须保护，具体合成路线如下：

$NC—CH=CH_2$ + 160~170℃；CN；H_2,Pd；CH_2NH_2；260℃；+ $H_2NH_2C—CH=CH_2$

3. 在有机合成中的应用

通过逆 D-A 反应可以合成许多其他方法难以得到的特殊结构的化合物。

(1) 合成羰基化合物

含有环己烯结构的羰基化合物，在适当温度下发生逆 D-A 反应可以得到开链或环状的羰基化合物——醛、酮、酯、内酯、内酰胺等。例如：

CHO；500℃；+ CHO

又如，利用逆 D-A 反应可以合成茉莉酮。

600℃ 100%
碱 异构化
茉莉酮

化合物 A 是前列腺素或前列环素化合物合成的关键中间体，Liu 等（Liu Z Y，He L，Zheng H. Tetrahedron Asymm，1993，4：2277）利用逆-Diels-Alder 反应通过多步反应成功合成出来。

OAc 酶
(-)-A

（2）合成烯烃

若将加成产物用化学方法进行结构改造，而后再进行逆向 Diels-Alder 反应，则在有机合成中具有重要的意义，可以合成许多新的化合物。例如，环戊二烯二聚体经过多步化学改造，最后解聚，可以得到二氢戊搭烯，收率 33%。

H_2,Pd
1. SeO_2,Ac_2O 2. OH^-
Al_2O_3 320℃
570℃
解聚 $CH_2=CH_2$ +
(33%)

有时可以利用逆 Diels-Alder 反应合成用常规方法难以制备的烯烃化合物，特别是有时可以制备热力学上欠稳定的烯烃化合物，如 4，5-二烷基环戊-2-烯酮。

500~600℃ 快速减压裂解

此时可以认为烯烃（亲双烯体）是被环戊二烯保护着的，环戊二烯是保护基。

（3）合成缩酮

有些难以制备的缩酮可以通过逆 D-A 反应来制备。例如：

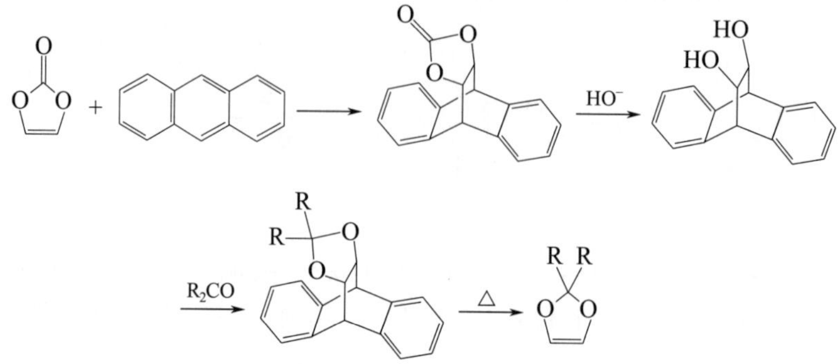

(4) 引入取代基

对于某一特定目标分子，通常可通过 D-A 和逆 D-A 反应方便地引入取代基。用通常方法直接制取 1,3 二苯基吡唑是比较困难的，但逆 D-A 反应和 1，3-偶极环加成反应联合运用，可方便得到这一产物。

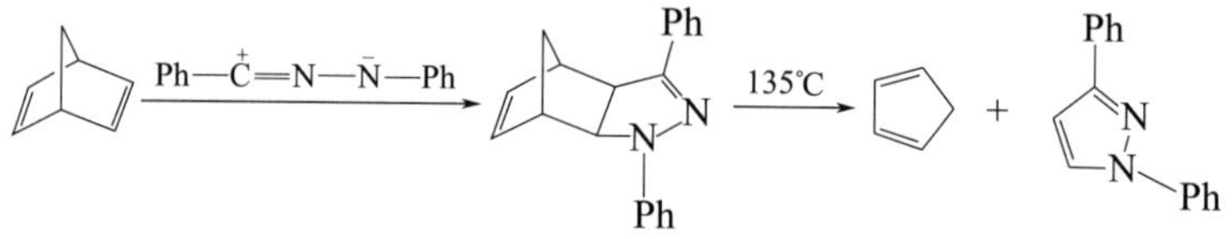

逆 D-A 反应在合成氮杂环化合物中得到了广泛地应用。

(5) 合成芳烃和取代芳烃

由于芳香化合物具有特殊的稳定性，因此逆 D-A 反应的产物经常为芳烃和取代芳烃，这为芳香化合物的合成提供了一条有价值的合成路线。在合成中，应用最多的是丁炔二羧酸酯、取代炔烃和缩乙烯酮的加成物。

例如苯并环丙烯的合成。环癸五烯可通过它的价键互变体进行 D-A 环加成，在 40℃下发生逆 D-A 反应制得苯并环丙烯。

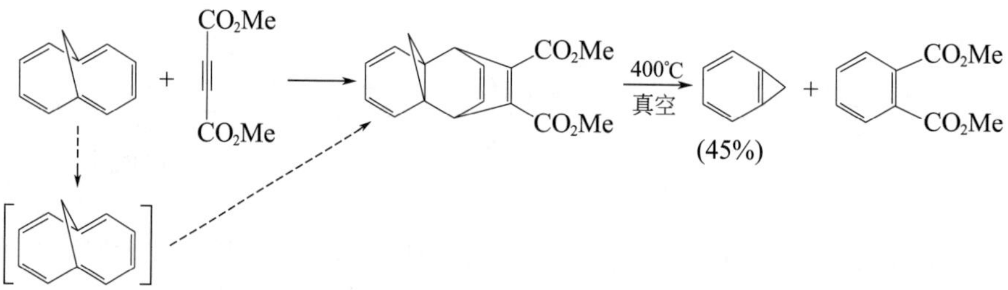

环戊二烯

C_5H_6，66.10

【英文名】 Cyclopentadiene

【性状】 无色液体。

【制法】 Partridge J J，Chadha N K，Uskokovic M R. Org Synth，1990，Coll Vol 7：339.

(2) (1)

于安有蒸馏装置的反应瓶中，加入二聚环戊二烯（**2**）100mL，慢慢通入干燥的氮气，油浴加热至200～210℃，反应液回流。先收集约5mL，弃去。改换接受瓶，丙酮-干冰浴冷却至－78℃，继续蒸馏，其间保持氮气正压力。收集36～42℃的馏分，得无色液体（**1**）。密闭后于－78℃保存，直至在其他实验中使用。残留的二聚环戊二烯可以保存，以备下一次蒸馏使用，直至剩余物固化。

反，反-1,4-二乙酰氧基-1,3-丁二烯

$C_8H_{10}O_4$，170.16

【英文名】_trans_，_trans_-1,4-Diacetoxy-1,3-butadiene

【性状】无水针状结晶。mp 102～104℃。

【制法】Robbert M C. Org Synth，1988，Coll Vol 6：196.

$Hg(OAc)_2$　$MeO_2CC\equiv CCO_2Me$

(2) (3) (4)

AcO OAc (1) + CO_2Me CO_2Me

反-7,8-二乙酰氧基双环[4.2.0]辛-2,4-二烯（**3**）：于安有搅拌器、温度计、回流冷凝器的1L反应瓶中，加入醋酸汞160g（0.5mol），冰醋酸400mL，搅拌均匀后，快速加入环辛四烯（**2**）52g（0.5mol），搅拌下于70～75℃反应2h。用有玻璃毛的漏斗过滤至4L水中，静置8h以上（不时将表面固体搅动以促进结晶）。过滤，尽可能压干，真空干燥过夜，得化合物（**3**）83～86g，mp 52～55℃，收率75%～77.5%（可以用醋酸、石油醚或乙醇重结晶，mp 52～55℃）。

反，反-1,4-二乙酰氧基-1,3-丁二烯（**1**）：于安有搅拌器、回流冷凝器的反应瓶中，加入上述化合物（**3**）83g（0.373mol），丁炔二甲酸二甲酯54g（0.380mol），苯250mL，搅拌回流6h。过滤（除汞盐），滤液减压浓缩回收苯。将剩余的黄色油状物减压蒸馏，收集140～155℃/2.67kPa的馏分，产物固化。粉碎后以石油醚洗涤，用丙酮-石油醚（1∶2）重结晶，得无色针状结晶（**1**）26～31g，收率41%～49%。

2-环己烯-1,4-二酮

$C_6H_6O_2$，110.11

【英文名】2-Cyclohexene-1,4-dione

【性状】淡黄色结晶。mp 54～54.5℃。

【制法】[1] Masaji O，Kawase T，Okada T，Enomato T. Org Synth，1998，Coll Vol 9：186.

[2] 林原斌，刘展鹏，陈红飙．有机中间体的制备与合成．北京：科学出版社，2006：344.

(2) + 环戊二烯 → (3) —Zn/HOAc→ (4) —△→ (1) + 环戊二烯

内-三环[6.2.1.$0^{2,7}$]十一碳-4,9-二烯-3,6-二酮（**3**）：于安有搅拌器、温度计、滴液漏斗的反应瓶中，加入1,4-苯醌（**2**）108.1g（1.0mol），350mL二氯甲烷，冷至0℃，搅拌下滴加环戊二烯41.5mL（34.2g，0.52mol），控制滴加速度，保持内温不超过8℃，约45min加完。加完后冰浴冷却，继续搅拌反应1h，而后室温搅拌反应0.5h。减压浓缩除去溶剂，剩余物中加入己烷200mL，冰浴冷却，过滤，滤饼用己烷洗涤3次。空气中干燥，得化合物（**3**）150～155g，母液可回收12～15g，共164～169g，收率95%～97%。

内-三环[6.2.1.$0^{2,7}$]十一碳-9-烯-3,6-二酮（**4**）：于安有搅拌器、温度计、回流冷凝器的反应瓶中，加入上述化合物（**3**）166g（0.95mol），1300mL冰醋酸，搅拌下一次加入锌粉228.8g（3.5mol），10min左右内温升至70℃，而后慢慢下降，搅拌下于70～80℃反应1h。再加入锌粉32.7g（0.5mol），保温搅拌反应1.5h。冷至室温，过滤。滤饼用醋酸200mL洗涤。合并滤液和洗涤液，减压旋转浓缩。剩余物加水600mL，再用甲苯提取（300mL×3）。合并提取液，依次用水、10%的氢氧化钠溶液、饱和食盐水洗涤，无水硫酸钠干燥。减压浓缩后得粗品（**4**）148～155g（柱色谱纯化后mp 22℃）。

2-环己烯-1,4-二酮（**1**）：于安有磁力搅拌器、Claisen蒸馏头及冷凝器的减压蒸馏装置（串联两个接受瓶，并用干冰冷却）的烧瓶中，加入上述化合物（**4**）150g，磁力搅拌下油浴加热减压蒸馏，浴温140～180℃下收集80～140℃/532～930Pa的馏分，为（**4**）和（**1**）的混合物淡黄色油状液体。而后减压精馏，收集油浴温度180～190℃下87℃/0.8kPa的稳定馏分，得黄色液体（**1**）73～80g，冷后固化为黄色固体。溶于35mL热的四氯化碳中，冰浴冷却，加入18mL己烷，用玻璃棒搅拌，析出结晶。过滤，依次用冷的四氯化碳-己烷（1∶1）、己烷洗涤，干燥，得纯品2-环己烯-1，4-二酮（**1**）65～71g，母液可回收1.5～2.5g，共得67～72.5g，收率61%～66%。

乙烯基环己烷

C_8H_{14}，110.20

【英文名】Vinylcyclohexane

【性状】无色液体。bp 125.7～126℃

【制法】Slaugh L H，Magoon E F. J Org Chem，1962，27（3）：1037.

(2) —CH═CH2 + 蒽 —225℃→ (3) —H2,Ni / 125℃→ (4) —→ (1) —CH═CH2 + 蒽

化合物（**3**）：于压力反应釜中加入蒽 300g（1.7mol），4-乙烯基环己烯-1（**2**）1000g（9.2mol），甲苯 800mL，密闭后于 225℃反应 16h。其间压力不超过 150pis。反应结束后，减压蒸出过量的化合物（**2**）和甲苯。过滤生成的结晶，甲苯洗涤，得化合物（**3**）413g，收率 85%（以蒽计）。由滤液中可以再回收 71g 产物，收率 14.6%。苯中重结晶，mp 176～178℃。

化合物（**4**）：于压力反应釜中加入化合物（**3**）150g，异丙醇 300mL，Raney Ni 5g，于 125℃，氢气压力 500pisg 氢化反应 2h。滤去催化剂，经常法处理，丙酮中重结晶，得化合物（**4**），收率 98%，mp 163℃。

乙烯基环己烷（**1**）：于安有蒸馏装置的反应瓶中，加入化合物（**4**）24.3g，慢慢加热至 300～330℃，收集馏出物，得化合物（**1**）9.1g，收率 98%。重新蒸馏，收集 bp 125.7～126℃的馏分，得纯品（**1**），n_D^{20} 1.4458。

顺-3,4-二氯环丁烯

$C_4H_4Cl_2$，122.96

【**英文名**】*cis*-3,4-Dichlorocyclobutene

【**性状**】无色液体。bp 70～71℃/7.315kPa。

【**制法**】Pettit R. Org Synth，1988，Coll Vol 6：412.

(2) + Cl_2 → (Cl, Cl) —$MeO_2CC≡CCO_2Me$→ (3) (Cl, Cl, CO_2Me, CO_2Me) —△→ (1) (Cl, Cl)

于安有搅拌器、温度计、通气导管、回流冷凝器的反应瓶中，加入环辛四烯（**2**）104g（1.0mol），干燥的四氯化碳 150mL，冷至－30℃，通入干燥的氯气 71g（1mol），于 1h 通完。慢慢升至 0℃，加入粉状碳酸钠 50g，慢慢搅拌几分钟。将反应物过滤至盛有丁炔二酸二甲酯 135g（0.95mol）的反应瓶中，搅拌回流反应 3h。减压回收溶剂，得化合物（**3**），直接用于下一步反应。

将安有滴液漏斗、蒸馏装置的反应瓶，先油浴加热至 200℃，减压至 2.67kPa 以下，滴加上述化合物（**3**），控制滴加速度，保持内温 135～152℃，约 1h 加完，而后继续于 200℃油浴中反应 30min。将接受瓶中的热解物重新减压蒸馏，收集低于 140℃/1.60～2.00kPa 的馏分。将其减压精馏，收集 70～71℃/7.315kPa 的馏分，得无色液体（**1**）49～52g，收率 40%～43%。

五、反电子需求的 Diels-Alder 反应

若改变双烯体和亲双烯体上取代基的性质，即双烯体连有吸电子基团，亲双烯体上连有给电子基团，此时的 D-A 反应也容易进行。这时的反应涉及 $HOMO_{亲双烯体}$ 和 $LUMO_{双烯体}$ 的相互作用，其能量差同样较小。这样的情况称为反电子需求的 D-A 反应（inversed electron demand Diels-Alder reaction，IEDDAR）。下面是曾经成功应用该反应的缺电子双烯体和富电子亲双烯体。

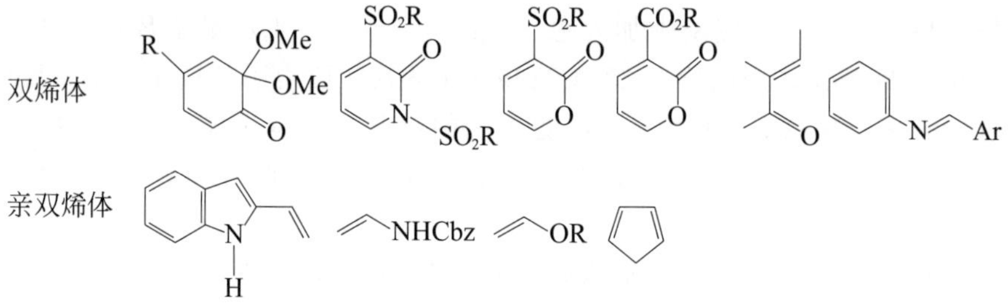

双烯体

亲双烯体

反电子需求的 D-A 反应的例子是成功用于维生素 D_3 A 环的不对称合成，其关键步骤如下：

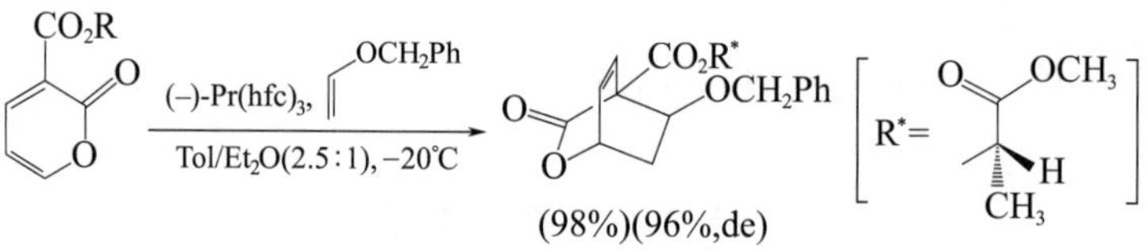

(98%)(96%,de)

反电子需求的 aza-Diels-Alder 反应是合成手性氮杂环如四氢喹啉类化合物的有效方法之一。四氢喹啉衍生物是多种具有重要的生物活性化合物的结构单元，在药物合成中占有重要地位。氮杂二烯与富电子烯烃发生的反电子需求的不对称 Diels-Alder 反应可以高效地构建四氢喹啉环，近年来已经取得了一定的进展。其一般的反应机理如下：

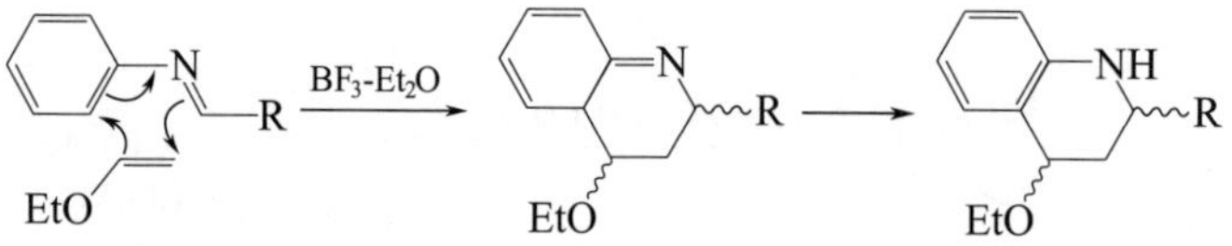

反电子需求的 aza-Diels-Alder 反应与正常电子需求的 aza-Diels-Alder 反应的区别在于：在正常电子需求的 aza-Diels-Alder 反应中，亚胺作为亲双烯体，而双烯为富电子二烯，因此二烯上取代基给电子效应越强，反应越容易进行，可以得到手性的四氢吡啶衍生物。

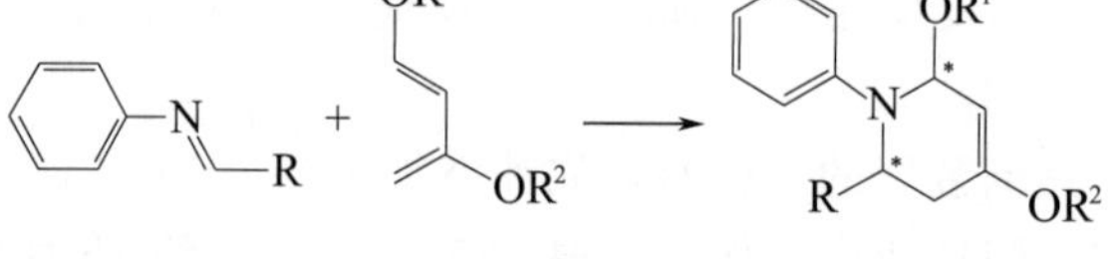

而反电子需求的 aza-Diels-Alder 反应中，烯基亚胺作为双烯体，为缺电子二烯，因此作为亲双烯体烯烃，其双键电子云密度越高越有利于反应的发生，可得到手性四氢喹啉衍生物。

在反电子需求的 aza-Diels-Alder 反应中，亲双烯体主要有环戊二烯、烯醚、烯胺、乙烯基吲哚等。

环戊二烯既可以作双烯体，也可以作为亲双烯体。其在室温下是二聚体，加热蒸馏并低温收集可以得到单体。

1996 年，Kobayashi 等（Ishitani H，Kobayashi S. Tetrahedron Lett，1996，37：7357）首先报道了邻羟基苯胺衍生的亚胺与环戊二烯的反电子需求的不对称 Diels-Alder 反应。

L1,Yb(OTf)$_3$
DBU,CH_2Cl_2,MS4A
L1

反应中使用三氟甲磺酸镱与（*R*）-联萘酚（L1）形成的配合物作催化剂，并加入助剂 DBU。DBU 的作用是可以与联萘酚形成氢键而调节催化剂的手性环境。该反应当 R 为苯基时的收率为 92%，非对映选择性为 99：1，71%ee 的对映选择性。

2010 年冯小明等发展的手性氮氧配体与 Sc（OTf）$_3$ 组成的配合物作催化剂，实现了三组分不对称反电子需求的 aza-Diels-Alder 反应。

L2,Sc(OTf)$_3$
CH_2Cl_2,0℃,24h
R^1=芳基,烷基
R^2,R^3=烷基,卤素
Ar=2,6-(i-Pr)$_2C_6H_3$
L2

烯醚作为亲双烯体的不对称反电子需求的 aza-Diels-Alder 反应研究的较多。1996 年，Kobayashi 等使用上述手性联萘酚 L1-镱配合物催化乙烯基乙醚、乙烯基丁基醚以及 2,3-二氢呋喃作为亲双烯体的不对称反电子需求的 aza-Diels-Alder 反应取得了成功。

后来，烯醚作为亲双烯体的不对称反电子需求的 aza-Diels-Alder 反应得到极大发展。Akiyama 等（Akiyama T，Morita H，Fuchibe K. J Am Chem Soc，2006，128：13070）将有机磷作为小分子催化剂引入该反应，取得了极好的催化效果。反应底物的普适性很好，对各种芳香醛生成的亚胺可获得 59%～99%的收率，99：1 的非对映选择性和 88%～97%的对映选择性。对各种烯醚的适应性也很广，包括乙烯基乙醚、乙烯基正丁醚、乙烯基苄基醚，环状的 2,3-二氢呋喃、3,4-二氢吡喃等。

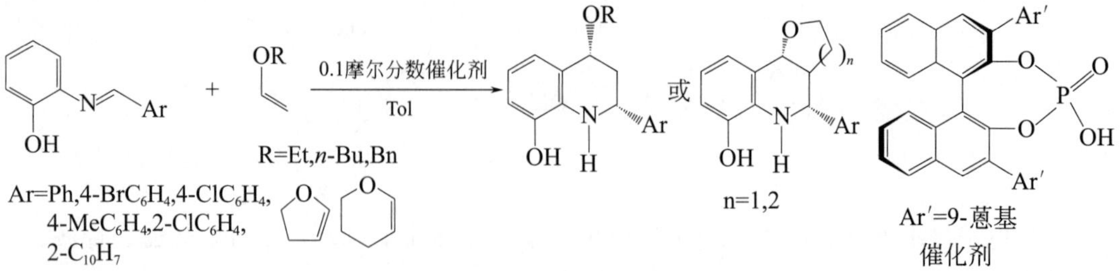

OR
0.1摩尔分数催化剂
Tol
OH
R=Et,*n*-Bu,Bn
Ar=Ph,4-BrC6H4,4-ClC6H4,
4-MeC6H4,2-ClC6H4,
2-C10H7
或
n=1,2
Ar′=9-蒽基
催化剂

反应中可能生成了九元环过渡态，其中催化剂膦氧双键的氧与酚羟基形成分子间氢键，而催化剂质子酸用于活化亚胺，最终亲双烯体从亚胺的 Re 面进攻得到产物。

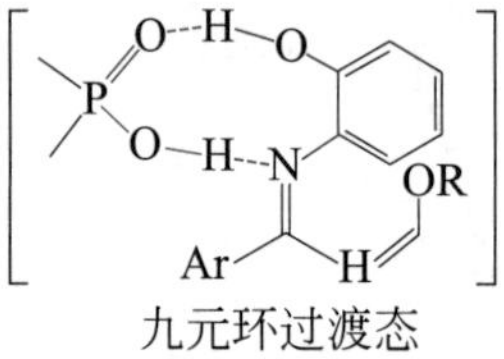

OR
Ar

九元环过渡态

2010 年，Jacobsen 报道了一类基于手性脲与强 Brönsted 酸协同催化剂用于催化芳基亚胺与 2,3-二氢呋喃的不对称反电子需求 aza-Diels-Alder 反应，得到以 *exo* 为主的四氢喹啉衍生物，其产物与 Akiyama 以磷酸催化得到的 *endo* 类型为主的产物不同，而且与以往的二烯体不同，芳基亚胺中不含有酚羟基。

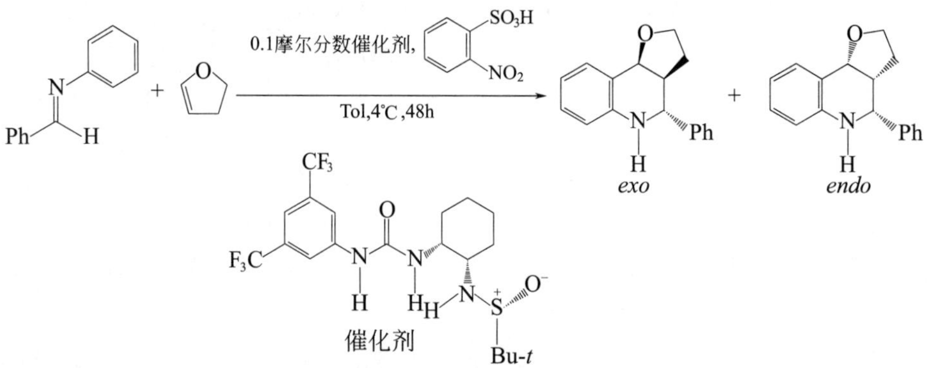

0.1摩尔分数催化剂,
Tol,4℃,48h
exo
endo
催化剂
Bu-*t*

烯胺可作为亲双烯体发生不对称反电子需求的 aza-Diels-Alder 反应，2009 年，Masson 和 Zhu（Liu H，Dagousset G，Masson G，et al. J Am Chem Soc，2009，131：4598）报道了首例烯胺作为亲双烯体的三组分不对称反电子需求的 aza-Diels-Alder 反应。

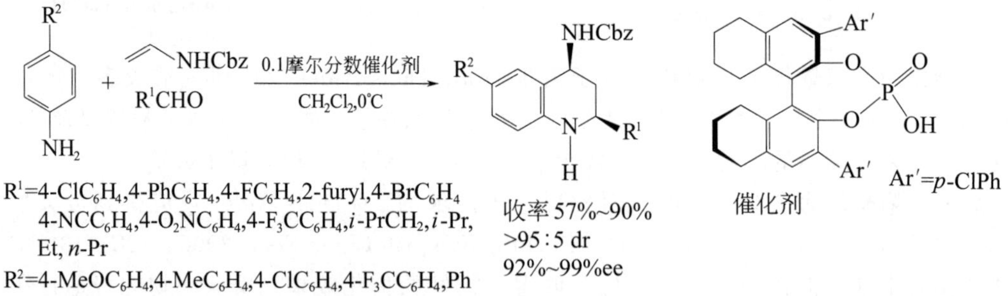

NHCbz
R1CHO
0.1摩尔分数催化剂
CH2Cl2,0℃
R1=4-ClC6H4,4-PhC6H4,4-FC6H4,2-furyl,4-BrC6H4
4-NCC6H4,4-O2NC6H4,4-F3CC6H4,*i*-PrCH2,*i*-Pr,
Et, *n*-Pr
R2=4-MeOC6H4,4-MeC6H4,4-ClC6H4,4-F3CC6H4,Ph
收率 57%~90%
>95∶5 dr
92%~99%ee
催化剂
Ar′=*p*-ClPh

该反应底物普适性好，可以适用于脂肪醛，收率 57%～90%，非对映选择性>95∶5，而对映选择性 92%～99%ee。

乙烯基吲哚也可作为亲双烯体的不对称反电子 aza-Diels-Alder 反应。2010 年 Bernardi

和 Ricci（Bergonzini G，Gramigna L，Mazzanti A，et al. Chem Commun，2010，327）报道了 2-乙烯基吲哚、3-乙烯基吲哚与芳基亚胺的手性膦酸催化的不对称反电子 aza-Diels-Alder 反应。

0.1摩尔分数催化剂,Tol,3AMS,45℃,3h

0.1摩尔分数催化剂,THF,45℃,13h

催化剂

芳基亚胺与富电子烯烃的反电子需求的不对称 aza-Diels-Alder 反应的研究已经取得了一定的进展。催化剂种类目前还只有联萘酚-镱、氨基醇-钛、双氮氧-钪、磷酸、脲-强酸等几种。这方面的研究肯定会得到迅速发展。

(4*aS*,5*R*,12*cS*)-5-(4-硝基苯基)-3,4,4*a*,5,6,12*c*-六氢-7*H*-1. 8-二氧杂-6-氮杂-2*H*-吡喃并［5. 6-*c*］菲-7-酮

$C_{21}H_{18}N_2O_5$，378. 38

【英文名】

(4*aS*, 5*R*, 12*cS*)-5-(4-Nitrophenyl)-3, 4, 4*a*, 5, 6, 12*c*-hexahydro-7*H*-1. 8-dioxa-6-aza-2*H*-pyrano[5. 6-*c*]phenanthren-7-one

【性状】黄色固体。

【制法】Kudale A A，Kendall J，Miller D O，Collins J L，Bodwell G B. J Org Chem，2008，73（21）：8437.

方法 1：

0.05摩尔分数Yb(OTf)$_3$, CH_3CN, r.t

(2) (1a) (1b)

于反应瓶中加入化合物（**2**）0. 50g（1. 7mmol），乙腈 10mL，$Yb(OTf)_3$ 0. 05g（0. 05 摩尔分数），DHP 0. 50mL（5. 1mmol，0. 43g），室温搅拌 20min。反应过程中逐渐由黄色变为亮黄色。减压蒸出溶剂，得黄色剩余物。^{1}H NMR 分析，dr 36∶64（1a∶1b）。过硅胶柱纯化，二氯甲烷洗脱，得黄色固体（**1a**）0. 15g，收率 25%，mp 228-229℃（氯仿-己烷）；黄色固体（**1b**）0. 39g，收率 65%，mp 263～264℃（氯仿-己烷）。

方法 2：

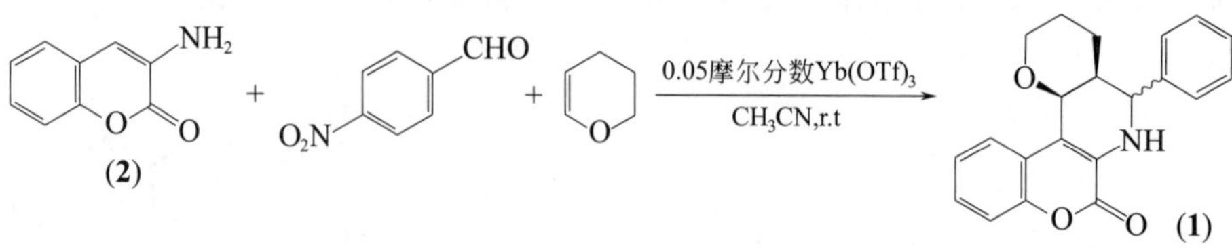

$$\xrightarrow[CH_3CN, r.t]{0.05摩尔分数Yb(OTf)_3}$$

于反应瓶中加入 3-氨基香豆素（**2**）0.25g（1.6mmol），乙腈 30mL，溶解后加入 4-硝基苯甲醛 0.25g（1.6mmol），而后加入 Yb（OTf）$_3$ 0.05g（0.05 摩尔分数），DHP 0.42mL（4.6mmol，0.39g），室温搅拌反应 24h。其间 TLC 跟踪反应。反应完全后，减压蒸出溶剂。剩余黄色物过硅胶柱纯化，二氯甲烷洗脱，得黄色固体（**1**）0.23g，收率 40%，dr（1a∶1b）36∶64。

（2S，4S）-4-乙氧基-2-萘-1-基-1,2,3,4-四氢喹啉-8-醇

$C_{21}H_{21}NO_2$，319.40

【**英文名**】(2*S*,4*S*)-4-Ethoxy-2-naphthalen-1-yl-1,2,3,4-tetrahydro-quinolin-8-ol

【**性状**】黄色固体。

【**制法**】Haruro Ishitani，Shu Kobayashi. Tetrahedron Lett，1996，37（41）：7357.

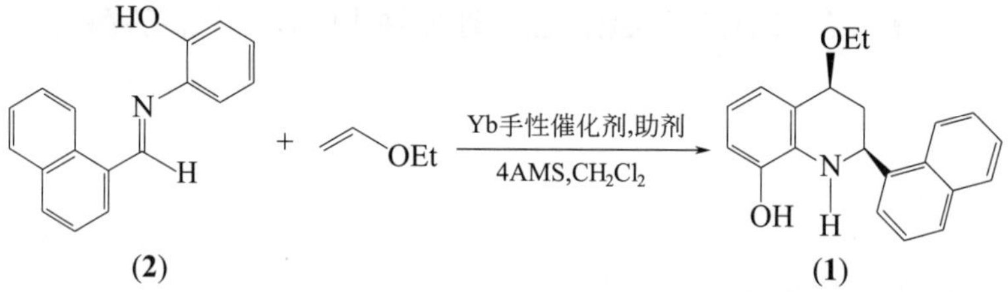

$$\xrightarrow[4AMS, CH_2Cl_2]{Yb手性催化剂,助剂}$$

于反应瓶中加入 Yb（OTf）$_3$ 62.0mg（0.10mmol），4A 分子筛 125.0mg，R-（+）-1,1′-联萘-2,2′-二醇 32.3mg，二氯甲烷 0.5mL，于 0℃加入 DBU 36.5mg（0.24mmol）溶于 0.5mL 二氯甲烷的溶液，反应物立即变黄，继续于 0℃搅拌反应 0.5h。冷至−15℃，依次加入化合物（**2**）123.7mg（0.5mmol）溶于 0.25mL 二氯甲烷的溶液、DTBP 102.3mg（0.5mmol）溶于 0.25mL 二氯甲烷的溶液和乙基乙烯基醚 108.2mg（1.5mmol）溶于 0.25mL 二氯甲烷的溶液。搅拌反应 20h，加入适量水。滤去不溶物，液相用二氯甲烷提取，饱和盐水洗涤，无水硫酸镁干燥。过滤，浓缩。剩余物过硅胶柱纯化，得化合物（**1**）118.2mg，收率 74%，cis/trans >99∶1，91%ee。

第二节 1,3-偶极环加成反应——［3+2］环加成反应

1,3-偶极环加成反应（1,3-dipolar cycloaddition）反应又叫 Huisgen 反应或 Huisgen 环加成反应，是发生在 1,3-偶极体和烯烃、炔烃或其衍生物等之间的一个协同的环加成反应。烯类化合物等称为亲偶极体。

1,3-偶极体根据其结构可以分为含杂原子的1,3-偶极体和全碳原子的1,3-偶极体，因此，1,3-偶极环加成也可以依此分为含杂原子的1,3-偶极体的环加成反应和全碳1,3-偶极体的环加成反应。

一、 含杂原子的1,3-偶极体的环加成反应

叠氮化合物与双键加成生成三唑啉，通过双键的1,3-偶极加成，可以制备五元环状化合物。

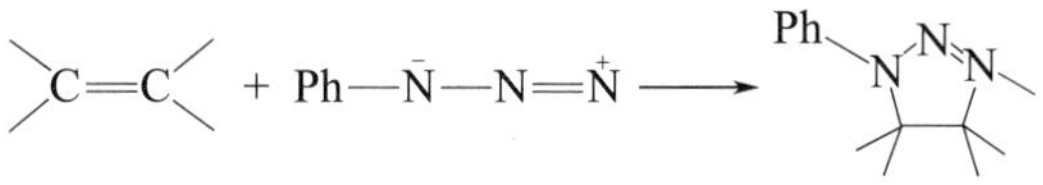

$$\rangle C{=}C\langle + Ph{-}\overset{-}{N}{-}N{=}\overset{+}{N} \longrightarrow \text{(Ph-N-N=N 三唑啉环)}$$

可以发生1,3-偶极加成反应的化合物一般有这样一种原子序列：a-b-c。a原子的外层有六个电子，而c原子的外层有八个电子，且至少有一对孤对电子。可以用反应通式表示如下：

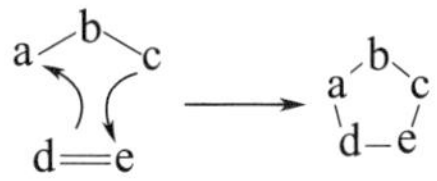

$$a{-}\overset{-}{b}{-}c + d{=}e \longrightarrow \text{(a-b-c-e-d 五元环)}$$

由于1,3-偶极类化合物很多，亲偶极体又可以是含碳、氮、氧、硫等的重键化合物，因此，1,3-偶极环加成反应是合成五元环化合物的有价值的方法。

1,3-偶极化合物可以分为如下几种类型（表5-4）。

表5-4 一些常见的1,3-偶极化合物

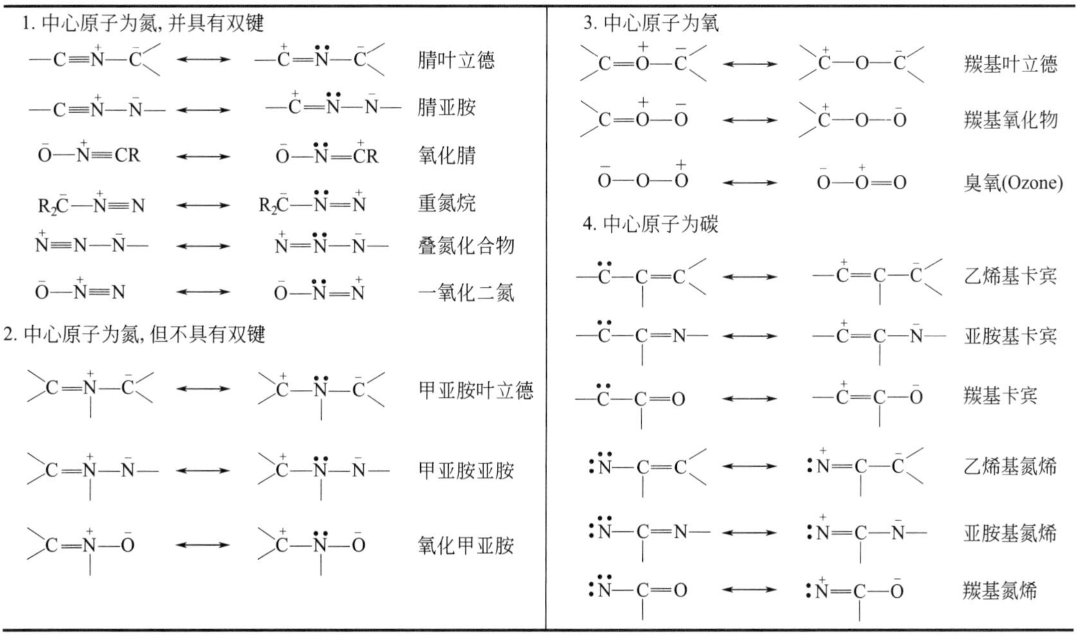

极限式		极限式	名称
1. 中心原子为氮，并具有双键			
$-C{\equiv}\overset{+}{N}{-}\overset{-}{C}\langle$	⟷	$-\overset{+}{C}{=}\ddot{N}{-}\overset{-}{C}\langle$	腈叶立德
$-C{\equiv}\overset{+}{N}{-}\overset{-}{N}-$	⟷	$-\overset{+}{C}{=}\ddot{N}{-}\overset{-}{N}-$	腈亚胺
$\overset{-}{O}{-}\overset{+}{N}{\equiv}CR$	⟷	$\overset{-}{O}{-}\ddot{N}{=}\overset{+}{C}R$	氧化腈
$R_2\overset{-}{C}{-}\overset{+}{N}{\equiv}N$	⟷	$R_2\overset{-}{C}{-}\ddot{N}{=}\overset{+}{N}$	重氮烷
$\overset{+}{N}{\equiv}N{-}\overset{-}{N}-$	⟷	$\overset{+}{N}{=}\ddot{N}{-}\overset{-}{N}-$	叠氮化合物
$\overset{-}{O}{-}\overset{+}{N}{\equiv}N$	⟷	$\overset{-}{O}{-}\ddot{N}{=}\overset{+}{N}$	一氧化二氮
2. 中心原子为氮，但不具有双键			
$\rangle C{=}\overset{+}{N}{-}\overset{-}{C}\langle$	⟷	$\rangle\overset{+}{C}{-}\ddot{N}{-}\overset{-}{C}\langle$	甲亚胺叶立德
$\rangle C{=}\overset{+}{N}{-}\overset{-}{N}-$	⟷	$\rangle\overset{+}{C}{-}\ddot{N}{-}\overset{-}{N}-$	甲亚胺亚胺
$\rangle C{=}\overset{+}{N}{-}\overset{-}{O}$	⟷	$\rangle\overset{+}{C}{-}\ddot{N}{-}\overset{-}{O}$	氧化甲亚胺
3. 中心原子为氧			
$\rangle C{=}\overset{+}{O}{-}\overset{-}{C}\langle$	⟷	$\rangle\overset{+}{C}{-}O{-}\overset{-}{C}\langle$	羰基叶立德
$\rangle C{=}\overset{+}{O}{-}\overset{-}{O}$	⟷	$\rangle\overset{+}{C}{-}O{-}\overset{-}{O}$	羰基氧化物
$\overset{-}{O}{-}O{-}\overset{+}{O}$	⟷	$\overset{-}{O}{-}\overset{+}{O}{=}O$	臭氧(Ozone)
4. 中心原子为碳			
$-\ddot{C}{-}C{=}C\langle$	⟷	$-\overset{+}{C}{=}C{-}\overset{-}{C}\langle$	乙烯基卡宾
$-\ddot{C}{-}C{=}N-$	⟷	$-\overset{+}{C}{=}C{-}\overset{-}{N}-$	亚胺基卡宾
$-\ddot{C}{-}C{=}O$	⟷	$-\overset{+}{C}{=}C{-}\overset{-}{O}$	羰基卡宾
$:\ddot{N}{-}C{=}C\langle$	⟷	$:\overset{+}{N}{=}C{-}\overset{-}{C}\langle$	乙烯基氮烯
$:\ddot{N}{-}C{=}N-$	⟷	$:\overset{+}{N}{=}C{-}\overset{-}{N}-$	亚胺基氮烯
$:\ddot{N}{-}C{=}O$	⟷	$:\overset{+}{N}{=}C{-}\overset{-}{O}$	羰基氮烯

在上述类型1中（中心原子为氮，并具有双键），在一种极限式中，外层只有六个电子的原子连接一个双键，而在另一种极限式中，在相同的原子处连接一个三键。

$$\overset{-}{a}{-}b{=}\overset{+}{c}- \longleftrightarrow \overset{-}{a}{-}\overset{+}{b}{\equiv}c-$$

若将a、b、c原子限定于元素周期表第二周期元素，则b原子只能为N，c原子可以是N和C，a原子则可以是C、O、N。因此，上述类型的化合物共有六种，如表中1所示。

其他类型的1,3-偶极化合物有12种（其中2有三种，3有三种，4有六种）。

值得指出的是，1,3-偶极式$\overset{+}{a}=b-\overset{-}{c}$并不意味着其具有较大的偶极矩，因为上述结构也可以写为$\overset{+}{a}=b-\overset{-}{c}\longleftrightarrow\overset{-}{a}-b=\overset{+}{c}$，亲核端和亲电端相互抵消。因此，1,3-偶极化合物往往是低偶极矩的。

在上述18种偶极化合物中，有些是不稳定的，只能在反应中原位产生并进一步发生反应。目前已报道的1,3-偶极化合物的反应中，至少已有15种与烯键可以发生环加成反应。加成反应属于立体专一性的顺式加成。关于1,3-偶极加成的反应机理，以前曾认为是经过一个双自由基中间体而进行的，但现在大多认为应该是总电子数6π体系的一步的协同过程，中间经历五元环过渡态。溶剂对反应速率的影响不大。

与其他产物相比，通过1,3-偶极加成生成的环化产物并不稳定，例如烷基叠氮化合物与烯反应生成三唑啉，后者在加热或光照条件下容易分解放出氮气，生成氮丙啶类化合物。

$$>C=C< + Ph-\overset{-}{N}-N=\overset{+}{N} \longrightarrow \text{(Ph-三唑啉)} \longrightarrow \text{(Ph-氮丙啶)} + N_2$$

也可以发生分子内的[3＋2]环加成，这是合成双环或多环化合物的一种方法。例如：

$$\xrightarrow{\triangle}$$

中心原子为氮，且具有三键的1,3-偶极体系 $a\equiv\overset{+}{N}-\overset{-}{b}$ 为直线型结构，参加反应时要想与亲偶极体有效结合，则必须变成具有弯曲结构的1,3-偶极式 $\overset{+}{a}=N-\overset{-}{b}$。例如重氮甲烷具有如下结构：

$$N\equiv\overset{+}{N}-\overset{-}{C}< \longleftrightarrow N(=\overset{+}{N})-\overset{-}{C}<$$

1,3-偶极环加成反应与Diels-Alder反应有些相似。1,3-偶极反应的立体化学及动力学研究表明，溶剂的极性对加成反应的影响小；反式烯烃比顺式烯烃容易发生反应；亲偶极体系的立体化学仍保留在反应产物中。

1,3-偶极体系都具有三个彼此平行的p轨道，其中含有4个π电子，故1,3-偶极环加成属于[4＋2]π电子参加的反应。根据前线轨道理论，基态时1,3-偶极体的LUMO和亲偶极体的HOMO，以及基态时1,3-偶极体的HOMO和亲偶极体的LUMO，都是分子轨道对称守恒原理所允许的，因此反应可以发生。

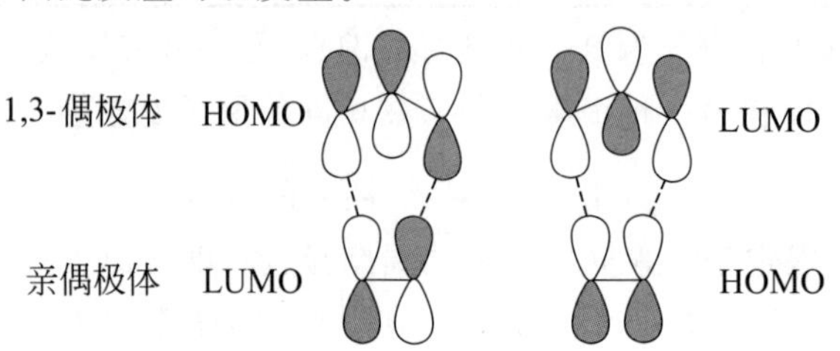

根据上述原理，1,3-偶极环加成反应可以分为三类：一类是由1,3-偶极体提供HOMO，称为HOMO控制的反应；第二类是由1,3-偶极体提供LUMO，称为LUMO控制的反应；第三类是两种情况都存在，称为HOMO-LUMO控制的反应。但是，随着偶极体和亲偶极体分子中取代基的变化，它们的前线轨道的能量也会发生变化，因此反应类型也可能发生变化。

1,3-偶极环加成反应与Diels-Alder反应类似，作用中心的轨道系数决定了反应过程中的区域选择性。所有的1,3-偶极体系与富电性烯烃反应都是LUMO控制的。此时，1,3-偶极体系的“中性端”具有较大的轨道系数，易与富电性烯烃不带取代基的一端（此端在HOMO中具有较大系数）反应形成键。

a≡$\overset{+}{b}$—$\overset{-}{c}$ + =\\$\ddot{X}$ —LUMO控制→ (a,b,c 五元环，X取代)

式中 $\ddot{X}$=给电子取代基

例如：

CH_2=CHOR + PhC≡$\overset{+}{N}$—$\overset{-}{N}$—Ph —LUMO控制→ (Ph, N, N—Ph, OR 取代的吡唑啉)

CH_2=CHOR + N≡$\overset{+}{N}$—$\overset{-}{N}$—Ph —LUMO控制→ (N—Ph, OR 取代的三唑啉)

1,3-偶极体系与共轭烯烃或缺电性烯烃反应时，其区域选择性与反应是否1,3-偶极体系HOMO控制或LUMO控制有关。一般来说，若反应为HOMO控制，则1,3-偶极的“负端”容易与上述烯烃具有取代基的一端成键；若反应为LUMO控制，则1,3-偶极体系“中性端”容易与上述烯烃未带取代基的一端成键。

a≡$\overset{+}{b}$—$\overset{-}{c}$ + =\\Z,C —HOMO控制→ (Z,C 在c端邻位的五元环)；—LUMO控制→ (C,Z 在a端邻位的五元环)

具体反应如下：

Ph—C≡$\overset{+}{N}$—$\overset{-}{N}$—Ph + CH_2=CH—Z (Z=CN,Ph) —LUMO控制→ (Ph, N, N—Ph, Z 取代的吡唑啉)

N≡$\overset{+}{N}$—$\overset{-}{N}$—Ph + CH_2=CH—Z (Z=CN,Ph) —HOMO控制→ (N=N—N—Ph, Z 取代的三唑啉)

亲偶极体也可以是杂原子重键，如酮（羰基）、腈（氰基）、亚胺（亚胺基）、硫酮（C=S)等都是常见的亲偶极体系。对于酮、腈、亚胺而言，它们的前线轨道系数如下：

LUMO C X

X=N,O

HOMO C X

由于所有的1,3-偶极体系（除对称结构的腈叶立德外）的HOMO的“负端”及LUMO的“正端”均具有较大的轨道系数，因此，它们与含杂原子重键的亲偶极体系反应时，优先生成具有如下结构的产物。

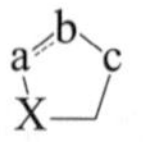

含碳-碳三键的炔类化合物也可以作为亲偶极体发生1,3-偶极加成反应。例如炔与叠氮化合物反应生成三唑。

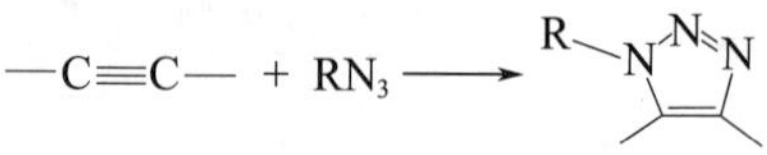

这种反应可以在加热条件下进行，热反应可以使用非端基炔，此时得到1,4,5-三取代的1,2,3-三氮唑。该方法更适合于结构对称的炔二酸酯类化合物。

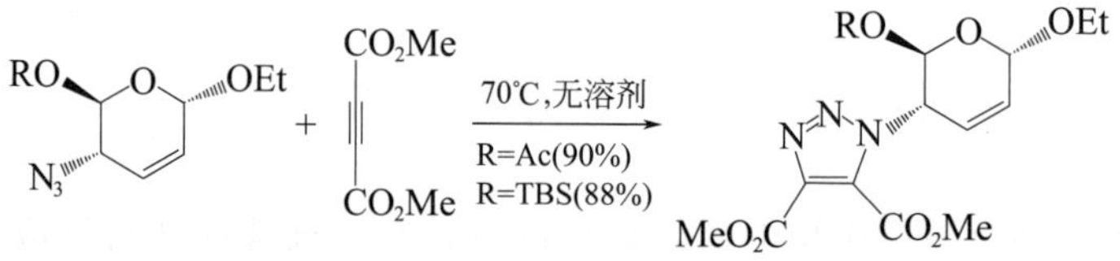

如下分子中同时含有叠氮基和炔键的化合物，在加热条件下可以发生分子内的［3+2］环加成反应（Mont N，Mehta V P，Appukkuttan P A，et al. J Org Chem，2008，73：7509）。

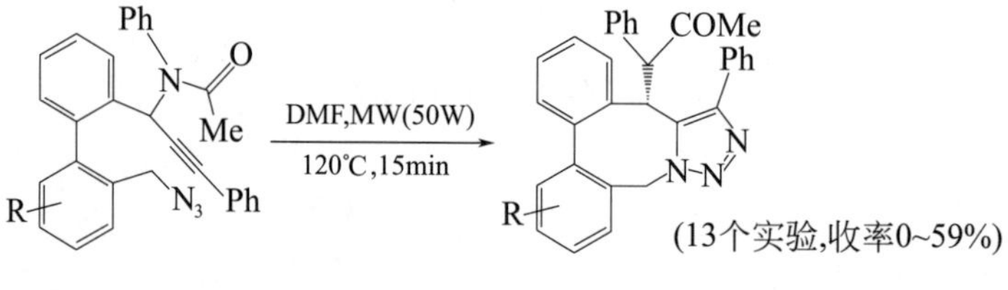

Cu（Ⅰ）对端基炔与叠氮化合物的[3+2]环加成有催化作用，此时反应是分步进行的。

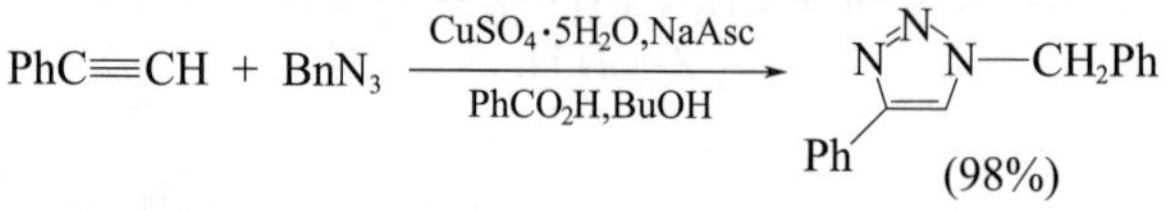

反应过程如下（图5-5）：

首先是Cu（Ⅰ）与端基炔反应（A）生成炔铜中间体，而后叠氮物与炔铜中间体中的铜原子配位（B），此时叠氮基团被活化。经步骤（C）生成含铜的六元环中间体。六元环中间体经步骤D生成五元环的唑铜衍生物，最后（E）唑铜衍生物经质子化后生成三唑，并催化剂再生。

而在如下反应中，生成的三唑分解放出氮气生成开链化合物（Liu Y，Wang X，Xu J，et al. Tetrahedron，2011，67：6294）：

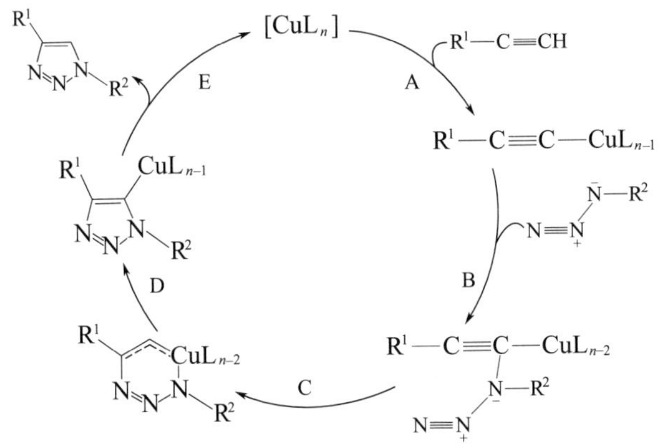

图 5-5 亚铜催化的叠氮化合物-烃环加成分步反应机理

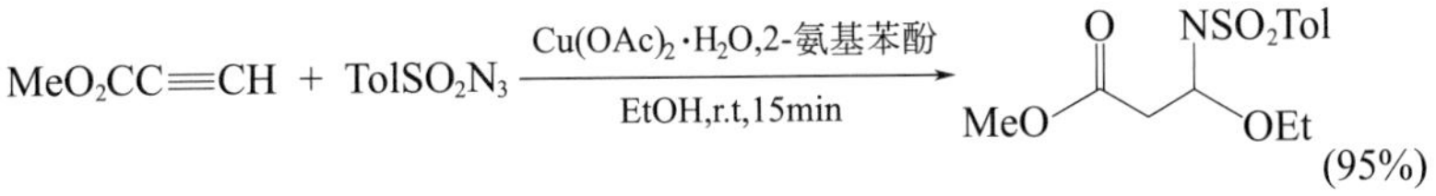

$$MeO_2CC{\equiv}CH + TolSO_2N_3 \xrightarrow[\text{EtOH,r.t,15min}]{Cu(OAc)_2\cdot H_2O,\text{2-氨基苯酚}} MeO_2CCH_2C(OEt){=}NSO_2Tol\ (95\%)$$

反应中可以直接使用 Cu(Ⅰ) 盐，也可以使用 Cu(Ⅰ) 配合物。但多数 Cu(Ⅰ) 盐和 Cu(Ⅰ) 配合物不稳定，在常温和空气存在下容易被氧化为没有活性的 Cu(Ⅱ)，目前最常用的是 CuI 或由 CuI 制备的配合物。

使用 Cu(Ⅰ) 卤化物作铜源时，需要加入叔胺，如 DBU、Et_3N、2,6-二甲基吡啶、DMAP、哌啶等。反应中可以使用 Cu (Ⅱ) 化合物原位生成 Cu(Ⅰ) 催化剂，例如硫酸铜与抗坏血酸钠反应原位生成 Cu(Ⅰ)，又如 Cu(0) /$CuSO_4$ 原位产生 Cu(Ⅰ) 等。

除了 Cu(Ⅰ) 催化剂外，Grignard 试剂也可以催化该反应。反应中 Grignard 试剂首先与端基炔生成炔基 Grignard 试剂，后者与叠氮化合物再进行反应生成 1，2，3-三氮唑。此时是炔基负离子进攻叠氮物末端氮原子。由于反应中使用了化学计量的 Grignard 试剂，生成的 Mg-中间体仍具有 Grignard 性质，可以与亲电试剂继续作用，生成 1，4，5-三取代-1，2，3-三唑。例如（Krasinski A，Fokin V V，Sharpless K B. Org Lett，2004，8：1237）

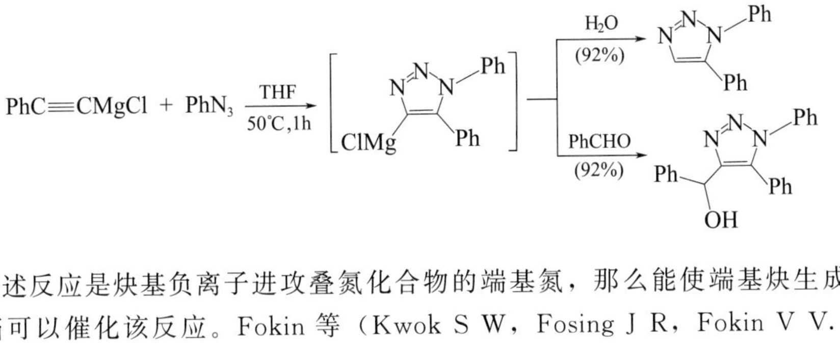

$$PhC{\equiv}CMgCl + PhN_3 \xrightarrow[50^\circ C,1h]{THF} [\text{ClMg-三唑中间体}] \xrightarrow{H_2O\ (92\%)} \text{1,5-二苫基三唑};\ \xrightarrow{PhCHO\ (92\%)} \text{Ph(OH)CH-三唑}$$

既然上述反应是炔基负离子进攻叠氮化合物的端基氮，那么能使端基炔生成负离子的强碱也应当可以催化该反应。Fokin 等（Kwok S W，Fosing J R，Fokin V V. Org Lett，2010，12：4217）使用强碱（NaOH、KOH、CsOH、t-BuOK、Me_4NOH、$BnNMe_3OH$）实现了这一反应。

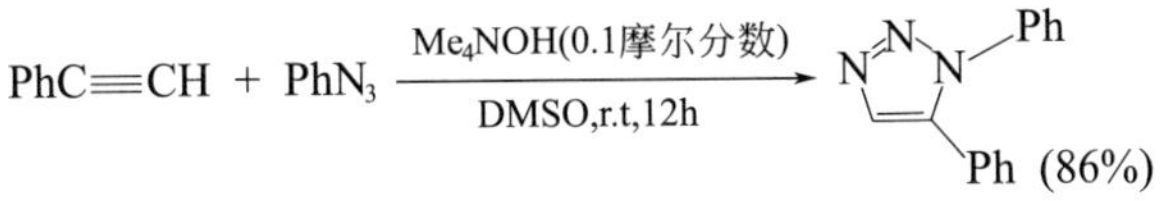

$$PhC{\equiv}CH + PhN_3 \xrightarrow[\text{DMSO,r.t,12h}]{Me_4NOH(0.1\text{摩尔分数})} \text{1,5-二苯基-1,2,3-三唑}\ (86\%)$$

钌配合物用于该反应也有报道，使用不同配体的钌催化剂，可以选择性地合成 1,4-或 1,5-二取代的 1,2,3-三氮唑，显示出更高的应用价值。例如（Zhang L，Chen X，Xue P，et al. J Am Chem Soc，2005，127：15998）：

$PhC{\equiv}CH + BnN_3 \xrightarrow{[Ru]}$

催化剂	1,4-二取代	1,5-二取代
$Ru(OAc)_2(PPh_3)_2$	0	100%
$CpRuCl(PPh_3)_2$	85%	15%
$Cp^*RuCl(PPh_3)_2$	100%	0
$Cp^*RuCl(NBD)$	100%	0

苯炔可以作为亲偶极体与硝酮反应，生成苯并异噁唑烷衍生物。例如[仵清春，李保山，林文清等．有机合成，2007，15（3）：292]：

硝酮的分子内环加成容易进行，而且硝酮化合物也容易制得，在有机合成中应用较广泛。由于 N—O 键容易还原断裂，因而硝酮的环加成是引入立体关系确定的氨基和羟基的有用方法。例如：

一些 1,3-偶极试剂可以由合适的三元环化合物开环原位生成。例如氮杂环丙烷可以加成到活性的双键上生成吡咯烷。

氮杂环丙烷可以与碳-碳三键加成，也可以与其他不饱和键加成，如 C=O、C=N、C≡N 等。而在有些反应中，氮杂环丙烷断裂的不是 C—C 键，而是 C—N 键。

在 Lewis 酸催化下，环丙烷类衍生物可以发生分子内的[3+2]环加成反应。其中环丙烷-1,1-二羧酸酯制备容易，在 Lewis 酸作用下可以与 C═C、C═O、C═N 等分子发生[3+2]环加成反应，构筑五元环骨架（碳环或杂环），备受人们的关注。

环丙烷-1,1-二羧酸酯分子内的[3+2]环加成根据反应中化学键的连接方式，可以分为分子内交叉环加成（intramolecular Cross-Cycloaddition，IMCC）和分子内平行环加成（intramolecular Parallel-Cycloaddition，IMPC）两种类型，利用这两种策略可以分别构筑[*n*.3.0]和桥环[*n*.2.1]骨架。

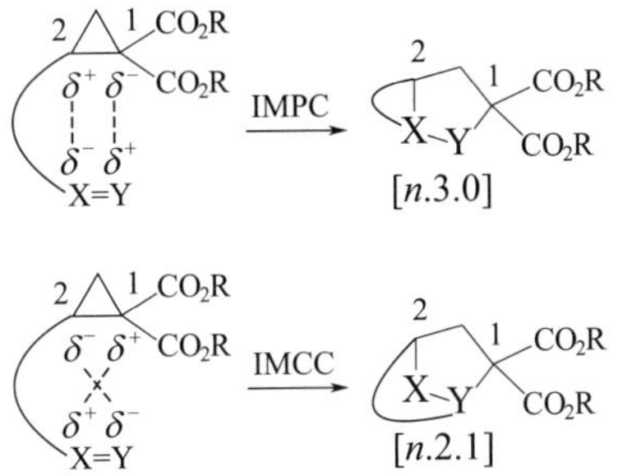

1986 年，Snider 等（Richard B B，Dombroski M A，Snider B B. J Org Chem，1986，51：4391）报道了在乙基氯化铝作用下环丙烷-1,1-二羧酸酯与烯烃的 IMCC[3+2]反应，收率较高，提供了构筑 5/5 和 5/6 并环骨架的新策略。

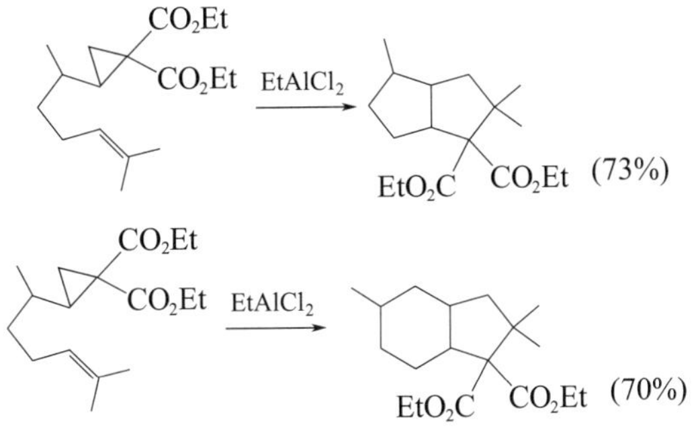

在 Lewis 酸催化下，环丙烷-1,1-二羧酸酯可以与含 C═N 的化合物发生[3+2]环加成反应。例如环丙烷-1,1-二羧酸酯在 $Yb(OTf)_3$ 催化下与肟醚发生的 IMPC[3+2]反应（Jackson S K，Karadeolian A，Driega A B，et al. J Am Chem Soc，2008，130：4196）：

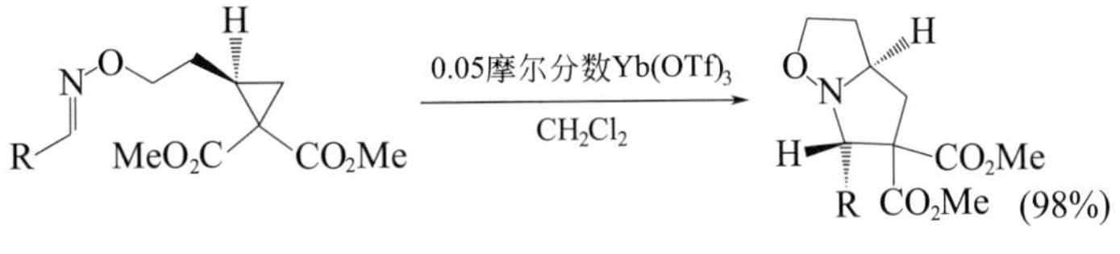

在 Lewis 酸催化下，环丙烷-1，1-二羧酸酯可以与羰基化合物发生［3+2］环加成反应。2010 年，Xing 等[Xing S Y，Pan W Y，Liu C，et al. Angew Chem Int Ed，2010，49(18)：3215] 报道了环丙烷-1，1-二羧酸酯与 C═O 的分子内的[3+2]环加成，在 Lewis 酸催化剂存在下可以顺利地进行 IMCC[3+2]反应，可以高效地构筑具有原子和骨架多样性的氧/氮杂[*n*.2.1]骨架。天然产物 Platensimycin 的全合成中应用这一反应合成了其中的关键中间体。

Platensimycin

不对称偶极环加成反应受到人们的普遍关注。通常手性丙烯酸酯与腈氧化物或硝酮的缩合反应仅得到中等的非对映选择性，通过向底物分子中引入手性辅基可以提高选择性。例如化合物 A 与丙烯酰氯反应将手性磺内酰胺连接到丙烯酸底物上，而后进行环加成，产物的非对映选择性达 90∶10。

不对称偶极环加成反应的研究已经取得了一定的进展，并日益受到科学工作者的重视。

1-苄基-2-苯基-1*H*-1,2,3-三氮唑

$C_{15}H_{13}N_3$，235.29

【英文名】1-Benzyl-4-phenyl-1*H*-[1,2,3]triazole

【性状】麦白色固体。

【制法】Shao C，Wang X，Xu J，et al. J Org Chem，2010，75：7002.

$$\text{PhC}\equiv\text{CH} + \text{BnN}_3 \xrightarrow[\text{PhCO}_2\text{H,BuOH}]{\text{CuSO}_4\cdot 5\text{H}_2\text{O,NaAsc}} (\mathbf{1})$$

于反应瓶中加入 $CuSO_4 \cdot 5H_2O$ 5.0mg（0.02mmol），抗坏血酸 7.9mg（0.04mmol），苯甲酸 24.4mg（0.2mmol），叔丁醇-水 2mL（体积比 1∶2），搅拌下加入由苯乙炔（**2**）204mg（2mmol）和苄基叠氮 280mg（0.21mg），搅拌 4min 后完全固化。加入二氯甲烷 20mL，水 20mL，分出有机层，饱和盐水洗涤，无水硫酸钠干燥。过滤，浓缩，剩余物过硅胶柱纯化，以乙酸乙酯-石油醚（1∶3）洗脱，得麦白色固体（**1**）461mg，收率 98%。

2-苯基-3-*n*-丙基异噁唑啉-4, 5-*cis*-二羧酸 *N*-苯基酰亚胺

$C_{20}H_{20}N_2O_3$，336.39

【英文名】2-Phenyl-3-*n*-propylisoazolidine-4，5-*cis*-dicarboxylic acid *N*-phenylimide

【性状】无色结晶。mp 106.5～107.5℃。

【制法】Ingrid Brüning，Rudolf Grashey，Hans Hauck，Rolf Huisgen，Helmut Seidl. Organic Syntheses，1973，Coll Vol 5：957.

n-C_3H_7CHO (2) —PhNHOH→ (3) —N-苯基马来酰亚胺, EtOH→ (1)

于 200mL 三角瓶中加入 N-苯基羟胺 11g（0.10mol），N-苯基马来酰亚胺 17.4g（0.10mol），40mL 乙醇。加入新蒸馏的正丁醛（**2**）8.98g（0.124mol），反应放热，很快升至沸点。生成浅黄色澄清溶液，冷却时生成无色结晶。冰浴中放置 1 天，过滤，冷乙醇洗涤。空气中干燥，得化合物（**1**）31～32g，收率 92%～95%，mp 99～101℃。用 60mL 乙醇重结晶，得无色结晶（**1**）29～30g。再用 60mL 乙醇重结晶一次，mp 106.5～107.5℃。

2,3,5-三苯基异噁唑啉

$C_{21}H_{19}NO$，301.39

【英文名】2,3,5-Triphenylisoxazolidine

【性状】无色针状结晶。mp 99～100℃。

【制法】Ingrid Brüning，Rudolf Grashey，Hans Hauck，Rolf Huisgen，Helmut Seidl. Organic Syntheses，1973，Coll Vol 5：1124.

PhCHO (2) —PhNHOH→ (3) —苯乙烯→ (1)

N，α-二苯基硝酮（**2**）：于 200mL 三角瓶中，加入 N-苯基羟胺 27.3g（0.25mol），50mL 乙醇，加热至 40～60℃。向生成的澄清溶液中加入新蒸馏的苯甲醛（**2**）26.5g（0.25mol），反应放热。密闭后室温于暗处放置过夜。过滤生成的无色针状结晶，以 20mL 乙醇洗涤，得化合物（**3**）42～43g，收率 85%～87%，mp 111～113℃。用 80mL 乙醇重结晶，冰箱中放置，得纯品 35～39g，收率 71%～795，mp 113～114℃。

2,3,5-三苯基噁唑啉（**1**）：于安有回流冷凝器、通气导管的反应瓶中，加入化合物（**3**）20.0g（0.101mol），新蒸馏的苯乙烯 50mL（0.43mol），氮气保护，于 60℃反应 40h。冷却，减压蒸出大部分未反应的苯乙烯，剩余物倒入 40mL 石油醚中，立即析出结晶。反应瓶用石油醚洗涤 2 次。冰浴中冷却 1h，过滤，石油醚洗涤。空气中干燥，得粗品（**1**）28～30g，收率 92%～99%，mp 96～98℃。将其溶于 40mL 二氯甲烷中，加热至沸。加入 30mL 甲醇，冷至室温，再加入 70mL 甲醇以使沉淀完全。冰箱中放置 3h，抽滤生成的无色针状结晶，用甲醇洗涤，得无色针状结晶（**1**）23～25g，收率 76%～82%，mp 99～100℃。

六氢-1,3,3,6-四甲基-2,1-苯并异噁唑啉

$C_{11}H_{21}NO$，183.29

【英文名】Hexahydro-1,3,3,6-tetramethyl-2,1-benzisoxazoline1,3,3a,4,5,6,7,7a-Octahydro-1,3,3,6-tetramethyl-2,1-benzisoxazole

【性状】无色液体。

【制法】Norman A，LeBel，Dorothy Hwang. Organic Syntheses，1988，Coll Vol 6：670.

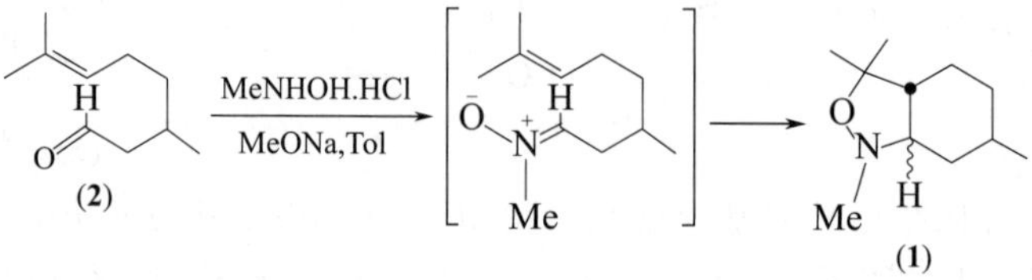

于安有搅拌器、分水器、滴液漏斗的反应瓶中，加入3，7-二甲基-6-辛醛（**2**）25g（0.16mol），甲苯500mL，搅拌下加热回流。而后滴加*N*-甲基羟胺、甲醇和甲苯的溶液（配制方法如下：23.4g（0.280mol）的*N*-甲基羟胺盐酸盐加入40mL甲醇中，冷却，搅拌下加入甲醇钠15.3g（0.282mol），撤去冷浴继续搅拌反应15min。迅速过滤，以10mL甲醇洗涤。搅拌下加入150mL甲苯），约3h加完。其间不断蒸出馏出液，直至最后馏出液澄清。继续回流反应3h。冷却，产物用10%的盐酸提取（80mL×3）。合并提取液，以30%的氢氧化钾溶液调至pH>12。用戊烷提取（120mL×2），水洗，无水碳酸钾干燥。过滤，旋转浓缩蒸出溶剂。剩余物减压分馏，收集90～92℃/1.20kPa的馏分，得化合物（**1**）19.1～19.6g，收率64%～67%。

2,6-二氧代-1-苯基-4-苄基-1,4-二氮杂双环[3.3.0]辛烷

$C_{19}H_{18}N_2O_2$，306.36

【英文名】2,6-Dioxo-1-phenyl-4-benzyl-1,4-diazabicyclo[3.3.0]octane

【性状】浅黄色固体。mp 97～98℃。

【制法】Albert Padwa，William Dent. Organic Syntheses，1993，Coll Vol 8：231.

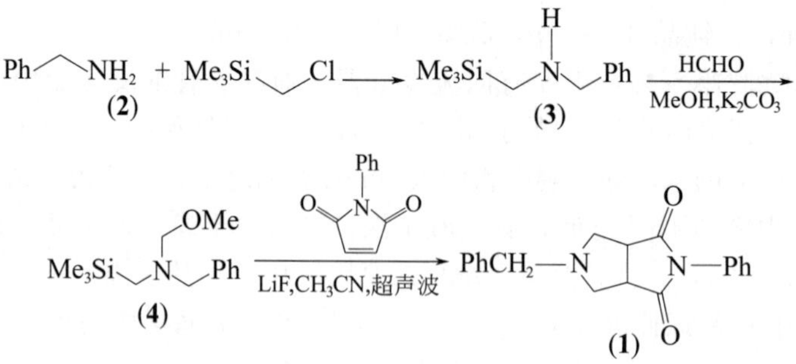

B-苄基-*N*-（三甲基硅基）甲胺（**3**）：于安有磁力搅拌器、回流冷凝器的干燥反应瓶中，加入氯甲基三甲基硅烷12.58g（0.1mol），搅拌下加入苄基胺（**2**）33.1g（0.3mol），而后与200℃加热反应2.5h。冷却，慢慢加入0.1mol/L的氢氧化钠溶液以分解生成的白色有机盐。乙醚提取，乙醚层以无水硫酸镁干燥。过滤，减压浓缩。剩余物减压分馏，收集68～72℃/93.1～106.4Pa的馏分，得化合物（**3**）11.6～15.3g，收率58%～72%。

N-苄基-*N*-甲氧甲基-*N*-（三甲基硅基）甲胺（**4**）：于安有搅拌器、温度计、滴液漏斗、回流冷凝器的反应瓶中，加入37%的甲醛水溶液6.0g（74mmol），冷至0℃，搅拌下滴加化合物（**3**）10.0g（51.7mmol）。加完后继续于0℃搅拌反应10min。加入6mL甲醇，再加入固体碳酸钾4g以吸收水分。搅拌1h，倾出液体，加入2g碳酸钾，于25℃搅拌12h。加入乙醚，碳酸钾干燥。过滤，减压浓缩。剩余物减压蒸馏，收集77～88℃/66.5Pa的馏分，得无色液体（**4**）6.8～8.6g，收率54%～69%。

2,6-二氧代-1-苯基-4-苄基-1,4-二氮杂双环[3.3.0]辛烷（**1**）：于安有磁力搅拌器的250mL干燥反应瓶中，加入化合物（**4**）10.0g（0.042mol），无水乙腈100mL，*N*-苯基马来酰亚胺7.3g（0.042mol），随后加入氟化锂1.7g（0.063mol）。将化合物搅拌反应3h，倒入100mL水中。乙醚提取（100mL×3），合并乙醚层，饱和盐水洗涤，无水硫酸镁干燥。过滤，浓缩，剩余物过硅胶柱纯化，以乙酸乙酯-石油醚（35∶65）洗脱，得浅黄色固体化合物（**1**）9.2～9.6g，收率72%～75%，mp 97～98℃。

二、 全碳原子1,3-偶极体的环加成反应

由于五元碳环化合物在有机合成中的重要性，Trost（Trost B M，et al. J Am Chem Soc，1989，111：7487）发展了基于三甲亚基甲烷（TMM）与缺电子烯烃的[3+2]环加成反应。TMM可以按照如下方法在Pd（0）配合物催化下原位产生。

Me$_3$Si～～OAc —Pd(OAc)$_2$, P(*i*-Pr)$_3$,Tol,100℃→ [Me$_3$Si … Pd(L)(L), AcO$^-$] → [TMM–Pd(L)(L)] = TMM

TMM

TMM既可以与C═C双键反应，也可以与C═O双键反应。具体反应如下：

Me$_3$Si～～OAc + MeO$_2$C～（二氧戊环） —Pd(OAc)$_2$, P(*i*-Pr)$_3$,Tol,100℃→ 产物 CO$_2$Me (87%)(4∶1de)

Me$_3$Si～～OAc + 环己基C(H)═O —Pd(0),Bu$_3$SnOAc→ 产物 CH$_2$ (88%)

环己烯酮 —TMS～～OAc, Pd(0)→ 产物

环己烯酮 —TMS, TMS～～OCO$_2$CH$_3$, Pd(0)→ 产物 CO$_2$H

反应中常用的试剂是2-三甲基硅基甲基-2-烯丙基-1-醋酸酯，该试剂已经商品化。其在

钯或其他过渡金属催化剂存在下可以生成如下中间体：

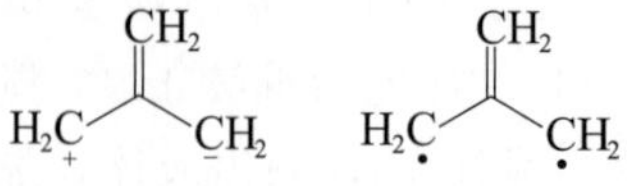

这些中间体而后与双键加成，高收率的生成含外型双键的环戊烷衍生物。

如下双环偶氮化合物和亚甲基环丙烷也可以加成到活泼的双键上。与合适的底物反应，有可能具有对映选择性。

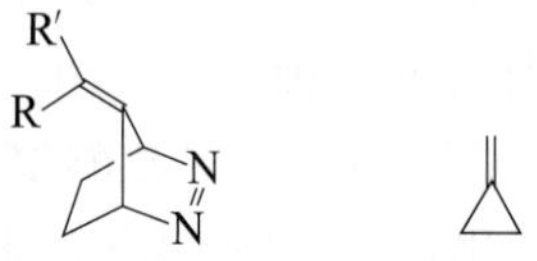

双环偶氮化合物　亚甲基环丙烷

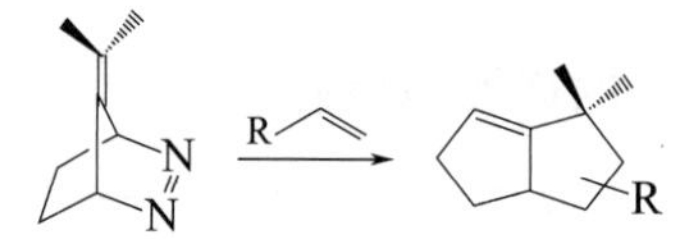

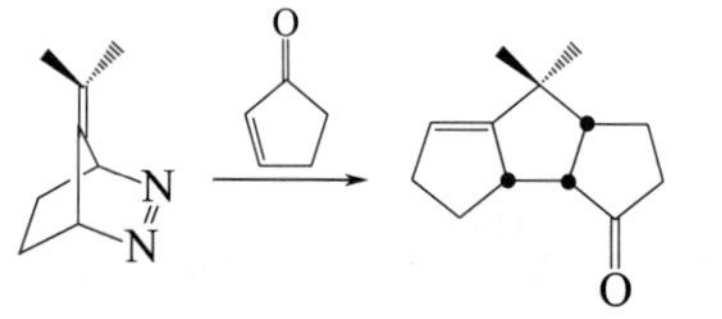

亚甲基环丙烷缩酮也可以发生环加成反应：

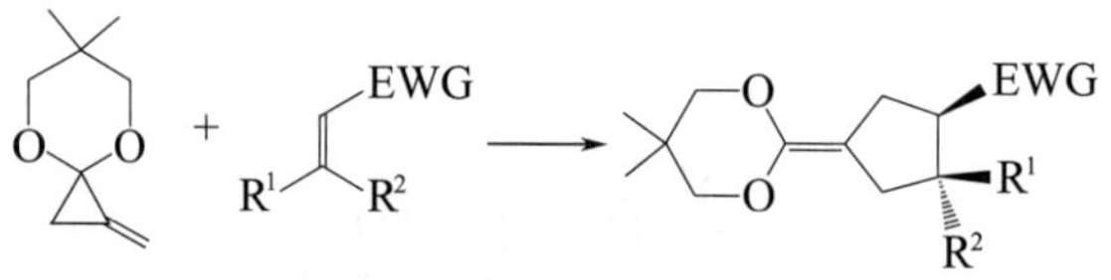

可能的反应过程如下[Yamago S，Nakamura E. J Am Chem Soc. 1989，111 (18)：7285]。

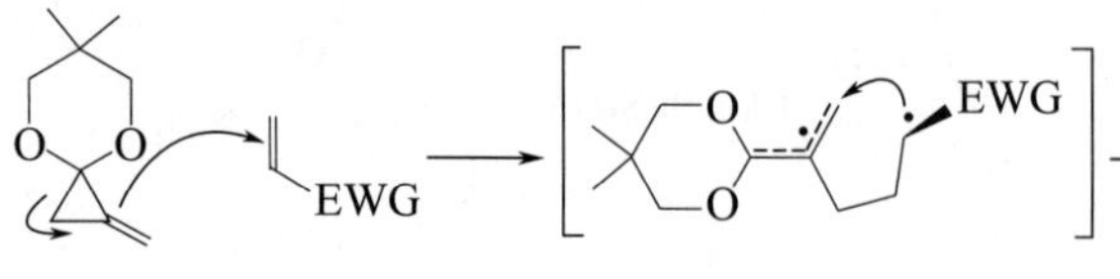

也可能是如下过程：

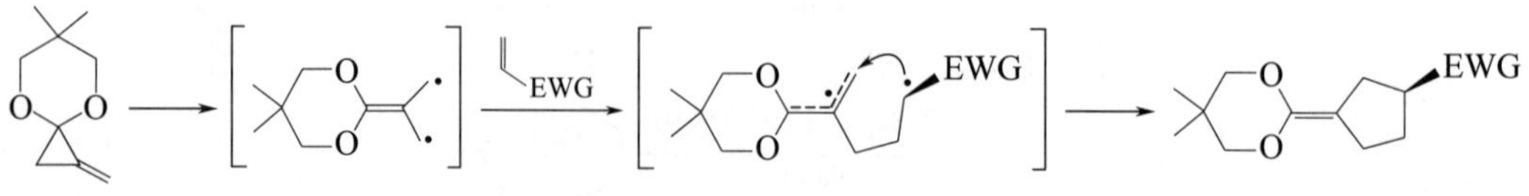

在另一种类型的反应中，[3+2]环加成可以通过烯丙基负离子进行，称为1,3-负离子环加成反应。例如α-甲基苯乙烯在二异丙基氨基锂等强碱存在下可以与二苯基乙烯进行环

加成反应。

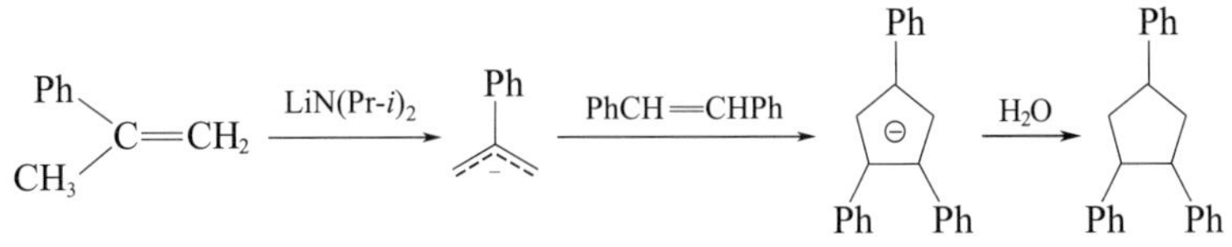

又如[Beak P,Burg D A. J Org Chem，1989，54 (7)：1647]

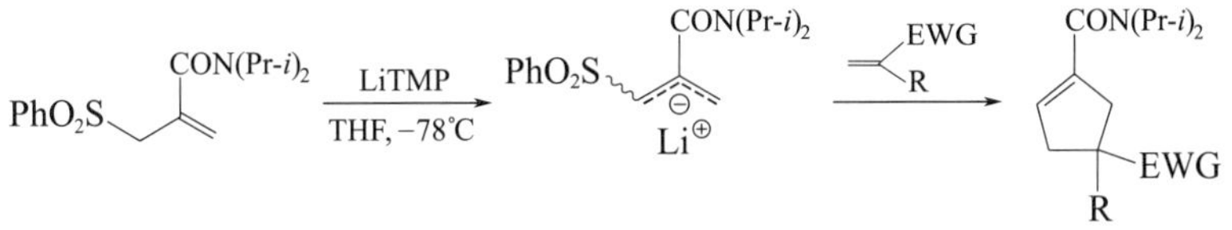

可能的反应机理如下：

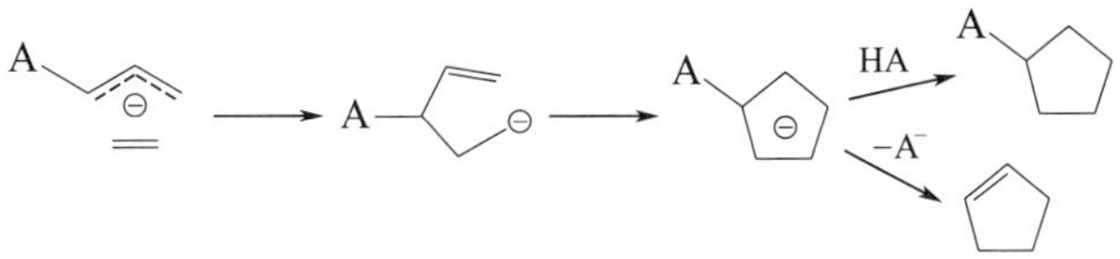

该类反应与 Diels-Alder 反应相似，也有六个电子参与环加成反应，可以方便地合成五元环化合物。

溴化环戊烯基镁可以看做是环状的烯丙基负离子，其可以与苯炔进行环加成反应。

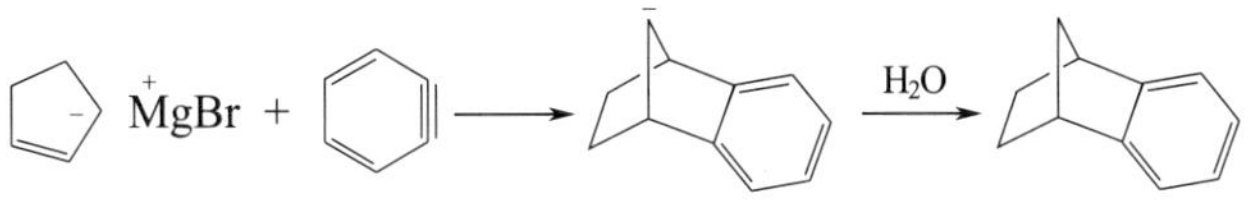

烯丙基负离子还可以通过环丙烷衍生物失去质子生成的环丙基负离子的开环而生成。例如 3-氰基-1,2-二苯基环丙烷与 N,N-二异丙基氨基锂于低温反应即可生成烯丙基负离子，有烯烃存在时则可以发生环加成反应。

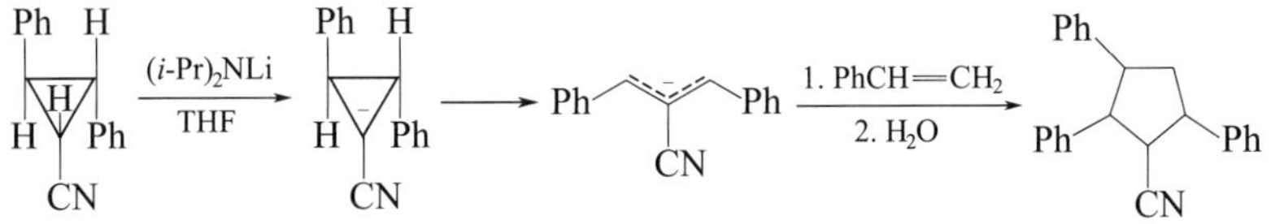

烯丙基正离子属于 2π 电子体系，其应该可以与共轭二烯发生[4+2]型环加成反应，以制备用其他方法难以制备的七元环化合物。

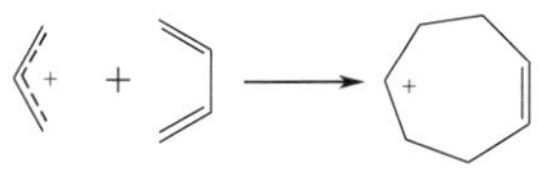

烯丙基碘在亲电催化剂存在下失去碘负离子生成烯丙基正离子。3-碘-3-甲基丙烯与二氯醋酸银在低温下反应生成碘化银和烯丙基正离子，后者可以以离子对的形式存在。体系中若有双烯体如环戊二烯、环己二烯、呋喃等存在，则可以发生环加成反应，生成含七元环的化合物。例如：

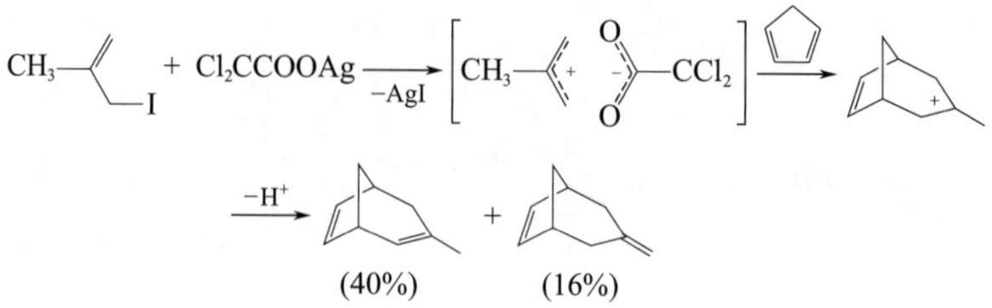

一些环丙酮衍生物可以与双烯体反应生成七元环化合物。例如三甲基环丙酮与呋喃在室温下即可进行反应，生成 8-氧杂双环[3.2.1]辛-6-烯-3-酮。反应过程被认为是环丙酮首先开环生成 2-氧烯丙基正离子型双离子，后者再与双烯体进行环加成反应。

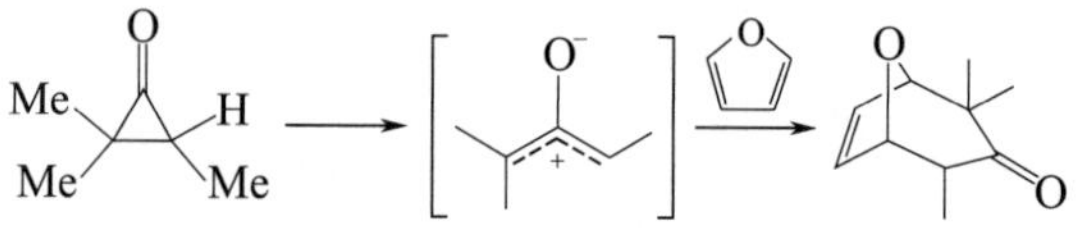

2-氧烯丙基正离子型双离子也可以由 1,3-二氧杂茂衍生物分解产生。例如：

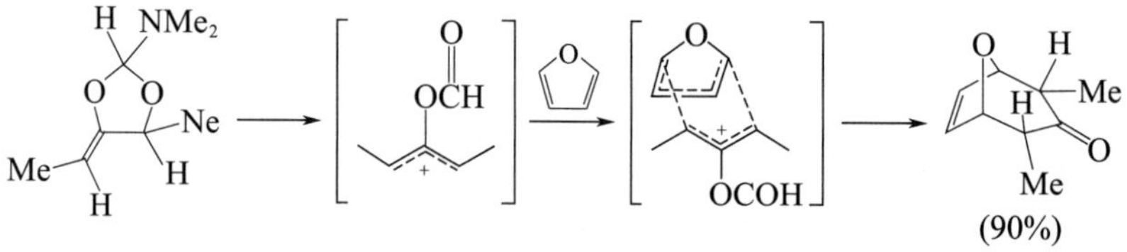

α,α′-二溴代酮在九羰基二铁作用下还原、脱溴，可以生成烯丙基双离子中间体，后者与烯键可以发生[3＋2]环加成生成环戊烷衍生物[Noyori R，Hayakawa Y. J Org Chem，1985，41 (24)：5879]。

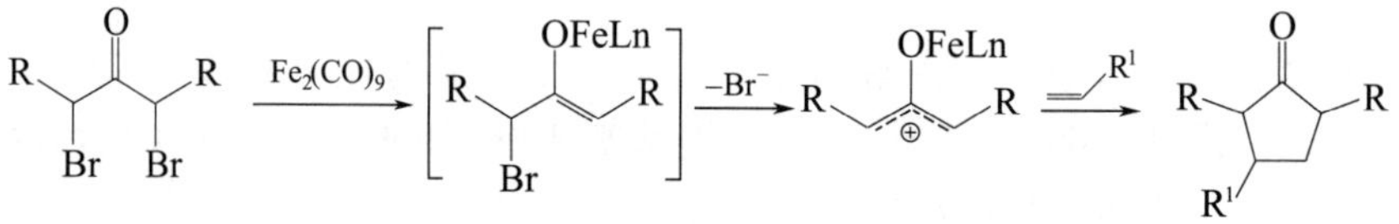

生成的双离子中间体与双烯体反应，则生成七元环化合物。例如：

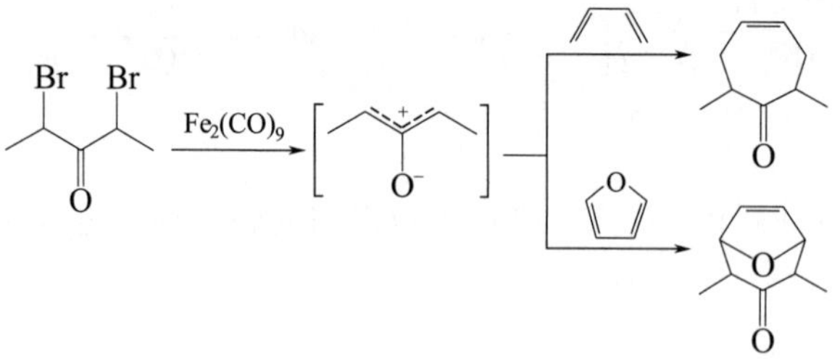

反应中生成的烯丙基碳正离子可以发生如下各种反应（图 5-6）。

2-苯基-6, 10-二氧杂螺［4.5］癸-3-烯-1, 1-二腈

$C_{16}H_{14}N_2O_2$，266.30

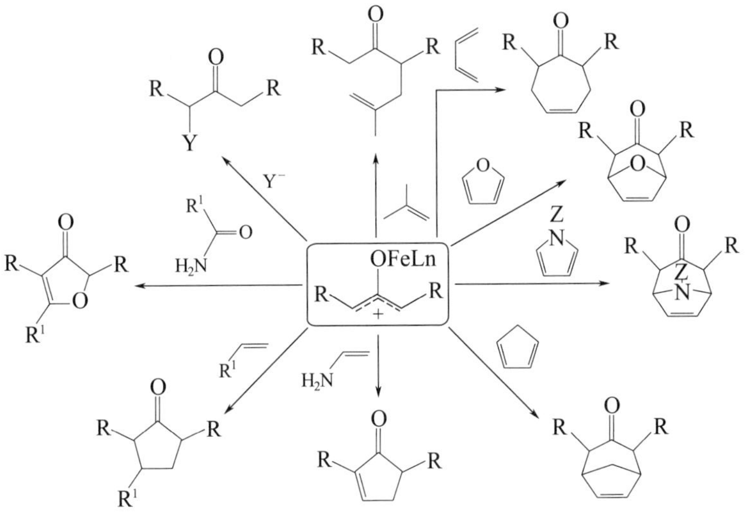

图 5-6 烯丙基正离子的反应

【英文名】2-Phenyl-6，10-dioxaspiro［4.5］dec-3-ene-1，1-dicarbonitrile

【性状】白色固体。mp 139～141℃。

【制法】Boger D L，Brotherton C E，Georg G. Org Synth，1993，Coll Vol 8：173.

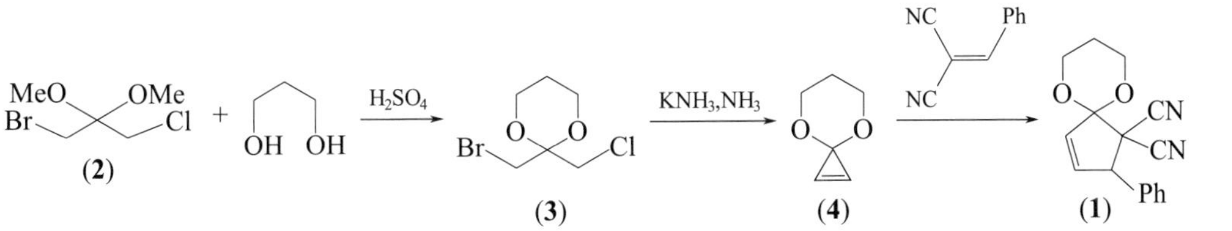

2-溴甲基-2-氯甲基-1,3-氧杂环己烷（**3**）：于安有分水器的反应瓶中，加入 1-溴-3-氯-2,2-二甲氧基丙烷（**2**）30.0g（0.138mol），1，3-丙二醇 10.0mL（0.138mol），3 滴浓硫酸，于 140℃油浴中加热反应 8h，其间不断蒸出生成的甲醇（约 11mL）。冷却，加入 150mL 戊烷，以 40mL 水洗涤，无水硫酸镁干燥。过滤，减压浓缩，剩余物减压蒸馏，收集 90～95℃/133Pa 的馏分，得化合物（**3**）25.5～27.7g，冷后固化，收率 81%～88%，mp 57～59℃。

1,3-丙二醇缩环丙烯酮（**4**）：于安有搅拌器、通气导管、回流冷凝器（通入丙酮-干冰冷却液）的反应瓶中，丙酮-干冰冷却下，通入干燥的液氨 400mL，加入 0.5g 金属钾，撤去冷浴。加入催化量的无水氯化铁（0.1g），慢慢升温至回流，其间蓝色变灰色，分批加入金属钾 12.2g（共 0.31mol），每次 0.5g，约 30min 加完。加完后继续搅拌反应 20～30min，直至生成灰色悬浮物。将其置于－50℃的冷浴中，滴加化合物（**3**）22.9g（0.1mol）溶于 50mL 无水乙醚的溶液。约 15min 加完，其间保持反应液温度在－50℃。加完后于－50～－60℃继续搅拌反应 3h。慢慢加入固体氯化铵以分解过量的氨基钾。撤去冷浴，使氨挥发。其间滴加乙醚 300mL。当温度升至 0℃时过滤除去无机盐，乙醚洗涤。减压蒸出溶剂至恒重，减压蒸馏，收集 30～35℃/166Pa 的馏分，得无色液体（**4**）6.1～7.8g，收率 55%～70%。

2-苯基-6，10-二氧杂螺[4.5]癸-3-烯-1，1-二腈（**1**）：于安有磁力搅拌磁子的封管中，加入化合物（**4**）5.6g，苯亚甲基丙二腈 3.85g（25mmol），新干燥蒸馏的甲苯 25mL，密闭后于 80 温度搅拌反应 6.5h。冷却，过一短柱纯化，以己烷-乙酸乙酯洗脱，得白色固体（**1**）4～4.2g，收率 60%～64%，mp 139～141℃。

cis-4-*exo*-异丙烯基-1，9-二甲基-8-三甲基硅基双环［4.3.0］壬-8-烯-2-酮

$C_{17}H_{28}OSi$，276.49

【英文名】*cis*-4-*exo*-Isopropenyl-1，9-dimethyl-8-（trimethylsilyl）bicyclo[4.3.0]non-8-en-2-one

【性状】浅黄色液体。

【制法】Rick L Danheiser，David M Fink，Yeun-Min Tsai. Organic Syntheses，Coll Vol 8：347.

(2) + $CH_2=C=C(SiMe_3)Me$ $\xrightarrow{TiCl_4}$ (1)

于安有搅拌器、温度计、滴液漏斗的反应瓶中，通入氮气，加入(*R*)-(－)香芹酮（**2**）11.5g（0.077mol），1-甲基-1-三甲基硅基丙二烯 10.8g（0.079mol），干燥的二氯甲烷 180mL，冷至－75℃，滴加由 $TiCl_4$ 17.4g（0.092mol）溶于 10mL 二氯甲烷的溶液，约 1h 加完。30min 后撤去冷浴，呈红色悬浮液，约 30min 升至 0℃。将反应物搅拌下倒入 400mL 水和 400mL 乙醚的混合液中。分出有机层，水层用乙醚提取（200mL×2）。合并有机层，依次用水、饱和盐水洗涤，无水硫酸镁干燥。过滤，减压浓缩。剩余的黄色液体减压蒸馏，收集 98～101℃/4.0Pa 的馏分，得浅黄色液体（**1**）17.5g，收率 82%。

N，*N*-二异丙基-4-［(环己氧基)羰基］-4-甲基环戊-1-烯甲酰胺

$C_{20}H_{33}NO_3$，335.49

【英文名】*N*，*N*-Diisopropyl-4-[(cyclohexyloxy)carbonyl]-4-methylcyclopent-1-enecarboxamide

【性状】无色液体。150～170℃/133Pa。

【制法】Beak P，Burg D A. J Org Chem，1989，54（7）：1647.

(2) $\xrightarrow[2.\ HN(Pr\text{-}i)_2]{1.\ SOCl_2}$ (3) $\xrightarrow{LiTMP}$ (1)

N，*N*-二异丙基-3-苯磺酰基-2-亚甲基丙酰胺（**3**）：将化合物（**2**）1.0g（4.4mmol）加入 10mL 氯化亚砜中，回流反应 4h。减压蒸出过量的氯化亚砜，剩余物加入 100mL 二氯

甲烷。冰浴冷却，加入二异丙基胺 4mL（28mmol），室温搅拌反应 16h。减压蒸出溶剂，剩余物中加入乙醚，依次用 5%的盐酸、饱和碳酸氢钠、饱和盐水洗涤，无水硫酸钠干燥。过滤，浓缩，得黄色油状物。以乙酸乙酯-己烷重结晶，得化合物（**3**）T0.73g，收率 53%，mp 98～100℃。

N，*N*-二异丙基-4-[（环己氧基）羰基]-4-甲基环戊-1-烯甲酰胺（1）：于反应瓶中加入化合物（**3**）0.2g（0.65mmol），THF 15mL，冷至－78℃，搅拌下加入 LiTMP 溶液 0.65mmol。慢慢滴加甲基丙烯酸环己基酯 0.12mL（0.71mmol）溶于 10mL THF 的溶液。加完后继续搅拌反应 1h。升至室温，继续搅拌反应 24h。加入 6mL 用氯化铵饱和的 10%的盐酸淬灭反应。减压蒸出溶剂后，乙醚提取。乙醚层依次用 5%的盐酸、饱和碳酸氢钠、饱和盐水洗涤，无水硫酸镁干燥。过滤，浓缩，剩余物过硅胶柱纯化，以乙酸乙酯-己烷洗脱，得无色液体化合物（**1**）193mg，收率 89%。

2, 5-二甲基-3-苯基-2-环戊烯-1-酮

$C_{13}H_{14}O$，186.25

【英文名】2，5-Dimethyl-3-phenyl-2-cyclopenten-1-one

【性状】无色针状结晶。mp 57～59℃。

【制法】［1］Noyori R，Yokoyama K，Hayakawa Y. Org Synth，1988，Coll Vol 6：520.

［2］林原斌，刘展鹏，陈红飙．有机中间体的制备与合成．北京：科学出版社，2006：333.

$$CH_3CH_2COCH_2CH_3\ (\mathbf{2}) \xrightarrow{Br_2} CH_3CHBrCOCHBrCH_3\ (\mathbf{3})$$

$$PhCOCH_3 + \text{吗啉} \longrightarrow \alpha\text{-吗啉苯乙烯}\ (\mathbf{4})$$

$$(\mathbf{3}) + (\mathbf{4}) \xrightarrow[\text{吗啡}]{Fe_2(CO)_9} (\mathbf{1})$$

2,3-二溴-3-戊酮（**3**）：于安有搅拌器、温度计、滴液漏斗的反应瓶中，加入 3-戊酮（**2**）43g（0.5mol），100mL 47%的氢溴酸 100mL。搅拌下慢慢滴加溴 160g（1.0mol），约 1h 加完，并升温至 50～60℃。加完后继续搅拌 10min。加入 100mL 水。分出有机层，用 30mL 饱和亚硫酸氢钠溶液洗涤，无水氯化钙干燥。减压分馏，收集 51～57℃/400Pa 的馏分得淡黄色液体 2，3-二溴-3-戊酮（**3**）85.2～92.5g，收率 70%～76%。

α-吗啉苯乙烯（**4**）：于安有搅拌器、分水器的反应瓶中，加入苯乙酮 70g（0.625mol），吗啉 81g（0.930mol），对甲基苯磺酸 0.2g 和 250mL 苯。连续搅拌回流分水 180h。冷至室温，加入 0.2g 醋酸钠以中和对甲基苯磺酸。减压旋转浓缩后，减压分馏，收集 85～90℃/4.0Pa 的馏分，得淡黄色液体 *α*-吗啉苯乙烯（**4**）67.5～75.4g，收率 57%～64%。

2,5-二甲基-3-苯基-2-环戊烯-1-酮（**1**）：于 1L 三口反应瓶中加入九羰基二铁 40g（0.11mol），250mL 干燥的苯。干燥的氮气吹扫后，用注射器加入上述化合物（**4**）56.8g（0.3mol）和化合物（**3**）24.4g（0.1mol），于 32℃浴温中搅拌反应 20h。加入 230g 硅胶和

100mL 苯，继续搅拌 2.5h。将反应物转入一大的漏斗中，用 1000mL 乙醚洗涤。合并有机液，旋转浓缩，得棕色油状液体 35～45g。减压精馏，前馏分为苯乙酮（35～50℃/13.3Pa），收集 100～125℃/2.6Pa 的馏分，得化合物（**1**）12～12.4g，收率 64%～67%。冷后结晶为无色针状结晶。

该反应为[3+2]环加成反应，是制备环戊烯酮的一个好方法。原料 α，α'-二溴酮是氧代烯丙基中间体，九羰基二铁可以捕捉亲双烯体，以促进反应的进行。

第三节 [2+2] 环加成反应

两个分子（或同一分子的两部分）提供的成环原子数都为 2 的环加成反应，称为[2+2]环加成反应。这类反应常见的有烯烃与烯烃的反应、烯烃与炔烃的反应、炔烃（或炔醇盐）与羰基化合物或累积二烯的反应等。反应即可发生在分子间，也可发生在分子内。即可合成环状化合物，有时也可合成开链化合物。根据反应的不同，有时采用加热方式，有时采用光照方式；有时使用过渡金属催化，有时采用 Lewis 酸作催化剂等。

根据 Woodward-Hoffmann 规则，协同的[2+2]环加成反应只有在光照条件下才是允许的。光照的[2+2]环加成可以是烯烃的二聚或不同烯烃，特别是分子内的不同烯键的反应。其实，很多[2+2]反应不是协同反应。

一、 烯烃与烯烃的 [2+ 2] 环加成反应

烯烃与烯烃的[2+2]环加成是合成四元环化合物的主要方法之一。

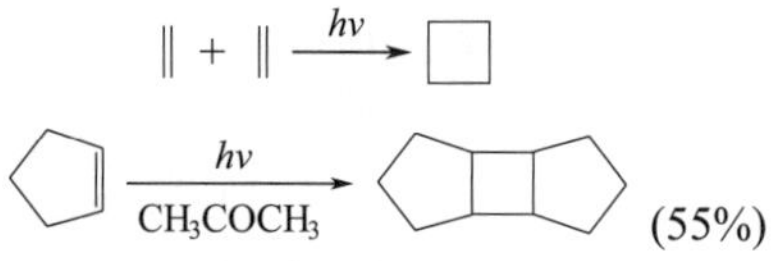

hv

hv

CH_3COCH_3

(55%)

烯烃的光环加成也是协同反应，反应容易进行，且具有高度的立体定向性。

如果分子内同时含有两个双键且取向合适时，可以发生分子内光催化的[2+2]环加成生成四元环化合物。

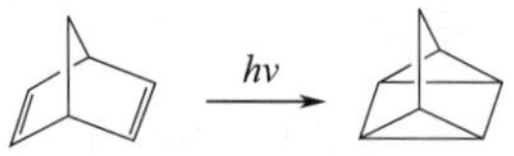

hv

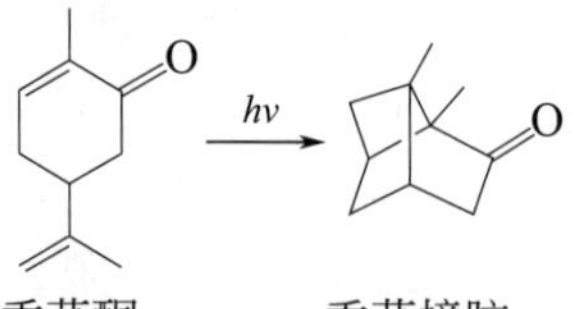

hv

香芹酮　　香芹樟脑

但很多烯烃的二聚在加热条件下也可以进行，生成环丁烷衍生物。

△

可以发生二聚的烯烃包括：$F_2C=CF_2$（X=F、Cl）、其他一些特定的氟代烯烃（不包

括 $F_2C=CH_2$）、丙二烯（可以生成（1,2-二亚甲基环丁烷）的衍生物）、苯炔（生成亚联苯衍生物（亚联苯））、活化的烯烃（例如苯乙烯、丙烯腈、丁二烯）以及某些亚甲基环丙烷。

$$2CF_2{=}CFCl \xrightarrow{\triangle} \begin{matrix} F_2C-CFCl \\ | \quad\quad | \\ F_2C-CFCl \end{matrix} + \begin{matrix} F_2C-CFCl \\ | \quad\quad | \\ ClFC-CF_2 \end{matrix}$$

*cis*或*trans*　　*cis*或*trans*

$$2CH_2{=}C{=}CH_2 \xrightarrow{\triangle} \text{1,2-二亚甲基环丁烷} + \text{1,3-二亚甲基环丁烷}$$

(85%)　　(15%)

$$2CH_2{=}CHCN \xrightarrow{\triangle} \text{1,2-二氰基环丁烷}$$

*cis*或*trans*

$$PhCH{=}CH_2 + CF_2{=}CCl_2 \xrightarrow{\triangle} Ph-CH\begin{matrix} CH_2 \\ CCl_2 \end{matrix}CF_2 \xrightarrow{t\text{-BuOK}} Ph-C\begin{matrix} CH_2 \\ =C(OBu\text{-}t) \end{matrix}CF_2 \xrightarrow{H_2SO_4} Ph-C\begin{matrix} CH_2 \\ =C(OH) \end{matrix}C{=}O$$

反应可能是双自由基型机理。

$$2CF_2{=}CF_2 \longrightarrow \left[\begin{matrix} F_2C-\dot{C}F_2 \\ | \\ F_2C-\dot{C}F_2 \end{matrix}\right] \longrightarrow \begin{matrix} F_2C-CF_2 \\ | \quad\quad | \\ F_2C-CF_2 \end{matrix}$$

$$2CH_2{=}CHCN \longrightarrow \left[\begin{matrix} CH_2-\dot{C}H-CN \\ | \\ CH_2-\dot{C}H-CN \end{matrix}\right] \longrightarrow \text{1,2-二氰基环丁烷}$$

后一反应若按照如下两种方式进行，从自由基稳定性考虑是不利的。

$$2CH_2{=}CHCN \longrightarrow \left[\begin{matrix} \dot{C}H_2-CH-CN \\ | \\ \dot{C}H_2-CH-CN \end{matrix}\right] \longrightarrow \text{1,2-二氰基环丁烷}$$

$$2CH_2{=}CHCN \longrightarrow \left[\begin{matrix} CH_2-\dot{C}H-CN \\ | \\ NC-CH-\dot{C}H_2 \end{matrix}\right] \longrightarrow \text{1,3-二氰基环丁烷}$$

共轭二烯与烯键反应的大致过程如下：

$$CF_2{=}CF_2 + CH_2{=}CH-CH{=}CH_2 \longrightarrow \left[\begin{matrix} \dot{C}F_2 \\ | \\ CF_2 \\ | \\ CH_2-\overbrace{CH{\cdots}CH{\cdots}CH_2}^{\cdot} \end{matrix}\right] \longrightarrow \begin{matrix} CF_2-CF_2 \\ | \quad\quad | \\ CH_2-CH-CH{=}CH_2 \end{matrix}$$

$$CF_2{=}CF_2 + \text{环戊二烯} \longrightarrow \text{环戊烯基}-F_2C-\dot{C}F_2 \longrightarrow \text{双环[3.2.0]庚烯}(CF_2-CF_2)$$

$$\longrightarrow \text{双环[2.2.1]庚烯}(CF_2-CF_2)$$

反应中首先生成双自由基，而后双自由基相互结合生成四元环化合物。

不同烯烃的反应情况如下。

① 化合物 $F_2C=CX_2$（X=F、Cl），尤其是 $F_2C=CF_2$，可以与许多烯烃发生反应生成环丁烷衍生物，这类化合物甚至可以与共轭二烯反应生成四元环化合物，而不是普通的 Diels-Alder 反应。

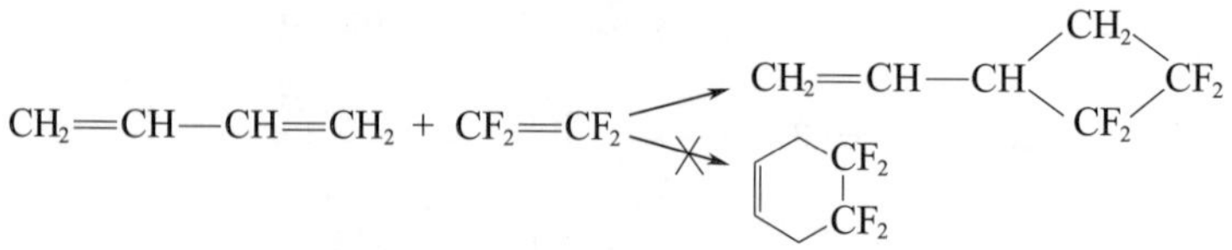

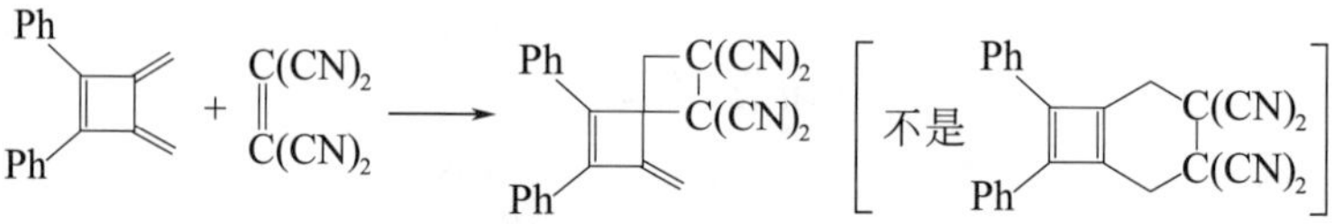

$$CH_2=CH-CH=CH_2 + CF_2=CF_2 \longrightarrow$$

② 丙二烯、乙烯酮可以与活化的烯烃或炔烃反应，乙烯酮发生 1，2-加成反应，即使与共轭二烯反应也是如此。若反应时间足够长，乙烯酮也可以与不活泼的烯烃反应，丙二烯和乙烯酮也可以相互加成。

丙二烯二聚生成 1，2-二亚甲基环丁烷：

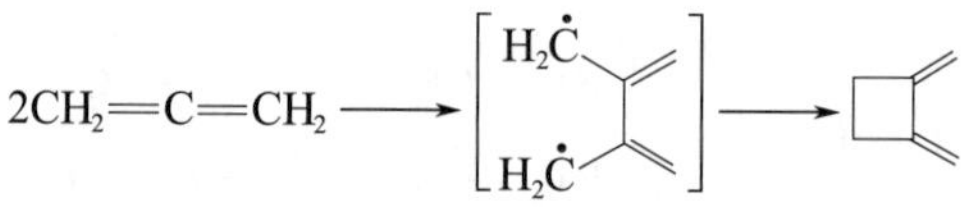

$$2CH_2=C=CH_2 \longrightarrow$$

1，1-二甲基丙二烯二聚生成的可能三种产物中，其中第一种是主要产物。

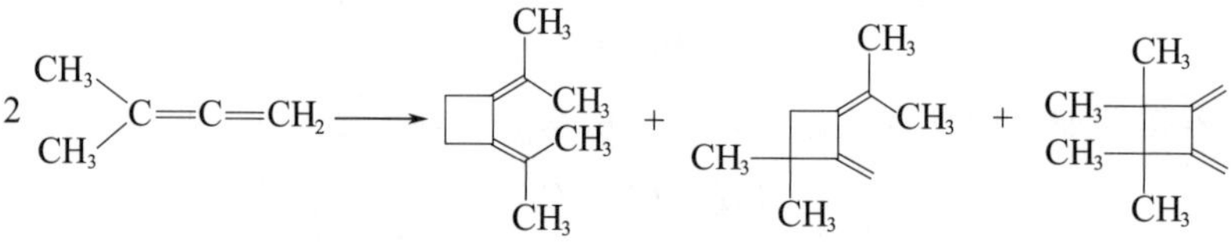

丙二烯可以和许多活泼烯烃发生环加成反应生成 1,3-二取代的环丁烷衍生物。

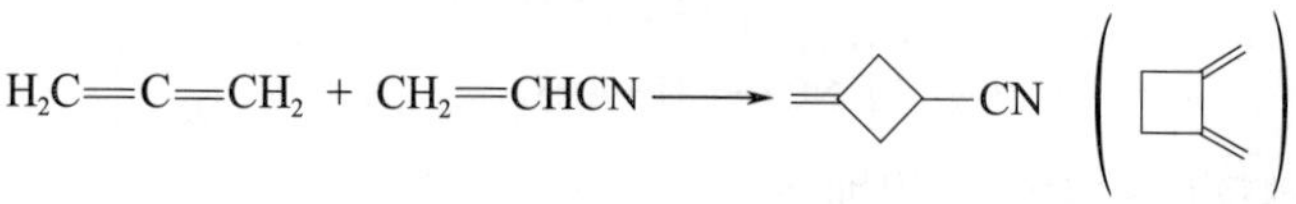

$$H_2C=C=CH_2 + CH_2=CHCN \longrightarrow$$

关于丙二烯与烯烃的[2+2]环加成机理，是 20 世纪 60～70 年代研究的热门课题，当时有人认为是协同的反应机理，但更多的人认为是自由基机理。到了 80 年代则基本上倾向于双自由基机理。

含有吸电子基团的烯可以与含给电子基团的烯反应生成环丁烷。四氰基乙烯或类似物与 C=C—A 型分子反应生成各种不同的环丁烷衍生物，式中 A 可以是 OR、SR、SH、环丙基以及一些芳基。

一些加热时不能发生的[2+2]环加成反应，在催化剂存在下，不需要光化学引发也可以发生反应。催化剂通常是过渡金属化合物，一般使用的是 Lewis 酸和膦-镍复合物。环丁烷的开环也可以用催化剂来诱导。催化剂的作用尚不太清楚，可能在不同的反应中其作用也不相同。一种解释是催化剂通过与反应物的 π-键或 σ-键的配位使得一些禁阻反应变为允许的反应，在这些情况下反应应当是[$2_\pi+2_\pi$]过程。但也有证据证明反应属于非协同的机理，反应过程涉及金属原子与碳原子的 σ-键电子形成的中间体，因为有些这样的中间体已经分离出来。

cis-4-exo-异丙烯基-1, 9-二甲基-8-(三甲基硅基) 双环 [4. 3. 0] 壬-8-烯-2-酮

$C_{17}H_{28}OSi$，276. 49

【英文名】*cis*-4-*exo*-Isopropenyl-1，9-dimethyl-8-(trimethylsilyl) bicyclo[4. 3. 0] non-8-en-2-one

【性状】浅黄色液体

【制法】Danheiser R L，Fink D M，Tsai Y M. Org Synth，1993，Coll Vol 8：347.

(2) + $H_2C=C=C(SiMe_3)(Me)$ $\xrightarrow{TiCl_4}$ (1)

于安有搅拌器、低温温度计、通气导管、滴液漏斗的反应瓶中，加入 *R*-（－）-香芹酮（**2**）11. 5g（0. 077mol），1-甲基-1-三甲基硅基丙二烯 10. 8g（0. 079mol），干燥的二氯甲烷 180mL。丙酮-干冰浴冷至－75℃以下，滴加有 $TiCl_4$ 17. 4g（0. 092mol）溶于 10mL 二氯甲烷的溶液，约 1h 加完。加完后继续搅拌反应 30min。撤去冷浴，于约 30min 升至 0℃，搅拌下倒入由 400mL 乙醚和 400mL 水的混合液中。分出有机层，水层用乙醚提取 2 次。合并乙醚层，依次用水。饱和盐水洗涤，无水硫酸镁干燥。过滤，旋转浓缩。剩余的黄色液体减压分馏，收集 98～101℃/4. 0Pa 的馏分，得浅黄色液体（**1**）17. 5g，收率 82%。$[\alpha]_D^{20}$ －157. 8°±0. 8°（1. 57，CH_2Cl_2）。

二聚 1,4-萘醌

$C_{20}H_{12}O_4$，316. 31

【英文名】1,4-Naphthoquinone photodimer

【性状】mp 241～246℃。

【制法】Furniss B S，Hannaford A J，Rogers V，Smith P W G，Tatchell A R. Vogel' sTextbook of Practical Organic Chemirtry，Fourth edition，1978，871，Longman，London and York.

(2) $\xrightarrow{光照}$ (1)

方法 1：

于安有搅拌器、通气导管的反应瓶中，加入 1，4-萘醌（**2**）5g（0. 0316mol），干燥的

无噻吩苯 115mL。慢慢通入氮气，搅拌下用 100W 中压汞弧灯照射，反应 6h。反应过程中生成固体二聚体。反应结束后，抽滤，固体物用苯洗涤。合并滤液和洗涤液，再用汞弧灯照射，重复上述操作，共反应约 28h。得到二聚体 0.84g，mp 243～246℃（分解）。用 150～160mL冰醋酸重结晶，活性炭脱色，于盛有氢氧化钾固体的真空干燥器中干燥，得浅稻黄色结晶 0.62g，收率 12%，mp 245～249℃（分解）。

方法 2：

于 50mL 圆底烧瓶中，加入 1，4-萘醌（**2**）2.5g（0.016mol），干燥的无噻吩苯 50mL。慢慢通入干燥的氮气 5min。用塞子塞住瓶口，瓶口用铝箔包裹后，置于阳光下照射。几天后有固体析出。过滤，少量苯洗涤，干燥，得化合物（**1**）。母液继续如上操作，又析出固体。反复操作 31 天，得产物（**1**）0.33g，收率 13%，mp 241～246℃。

四环［3.2.0.0^{2,7}.0^{4,6}］庚烷

C_7H_8，92.14

【英文名】Tetracyclo[3.2.0.0^{2,7}.0^{4,6}]heptane

【性状】无色液体。

【制法】Smith C D. Org Synth，1988，Coll Vol 6：962.

(2) —hν→ (1)

于 2L 石英光化学反应瓶中，加入乙醚 1L，双环[2.2.1]-2，5-庚二烯（**2**）180g（1.96mol），苯乙酮 8g，以氮气吹扫，而后用 500W 内浸式光化学反应灯照射 36～48h。以韦氏分馏柱蒸出乙醚，剩余物减压精馏，收集 70℃/26.7kPa 的馏分，得无色液体（**1**）126～145g，收率 70%～80%。未反应的原料约 2%。

3,5,5-三甲基-2-（2-氧代丙基）-2-环己烯-1-酮

$C_{12}H_{18}O_2$，194.27

【英文名】3,5,5-Trimethyl-2-（2-oxopropyl）-2-cyclohexen-1-one

【性状】无色或浅黄色液体。bp 81～85℃/33.5Pa

【制法】Valenta Z，Liu H J. Org Synth，1988，Coll Vol 6：1024.

(2) + OAc —hν→ (3) —NaOH / MeOH,H_2O→ (4) —$Ce(NH_4)_2(NO_2)_6$ / CH_3CN,H_2O→ (1)

7-乙酰氧基-4,4,6,7-四甲基双环[4.2.0]辛-2-酮（**3**）：于光化学反应器中加入3,5,5-三甲基-2-环辛烯-1-酮（**2**）34.5g（0.25mol），醋酸异烯丙基酯500g（5mol），625mL苯，通入氩气，以异丙醇-干冰冷却，用450W的高压汞灯照射96h。减压浓缩，得粗品（**3**）65～80g。

7-羟基-4,4,6,7-四甲基双环[4.2.0]辛-2-酮（**4**）：于安有搅拌器、滴液漏斗、通气导管的反应瓶中，加入上述化合物（**3**）粗品，甲醇150mL，通入氩气，冰浴冷却。慢慢滴加500mL 4mol/L的氢氧化钠溶液，约20min加完。加完后撤去冰浴，室温搅拌反应16h。将生成的棕色溶液用500mL氯仿提取。有机层用饱和盐水洗涤后，无水硫酸镁干燥。过滤，减压浓缩，剩余物用6cm的韦氏分馏柱分馏，少量前馏分弃去，收集92～101℃/26.6Pa的馏分，得化合物（**4**）23.0～27.9g，收率47%～52%。

3,5,5-三甲基-2-（2-氧代丙基）-2-环己烯-1-酮（**1**）：于安有搅拌器、回流冷凝器的反应瓶中，加入化合物（**4**）9.8g（0.05mol），600mL乙腈水溶液（50%体积比），硝酸铈铵82g（0.51mol），搅拌下立即置于预热至170℃的油浴中，约10min后回流，持续5min，反应液颜色浅棕色变为浅黄色。将反应物倒入碎冰中，氯仿提取（600mL×3）。合并氯仿层，依次用饱和碳酸氢钠、饱和盐水洗涤，无水硫酸钠干燥。过滤，减压蒸出溶剂，剩余物减压蒸馏，收集70～100℃/33.5Pa的馏分。在将其分馏，收集81～85℃/33.5Pa的馏分，得化合物（**1**）4.68～4.71g，收率48%～50%。

6-甲基双环［4.2.0］辛-2-酮

$C_9H_{14}O$，138.21

【英文名】6-Methylbicyclo[4.2.0]octan-2-one

【性状】bp 62～65℃/466Pa。

【制法】Cargill R L，Dalton J R，Morton G H，et al. Org Synth，1990，Coll Vol 7：315.

(2) 3-甲基-2-环己烯酮 + CH_2=CH_2 —hν, CH_2Cl_2→ (1) 6-甲基双环[4.2.0]辛-2-酮（H，CH_3）

于光化学反应器中加入3-甲基-2-环己烯酮（**2**）25g（0.277mol），再加入试剂级二氯甲烷，通气导管深入瓶底。干冰-异丙醇浴冷却，通入乙烯至饱和。用灯照射，以气相色谱跟踪反应，约8h后起始原料消失。停止照射，撤去冷浴。慢慢通入氮气并升至室温。无水硫酸镁干燥。过滤，旋转浓缩。剩余物减压蒸馏，收集62～65℃/466Pa的馏分，得化合物（**1**）27～28g，收率86%～90%。

二、乙烯酮与烯烃、醛、酮的环加成反应

乙烯酮与活泼烯烃化合物可以发生环加成反应生成环丁酮衍生物，例如：

$$PhC(=O)-C(=N_2)-Ph \xrightarrow{-N_2} Ph_2C{=}C{=}O \xrightarrow{PhCH{=}CH_2} \text{2,2,3-三苯基环丁酮}$$

$$Ph_2C{=}C{=}O \xrightarrow{HC{\equiv}COEt} \text{4,4-二苯基-3-乙氧基环丁-2-烯酮}$$

这类反应机理一般认为是按协同非同步或两性离子反应机理进行的，而不是按双自由基机理进行的。两性离子反应机理表示如下：

$$R_2C{=}C{=}O + CH_2{=}CHX \longrightarrow \left[\begin{array}{c} R_2\bar{C}-C{=}O \\ H-\overset{+}{C}(X)-CH_2 \end{array}\right] \longrightarrow \begin{array}{c} R_2C-C{=}O \\ H-C(X)-CH_2 \end{array}$$

烯酮与醛、酮、醌反应生成 β-内酯，二苯乙烯酮最常用于该反应。

$$\begin{array}{c} >C{=}C{=}O \\ >C{=}O \end{array} \xrightarrow{ZnCl_2} \beta\text{-内酯}$$

该类反应受 Lewis 酸的影响，没有 Lewis 酸，大多数烯酮不能形成加成产物。因为在无 Lewis 酸存在时，往往需要高温，而高温下加成物易分解。

取代的乙烯酮二聚生成环丁酮衍生物，但乙烯酮自身可以通过其他方式二聚生成不饱和的 β-内酯。

$$2CH_2{=}C{=}O \longrightarrow \text{(4-亚甲基氧杂环丁-2-酮)} + \text{(4-甲基-2H-氧杂环丁-2-酮)}$$

乙烯酮的二聚进行的很快，以至于无法与醛、酮反应生成 β-内酯。其他乙烯酮的二聚较慢，在这些情况下，烯酮二聚得到的不是 β-内酯，而是环丁二酮。但加入催化剂如三乙胺、三乙基膦等，可以提高 β-内酯的比例。

烯胺与 Michael 类型的烯烃以及乙烯酮反应生成四元环化合物。在这种情况下，只有醛生成的烯胺才可以得到稳定的四元环化合物。由酰氯与叔胺原位产生的乙烯酮，可以方便地实现烯胺与乙烯酮的反应。

$$C{=}C(H)NR_2 + C{=}C{-}Z \longrightarrow \text{(1-H-1-}R_2N\text{-2-Z-环丁烷)}$$

$$C{=}C(H)NR_2 + O{=}C{=}C \longrightarrow \text{(3-H-3-}R_2N\text{-环丁酮)}$$

普通的醛、酮与烯烃在紫外光作用下环合生成氧杂环丁烷。醌也可以发生类似反应生成螺环氧杂环烷，该反应称为 Paterno-Buchi 反应。

该反应的反应机理，一般来说是激发态的羰基化合物与基态的烯的加成，光谱法检测到了双自由基 ·O—C—C—C·— 的存在。Paterno-Buchi 反应的收率变化很大，有的很低，而有的高达 90%。多数情况下醛与烯烃反应生成正常的氧杂环烷烃，而 α，β-不饱和酮通常优先生成环丁烷衍生物。

醛、酮也可以与丙二烯发生光化学反应生成亚甲基氧杂环丁烷和二氧螺环化合物。

C=O + C=C=C $\xrightarrow{h\nu}$

环庚三烯酚酮（2-羟基-2,4,6-环庚三烯-1-酮）

$C_7H_6O_2$，122.12

【英文名】2-Hydroxy-2,4,6-cycloheptatrien-1-one，Tropolone

【性状】白色针状结晶。mp 50～51℃。

【制法】［1］Richard A M. Org Synth，1988，Coll Vol 6：1037.

［2］林原斌，刘展鹏，陈红飙．有机中间体的制备与合成．北京：科学出版社，2006：299.

(2) + $Cl_2CHCOCl$ $\xrightarrow{Et_3N}$ (3) $\xrightarrow[2.\ AcOH]{1.\ NaOH}$ (1)

7,7-二氯-双环［3.2.0］庚-2-烯-6-酮（**3**）：于安有搅拌器、回流冷凝器、通气导管、滴液漏斗的反应瓶中，加入二氯乙酰氯 100g（0.68mol），环戊二烯（**2**）170mL（2.0mol）和戊烷 700mL，通入氮气，搅拌下加热回流。而后慢慢滴加三乙胺 70.8g（0.7mol）与戊烷 300mL 的溶液，约 4h 加完。加完后继续搅拌回流 2h。加入 250mL 蒸馏水，分出有机层，水层用戊烷提取 2 次。合并有机层。旋转浓缩回收溶剂和未反应的环戊二烯。剩余物减压分馏，61～62℃/1.2kPa 的馏分为双环戊二烯，66～68℃/267Pa 的馏分为化合物（**3**），101～102g，收率 84%～85%。n_D^{25} 1.5129。纯度>99%（GC）。

环庚三烯酚酮（**1**）：于安有搅拌器、回流冷凝器、通气导管的反应瓶中，加入冰醋酸 500mL，100g 固体氢氧化钠，搅拌溶解后，通入氮气，加入上述化合物（**3**）100g，搅拌回流 8h。用浓盐酸调至 pH1，加入 1L 苯。过滤后，滤饼用苯洗涤 3 次。分出有机层。将有机相加入 2L 烧瓶中，水相加入 1L 烧瓶中，二者组成一个连续提取装置。加热 2L 烧瓶，使苯连续提取水相 13h。浓缩除苯，剩余物减压分馏，收集 60℃/13.3Pa 的馏分，冷后固化为浅黄色固体。用 150mL 二氯甲烷和 500mL 戊烷重结晶，活性炭脱色。于−20℃冷冻结晶，抽滤，干燥，得环庚三烯酚酮（**1**）白色结晶 53g，收率 77%。母液可回收 8g 产品，总收率 89%。

β-异戊内酰胺

C_5H_9NO，99.12

【英文名】*β*-Isovalerolactam

【性状】无色液体。bp 70℃/133Pa。

【制法】Roderich G. Org Synth，1973，Coll Vol 5：673.

$$CH_3-\underset{CH_3}{\overset{|}{C}}=CH_2 + \underset{(2)}{ClSO_2N=C=O} \longrightarrow \underset{(3)}{\text{N-}SO_2Cl\text{-}4,4\text{-dimethylazetidin-2-one}} \xrightarrow{NaOH} \underset{(1)}{\text{4,4-dimethylazetidin-2-one}}$$

β-异戊内酰胺-*N*-磺酰氯（**3**）：于安有搅拌器、温度计、滴液漏斗的反应瓶中，加入液体二氧化硫 67mL，干冰-二氯甲烷浴冷至－20℃以下，加入粉状氯化钾 0.3g，氯磺酰异氰酸酯（**2**）47.1g（0.33mol）。于－50℃～－40℃滴加固体干冰冷却的异丁烯 19.5g（0.35mol），约需 20min。加完后撤去冷浴，搅拌下倒入 125mL 水中，有白色沉淀生成。吹入干燥空气以赶出过量的二氧化硫，直至内温升至 0～4℃。过滤，冰水洗涤，得含水化合物（**3**）52～56g，直接用于下一步反应。可按照如下方法提纯：将粗品溶于二氯甲烷中，分出水层后无水硫酸钠干燥。过滤，减压浓缩，得无色结晶，mp 75～77℃。再以乙醚重结晶，得纯品（**3**）43～46g，收率 65%～70%。

β-异戊内酰胺（**1**）：于安有 pH 计的 200mL 烧杯中，加入 20mL 水，剧烈搅拌下加入上述化合物（**3**）粗品（52～56g）的 1/4，冰水浴冷却，慢慢滴加 10mol/L 的氢氧化钠溶液，控制 pH 在 2～8，最好是 5～7，温度控制在 20～25℃。之后再加入 1/4 的化合物（**3**），继续以碱中和，约需 1～3h。此时出现液体相，并且水解速度加快。其余的化合物（**3**）于 0.5～1h 水解完，控制 pH 为 7，温度 10℃。过滤，滤饼用氯仿洗涤（90mL×2）。合并有机层，无水碳酸钾干燥。分馏回收溶剂后，剩余物加压蒸馏，收集 70℃/133Pa 的馏分，得化合物（**1**）16.7～17.3g，收率 51%～53%，GC 纯度 99.8%。

4-乙酰氧基氮杂环丁-2-酮

$C_5H_6NO_3$，128.11

【英文名】4-Acetoxyazetidin-2-one

【性状】无色液体。bp 80～82℃/1.33Pa。mp 34℃。

【制法】Stuart J M，Hsiao S N，Marvin J M. Org Synth，1993，Coll Vol 8：3.

$$CH_2=CHOAc + \underset{(2)}{ClSO_2N=C=O} \longrightarrow \left[\text{4-AcO-N-}SO_2Cl\text{-azetidin-2-one}\right] \longrightarrow \underset{(1)}{\text{4-AcO-azetidin-2-one (HN)}}$$

于安有搅拌器、温度计、滴液漏斗、通气导管的反应瓶中，加入醋酸乙烯酯 140g（1.63mol），氮气保护，冷至 3℃，搅拌下尽快加入氯磺酸异氰酸酯（**2**）40g（0.28mol），温度保持在 5℃。撤去冷浴，升至 10℃，放热反应开始，注意冷却，控制内温在 10～15℃。保温反应 40min，冷至－40℃备用。

将碳酸氢钠 67g（0.8mol）、亚硫酸钠 71.5g（0.69mol）溶于 200mL 水中，冷至－20℃。慢慢于 40min 滴加至上述反应液中，控制内温－10℃。当加入一半时，补加亚硫酸钠 35.7g（0.34mol），加完液体后，继续于－10℃搅拌反应 40min。将生成的浅黄色液体（pH7）用氯仿提取（500mL×3），无水硫酸镁干燥。过滤，旋转浓缩。剩余物用己烷提取（100mL×3），己烷层弃去。剩余物减压除去少量的溶剂，得油状液体 16.1～22.8g。于－10℃放置后固化，收率 44%～62%。

cis-1-甲基环戊烷-1, 2-二羧酸

$C_8H_{12}O_4$，172.18

【英文名】 *cis*-1-Mthylcyclopentane-1，2-dicarboxylic acid

【性状】 白色固体。mp 123～124.5℃。

【制法】 Jean-Pierre Deprés，Andrew E. Greene. Org Synth，1993，Coll Vol 8：377.

(2) + Cl_3CCOCl —[Zn(Cu), $POCl_3$]→ (3) —[1. BuLi; 2. Ac_2O; 3. $NaIO_4$,$RuCl_3$]→ (1)

7,7-二氯-1-甲基双环[3.2.0]庚-6-酮（**3**）：于安有搅拌器、通气导管、滴液漏斗的反应瓶中，通入氮气，加入锌-铜偶 10.0g（约 150mmol），200mL 无水乙醚，1-甲基-1-环戊烯（**2**）8.2g（100mmol）。搅拌下室温滴加由三氯乙酰氯 21.8g（13.4mL，120mmol）和三氯氧磷 18.4g（11.2mL，120mmol）与 100mL 无水乙醚配成的溶液，约 1h 加完。加完后继续搅拌反应 14h。用 30g 助滤剂过滤，120mL 乙醚洗涤。滤液浓缩至 100～120mL，加入 400mL 己烷，搅拌沉淀出氯化锌。将溶液转移至分液漏斗中，黏稠物用 3∶1 的己烷-乙醚洗涤（75mL×2）。合并后依次用水、饱和碳酸氢钠、饱和盐水洗涤，无水硫酸钠干燥。过滤，旋转浓缩至干，得棕色油状物 17.0～17.8g。减压蒸馏，收集 38℃/26.6Pa 的馏分，得浅黄色油状液体（**3**）14.9～16.0g，收率 77%～83%。n_D^{20} 1.4970。

cis-1-甲基环戊烷-1，2-二羧酸（**1**）：于安有搅拌器、通气导管的反应瓶中，加入干燥的 THF 300mL，化合物（**3**）14.5g（75mmol），通入氮气，搅拌下用丙酮-干冰浴冷却，用注射器加入 2.5mol/L 的丁基锂-己烷溶液 33.2mL（83mmol），约 5min 加完。继续搅拌反应 15min，立即加入醋酸酐 14.2mL（150mmol）。撤去冷浴，慢慢升至室温，继续搅拌反应 1h。于 25℃水泵减压蒸出大部分溶剂和过量的醋酸酐。剩余的固体于 520Pa 压力下真空干燥 15～30min，溶于 100mL 乙腈和 100mL 四氯化碳和 150mL 蒸馏水中。冰浴冷却，充分搅拌。用高碘酸钠 40.1g（187mmol）和水合三氯化钌 346mg（1.5mmol）处理，15min 后撤去冷浴，继续搅拌反应 5h。向生成的黏稠混合物中加入 10%的氢氧化钠溶液 200mL，用 500mL 乙醚-己烷（1∶1）提取。分出有机层，水相加入 900mL 乙醚-乙酸乙酯

(2∶1)，随后用 2mol/L 的盐酸调至 pH2～3，剧烈搅拌后分出有机层。有机层用 3%的硫代硫酸钠溶液充分洗涤，饱和盐水洗涤。所有的水层（pH2～3）用 1L 乙醚-乙酸乙酯（3∶2）提取，如前法充分洗涤。合并有机层，无水硫酸钠干燥。过滤，旋转浓缩蒸出溶剂，得浅黄色固体，mp 123～126℃。用乙酸乙酯-石油醚（1∶1）洗涤，得白色固体（**1**）7.9～8.0g，收率 61%～62%，mp 123～124.5℃。

7-氯-7-氰基双环［4.2.0］辛-8-酮

$C_9H_{10}ClNO$，183.63

【英文名】7-Chloro-7-cyanobicyclo[4.2.0]octan-8-one

【性状】淡黄色固体。mp 39.5～40.5℃。bp 85～90℃/66.5Pa。

【制法】Paul L F，Harold W M. Org Synth，1993，Coll Vol 8：116.

(2) $\xrightarrow[H_2SO_4]{(CH_3)_2CHOH}$ (3) $\xrightarrow{NaN_3}$ (4) $\xrightarrow{\text{环己烯}}$ (1)

3,4-二氯-5-异丙氧基-2（5*H*）-呋喃酮（**3**）：于安有分水器的 1L 反应瓶中，加入黏氯酸（**2**）50.7g（0.3mol），异丙醇 46mL（0.6mol），甲苯 300mL，浓硫酸 20 滴，搅拌加热分水 18h。冷至室温，依次用饱和碳酸氢钠溶液、饱和盐水洗涤，无水硫酸镁干燥。过滤，旋转浓缩。剩余物减压蒸馏，收集 90～91℃/200Pa，得化合物（**3**）60.9g，收率 96%，mp 23～24℃。

3-氯-4-叠氮基 5-异丙氧基-2（5*H*）-呋喃酮（**4**）：于三角瓶中加入化合物（**3**）20g（94.8mmol），甲醇 120mL，冰浴冷却。磁力搅拌下加入叠氮钠 7.5g（115.4mmol），15min 后撤去冷浴，继续搅拌反应 50min。倒入 500mL 水中，甲苯提取 3 次。合并有机层，依次用水、盐水洗涤，无水硫酸镁干燥。过滤，得化合物（**4**）的甲苯溶液，直接用于下一步反应。

7-氯-7-氰基双环[4.2.0]辛-8-酮（**1**）：于安有搅拌器、回流冷凝器的 2L 反应瓶中，加入 700mL 新蒸馏的甲苯和新蒸馏的环己烯 20mL，搅拌下加热至 105℃，于 20min 加入上述化合物（**4**）的甲苯溶液。加完后继续于 105℃搅拌反应 1.25h。冷却，减压浓缩。将剩余的黄褐色油状液体减压蒸馏，收集 85～90℃/66.5Pa 的馏分，得化合物（**1**）13.3g，收率 76%。

该反应中生成了关键中间体氯氰乙烯酮［(Cl)(NC)C=C=O］，而后与环己烯发生[2+2]环合反应。

三、烯烃与含炔键化合物的［2+2］环加成反应

烯与含炔键的化合物进行光化学环加成反应是合成小环化合物的重要方法，已用于天然产物的合成中。

呋喃酮与乙炔基三甲基硅烷光照下反应，可以合成硅基化的环丁烯衍生物。该反应可能是经历了双自由基机理（D' Annibale A，D' Auria M，Mancini G，Pace A D. Eur J Org Chem，2012，785）。

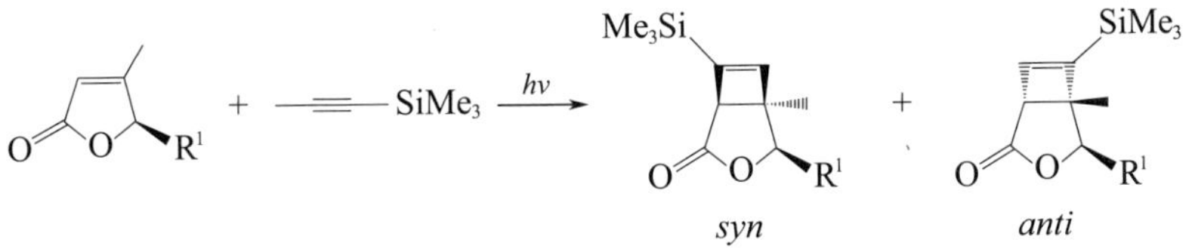

烯与炔在过渡金属催化下可以发生［2+2］环加成反应。例如分子内同时含有烯键和炔键的化合物在氯化铂催化剂存在下的反应（Marion F，Coumlomb J，et al. Org Lett，2004，6：1059；Tetrahedron，2006，62：3856）：

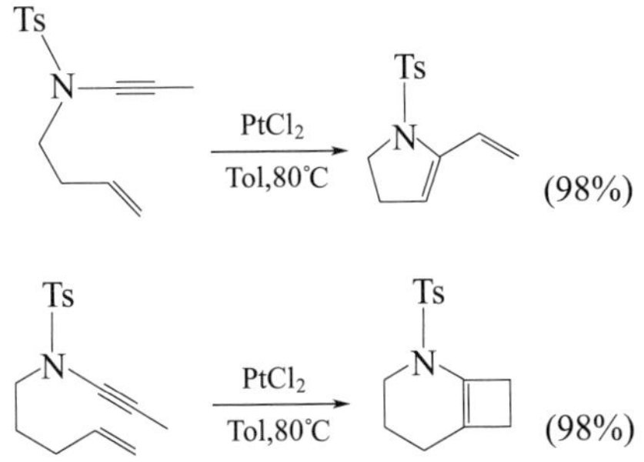

反应的大致过程如下：

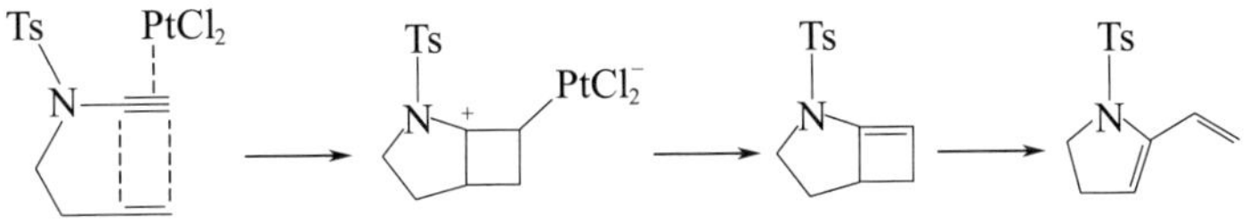

Cossy 以 Au 作催化剂实现了类似反应，该方法对端基炔和三甲基硅基炔均适用。反应中可以生成环丁酮，环丁酮可以进一步发生 Baeyer-Villiger 氧化反应（Couty S，Meyer C，Cossy J. Angew Chem Int Ed，2006，45：6726；Tetrahedron，2009，65：1890）。

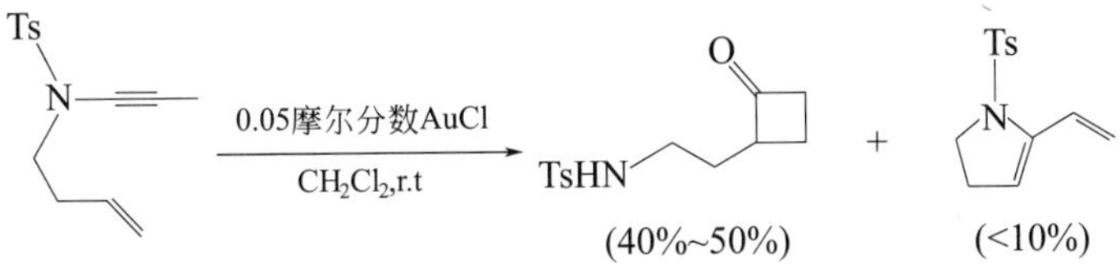

环丁酮是按照如下方式生成的：

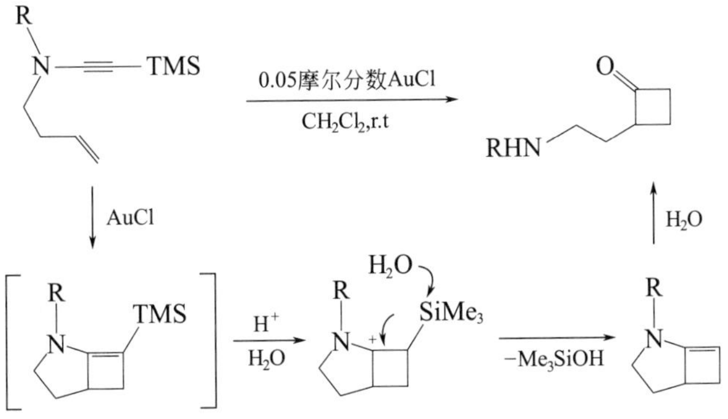

除了上述烯基炔外，炔基酮也可以发生类似的反应，生成 α,β-不饱和酮。例如（Jin T，Yamamoto Y. Org Lett，2007，9：5259）：

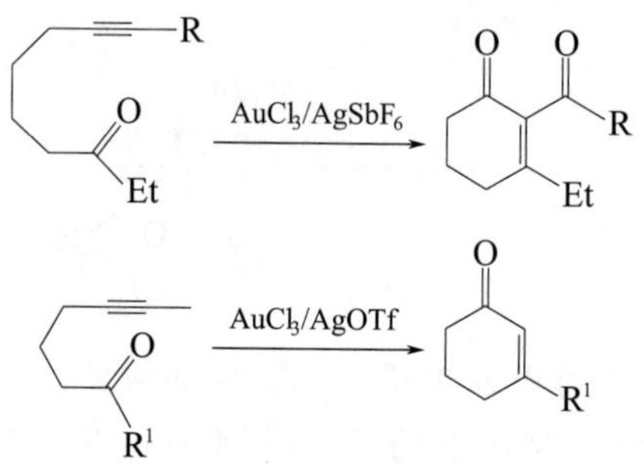
R
O
$AuCl_3/AgSbF_6$
Et
O
O
R
Et
O
$AuCl_3/AgOTf$
R^1
O
R^1

降冰片烯在 Ru 催化剂存在下与炔酰胺可以进行[2+2]环加成。例如（Riddell N，et al. Org Lett，2005，7：3681）：

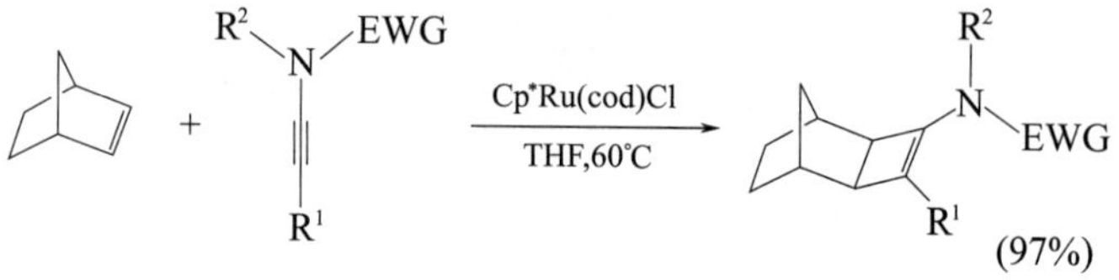
R^2
N
EWG
+
R^1
Cp*Ru(cod)Cl
THF,60℃
R^2
N
EWG
R^1
(97%)

又如如下反应，生成两种异构体的混合物。产物 N—O 键断裂，可以生成含羟基和氨基的双环化合物（Durham R，et al. Can J Chem，2011，89：1494）。

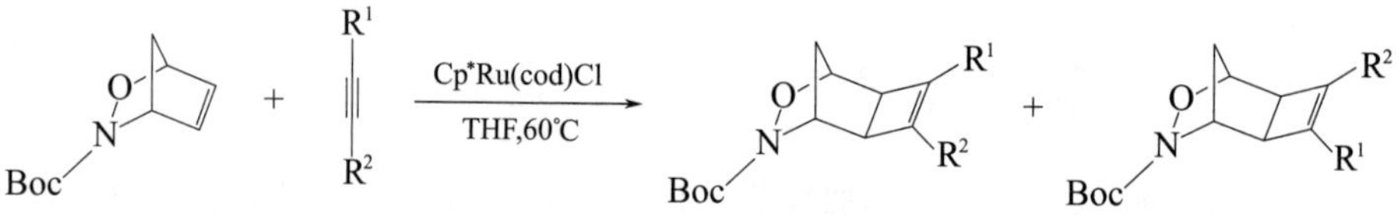
O
N
Boc
+
R^1
R^2
Cp*Ru(cod)Cl
THF,60℃
R^1
R^2
+
R^2
R^1

炔在加热条件下与 α,β-不饱和酮的碳-碳双键发生[2+2]环加成反应，该反应称为 Ficini[2+2]环加成反应（Ficini J. Tetrahedron，1976，32：1448）。

Hsung 等发现，当选用合适的 *N*-取代基时，炔酰胺与环己烯酮在金属催化下可以发生类似的反应（Li H，Hsung R P，et al. Org Lett，2010，12：3780）。

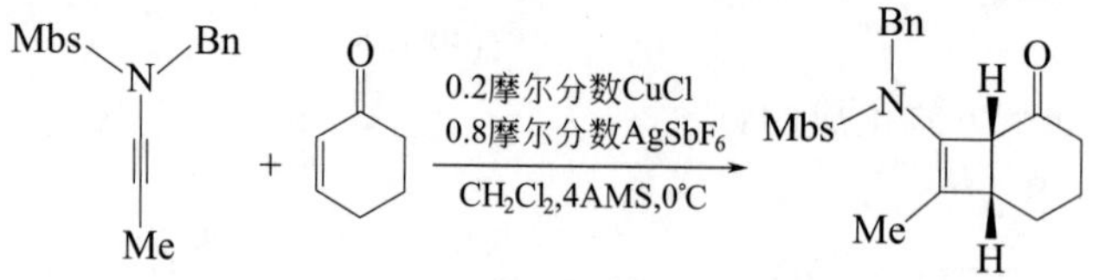
Mbs
N
Bn
Me
+
O
0.2摩尔分数CuCl
0.8摩尔分数$AgSbF_6$
CH_2Cl_2,4AMS,0℃
Bn
N
Mbs
H
O
Me
H

炔酰胺与不饱和酮酸酯在 Ru 催化剂存在下也可以发生类似反应。例如 Ficini 反应，具有立体选择性（Schotes C，Mezzetti A. Angew Chem Int Ed，2011，50：3072）。

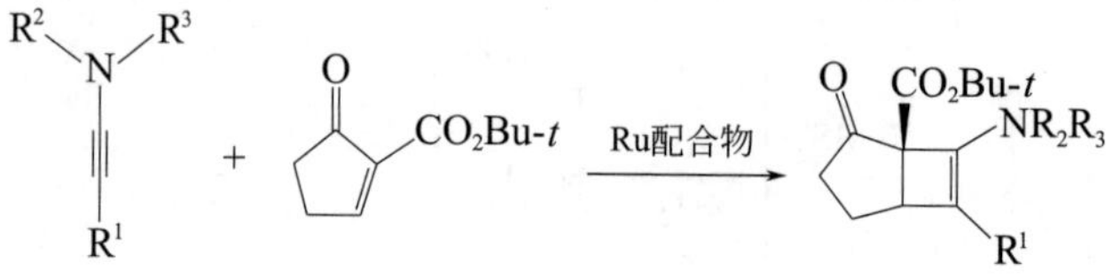
R^2
N
R^3
R^1
+
O
CO_2Bu-*t*
Ru配合物
O
CO_2Bu-*t*
NR_2R_3
R^1

2-对甲苯磺酰基-2-氮杂双环［4.2.0］辛-1(6)-烯

$C_{14}H_{17}NO_2S$，263.35

【英文名】2-(Toluene-4-sulfonyl)-2-azabicyclo[4.2.0]oct-1(6)-ene

【性状】浅黄色油状液体。

【制法】[1] Marion F，Coumlomb J，et al. Org Lett，2004，6：1059；

[2] Marion F，Coumlomb J，et al. Tetrahedron，2006，62：3856.

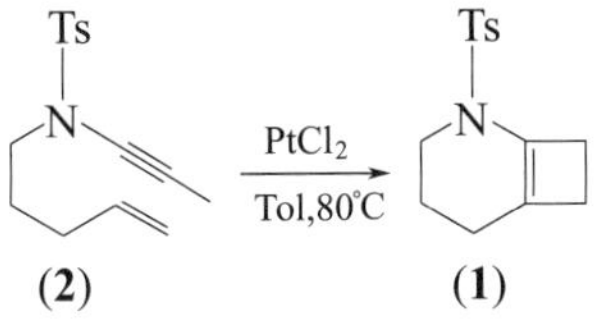

于干燥的反应瓶中，加入化合物（**2**）0.5mmol，无水甲苯 10mL，氩气保护，冷冻解冻泵循环法脱除气体，而后放入预热至 80℃的油浴中。加入 $PtCl_2$ 7mg，搅拌反应，直至 IR 检测三键消失。减压蒸出溶剂，剩余物过硅胶柱纯化，以石油醚-乙醚-三乙胺（85∶15∶1）洗脱，得浅黄色油状液体（**1**），收率 98%。

环癸酮

$C_{10}H_{18}O$，154.25

【英文名】Cyclodecanone

【性状】无色液体。mp 20～22℃，bp 84～98℃/1.33kPa。

【制法】林原斌，刘展鹏，陈红飙．有机中间体的制备与合成．北京：科学出版社，2006：328.

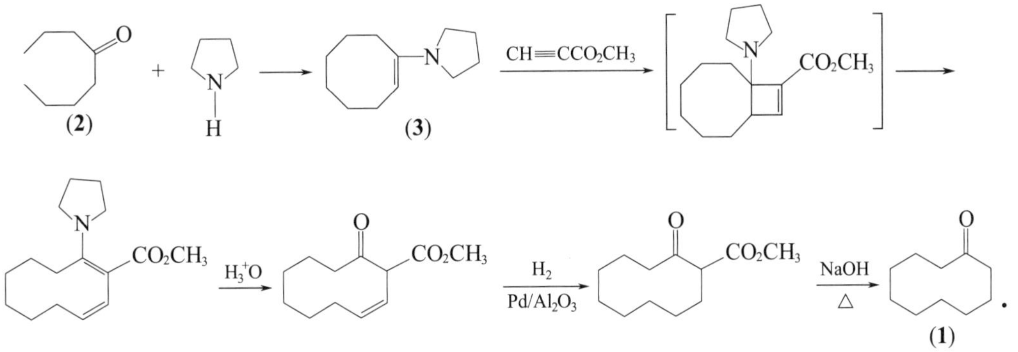

N-（1-环辛烯-1-基）四氢吡咯（**3**）：于安有 25～30cm 的填料柱分水器的 500mL 烧瓶中，加入环辛酮（**2**）126g（1.0mol），100g（1.4mol）四氢吡咯，100mL 二甲苯，0.5g 对甲苯磺酸。加热回流直至无水蒸出。减压分馏，将溶剂以及未反应的原料蒸出。当分馏柱顶端温度达到 50℃/133Pa 时停止蒸馏，得到 *N*-（1-环辛烯-1-基）四氢吡咯（**3**）152～161g。

环癸酮（**1**）：于安有甲醛、温度计、回流冷凝器、滴液漏斗的反应瓶中，加入上述化合物（**3**），450mL 乙醚，冷却下滴加炔丙酸甲酯 71～76g（0.89～0.90mol）与 150mL 乙醚的溶液，保持反应温度在 25～30℃. 加完后应有白色固体生成，继续搅拌反应 1h。冷至 0℃，过滤。将固体溶于 700mL 6%的盐酸中，搅拌下加热至 55～60℃，反应 1h。冷却后乙醚提取 2 次，合并乙醚层，回收乙醚。将剩余物溶于 300mL 甲醇中，加入 5g 5%的钯-Al_2O_3 催化剂，于 0.07MPa 氢压下室温加氢，直至不再吸收为止。滤去催化剂，加入 155mL 25%的氢氧化钠溶液，搅拌加热回流 1h。用韦氏分馏柱蒸出甲醇，母液冷却后乙醚提取 2 次，合并乙醚层，回收乙醚后减压分馏，收集 94～98℃/1.33kPa 的馏分，得环癸酮（**1**）68～77g，收率 44%～50%。

四、 炔与累积二烯的［2+ 2］环加成

热诱导的[2+2]环加成研究最多的是炔与累积二烯的反应。例如由分子中同时含有炔键和累积二烯的开链化合物发生热诱导的分子内[2+2]环加成，是由开链化合物合成双环化合物的一种方便方法（Mailyan K，Krylov I M，Bruneau C，et al. Synlett，2011，16：2321）。

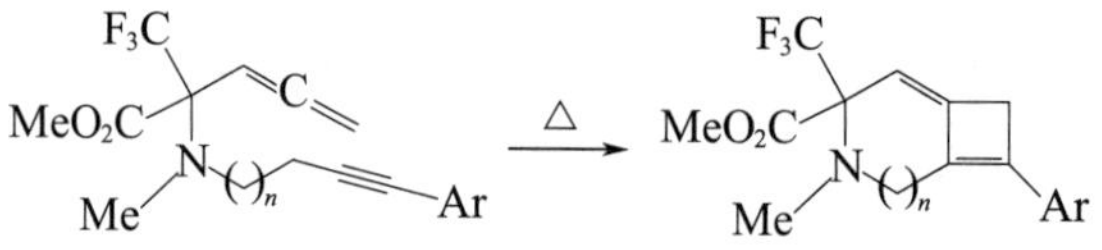

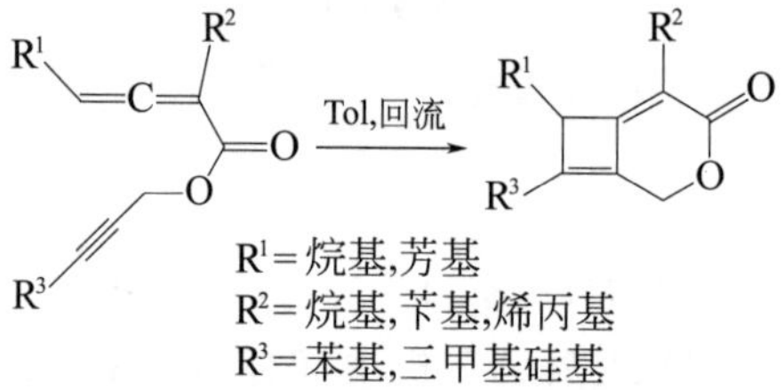

R¹=烷基,芳基
R²=烷基,苄基,烯丙基
R³=苯基,三甲基硅基

(JiangX,MaS,Tetrahedron,2007,63:7589)

微波可以加速炔酮与累积二烯的反应。例如[Brummond K M，Chen D，Org Lett，2005，7（16）：3473]：

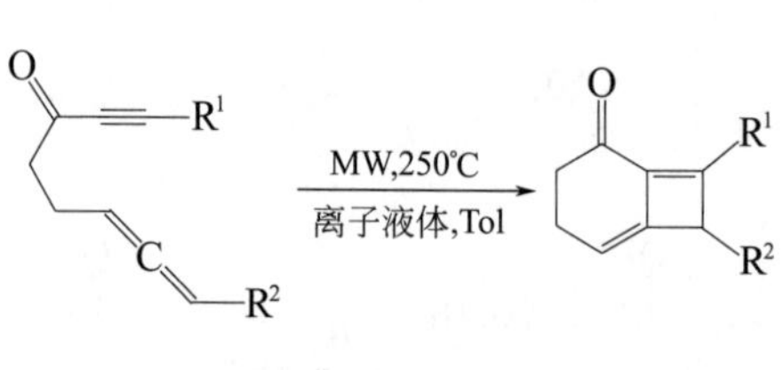

如下反应则生成了三并环骨架的化合物（Alcaide B，Almendros P，Aragoncillo C，et al. Eur J Org Chem，2011，2：364）。

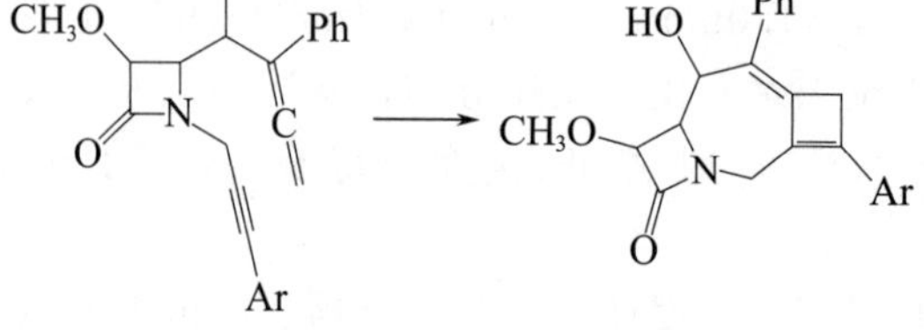

7, 8-二苯基-5-正丙基-3-氧杂二环［4.2.0］辛-1(8), 5-二烯-4-酮

$C_{22}H_{20}O_2$，316.40

【英文名】7,8-Diphenyl-5-(*n*-propyl)-3-oxabicyclo［4.2.0］octa-1(8), 5-dien-4-one

【性状】液体。

【制法】Jiang X，Ma S，Tetrahedron，2007，63：7589.

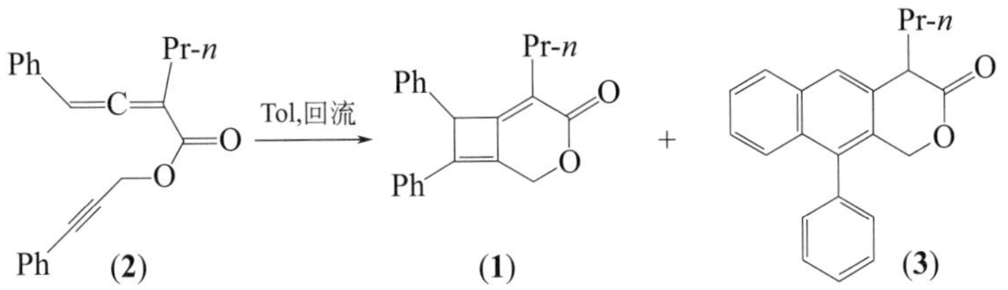

于反应瓶中加入化合物（**2**）72mg（0.25mmol），干燥的甲苯 6mL，氩气保护，回流反应 4h。处理后得化合物（**1**）47mg，收率 65%，同时得到化合物（**3**）9mg，收率 13%。

五、Lewis 酸催化的含炔键化合物的［2+2］环加成反应

炔胺类化合物反应活性强且对水敏感，较难制备、反应中也难以控制。若在炔胺 *N*-原子上连接吸电子取代基，可以调节反应活性和稳定性。在 Lewis 酸催化剂存在下，其可以与羰基发生[2+2]环加成，并进一步发生开环生成 *α*，*β*-不饱和羰基化合物（Hsung R P，Zificsak C A，Wei L L，et al. Org Lett，1999，1：1237）。

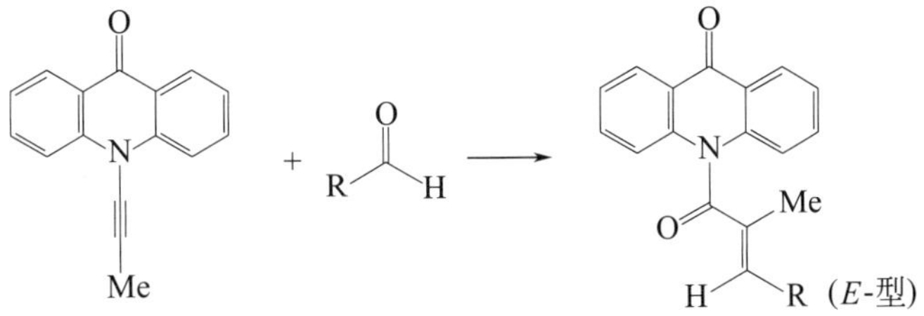

反应过程如下：

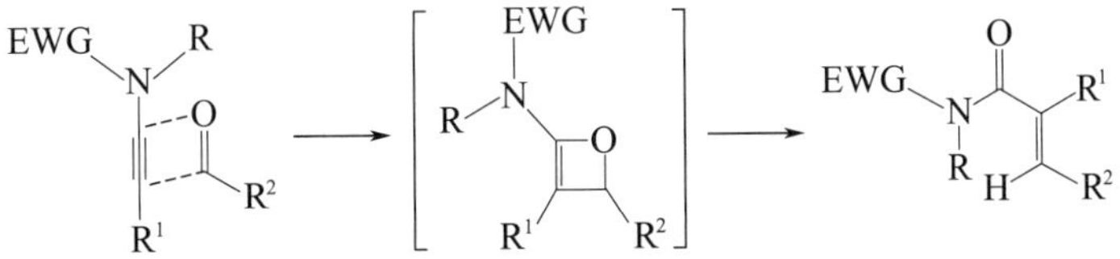

在 Lewis 酸催化下，该反应也可以发生在分子内，如下反应生成含氮稠环化合物（Kurtz K C M，Hsung R P，Zhang Y. Org Lett，2006，8：231）。

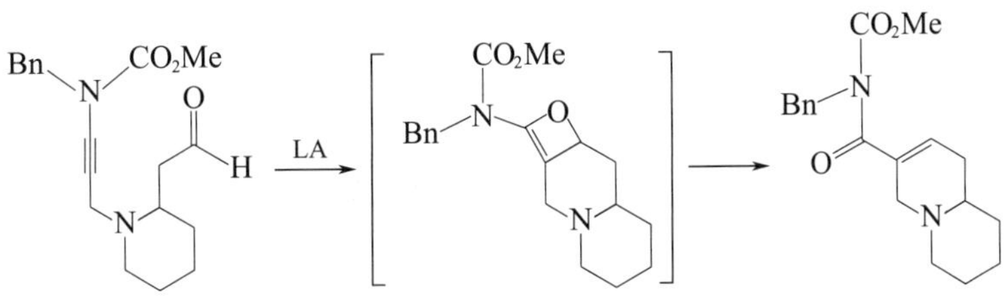

N-炔基酰胺在 Lewis 酸催化下，可以与醛、酮、α,β-不饱和醛发生[2+2]环加成反应，该反应可以用于醛、酮碳链的延长，在立体选择性上，产物以 *E*-型为主（You L，Al-Rashid Z F，Figueroa R，et al. Synlett，2007，11：1656）。

BF_3-Et_2O；CH_2Cl_2，−78℃，10min

芳基乙炔与醛在 SbF_5 催化剂存在下反应，可以生成 2,3-二取代茚酮衍生物，反应具有高度的立体选择性，乙醇在反应中也起了重要的作用（Saito A，Umakoshi M，Yagyu N，et al. Org Lett，2008，10：1783）。

0.1摩尔分数SbF_5；EtOH，DCE

而在 Yb（OTf）$_3$、In（OTf）$_3$、$GaCl_3$ 催化下，芳基乙炔与醛的环加成生成反式 α,β-不饱和酮。

Yb(OTF)$_3$；90℃

邻羟基苯乙炔衍生物与醛在 Lewis 酸催化下首先发生[2+2]环加成，而后发生 Michael 加成，生成色酮类化合物。

LA；1. Michael加成 2. 氧化

反应过程如下：

[O]

4-羟基-2-对甲苯基-2H-色烯甲酸甲酯

$C_{18}H_{16}O_4$，296.32

【英文名】Methyl 4-hydroxy-2-（*p*-tolyl）-2H-chromene-carboxylate

【性状】白色固体。

【制法】Wang N，Cai S，Zhou C，et al. Tetrahedron，2013，69：647.

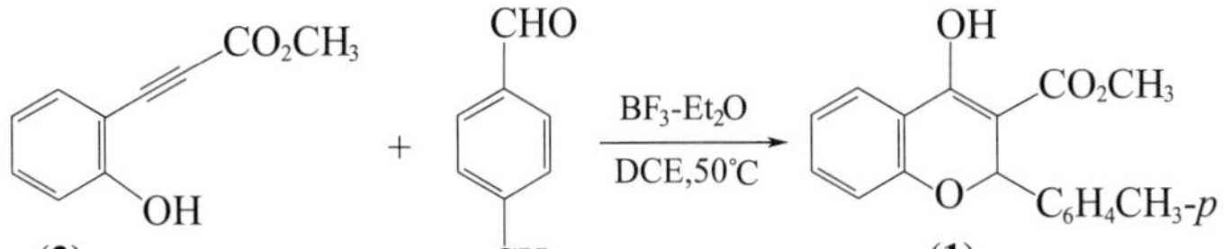

于反应瓶中加入邻羟基苯基炔丙酸甲酯（**2**）0.22g（1mmol），对甲基苯甲醛 0.12g（1mmol），DCE10mL，氮气保护，冷至 0℃。30min 后滴加 BF_3-Et_2O 1mmol 溶于 10mL DCE 的溶液。加完后，于 50℃搅拌反应 16h。减压浓缩至干，剩余物过硅胶柱纯化，以己烷-乙酸乙酯洗脱，得白色固体（**1**），收率 74%。

六、炔醇（醚）的［2+2］环加成反应

炔醇锂可以发生[2+2]环加成反应。炔醇负离子与羰基化合物反应，可以高立体选择性地生成多取代的烯烃。与醛反应可以生成三取代乙烯，产物以 *E*-型为主（Shindo M，Sato Y，Shishido K. Teyrahedron Lett，1998，39：4857）。

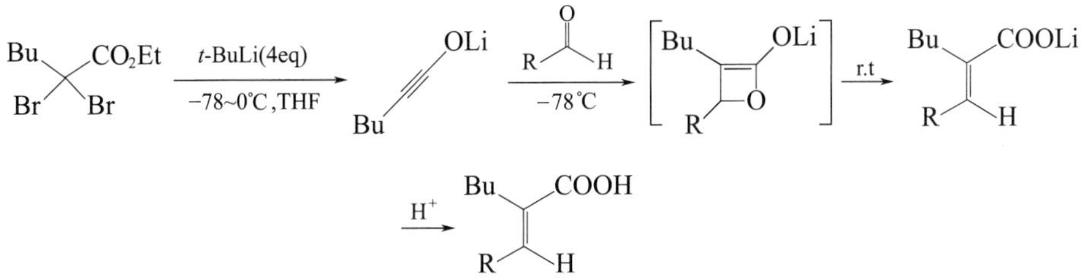

炔醇与醛羰基的[2+2]环加成生成的四元环中间体热不稳定，室温即可开环生成 α,β-不饱和酸。这种方法相对于 Wittig 反应和 Horner-Emmons 反应，在合成 α,β-不饱和酸方面更方便。

炔醇负离子也可以与酮反应，与酮反应可以生成四取代乙烯，例如：

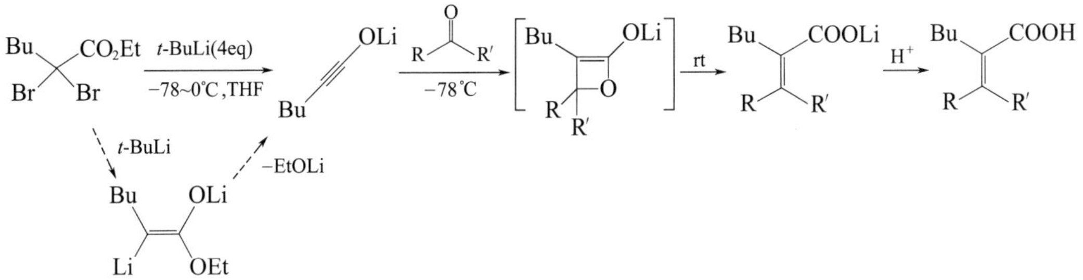

当使用空间位阻大的叔丁基苯基酮与 Wittig 试剂或 Horner-Emmons 试剂时，不能发生反应，而采用上述反应，则产物的收率可达 74%（Shindo M，Sato Y，et al. J Org Chem，2004，69：3912）。

当炔醇负离子与炔基酮反应时，环加成反应的立体选择性更好（Yoshikawa T，Mori S，Shindo K. J Am Chem Soc，2009，131：2092）。

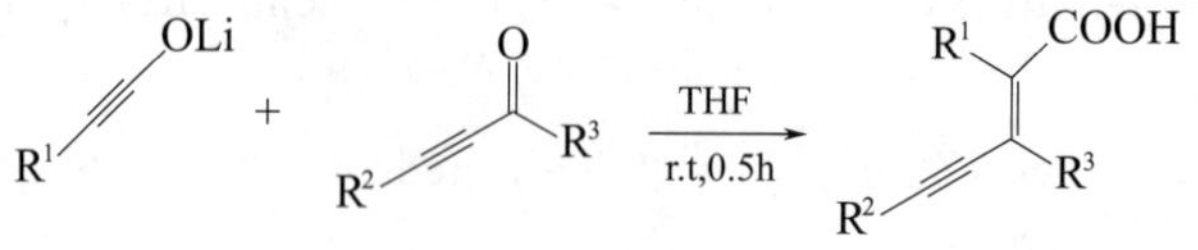

炔醇负离子与酰基硅烷反应时收率很高，同时保持99%的Z-型立体选择性，这是目前最好的酰基硅烷的烯化试剂。例如（Shindo M，Matsumoto K，Mori S. J Am Chem Soc，2002，124：6840）：

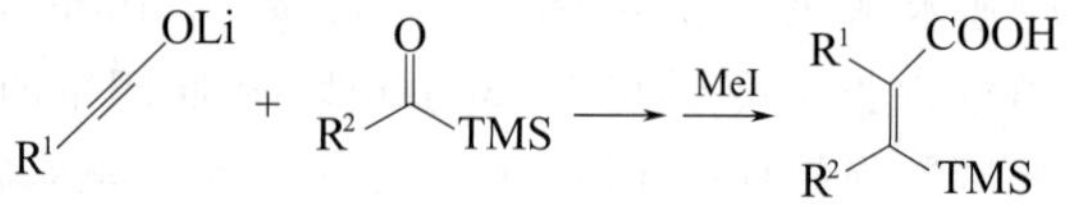

炔醇负离子也可以与羧酸酯反应，生成β-烷氧基-α，β-不饱和酸，产物具有E-型结构，其中脂肪族羧酸酯的E-型选择性好，取代基的电子效应是影响选择性的主要因素（Shindo M，Kita T，Kumagai T，Matsumoto K，J Am Chem Soc，2006，128：1062）。

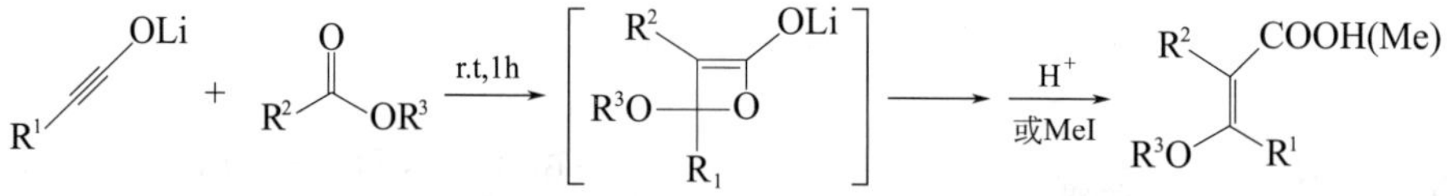

炔醇负离子还可以与亚胺类化合物反应，与N-磺酰基亚胺发生环加成反应，最终可以得到α，β-不饱和酰胺。磺酰基、三甲基硅基和几个大基团的位阻效应会对反应的立体选择性有一定的影响，产物以E-型为主（Kai H，Iwamoto K，Chatani N，Murai S. J Am Chem Soc，1996，118：7634）。

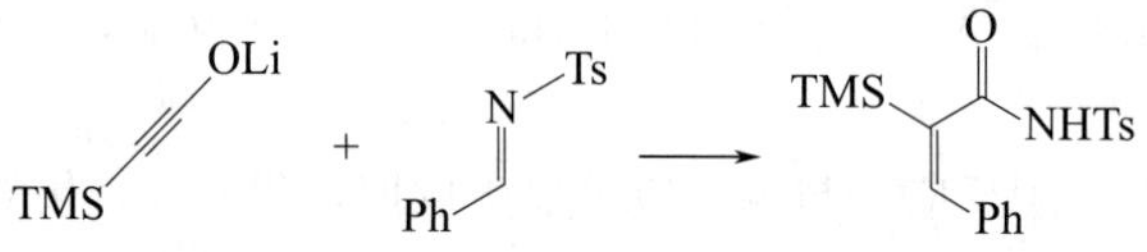

炔醇硅醚与醛反应，以AgN（Tf)$_2$[二(三氟甲磺酰基）氨基银]作催化剂，相应产物的收率和立体选择性都令人满意。生成的产物以E-型为主（Sun J，Keller V A，Meyer M，et al. Adv Synth Catal，2010，352：839）。

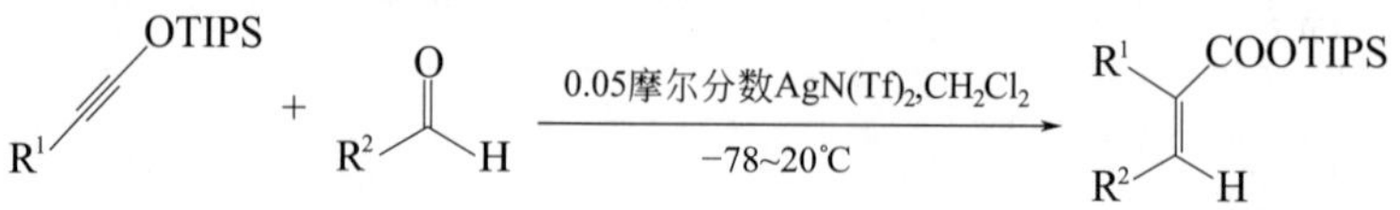

(93%)，E∶Z为94∶6

上述反应的可能反应过程如下：

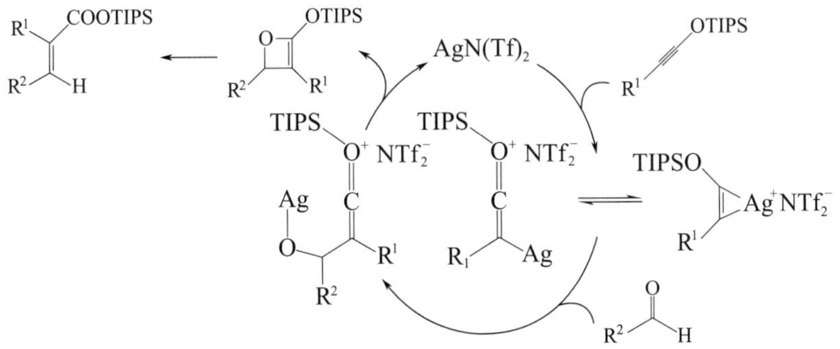

[2＋2]环加成反应的研究越来越深入，在有机合成中的应用范围也越来越广。关于[2＋2]环加成的反应机理，从理论研究的角度来说，存在双自由基机理、协同反应机理和两性离子机理。由于催化剂（过渡金属、Lewis 酸或碱等）的引入可以产生一些特殊的环状化合物，所以，催化剂存在下的[2＋2]环加成反应的研究也越来越多。随着理论计算方法的不断完善和计算机科学的快速发展，关于环加成反应机理的研究将会越来越深入，为实验研究提供有益的帮助。

第四节 [2+1]反应

卡宾（Carbene），又称碳烯、碳宾，是含二价碳的电中性化合物。卡宾是由一个碳和其他两个原子或基团以共价键结合形成的，碳上还有两个自由电子。最简单的卡宾是亚甲基卡宾，亚甲基卡宾很不稳定，从未分离出来，是比碳正离子、自由基更不稳定的活性中间体。其他卡宾可以看作是取代亚甲基卡宾，取代基可以是烷基、芳基、酰基、卤素等。这些卡宾的稳定性顺序排列如下：

$$CH_2: < RO_2CCH: < PhCH: < BrCH: < ClCH: < Br_2C: < Cl_2C:$$

卡宾的寿命很短，只能在低温下（77K 以下）捕集，但它的存在已被大量实验所证明。重氮甲烷或乙烯酮经光解或热解生成卡宾

$$CH_2N_2 \longrightarrow :CH_2 + N_2$$

$$CH_2{=}C{=}O \longrightarrow :CH_2 + CO$$

卡宾的碳原子只有 6 个价电子，其中两个电子为未成键电子。这两个电子可以在一个轨道中（单线态），也可以分散在两个轨道中（三线态），因此卡宾有两种存在形式。

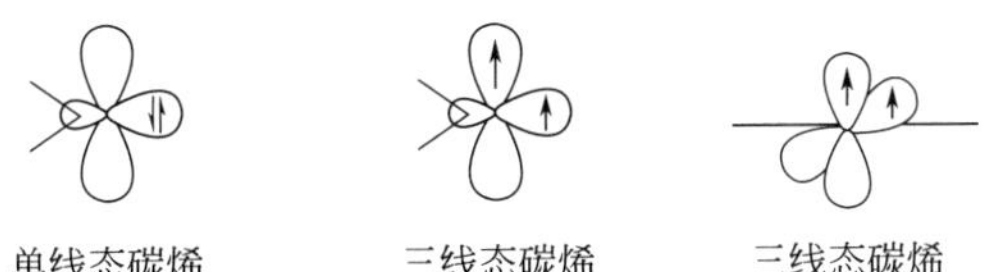

单线态碳烯　　三线态碳烯　　三线态碳烯

单线态卡宾能量较高，较不稳定。其碳原子为 sp^2 杂化，两个未成键电子占据一个 sp^2

杂化轨道，其余两个 sp^2 轨道分别与两个氢原子的 1s 轨道生成两个 C—H 键，未参与杂化的 P 轨道中无电子。三线态卡宾能量较低，是较稳定的形态。三线态卡宾有两个自由电子，可以是 sp^2 或直线形的 sp 杂化。除了二卤卡宾和与氮、氧、硫原子相连的卡宾，大多数的卡宾都处于非直线形的三线态基态。

卡宾是一种活性中间体，存在的时间极短，一般在反应过程中产生，并立即参加反应。能与不饱和键发生加成反应，与 C—H、O—H、C—Cl 键发生插入反应等。当然也有可以稳定存在的卡宾，例如如下结构的卡宾，在无氧、无湿气的情况下以稳定的晶体存在，mp 240～241℃。

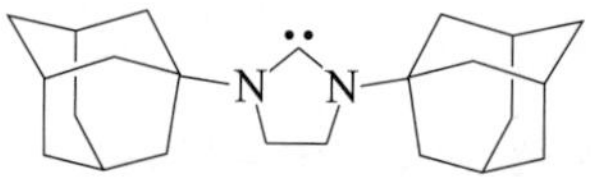

卡宾和取代卡宾与烯烃或炔烃反应，生成环丙烷的衍生物，是制备环丙烷及其衍生物的重要方法。属于［2+1］环加成反应。例如：

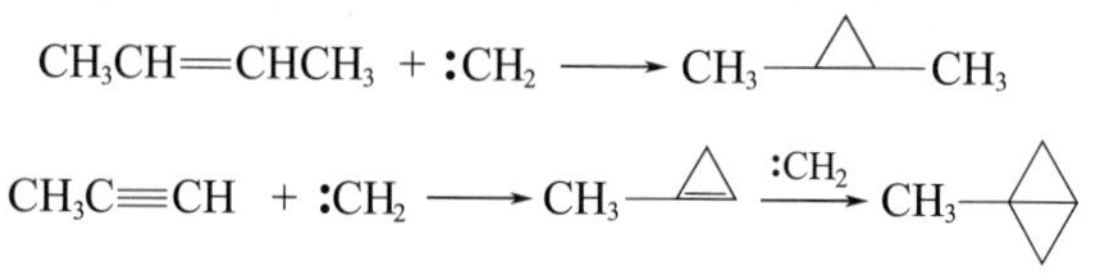

$$CH_3CH{=}CHCH_3 + {:}CH_2 \longrightarrow CH_3\text{—}\triangle\text{—}CH_3$$

$$CH_3C{\equiv}CH + {:}CH_2 \longrightarrow CH_3\text{—(环丙烯)} \xrightarrow{:CH_2} CH_3\text{—(双环丁烷)}$$

单线态卡宾与烯烃的加成是一步完成的协同反应，总是顺式加成，为立体专一性反应。顺式烯烃与卡宾反应得到顺式环丙烷衍生物，而反式烯烃则得到反式环丙烷衍生物。例如：

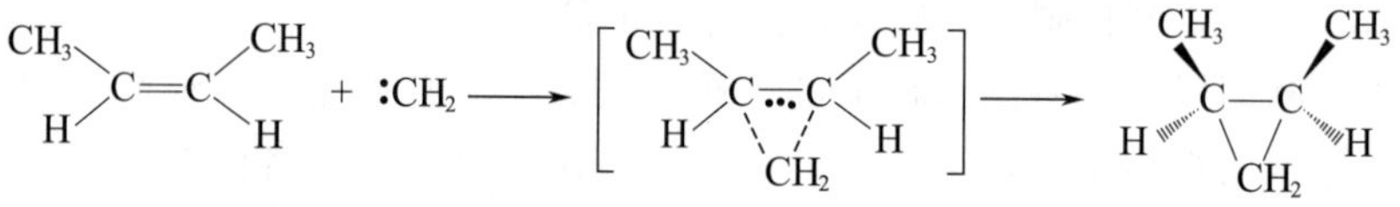

三线态卡宾是一个双自由基，与烯烃加成按自由基型机理，分两步进行。

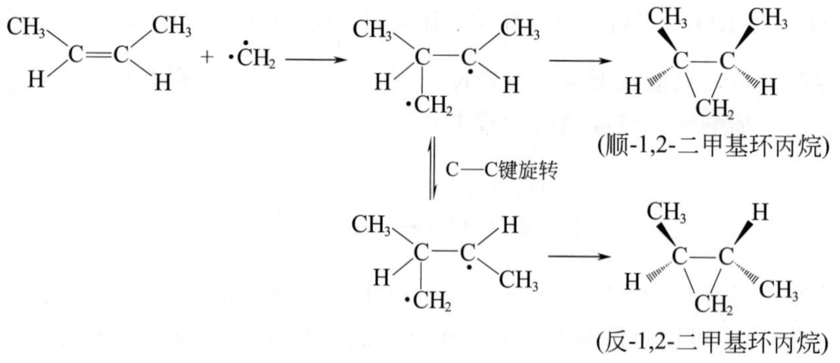

(顺-1,2-二甲基环丙烷)

C—C键旋转

(反-1,2-二甲基环丙烷)

由于生成的中间体有足够的时间沿着碳碳单键旋转，所以得到顺、反两种异构体。

许多卡宾衍生物如 PhCH:、ROCH:、$Me_2C{=}C$:、$(NC)_2C$: 等都可以与双键加成，但最常见的是：CH_2 本身、卤代或二卤卡宾，乙基烷氧羰基卡宾（由重氮乙酸乙酯制备）。烷基卡宾（RCH:）也可以与烯烃加成。但这些卡宾通常会发生重排或二聚生成烯烃副产物。

$$CH_3CH_2\text{-}CH_2\text{-}\ddot{C}H \longrightarrow CH_3CH_2CH{=}CH_2$$

$$\text{环丙基}\ddot{C}H \longrightarrow \text{环丁烯}$$

$$\text{邻甲基苯基卡宾} \longrightarrow \text{邻亚甲基环己二烯}$$

$$RCO\ddot{C}H \longrightarrow O{=}C{=}CHR$$

$$R_2C: + R_2C: \longrightarrow R_2C{=}CR_2$$

卡宾也能与苯反应，生成环庚三烯或其衍生物。

$$\text{苯} + CH_2N_2 \xrightarrow{\text{光照}} \text{降蒈二烯} \longrightarrow \text{(1,3,5-环庚三烯)}$$

实验结果表明，$:CH_2$ 本身通常以单线态形式形成，其可以衰减为三线态，因为三线态具有较低的能量（差别约 33～43kJ/mol）。然而，重氮甲烷的光降解还是可以直接产生三线态卡宾。单线态卡宾很活泼，在转化为三线态前就以单线态形式参加反应。对于其他卡宾，有些以三线态反应，有些以单线态反应，这取决于它们是如何产生的。

关于卡宾的产生方法，主要有如下两种（当然还有其他方法）。

1. α-消除

在 α-消除中，碳失去一个不带电子对的基团，通常是质子，而后失去一个带电子对的基团，通常是卤素离子。

$$R_2CHCl \xrightarrow{-H^+} R_2\ddot{C}^-\text{—}Cl \xrightarrow{-Cl^-} R_2C:$$

氯仿在强碱（例如醇钠、50%的氢氧化钠水溶液等）作用下，可生成二氯卡宾，其与烯键加成生成二氯三元环化合物。

$$CHCl_3 \xrightarrow[-\,EtOH]{EtONa} {}^-CCl_3 \xrightarrow{-Cl^-} :CCl_2$$

$$CHCl_3 \xrightarrow{50\%NaOH} :CCl_2$$

$$(CH_3)_2C{=}CH_2 + :CCl_2 \longrightarrow (CH_3)_2C\text{—}CH_2 \text{ (三元环, C上连 Cl, Cl)}$$

$$\text{苯} + :CCl_2 \longrightarrow \text{7,7-二氯降蒈二烯}$$

用 Me_3Sn^- 处理偕二卤化物也可以生成二卤卡宾。

二氯卡宾的活性较低，不会参与插入反应。

其他的例子如下：

$$Cl_3CCOO^- \xrightarrow{\triangle} Cl_2C + CO_2 + Cl^-$$

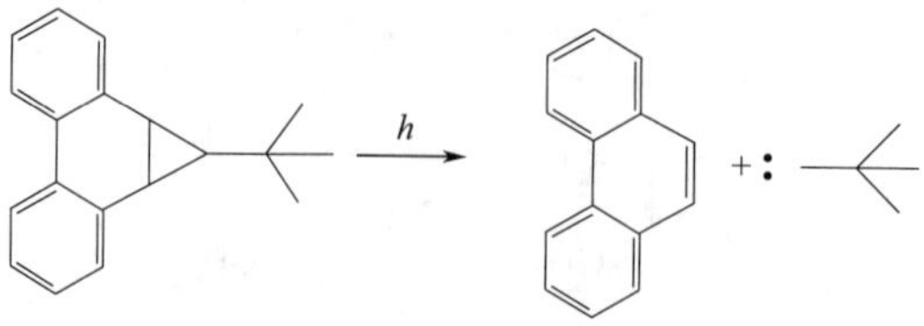

$$\xrightarrow{h}\ \ + :$$

2. 含有某种类型双键化合物的裂分

$$R_2C{=}Z \longrightarrow R_2C: + Z$$

这种方式产生卡宾，主要有烯酮和重氮化合物的分解。

$$H_2C{=}C{=}O \xrightarrow{h\nu} :CH_2 + CO$$

$$H_2C{=}\overset{+}{N}{=}\overset{-}{N} \xrightarrow{h\nu} :CH_2 + N_2$$

二嗪丙因（diazirenes）分解也可以生成卡宾。

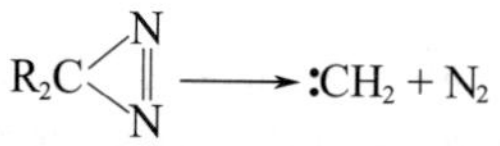

$$R_2C\langle N{=}N \rangle \longrightarrow :CH_2 + N_2$$

多数卡宾都很活泼，有时很难证明在反应中它们确实存在。在有些显然是通过α-消除或双键化合物裂分而产生卡宾的情况中，却有证据证明反应中没有游离的卡宾存在或不确定是否有游离卡宾存在。此时可以使用中性术语“类卡宾”（carbenoid）。α-卤代金属有机化合物（R_2CXM）通常称作类卡宾，它们很容易发生消除反应。

$$CCl_4 + BuLi \xrightarrow[-105℃]{THF} Cl_3C{-}Li$$

$$Br_3CH + i\text{-}PrMgCl \xrightarrow[-95℃]{THF,\ HMPA} Br_3C{-}MgCl + C_3H_6$$

合成中常使用 Simmons-Smith 试剂。该试剂是由二碘甲烷与锌-铜齐制得的有机锌试剂，它虽然不是自由的卡宾，但可以进行像卡宾一样的反应，一般称为类卡宾。

$$CH_2I_2 + Zn\text{-}Cu \longrightarrow (ICH_2)ZnI$$

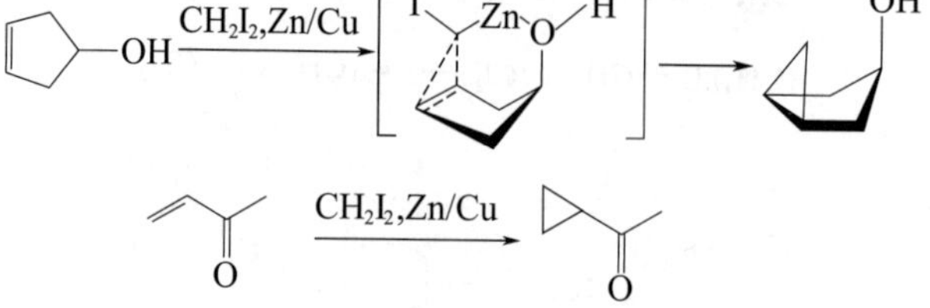

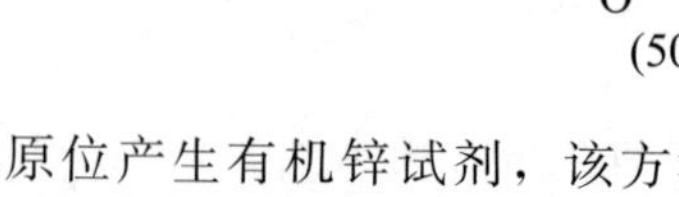

$$\text{—OH} \xrightarrow{CH_2I_2,Zn/Cu} [\ I\ \ Zn\ \ O\ \ H\ ] \longrightarrow \ \text{OH}$$

$$\xrightarrow{CH_2I_2,Zn/Cu}$$

O　　O

(50%)

二碘甲烷与锌-铜偶合体原位产生有机锌试剂，该方法不仅操作简便，而且产率较高。与烯烃反应时，分子中的卤素、羟基、羰基、羧基、酯基、氨基等反应中均不受影响。

例如：

2，2，6，6-四甲基哌啶锂是一种无亲核性的强胺基碱，可以选择性地夺取弱碳-氢酸的氢，可以将苄基氯转变为苯基卡宾，而其他的强碱往往容易发生取代反应。例如：

叠氮化合物在加热或光照下失去氮而生成氮烯。氮烯也有三线态和单线态之分，单线态氮烯与烯烃反应按协同机理进行，具有高度的立体定向性，而三线态氮烯则按分步机理进行，不具有立体定向性。氮烯与烯烃反应是制备环丙胺衍生物的方法之一。例如：

氮烯是卡宾的氮类似物。卡宾的很多反应也适用于氮烯。氮烯比卡宾稳定，但仍然属于活泼型的，普通条件下难以分离。

产生氮烯的两种主要方法与卡宾相似。α-消除和某些双键化合物的断裂。

$$R-NH-OSO_2Ar \xrightarrow{\text{碱}} R-\ddot{N}: + ArSO_3^- + BH$$

双键化合物的分解最常用的是叠氮化合物的光解或热分解。

$$R-N=N=N \longrightarrow R-\ddot{N}: + N_2$$

氮烯性质活泼，可以与双键发生反应生成氮杂环丙烷衍生物，也可以发生插入反应、重排反应、二聚反应等。

重氮化合物在二价铑盐或二价铜盐如 $Rh(OAc)_2$ 或 $CuCl_2$ 作用下形成过渡金属卡宾类化合物，后者同样可以以分子间或分子内的方式与碳-碳双键加成生成环丙烷衍生物。反应中若使用手性催化剂，则可以进行不对称环丙烷化。

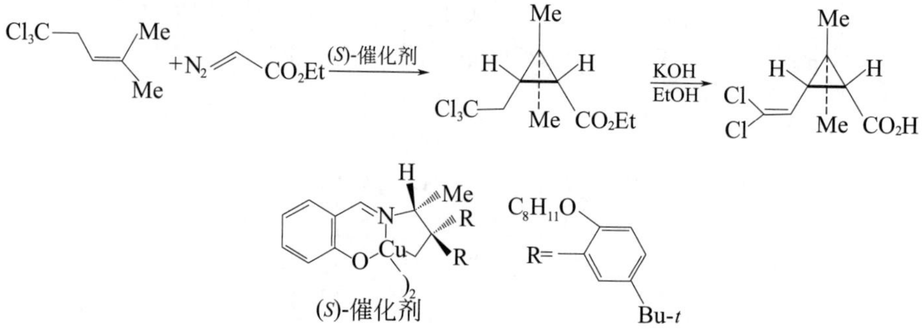

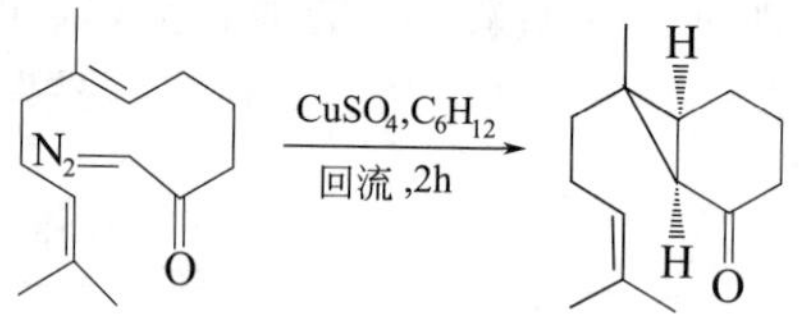

1-乙氧基-3-对甲苯基环丙烷

$C_{12}H_{16}O$，176.25

【英文名】 1-Ethoxy-3-*p*-methylphenylcyclopropane，1-Ethoxy-2-*p*-tolylcyclopropane

【性状】 无色液体。bp 116～118℃。溶于乙醇、乙醚、丙酮、氯仿、乙酸乙酯等有机溶剂，不溶于水。

【制法】 [1] Rathke M W. J Am Chem Soc，1972，94：6854.

[2] Charles M D，Roy A O. Org Synth，1988，Coll Vol 6：571.

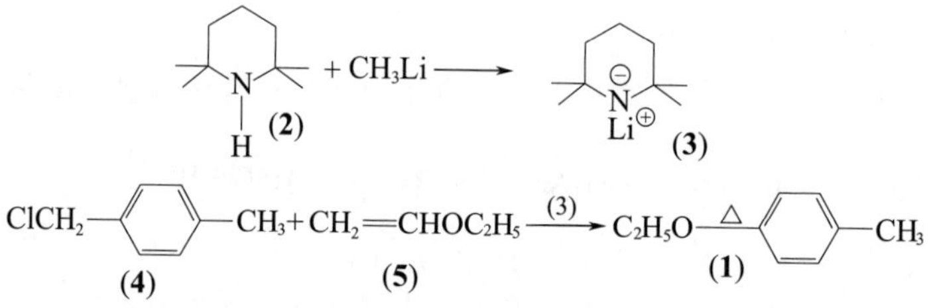

于干燥的反应瓶中，加入 2,2,6,6-四甲基哌啶（**2**）7.06g（50mmol），无水乙醚 15mL，慢慢加入 1.08mol/L 的甲基锂乙醚溶液 46.5mL（50mmol），约 5～10min 加完，生成四甲基哌啶锂（**3**）的溶液，备用。

于安有磁力搅拌、回流冷凝器、滴液漏斗、通气导管的反应瓶中，通入氮气，加入对甲基苄基氯（**4**）7.02g（50mmol）、乙烯基乙基醚（**5**）45.6g（0.63mol），搅拌下加热回流，慢慢滴加上述（**3**）的溶液，约 2h 加完。加完后于室温反应过夜。慢慢滴加 10mL 水以终止反应。将反应物倒入 100mL 水和 100mL 乙醚的混合液中，转入分液漏斗，充分摇动后分出有机层。水层用乙醚提取两次。合并乙醚层，依次用 10％的柠檬酸水溶液、5％的碳酸氢钠、水洗涤，无水氯化钙干燥，蒸出乙醚后减压蒸馏，收集 116～118℃/1.33kPa 的馏分，得化合物（**1**）6.6～7g，收率 75％～80％。

顺-2-苯基环丙烷甲酸

$C_{10}H_{10}O_2$，146.19

【英文名】*cis*-2-Phenylcyclopropanecarboxylic acid

【性状】无色固体。mp 106～109℃。

【制法】[1] Carl K，Joseph W，Olmstead M P. Org Synth，1988，Coll Vol 6：913.

[2] 林原斌，刘展鹏，陈红飙．有机中间体的制备与合成．北京：科学出版社，2006：6.

$$C_6H_5CH{=}CH_2 + N_2CHCO_2C_2H_5 \longrightarrow \underset{(3)}{\text{Ph-cyclopropane-}CO_2C_2H_5} \xrightarrow[2.H_3O^+]{1.NaOH} \underset{(1)}{\text{Ph-cyclopropane-}CO_2H}$$

(2) (3) (1)

2-苯基环丙烷甲酸乙酯（**3**）：于安有搅拌器、滴液漏斗、回流冷凝器的反应瓶中，加入二甲苯500mL，搅拌下加热回流。慢慢滴加由重氮甲酸乙酯（**2**）179g（1.57mol）与苯乙烯163g（1.57mol）组成的混合液。加完后继续回流反应1.5h。减压回收二甲苯，得红色油状物，分馏，收集85～93℃/67Pa的馏分，得无色液体混合2-苯基环丙烷甲酸乙酯（**3**）155g，收率52%。

顺-2-苯基环丙烷甲酸（**1**）：于安有搅拌器、分馏装置的反应瓶中，加入上述化合物（**3**）155g（0.81mol），乙醇200mL，水66mL，氢氧化钠24.5g（0.61mol），搅拌下加热回流5h。其间通过分馏装置慢慢蒸出乙醇约200mL，并不断向反应瓶中加入等体积的水。反应完后，再加入250mL水和150mL苯，充分搅拌。分出有机层，水层用苯提取三次。合并有机层，加入水130mL、氢氧化钠13g（0.32mol），而后进行蒸馏。蒸出苯约200mL，再加入200mL含水乙醇200mL。将混合液搅拌回流5h（其间蒸出液体250mL）。冷却后加入65mL苯和30mL浓盐酸调至酸性。分出有机层，水层用苯提取三次。合并有机层，蒸出溶剂。加入石油醚70mL，冰箱中放置过夜。抽滤析出的结晶，石油醚-苯（1∶1）洗涤，干燥，得化合物（**1**）19.5～23.8g，收率14.6%～20.7%。

醋酸2-溴-3，3-二苯基-2-丙烯-1-基酯

$C_{17}H_{15}BrO_2$，331.21

【英文名】2-Bromo-3，3-diphenyl-2-propen-1-yl acetate

【性状】无色油状液体。142～145℃/200Pa。n_D^{22} 1.6020～1.6023。

【制法】Sandler S R. Org Synth，1988，Coll Vol 6：187.

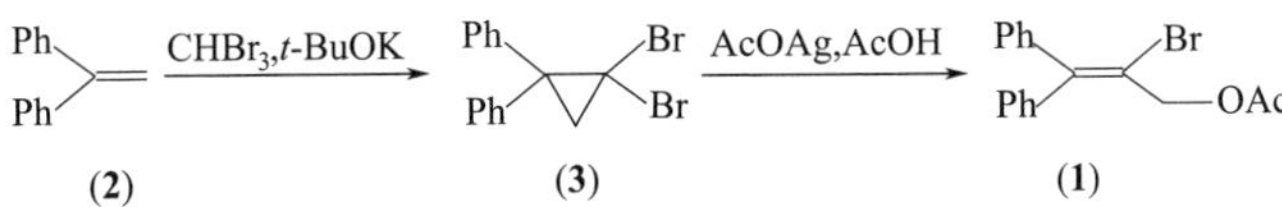

1,1-二溴-2,2-二苯基环丙烷（**3**）：于安有搅拌器、滴液漏斗、回流冷凝器（安干燥管）的反应瓶中，氮气吹扫，加入1,1-二苯基乙烯（**2**）25.0g（0.139mol），戊烷100mL，叔丁醇钾28g（0.25mol），搅拌下冷至0℃，于30～45min滴加溴仿66.0g（0.261mol）。加

完后于室温继续搅拌反应 2～3h。加入 200mL 水，将不溶物过滤，干燥。将其溶于 300mL 回流的异丙醇中，冷却，过滤，冷异丙醇 100mL 洗涤，得无色结晶（**3**）31～38g，收率 63%～78%，mp 151～152℃。

醋酸 2-溴-3,3-二苯基-2-丙烯-1-基酯（**1**）：于安有搅拌器、回流冷凝器的反应瓶中，加入化合物（**3**）17.6g（0.05mol），醋酸银 12.5g（0.0748mol），冰醋酸 50mL，于 100～120℃油浴中反应 24h。冷却，加入 200mL 乙醚，过滤。滤液依次用水、饱和碳酸钠溶液、水洗涤，无水硫酸钠干燥。过滤，旋转浓缩。剩余物减压蒸馏，收集 142～145℃/200Pa 的馏分，得化合物（**1**）12.0g，收率 72%。n_D^{22} 1.6020～1.6023。

1,2-二苯基-3-甲基环丙烯

$C_{16}H_{14}$，206.29

【英文名】 1,2-Diphenyl-3-methylcyclopropene

【性状】 浅黄色油状液体。

【制法】 Albert Padwa，Mitchell J. Pulwer，Thomas J. Blacklock. Org Synth，1990，Coll Vol 7：203.

PhC(=NH)NH₂·HCl (**2**) —NaOCl, DMSO / H_2O→ 3-氯-3-苯基双吖丙啶 (**3**) —Ph–CH=CH–Me / C_6H_6, 回流→ (**4**) —t-BuOK / THF→ (**1**)

于安有搅拌器、滴液漏斗的反应瓶中，加入苯甲脒盐酸盐（**2**）22.5g（0.143mol），氯化钠 37.5g（0.62mol），己烷 300mL，DMSO 400mL，冰盐浴冷至 0℃。剧烈搅拌下于 15min 由滴液漏斗加入如下溶液：155g（2.65mol）氯化钠溶于 1.2L 5.25%的次氯酸钠配成的溶液。加完后继续搅拌反应 15min。分出有机层，水层用乙醚提取（75mL×3）。合并有机层，水洗 4 次，饱和氯化钠溶液洗涤，无水硫酸镁干燥。过滤，减压浓缩至约 75mL，过硅胶柱纯化，以苯洗脱。馏出液室温减压浓缩，得约 50mL 黄色溶液。

加入 600mL 苯，安上搅拌器、回流冷凝器（安氯化钙干燥管），加入反式-β-甲基苯乙烯 7.49 g（0.0634 mol），回流反应 3.5h。冷至 25℃，于 25℃旋转浓缩，得暗棕色油状液体。过硅胶柱纯化，以乙醚洗脱。减压蒸出乙醚，得橙色固体 21g，为化合物（**4**）的异构体混合物。

将上述化合物（**4**）溶于 450mL THF 中，安上干燥管，冷至－78℃，迅速一次加入叔丁醇钾 28.5g（0.25mol），于－78℃搅拌反应 1h，升至 0℃反应 3h，再于室温搅拌反应 12h。慢慢加入 60mL 水，于 25℃旋转浓缩至 150mL。加入 160mL 乙醚，水洗（60mL×6），再以 60mL 饱和盐水洗涤，无水硫酸镁干燥。过滤，室温减压浓缩，得暗棕色油状液体。过硅胶柱纯化，以己烷洗脱。于 25℃减压蒸馏，得浅黄色油状液体（**1**）10.5～11.5g，收率 80%～88%。

1-羟甲基-4-（1-甲基环丙基）-1-环己烯

$C_{11}H_{18}O$，166.26

【英文名】1-Hydroxymethyl-4-（1-methylcyclopropyl）-1-cyclohexene

【性状】无色液体。bp 132～134℃/3.20kPa。

【制法】Maruoka F，Sakane S，Yamamoto H. Org Synth，1993，Coll Vol 8：321.

$$\text{(2)} \xrightarrow[\text{CH}_2\text{Cl}_2]{i\text{-Bu}_3\text{Al},\text{CH}_2\text{I}_2} \text{(1)}$$

于安有搅拌器、通气导管、滴液漏斗的反应瓶中，通入氩气，加入(S)-(－)-紫苏醇(**2**) 10.65g（0.07mol)，二氯甲烷 350mL，搅拌下于 20min 室温滴加三异丁基铝 37.3mL (0.147mol)。加完后继续室温搅拌反应 20min。于 10min 滴加二碘甲烷 7.3mL (0.091mol)，室温搅拌反应 4h。将反应物倒入 8%的冰冷的氢氧化钠水溶液 400mL 中，分出有机层，水层用二氯甲烷提取 2 次。合并有机层，无水硫酸钠干燥。过滤，浓缩。剩余物减压蒸馏，收集 132～134℃/3.20kPa 的馏分，得无色液体（**1**）10.64～11.13g，收率 92%～96%。

苯甘氨酸

$C_8H_9NO_2$，151.16

【英文名】phenylglycine

【性状】白色结晶。

【制法】陈琦，冯维春，李坤，张玉英．山东化工，200，2，31（3）：1.

$$\underset{\text{(2)}}{C_6H_5CHO} + CHCl_3 \xrightarrow{\text{KOH, NH}_3\text{, TEBAC}} \underset{\text{(1)}}{C_6H_5CH(NH_2)COOH}$$

于反应瓶中加入二氯甲烷 80mL，TEBAC 2.3g（0.01mol)，冷至 0℃，通入氨气至饱和。加入由氢氧化钾 33.6g（0.6mol)、氯化锂 8.5g（0.20mol）和 56mL 浓氨水配成的溶液，于 0℃滴加由苯甲醛（**2**）110.6g（0.10mol)、氯仿 18g（0.15mol）和二氯甲烷 50mL 配成的溶液，控制滴加速度，于 1～1.5h 加完，期间保持通入氨气，并继续搅拌反应 6～12h，室温放置过夜。

加入 100mL 水，于 50℃搅拌 30min。分出有机层，水层用盐酸调至 pH2。过 732 型离子交换柱，用 1mol/L 盐酸洗脱，收集对 1.5%的茚三酮呈正反应的部分。用浓碱中和至 pH5～6，得白色沉淀。过滤，水洗，干燥，得化合物（**1**），收率 71%。

【参考文献】

[1] 丁娅，张灿，华维一．Diels-Alder 反应在不对称合成中的研究进展．有机化学，2003，23（10)：1076.

[2] 王玉杰，魏长勇．有机催化不对称 Diels-Alder 反应的研究进展．精细与专用化学品，2011，19（11)：41.

[3] 陈秋玲，王亚明，林海波．天津化工，2007，21（2)：3.

[4] 胡跃飞，林国强．现代有机反应：第四卷．北京：化学工业出版社，2008：43.
[5] Stajer G，Csende F，Fueloep F. Curr Org Chem，2003，7：1423.
[6] 胡跃飞，林国强．现代有机反应：第四卷．北京：化学工业出版社，2008：43.
[7] 熊兴泉，江云兵．化学进展，2013，25（6）：999.
[8] Rickborn B. Org React，1998，52：1.
[9] Klunder A J H，Zhu J，Zwanenburg B. Chem Rev，1999，99：1163.
[10] 李建章．自贡师范高等专科学校学报，1996，2.
[11] 谢明胜，林丽丽，刘小华，冯小明．中国科技论文在线，2010，10：61.
[12] Xiaohong Chen，Yin Zhu，Bo Gao，Lili Lin，Xiaohua Liu ，Xiaoming Feng. Angew Chem Int Ed，2010，49：3799-3801.
[13] Xiaohua Liu，Xiaoxia Wu，Yunfei Cai，Lili Lin ，Xiaoming Feng. Angew Chem. Int Ed，2013，52：5604-5607.
[14] 胡跃飞，林国强．现代有机反应：第九卷．北京：化学工业出版社，2008：43.
[15] T. 艾歇尔，S. 豪普特曼．杂环化学——结构、反应、合成与机理．李润涛，葛泽梅，王欣译．北京：化学工业出版社，2005.
[16] 黄培强，靳立人，陈安齐．有机合成．北京：高等教育出版社，2003.
[17] 黄培强，靳立人，陈安齐．有机合成．北京：高等教育出版社，2003.
[18] 方德彩，化学进展，2012，24（6）：879.

【主要参考资料】

[1] 孙昌俊，曹晓冉。王秀菊．药物合成反应——理论与实践．北京：化学工业出版社，2007.
[2] 闻韧．药物合成反应．北京：化学工业出版社，2003.
[3] 孙昌俊，王秀菊，孙凤云．有机化合物合成手册．北京：化学工业出版社，2011.
[4] 胡跃飞，林国强．现代有机反应：1～10 卷．北京：化学工业出版社，2008.
[5] Smith M B，March J. March 高等有机化学——反应，机理与结构．李艳梅译．北京：化学工业出版社，2009.
[6] Jie Jack Li. Name Reactions. Third Expanded Edition. Springer Berlin Heideberg New York，2006.
[7] 荣国斌．有机人名反应及机理．上海：华东理工大学出版社，2003.
[8] 黄培强．有机人名反应、试剂及规则．北京：化学工业出版社，2007.
[9] 黄宪，王彦广，陈振初．新编有机合成化学．北京：化学工业出版社，2003.
[10] 林原斌、刘展鹏、陈红飙．有机中间体的制备与合成，北京：科学出版社，2006.
[11] 樊能廷．有机合成事典．北京：北京理工大学出版社，1992.
[12] 陈仲强，陈虹．现代药物的制备与合成：第一卷．北京：化学工业出版社，2008.
[13] 邢其毅，裴伟伟，徐瑞秋，裴坚．有机化学．第三版．北京：高等教育出版社，2005.